식 육 과 학

MEAT SCIENCE

한국식육과학연구회 편저

선 진 문 화 사

한국식육과학연구회 집필진

강 석 남 (대구대학교 동물자원학과)
김 일 석 (경남과학기술대학교 동물소재공학과)
김 학 연 (공주대학교 동물자원학과)
김 현 욱 (경남과학기술대학교 동물생명과학과)
남 기 창 (순천대학교 동물자원과학과)
류 연 철 (제주대학교 동물생명공학 전공)
박 성 권 (세종대학교 식품생명공학 전공)
신 택 순 (부산대학교 동물생명자원학과)
이 성 기 (강원대학교 동물응용과학과)
이 치 호 (건국대학교 축산식품생명공학 전공)
양 한 술 (경상대학교 축산생명학과)
윤 요 한 (숙명여자대학교 식품영양학과)
장 애 라 (강원대학교 동물응용과학과)
정사무엘 (충남대학교 동물자원과학부)
정 종 연 (경성대학교 식품생명공학 전공)
조 철 훈 (서울대학교 동물생명공학 전공)
주 선 태 (경상대학교 축산생명학과)
진 구 복 (전남대학교 동물자원학부)
진 상 근 (경남과학기술대학교 동물소재공학과)
최 양 일 (충북대학교 식품생명·축산과학부)
최 영 민 (경북대학교 축산학과)
허 선 진 (중앙대학교 동물생명공학과)
황 인 호 (전북대학교 동물자원과학과)

머 리 말

우리나라는 지난 반세기 동안 급속한 경제성장을 이룬 덕택에 이제는 대부분 사람들이 풍요로운 식생활을 즐기게 되었다. 종래의 곡류위주의 식생활에서 축산물의 비중이 높아진 식생활을 즐기게 된 것이다. 이에 따라, 식육학이라는 학문이 우리나라에서는 서구에 비해 그 출발의 역사가 짧지만, 최근 30~40년 동안 식생활의 변화만큼 눈부시게 발전하였다.

반세기 전만 해도 우리나라의 식육학은 축산학 중에서도 미미한 학문 분야였는데, 1978년도에 황칠성, 장판형, 송계원, 한석현, 채영석, 박형기, 성삼경 등 당시 소수 교수님들과 산학 관련인들이 "한국육가공연구회"라는 학회를 창립함으로써 도약의 발판을 마련하였다. 이 연구회가 현재 "한국축산식품학회"로 계승되어 비약적으로 발전하고 있는데, 한국축산식품학회는 2010년도에 제59회 세계식육과학기술 학술대회(ICoMST; International Congress of Meat Science & Technology)를 한국에서 성공적으로 개최하여 우리나라 식육과학 수준을 세계에 알린 바 있다. 또한 오는 2026년도에 또 다시 ICoMST를 한국에 유치하는데 성공하였다.

이러한 시기에 현재 각 대학에서 식육과학 관련 연구와 강의를 담당하고 있는 여러 교수들이 함께 "한국식육과학연구회"의 이름으로 본 "식육과학"을 집필하게 된 것은 여러모로 큰 의미가 있다. 가장 의미가 큰 점은 식육학을 전공한 우리나라 대부분의 교수들이 참여하여 각자의 주 전공에 따라 세부적으로 알차게 집필하였다는 것이다. 특히 많은 젊은 교수들이 참여하여 학생들에게 참신한 내용이 전달될 수 있도록 부각하였다. 또 학부생의 교재뿐 아니라 대학원생의 참고자료 및 산업계에서도 정보를 활용할 수 있도록 내용이 다양하게 구성되어 있다. 더욱이 근래 소비자들이 알고 싶어하고 관심이 높은 분야인 식육의 영양, 건강, 위생에 대해 과학적 사실을 바탕으로 자세히 설명하고 있으며, 지금까지 식육학 입장에서 비교적 소홀히 다루어 왔던 식육동물의 성장과 발달에 대해서도 기술하였다. 그리고 근육의 기본적인 구조 및 생물학 및 물리화학적 특성, 식육으로 전환되는 작용기작, 도축과 관련된 식육의 품질, 식육의 저장성 등에 대해서도 체계적으로 다루었다. 마지막 부분에는 식육가공의 원리와 방법에 대해서도 실질적인 정보를 제공하고 있다.

본 저서의 저자들은 이번 교재의 공동편찬이 집필자들 간 결속의 계기가 될 것으로 믿는다. 또한 집필에 참여한 대학교수들뿐만 아니라 정부기관이나 산업계에서 식육과학을 연구하고 현장에 적용하고 있는 관련 과학자들도 "한국식육과학연구회"의 이름

아래 우리나라 식육과학 발전을 이끄는 학문적 결집체로 모여 함께 성장했으면 하는 바람이 있다. 나아가 지금까지 서구권이 주축이 되어 이끌어온 식육과학 분야를 앞으로는 한국이 중심이 된 아시아가 선도하는 학문이 되길 기대하고 있다.

끝으로 본 교재를 집필하는데 전체적인 내용을 구상하고 집필진을 선정하여 원고를 모아서 출판하기까지 실질적인 책임을 맡은 경상대 주선태 교수에게 우리 모두 고마움을 표한다. 그리고 바쁜 생활에서도 시간을 할애하여 집필에 참여한 모든 교수들과 교정에 참여한 분들께 서로의 감사함을 전한다. 부디 많은 학생들이 이 책을 읽고 배움으로 식육학 지식이 무한히 쌓여 미래 우리나라 축산 및 식육 분야의 큰 나무들이 되길 소망한다.

2018년 3월

저자 일동

차 례

제1편 식육의 과학과 산업

제2편 근육과 식육의 과학

제 3 편 신선육 가공의 과학과 기술

제 4 편 육가공제품 제조의 과학과 기술

제1편

식육의 과학과 산업

제1장 식육의 과학과 자원

1.1. 식육과학

(1) 식육과학의 개요

식육과학(meat science)은 기초학문과 달리 매우 광범위한 내용을 공부하는 응용과학의 학문 분야에 속한다. 즉, 식육과학은 식육으로 이용되는 근육과 그와 관련된 조직의 특성 등을 탐구하는 것에서부터 식육동물의 생산, 가공, 유통 및 소비에 이르기까지 식육산업계의 전 분야에 걸친 모든 응용기술들을 탐구하는 학문이다.

일반적으로 고품질의 식육을 생산하여 공급하기 위해서는 식육동물의 출생에서부터 출하될 때까지 성장과 발달의 모든 과정을 충분히 이해하고, 각 성장 단계별로 근육 내에서 발생하는 각종 기작 및 특성 등을 명확히 알아야 한다. 따라서 식육과학은 식육동물의 근육의 성장과 발달에 관련한 유전, 육종, 번식, 영양 및 사양관리를 연구하는 학문과 밀접한 연관관계를 가지고 있다. 그러나 식육과학 탐구의 핵심은 살아있는 식육동물의 근육이 식육으로 전환되어 유통되는 과정에서 일어나는 각종 생물학적, 생화학적 및 물리화학적 변화들을 공부하는 것에 있다.

한편, 살아있는 식육동물의 거래와 도체나 식육의 거래에서 이용되는 평가기준은 근본적으로 육량과 육질이기 때문에, 식육과학에서 지속적으로 탐구하는 대상도 육량과 육질에 영향을 미치는 각종 요인들이다. 또한 식육과학의 학문은 여기서 끝나지 않고 식육의 신선육 가공과 육가공제품 제조 및 유통까지 연장된다. 즉, 다양한 식품들의 소비행태가 현대인들의 욕구충족에 맞게 변화됨에 따라 식육도 다른 식품들과의 경쟁우위를 지키기 위해 간편하고, 저렴하며, 고품질의 영양성이 풍부한 각종 육가공제품으로 개발되고 있으며, 이러한 새로운 육가공제품의 개발에 관련된 지식과 기술 등이 식육과학의 탐구분야에 포함된다.

따라서 식육과학은 식육동물을 대상으로 하는 성장생물학, 근육생물학, 근육생화학 및 식품과학 등이 총체적으로 탐구되는 학문이라고 할 수 있다.

(2) 식육의 정의

식육(meat)이란 식품으로 이용될 수 있는 모든 동물의 조직(animal tissues)이라고 정의를 내린다. 따라서 넓은 의미의 식육은 근육조직(muscle tissue)뿐만 아니라

간, 심장, 신장, 뇌 등의 가식부위 부산물도 포함한다. 뿐만 아니라 소고기에 있어서 갈비, 사골, 꼬리뼈 등이나 돼지고기의 갈비나 족발 등에 존재하는 뼈도 식육의 일부분으로 유통되고 있어 넓게 말하면 식육의 범주에 포함된다. 또한 이러한 조직들을 이용한 모든 가공제품들도 식육 정의의 범주에 포함된다. 통상적으로 식품으로 이용될 수 있는 모든 종의 동물 조직이 식육으로 정의되지만, 실제 우리나라 사람들이 주로 섭취하는 식육은 소, 돼지, 닭과 같은 농장동물(farm animal)이나 각종 어패류로부터 생산된다.

전체적으로 식육은 4가지의 범주로 나눌 수 있는데, 이 중에서 인간이 식육으로 가장 많이 이용하고 섭취하는 것은 적육(red meat)이다. 소고기, 돼지고기, 염소고기, 양고기, 송아지고기 등이 적육의 범주에 포함되는데, 돼지고기의 어떤 부위는 육색이 붉지 않아 적육의 범주에 맞지 않는 것도 있다. 어떤 나라에서는 말, 영양, 낙타, 라마, 버팔로, 토끼, 캥거루 등과 같은 동물로부터 적육을 생산하기도 한다. 가금육은 가금으로부터 생산되는 식육으로 가금류에는 닭, 오리, 거위, 칠면조 등이 포함된다. 어육은 모든 종류의 물고기로부터 생산되며 조개, 바다가재, 굴, 게 등의 살도 어육에 포함된다. 네 번째 식육의 범주는 수렵육으로 농장동물이 아닌 야생동물들로부터 생산되는 식육을 말한다.

(3) 근육과 식육

식육은 근본적으로 근육(muscle)으로부터 생산된다. 식육은 근육조직, 지방조직, 상피조직, 신경조직 등과 같은 다양한 조직들을 포함하고 있지만 식육의 주요 구성성분은 근육조직이다. 근육은 기본적으로 생물학적 기능을 수행하는 독특한 구조를 가지고 있는 기관이기 때문에 근육이 보유하고 있는 몇 가지의 특성들은 식품으로서 식육의 가치에 결정적인 영향을 미친다. 예를 들어, 어떤 근육은 상대적으로 많은 결합조직를 함유하고 있어 식육을 질기게 만든다.

식육의 특성과 품질에 대해 정확히 알기 위해서는 근육의 구조와 구성성분에 대한 기본적인 이해가 절대적으로 필요하다. 근육은 기본적으로 근섬유로 불리는 세포로 이루어지는데, 근섬유는 천개가 넘는 근원섬유들로 구성되고, 근원섬유는 수많은 초원섬유들로 이루어진다. 따라서 근섬유의 미세구조에 대한 이해와 세포단위에서 일어나는 생화학적인 기작을 이해하는 것은 궁극적으로 식육의 품질을 제어하고 가공하는데 필수적으로 요구된다.

최근 식품공학이 발달하면서 근육은 다양한 특성과 기능을 가진 식품들로 가공식품들로 개발되는데, 식육이 가지고 있는 독특한 특성들 때문에 적절한 가공에 어려움을 겪는다. 반면, 과학기술의 발달과 함께 소위 '콩고기'처럼 다른 단백질 자원을 식육이나 식육제품의 대체제로 이용하려는 시도가 계속되고 있는데, 근육과 그와 관련된 조직들로 형성된 식육의 조직감이나 풍미 등을 흉내 내기는 극도로 어렵다. 즉, 식육동물의 조직을 제외하고 유사 식육제품을 제조하는 것은 근본적으로 한계가 있다. 그러나 다양한 육가공제품 제조에 있어 다른 단백질 자원을 부분적으로 대체하려는 시도는 전 세계 인류에게 양질의 단백질 식품인 식육의 공급량을 확대할 수 있기 때문에 바람직하다.

한편, 현대 소비자는 식육의 동물성 지방과 관련하여 건강에 좋지 않을 것이란 오해를 하고 있지만, 보통 사람들은 식육을 섭취할 때 주로 지방조직보다는 근육조직만을 취해 먹는다. 즉 정육에 부착되어 있는 체외지방이나 기타 다른 조직들은 제외하고 섭취하려는 경향을 보인다. 따라서 소비자들이 실제 섭취하는 지방의 함량은 그리 많지 않기 때문에 크게 걱정할 일은 아니다. 또한 같은 이유로 실제 입안에서 느끼는 식육의 품질(육질)은 지방의 함량에 의해서도 영향을 받지만, 근육의 주요 구성성분인 근섬유의 화학적 조성이나 생화학적 특성에 의해 더 큰 영향을 받는다.

다른 한편, 가공육제품 제조에 있어 수분결합력(water-binding capacity), 지방유화력(fat-emulsifying capacity) 및 육제품의 색과 같은 중요한 특성들도 근섬유의 단백질의 상태에 의해 결정적인 영향을 받는다. 따라서 근육과 관련조직들에 관해 중점적으로 탐구하고 이해하는 것은 적절한 식육가공을 위해 매우 중요한데, 그 이유는 이런 지식들이 '근육생물학'과 '식육가공학'을 적절히 연결시키는 역할을 하기 때문이다.

(4) 신선육 가공

식육은 식육동물의 도축가공 과정을 거쳐 생산되며 식육의 가공은 1차 가공인 신선육 가공과 2차 가공인 육가공제품 제조로 구분된다. 상술한 바처럼, 식육은 근육으로부터 생산되기 때문에 식육가공과 관련된 과학기술들을 제대로 탐구하기 위해서는 살아있는 근육에 대한 공부가 우선 되어야 한다. 즉, 근육 내에 존재하고 있는 각종 조직들의 특성과 기능을 완벽히 이해하면 보다 품질이 우수한 신선육과 육가공제품들을 생산할 수 있는 다양한 과학기술들의 탐구가 용이해진다.

식육과학은 식육동물의 다양한 조직들을 탐구하는 것에만 국한된 학문이 아니다. 즉, 식육동물의 생산부터 식육이 최종 소비되는 전 과정의 내용을 공부하는 것이다. 식육의 품질에 영향을 미치는 다양한 요인들은 농장에서 식탁까지의 여러 단계들이 하나의 사슬로 연결되어 있고, 따라서 각 단계 중 한 단계에서라도 실수가 일어나면 최종적인 식육의 품질은 확보되기 힘들다. 식육의 품질관리으 시작은 실제로 농장에서부터 시작되기 때문에 식육동물의 육종, 번식, 사양 및 관리는 식육품질관리 사슬에서 매우 중요한 부분을 차지한다.

식육의 생산은 농장에서 식육동물의 출하로부터 시작하며 도축(slaughter)을 통해 이루어진다. 신선육의 품질은 적절한 도축에 의해 확보될 수 있는데, 아무리 건강하고 좋은 식육동물이라고 할지라도 제대로 된 도축이 이루어지지 않으면 좋은 육질의 신선육을 얻을 수 없다. 따라서 고품질의 신선육을 생산하기 위해서는 적절한 도축공정에 대한 지식이 필요할 뿐만 아니라 도축 후 도체의 처리기술에 대한 과학적 이해도 요구된다. 신선육의 품질을 확보할 수 있는 도체처리 방법으로는 도체의 전기자극, 온도처리, 현수방법 등이 있으며, 도체의 품질은 도체등급제도에 의해 평가된다.

한편, 도축을 통해 생산된 도체는 분할, 발골, 정형을 통해 다양한 신선육 부위들을 생산한다. 우리나라의 소 도체는 10개의 대분할육과 39개의 소분할육으르 분할되고, 돼지도체는 7개의 대분할육과 25개의 소분할육으로 분할된다. 이렇게 생산된 신선육은 적절한 처리를 통해 저장, 유통, 판매되는데, 여기에 사용되는 신선육 처리는 냉장, 냉동, 건조, 조사, 포장 등이 있으며, 이 모든 처리방법과 기술들은 신선육의 미생물학적, 화학적, 물리학적 위생과 안전 및 품질을 확보하는데 목표를 둔다. 따라서 신선육 가공을 적절히 하길 원한다면 이러한 처리 방법과 그 원리 및 기작에 대한 지식의 습득이 필요하다.

신선육 가공은 살아있는 식육동물의 근육이 식육으로 전환되어 판매되는 전 과정, 즉 도축, 도체처리, 가공, 저장 및 유통 분야를 광범위하게 다룬다. 특히, 우리나라는 식육을 육가공제품보다 신선육으로 소비하는 비율이 서구의 나라들보다 월등히 높기 때문에 안전하고 품질이 좋은 신선육을 생산하여 공급하는 것이 더욱 중요하다. 따라서 신선육의 품질과 위생안전성을 확보하기 위한 다양한 지식과 기술들을 탐구하는 것은 국내 축산업과 식육산업의 발전을 위해 매우 의미 있는 일이다.

(5) 육가공제품 제조

상술한 바처럼, 식육의 가공은 신선육을 생산하는 1차 가공과 육가공제품을 생산하는 2차 가공으로 구분된다. 여기서 2차 가공이란 신선육을 분쇄, 혼합, 조미, 훈연, 건조, 열처리 등의 여러 가지 방법을 이용하여 신선육이 가지고 있는 고유의 성질을 변형시키는 것을 의미한다. 이처럼 신선육을 더 높은 단계의 육가공제품으로 제조하는 이유는 신선육이 아무리 육질이 좋더라도 인간의 다양한 욕구와 용도를 만족시킬 수는 없기 때문이다. 따라서 인간은 옛날부터 경험적으로 얻은 지식을 바탕으로 신선육의 성질을 변형시켜 섭취해 왔으며, 그러한 작업들이 발달하여 오늘날 다양한 육가공제품들을 제조하기에 이르렀다.

전 세계적으로 2차 육가공 산업이 발전한 계기는 주로 식육의 저장성을 연장시키기 위한 방안을 모색하는 가운데 태동되었다. 그러나 초기 단순히 저장성 향상을 위해 시작된 육가공제품의 제조는 오늘날에는 생활이 현대화되고 복잡해지면서 제조의 목적도 기호성, 간편성, 다양성, 부가가치 및 유통의 효율성 향상 등과 같이 다양해졌다. 따라서 이러한 제조 목적에 부합하는 육가공제품 제조 기술과 원리를 습득하는 것이 현대 소비자의 다양한 욕구 충족을 위해 필요하다.

일반적으로 육가공제품은 대략 1,500 가지가 넘는 것으로 알려져 있는데, 이런 육가공제품은 크게 원료육의 형태를 그대로 사용한 경우와 분쇄한 경우, 가열처리조건, 훈연, 건조, 숙성, 분쇄정도, 부산물의 이용, 충전재의 재료나 크기에 따라 분류된다. 우리나라는 식품공전상 육가공제품을 식육의 부위, 식육 함량, 부재료 함량, 수분함량으로 구분하여 햄류, 소시지류, 베이컨류, 건조저장육류, 양념육류, 분쇄가공육제품, 갈비가공품 및 식육추출가공품 등으로 분류하고 있다. 이처럼 육가공제품의 종류가 다양한 만큼 그 제조기술이나 기법도 다양한데, 각 제품군의 기본적인 제조기술과 원리를 습득하고 이해하면 이를 이용하여 새로운 육가공제품의 개발도 가능해진다.

좋은 품질의 육가공제품의 제조를 위해서는 원료육(신선육)의 품질특성에 대한 이해가 우선적으로 필요할 뿐만 아니라 부재료의 특성에 대한 지식도 넓어야 한다. 꼭 알고 있어야 하는 원료육의 특성은 보수성, 유화성, 결착력 및 화학적 조성 등이며, 특성을 파악하고 있어야 하는 부재료는 물, 아질산염과 질산염, 염지육색 촉진제, 소금, 인산염, 감미제, 향신료, 증량제와 결착보조제 등이다. 이 모든 원료육과 부재료를 이용하여 다양한 육가공제품들이 제조되는데, 그 기본 제조공정에는 염지, 세절, 혼합, 유화, 충전, 훈연, 가열, 발효 및 건조 등이 포함된다. 물론 각 공정에 사용되는 방법도 여러 종류가 있는데, 예를 들어, 염지방법에도 건염법, 액염법, 염지액 주사법, 가온 염지법 등 다양하다.

이처럼 육가공제품의 제조에 이용되는 기술과 지식은 다양하고 현재에도 지속적으로 개발되고 있다. 특히 다른 분야의 과학기술 발달로 인한 새로운 육가공제품군이 개발되기도 한다. 예를 들어, 포장방법의 발달로 가스치환포장(MAP, modified atmosphere packaging)이나 스킨포장(skin packaging)하여 존재하지 않았던 육가공제품군이 개발되기도 하고 새로운 부재료를 첨가한 신제품이 개발되기도 한다. 따라서 국제적으로 급변하는 육가공제품 시장에 적응하고 또 선도하기 위해서는 이에 대한 기본적인 원리의 이해와 기술의 습득이 필수적으로 요구된다.

(6) 식육과학의 중요성

현재 우리나라 식품시장에는 매일 같이 새로운 식품들이 개발되어 출시되고 있기 때문에 전통적인 동물성 식품을 생산하는 축산업계나 식육산업계는 자칫하면 시장을 경쟁식품들에게 잠식당할 우려가 있다. 이러한 새로운 경쟁식품들은 저가의 간편성, 균일하고 우수한 품질, 영양적 가치가 높은 신제품이라는 점을 강조하면서 소비자들을 유혹하고 있다. 따라서 만약 식육산업계가 현재와 같이 우리나라 식품시장에서 중요한 위치를 점유하면서 발전을 지속하길 원한다면, 경쟁력을 갖춘 혁신적인 신제품 개발이 필요할 뿐만 아니라 최고 품질의 신선육과 육가공제품을 생산하여야 하며, 소비자들을 설득할 수 있는 세련된 판매광고가 필요하다. 그리고 식육산업계가 그러한 일을 통해 한층 발전된 산업으로 성장하기 위해서는 식육과학을 전문적으로 공부한 많은 학생들이 식육산업계에서 활발하게 일할 수 있도록 하여야 한다.

한편, 미래에 우리나라 식육산업계에서 일하기를 원하는 학생들은 단지 현재 식육산업계에서 적용하고 있는 기술이나 이용하고 있는 지식만을 공부하는 것에 만족해서는 안 된다. 현재의 기술과 지식은 조만간 과거의 것이 될 것이기 때문이다. 대신 학생들은 신선육 가공과 육가공제품 제조의 모든 기술들의 기초를 이루고 있는 근본적인 식육과학 지식을 철저히 공부하고 탐구하여 자신의 것으로 확실히 만들어 놓는 것이 매우 중요하다. 그래서 언제든지 식육산업계 현장상황이 바뀐다할지라도 즉각적으로 자신의 식육과학 지식을 응용하여 적용할 수 있도록 기초를 튼튼히 해야 한다.

1.2. 식육자원

지구상에 포유류가 나타난 것은 6천만년 이전으로 추정되며, 인간은 약 50만 년 전부터 야생동물들을 수렵하여 식용으로 사용했을 것으로 고고학계에서는 추정하고 있다. 야생동물이 식육동물로 자원화된 것은 농업의 발전과 밀접한 관계가 있으며, 그 시기는 약 1만 년 전인 신석기 시대 초기 정도로 추측된다. 즉, 약 12000년 전의 것으로 보이는 덴마크의 구총에서는 개의 뼈가 발굴되었는데, 개는 먹이를 구하려고 원시인들의 주거지를 왕래하다가 인간과 서로 가까워져 진 것으로 보이며, 이 같은 사실은 중부 유럽의 신석기시대의 유물에서도 나타나고 있다. 양은 유목생활 중에 식육동물화가 되었으며, 소와 돼지는 정착생활이 시작된 후에 완전한 식육동물로 자원화가 이루어진 것으로 보인다.

식육생산을 목적으로 사육된 동물을 식육동물(meat animals)이라고 부른다. 우리나라의 중요한 식육동물 자원은 소, 돼지, 닭이며, 비공식적으로는 개도 일정 부분을 차지하고 있다. 식육동물은 돼지와 같이 전적으로 식육생산을 목적으로 사육되는 것도 있으나, 소에 있어서는 유용종(dairy breed)이나 닭에서는 난용종(layer)과 같이 식육생산 이외의 목적을 우선하는 동물도 있다. 하지만 원래의 육용종 이외의 동물에 있어서도 최종산물로서 식육을 생산하게 되므로 모두 식육동물이라고 할 수 있다.

우리나라에서 식육을 생산하는 주요 식육동물은 소, 돼지, 닭이며, 개, 염소, 오리 등도 식육생산에 이용된다. 주요 식육동물은 각 나라마다 문화와 기후환경에 따라 차이가 있으며, 중동지역에서는 낙타와 같은 동물이 식육의 생산을 위해 사육되기도 하고, 호주에서는 캥거루가 식육동물로 이용되기도 한다. 알파카, 라마, 물소, 타조, 이뮤 등 다양한 축종이 식육자원으로 활용되기도 한다.

(1) 소

소(cattle)는 유목생활을 마치고 정착농업이 시작되는 BC 5000년경에 식육동물로 자원화 되었다고 추정되고 있다. 처음에는 사람과 완만한 접촉에 의하여 순화된 것이, 그 후 가두어 기르면서 번식시키고 선택 육종이 행하여지면서 인간에게 유용한 특성을 가진 품종으로 육종 개량되었다. 소는 유럽지역의 보스 타우르스(*Bos taurus*)와 인도 및 아프리카 지역의 보스 인디커스(*Bos indicus*)로 구분되는데, 본격적으로 식육동물로 자원화 된 것은 원시의 야생우였던 보스 프리미제니우스(*Bos primigenius*)인 보야누스(*Bojanus*)로부터 유래된 것으로 알려져 있다. 원시의 야생우는 빙하시대에는 수렵의 대상이었으며 신석기시대에서 선사시대에 이르기까지 촌락이나 고대도시 대부분의 유적에서 소가 사육되었던 것이 확인되고 있다. 이러한 소는 이경, 운반, 타곡 등의 농업에 이용되었으며, 우유와 식육의 생산에도 이용되었을 뿐만 아니라 종교적으로도 중요한 의미를 가지고 있어 신화에도 자주 등장하는 중요한 동물이었던 것으로 생각되고 있다.

1) 육 용 종

소는 초기에는 일하는 소와 우유를 생산하는 소로 구분되어 발달되어 왔으며, 19세기에 들어서서 품종이 고정되기 시작하면서 육우, 유우 및 유육겸용종으로 구분되었다. 유우는 수송아지, 비유능력이 낮은 소 및 노폐우 등이 육용으로 이용된다. 육우는 애버딘 앵거스나 헤어포드처럼 근육 생산량이 많고 육질도 좋게 개량된 것으로 체형은 장방형이고 사지가 짧은 것이 특징이다.

① 한 우

한우(Korean native cattle)는 우리나라의 가장 중요한 식육자원으로서 모색은 황

갈색이고 뿔은 유각이다. 한우의 기원은 유럽의 보스 타우르스와 인도의 보스 인디커스라고 할 수 있는데, 두 품종간의 혼혈에 의해 생긴 잡종우가 한반도에 들어온 후 오랫동안 다른 품종과 교배됨이 없이 동종번식을 하여 현재의 한우로 정립된 것으로 추정된다.

한우는 몸이 강건하고 성격이 온순할 뿐만 아니라 우리나라의 기후풍토에 적응력이 강해 사육하기가 용이하다. 그러나 한우는 육질은 좋은 장점이 있으나 체구가 적고 성장률이 더디며 특히 엉덩이의 발달이 빈약하여 식육의 생산량이 많지 않으며, 송아지를 생산한 후에도 유량이 적은 것이 단점으로 지적되어 왔다. 따라서 지난 반세기 동안 육용종으로 한우의 개량이 꾸준히 진행되어 왔는데, 1985년 이전에는 산육량 증대가 개량의 초점이었다면, 그 이후에는 육질개량뿐만 아니라 순수한우 혈통유지 및 국제경쟁력 확보에 초점을 맞춰 개량이 진행되고 있다.

한우는 불과 30년 전만 하더라도 농촌에서 농사를 지으며 역용우로서 이용되었으며, 각 농가들이 자산증식의 수단으로 한 두 마리씩 사육하였다. 그러나 산업의 발달에 따른 농업의 기계화와 국민소득의 향상에 따른 소고기 수요의 증대에 따라 한우의 사육 형태도 부업형태에서 전업형태로 급속히 발전하였으며, 최근에는 계열화를 통한 기업화가 점차 이루어지고 있다. [표 1-1]은 지난 30년 동안 우리나라 한우의 사육호수 및 사육두수의 변화를 나타낸 것이다.

[표 1-1] 우리나라 한우의 사육호수 및 사육두수변화

연 도	호수 (단위 : 천가구)	두수 (단위 : 천마리)
1970	1,101	1,283
1975	1,274	1,545
1980	988	1,389
1985	1,047	2,553
1990	620	1,621
1995	518	2,594
2000	289	1,590
2005	192	1,818
2010	172	2,921
2015	94	2,676

② 유럽 품종

에버딘 앵거스(Aberdeen Angus)은 원산지가 스코틀랜드로 외형적인 특징은 다리가 짧고 모색은 진한 흑색으로 뿔이 없으며 조숙한 성질을 가지고 있다는 것이다. 체

형의 발달 중 곡물비육시 지방의 발달이 다른 품종에 비하여 빨라 상강도가 잘 발달되어 있고 육질과 풍미가 우수하다.

헤어포드(Hereford)는 영국의 헤어포드주의 원종에 프랑스의 브라만종과 영국 요크주의 소를 교배하여 개량한 육용종이다. 모색은 적색의 피모색과 얼굴 전체가 흰색으로 되어 있다. 체형은 육우치고는 작은 편이나 체질이 강건하고 넓은 초원을 이동하며 방목하기에 적합한 품종이다.

쇼트혼(Shorthorn)은 영국 북동부지방이 원산지로서 육종에 의하여 뿔을 짧게 만든 것이다. 모색은 적색에서 백색까지 다양하다. 체형은 큰 편으로 늑골의 부착이 좋으며, 몸이 깊고 체폭이 넓다. 특히 뒷다리가 굵고 폭이 넓으며 넓적다리가 충실하여 육용우로서 큰 편이다. 뼈는 가늘고 근육의 마블링이 좋아 육질이 연하고 다즙한 특성을 가지고 있다.

샤로레(Charolais)의 원산지는 프랑스이며 피모색은 흰색에서 크림색까지 다양하다. 체구는 작은 편이나 특히 후구쪽의 근육이 잘 발달되었고 이마의 곱슬곱슬한 털이 특징이다. 프랑스가 원산지인 리무진(Limousuine)도 샤로레와 같이 후구의 발달이 좋다. 리무진은 피모가 단일의 황색으로 입 근처와 눈언저리 부위가 분홍빛인 것이 특징이다.

③ 화우와 브라만

화우(Japanese black cattle)의 원산지는 일본으로 흑모화종(黑毛和種), 갈모화종(褐毛和種), 무각화종(無角和種), 일본단각종(日本短角種)의 4품종 있으며, 그 중 가장 대표적인 것은 일본화우의 약 85%를 차지하고 있는 흑모화종이다. 흑모화종은 피모색이 약간 갈색을 띤 흑색으로 생후 36개월령의 생체중은 암컷이 400kg, 수컷이 600kg 내외이다. 흑모화우는 옛날부터 일본에서 사양되어 오던 재래종과 쇼트혼, 데본(Devon), 브라운스위스(Brown Swiss) 등의 유럽종과의 교배에 의해 개량된 것이다.

갈모화종은 유각이고 갈색의 피모를 가지고 있는데, 최근 육질과 비육의 경제성 등의 문제로 사육두수가 해마다 줄고 있다. 일본단각종은 일본남부의 재래종에 쇼트혼을 교배해서 만들어 낸 것으로 육질은 약간 좋지 않으나 체적이 우수하다. 일본단각종은 사료 이용성은 좋으나 뼈가 굵고 근육의 조직이 거칠고 도체율도 떨어진다고 평가받고 있다. 한편, 무각화종은 흑색의 피모에 무각이며 에버딘 앵거스와 교배하여 육종한 것이다. 무각화종은 흑모화종보다 조숙종으로 조기에 비육되어 육용능력이 우수한 편이다.

브라만(Brahman)은 인도가 원산지인 소로 제브(Zebu)라고도 불린다. 브라만은 내

서성(耐署性)이 강하여 열대 및 아열대 지방의 소로 적당하며, 미국의 동남부에서도 사육되고 있다.

한우

앵거스(애버딘)

샤로레

화우

브라만(제부)

젖소(홀스타인)

[그림 1-1] 소의 주요 품종

2) 유용종

젖소의 고기는 한우나 육용종의 고기보다 질적으로 낮으나 노폐우나 도태우 및 숫송아지의 비육 등으로 소고기 공급의 한 몫을 차지한다. 동물자원의 경제적 가치를 고려할 때, 젖소의 궁극적 활용도 식육생산으로 귀결되며, 서구의 여러 나라에서도 젖소가 훌륭한 식육생산 동물로 이용되고 있다.

홀스타인(Holstein)은 젖소 품종의 대부분을 차지하며, 원산지는 네덜란드와 독일의 북부지역이다. 피모색은 흑백반, 백흑반으로 경계가 뚜렷하게 나타나 있으며, 표준 체중은 대개 암소가 약 600kg 이내 수소가 약 800kg 내외로 젖소 중 비유량이 가장 많아 국내에서도 사육두수가 많다.

저어지(Jersey)의 원산지는 영국이고, 피모색은 담갈색, 농갈색 등으로 되어 있으며 비경 주위에는 흰색 띠가 둘러져 있는 것이 특징이다. 거언지(Guernsey)는 원산지가 스위스로 피모색은 담황색에서 적색 바탕에 백반이 혼저하고 있다.

3) 소의 분류

일반적으로 소는 나이나 성별에 의해 다음과 같이 분류한다. 소고기의 신선육 생산에 이용되는 소는 미경산우(heifer)와 거세비육우(steer)가 대부분을 차지하며, 송아지를 제외한 나머지는 대부분 가공용 원료로 이용된다.

① 황소(Bull) : 성숙한 수소
② 암소(Cow) : 임신경험이 있는 성숙한 암소
③ 젊은 황소(Bullock) : 거세하지 않은 젊은 수소
④ 성숙거세우(Stag) : 성숙한 수소를 거세한 것
⑤ 거세비육우(Steer) : 어릴 때 거세한 수소
⑥ 미경산우(Heifer) : 임신경험이 없는 암소
⑦ 송아지(Calf) : 3~8개월령의 송아지
⑧ 어린송아지(Vealer) : 3개월령 미만의 송아지도 사육되고 있다.

(2) 돼 지

돼지(Pig)는 야생종인 멧돼지가 식육동물로 자원화 되었으며, 유럽의 써스 스크로파(*Sus scrofa*)와 동아시아의 써스 비타우스(*Sus vittatus*)로 나누어진다. 돼지도 소의 경우와 같이 신석기시대의 농업이 정착될 시기에 식육동물로 자원화가 이루어진 것으로 추정된다. 고대 이집트의 질그릇에는 돼지가 그려져 있는데 이는 야생종으로 생각되며, BC 약 2500년경에 돼지가 본격적으로 식육동물로 분명하게 이용된 증거가 헝가리와 트로이에서 발견되었다. 하지만 돼지가 식육동물로서 비교적 중요하게 생각하게 된 것은 그리스나 로마시대 이후로 추정되는데, 이미 이 시대에는 햄이 염지되어 훈연이 되고 소시지로 가공된 것으로 알려져 있다. 돼지의 본격적인 육종은 약 150년 전부터 영국에서 시작되었는데, 그 당시 유럽의 돼지들은 써스 비타우스에서 유래된 것으로 추정되고 있다.

돼지는 우리나라에서 식육동물 중 가장 많은 소비가 이루어지는 주된 식육자원으로, 생육 또는 가공육으로 고품질 동물성 단백질을 가장 많이 생산 할 수 있는 식육동물이다. 즉, 돼지고기는 우리나라 식육 소비량의 절반 이상을 차지하며, 특히 지난 30년 동안 돼지의 사육두수는 폭발적인 증가를 보이며 발전하여 왔다. 그 결과 최근의 돼지는 사양기술의 발달로 번식률 및 육성률이 향상되어 양돈산업이 대규모 기업형으로 발전하고 있는 추세이며, 산육성이 우수한 품종들로 개량이 이루어져 돼지고기의 생산도 질적으로나 양적으로 크게 향상되고 있다. [표 1-2]는 우리나라 돼지의 사육호수와 사육두수의 변화를 나타낸 것이다.

[표 1-2] 우리나라 돼지의 사육호수와 사육두수 변화

연 도	호수 (단위 : 천가구)	두수 (단위 : 천마리)
1970	883	1,126
1975	654	1,247
1980	502	1,783
1985	251	2,853
1990	133	4,528
1995	46	6,461
2000	24	8,214
2005	12	8,961
2010	7	9,880
2015	5	10,187

Duroc Hampshire Landrace Yorkshire

한국재래돼지 버크셔 피어트레인

[그림 1-2] 양돈에 사용되는 주요 돼지 품종

돼지의 역사적인 품종 변화를 보면 지방형에서 베이컨형으로, 베이컨형에서 다시 정육형으로 전환되어 왔다. 즉, 최근의 돼지는 소비자들이 지방을 기피하는 추세를 보임에 따라 점차 살코기가 많은 품종으로 육종되어져 왔다. 현재 세계적으로 많이 사육되고 있는 돼지의 주된 품종은 영국의 버크셔(Berkshire)와 요크셔(Yorkshire), 미국의 듀록(Duroc)과 햄프셔(Hampshire), 덴마크의 랜드레이스(Landrace) 등이 있다. 세계적으로 양돈산업에서 이용하고 있는 돼지는 대부분이 두 세 가지 품종을

교배시켜 만든 교잡종을 비육시켜 돈육생산에 이용하고 있다. 우리나라에는 주로 랜드레이스, 요크셔 및 듀록의 삼원교잡종(LY×D)을 가장 많이 사육하고 있으며, 종종 햄프셔도 교잡에 이용하기도 한다.

1) 랜드레이스

랜드레이스는 덴마크의 대형재래종 돼지에 영국의 요크셔종을 교배하여 만든 대형 백색종이다. 베이컨(삼겹살)을 많이 생산하기 위해 체장이 길고 등지방두께를 얇게 개량한 품종으로, 체구는 대형이며 발육이 좋다. 랜드레이스의 피모색은 백색이고 귀는 큰 편으로 앞으로 숙여져 얼굴을 반쯤 덮고 있으며 전체적으로 보아 등선이 약간 굽어 있다. 우리나라는 1962년경에 도입되었으며, 일반 양돈가들의 호평을 받아 전국적으로 사육되고 있다. 사료요구율이 낮으며 발육이 대단히 빠르다. 체중은 생후 1년에 약 180kg 정도에 달하며 성숙한 성돈은 약 360kg 정도까지 이른다. 같은 랜드레이스종이라도 미국에서는 등심근이 굵고 뒷다리 부위가 큰 정육형에 가까운 것으로 개량되어 유럽계의 베이컨형의 체형이나 고기의 양, 그리고 육질에서 차이가 나타난다.

2) 요크셔

라지화이트(Large White) 또는 라지요크셔(Large Yorkshire)라고도 불리는 요크셔는 영국이 원산지로 대형, 중형, 소형이 있는데, 우리나라에서는 대형종만 사육되고 있다. 요크셔는 피모색이 백색이고 귀가 비교적 작고 전방으로 직립되어 있으며, 양귀사이가 넓은 특징을 가지고 있다. 요크셔는 발육이 좋고 체형이 길기 때문에 체적이 풍부하여 대체적으로 장방형의 체형을 나타낸다. 요크셔는 삼겹살부위 뿐만 아니라 대퇴부까지 근육이 충실하며, 적육과 지방의 비율이 좋아 양질의 삼겹살을 생산하는 것과 더불어 살코기 함량이 많은 정육형 돼지를 생산하기 위한 교잡용 종돈으로도 가치가 있다

3) 듀 록

듀록종의 원산지는 미국으로 전에는 지방형(lard type)에 속했으나 현재는 정육형으로 개량되었다. 듀록은 등심이 굵고 뒷다리 부위가 크고 충실하며 더구나 근육 내에 지방의 침착이 좋기 때문에 고기의 맛이 랜드레이스나 요크셔 등에 비하여 우수하다고 평가받고 있다. 듀록은 발육이 빨라 생후 1년에 체중이 약 180kg 정도에 달하고, 성돈이 되면 약 380kg 정도까지 이른다. 듀록은 산자수가 많고 새끼를 잘 기르기 때문에 랜드레이스, 요크셔, 햄프셔 등과 교배시켜 다원잡종 생산에 이용되는데,

예전에는 번식력, 산육력 등의 향상을 위해 주로 이용하였으나, 최근에는 육질의 향상을 위해 교배에 이용되고 있다.

4) 버크셔

영국이 원산지인 버크셔는 피모색에 큰 특징을 가지고 있는데, 전체적으로 몸은 검은색이지만 네 다리와 꼬리가 하얗고 얼굴 위에 흰줄무늬가 있는 소위 육백(六白)을 가지고 있다. 버크셔의 귀는 직립이나 나이가 들면 앞으로 숙이고, 얼굴이 접시형으로 움푹 들어가 있다. 버크셔는 2차 세계대전 직후 살코기가 많고 기름기는 적은 돼지로 인기가 좋았다. 체중은 생후 1년에 약 150kg, 성돈에서 200~250kg 정도가 된다. 육질은 다른 어느 품종보다 대단히 우수하다고 평가되는데, 등심이 약간 짧은 반면에 굵은 특징을 가지고 있다.

5) 햄프셔

햄프셔는 영국 햄프셔 지방으로부터 1800년경에 미국으로 도입된 것으로 검은 피모색을 가지고 있는데, 어깨, 가슴 및 앞다리에 걸쳐 몸을 한 바퀴 감고 있는 흰색 띠를 두르고 있는 특징을 가지고 있다. 햄프셔의 체중은 생후 1년에 암컷이 200~250kg, 수컷이 250~300kg이며 도체율이 비교적 높다. 체형은 백색계통보다 체장이 약간 짧고 반원형이며, 귀는 직립되어 있고 번식능력은 우수하지 않은 편으로 알려져 있다. 그러나 육질과 적육률이 우수하여 랜드레이스종이나 요크셔종의 번식력과의 시너지 효과를 위해 잡종교배에 이용되고 있다.

6) 교잡종

현재 우리나라를 포함한 세계적으로 가장 많이 비육되고 있는 교잡종은 랜드레이스와 요크셔를 교잡한 F_1에 듀록을 교잡한 백색의 LYD 품종이다. 즉, LYD종은 랜드레이스의 번식력과 요크셔의 성장력에 듀록의 육질이 동시에 나타나기 때문에 비육돈 생산에 많이 이용되고 있다. 이러한 삼원교잡종(LYD, LDH, LYH)들은 1대 잡종강세의 암컷에 육량과 육질이 좋은 정육형의 수컷을 교배하여 번식력이 우수하고 양질의 적육량이 많은 산육성 돼지로 생산된다.

7) 돼지의 분류

돼지도 나이와 성별에 의해 다음과 같이 구별된다. 신선육 돼지고기의 생산에는 주로 거세비육돈(barrow)과 미경산돈(gilt)이나 암돼지(sow)가 이용되고 나머지는 가공원료육으로 사용된다.

① 수퇘지(Boar) : 성숙한 수퇘지
② 암퇘지(Sow) : 임신경험이 있는 성숙한 암퇘지
③ 성숙거세돈(Stag) : 성숙한 수퇘지를 거세한 것
④ 거세비육돈(Barrow) : 어려서 거세한 수퇘지
⑤ 미경산돈(Gilt) : 임신경험이 없는 처녀돈

(3) 닭

닭(chicken)은 밀림닭 이었던 갈루스 반키바(*Gallus bankiva*)나 갈루스 소네라티(*Gallus sonnerati*)가 식육동물로 자원화 되었으며, 그 연대는 BC 4000년경으로 추측된다. 닭의 선조라 생각되는 밀림닭이 아직도 살고 있는 인도, 말레시아, 미얀마 등지에서 처음으로 사람에 의해 순화되어 세계 각국으로 보급되었으리라 추정되고 있다. 우리나라에서 언제부터 닭을 키우기 시작했는지는 확실한 기록은 없으나, 중국을 경유하여 BC 1400년경부터 길러 왔으리라고 추정되고 있다.

닭은 계란생산을 위한 산란계(layer)와 닭고기 생산을 위한 육계(broiler)로 나누어

한국 재래닭(적갈색계) / 육계(코니쉬) / 산란계(레그혼)
겸용종(로드아일랜드레드) / 애완종(Long-tailed fowl) / 애완종(Silky)

[그림 1-3] 주요 닭 품종

어지지만, 산란계에서 도태된 노폐계(spent fowl)도 닭고기 생산에 이용된다. 닭의 품종으로는 뉴햄프셔(New Hampshire), 화이트 플리머스록(White Plymouth Rock), 화이트 코오니쉬(White Cornish), 바드 필머스록(Batted Plymouth Rock), 로드아일랜드 레드(Rhode Island red), 백색레그혼(White Leghorn) 등이 있다. 산란계나 육계 모두 위에서 언급한 품종들을 기초로 새로운 교잡종을 만들어 상업적으로 이용하고 있다.

화이트 코오니쉬는 육용종으로 완두관이며 피부와 정강이가 황색이고 발육이 빠르다. 코친도 육용종으로 중국이 원산지인데, 깃털은 황색이 주로 많으나 백색이나 흑색도 존재하며, 단관으로 피부와 정강이는 황색이다. 바드 필머스록은 난육육겸용종으로 난각이 짙은 갈색인 특징이 있다. 로드아일랜드레드도 난육겸용종이다. 화이트 레그혼은 난종용으로 원산지가 이탈리아이며, 단관으로 깃털은 백색이며 피부와 정강이는 황색이다. 화이트 레그혼은 비교적 작은 체구를 가지고 있으며, 연평균 산란수는 285개 정도로 알을 품는 성질인 취소성(就巢性)이 없는 특징이 있다.

육계, 즉 브로일러는 소, 돼지, 양과 함께 세계적으로 중요한 식육자원이 되고 있으며, 닭고기의 특성으로 보아 앞으로 더욱 많은 생산과 소비가 이루어질 것으로 예상되고 있다. 우리나라에서는 닭고기의 생산과 이용이 산란계의 폐계와 수평아리의 영계사육으로 얻어지는 것에 불과하였으나, 1960년대에 육계용으로서 화이트 코니쉬종의 수컷과 백색 플리머스록 종의 암컷 계통과의 교잡종이 많이 이용됨에 따라 본격적인 닭고기의 생산이 시작되었다. 지난 30년간 우리나라에서 닭의 사육호수와 사육두수의 변화는 [표 1-3]에 나타난 바와 같다.

[표 1-3] 우리나라 닭의 사육호수와 사육두수 변화

연 도	호수 (단위 : 천가구)	두수 (단위 : 천마리)
1970	1,338	23,633
1975	1,094	20,939
1980	692	40,130
1985	303	51,081
1990	161	74,463
1995	203	85,800
2000	218	102,547
2005	136	109,627
2010	4	149,200
2015	3	164,131

현재 우리나라의 양계산업은 사육규모면에서나 사양관리 기술면에서 전업화와 기업화가 거의 이루어졌으며 이미 선진국 수준에 도달한 것으로 평가받고 있다.

(4) 양

서양에서는 제4의 식육동물로 취급되는 양(Sheep)은 구석기시대부터 들소 등과 함께 수렵의 대상이었다. 그러나 양이 본격적으로 식육동물로 자원화 한 것은 정착농업이 시작되기 전 유목생활에서 인간이 양의 무리를 따라 이동하던 시기로 거슬러 올라가며, 수렵을 하던 양들을 개들의 도움에 의하여 관리를 하면서 자원화 되었고, 유목민의 기원도 이렇게 시작되었다. 따라서 양의 기원은 약 BC 7000년경으로 추정되는데, 그 흔적들이 농경시대 이전인 BC 6000년경 이란의 고분에서 발견된 바 있다. 그 당시 이미 양은 식육뿐만 아니라 털도 이용되었으며, 부드러운 양피는 그리스-로마시대에는 종이 대신 양피지로 이용되었고, 중세에는 그리스도교의 교전이 양피지에 쓰여 있다. 가장 오래된 양의 유골은 아나우(Anau)의 유적에서 발견된 것이데, 이곳은 서부아시아의 고원지대로 생각되며, 지금도 이 지방에는 가장 오래된 면양의 형태를 한 것들이 야생하고 있다. 식육동물화 되기 전 야생면양으로는 유럽과 페르시아지방의 뮤플롱(Moufflon), 서아시아와 아프가니스탄의 우리알(Urial), 중앙아시아의 아르갈리(Argali), 북미와 북구 아시아의 빅혼(Big Horn) 등이 있다.

1) 면 양

면양(Sheep)은 본래 육용으로 가축화된 것이나 이들이 개량되어 모용종이 된 것이다. 현재 세계적으로 사육되고 있는 육용종으로는 사우스다운(Southdown), 슈롭셔다운(Shropshiredown), 링컨(Lincoln), 보오더 레스터(Border Leicester) 등이 있으며, 모육겸용종으로는 코리데일(Corriedale)과 펄워어스(Polwarth)가 있다. 그리고 최근에 개량된 것으로 서포오크 다운(Suffolk Down), 햄프셔다운(Hampshire Down)과 옥스포오드 다운(Oxford Down) 등이 있다. 하지만 우리나라에서는 면양의 사육이 보편화되어 있지 않아 사육두수가 극히 한정적이다.

2) 산 양

산양(Goat)은 염소라고도 하며 소나 면양보다는 늦게 가축화된 것으로 보이며, 아시아지역에서의 가축화는 BC 3500년경으로 보고 있다. 산양의 품종은 여러 가지가 있으나 대부분이 재래종이다. 우리나라에서는 개량종인 자넨(Saanen)종이 유용으로 사육되고 있으며, 토겐브르크(Togenburg)종이 소수 사양되고 있다. 우리나라에서 제일 많이 기르고 있는 것은 흑색재래종인 흑염소이다. 이들은 체질이 강건하며 불량한 사양조건에서도 잘 견디고 약용과 육용으로 이용되고 있다.

(5) 오 리

오리(Duck)는 동물분류학상 기러기목 오리과에 속하는 야생오리를 가축화 한 것으로 기원전 2~3천년 전부터 고대 이집트에서 사육하였고, 아시아에서는 중국 남부지방의 늪지대에서 역시 기원전부터 사육해 온 것으로 알려져 있다. 동양에서 먼저 길러졌다는 설이 있으나 이집트에도 기원전 2~3천년 전 경에 조각그림에 오리를 붙잡는 형상이 있는 것으로 보아 이미 오래 전부터 오리를 식육화 했음을 추측할 수 있다. 오리의 원종인 야생오리는 아시아의 동부로부터 북미대륙에 분포한다고 하나 계절에 따라 북반구의 전역에 분포하여 살고 있어 이를 사육화 하는 일은 어려운 일이 아니었으므로 유럽오리가 동양계라고 단정할 수는 없다.

오리는 육용, 난용, 육란겸용으로 나눌 수 있다. 일반적인 육용종 품종으로는 루왕, 아일즈베리, 마스코버, 인디안런너, 청수종, 오사카종이 있는데, 북프랑스가 원산이며 가장 오래된 품종인 루왕과 영국 원산인 아일즈베리는 세계에서 가장 많이 사육되는 육용종 품종이다. 청수종은 일본이 원산으로 일본에서 많이 사육하고 있고, 일본재래종인 청수종과 중국의 페킹종의 교잡종인 오사카오리는 일본 및 우리나라에서 많이 사육되고 있다. 난용종 품종으로는 카키켐벨종과 사계조종이 일반적으로 사육되고 있다. 카키켐벨종은 19세기 말경 영국에서 캠벨부인이 인디안런너 종과 야생오리를 교배하여 만든 품종이고 사계조종은 일본에서 야생오리와 오리를 교배하여 만든 품종이다. 두 품종 모두 1년에 평균 250개 정도의 알을 낳는다.

세계에서 가장 많이 사육되고 있는 품종 중에 하나인 페킹종은 육란 겸용종으로 중국이 원산지이고 1973년 미국에 수출되어 미국과 영국 두 나라에서 개량되어 현재는 세계 각국에서 길러지고 있다. 케이유가종은 육란 겸용종이긴 하지만 누런빛을 띤 흰색이고 다리가 흑색이어서 육용으로는 수요가 적은 편이고 털이 아름다워 관상용으로 적합하다. 피부는 독일, 덴마크, 벨기에, 스페인 등 여러 나라에서 보호되는 품종이다. 현재 우리나라에서는 오리를 보신용 및 기능성 축산물로 여겨지고 있고 이러한 이유로 지난 수년 동안 오리의 사육두수가 현저히 증가했다.

(6) 칠면조

칠면조(Turkey)는 북아메리카와 멕시코가 원산지로, 북아메리카의 원주민들에 의해 사육되어 왔고 1492년에 콜럼버스가 북아메리카대륙을 발견한 이후, 전 세계에 보급되었다. 몸길이는 수컷이 약 1.2m, 암컷 약 0.9m이고 몸무게는 수컷 5.8~6.8kg 암컷은 3.6~4.6kg이다. 야생종은 가축으로 길들여진 품종보다 몸이 작아서 날개길이가 약 50㎝이고 깃털은 청동색이다. 사육품종은 원종인 야생종과 같은 청동색 품종 이외에 흰색, 검정색, 노란색 등 다양하다.

사육품종은 원종인 청동색과 같은 빛깔의 품종 이외에 백색·흑색·황색 등 다양하다. 광흉 청동색 칠면조(Bronze)는 청동색 칠면조를 개량한 것으로 가슴살을 크게 한 품종이다. 몸의 일부에 백색의 날개가 섞여 있는 것 외는 전신 청동색을 하고 있다. 성체중이 수컷 17kg 이상, 암컷 10kg 이상이 되는 대형 칠면조이다. 광흉 대형 백색 칠면조(Large white)는 전신이 백색의 날개로 덮여 있는 대형종으로 성체중이 수컷 13kg 이상, 암컷 9kg 이상이 되는 칠면조이다. 소형 백색 칠면조(Beltsville small white)는 미국에서 개량된 품종으로, 수컷 10kg, 암컷 6kg 정도의 소형 칠면조이다.

(7) 거 위

거위(Goose)는 야생 기러기를 길들여 식육용으로 개량한 가금이다. 품종에는 유럽계와 중국계가 있다. 유럽계에는 회색기러기를 개량한 엠덴종(Emden)과 프랑스에서 개량한 툴루스종(Toulouse)이 있으며 두 종 모두 성질이 온화하고 살이 많이 찐다. 중국계는 개리(야생종 거위)를 개량한 것으로 윗부리의 기부에 혹 모양의 돌기가 있어 유럽계와 쉽게 구별할 수 있다. 우리나라에서는 유럽계보다 중국계인 중국거위를 많이 사육한다. 우리나라에서는 거유, 게모, 게우라고도 불렀으며 한자로는 아(鵝)라고 한다. 820년에 신라아(新羅鵝)를 일본에 전했다는 기록이 있어 우리나라에서는 이 보다 오래 전부터 사육된 것으로 보이며, 유럽에서는 BC 388년부터 사육되었다.

(8) 말

야생마의 가축화는 소, 개, 양보다는 늦지만 BC 3000년경, 중앙아시아의 고원지대에 정주하고 있던 아리안들에 의해서 사육되었던 것으로 보고 있다. 말의 조상은 프셰발스키말(Przewalski)과 타르판(Tarpan)이 시초인 것으로 추정하고 있으며, 우리나라는 선사시대부터 말의 사육이 이루어졌을 것으로 추정하고 있다. 문헌상으로 부여, 옥저, 고구려 등에서 이미 목장을 설치하여 소, 돼지와 더불어 말의 사육이 이루어진 것으로 기록되어 있고, 고려시대 초기에는 축마제도를 갖추어 말의 사용목적과 종류에 따라 구분을 지었으며, 계절에 따라 사료의 종종과 양에 차이를 두어 사육하는 등 축마의 과학화를 이루어 조선시대까지 이어졌다. 조선시대 당시의 말의 용도는 군사상의 전마(戰馬)와 통신용 역마(驛馬) 등 다양할 뿐만 아니라 식용도 이루어졌는데, 건마육(乾馬肉)이라 하여 궁중과 관아에 공물로 바쳐졌다. 말의 품종은 원산지에 따라 동양종과 서양종, 용도에 따라 승용마와 역용마(役用馬)로 구분하지만, 따로 식용으로 구분된 품종은 없다.

(9) 토 끼

토끼(Hare)를 가축으로 길러온 역사는 생각보다 아주 짧다. 집토끼는 15~16세기경 중부 유럽에서 주로 길러오다가, 각처를 항해하던 포르투갈 선원들이 식량 공급수단으로 기항지마다 길러옴으로써 전 세계로 퍼지게 되었다. 우리나라에서도 집토끼는 개화기 이후 일본을 거쳐 들어온 전혀 새로운 가축이다. 우리나라의 토끼 사육두수는 한때 모피용 앙고라토끼 사육 붐을 타고 70년대 말에 100만 마리 가까이 늘어났다가 그 후 매년 큰 폭으로 감소해 왔다. 그러나 최근 들어 애완용 토끼를 찾는 사람이 점차 많아지면서 토끼를 기르는 농가가 점차 늘어나고 있다.

토끼는 굴토끼와 산토끼의 두 종류가 있으며, 현재 일반적으로 사용하는 토끼는 BC 750년 경에 산토끼로부터 가축화된 것으로 보고 있다. 현재 토끼는 육용뿐만 아니라 다른 용도로도 품종을 구분한다. 육용종은 벨기에 원산의 벨기언종(Belgian)과 프랑스 원산의 플레미시종(Flemish)이 있다. 벨기언종은 뒷다리와 귀가 크고 회색을 띤 갈색이며, 플레미시종은 집토끼 중에서 몸집이 가장 크고, 귀는 늘어져 있으며, 모색은 회색·검은색·흰색·남색 등 여러 가지이다.

친칠라종(Chinchilla)과 렉스종(Rex)은 모피용 품종으로 모두 프랑스 원산이다. 친칠라종에는 대형종과 소형종이 있으며 소형종인 렉스종은 털은 짧고 벨벳처럼 부드러워 고급 모피의 대용품으로 쓰인다. 앙고라종(Angora)은 모축종 품종으르 원산지는 터키의 앙고라 지방이라고 한다. 현재의 앙고라는 영국·프랑스에서 개량된 것이다. 영국계는 소형으로, 털이 가늘고 몸통은 짧으며, 프랑스계는 대형으로 털은 흰색으로 굵고 길다.

일반적으로 뉴질랜드화이트종(New Zealand White)과 백색 일본종은 육용 및 모피 겸용종이다. 뉴질랜드화이트종은 몸의 앞쪽이 잘 발달해 있고, 순백색의 가는 털이 빽빽이 나 있다. 백색 일본종은 눈이 빨간 흰색 토끼로, 크기가 다양하다. 그 외 대형인 메리겐종과 중형인 이탈리안종, 소형인 낭킹종이 있다 이들은 모피의 품질이 좋아 염색하여 수출도 하고, 고기는 식용한다. 의학계나 생물학계에 없어서는 안 될 중요한 실험동물이기도 하다.

(10) 사 슴

사슴이 가축화된 역사는 생각보다 길지 않지만, 이미 구석기 시대부터 식용화가 되어 왔다. 녹육(鹿肉)은 고기잡이와 사냥을 중요한 식품 획득의 수단으로 삼았던 구석기 시대부터 식용되었는데, 고대 중국의 주례에는 공중의 식용으로 쓰는 육수에 사슴과 노루를 사용했으며, 예기에는 녹육으로 포(脯)를 만든다고 되어있다. 또한 우리나라에서도 고구려 무용총 벽화 등에 사슴을 사냥하는 무사의 그림이 그려져 있는 것을 보면 이미 오래 전부터 사슴을 식육화 했음을 추측할 수 있다.

우리나라에서의 사슴 사육은 주로 녹용생산을 위주로 실시되고 있으며 외국과 같이 녹육생산을 위한 목적으로의 사슴 사육은 극히 일부에 지나지 않는다. 따라서 우리나라에서 일반 양록가에 보급되어 사육되고 있는 사슴들은 대개 녹용생산에 적합한 품종들이다. 현재 우리나라의 사슴사육농가에서 많이 사육하고 있는 사슴 품종으로는 꽃사슴과 레드디어 및 엘크이며 그 외 사불상사슴이나 무스사슴 및 삼바사슴 등이 일부에서 시험적으로 사육되고 있다.

꽃사슴(Cervus nippon, Sika deer)은 중형의 체구를 갖고 있는 사슴으로 체형이 아름답고 체표에 전체적인 흰 반점을 나타내고 있다. 우리나라에서 가장 많이 사육되고 있는 품종이며 일본과 중국, 대만에도 널리 분포하고 있다. 레드디어(붉은사슴, Cervus elaphus, Red deer)는 영국 등지의 유럽에 많이 서식하며 북아프리카와 아시아 등지에도 널리 분포하고 있다. 꽃사슴에 비해 많은 뿔 가지수를 갖고 있고 녹용품질도 비교적 우수한 편이다. 엘크(Cervus canadensis, Elk) 사슴은 대형종의 붉은 사슴속의 사슴으로 현재 우리나라에 도입되어 사육되고 있는 사슴 중 가장 큰 품종이다. 엘크사슴의 녹용생산량은 꽃사슴이나 레드디어에 비해 월등히 뛰어나기 때문에 외국제품과의 비교에서도 충분히 경쟁력이 있는 품종으로 인식되어 캐나다, 미국 북부, 러시아 등지에서 수입되어 전국적으로 사육이 늘어나고 있는 추세이다.

제 2 장 식육의 수급

2.1. 식육의 역사

인간이 최초로 식육을 식생활에 이용한 시기는 원시원인들의 생활이 나무 열매 등을 주식으로 이용하던 수상생활에서 지상생활로 전환되던 시기까지 거슬러 올라간다. 약 40만년 전, 인류의 선조라고 추정되는 직립원인(*Pithecanthropus*)들이 나타난 시기부터 원시농경문화가 정착될 때까지는 인류는 채집과 수렵에 의하여 먹을 것을 마련했다. 특히 약 12000년 전인 구석기시대에는 돌을 다듬어 만든 연장으로 들짐승들을 사냥하여 식생활에 이용했던 것으로 추정된다.

우리나라에서도 충남 공주군 석장리에서 출토된 약 3만 5천년 이전의 중석기시대 유물들을 살펴보면 돌칼, 돌도끼, 돌화살촉 들이 수렵에 사용되었던 것으로 생각된다. 또한 우리나라 전역에 걸쳐있는 패총에서 출토된 멧돼지, 사슴, 소, 말 등의 뼈와 골각기(骨角器) 등은 우리나라 원시농경시대의 선조들이 어로수렵(漁撈狩獵)에 의해 획득한 야수조육류(野獸鳥肉類)나 강변이나 해변에서 얻은 어패류 등을 중요한 식량으로 이용했을 것으로 추정케 한다. 이렇듯 식육은 인류의 역사와 같이 한 식품이었으며, 원시인에서 현대인에 이르기까지 인류에게 에너지와 영양성분을 공급하는 필수적인 식량으로서 역할을 해왔다. 인류는 처음에는 식육을 날 것으로 섭취하였으나 불을 이용하면서부터는 구워 먹기 시작하였고, 오늘날에는 염지(salting)나 훈연(smoking) 등의 가공처리를 하여 풍미를 증진시킨 고급식품으로 애용하기에 이르렀다.

역사적으로 식육은 동서고금을 막론하고 세계 각 지역에서 서식하고 있는 포유류 동물들을 그 지역에 거주하는 사람들이 포획하거나 사육하여 그들의 전통이나 관습에 따라 중요한 식량으로 이용하여 왔다. 예를 들어, 지금도 북극에 살고 있는 에스키모인은 바다표범, 북극곰 등을 주요 식량으로 이용하는가 하면, 코뿔소, 하마, 코끼리 등은 중앙아프리카의 특정 종족에게는 중요한 식량으로 취급되고 있다. 한편 종교적으로 중동 지역에서는 소고기를 금하는 대신 낙타고기를 애용하며, 호주에서는 캥거루를 식용으로 이용하고 있고, 일부 아시아에서는 개도 중요한 식육자원으로 취급되고 있다. 중국의 황화유역에서는 기원전 2000년경 이미 식육동물로서 개와 돼지가 사육되었으며, 중국인들에게 돼지는 최고의 식용동물로 현재까지 취급되고 있다.

우리나라는 신라시대에 이미 목축을 하였고 신라 법흥왕 16년에는 살생을 금지시키는 왕명이 있기도 하였다. 고려 초기에는 불교를 호국신앙으로 삼아 숭불사상이 높아 살생을 금지하였으며 육식을 절제하였다. 그러나 고려중기 이후부터는 숭불사조의 퇴조와 식육 숭상이 높아져 탐라 우육을 원나라에 보냈는가 하면, 충렬왕 23년 왕의 생일에 원의 태후가 양 40두와 고니 10마리를 보내왔다는 기록이 있다. 우리나라 선조들이 즐겨 먹던 수조육류(獸鳥肉類)로는 소, 돼지, 멧돼지, 닭, 꿩, 토끼, 양, 염소, 개, 거위, 오리, 매, 노루, 사슴, 곰의 발, 표범 등의 고기로 소, 돼지, 닭, 염소, 개 등은 이미 신라시대 이전부터 식육동물로 사육되어 오고 있었다.

인간이 식육을 가공하여 이용하게 된 기록은 확실하지 않으나 고대부터 식육의 가공이 이루어졌던 것으로 생각되며, 그 기원은 문화가 발달하기 이전부터라고 추정된다. 아마도 원시인들이 식육을 소금에 접하거나 또는 가열하면 오랫동안 보관할 수도 있고 맛이 좋아진다는 것을 인식하기 시작한 것이 식육가공의 시초가 되었을 것으로 생각된다. 고대 이집트 자료에는 식육의 보존은 소금의 첨가나 천일건조에 의한 것이라고 기록되어 있으며, 성경에 나타난 구약시대에는 소육(燒肉)이나 배육(焙肉)이라는 것이 있었으며, 19~20세기에 이르러 훈연육이나 통조림육 등으로 발달하였다. 통조림은 나폴레옹 전쟁시 식품을 안전하게 보급하기 위해 개발된 것으로, 많은 식육가공 기술들이 전쟁시 군인에게 배급되는 식육을 안전하게 오랫동안 공급할 수 있는 방법을 모색하면서 개발되었다. 예를 들어, 식육의 냉동은 제 1차 세계대전에 의해 촉진되었으며, 동결 건조육의 제조법이나 보존제에 의한 육제품의 보존방법 등은 제2차 세계대전을 거치면서 개발되었다.

우리나라 식육가공의 기원에 대해서는 확실하지 않으나 우리의 선조들은 오랜 옛날부터 가정에서 또는 산지에서 포(脯)나 해(醢) 등을 항상 만들어 두었다가 손님접대용, 제사용 또는 술안주용으로 이용하였으며, 특히 멧돼지 고기로 만든 포나 해 등을 엽육(獵肉)이라고 불렀다. 포와 해 중에서도 사슴, 노루, 멧돼지의 고기로 만든 것은 특별한 육제품으로 조정(朝廷)에 공납(貢納)할 정도였다고 한다. 또한 돼지 창자 속에 육편이나 두부, 선지, 당면, 표고버섯 같은 것을 넣어 만든 순대는 옛날부터 전하여 오는 우리나라 전통 음식의 하나로 오늘날까지 애용되고 있다.

우리나라에 본격적인 식육가공 산업이 등장한 것은 1915년부터이며, 특수 소비계층의 요구에 따라 가내수공업 형태로 육제품의 생산이 시작되었다. 그러다 1960년대에 들어와 경제 성장과 더불어 식육에 대한 수요가 점차 증가함에 따라 산업적으로 육제품을 생산하는 소규모 식육가공 회사가 등장하기 시작하였으며, 1970년대에는 국민소득이 높아짐에 따라 소득 탄력성이 높은 식육 및 육제품의 소비가 증가하면서 더욱 식육가공 산업이 발달하였다. 1980년대에 들어서면서 초현대시설을 갖춘 대기업들이 참여하게 되어 우리나라의 식육가공 산업의 규모와 기술이 국제적인 수준으로 향상 발달하였으며, 이후 식육 및 다양한 육제품이 생산 소비되어 해마다 높은 신장률을 나타내고 있다.

2.2. 식육 이용의 현황

(1) 세계 식육 수급상황

전 세계의 식육 총 생산량은 1990년도 1억4천7백만 톤, 2000년에는 1억7천3백만 톤, 그리고 2010년에는 2억5천만 톤으로 증가하였다. 식육 중에 돼지고기가 세계적으로 약 50% 수준으로 가장 많이 소비되고 있으며, 그 다음으로 소고기와 닭고기가 나머지 절반을 차지하고 있어 우리나라의 식육 소비패턴과 매우 유사하다.

지난 15년간 주요 3대 식육 중 닭고기의 소비량이 가장 빠른 속도로 증가되어 왔는데, 닭고기의 수요가 급증한 이유는 소고기에 비하여 값이 저렴하다는 이유뿐만 아니라 우리나라와 마찬가지로 백색육에 대한 소비자의 영양과 건강을 고려한 소비가 이루어졌기 때문이다. 최근 닭고기는 미용식으로까지 각광을 받고 있으며, 외식문화가 갈수록 발달됨에 따라 닭고기의 소비 증가 추세는 한동안 계속될 것으로 전망되고 있다. 한편, 소고기는 일반적으로는 선호도가 높으나 고가인데다 대량생산 소비국인 미국의 생산 및 소비의 감소로 증가율이 둔화되어 있으며, 이와 같은 소비추세는 앞으로도 지속될 것으로 본다. 또한 돼지고기는 해마다 육류 중 가장 많이 생산 소비되며 어느 나라를 막론하고 생육뿐만 아니라 가공제품으로서 대량 소비되기 때문에 앞으로도 대량생산과 소비의 수급이 지속될 것으로 예상되고 있다.

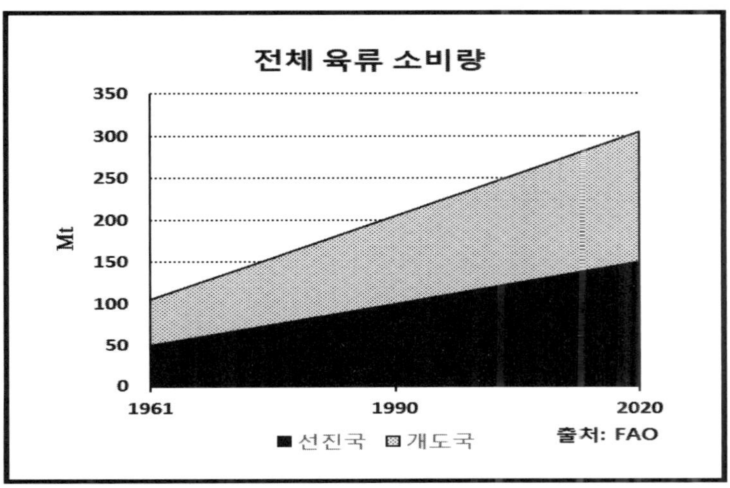

[그림 2-1] 전 세계 총 육류 소비량 추이

향후 전 세계의 식육 소비량은 꾸준히 증가할 것으로 예상되는데, 이는 선진국의 육류 소비량 증가가 정체 단계에 도달했음에도 불구하고, 일부 아시아 및 아프리카 국가들에서 인구 증가와 경제발달에 따라 소비 경향 변화로 육류 소비가 급격히 증가할 것으로 예상된다. 따라서 전 세계의 총 육류 소비량은 크게 증가할 것이며 이에 따른 식육 자원의 개발과 생산 규모 확보가 앞으로의 중요한 이슈로 자리매김 할 것으로 보인다.

[표 2-1] 전 세계 주요국별 식육의 수급현황 (2015년도)

국 별		한국	미국	캐나다	호주	EU-27	러시아	중국	일본
소비량 (천톤)	소고기	750	11,400	943	745	7,610	2,047	7,350	1,210
	돼지고기	1,813	9,341	846	562	20,872	3,016	55,668	2,568
	닭고기	925	14,996	1,124	1,056	10,160	3,775	12,880	2,245
수입량 (천톤)	소고기	400	1,559	290	8	370	700	600	740
	돼지고기	599	506	216	220	12	408	1,029	1,270
	닭고기	115	58	160	11	710	260	250	900
자급률 (%)	소고기	34.6	88.3	72.8	98.1	95.3	71.9	89.5	40.8
	돼지고기	68.1	94.1	77.0	89.5	97.2	85.6	97.8	51.5
	닭고기	87.3	99.6	88.8	98.9	93.0	94.4	96.5	59.4

1) 소고기

소고기를 가장 많이 소비한 나라는 미국, EU, 브라질, 중국, 아르헨티나 순이며[표 2-1], 특이하게도 소고기를 가장 많이 수출한 나라는 인도, 그 다음은 호주, 브라질, 미국 순이었다. 미국은 소고기를 가장 많이 생산하는 나라지만 소비도 가장 많이 이루어져 외국으로부터 소고기를 가장 많이 수입하는데, 2015년도에 156만 톤을 수입하여 상당량의 소고기 수급을 외국에 의존하고 있다. 미국 이외에도 소고기를 수입하는 주요 국가는 일본, 러시아, 중국, 우리나라를 들 수 있는데, 그 중에서도 우리나라는 자급률이 35%에 불과하여 수입에 의존하는 비율이 세계에서 가장 높은 국가이다.

2) 돼지고기

돼지고기 소비가 가장 많은 나라들은 중국, EU, 미국, 브라질, 러시아 순이며, 가장 많이 수출하는 나라들은 덴마크, 네덜란드 등의 EU의 몇몇 국가들과 미국, 캐나다, 브라질 등이다. 네덜란드는 돼지고기 자급률이 300%나 되므로 수출 주요국이다. 돼지고기를 많이 수입하는 국가들의 순서는 일본, 중국, 한국, 미국, 러시아 순이다. 세계적으로 돼지고기의 소비는 증가 추세이며, 중국, EU, 미국, 브라질 등의 생산 증가로 돼지고기의 교역은 계속 증가할 것으로 예상된다.

3) 닭고기

다양한 식육들 중 닭고기는 근래에 들어 세계적으로 가장 현저하게 수급이 증가되고 있는 식육이다. 닭고기를 가장 많이 생산하는 나라는 미국, 브라질, 중국, EU, 인도, 멕시코, 러시아 순이다. 닭고기를 가장 소비가 많은 나라의 순서는 미국, 중국, EU, 브라질, 멕시코, 러시아 등으로, 미국은 전 세계 유통량의 약 20%를 소비한다. 수출을 많이 하는 국가는 브라질, 미국, EU, 태국 등이다. 한편, 닭고기의 수입은 일본, 사우디아라비아, EU, 멕시코 순이다.

4) 국가별 1인당 연간 식육 소비량 비교

세계에서 소고기의 소비량이 가장 많은 나라 중 하나인 미국은 1인당 연간 약 109kg의 육류를 소비하고 있는데, 이는 우리나라 사람들에 비해 2배가 넘는 양이다. 일본은 우리와 비슷한 육류 소비량을 보이며, 중국은 우리보다 전체적으로 많은 육류를 소비하고 있다. 전 세계 식육 소비는 북미나 유럽 중심으로 1인당 연간 100kg을 초과하는 국가들이 많으며, 일부 아시아 지역과 아프리카의 국가들에서 세계 평균 이하의 낮은 식육 소비를 하고 있다. 식육 소비량은 경제력과도 밀접한 관계가 있어 소득 수준과 비례해서 일인당 식육 소비량도 높은 것으르 나타난다[그림 2-2]. 우리나라의 1인당 식육 소비량은 계속적으로 증가하여 전 세계 평균인 약 40kg을 초과한 것으로 바람직한 수치로 평가된다.

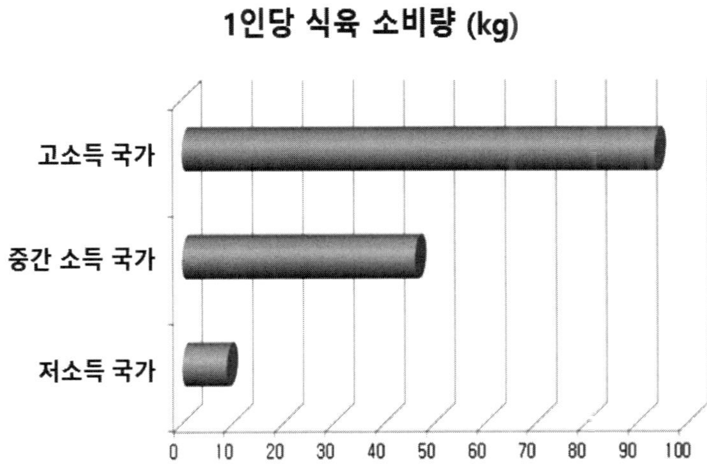

[그림 2-2] 소득 수준에 따른 식육 소비량 비교

우리나라 사람들이 연간 약 11kg의 소고기를 소비하는데 비해 미국과 호주는 30kg 이상을 소비하고 있다. 아르헨티나는 소고기 소비량이 60kg에 근접하기도 한다. 돼지고기의 소비가 월등히 높은 중국은 우리의 절반 정도에 해당하는 소고기의 소비량을 나타내고 있으나 최근 경제 성장과 함께 소고기 소비가 상대적으로 급증하고 있는 추세이다.

[표 2-2] 나라별 1인당 육류 소비량 비교 (단위 : kg)

국 명	육 류			합 계
	소고기	돼지고기	닭고기	
한 국	10.9 (23%)	22.8 (48%)	13.4 (28%)	47.1 (1.0배)
미 국	34.5 (32%)	28.6 (26%)	46.2 (42%)	109.3 (2.3배)
캐나다	26.4 (32%)	25.1 (30%)	31.9 (38%)	83.4 (1.8배)
호 주	31.6 (31%)	24.2 (24%)	28.3 (45%)	100.8 (2.1배)
EU-27	10.1 (16%)	31.0 (48%)	22.0 (34%)	65.0 (1.4배)
러시아	13.7 (22%)	21.0 (34%)	26.5 (43%)	61.2 (1.3배)
중 국	5.3 (7%)	40.2 (50%)	34.5 (43%)	80.0 (1.7배)
일 본	9.4 (20%)	20.4 (32%)	18.4 (48%)	48.2 (1.0배)

출처 : 한국은 농림축산식품부 주요통계 (2016), 다른 국가는 USDA/FAS PSD Online (2017)

반면, 중국과 대만은 돼지고기의 소비가 전체 육류 중 차지하는 비율이 50% 이상으로 다른 육류에 비해 월등히 높은 것으로 나타난다. 그 결과, 미국인들이 연간 소비하는 돼지고기보다 많은 양의 돼지고기를 중국인들이 소비하고 있다. 캐나다, 호주, 러시아는 우리나라나 일본과 비슷하게 돼지고기를 섭취하고 있다. 이 같은 나라별 돼지고기 소비량의 차이는 그 나라의 기후 및 전통적인 식습관과 요리문화에 기인하고 있다. 하지만 돼지고기의 소비는 향후 신선육뿐만 아니라 가공육으로 개발도상국을 대상으로 더 많이 소비될 것으로 예상되기 때문에 그 섭취량도 지속적으로 증가될 것으로 예상된다.

한편, 닭고기는 우리나라를 제외한 대부분의 국가에서 상대적 소비량이 가장 많은 비중을 차지할 정도로 소비량이 많다. 생산성이 좋고 가격이 상대적으로 저렴하며 가공이 편리한 이유로 소비가 주를 이룬다. 종교적 이유로 카타르의 경우 닭고기 1인당 연간 소비량이 75kg에 이르기도 한다.

(2) 우리나라 식육의 수급상황

우리나라의 주요 3대 육류는 소고기, 돼지고기, 닭고기이며, 그 다음으로 염소고기, 오리고기 등이다. 동물성 단백질의 공급식품으로서 어류로부터 생산되는 물고기 및 어육제품도 중요한 식육식품 중 하나이지만, 포유동물과 가금류로부터 생산되는 식육으로 한정하였다. 우리나라는 역사적으로 국민 대부분이 오랫동안 육식을 멀리하는 숭불사상으로 인하여, 곡류 위주의 식생활을 해왔기 때문에 육류의 산업의 발달은 대단히 미흡하였다. 그러나 1970년대부터 경제성장이 지속되면서 국민소득 증대에 따른 식생활의 수준이 향상됨에 따라 육류의 소비가 지난 30년 동안 폭발적으로 증가되었는데, [표 2-3]에서 보는 바와 같이 1970년도 식육의 소비량이 16만 톤에 불과하던 것이 2015년도에는 240만 톤으로 가파르게 증가하였다.

[표 2-3] 우리나라 3대 식육의 소비량 변화

연 도	전체 소비량 (천톤)				1인당 소비량 (kg)			
	소고기	돼지고기	닭고기	합 계	소고기	돼지고기	닭고기	합 계
1970	37	83	45	165	1.2	2.6	1.4	5.2
1980	100	241	91	432	2.6	6.3	2.4	11.3
1985	120	346	126	592	2.9	8.4	3.1	14.4
1990	177	505	171	853	4.1	11.9	4.0	19.9
1995	316	838	356	1,512	6.7	14.8	6.0	27.4
2000	402	780	329	1,511	8.5	16.5	6.9	31.9
2005	316	838	356	1,512	6.7	17.8	7.6	32.1
2010	431	940	522	1,894	8.8	19.3	10.7	38.8
2015	553	1,166	675	2,395	10.9	22.8	13.4	47.1

이 같은 식육의 폭발적인 소비량 증가는 인구의 자연증가분을 압도적으로 추월하는 것이며, 이에 따라 국내에서 생산되는 식육의 양이 부족하여 외국으로부터 많은 양의 식육을 수입하고 있는 실정이다. 식육 및 육제품이 우리나라 식생활에 차지하는 위치는 날이 갈수록 점차 높아지고 있으며, 특히 21세기에 들어온 현재는 국민식생활에 빼놓을 수 없는 가장 중요한 식품으로 인식되고 있다. 우리 식탁에서 곡물의 소비량은 점차 줄어들고 식육의 소비량은 증가하면서 조만간 이들의 소비량이 같아지거나 식육의 소비량이 오히려 많아지는 본격적인 식육 중심의 소비행태를 보일 것으로 예상된다.

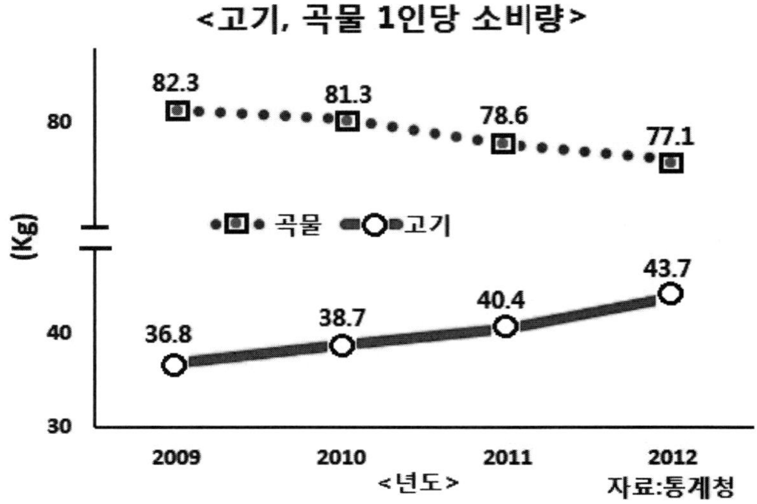

[그림 2-3] 우리나라 곡물과 식육의 소비 변화 추이

1) 소고기

우리나라 소고기의 소비량은 1970년 4만 톤에서 2015년 55만 톤으로 증가하였다. 소고기의 소비량은 1988년도 서울올림픽 이후에 폭발적으로 증가한 것이 매우 특징적이다. 우리나라는 이처럼 급신장하는 소고기의 수요를 감당하기 위하여 부족분은 수입에 의존하고 있는데, 2002년도에 수입소고기 시장이 완전 개방됨에 따라 수입소고기의 소비량의 증가는 국내산 소고기의 자급률 감소와 직결되어 1980년도 93.1%의 자급률이 2015년도에는 불과 34.6%의 자급률로 급감되었다[표 2-4].

[표 2-4] 우리나라 주요 육류의 자급 현황 (2015년 기준)

구 분	종 류		
	소고기	돼지고기	닭고기
소비량(천톤)	785	1,894	1,009
수입량(천톤)	513	615	128
자급률(%)	34.6	68.1	87.3

우리나라 국내산 소고기 공급원은 주로 한우고기이며 젖소 수컷을 비육한 육우고기도 일정부분을 담당하고 있다. 뿐만 아니라 낙농에서 도태되는 저능력우 또는 노폐우도 미약하지만 소고기 공급에 기여를 하고 있다. 2016년도 우리나라 한우와 젖소의 사육두수는 각 296만두와 41만두였고, 도축두수는 한우 73만8천두, 육우 6만4천두, 젖소 5만8천두였다.

2) 돼지고기

돼지고기는 우리나라 식육소비량의 50% 이상을 차지하고 있는 주요 식육자원이며, 신선육으로 소비되는 것뿐만 아니라 육제품 제조의 주요 원료육으로서 많은 양이 공급되고 있다. 우리나라 돼지고기의 수급량은 1970년도에 8만 톤에 불과하였으나, 2015년도 117만 톤으로 급격한 신장세를 보이고 있다. 이 같은 돼지고기 수급의 신장세는 국내에서 소비되는 3대 식육 중 가장 높은 증가율이다.

우리나라 돼지의 사육두수와 도축두수는 1970년에 약 110만두 사육에 약 62만두를 도축한 반면, 1980년에는 178만두 사육에 200만두를 도축, 1990년에는 453만두 사육에 860만두 도축, 2000년에는 약 900만두 사육에 1,500만두 도축, 그리고 2017년도에는 1,070만두 사육에 1,550만두 도축에 이르고 있다. 이 같이 지난 반세기 동안 우리나라의 돼지 사육은 해를 거듭할수록 폭발적인 신장세를 거듭하였으며, 사육두수 대비 도축두수에서 나타난 바와 같이 양돈산업의 형태도 부업형태에서 기업형태로 급속히 변화되었다.

이와 같이 우리나라의 양돈산업이 눈부시게 발전한 이유는 국민소득증대에 따른 소비의 급성장이 주요 원인이겠으나, 국민의 수요를 충족시킬 수 있도록 우수한 품종을 성공적으로 도입하였고, 양돈기술의 발달로 인한 번식률, 산자수, 산육성의 향상이 이루어진 종합적인 결과라고 할 수 있다. 뿐만 아니라 90년대 중반부터 시작된 대일 돈육의 본격적인 수출도 우리나라 돼지의 사육두수를 증가시킨 중요한 원인 중의 하나이다. 하지만 돼지사육두수의 폭발적인 신장에도 불구하고, 우리나라 소비자들의 삼겹살 부위 선호가 지나친 이유로 삼겹살의 수요를 국내산으로는 충당하지 못해 매년 삼겹살 부위는 수입하고 있는 실정이다. 돼지고기 수입자유화가 실시된 1997년도에는 6만5천 톤이 수입되었으나, 2015년도에는 62만 톤이 수입되었다.

3) 닭고기

과거 닭고기는 산란계의 노폐계와 수평아리의 육추가 주요 공급원이었으나 1960년대부터 육계(broiler)가 도입되면서 육계 산업이 급속히 발전하였고, 현재는 브로일러 산업의 발전과 더불어 외식산업의 급격한 성장으로 보다 많은 닭고기가 생산되어 소비되고 있다. 우리나라 닭고기 생산은 1970년도에 불과 4만5천 톤에 불과하였던 것이 1980년도에 9만 톤으로 늘어났고, 이후 꾸준한 증가를 보여 닭고기의 수입이 시작된 1995년도에 26만4천 톤에 이르렀다. 이후 소비는 계속 지속하여 2015년도 우리나라에서 소비된 닭고기의 양은 총 100만 톤에 달했으며 13만 톤이 수입되어 자급률은 87.3%로 축종 중 가장 높다.

(3) 우리나라 식육소비의 특성

우리나라의 식육소비는 국민소득의 증가에 힘입어 1970년대 후반부터 급격히 증가되었다. [표 2-5]에서 보는 바와 같이 연간 국민 1인당 3대 식육의 소비량은 1970년도에 5.2kg에 불과하던 것이 1980년도 11.3kg, 1990년도 19.9kg, 2000년도 31.9kg, 2010년도 38.8kg, 2015년도 47.1kg으로 10년 주기로 약 10kg씩 증가하였다.

이와 같은 식육의 소비증가를 각 육류별로 살펴보면, 소고기는 1970년에 1.2kg 소비되었던 것이 2015년에는 약 9배에 달하는 10.9kg로 증가하였다. 이는 우리나라 국민들이 소고기의 선호도가 높기 때문이기도 하겠지만, 소고기의 높은 가격에 기인하여 억제되었던 소비가 상대적으로 값싼 수입 소고기가 대량으로 수입되면서 소비도 급격히 이루어졌기 때문이다.

돼지고기는 이미 오래전부터 우리 국민들이 가장 많이 소비해 온 육류로서, 소고기보다 값이 싸고 영양가가 풍부하기 때문에 일반소비자들이 쉽게 구입하여 이용할 수 있었다. 돼지고기는 1970년에 2.6kg 소비에 불과하였지만, 1980년도 6.3kg, 1990년도 11.8kg, 2000년도 16.5kg로 소비가 증가하였고, 2015년에는 22.8kg을 소비하여, 변함없이 전체 육류소비량의 절반 이상을 차지하였다. 그러나 이러한 돼지고기 소비량은 연간 1인당 60kg 이상의 돼지고기를 소비하는 미국, 유럽, 중국, 일본, 대만의 돼지고기 소비량 보다는 적은 수치이다.

닭고기는 1인당 연간 1970년도에는 1.4kg의 소비를 보여 소고기와 비슷하였으나 1980년도 2.4kg, 1990년도 4.0kg, 2000년도 6.9kg, 그리고 2015년도에 13.4kg의 꾸준한 증가패턴을 보였다. 육계(브로일러)는 소나 돼지보다 사료효율이 높으며, 단기간에 대량생산이 가능하고 값이 저렴할 뿐만 아니라, 최근에는 건강에 대한 소비자들의 관심이 높아지면서 백색육인 닭고기에 대한 선호도가 높아지고 있어 앞으로 소고기나 돼지고기의 소비증가율을 앞지를 것으로 예상된다. 또한 저렴한 닭고기의 생산적 특성을 감안할 때 향후 가공원료육으로도 많이 이용될 뿐만 아니라 우리나라 전통 삼계탕과 닭갈비의 수출용으로도 가치가 충분할 것으로 전망된다. 지금까지 닭고기의 판매는 삼계탕 등과 같은 우리나라 닭고기 요리문화에 기인하여 통닭 한 마리 단위뿐만 아니라 뼈를 제거한 부위육 등 제품이 다양화되어 향후 소비가 더욱 늘어날 것으로 본다.

식육자원이 부족하였던 우리나라는 예전부터 식육이 식품 중 가장 고가의 고급식품으로 인식되어 왔기 때문에 그 수요에서도 특이한 점을 보이는데, 특히 계절별 소비성향이 그 어떤 식품보다 현저하게 나타나고 있다. 즉, 우리나라의 명절이 다가오면 식육의 소비가 현저히 증가하는데, 그 이유는 명절선물로 값비싼 식육제품이 가장 인기가 좋기 때문이다. 특히 이 기간에는 소고기의 소비가 눈에 두드러지게 증가하여 설날과 추석에는 도시나 농촌을 가리지 않고 어느 가정에서나 소고기를 가장 많이 소비한다.

[표 2-5] 우리나라 3대 식육의 소비구성 비율

연 도	1인당 소비량 (kg)	구 성 비 율 (%)		
		소고기 (kg) (%)	돼지고기 (kg) (%)	닭고기 (kg) (%)
1970	5.2	1.2 : 24.3	2.6 : 54.5	1.4 : 21.2
1980	11.3	2.6 : 23.0	6.3 : 55.8	2.4 : 21.2
1985	14.4	2.9 : 20.1	8.4 : 58.3	3.1 : 21.5
1990	19.9	4.1 : 20.6	11.8 : 59.3	4.0 : 20.1
1995	27.5	6.7 : 24.4	14.8 : 53.8	6.0 : 21.8
2000	31.9	8.5 : 26.7	16.5 : 51.7	6.9 : 21.6
2005	32.1	6.7 : 25.1	17.8 : 52.3	7.6 : 22.6
2010	38.8	8.8 : 22.7	19.3 : 49.7	10.7 : 27.6
2015	47.1	10.9 : 25.4	22.8 : 50.7	13.4 : 23.9
평균구성비	100%	23.8%	52.8%	23.4%

전통적으로 우리나라에서 돼지고기는 겨울철에 많이 이용되었고, 무더운 여름철에는 변질되기 쉬운 까닭으로 기피하였다. 그러나 냉장시설이 발달하면서 도축장과 각 식육판매점에 냉장유통 체계가 정착되었을 뿐만 아니라 각 가정마다 냉장고가 필수품으로 자리를 차지하면서 여름철 돼지고기 기피현상은 완전히 사라졌다. 오히려 근래에는 여름 휴가철에 삼겹살의 소비가 폭발적으로 증가하는 추세를 나타내고 있어 여름에 돼지고기 값이 가장 비싸게 나타나는 기현상까지 보이고 있다. 위에서 설명한 바와 같이 돼지고기는 양적으로 3대 식육 중 가장 많은 소비량 증가를 보이고 있으나, 그 소비의 형태가 인기부위에 치중되어 있어 많은 문제점을 보이고 있다. 즉, 소고기와 마찬가지로 식육의 요리문화가 국거리나 수육의 형태에서 구이의 형태로 급속히 전환되면서 구이에 적합한 부위인 삼겹살 및 목살의 소비는 급증한 반면, 뒷다리, 등심, 안심 등 소위 비인기 부위의 소비가 제대로 이루어지지 않아 적체되고 있는 실정이다.

우리나라는 오랜 식생활의 습관에 따라 삼복(三伏) 중에는 닭고기의 소비가 현저하게 증가한다. 이는 단백질이 풍부한 닭고기가 더운 날 보신(補身)에 더할 나위 없이 좋다는 우리 선조들의 경험적인 지혜에 근거하여 소비가 급증하기 때문이다. 그러나 최근에는 외식산업이 발달함에 따라 닭고기의 소비는 계절을 가리지 않고 연중 늘어나고 있는 추세이며, 이에 따라 브로일러 산업이 매우 발달하고 있다.

(4) 우리나라 식육산업의 발달사

1) 근대 육가공산업의 태동기(1960년대 이전)

우리나라가 고기를 식용으로 이용한 역사는 우리 민족의 역사와 그 맥을 같이 한다. 우리 선조들은 선사시대부터 사냥이나 수렵을 통해 잡은 짐승의 고기를 식용으로 이용하였기 때문이다. 고려시대 기록을 보면 이미 이때부터 오늘날 스테이크와 같은 두께로 고기를 썰어 구워 먹었음을 알 수 있다. 조선시대에는 경작농업에 가축

[표 2-6] 우리나라 육가공 제조업의 발전사

연 도	회 사 명	특 징
1915	조선축산(주)	- 근대적 육가공산업 시작
	봉 천 햄(주)	- 일본인 경영, 주한 일본인 대상 주문 납품
1926	근강축산식품공사	- 생산능력 : 20kg/일
1961	대륙축산(주)	- 매스컴 이용 광고 선전
1963	조일식품공업사	- 시중 유통
	동양식품	- 생산능력 : 250~600kg/일
1967	인천축식품	- 군납개시
	서울축산	- 동남아 수출 개시
	제일식품	- 생산능력 : 10.45톤/일
1969	진 주 햄	- 대량생산체제
1971	한국냉장	- 대량 생산 체제
1972	펭 권	- 유 통 : 메이커 >대리점 >소매점 >소비자
1975	한국식품	- 어육 혼합제품 주류
1978	대림식품	- 생산능력 : 190톤/일
1980	롯데햄우유	- 매스컴 최대 이용
1980	제일제당	- 축육제품 주류
1982	남 부 햄	- 대량 생산 판매
1984	삼원농역	- 콜드체인 시스템
1985	코델리햄	
1987	스위스식품	
1989	설성식품	
1990	미원농장	- 고품질 정통식품 주도
1995	동원산업	- 다품종 소량생산
1995	축협중앙회	- 부분육과 식육가공품 동시 생산
1996	한성기업	- 기능성, 무방부제 제품 출현
1999	하 림	- HACCP 도입
2000	-	- 패밀리 제품 출시

의 중요성이 부각되면서 늙은 소만 도축되어 매우 질긴 원료육이 공급되었고, 이에 따라 아주 얇게 썰어 굽는 구이나 양념하여 굽는 불고기가 발전하였다. 또한 식용으로 이용할 수 있는 고기 자체가 근본적으로 부족하였기 때문에 작은 양으로 여러 명이 나눠먹을 수 있는 찌개나 국 같은 탕 요리가 발전하게 되었다.

1960년대 이전까지 고기는 흔히 먹을 수 없는 귀한 식재료였기 때문에 육질의 좋고 나쁨은커녕 양질의 단백질 식품이라는 인식도 부족하였다. 낮은 국민 소득수준으로 값비싼 고기는 대중적인 식품이 아니었다. 따라서 오늘날과 같이 고기의 육질이 중요시되고 부위별로 다양하게 조리하거나 구워 먹는 역사는 그리 오래되지 않았다. 특히, 햄이나 소시지 같은 육가공식품을 제조하여 먹게 된 것은 그 역사가 매우 짧다. 육가공식품은 1890년대 초 서구문물이 우리나라에 유입되면서 소개되기 시작하였다.

최초의 국내 육가공 공장에 대한 기록은 1926년 세워진 '금강축산식품공사'이다. 하지만 그 이전에 이미 일본인에 의하여 1915년 설립된 '조선축산(주)'와 '봉천햄(주)'가 있었다. 그 후 1945년 조양식품(오리온식품의 모체)이 설립되었으나 6. 25전쟁으로 인하여 모두 큰 어려움을 맞게 되었다. 이러한 사회적 배경 때문에 1960년 이전 우리나라에는 제대로 된 육가공식품이 없었고, 외국으로부터 들어와 서구인들의 식성에 맞게 제조된 것들이 주류를 이루었다.

2) 식육가공산업의 형성기(1960~1970년대)

1960년대에 들어와 정부의 대대적인 축산 장려정책으로 식육의 생산 기반이 점차 형성되기 시작하면서 중소규모의 육가공업체도 하나 둘씩 등장하기 시작하였다. 1960년대에 대륙축산, 크라운, 서울, 강남, 건국식품 등이 출현하였으며, 1969년에는 진주햄이 어느 정도 생산시설을 갖춘 육가공 공장으로 출발하였다. 그러나 당시는 사회적으로 식육 및 육가공 제품들에 대한 수요가 질적인 면보다 양적인 면을 중요하게 생각하던 시기였다. 따라서 육가공업체들도 어육혼합소시지를 중심으로 한 저급 육제품을 생산하는 중소기업의 형태를 벗어나지 못했다.

1960년대에 설립된 중소 육가공 회사들에 의해 소량시판, 군납 및 일부수출품 생산이 이루어지면서 1970년대에는 한국냉장, 한국식품, 펭귄, 대림식품 등 조금 더 큰 회사들이 육가공 산업에 참여하였다. 하지만 이들은 육가공을 전문으로 하거나 주력으로 하는 업체가 아니라 종합식품 중 하나의 사업으로 육가공 업에 참여하였기에 시설적인 면이나 기술적인 면이 중소기업체 수준을 벗어나지 못했다.

식육산업을 살펴보면, 1970년대 중반까지는 가축거래가 주로 생체거래로 이루어졌다. 따라서 출하되는 가축의 비육 상태도 높지 않아 소고기나 돼지고기는 소나 돼지의 도체(지육)에서 뼈만 발골한 정육을 의미하였다. 그러나 1974년에 축산물 도매시장이 개설되면서 식육시장에서 육질이 어느 정도 반영된 거래가 이루어질 수 있는 계기가 마련되었다. 더욱이 1970년대 후반부터는 일본에 돼지고기를 수출하게 되면서 과다한 피하지방과 근육 사이 지방을 제거하고 정형한 부분육을 생산하기에 이르렀다. 바야흐로 정육이 식육으로 모두 이용할 수 없다는 개념이 정립되어가기 시작한 것이다.

3) 식육산업의 양적 성장기(1980~1990년대)

국내 육가공산업은 1980년에 이르러 자본력과 유통력을 갖춘 대기업의 참여로 대변혁과 함께 성장기를 맞게 되었다. 롯데햄우유, 제일제당, 진주햄(기존사 인수) 등이 본격적으로 육가공 사업에 뛰어들었는데, 당시 진주햄의 전신업체에 의해 국내시장의 90% 이상을 점유하고 있던 혼합어육소시지 시장은 돼지고기를 주원료로 하는 고급 육가공품 시장으로 점차 바뀌게 되었다.

대기업체들의 식육가공사업 진출로 국내 식육산업은 현대적 기계설비와 유통설비 등을 갖춘 대량생산체계의 계기가 마련되었다. 무균무진 포장실 등 위생적인 제조환경이 구축되었고, 동시에 냉장유통을 위해 냉장 쇼케이스가 무상으로 공급되는 등 콜드체인 시스템의 현대적인 유통체계가 구축된 것이다. 이러한 대기업의 참여로 육제품 시장은 경쟁체계가 구축되었고 경제성장에 따른 음식문화의 서구화가 이루어졌다. 더욱이 88올림픽 개최로 인한 소비성향의 특수에 힘입어 80년대 국내 식육가공산업은 연평균 25% 이상의 고성장을 이루었다.

국내 식육시장의 1980년대는 엄청난 격변기였다고 표현할 정도로 많은 변화가 있었던 시기였다. 1980년대 초에는 소고기의 대량 수입이 이루어졌고, 가축사육 농가와 식육시장 안정을 위한 정부의 축산물 수매비축 정책이 반복적으로 실시되었다. 또한 88올림픽으로 인한 식육 품질의 급속한 국제화가 요구되었고, UR타결에 의한 국내 식육시장 개방 압력이 가시화되는 등 국내 식육산업은 참으로 많은 변화를 요구받던 시기였다.

이처럼 격변하는 국내외 여건을 반영하여 정부는 국내산 식육의 품질향상을 위하여 1990년대에 들어와 다양한 연구와 기술개발로 새로운 제도와 정책을 실시하였다. 이 당시까지 우리나라의 식육 거래는 고기의 질적 다양성이 인정 되지 않고 축종별 고기는 모두 같다는 개념의 단일 가격으로 거래되는 후진성을 면치 못하고 있었다. 따라서 정부는 이를 개선하여 식육이 그 자체의 상품적 가치에 따라 거래가 이루어질 수 있도록 식육의 등급기준과 거래규격을 설정하고자 소와 돼지의 도체등급제도를 실시하였다.

1990년대는 세계적으로 국가 간의 모든 상품 거래가 기존의 자국 상품시장 보호를 인정하던 GATT 체제에서 국가 간에 모든 상품을 자유롭게 거래하는 개방화를 추구하는 WTO체제로 크게 달라졌다. 물론 국내 축산물시장(식육 및 그 제품들의 경우)도 이에 예외가 될 수는 없었다. 국내산 식육도 국제적 시장 환경 변화에 대응하지 않을 수 없는 상황에 직면하였고, 식육의 생산, 식육의 처리, 품질관리, 유통 및 가공에 관련된 기술개발과 새로운 제도의 실시가 이루어졌다. 특히 식육시장을 개방할 수밖에 없는 상황 하에서 가격경쟁력이 매우 취약한 국내생산 식육은 질적 차별화 전략을 강화하지 않을 수 없게 되었다.

국내산 식육의 품질경쟁력을 갖추기 위한 첫 번째 제도적 장치는 도체등급제의 실시였다. 1992년 7월부터 소 및 돼지 도체등급제도가 실시되면서 한우고기 및 돼지고기의 질적 차별화의 계기가 마련되었다. 도체등급제도의 실시로 국내 식육시장에 나타난 가장 큰 변화는 식육의 거래가 부분적 복합가격에서 완전한 복합가격 거래로 전환되었다는 것이다. 또한 국내 생산 닭고기의 품질 향상을 위해 닭고기 등급기준도 설정하여 실시하였다.

한편, 도체등급제도의 실시와 더불어 소 및 돼지의 대분할 정형기준도 마련되어 보급되었다. 축육의 분할정형기준에 대한 조사를 실시하여 전국적으로 통일된 소고기와 돼지고기의 소분할 부분육 명칭 및 정형기준이 마련되었고, 식육의 부위별, 등급별 및 소고기 종류별 구분 판매가 1996년부터 실시되었다.

1990년대에 들어서면서 육가공 시장은 예상외의 침체에 빠지게 되었다. 1990년대 중반부터 소비자들이 가공식품보다 자연식을 선호하는 추세로 바뀌면서 육가공제품의 섭취를 서서히 기피하기 시작하였고, 돈육캔, 소시지 등이 수입자유화 되어 국제경쟁력이 취약해졌기 때문이었다. 게다가 동원산업, 오양수산, 삼호, 한성기업 등 수산물 가공 업체들이 주문자 상표 부착 방식으로 육가공 사업에 참여하여 국내 육가공제품의 시장경쟁이 치열해졌다.

이 시기에는 냉동식품 등 경쟁관계에 있는 제품들이 급속히 증가되었고, 제품의 주 용도인 도시락 시장이 학교급식의 확대로 인해 급격히 줄어들게 되었다. 또한 음식문화의 고급화에 따라 돈육함량이 많은 햄, 캔 등의 선호도가 서서히 증가되었다. 이러한 경향에 발맞춰 롯데햄우유 김천공장, 농협중앙회 김제공장, 한냉 중부공장 등과 같이 정부의 축산물 유통구조 개선정책에 입각한 도축, 신선육 생산 및 육가공제품 생산을 일괄적으로 수행하는 사업체들이 생겨났다. 이러한 업체들은 도축가공의 현대화에 따라 1995년부터 우리나라 식품업계 가운데 최초로 HACCP(위해요소중점관리기준) 제도를 도입하여 시행하였다.

4) 식육생산 및 소비여건의 안정기(2000년대 이후)

21세기에 들어와 국내 식육산업은 식육과 육제품에 대한 소비자의 인식변화로 안정기를 맞이하였다. 전체적인 식육의 소비량은 증가추세를 유지하고 있지만 건강지향적인 소비자들의 식육소비에 대한 인식이 부정적으로 바뀌게 되었다. 특히, 국제적으로 광우병, 구제역, 조류독감 등의 발생이 식육에 대한 부정적 인식을 높이는데 크게 기여하였다. 또한 식육의 소비량이 지나치게 많은 서구사회의 식육섭취가 건강에 미치는 부정적 연구결과들이 국내 여론에 직접적인 영향을 미쳤다.

이에 국내 육가공업체들은 돈육함량을 최대한 높인 고품질 육제품, 패밀리 제품, 닭고기를 주원료로 사용한 제품 등 건강지향적인 육제품들을 개발하여 출시하였다. 또한 한우고기와 한돈고기도 각종 기능성 브랜드를 개발하여 식육시장의 활성화를 이끌어냈다. 21세기에 들어 국내 식육산업계에서 실시한 대표적인 제도는 축산농가들의 계열화를 통한 각종 식육제품의 브랜드화 사업과 식육의 모든 생산과정을 확인시켜주는 생산이력제도의 실시이다. 우리나라의 축산물 생산이력제도는 세계 최고로 인정되는 IT 기술과 유전자분석 기술이 접목되어 그 기술력이 세계 최고 수준으로 평가받고 있다.

제2편

근육과 식육의 과학

제3장 근육의 성장과 발달

식육을 포함한 거의 모든 식품들은 농수축산물이라 할 수 있는데, 이런 농수축산물들의 생산은 생명을 가진 세포의 생성(creation), 성장(growth) 및 발달(development) 과정을 통해 이루어진다. 따라서 식육의 생산과정을 공부하기 위해서는 기본적으로 식육동물의 각종 조직이 초기에 어떻게 생성되고, 성장하고 발달하는지에 대한 이해가 필수적으로 이루어져야 한다. 예를 들어, 식육동물의 출생 전후의 성장과 발달의 패턴을 탐구하는 것은 식육생산의 효율문제를 해결할 수 있는 바람직한 방안을 제시할 수 있다. 그러나 아직까지 성장과 발달의 모든 기작들이 확실하게 밝혀져 있지 않은데, 특히 성장의 개시, 성장속도의 조절, 성숙한 상태에서의 성장종결 등의 기작은 완전히 이해되고 있지 않다. 그럼에도 불구하고 현재까지 식육동물의 성장과 발달에 관해 밝혀진 많은 지식들은 식육동물의 생산에 매우 유용하게 적용되고 있다.

3.1. 성장과 발달의 개념

(1) 성　장

동물이 성장할 때, 일반적으로 성장이라는 개념은 개체가 점점 커지는 것이라고 말하지만, 이것으로만 성장의 개념을 정의하기에는 부족한 점이 많다. 그 이유는 성숙한 동물은 단순히 어린 동물이 몸체만 커지는 것이 아니고, 몸의 구조와 구조를 이루고 있는 각종 조직들의 기능 및 조성들도 같이 변화되기 때문이다. 따라서 넓은 의미의 성장은 몸체가 커진다고 하는 것에 몸체의 구조, 기능, 비율 및 조성의 변화도 포함시켜야 한다. 실제 동물의 성장과 밀접한 관계가 있는 것은 새로운 구조의 발생과 기능적 능력의 변화이다. 이러한 이유 때문에 성장의 개념은 '이미 생성된 기존의 조직이나 기관들의 구성(constitution)과 유사하게 조직들의 증대(accretion)에 의해 크기가 증가하는 일반적인 과정'이라고 정의될 수 있다. 즉, 성장에서 크기가 증가하는 것은 일반적으로 다음 3가지의 과정에 의해 이루어진다.

① 비대(hypertrophy) : 기존 생성된 세포들이 확대되는 것
② 증산(hyperplasia) : 새로운 세포들의 생성되고 그 수가 증가되는 것
③ 생장(accretionary growth) : 비세포적 구조물이 증가되는 것

한편, 근육, 뼈 그리고 생체기관과 같은 구조적 조직들의 크기가 증가하는 진성장

(true growth)과 지방조직의 크기가 증가하는 비육(fattening)은 명확히 구별할 필요가 있다. 진성장과 비육은 둘 다 위에서 정의한 성장의 개념에 포함되지만, 식육동물 생산 현장에 적용할 때는 확실히 다른 개념으로 적용시켜야 하기 때문이다.

(2) 발 달

발달은 성장과 뚜렷이 구별되어야 하는 개념으로, '크기의 점진적 팽창과 함께 중합체가 낮은 단계에서 점차 높은 단계로 진보하는 과정'이라고 정의될 수 있다. 발달은 크게 4가지로 단계로 구분할 수 있는데, 분화(differentiation), 형태발생(morphogenesis), 성숙(maturation) 및 노화(senescence)르 나누어진다.

1) 분 화

분화는 세포들과 기관들이 개체적인 특성을 완벽하게 갖춰가는 과정이다. 분화과정 동안 배아(embryo)의 세포들은 근육세포, 뇌세포, 간세포 등으로 점차 다양하게 세분되며, 결과적으로 화학적 조성이나 형태적으로 완전히 다른 세포들이 형성된다.

2) 형태발생

형태발생은 분화과정 동안 분열된 다양한 세포들이 서로 다른 특성을 가지는 특수한 기관들로 조직화 되는 과정이다.

3) 성 숙

성숙은 형태발생을 통해 조직된 각 기관들이 최고의 복잡한 단계로 충분히 발달되어 가는 과정이다.

4) 노 화

노화는 개개의 조직과 기관들이 성숙한 형태를 유지하고 못하고 완전한 대체나 재생 없이 퇴화하는 과정이다.

각각의 조직이나 기관들은 서로 다른 속도로 성장하고 발달하며 성숙된다. 따라서 동물의 성숙이 완료되는 시점을 정확하게 말하는 것은 매우 어려운 일이다. 어떤 조직이 최고의 복잡한 단계로까지 성숙이 완료되었다 할지라도 어떤 조직은 아직 발달 중에 있을 수 있기 때문이다.

(3) 식육동물의 성장과 발달

식육동물의 성장은 수정란(fertilized ovum) 또는 접합체(zygote)로부터 시작되며,

몇 가지의 뚜렷한 단계로 구분되어 진행된다. 출생 전 성장은 수정란기(ovum phase), 배아기(embryonic phase) 및 임신기(prenatal phase)의 3단계로 나누어진다. 임신 기간은 돼지가 113일이고 소는 280일로 식육동물의 종류에 따라 다르다.

수정란기는 난자가 수정되는 순간부터 배아가 외배엽(ectoderm), 중배엽(medoderm) 및 내배엽(endoderm)의 낭배(囊胚)가 되는 장배형성(gastrulation)까지를 말한다. 어떤 식육동물에서는 수정란기가 14일간 지속되는 경우도 있는데, 이 기간 동안 수정란의 모양은 대략 구형을 유지한다. 배아기 동안에는 크기의 증가는 거의 일어나지 않지만 조직, 기관 및 조직체계 등의 일련의 복잡한 분화가 일어난다.

배아기는 식육동물 종류에 따라 다양하며, 대략 24~45일 정도의 기간이 소요된다. 임신기는 배아기로부터 출생 때까지를 말하며, 이 기간 동안 태아(fetus)의 여러 기관들과 조직들의 상이한 성장속도가 확연히 나타난다. 즉, 태아 성장 중 기능적으로 중요한 중추신경계, 심장, 간, 신장 등과 같은 기관들과 조직체계는 대부분의 성장이 임신 초기단계에서 이루어지는 반면, 출생 때까지 생명유지에 크게 중요하지 않은 소화기관의 성장은 주로 임신후반기에 일어난다.

출생 후 성장과 발달은 출생 전에서 나타나는 것과 같은 뚜렷한 구분이 있는 것은 아니다. 하지만 식육동물은 태어난 다음에도 성장과 발달을 통해 성숙해지며, 이에 따라 몸체의 형태와 구성성분의 조성은 끊임없는 변화가 일어난다. 모든 식육동물들의 기본적인 성장패턴은 유사하여 일반적으로 S자형의 성장곡선을 나타낸다[그림 3-1].

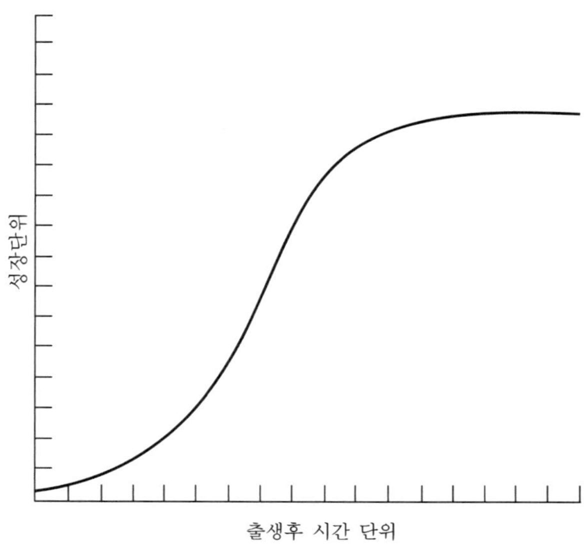

[그림 3-1] 식육동물의 전형적인 성장곡선

출생 후 일정기간 동안 동물은 다소 느린 성장패턴을 보이다가, 그 후 매우 빠른 성장패턴을 나타내는데, 이 기간 동안 크기의 증가속도는 거의 일정하여 곡선의 경사도 일정하게 유지된다. 이렇게 급속한 성장기의 말미에는 근육, 뼈 및 생체기관의 성장속도는 점차 둔화되고 서서히 비육(fattening)이 가속화 된다. 그리고 동물이 완전히 성숙한 마지막 단계에 이르면 성장은 지연되고 성장곡선은 거의 평행한 직선을 유지한다.

쥐에서 코끼리에 이르기까지 크기에 관계없이 모든 동물들의 출생 후 성장패턴은 S자형 곡선을 나타낸다. 그러나 일반적으로 크기가 작은 동물은 큰 동물에 비해 짧은 기간 내에 성숙이 완료되는데, 식육동물에서도 품종에 따라 몸체가 크게 성숙하는 품종은 작은 품종보다 더 오랜 시간의 성장기간을 필요로 한다.

한편, 출생 전이나 출생 후의 성장, 발달 및 분화는 모두 단백질 합성의 변화에 의해 일어나는데, 단백질은 모든 세포, 조직 및 기관들의 구조적, 기능적 근간을 이루고 있으며, 동물 몸체를 구성하는 세포의 합성을 촉매하는 효소들도 모두 단백질이다. 또한 단백질은 세포 내, 세포사이 및 조직사이의 수송과 전달의 수단으로서 역할도 한다. 이러한 수많은 단백질들의 합성을 위한 지령과 단백질 합성을 조절하는데 필요한 정보는 핵 안에 존재하고 있는 염색체의 DNA(deoxyribonucleic acid)에 들어있으며, 단백질의 합성은 DNA로부터 정보가 추출되고 처리되어 완전한 단백질로 해석되는 일련의 기작에 의해 이루어진다. 이러한 단백질의 합성기작에 대한 이해는 식육과학에 있어 매우 중요한데, 그 이유는 식육동물에서 식육의 생산량을 결정하는 살코기 조직(lean tissue)의 증가뿐만 아니라 몸체의 거의 모든 고형물의 증가가 단백질의 합성에 의존하기 때문이다. 따라서 식육동물의 성장과 발달을 보다 정확히 공부하고 이해하기 위해서는 단백질 합성에 관한 생화학적인 기작을 필수적으로 알아야 한다.

3.2. 골격근의 성장과 발달

동물의 성장과 발달에 대한 궁극적인 잠재력은 잉태기에 결정되며, 이러한 잠재력은 여러 가지 환경적인 요인에 의해 달라질 수도 있다. 따라서 환경은 동물의 유전적 잠재력이 달성되는 정도를 결정하며, 그 영향은 출생 전 임신부터 출생 후 성숙기까지 대단히 중요하게 작용한다. 식육동물의 각 조직들이 어떻게 식육제품에 이용되는가를 이해하기 위해서는 발달의 초기단계에서 동물이 생산할 수 있는 각 조직들의 총량이 어떻게 결정되는지를 먼저 알아야 한다.

(1) 근육생성

근육생성(myogenesis)이란 용어는 근섬유가 형성되는 동안 발생하는 분자적, 생화학적 및 형태학적 변화를 포괄적으로 함축하고 있는 단어이다. 통상적으로 근육생성은 단지 출생 전 발달에만 국한되어 이루어지는 것이라 생각되지만, 엄밀히 말하자면 근육의 완전한 발달은 체성장이 완성되는 시기까지 지속된다고 할 수 있다. 따라서 대부분의 식육동물의 경우 체성장이 완성되면 도축되기 때문에 근육생성은 평생 동안 이뤄진다고 해도 과언이 아니다. 그러나 식육동물에서 근섬유들의 형성은 대부분 출생 전 배아와 태아가 발달되는 동안에 이루어진다고 말할 수 있으며, 만약 이 기간 동안 근육의 성장과 발달에 이상이 생기면 육질이 영향을 받을 수 있다.

근섬유의 형성은 다른 세포형태들과 비교해 볼 때 매우 독특하다고 할 수 있는데, 그 이유는 근육 세포들은 다른 세포들과 달리 다핵세포이기 때문이다. 근육생성 세포들은 수정란기를 거쳐 배아기의 초기단계에서 분화가 시작된다. 분화는 개개의 세포나 조직들이 완전한 개체의 특성을 갖추는 과정으로 정의될 수 있다. 그 과정은 수정란에서부터 시작하여 난할과정을 거쳐 배낭(blastocyst)을 형성하고, 신경계, 가죽, 상피조직으로 발달되는 외배엽과 위, 장, 폐와 같은 내부기관을 형성하는 내배엽으로 나뉜다. 외배엽과 내배엽의 중간에 중배엽이 나타나는데, 근육, 뼈, 연골, 심장, 정맥과 동맥 등이 이곳에서 형성된다. 식육으로 이용되는 대부분의 조직들은 중배엽에서 기원한다.

발달초기단계에서 세포들은 낭세포(daughter cell)가 부모세포(parent cell)와 동일하게 분열되는 유사분열(proliferative mitosis)을 거쳐 근아세포(myoblast)까지 더욱 분화가 된다. 근육의 전구체 세포인 근아세포들은 서로 융합하여 미숙한 형태의 근섬유를 형성할 수 있는 능력을 가지고 있다. 따라서 근아세포들은 하나의 집단으로 융합하여 하나의 미숙한 근섬유를 형성하면서 각자가 가지고 있던 핵을 공유한다. 근육생성의 초기단계에서 나타나는 이러한 미성숙 근섬유들을 근관(myotube)이라고 부르는데, 그 이유는 핵들이 근섬유 중앙에 위치하고 있으며, 횡단면을 보면 근원섬유들이 근형질막 밑에 원주형태로 둘러싸고 있는 원시적인 모습을 나타내기 때문이다. 초기 근관들은 배아와 태아가 발달하면서 형성되는데, 이것을 1차 근관(primary myotube)라고 하고, 1차 근관들이 형성하는 근섬유들을 1차 근섬유(primary muscle fiber)라고 한다. 2차 근관(secondary myotube) 역시 근아세포들의 융합의 결과로, 주로 태아발달의 후반부에 1차 근관들 주변에 형성되며, 2차 근섬유(secondary muscle fiber)를 만든다. 이 두 가지 형태의 섬유들이 성숙하면서 수축단백질을 축적함에 따라 근원섬유(myofibril)들이 핵들을 둘레로 밀어 내고 근섬유 중앙에 형성된다 [그림 3-2].

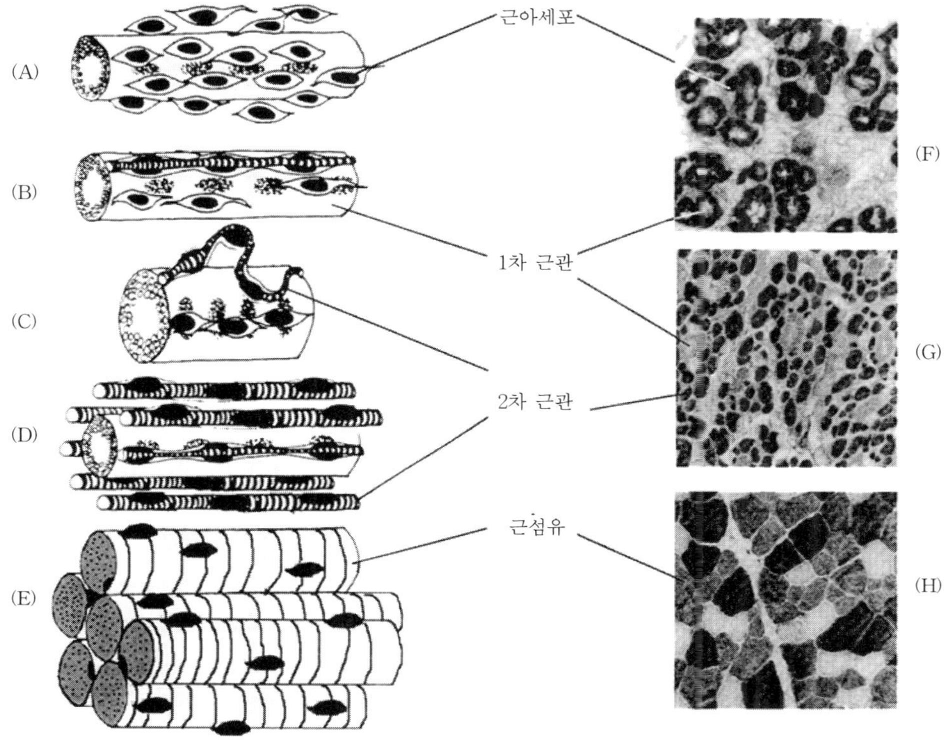

[그림 3-2] 근섬유 발달의 모식도

(A) 근아세포가 1차 근관주변에 모인다.
(B), (C) 1차 근관 표면에 붙어 2차 근관이 형성된다.
(D) 2차 근관들이 1차 근관을 둘러싼다.
(E) 몇 개의 근섬유가 완전히 형성된다.

배아와 태아의 발달 동안 근육 내에 있는 근섬유들은 수가 증가하고 분명히 구별되는 근속으로 집합을 이룬다. 개개의 근섬유들은 임신 초기 2/3 기간 동안 직경이 약간 증가하는데, 이 기간 동안 근육의 무게 증가는 근섬유 수가 증가하는 증산(hyperplasia)에 기인한다. 태아 근육의 실질적인 무게증가는 나머지 임신 후기 1/3 기간 동안에 이루어지는데, 이때는 이미 만들어 진 근섬유들의 크기가 증가하는 비대(hypertrophy)에 기인하며, 임신 초기에 비해 괄목할 만한 무게 증가가 이루어진다. 한편, 근섬유의 길이가 길게 성장하고 발달하는 것은 현존하는 근원섬유들의 말단에 완전한 근절단위(sarcomere unit)가 새로 형성되면서 이루어진다.

(2) 근섬유의 비대

식육동물의 근육은 출생 전에 비해 출생 후에 크기의 증가가 본격적으로 일어나며, 그 증가속도는 성장기에 빠르고 식육동물이 성숙기에 도달함에 따라 점차 감소한다. 근육의 크기가 증가하는 것은 근육을 구성하는 기본 세포단위인 근섬유들의 직경과 길이가 동시에 증가하기 때문이다. 일반적으로 출생 후에는 근섬유의 수는 크게 증가하지 않으며, 따라서 출생 후 근육의 성장은 주로 현존하는 근섬유들의 비대를 통해 이루어진다. 또 각 근섬유들이 비대를 통해 직경이 증가하는 것은 근섬유를 구성하고 있는 근원섬유들의 수와 크기가 둘 다 증가하는 것에 기인한다. 식육동물의 근육에서 하나의 근섬유 내에 존재하는 근원섬유들의 수는 일생동안 약 10~15배 정도 증가한다. 근원섬유들의 증식은 하나의 큰 근원섬유가 2개의 작은 낭근원섬유(daughter myofibril)로 장축방향으로 분열하여 이루어지며, 분열된 작은 근원섬유는 초원섬유들의 부가(addition)를 통해 다시 커지게 된다. 이런 반복 과정을 거쳐 보통 한 개의 근원섬유는 4개 또는 그 이상으로 분열한다.

돼지는 생후 약 150일경에 최대의 근섬유 직경을 나타낸다[그림 3-3].

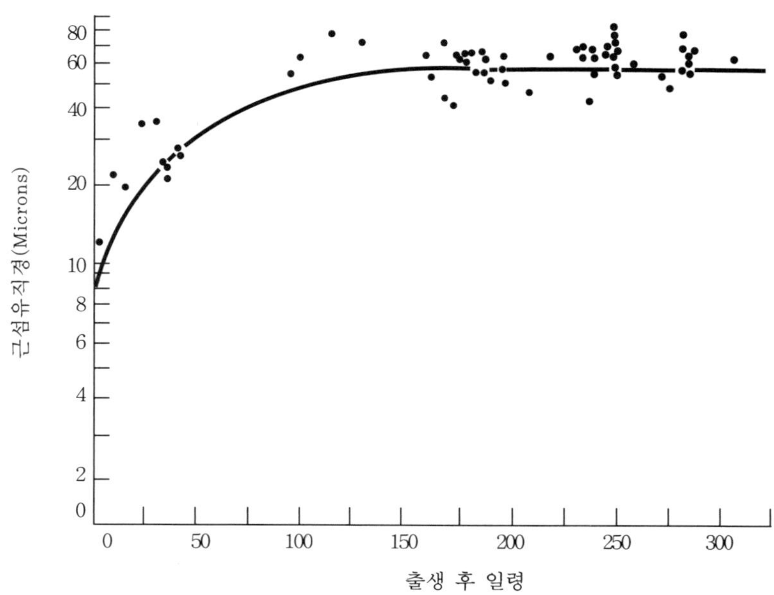

[그림 3-3] 출생 후 일령 증가에 따른 돼지 배최장근섬유의 직경변화

일반적으로 최대의 근섬유 직경을 나타내는 시기는 식육동물에 따라 일정치 않으나, 보통 성장패턴과 유사한 경향을 보여 성숙이 빠른 동물일수록 최대 근섬유 직경을 빨

리 형성한다. 한편, 소와 같이 체성장이 크게 완료되는 식육동물의 근섬유 직경이 상대적으로 체성장이 작게 완료되는 식육동물들의 근섬유 직경보다 크다고 할 수는 없다. 즉, 크기가 큰 근육은 근육을 구성하고 있는 근섬유들의 직경이 큰 것 때문이라기보다 구성하고 있는 근섬유의 수가 많기 때문에 크기가 큰 것이다. 따라서 근섬유의 크기는 식육동물들의 몸체의 크기와는 크게 상관이 없다. 일반적으로 식육동물에서 근섬유 길이의 성장은 직경의 성장보다 먼저 이루어진다.

근섬유 길이의 증가는 현존하는 근절의 길이 증가 및 새로운 근절단위의 부가라는 두 요인에 의해 이루어지지만, 대부분은 새로운 근절의 형성에 기인한다. 근절의 수는 출생부터 성숙까지 약 3배 이상 증가하며, 골격근에서는 근원섬유들의 건(tendon)-말단에 새로운 근절이 부가된다. 새로운 근절의 부가가 완료된 근섬유는 근절길이의 증가를 통해 길이가 성장되지만 약 20% 이상의 증가는 일어나지는 않는다.

근육이 분화 또는 성숙한 후에는 근섬유(myofiber) 형태르 되어 사실상 더 이상 세포증식이 일어나지 않지만 성장 및 재생시 근육세포는 빠른 속도로 증식하는 능력을 가진다. 이는 근육조직이 식육동물을 기르는 가장 중요한 이유 중의 하나인 식육을 제공해 줄뿐만 아니라 가축의 생리적, 물리적, 이화학적 더사 조절에도 매우 중요한 역할을 하기 때문에 육량과 육질을 포함한 경제형질의 극대화를 위해서 근섬유의 비대와 재생 기작을 이해할 필요가 있다.

출생 후, 근섬유가 비대하는 동안 많은 양의 근원섬유단백질들이 생성되어 근섬유 성장에 이용됨에도 불구하고, 근육 내에는 축적되는 단백질의 양에 비해 DNA의 함량이 낮은 비율로 나타나는데, 이것은 비록 근핵(myonuclei)이 더 이상 분할될 능력이 없더라도 근섬유에 존재하는 핵들의 수가 끊임없이 증가한다는 것을 의미한다. 근육 내에 나타나는 이 새로운 핵들은 근육위성세포(satellite cell)로 알려진 특별한 근육세포에서 생성된다. 근육위성세포들은 근섬유들의 근형질막과 기저막(basement membrane) 사이에 위치하고 있으며, 근섬유들과 함께 증식하고 분화하며 융합할 수 있는 능력을 가지고 있다. 따라서 근섬유가 비대해지면서 부수체세포들의 수도 늘어나고, 결국 DNA의 함량도 많아지며, 궁극적으로 근섬유의 단백질 합성 능력과 성장이 증가되어 근섬유는 지속적으로 성장할 수 있게 된다. 성숙한 근원섬유에서 발견되는 전체 핵의 95% 이상이 근육위성세포로부터 유래되기 때문에, 출생 후 근육의 성장 동안 새로운 근섬유들의 형성은 근육위성세포가 책임지고 있다고 할 수 있다.

1961년 Mauro에 의해 처음 발견된 근육위성세포는 현재까지도 그 정확한 근원을 밝히기 위한 연구들이 진행되고 있다. 근육 내에 존재하는 위성세포들만으로는 손상된 근육을 빠른 속도로 재생하는 데는 한계가 있는데, 최근 근육의 성장시 역할을 할 수 있는 다른 종류의 근원세포들도 밝혀졌다. 즉, 외배엽에서 유래된 신경줄기세포가 근육으로 분화되었고, 조혈모세포(bone marrow progenitor cells)를 쥐에 이식하여 이들 세포가 근육재생에 관여한다는 것이 관찰된 바 있다. 중간엽줄기세포(mesenchymal stem cells), 혈관줄기세포(vessel associated progenitors), 지방유래줄기세포(multipotent adipose derived stem cells) 또한 근육생성에 관여한다는 보고가 있다. 최근에는 유도만능줄기세포(induced pluripotent stem cells)에 근육위성세포의 활성화와 성장관련 유전자를 이용하여 근육으로 분화를 유도한 결과가 보고되었다.

(3) 근육의 성장과 노화

위에서 설명한 바와 같이 근육의 직경과 길이의 증가는 근섬유의 성장 결과에 기인하며, 근육면적의 변화 또한 근섬유와 근섬유 사이의 상관관계에 기인한다. 즉, 어떤 근섬유의 끝이 건과 같은 조직으로 끝나지 않고 근속 내에서 종결되어 있다면, 근육은 그 근섬유의 길이만큼 직경이 넓어지고 횡단면적은 증가된다. 또한 지방세포와 같은 결합조직이 근육에 침투해 있어도 근육의 전체 직경은 증가한다.

근육이 성장하는 동안에는 외근주막, 내근주막 및 근섬유내막에 존재하는 결합조직 양은 증가한다. 콜라젠과 엘라스틴 섬유들은 근육 내에 산재하여 존재하는데, 이들의 상대적 양 및 총량은 특정의 근육의 위치와 기능에 따라 달라진다. 성장 중에는 결합조직의 양이 증가하더라도 근섬유의 성장이 훨씬 급속히 이루어지므로 전체 근육에서 결합조직이 차지하는 비율은 감소하는 것으로 나타난다. 하지만 식육동물이 성장하는 동안 결합조직의 장력은 증가하는데, 이는 콜라젠 내부의 화학적 교차결합이 증가하기 때문이다. 한편, 근육의 성장이 끝나고 노화가 시작되어 근섬유의 퇴화가 일어나면, 근육에서 결합조직이 차지하는 비율은 다시 증가하게 된다.

식육동물이 완전히 성숙하고 난 후에는, 근육과 근섬유의 크기는 위축(atrophy)과 비대(hypertrophy)의 상관관계에 기인하여 증가될 수도 있고 감소될 수도 있다. 식육동물이 늙어 노화가 시작되면, 근섬유들의 크기는 원상태를 유지하지만 위축에 의해 전체 근섬유들의 수가 감소하게 된다. 이렇게 위축된 근섬유들은 원래 자신이 수행하던 기능성을 잃게 되며, 이는 비대를 통해 보상된다. 따라서 나이든 식육동물의 골격근들은 넓은 직경을 가진 작은 수의 근섬유들로 이루어진다.

(4) 근섬유 형태의 분화

일반적으로 근섬유는 적색근섬유와 백색근섬유 및 중간 형태를 나타내는 중간섬유들로 구분된다. 모든 근섬유들은 출생할 때 외견상 적색을 나타내지만, 얼마 지나지 않아 몇몇 근섬유들은 백색이나 중간형태의 섬유로 분화가 이루어진다. 초기 적색의 근섬유가 백색 또는 중간 형태의 섬유로 분화되는 것은 근섬유에 신경조직을 분포하고 공급하는 신경이 부분적으로 담당한다고 믿어지고 있다. 또한 근섬유들 사이의 발생학적 발달의 상대적 시간 차이와 근섬유들의 발달에 의한 형태학적 변화 결과 등이 출생 후 근섬유 형태의 변화와 관계가 있는 것으로 생각되고 있다.

3.3. 지방조직의 성장과 발달

지방조직은 콜라겐 섬유들로 구성된 미세한 망막에 쌓여있고 혈액 공급을 위한 모세혈관의 연결망이 갖춰진 엽(lobes)과 소엽(lobule)으로 점차 발달한다[그림 4-29 B, C, D 참조]. 원시지방세포가 지질의 축적을 시작하면 지방아세포(adipoblast)라 하며, 지질에 의해 채워지면 성숙한 지방세포(adipocyte)라고 한다[그림 3-4]. 지방아세포가 세포의 중앙근처에서 소적(droplet) 형태로 지질을 축적하기 시작하면, 소적들은 서로 융합하여 하나의 큰 지방구(脂肪球)를 형성한다. 지방구가 지질에 의해 채워지기 시작하면, 세포질(cytoplasm), 핵, 마이토콘드리아 및 다른 소기관들이 지방구를 세포의 가장자리로 밀어낸다. 원시지방세포의 직경이 약 1~2㎛ 정도로 작은 반면, 성숙한 지방세포는 약 120㎛ 이상의 직경을 가진 거대한 세포로 성장한다.

식육동물의 지방아세포는 부위에 따라 발달하는 속도가 매우 다르기 때문에, 결국 부위에 따라 존재하는 지방의 비율은 현저한 변이가 나타난다. 일반적으로 어린동물에서는 지방의 침착은 내장부분에서 처음으로 나타나며(visceral fat, 내장지방), 영양섭취가 적당하다면 지방은 피부의 바로 밑(subcutaneous fat, 피하지방), 근육들 사이(intermuscular fat, 근간지방), 근속들 사이(intramuscular fat, 근내지방) 순서로 침착된다. 따라서 근내지방의 축적은 가장 늦게 발달하며 내근주막의 결합조직에 관련된 지방세포에서 일어나는데, 이들 지방세포는 근육 깊숙이 분포하고 있는 세동맥과 매우 근접해 있는 근속들 사이에서 축적되고 성장한다. 지방조직은 성장 중에 발달을 계속하는데, 체성장이 완료된 성숙한 식육동물은 섭취되는 영양분이 다른 조직들의 성장을 위해 그리 많이 사용되지 않기 때문에 대부분의 영양분이 에너지 저장을 위해 이용된다. 따라서 정상적이고 건강하고 성숙한 식육동물의 결합조직 내에서는 다수의 지방세포가 광범위하게 존재하게 되며, 비육이 대우 잘된 식육동물에서는 이 단계에서 증산(hyperplasia)이 반복적으로 일어난다.

식육동물의 성장에서, 비육단계 동안 지방조직 내의 지질의 비율은 증가하는 반면, 수분, 단백질 및 기타 다른 성분들의 비율은 감소한다. 그러나 모든 지방조직들의 지질함량이 같은 속도로 증가하는 것은 아니다. 예를 들어, 돼지의 등지방은 뚜렷이 구별되는 3개의 지방층으로 구성되는데, 중간층의 지질함량은 매우 빠르게 증가하는 반면, 내부층은 매우 느린 속도로 지질함량이 증가한다.

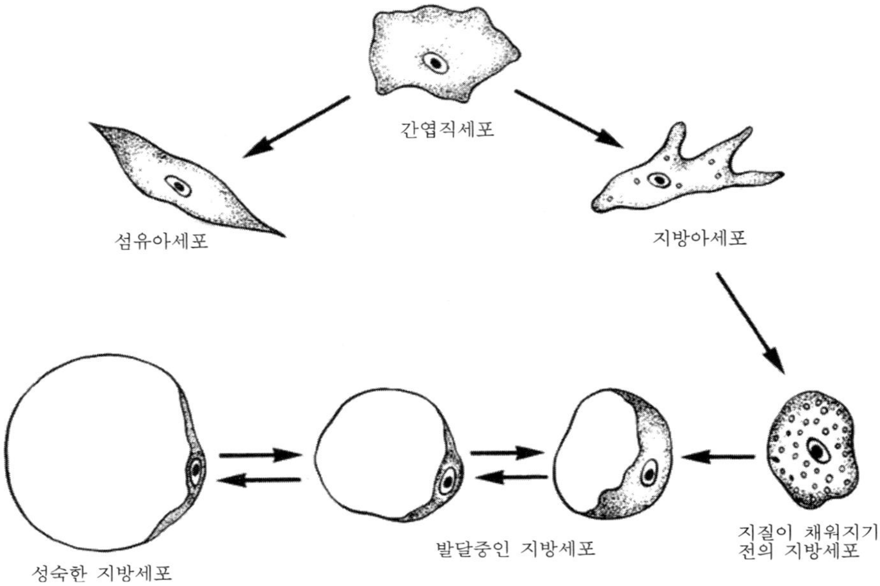

[그림 3-4] 지방세포의 발달

지방조직은 지질이 지속적으로 저장되고 또 이동하는 역동적인 조직이다. 따라서 광범위한 대사활동이 일어나고 이에 따라 충분한 혈액의 공급과 효소체계를 필요로 한다. 대부분의 지방조직은 다른 조직이 필요로 하면 끌어내 사용할 수 있는 에너지의 저장고 역할을 한다. 즉, 식육동물의 영양섭취가 불충분하여 그 결과 에너지 섭취가 제한되면, 지방세포는 저장된 지질을 혈관계(vascular system)로 배출한다. 만약 에너지 섭취가 장기간 동안 제한되면, 지방세포들은 지방을 저장하도록 지지하고 있는 결합조직들 사이에서 오그라들어 불규칙적인 모양을 한 세포들의 집단으로 변화된다. 하지만 이렇게 오그라든 지방세포들은 에너지 섭취가 다른 세포들의 유지를 위해 필요 이상의 수준으로 회복되면, 다시 지질을 축적할 수 있는 능력을 회복하고 원상태로 돌아간다. 이런 일련의 과정은 식육동물의 일생동안 몇 번이고 반복적으로 일어난다.

3.4. 뼈의 성장과 발달

식육동물의 뼈는 결합조직의 전환에 의해 형성되는데, 골아세포(osteoblast), 섬유아세포(fibroblast) 및 연골아세포(chondroblast) 등이 직간접으로 뼈의 형성에 관여한다. 즉, 골아세포는 직접적으로 활발히 뼈를 생산하는 세포이며, 섬유아세포는 기본적으로 뼈의 형성에 필요한 섬유들이나 건, 인대 및 진결합조직의 기질을 합성하고, 연골아세포는 연골을 형성한다. 출생 전이나 출생 후 모두, 뼈의 형성은 결합조직의 직접적인 전환에 의한 연골형성이 먼저 선행되는데, 나중에 연골을 대체하여 뼈가 형성되는 과정을 연골의 골화(ossification) 라고 한다. 사족(limbs)을 포함한 모든 뼈의 형성은 연골의 골화 과정을 거치며, 뼈의 길이가 길어지는 것도 이 과정에 의해 이루어진다. 한편, 연골의 형성을 거치지 않고 직접 뼈가 형성되는 과정을 막내골화(intramembranous ossification)라고 하며, 두개골 같은 뼈가 이 과정에 의해 형성된다. 막내골화는 결합조직 내에서 일어나 결합조직을 교체하는데, 좋은 예로 두개골은 골막(periosteum) 아래 또는 골막 내에서 일어나는 골화에 의해 뼈가 넓어진다. [그림 3-5]는 뼈가 성장하는 동안 나타나는 연속적인 변화를 묘사한 것이다.

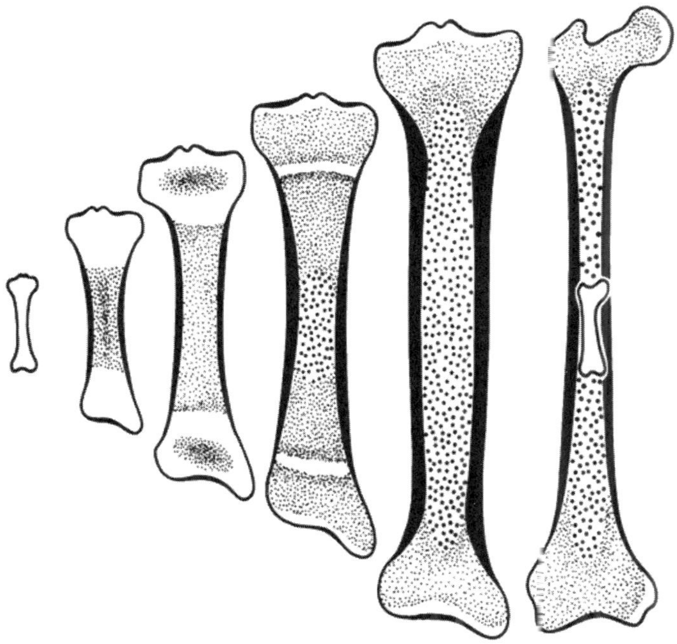

[그림 3-5] 장골의 성장과 골화모식도

출생시 대퇴골(femur)이나 경골(tibia)과 같은 긴 통뼈들은 중앙에 수질(medullary)의 구멍과 연골성 말단으로 구성된 골간(diaphysis)을 가지고 있다[그림 4-21 참조]. 이런 장골들의 골화는 골간의 중앙에 있는 연골성 부분에서부터 시작하여 뼈의 양쪽 골단(epiphysis)이 형성되기 시작하는 부분까지 이루어진다. 골간과 골단 사이의 연골은 즉시 골화하지 않고 골단연골(epiphyseal cartilage)이 되는데, 출생 후 장골들의 길이의 성장은 바로 이 골단연골의 성장에 기인한다. 즉 성장이 진행되면서 골단연골은 골단 쪽으로 새로운 연골을 형성해나가며, 동시에 반대편 골간 쪽 연골은 골화를 진행시키면서 뼈는 길이의 성장을 한다. 한편, 두께의 성장은 골막 바로 밑에 지속적으로 뼈가 침착하여 이루어지는데, 골아세포는 뼈 발달의 여러 부위에서 뼈를 침착시키는 역할을 하며, 골세포(osteocyte)는 그것을 유지하는데 도움을 준다.

뼈가 길이와 두께의 성장을 하는 것과 동시에 중앙에 골수로 채워진 구멍인 골수강(marrow cavity)은 점점 넓어지는데, 이는 파골세포(osetoclast)의 활동으로 수질벽(medullary wall)이 지속적인 흡수작용을 하기 때문이다. 골수강은 다양한 세포들이 레티큘린 결합조직과 함께 구성하는 연하고 미세한 망상 조직인 골수로 채워져 있다. 일반적으로 골수는 적색과 황색의 두 가지 형태가 존재한다. 적색골수는 주로 성숙한 동물의 기관을 형성하는 혈액세포로, 주로 장골 골단의 해면상골(spongy bone)에 존재하며, 흉골(sternum), 늑골(rib), 척추골(certebrae) 등의 주요 구성성분이다. 황색골수는 주로 지방조직을 구성하며 뼈의 골수강에 존재한다. 식육동물이 성장함에 따라 골간의 최초 위치는 골수강에 의해 대체되고, 뼈의 축은 골막 밑에서 일어나는 막내(intramembranous) 성장에 기인하여 두터워진다.

골격의 크기와 모양은 성장 중에 지속적으로 변화하며, 침착(deposition)과 재흡수(resorption)라는 정반대적인 기작에 의해 조절된다. 성숙한 식육동물의 골격조직에서 침착과 재흡수는 평생 동안 끊임없이 이루어지며, 뼈 조직을 지속적으로 리모델링한다. 뼈가 충분한 크기에 도달하면 성장은 멈추는데, 골단연골은 성장을 멈추고 골단과 골간이 단 하나의 뼈로 융합하여 완전히 골화한다. 또한 골막 바로 밑에 조밀한 뼈의 층을 형성하던 침착도 멈춘다. 하지만 모든 뼈가 동시에 성장을 종결하는 것은 아니다. 즉, 식육동물의 척추에서, 꼬리뼈인 천추골(sacral vertebrae)이 허리뼈인 요추(lumbar)보다 빨리 성숙하며, 요추는 갈비뼈와 연결된 흉추골(thoracic vertebrae)보다 빨리 성숙한다.

3.5. 식육동물의 체형과 조성의 변화

(1) 체형의 변화

출생 전 식육동물의 태아는 성장과 발달을 하는 동안에 체형과 모양에 현저한 변화가 나타난다. 즉, 임신초기에는 머리가 몸체보다도 상대적으로 크지만 시간이 지나면서 사족이 매우 빠르게 성장하며, 체중의 증가도 임신초기에는 느리지만 임신기 후반으로 갈수록 급격히 빨라진다[그림 3-6].

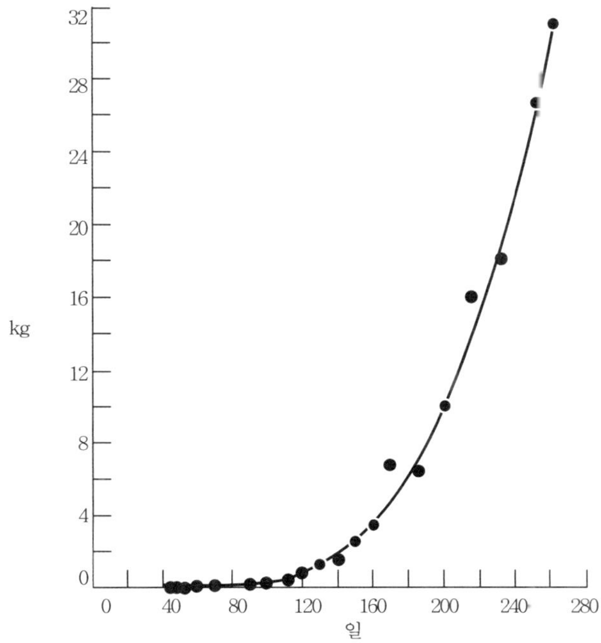

[그림 3-6] 출생 전 소 태아의 체중 성장곡선

식육동물은 출생 후에 성장하는 동안, 몸을 구성하는 각 구성요소들이 지속적으로 너무 많이 변화하기 때문에, 어느 특정 시기에 측정한 측정치로 그 동물의 체형을 대변할 수는 없다. 즉 식육동물은 부위별 또는 조직별로 서로 각각 다른 속도로 성장이 이루어지기 때문에 성장기간 동안에는 끊임없는 구조적 체형의 변화가 이루어진다. 예를 들어, 몸과 다리의 길이는 식육동물이 미성숙할 때가 완전히 성숙했을 때보다 상대적으로 길다.

돼지가 성장하는 동안 측정한 각 측정치들을 나타낸 [표 3-1]을 보면, 55kg의 어린 돼지의 도체장이 127kg의 성숙한 돼지의 도체장의 약 78% 정도에 달한다. 또한 식육동물은 나이가 들어감에 따라 골격의 크기는 증가하지만 체중 대비 골격이 차지하는 비율은 감소한다. 같은 방식으로 설명하자면, 식육동물이 성장하는 동안 근육의 양(등심근 단면적)도 증가하지만 도체에서 차지하는 비율은 감소하며, 반면 성장의 말기로 근접할수록 지방의 축적량(등지방층 두께)은 증가하여 도체에서 정형지방(fat trim)이 차지하는 비율도 증가하게 된다.

[표 3-1] 돼지의 체중에 따른 도체 측정치의 변화

생체중 (kg)	도체중 (kg)	도체장 (cm)	등지방두께 (cm)	등심근면적 (cm²)	도체 정육률 (%)	도체 지방률 (%)
55.8	38.8	66.5	1.75	22.07	63.8	20.84
75.8	54.8	73.0	2.34	26.28	60.4	26.70
90.1	68.2	75.9	2.81	30.39	60.1	31.69
106.8	81.2	80.1	3.23	35.47	59.5	34.27
127.4	99.7	84.8	3.91	33.36	53.8	44.52
146.0	115.5	87.0	4.19	38.34	52.4	45.18

(2) 몸체 구성성분의 변화

우리나라 식육동물 관련 산업계는 불과 얼마 전까지만 해도 일부 식육동물들의 거래가 생체중(liveweight)을 기준으로 이루어졌었다. 일반적으로 생체중이 증가하면 도체율(도체중/생체중)도 증가하기 때문에, 산업계에서는 생체중이 높은 식육동물의 구매를 선호하게 된다. 즉, 식육동물은 생체중이 증가할수록 도체의 생산율이 높아지는 반면 상대적으로 발굽, 혈액, 위, 내장, 간 등과 같은 부산물의 생산율은 감소한다. 따라서 나이가 어려 몸체가 작은 식육동물이 나이가 많고 몸체가 큰 동물보다 도축부산물의 생산율이 높기 때문에, 도축을 목적으로 살아있는 식육동물을 구매할 때, 식육의 생산율만 고려한다면 나이가 많은 식육동물이 더 많은 이익을 가져올 수 있다.

1) 근육, 지방 및 뼈의 비율

도체의 구성성분을 평가할 때 고려되는 주요 조직들은 근육, 지방 및 뼈의 비율이며, 세 조직 중 하나의 비율이 증가하면 다른 하나 또는 둘의 비율은 상대적으로 감소하게 된다. 따라서 만약 체중이 일정하다면, 이 세 조직의 상대적 비율에 따라 도체의 가치가 달라질 수 있다. 소의 경우도 출생 후 나이가 증가함에 따라 이 세 조직의 상대적 비율은 변화를 나타내며, 그 변화의 양상은 [그림 3-7]에서 보는 바와 같다.

일반적으로 나이가 들어감에 따라 도체에서 근육과 뼈가 차지하는 비율은 점차 감소하는데, 뼈 비율의 감소가 생후 10개월까지는 근육 비율의 감소보다 빠르게 일어나지만, 10개월 이후에는 근육 비율의 감소가 뼈 비율의 감소보다 훨씬 급격히 이루어진다. 반면, 근육과 뼈가 도체에서 차지하는 비율이 감소할수록 상대적으로 지방의 비율은 현저하게 증가한다. 생후 식육동물의 성장이 이루어지는 동안 뼈, 근육 및 지방의 비율은 끊임없이 변화하는데, 초기에는 뼈의 비율이 빠른 속도로 감소하고, 다음은 근육의 비율이 감소하고 나이가 들어감에 따라 지방의 비율이 증가하는 순서로 변화가 일어난다.

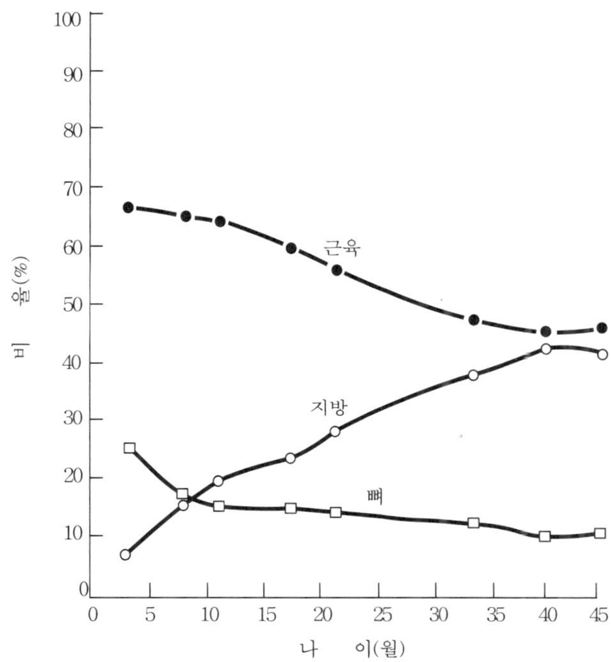

[그림 3-7] 소의 성장 중 도체의 근육, 지방 및 뼈의 비율 변화

2) 단백질의 분포

성장 중인 돼지에 있어, 공체(empty body : 생체에서 장관조직들만 제거한 도체) 내의 단백질 총량의 양적변화는 [그림 3-8]에서 보는 바와 같은데, 그래프의 곡선이 돼지의 성장과 발달이 이루어지는 동안 근섬유 직경의 변화를 나타낸 [그림 3-3]와 매우 유사한 것을 알 수 있다. 한편, [표 3-2]는 성장 중인 비육우에 있어 공체를 구성하고 있는 다양한 조직들의 단백질 함량의 변화를 나타낸 것이다. 두 자료를 비교하면, 약 450~470kg 공체중의 소의 경우 약 16~17%의 단백질이 분포하고 있는 반면, 약 100~110kg 공체중의 돼지의 경우는 약 12~15%의 단백질이 분포하고 있는 것을 알 수 있다. 물론 이러한 단백질 분포의 차이는 성별, 성숙한 크기, 영양수준, 근육과 뼈의 비율 및 기타 다른 요인들에 의해 영향을 받을 수 있지만, 일반적으로 잘 비육된 식육동물에 있어 공체에 분포하는 단백질의 구성비율은 성장 중에 감소한다.

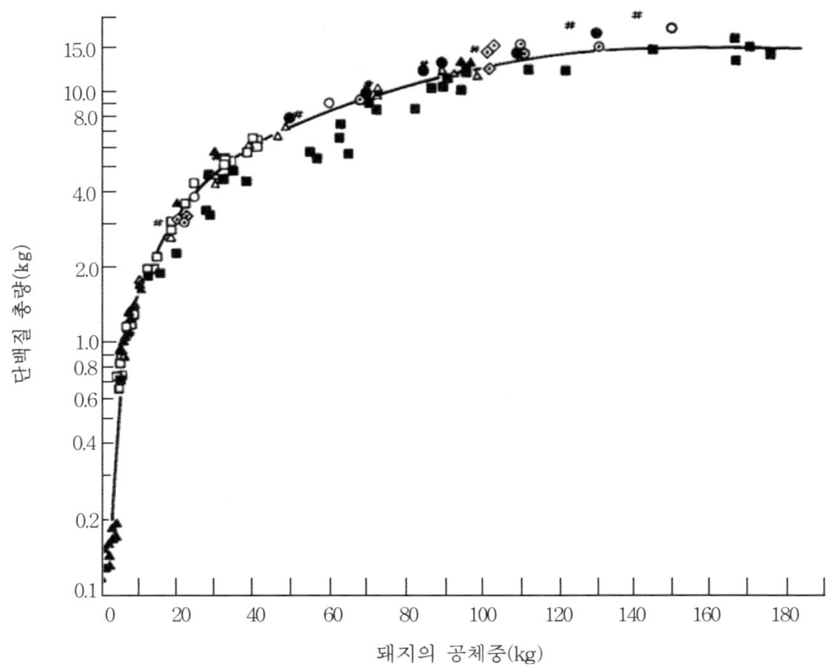

[그림 3-8] 돼지의 공체중 증가에 따른 단백질 총량 변화

[표 3-2] 비육우의 연령에 따른 공체 내의 구성성분별 단백질 분포

연령 (월)	공체중* (kg)	총단백질 (%)	단백질의 분포 (%)				
			혈액	기관	털과 皮	골격	지방 및 정육
3	98	19.7	5.7	8.7	17.1	23.2	45.5
8	171	18.3	5.0	9.0	15.6	18.7	51.8
11	281	17.3	4.6	8.2	17.4	16.6	53.3
18	454	16.6	4.5	6.7	14.4	17.2	57.8
21	475	16.1	5.7	7.7	18.5	16.5	51.6
48	813	12.3	5.9	6.6	17.2	19.8	50.5

* 공체중은 생체중에서 장관중(腸管量)을 공제한 체중

성장 동안, 또는 식육동물의 일생 동안, 다양한 세포의 구성성분들이 합성과 분해의 과정을 거친다. 몸체 조성의 총체적인 변화는 세포수준에서 시작되며, 합성과 분해가 일어나는 속도는 몸체를 구성하고 있는 조직들 사이, 나아가 조직을 구성하고 있는 성분들 사이에도 차이가 있다. 예를 들어, 근육단백질들은 빠르게 대사되는 것과 느리게 대사되는 것으로 나누어 질 수 있는데, 근장단백질은 가장 빠른 전환율을

나타내며, 근원섬유단백질은 중간의 전환율을 보이고, 콜라젠이나 엘라스틴 같은 기질단백질들은 활발하지 못한 전환율을 나타낸다. 단백질의 합성율과 분해율 역시 조직들 사이에 차이가 있는데, 매우 활동적인 장관조직의 단백질 전환율은 골격근 단백질보다 빠르다. 식육동물의 모든 조직에 존재하는 단백질의 전체의 전환율은 사료로 섭취하는 단백질을 초과하며, 나이, 스트레스 조건, 영양적 수준 및 호르몬과 같은 많은 요인에 의해 영향을 받는다.

(3) 근육성장의 차이

식육동물의 모든 근육들은 같은 속도로 성장하는 것이 아니며, 출생 후 개개의 근육들이 각기 다른 속도로 성장하는 것에는 많은 요인들이 관여를 한다. 예를 들어, 출생시 소의 다리 근육들은 등심의 근육들보다 더 발달되어 있으며, 반면 돼지의 다리 근육들은 소의 다리 근육들에 비해 덜 발달되어 있다. 또 닭의 다리 근육들은 초기 단계에서는 아주 잘 발달되어 있는 반면 가슴 근육들은 나중에 발달이 이루어진다. 이렇게 식육동물에 있어 근육의 발달은 축종 간에 차이가 있을 뿐만 아니라 품종 간에도 차이가 나타난다.

일반적으로 크기가 큰 근육들이 출생 후 성장률이 좋으며, 이는 근육의 기능성과 밀접한 관련이 있다. 즉, 어떤 근육들은 성호르몬에 민감하며 따라서 수컷의 어떤 근육들은 암컷에 비해 크기가 더 크게 성장한다. 이렇게 근육들의 성장이 다르다는 것은 황소의 목 근육들의 발달에서 가장 잘 나타난다. 한편, 비록 크게 영향을 미치는 것은 아니지만 나이가 들어가면서 또는 고열량의 영양을 섭취하면 나타나는 근내지방의 축적도 전체적인 근육의 크기를 약간 증가시킨다.

(4) 근육 구성성분의 변화

성장 중 골격근의 세포 내 단백질 농도는 지속적으로 증가하며, 근원섬유 단백질의 농도는 근형질 단백질의 농도보다 항상 높다[표 3-3]. 성숙한 식육동물의 근육은 근장단백질인 마이오글로빈(myoglobin)의 농도가 미성숙한 식육동물에 비해 높으며, 이것이 나이든 동물에서 생산된 식육의 색깔을 짙게 만드는 요인이 된다.

세포 내 단백질 농도와 비교해 볼 때, 근육 내의 총 단백질 중 결합조직단백질이 차지하는 비율은 근육세포가 수적으로 증가하는 출생 전 성장기간에는 증가하지만, 근육세포의 크기가 증가하는 출생 후 성장기간에는 희석에 기인하여 감소되는 것으로 나타난다. 또한 식육동물이 노령에 도달하면, 세포외 단백질(결합조직단백질)의 비율은 근원섬유단백질과 근장단백질의 상실에 기인하여 증가하지만, 용해성은 화학적 교차결합이 많아지기 때문에 감소한다. 한편, 핵단백질은 출생 전 성장초기에는 근육의 총 단백질 함량에서 높은 비율로 존재하는데, 출생 전 근육 세포에서 상대적으로 크기가 큰 핵들은 세포 내 단백질의 약 2/3를 차지한다. 하지만 출생 후 성장하는 동안에는 근섬유에 존재하는 핵단백질의 비율이 섬유들의 크기가 증가함에 따라 감소한다.

[표 3-3] 포유류 골격근 단백질 농도의 변화 (g/조직 100g)

종	미성숙 근육		성숙한 근육	
	근형질	근원섬유	근형질	근원섬유
돼 지	3.5	10.6	5.2	12.8
소	5.0	8.4	5.3	13.0
사 람	3.2	11.0	4.3	12.8
쥐	4.1	10.0	5.2	11.2

식육동물의 골격근이 '화학적 성숙'에 도달한 후에는 단백질 조성은 양적으로 거의 변화되지 않고, 따라서 영양의 수준이나 근육의 활력은 일정하게 유지된다. 근육의 성숙이 완료되는 시점은 품종 간이나 몸체를 구성하는 근육들 사이에도 차이가 있다. 성장 중 근육 내 수분의 비율은 단백질과 지방의 농도가 증가함에 따라 감소한다. 비율적으로 수분함량이 감소하는 것은 성장초기 단계에서 매우 빠르고, 성숙과 노화가 진행되면서 점차 느리게 진행된다. 일반적으로 근육이 성장하는 시기에는 회분(광물질)의 총량은 전체적으로 증가한다. 그러나 총량은 증가한다 할지라도 개개 광물질의 비율에는 상대적인 변화가 일어난다. 예를 들면, 출생초기에는 나트륨(Na^+)의 농도는 감소하지만 칼륨(K^+)의 농도는 증가한다.

양적인 면에서 지방은 식육동물의 도체와 근육에서 가장 변이가 큰 화학성분이다. 근육의 성장은 지방함량의 증가에 의해 이루어지는 것이 아니고, 일반적으로 근육 내의 지질과 세포 내의 지질의 증가에 의해 이루어진다.

근내지방이 근육에 침착하는 비율은 높은 칼로리 섭취하는 기간에는 증가하고 감소하는 기간에는 감소한다. 식육동물의 성장에 있어 비육단계 진입의 시기는 성숙율에 의해 기본적으로 결정된다. 조숙종 계통의 품종들은 성숙이 빠르고 비육도 빨리 진행된다. 또한 식육동물의 성은 근육 내 근내지방의 침착율에 영향을 미치며, 일반적으로 수컷의 근육은 암컷 또는 거세한 수컷보다 근내지방의 함량이 적다.

3.6. 도체 조성에 영향을 미치는 요인

(1) 유전자

유전자는 식육동물에 있어 품종의 특성을 부여하는 요소로 작용한다. 같은 종이라도 품종에 따라 달라진다. 돼지의 품종인 듀록(Duroc)과 랜드레이스(Landrace), 요크셔(Yorkshire) 중에서 듀록종은 랜드레이스종나 요크셔종보다 근내지방이 많다. 지방의 양뿐만 아니라 지방산의 축적도 서로 다르다. 듀록종이나 요크셔종에 비하여, 랜드레이스종에서 단일불포화지방산과 다가불포화지방산의 축적이 많다. 각각의 품종이 갖는 특성 중 이점으로 생각되는 부분이 존재하며, 이러한 특성은 유전자를 통하여 후대로 전달된다. 따라서 품종간 교배를 이용한다면 이점이 되는 특성을 후대로 복합적으로 전달할 수 있다.

예를 들어, 랜드레이스와 듀록, 요크셔종의 세 품종의 교잡종을 비교하면, 교잡종과 듀록종 간의 도체 특성상 차이는 없지만, 교잡종이 수분과 단백질, 불포화지방산 함량이 높다. 또 듀록과 랜드레이스, 요크셔 순종 및 3품종의 교잡종을 비교하면, 교잡종이 듀록종보다는 낮지만 다른 순종보다는 높은 근내지방 함량을 보인다. 또한 유우(dairy cattle)와 육우(beef cattle)에도 유전적으로 차이가 많은데, 주요 차이점은 지방축적의 분포가 서로 다른 양상을 나타낸다는 것이다. 유우는 육우에 비해 피하지방의 축적비율은 작지만 신장지방과 골반지방의 비율은 높은 특성이 있다. 뿐만 아니라 성숙이 끝난 식육동물의 크기와 사료요구율도 유전적 요인에 의해 크게 영향을 받는다.

식육동물의 표현형 변이(phenotypic variation)와 관련하여, 개개의 유전적 잠재력이 시각적으로 밖으로 표현되는 것은 유전자형과 환경, 또는 그 둘의 상관관계가 복합적으로 작용한 결과이다. 유전자형과 환경은 둘 다 식육동물의 특정한 특성이 나타나는데 결정적인 역할을 한다. 즉, 식육동물의 유전자형은 성장과 발달을 위한 필요한 잠재력을 제공하고, 환경은 그 잠재력이 최대 또는 최소로 실현되게 한다. 유전자형과 환경의 상호관계는 어떤 유전자형의 식육동물이 어떤 환경에서는 잘 표현되지만 또 어떤 환경에서는 잘 표현되지 않는 다는 것을 의미한다.

표현형 변이에서 환경을 제외한 유전자형이 차지하는 비율을 유전력 추정(heritability estimate)이라고 한다. 유전율은 100%부터 시작하여 환경에 기인한 변이를 삭감하면서 추정해 나간다. [표 3-4]는 식육동물들의 근육 크기와 도체 지방 정도에 관한 유전력 추정을 나타낸 것이다. 식육동물 생산자들은 이러한 자료를 토대로 바람직한 특성을 가진 품종을 선발, 육종하여 향상된 도체형질을 가진 식육동물을 생산할 수 있다.

[표 3-4] 식육동물의 도체 측정치에 대한 유전력 추정

도체 특성	식육동물	평균 유전력 추정(%)
등지방두께	소	38
	돼지	49
	양	20
등심근 면적	소	70
	돼지	48
	양	48
도체 지방률	닭	30

1) 마이오스테틴(myostatin)

종종 식육동물의 체형 또는 근육의 성장 형질을 조절하는 유전자에 돌연변이가 발생하며, 이런 돌연변이 유전자를 가진 식육동물은 성장이 과장될 수도 있다. 비육우에 있어 후대에 번식시키고 싶은 돌연변이 유전자형 중 하나가 바로 이중근육(double muscling)으로, 이 유전자를 보유한 소는 [그림 3-9]과 같이 두껍고 불룩한 근육을 가진 소를 생산한다.

이중근육이란 용어는 정상적인 식육동물의 근육 보다 두 배의 근육을 가진다는 뜻으로 잘못 이해될 수 있는데, 사실 이중근육의 식육동물은 근육의 수는 정상적인 식육동물과 같지만 근섬유들이 거의 두 배 정도 많이 과장된 근육 비대(hypertrophy)의 결과이다. 거의 두 배의 근섬유들이 짝을 지어 있는 이중근육 식육동물은 정상적인 식육동물에 비해 적색근섬유의 비율이 상대적으로 적고, 반면 백색근섬유의 비율이 높다. 보통 백색근섬유들은 적색근섬유에 비해 크기가 크고, 이중근육 유전자를 가진 소에서 나타난 바와 같이 근육의 비대와 상관관계가 있다. 이중근육의 비육우를 정상적인 비육우와 비교하면, 성장은 보다 빠르고 근육의 발달은 더 큰 반면, 지방 축적은 더 작다. 사실 이중근육 비육우의 근육 대 뼈의 비율은 6:1인 반면, 정상적인 젖소와 비육우는 각각 4:1과 5:1 정도이다.

이중근육에 관여하는 단백질은 마이오스테틴(myostatin)으로서 근육생성을 조절하는 성장인자 중 하나로 근육세포에서 형성된다. 마이오스테틴은 골격근의 성장을 저

해하는 역할을 하는데, 이 마이오스테틴 발현 유전자에 돌연변이가 생기면 근육의 성장이 증가한다. TALEN(transcription activator-like effector nuclease) 유전자 기술을 이용하여 마이오스테틴을 선택적으로 제거(knock-out)시킨 자돈에서는 근섬유 수가 증가하고 등심근의 무게가 약 170% 가량 증가한다. 또 마이오스테틴을 제거한 성돈은 근섬유의 크기가 크고 백색근섬유의 비율이 높은 반면, 지방세포의 크기는 작고 등지방두께가 얇으며 도체율은 높다.

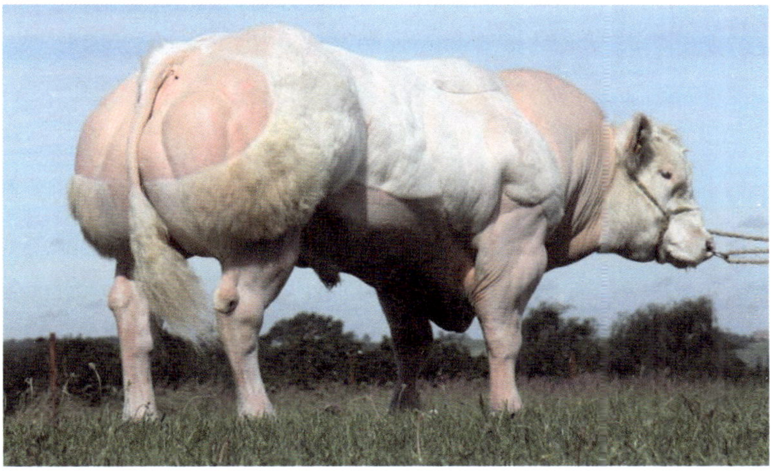

[그림 3-9] 이중근육이 나타난 비육우 모습

마이오스테틴은 근육뿐만 아니라 지방조직, 심장조직, 태반 등 다른 조직에서도 발견된다. 이는 마이오스테틴이 근육 이외에 다른 조직에 영향을 줄 수 있는 가능성을 시사한다. 특히, 지방조직에서 마이오스테틴 역할은 이중적으로 나타난다. 전구지방세포(preadipocyte)에서는 마이오스테틴은 전구지방세포의 분화를 억제하는 역할을 하고 관련 유전자의 발현도 저해한다. 하지만 다양한 종류의 세포로 분화할 수 있는 다능성줄기세포(pluripotent stem cell)에서는 지방생성을 촉진하는 것으로 밝혀졌다.

2) 칼리피지 유전자

소에서 발견된 이중근육과 비슷한 현상이 다른 식육동물들에서도 나타난다. 종종 돼지, 양 및 칠면조에서 이중근육과 같은 근육의 발달이 나타나곤 하는데, 현재까지는 이런 현상들이 마이오스테틴 유전자의 변화에 의한 것은 아닌 것으로 알려지고 있다. 또한 이중근육의 비육우의 경우에서도, 마이오스테틴 유전자 변형과 관계없이 극도로 큰 근육들이 종종 번식, 스트레스 저항성, 운동력 등과 관련하여 자연적으로 나타나기도 한다.

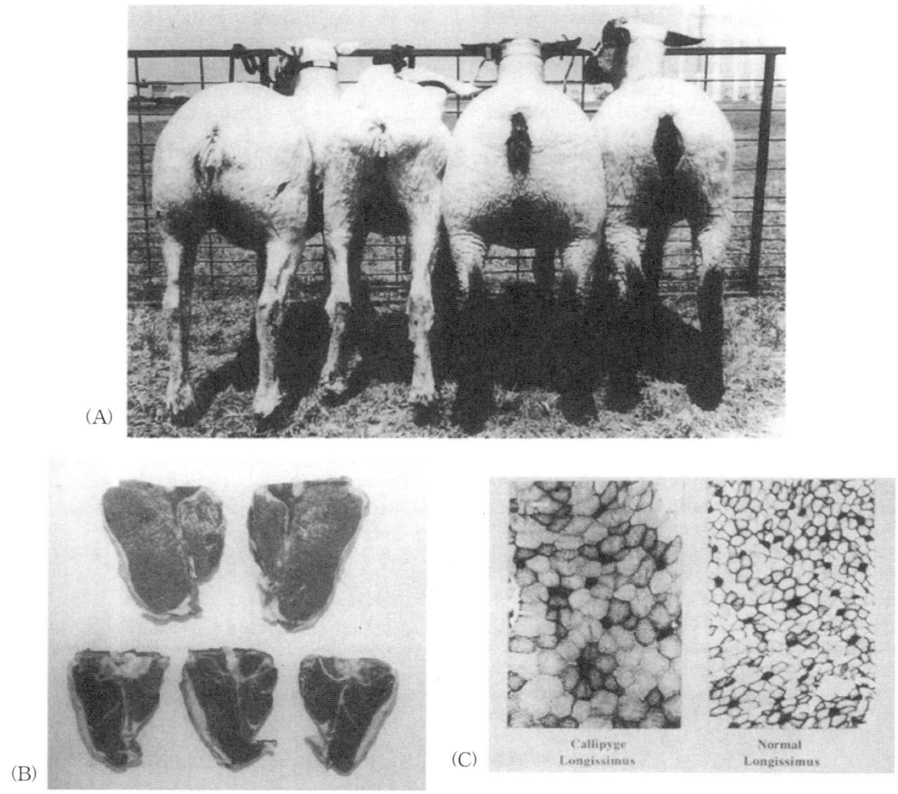

[그림 6-10] 칼리피지 유전자를 보유한 양과 정상 유전자를 보유한 양의 비교사진
(A) 좌로부터 첫 번째, 세 번째가 칼리피지 유전자를 보유한 양이다.
(B) 위가 칼리피지 유전자를 보유한 양으로부터 생산된 등심이다.
(C) 칼리피지 유전자를 보유한 양의 근섬유가 비대된 모습이다.

칼리피지(callipyge)는 양의 다양한 품종에서 근육을 크게 발달시키는 또 다른 유전형이다[그림 6-10]. 칼리피지의 어원은 그리스어에서 왔으며, '훌륭한 엉덩이'란 뜻으로 어린양의 엉덩이처럼 근육이 두툼하다고 해서 붙여진 말이다. 이런 유전자를 보유한 어린양은 그렇지 않은 것에 비해 근육이 과장되어 나타나고 지방은 덜 축적되는 특성을 가지고 있다. 세포수준에서 칼리피지 면양의 근육은 DNA 대비 단백질의 비율이 높으며, 또 백색근섬유의 비율도 높을 뿐만 아니라 근섬유의 직경도 크다.

칼리피지 유전자는 부계로부터 유래한 이형접합자에서만 발현되며, 이 이형접합자 이외에는 발현되지 않는다. 마이오스테틴과는 달리 전체적인 근육에 영향을 주지 않고 특정 부위 즉, 뒷다리와 엉덩이, 허리근육에 영향을 주고, 이중근육 유전형과 반대로 근섬유 수에는 큰 변화가 없다. 근육형질에 대해서는 적색근섬유가 감소하고 백색근섬유의 크기와 비율을 증가시킨다. 특이한 점은 칼리피지 양은 이중근육을 가진 소와는 달리 근육증가가 출생 몇 주후에 발생한다는 것이다.

(2) 생리학적 나이

모든 식육동물은 같은 종, 같은 품종 또는 같은 성이라고 해도 같은 나이에 같은 성장과 발달이 이루어지거나 같은 성숙도를 나타내는 것은 아니다. 생리학적 나이라는 말은 체성장이 끝나는 사춘기의 완료 시점인 식육동물의 발달 단계를 의미한다. 즉, 몸체의 길이, 체중 및 조성 등 몸체의 발달이나 기능이 이미 성숙한 단계에 도달한 시점을 말하는 것이다. 식육동물의 성숙은 도체 조성에 영향을 줄 수 있다. 성숙에 따라 뼈에 대한 근육 비율이 증가하고, 또한 근육에 대한 지방의 비율이 증가하며, 점차 근육 성장률이 감소한다. 일반적으로 같은 체중과 같은 성숙단계에서인 도체 구성의 표준화는 동일한 나이나, 단지 동일한 체중을 기준으로 삼은 것보다 도체 조성의 표준화가 용이하다. 즉, 성숙단계가 같고 체중이 같다면, 도체 조성이 유사하다. 식육동물이 생리학적 나이에 도달하는 시간은 동물 또는 품종마다 각각 다를 수 있으며, 식육동물은 생리학적 나이에 빨리 도착하는 조숙종과 느리게 도착하는 만숙종으로 구분될 수 있다. 결국, 같은 사육기간에도 조숙종은 만숙종에 비해 생리학적으로 늙은 도체조성을 나타낸다.

일반적으로 나이가 많은 식육동물의 고기는 질기다. 이는 식육동물의 체구성이 변화한다는 것을 의미한다. 근육의 기본단위인 근섬유는 근내막(endomysium)으로 둘러싸여 있고, 근섬유의 다발인 근섬유속(muscle fiber bundle)은 근주막(perimysium)으로 둘러싸여 있으며, 골격근조직의 가장 바깥쪽은 근상막(epimysium)으로 둘러싸여 있다. 이러한 막들은 콜라겐으로 구성되는데, 콜라겐 섬유의 배열 및 양은 식육동물의 나이에 따라 달라진다. 예를 들어, 90일, 150일, 210일 연령의 돼지는 나이가 증가함에 따라 콜라겐의 밀도가 높고 규칙적인 모습을 보인다. 근내막과 근주막의 두께는 증가하며, 근육 내의 콜라겐 면적의 비율 및 총 콜라겐 양, 가용성 콜라겐 양은 점차 감소한다. 즉, 나이가 들면서 근육 내의 용해성 콜라겐 함량의 감소뿐만 아니라 콜라겐 섬유 배열의 구조적 변화가 일어나고, 도체조성이 변화한다.

(3) 영 양

식육동물은 유전자형에 따라 성장과 발달의 잠재력이 확보되고, 그 잠재력은 환경에 의해 극대화 될 수 있는데, 환경조건에서 가장 중요한 것이 바로 사료영양이다. 서로 다른 영양분을 가진 사료의 급여는 같은 품종과 같은 체중의 식육동물이라도 그들 도체의 구성을 다르게 만든다. 곡물사료를 먹인 소에 비해 목초지에서 키운 소의 근육은 공액리놀렌산(conjugated linoleic acid, CLA)과 오메가- 3 지방산의 일종인 알파리놀렌산(Alpha- linolenic Acid, ALA)과 에이코사펜타엔산(Eicosapentaenoic acid, EPA), 도코사헥사에노익산(Docosahexaenoic acid, DHA)의 양이 더 많다. 반대로 곡물사료를 급여한 소는 근육내 지방과 콜레스테롤 함량이 높게 나타난다.

식육동물이 섭취한 영양분은 다양한 조직들과 기관들의 대사율과 생리학적 중요성에 따라 순서대로 분배되어 이용된다[표 3-5]. 즉, 영양분은 근육의 성장과 지방의 축적보다 신경계, 순환계, 호흡계, 소화계 및 분비계와 같은 생체의 생리학적 체계의 기능과 유지를 위해 우선적으로 먼저 이용된다. 일반적으로 식육동물의 체내 영양분의 이용은 ① 생체 기관을 구성하고 생리학적 기능을 하는 조직, ② 뼈, ③ 근육, ④ 지방축적의 순서로 이루어진다. 임신기간 동안 태아의 발달은 어미의 생체 조직 및 기관과 유사한 우선순위를 보전한다.

[표 3-5] 식육동물의 영양분 분배의 우선순위

우선순위	생리학적 체계	조 직
높 음	신경계	골격조직
	순환계	근육조직
	호흡계	지방조직
	소화계	내장지방
	생식계	피하지방*
낮 음		근간지방*
		근내지방

* 피하지방과 근간지방조직은 종에 따라 우선순위가 변경될 수 있음.

1) 영양 수준

식육동물에게 사료공급이 충분하다면 몸체를 구성하고 있는 모든 조직들은 유지할 수 있는 영양분을 충분히 공급받아 정상적으로 성장하고 비육된다. 그러나 만약 사료의 공급이 제한되면, 조직들은 생리적 중요성에 따라 영양분 분배 순서의 반대로 영향을 받으며, 중요한 생체 조직들은 몇몇 다른 덜 중요한 조직들의 희생에 의해 유지된다. 즉, 생명의 유지에 상대적으로 덜 중요한 조직들은 영양분의 심한 제한을 받게 되는데, 예를 들어, 지방조직은 근육보다 우선적으로 제한을 받으며 더 중요한 생체의 유지를 위해 희생된다.

식육동물의 성장 중 특정 기간에 영양수준을 변경하면 몸체의 어떤 부분이나 특정 조직의 성장 속도가 조절될 수 있다. 예를 들어, 돼지는 출생초기 몇 주간 높은 영양

수준을 공급하면 뼈, 근육 및 지방의 성장속도가 그렇지 않은 것에 비해 월등히 빨라진다. 식육동물의 성장 중기에 낮은 영양수준을 높은 영양수준으로 변경시키면 소위 보상성장(compensatory growth)이라 불리는 현격한 성장률의 회복이 이루어지는데, 보상성장은 뼈나 근육보다는 지방조직에서 크게 이루어지기 때문에 결국 도체는 과도한 지방을 나타낸다. 예를 들어, 돼지를 일정기간 제한 급여하다가 자율급여로 변경할 경우 보상성장이 일어나는데, 자율급여 한 것에 비해 일일증체량이 높게 나타나지만 보상성장으로 인해 도체 내 피하지방의 양이 많고 등지방두께도 두꺼워진다. 반대로 만약 돼지가 높은 수준의 영양으로 시작하여 낮은 수준으로 변경된다면, 그런 돼지들은 높은 수준의 영양공급을 지속적으로 받은 것보다 더 많은 근육과 더 작은 지방함량을 가진 도체를 생산하게 된다. 보상성장 정도는 성별, 유전자형, 영양제한 기간, 영양제한 정도 등에 의해 영향을 받을 수 있다.

출생 후 성장기간 동안 영양분 공급에 저해가 생기면 그에 상응하는 결과가 초래된다. 특히, 만약 출생 초기 성장기간 동안 영양 공급이 원활하게 이루어지지 않으면, 그 부정적인 효과가 지방조직 같이 나중에 성숙되는 조직은 덜하지만 뼈 조직 같이 초기에 성숙되는 조직에서는 오랫동안 지속되어 나타나며, 그 결과 나중에 높은 수준의 영양이 공급되어도 뼈나 근육의 성장은 서서히 진행되는 반면, 지방의 성장이 더 빨리 이루어진다. 그러나 식육동물의 몸체에서 성장이 지연된 조직과 기관들은 높은 수준의 영양분이 충분히 공급되면 현저한 보상성장이 나타난다. 즉, 만약 그 식육동물의 심각한 영양결핍이 그리 오랫동안 지속되지 않았고 충분한 시간 동안 영양이 공급되면, 초기에 입었던 성장지연은 거의 완벽하게 회복될 수 있다. 그러나 만약 그 영양결핍이 매우 심각하게 오래 지속되었다면 영구적인 회복이 불가능해질 수도 있다.

식육동물에서 사료가 식육으로 전환되는 효율성은 일반적으로 사료섭취 수준과 관련이 있으나 그 상관관계는 의외로 복잡하다. 사료에너지가 몸체의 구성성분으로 전환되는 최고의 효율은 가축에게 사료를 자유급여(ad libitum) 시켰을 때 얻을 수 있다. 그러나 만약 섭취된 사료에너지가 근육조직의 성장에 필요한 것보다 많아지면 과도한 지방의 축적이 이루어진다. 즉, 비록 자유급여가 동물의 총 사료에너지 보유에는 효율적일지는 모르지만, 식육동물에게 고열량의 사료를 충분히 공급하면 대체로 도체의 지방함량이 많아지며, 자유급여 섭취량을 약간 제한한 동물에 비해 사료가 근육으로 전환되는 것에는 효율성이 다소 떨어지는 것으로 나타난다. 이런 현상은 특히 뼈와 근육이 최대의 크기에 근접하는 비육말기 성장에서 두드러지게 나타난다. 따라서 약간 제한적인 자유급여가 식육동물의 체형 또는 도체 조성을 위해 효과적일 수 있다.

한편, 육계의 복부지방(abdominal fat)은 생후 일주일부터 약 3~5일 정도의 제한급여를 통해 감소시킬 수 있다. 단위동물에서, 특히 성장 말기에 약간의 제한급여를 실시하면 지방이 많지 않은 정육형 도체를 생산할 수 있지만, 반면 제한급여는 노동력과 시설이 더 필요하고 출하체중에 도달되는 기간이 약간 길어질 수 있다. 그러나 사료의 제한급여에 따라 추가적으로 소요되는 경비는 정육형 도체의 프리미엄이나 지방이 많은 도체에 대한 감액효과와 관련하여 충분히 보상되고도 남을 수 있다. 반추동물의 급여에너지는 사료 내의 섬유량을 조절하는 전통적인 방법으로도 제한할 수 있다.

2) 단백질

식육동물의 사료를 통한 단백질의 적절하고 지속적인 공급은 조직의 성장과 유지를 위해서 필수적으로 요구되는 사항이다. 단백질은 다양한 종류의 아미노산들이 다양한 조합으로 구성되는데, 어떤 아미노산들은 동물의 체내에서 합성이 안 되는 것도 있다. 따라서 이런 아미노산들은 식육동물의 사료 내에 필수적으로 첨가해야 되기 때문에 필수아미노산(essential amino acids)이라 부른다.

모든 동물은 매일 단백질의 섭취가 필요하다. 식육동물은 단백질을 초과 소비해서 유전적 잠재력보다 많은 조직단백질들을 합성할 수는 없지만, 단백질의 섭취가 부적절하면 조직 생성속도, 즉 성장이 느려질 수 있다. 특히 단위동물에 있어 사료의 아미노산 조성이 불균형을 이루거나 필수아미노산들 중 어느 하나가 부족한 경우와 같이 총 단백질 함량이 부적절하면 성장률은 감소된다. 반면, 반추동물에서는 단백질 섭취의 양과 질의 중요성이 단위동물보다 다소 덜 하며, 만약 단백질이 과다 섭취되면 초과된 함량은 분해되어 에너지로 사용되거나 지방으로 저장된다. 따라서 식육동물의 아미노산 요구수준을 알고 그에 수반하는 공급의 균형이 중요하다.

식육동물의 종류에 따라 필수아미노산 요구량 및 종류가 다르며 각각의 필수아미노산은 제1제한 아미노산 대비 필요량이 정해져 있어 최적의 성장을 위해서는 그 비율이 매우 중요하다. 이 이론은 1990년 초반에 연구가 시작된 이상단백질(ideal protein) 개념으로 필수아미노산과 함께 비필수아미노산으로 분류 되었던 아미노산들도 연구가 활발히 진행되고 있다. 축종 및 생리적 환경에 따른 이상단백질 비율이 구명된다면 생산성과 도체 향상 및 환경오염 방지의 효과도 기대할 수 있을 것이다.

3) 지 방

섭취된 지방은 주로 에너지로 사용되며 어떤 지방산들은 성장에 필수적으로 요구되는 성분이다. 사료로 섭취된 지방은 체지방으로 동화되거나 축적되는데, 축적지방의 조성은 식육동물의 종에 따라 차이가 나타난다. 즉, 모든 식육동물들은 간에서 지방산을 합성하거나 단백질이나 탄수화물로부터 지방조직을 합성할 수 있으며, 이렇게 축적된 지방은 식육동물에 따라 각각 다른 특성을 나타낸다.

단위동물이 섭취한 지방은 비교적 변화되지 않는 형태로 흡수되고 축적되는 반면, 반추동물에 의해 섭취된 지방은 반추위 미생물들에 의해 더욱 포화도가 높은 포화지방으로 붕괴와 재합성을 거친 후 흡수되고 축적된다. 따라서 특별한 형태의 지방이 포함된 사료를 급여 받은 단위동물로부터 생산된 도체는 그 사료의 지방과 유사한 형태의 지방산 조성을 가진다. 예를 들어, 불포화지방이 높은 수준으로 함유된 사료를 급여 받은 돼지나 닭은 기름지고 부드러운 도체지방을 가진다. 자주개자리(lucherne) 식물로 만든 펠렛에 콩기름을 첨가하여 양에게 급여시 콩기름을 섭취한 그룹에서 근내지방과 피하지방이 증가하였고, 지방산은 오메가 3 지방산이 감소하고 트랜스 지방산이 증가하는 양상을 보였다.

(4) 호르몬과 호르몬 유사물질들

호르몬은 관이 없는 내분비선(endocrine) 또는 장관(intestinal tract)과 같은 다른 조직들에 의해 체액 속으로 분비되는 물질이며, 조직의 성장, 조직의 유지 및 기타 생리적 대사와 관련된 생체 내 생화학 반응을 조절하는 역할을 한다. 다양한 호르몬들은 서로 복합적으로 상호관계를 맺으며 성장과정에 관여하며, 그들의 상호작용에 따라 정상적인 도체조성이 형성된다. 여기서는 수많은 호르몬 및 호르몬 유사물질들 중 도체조성에 크게 영향을 미치는 것들에 대해서만 설명하였다.

성장호르몬 또는 소마토트로핀(somatotropin)은 식육동물의 적육조직을 성장시키는데, 뇌하수체전엽(anterior pituitary gland)에 의해 생산되며, 간이나 다른 조직들로부터 인슐린 같은 성장인자들(insulin-like growth factors, IGFs), 즉 소위 IGFs로 불리는 호르몬들의 집단이 방출되는 것을 촉진한다. IGFs는 인슐린 같은 역할을 한다고 해서 명명되었으며, 소마토트로핀과 관련하여 단백질 합성에 관여한다. 이런 호르몬에 의한 단백질 증대(accretion)는 영양분이 지방축적보다 적육조직 성장에 이용되도록 한다.

미생물의 유전자를 조작하면 소마토트로핀을 효율적으로 대량생산할 수 있는데, 이것을 식육동물에게 투여하면 극적인 효과를 얻을 수 있다. 즉, 소마토트로핀을 투여한 동물의 도체지방은 약 1/3 이상이 감소되는 효과가 나타난다. 따라서 성장호르몬을 식육동물에게 풍족히 공급하면 도체의 정육량을 증진시킬 수 있어 식육생산의 효율성이 매우 향상된다.

부신수질(adrenalin medulla) 호르몬인 에피네프린(epinephrine)과 노르에피네프린(norepinephrine)은 체내에서 광범위한 효과를 발휘하는데, 근육조직과 관련해서는 에너지 생산을 위한 글라이코젠의 가동력을 증진시킨다. 또한 이 호르몬들은 근육의 단백질 및 지방의 대사에도 영향을 미치는데, 이는 베타-수용체(β-receptors)들로 알려진 조직 내의 수용체들을 활성화시키는 에피네프린의 능력과 관련이 있다. 수용체란 세포질 내에 또는 세포표면에 존재하는 분자구조로서, 특이물질과 선택적으로 결합하며, 결합에 의하여 특이한 생리적 작용을 나타내는 물질을 일컫는다.

한편, 에피네프린 및 노르에피네프린과 매우 유사한 화학적 구조를 가진 호르몬 같은 물질들이 개발되어 사용되고 있는데, 이런 물질들은 베타-수용체들을 효과적으로 활성화시키므로 베타-아드레날린 작용물질(beta-adrenergic agonists)이라고 불려진다. 베타-아드레날린 작용물질들은 재분배제(repartitioning agentm)로서 효과적으로 작용하며, 유용한 영양분이 지방축적보다 근육조직의 증대를 위해 이용될 수 있도록 만든다. 현재 상업적으로 이용되고 있는 이런 물질들을 투여 받은 식육동물들은 근육의 크기가 크고 지방의 함량은 작은 도체를 생산한다.

정소(testis)와 난소(ovary)의 호르몬들도 식육동물의 성장과 발달에 중요한 역할을 담당한다. 식육동물은 성에 따라 조직의 조성이 달라지는 것과 마찬가지로 성장과 발달의 속도도 차이가 나타난다. 보통 수컷은 암컷에 비해 빨리 성장하고 늦게 성숙하며 지방함량은 작고 근육량은 많은 도체를 생산한다. 최근 우리나라 식육동물 생산업계는 수컷의 거세를 권장하는데, 수컷을 거세시키면 행동이 온순해지며 육질이 향상되는 반면 성장 중 지방의 축적이 많아지고 근육량은 적어진다.

정소에서 생산하는 기본적인 호르몬은 남성호르몬인 안드로젠(androgen)이며, 난소에서 생산하는 호르몬은 여성호르몬인 에스트로젠(estrogen)과 프로게스테론(progesteron)이다. 안드로젠은 지방축적을 감소시키는 것과 동시에 단백질을 합성하여 근육의 성장을 자극한다. 식육동물의 어떤 근육은 안드로젠의 재생 능력에 따라 민감하게 반응하는데, 특히 수컷의 목이나 머리부위 등 앞쪽 부위의 근육들은 암컷이나 거세한 수컷에 비해 두드러진 발달을 나타낸다. 또한 안드로젠은 골염(bone salt)의 축적을 자극하여 암컷에 비해 뼈의 성장을 촉진한다. 그러나 안드로젠의 수준이 충분히 많아지면 골단판(epiphyseal plate)의 성장을 종결시키며, 그 결과 거세한 동물에 비해 골격의 성숙을 빨리 앞당기는 결과가 초래된다. 또한 식육동물의 거세는 지방축적을 늘리지만 근육축적을 줄인다. 최근 기존의 수술적 거세방법 이외의 방법으로 면역학적 거세가 있다. 면역학적 거세는 자극 호르몬(trophic hormone)인 GnRH(Gonadotropin-releasing hormone)에 대한 백신을 투여하여 항체를 만들어,

GnRH가 수용체에 부착하지 못하게 하여, 남성호르몬의 생성을 억제하는 원리를 갖는다. 면역학적으로 거세한 수퇘지의 지방에서 안드로스테논(androstenone) 농도가 낮게 나타났다.

일반적으로 에스트로젠은 골격근 단백질의 합성에는 거의 관여하지 않고, 반면 지방축적을 효과적으로 촉진한다고 알려져 있다. 에스트로젠에 의한 지방축적 효과는 사춘기 접근시기 및 에스트로젠의 농도에 따라 달라진다. 일반적으로 식육동물의 암컷은 수컷에 비해 어린 나이에 비육이 시작되고 체중은 덜 나간다. 새끼를 낳아 본적이 없는 미경산(gilt) 식육동물을 제외하면, 일반적으로 암컷은 거세한 수컷에 비해 더 빨리 비육되는 특성을 가지고 있다. 하지만 돼지의 경우, 미경산돈은 거세돈(barrow)에 비해 늦게 비육이 시작되고 성숙하는 경향을 보인다. 안드로젠과 마찬가지로 에스트로젠은 골염의 축적을 자극하는데, 골단판 성장의 종결에는 안드로젠보다 더 효과적으로 작용하기 때문에 암컷이 수컷보다 빠른 뼈의 성숙을 나타낸다.

합성 에스트로젠들(estradiol-17, zeranol 또는 estradiol benzoate)은 단독으로 또는 합성 프로제스테론과 함께 근육의 성장을 자극하거나 과도한 지방의 축적을 억제하여 도체의 적육량을 효과적으로 증가시킨다. 이런 호르몬들이 풍부한 식육동물로부터 생산된 도체의 단백질 함량은 일반적으로 약 10% 이상 많은 것으로 나타나는데, 이런 효과가 나타나는 확실한 기작은 아직 명확히 밝혀지지는 않았지만, 이런 외인성(exogenous) 호르몬들이 소마토트로핀의 분비를 증가시키는 것에 기인하는 것으로 추정하고 있다. 그러나 이런 호르몬들의 효과는 식육동물들 사이에 차이가 있는데, 닭이나 황소에서는 비육의 속도를 증가시키지만 미경산돈이나 거세돈에서는 체중의 증가를 억제하는 것으로 알려져 있다.

(5) 환 경

식육동물이 사육되는 환경적 조건은 성장률이나 도체 조성에 영향을 미칠 수 있다. 항온성(homeotherm)의 온혈동물들은 항상 비교적 일정한 온도를 유지시켜 주어야 한다. 즉, 정상적인 생리적 대사를 유지하기 위해서는 열의 손실이 있으면 즉각 열의 균형을 맞추어 주어야 한다. 식육동물은 어떤 특정 조건에 따라 열을 소모하여야 하거나 열을 보존하여야 하거나, 또는 체온을 일정하게 유지하기 위해 부가적인 열을 생산하여야 한다. 이렇게 식육동물의 체열을 발생시키는 또는 소모하게 하는 그 어떤 환경조건들도 성장의 효율성을 감소시키며, 그 결과 도체의 조성이 변경될 수 있다.

(6) 결체조직

식육동물에서 생산된 식육의 품질은 육색, 보수성, 연도, 영양성분 등 다양한 요인에 의해 좌우되는데, 적색육의 경우 연도가 매우 중요한 품질요인으로 작용한다. 식육의 연도는 근섬유의 특성도 중요하지만 지방과 결체조직의 양과 조성에 의해 결정인 영향을 받는다. 결체조직은 근육의 구조를 이루고, 근육과 뼈를 연결하며 근육의 성장과 발달에 매우 중요한 역할을 한다. 특히 식육동물의 근육은 결체조직에 의해 연도가 좌우되는데, 일반적으로 운동량이 적은 근육은 연하고 많은 근육은 질긴데, 이는 결체조직의 주요 성분인 콜라겐(collagen)의 양과 밀접한 관련이 있다.

결체조직은 주로 세포, 섬유, 기질로 이루어지며 주성분은 콜라젠, 엘라스틴(elastin), 피브로넥틴(fibronectin), 프로테오글리칸(proteoglycan) 등이 포함된다. 이러한 결체조직은 배아발생기로부터 섬유아세포(fibroblast)가 형성되는 섬유생성(fibrogenesis) 과정을 통해 형성되는데, 이 시기에서부터 근섬유내막은 근육섬유막(epimysium), 근육다발 전체는 근육다발막(perimysium), 또 여러 근육다발로 이루어진 근육은 근육바깥막(epimysium)에 둘러싸여지고, 이 안에 혈관과 신경망이 자리를 잡게 된다. 근섬유를 둘러싸고 있는 결체조직 내에 포함된 콜라젠의 비율도 중요하지만, 이들의 가교화(cross-linking) 정도 또한 연도를 결정하는 중요한 요소이다. 콜라젠의 가교화는 축종이나 근육의 종류 등에 따라 달라지는데, 식육동물이 성장하면서 근육 내에서 매우 서서히 발생하기 때문에 나이가 많을수록 더 많이 나타난다.

제4장 근육의 구조와 구성성분

식육동물의 도체(carcass)는 살아 있는 식육동물로부터 혈액, 내장, 머리, 가죽 등의 조직들을 제거시킨 도축공정의 산물이다. 따라서 도체는 기본적으르 근육조직(muscle tissue)과 다양한 종류의 결합조직(connective tissue), 그리고 약간의 상피조직(epithelial tissue)과 신경조직(nervous tissue)으로 구성된다. 도체를 구성하는 3가지의 주요성분은 근육, 뼈 및 지방이며, 각 성분의 구성비율과 기능적 특성들에 따라 정육량과 식육의 품질이 결정된다.

근육은 기능과 구조에 따라 골격근(skeletal muscle) 평활근(smooth muscle) 및 심근(cardiac muscle)으로 구분되며, 식육으로 이용되는 근육은 주로 골격근이다. 따라서 골격근의 구조와 기능에 대한 이해는 식육과학에 있어 그 무엇보다 중요하다. 도체 내에 존재하고 있는 결합조직은 그 종류가 다양하나, 주요 결합조직은 지방조직(adipose tissue), 뼈(bone), 연골(cartilage) 및 진결합조직(connective tissue proper) 등이다.

제4장에서는 식육을 구성하고 있는 성분 중 가장 많은 양을 차지하고 있는 것이 근육과 지방이기 때문에 그것들의 구조와 구성성분에 대해 자세하게 설명하였다. 또한 상피조직과 신경조직에 대해서도 간략하게나마 설명을 하였고, 최종적으로 모든 조직들이 어떻게 근육을 구성하고 있으며 그 기능적 특성은 어떠한지에 대해서도 언급하였다.

4.1. 근육조직

근육조직은 동물의 운동기관으로 해파리나 말미잘과 같은 강장동물(coelenterata) 이상의 고등동물의 몸체에서 볼 수 있다. 척추동물에 존재하는 근육은 뼈에 부착되어 있는 골격근, 내장과 혈관을 구성하고 있는 평활근 및 심장에만 존재하며 독특한 형태를 가지고 있는 심근의 3종류가 있다.

근육을 구조적으로 분류하면 명암의 무늬가 규칙적으로 나타나는 횡문근(striated muscle)과 단핵 근섬유의 집합체로 규칙적인 미세구조를 가지고 있지 않은 평활근(nonstriated muscle)으로 구분된다. [그림 4-1]은 횡문이 나타나는 골격근 근섬유의 광학현미경 사진이다. 한편, 근육은 기능적으로 골격근처럼 의지에 의해 운동이 조절되는 수의근(voluntary muscle)과 심근과 평활근처럼 의지와 상관없이 운동을 하는 불수의근(involuntary muscle)으로 구분되기도 한다.

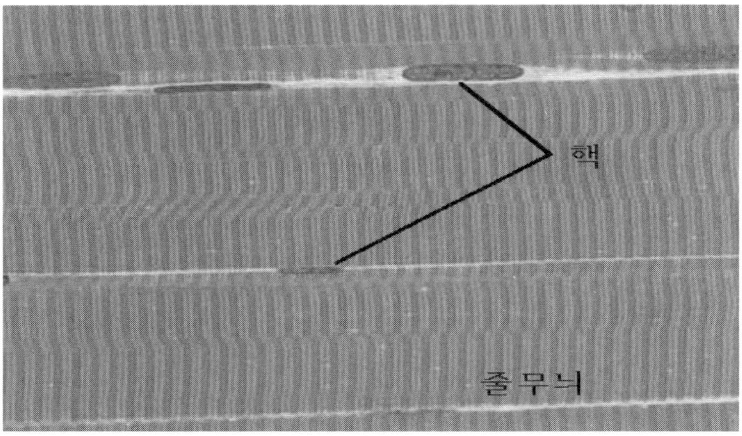

[그림 4-1] 골격근 근섬유의 현미경 사진(×540)

(1) 골격근

골격근은 횡문근 및 수의근에 속하며, 근육의 수축과 이완을 통해 동물의 운동을 수행하는 기관인 동시에 필요한 에너지원을 저장하고 있기 때문에 식품으로서 가치가 매우 높다. 골격근은 다수의 근섬유(muscle fiber)가 혈관과 신경섬유와 함께 결합조직에 의해 다발을 이루는 근섬유속(bundle of muscle fibers)을 만들고, 이 근섬유속(또는 근속)은 근막(fascia)에 쌓여 양쪽 끝이 건(tendon)을 이뤄 뼈나 인대(ligament)에 부착되어 있다[그림 4-2].

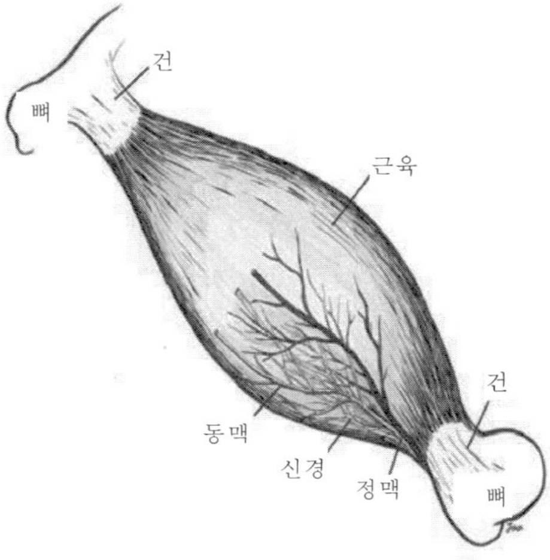

[그림 4-2] 골격근의 뼈, 건, 혈관 및 신경과의 관계를 보여주는 모식도

식육동물의 몸체는 모양, 크기 및 기능이 매우 다양한 600개 이상의 근육으로 이루어져 있다. 따라서 각 근육의 특수한 성질은 그 근육의 기능과 밀접한 관계를 가지고 있다. 각각의 근육은 얇은 결합조직의 막으로 쌓여 지속적으로 근육 내외부의 결합조직과 연결되어 있으며, 신경섬유와 혈관들이 이 결합조직의 연결망을 따라서 근육의 내외부로 뻗어 있다[그림 4-3].

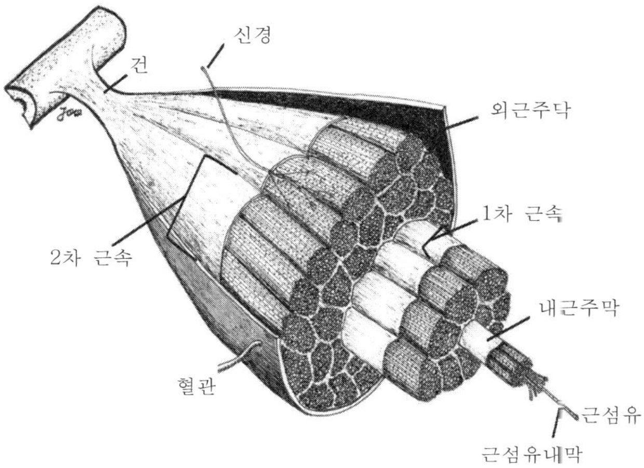

[그림 4-3] 골격근의 구조와 각종 막의 위치

[그림 4-3]은 근섬유가 모여 근속을 이루고, 근속이 모여 근육을 이루는 모습을 도식한 것이다. 각각의 근섬유는 얇은 결합조직인 근형질막(sarcolemma)에 둘러싸여 있으며, 근형질막은 다시 근섬유내막(endomysium 또는 근내막)에 쌓여 있고, 여기에 모세혈관이나 신경이 분포하고 있다. 근섬유는 약 50~150개가 다발로 묶여 1차 근섬유속을 이루고, 다시 1차 근섬유속 수십 개가 모여 2차 근섬유속을 형성한다. 근섬유를 다발로 싸고 있는 결합조직은 내근주막(perimysium 또는 근주막)이라 부르고 1차, 2차 근속을 둘러싸고 있는 결합조직은 외근주막(epimysium 또는 근외막)이라 부른다. 외근주막은 근육의 외층을 감싸고 있는 결합조직이라 근상막(筋上膜)이라고도 하는데, 근육과 근육 사이를 막는 격벽 역할을 하여 튼튼한 근막을 만들기도 한다.

하나의 근섬유는 천개 이상의 근원섬유(myofibril)들로 이루어져 있으며, 근원섬유는 두 종류의 초원섬유(myofilament)로 구성되어 있다[그림 4-4]. 즉, 초원섬유는 주로 마이오신 단백질로 구성되고 굵은 섬유인 마이오신 필라멘트(myosin filament)와 주로 액틴 단백질로 구성되고 가는 섬유인 액틴 필라멘트(actin filament)로 나누어진다. 근원섬유는 이 초원섬유들의 독특한 배열에 의해 특징적인 암대와 명대가 교차하는 횡문을 나타내며, Z-선으로 구분되는 근절(sarcomere)을 형성한다. 이런 골격근 근섬유의 미세구조에 대해서는 뒤에 보다 자세히 설명되어 있다.

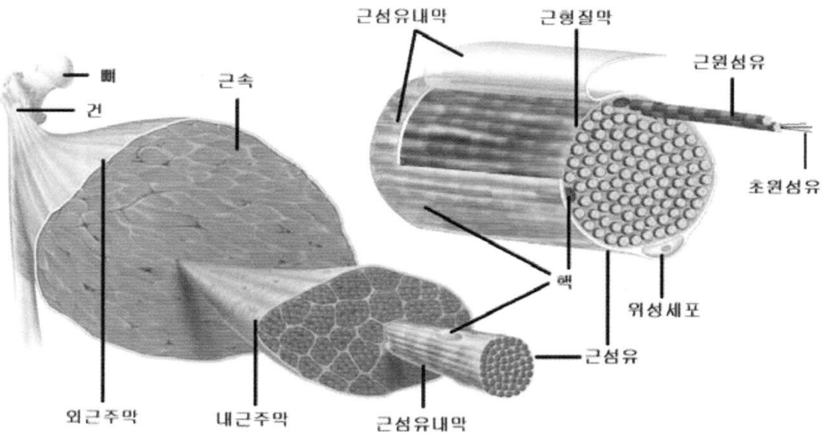

[그림 4-4] 근육의 미세구조를 나타내는 모식도

(초원섬유가 모여 근원섬유를 이루고, 근원섬유가 모여 근섬유를 이룬다. 근섬유들은 근속으로 모이고, 근속들이 모여 하나의 근육을 이룬다)

(2) 평활근

평활근은 불수의근으로, 식육으로 가치는 크지 않지만, 평활근의 미세구조를 파악하고 골격근과의 차이점을 알아보는 것은 근육에 대한 전반적인 이해를 높이는데 의미가 있다. 평활근은 주로 혈관벽, 림프관, 소화관 및 생식기관 등을 구성하고 있으며, 근섬유의 길이는 약 100~200㎛, 직경은 약 3~5㎛ 정도이다. 평활근섬유는 일반적으로 방추형을 나타내지만, 위치에 따라 크기와 모양이 다양하게 나타날 수 있다. 평활근의 횡단면을 보면, 평평한 타원형에서 삼각형 및 다면체에 이르기까지 매우 다양하다.

평활근섬유의 단단한 근형질막으로 둘러싸여 있으며, 인접한 근섬유들과 연결되어 있다. 하나의 평활근섬유는 보통 세포의 가운데 위치하고 있는 한 개의 핵을 가지고 있으며, 큰 섬유의 경우 핵이 중앙에서 약간 치우쳐 있을 수도 있다. 근형질막 내부는 핵 이외에 근소포체(sarcoplasmic reticulum), 마이토콘드리아(mitochondria), 라이소좀(lysosome), 글라이코젠(glycogen) 및 초원섬유 등으로 채워져 있다. 평활근섬유의 근소포체는 골격근에 비해 덜 발달되어 있으며, 초원섬유는 짝을 지어 근섬유 종축과 평행하지만 불규칙적으로 배열되어 있다.

평활근은 골격근과 반대로 많은 수의 초원섬유가 근섬유 종단에 집중되어 있는데, 이런 필라멘트들은 골격근의 F-액틴과 유사한 분자구조를 가지고 있다. 한편, 평활근에도 마이오신이 존재하지만, 마이오신 필라멘트 형태는 나타나지 않으며, 골격근과 같은 횡문도 나타나지 않는다. 평활근의 필라멘트는 근형질막의 어두운 부분에 붙어 있는데, 이 어두운 부분은 근형질막 표면을 따라 존재하며 섬유들의 종단 위치보다는 밝은 편이다. 평활근섬유 중 수축력을 가지는 부분은 이 어두운 부분이며, 구조적으로 보았을 때 초원섬유의 수축력이 근형질막에 전달된다고 알려져 있다. 하지만 수축시 필라멘트는 불규칙적으로 변화되기 때문에 골격근과 달리 수축 기작이 정확하게 알려져 있지 않다.

평활근섬유는 단독으로 존재하거나 근속 내에 있는데, 배열에 관계없이 개개의 섬유 또는 근속은 수축하는 동안 힘을 전달할 수 있는 정교한 그물망(세망)의 결합조직으로 둘러싸여 있다. 즉, 콜라젠(collagen)과 엘라스틴(elastin) 섬유 및 관련 기질물질로 구성된 결합조직이 근섬유들 사이의 좁은 공간을 차지하고 있으며, 이 세망들 사이로 혈관과 신경섬유들이 산재되어 있다. 평활근은 골격근에 비해 유입되는 혈액량이 매우 적다.

(3) 심 근

심근은 태아기부터 생명이 끝날 때까지 한 순간도 쉬지 않고 규칙적으로 수축을 하는 독특한 특성을 지닌 근육이다. 혈액순환의 원동력을 가지는 심장은 그 벽을 구성하는 심근의 수축에 의해 혈액을 대동맥으로 방출하는 기능을 가지고 있다. 심근은 골격근 또는 평활근과 유사한 성질도 가지고 있는데, 평활근과 마찬가지로 세포중앙에 한 개의 핵을 가지고 있으며, 자율신경계의 지배를 받는 불수의근이다. 심근 섬유는 직경이 작은 분지로 갈라져 있으며, 근섬유 직경이 골격근보다는 작고 길이도 짧다. 심근의 근장은 많은 양의 글라이코젠 입자들을 함유하고 있으며, 특히 마이토콘드리아는 크기가 매우 크고 수도 매우 많다.

심근의 종단면을 보면, 초원섬유의 무늬모양이 거의 골격근과 유사하다. 즉, 암대, 명대, Z-선 및 M-선이 명확하게 나타나며, 다른 점은 H-대가 일반적으로 보이지 않는다는 점이다. 골격근과 마찬가지로 인접한 두 Z-선의 사이를 근절이라 부르며, 휴지시 근절길이는 약 2.2㎛ 정도이다. 근절을 구성하는 액틴과 마이오신 필라멘트가 수축시 보여주는 위치적 상호관계는 골격근과 같으며, 현미경 하에서 마이오신 필라멘트와 액틴 필라멘트가 나타나고 골격근과 마찬가지로 횡문을 보인다[그림 4-5]. 심근 초원섬유 집합체 내 섬유들은 다양한 직경을 나타내기 때문에 골격근의 근섬유와는 달리 규칙적인 배열을 이루지는 않는다.

심근섬유의 횡단관은 직경이 넓고 Z-선 위치에 있으며, 근소포체는 골격근에 비하여 덜 발달되어 있을 뿐만 아니라 종말조가 없는 특징이 있다. 골격근과 같이 심장근의 근소포체에는 칼슘이 저장되어 있으나, 골격근의 종말조 대신 작고 평평한 평대부가 T-관(가로소관)에 접합되어 있다. 따라서, 골격근 삼연구조와 달리 심장근은 이연구조(diad)를 가지고 있다.

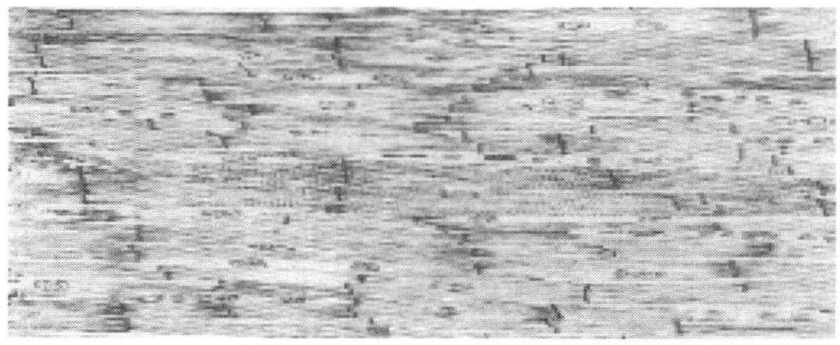

(A)

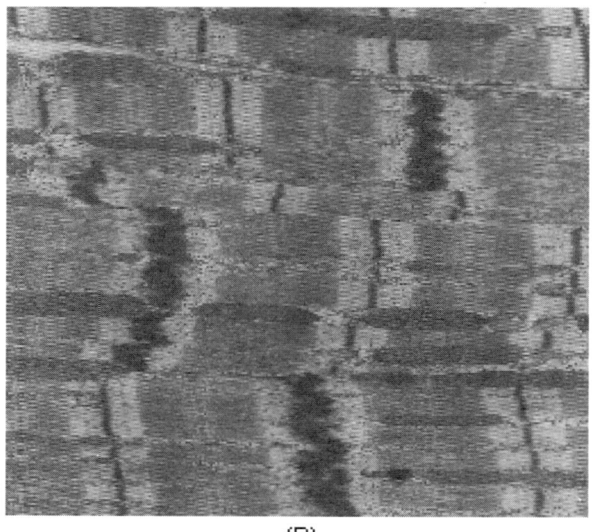

(B)

[그림 4-5] 심근의 전자현미경 사진

(A) 섬유의 배열과 핵의 위치를 보여주고 있다.
(B) 근원섬유 내 암대와 명대, 개재판, 마이토콘드리아 및 글라이코젠 입자들을 보여주고 있다.

심근은 장축을 따라 규칙적인 간격으로 개재판(intercalated disc)이라는 짙은 선이 근섬유와 직각으로 횡문을 나타낸다. 개재판은 심근층(myocarium)의 섬유사이를 연결하고 섬유축 방향으로 수축력을 전달하는 기능을 한다. 심근층은 심장의 수축층이며 심근의 대부분을 이루고 있다. 심근층의 섬유는 콜라젠 섬유와 레티큘린 섬유에 의해 고정되어 근속을 형성하고 있으며, 혈관과 림프관 및 신경섬유들이 근섬유 사이의 결합조직을 경유하여 근속 사이를 출입하게 된다. 심근은 기본적으로 호기적 대사를 하므로 모세혈관이 광범위하게 분포되어 있다.

4.2. 근육조직의 미세구조

(1) 근섬유

골격근의 구조적 기본단위는 세포인 근섬유(muscle fiber)이며, 근섬유는 골격근 수축을 위해 고도로 특수화된 세포이다. 근육의 약 75~92%가 근섬유로 이루어져 있으며 나머지는 결합조직, 혈관, 신경섬유 및 세포 외액(extracellular fluid)으로 구성되어 있다. 포유동물, 조류, 어류 등 동물의 근섬유 형태는 길고, 다핵이며, 섬유 모양으로 양끝이 가늘다[그림 4-6]. 근섬유의 길이는 일반적으로 수 십 ㎛에서 수 cm 정도로 전체 근육의 길이에 걸쳐 있지는 않다. 근섬유의 직경은 변이가 큰 편으로 약 10㎛에서 100㎛ 이상이며, 이 같은 근섬유 직경 변이는 근육 간에도 나타나지만, 동일 근육에서도 존재한다. [그림 4-6]는 근섬유를 둘러싸고 있는 다양한 막들의 위치 구조를 보여준다.

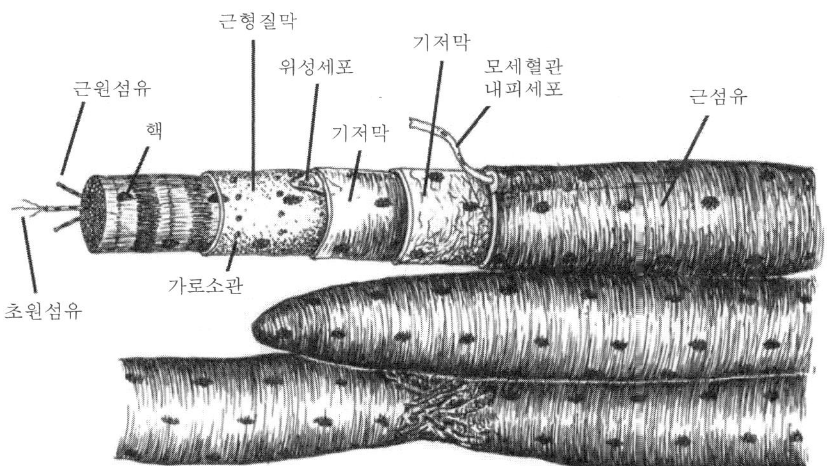

[그림 4-6] 골격근섬유의 구조적 모양과 근섬유 막의 구조 및 위치

(2) 근형질막

근형질막(sarcolemma)은 근섬유를 둘러싸고 있는 얇은 막으로 단백질과 지질로 구성되어 탄력성을 가지고 있다. 따라서 근형질막은 근섬유의 수축, 이완, 신장 등의

형태 변화에도 견딜 수 있는 특성이 있다. 근형질막은 근섬유에 평행하게 존재하며, 근형질막에는 근섬유 전 주위에 주기적으로 만입되어 T-시스템 또는 T-관으로 불리는 가로소관(transverse tubule, T-tubule)이 형성되어 있다[그림 4-7].

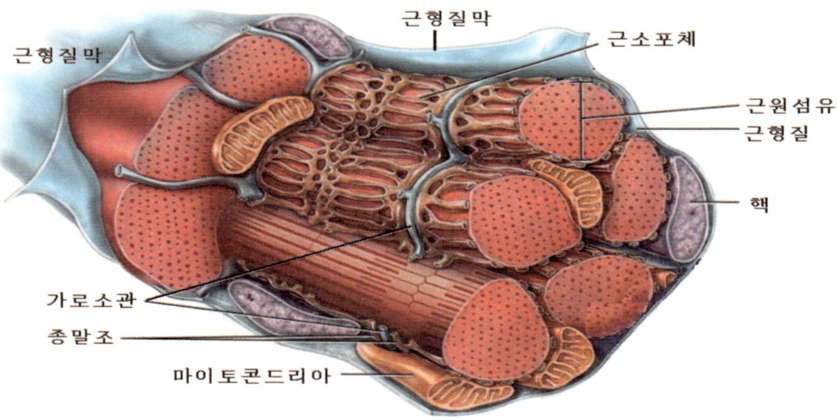

[그림 4-7] 골격근의 근형질막과 가로소관의 형태 및 위치

(3) 근형질

근섬유의 세포액(cytoplasm)을 근형질(sarcoplasm)이라고 한다. 근형질은 일반적으로 근장(筋漿)이라고도 부르며, 콜로이드성 물질로 다양한 소기관(organelle)들을 함유하고 있다. 근형질의 약 75~80%는 수분으로 이루어져 있으며, 골격근의 근형질은 지방구(lipid droplet), 글라이코젠(glycogen), 라이보좀(ribosome), 다양한 단백질들, 비단백질소화합물 및 많은 종류의 무기물들을 함유하고 있다.

(4) 핵

골격근섬유는 다핵세포지만, 근섬유 길이 변이가 매우 크기 때문에 근섬유 당 핵(nuclei)의 숫자는 일정하지 않다. 근섬유 길이 5㎛당 1개의 핵이 규칙적으로 분포하는 경우, 수 cm 길이의 근섬유에는 약 수 백 개의 핵이 존재한다고 할 수 있다. 하지만 근섬유 내에서 핵은 경우에 따라 집중적으로 모여 있을 수도 있는 등 불규칙적으로 분포하고 있다. 예를 들어, 운동종판 근처로 갈수록 핵의 수가 증가한다.

일반적으로 성숙한 포유동물 근육에서 핵은 근형질막 안 쪽(근섬유 둘레)에 위치하지만[그림 4-7], 출생 전 및 직후 핵은 근섬유 중앙에 위치할 수 있으며, 손상된 근육이 재생되는 기간에도 근섬유 중앙에 핵이 존재할 수 있다. 핵의 모양은 타원형이며 길쭉한 축이 근섬유의 장축과 평행하게 위치하고 있다[그림 4-8].

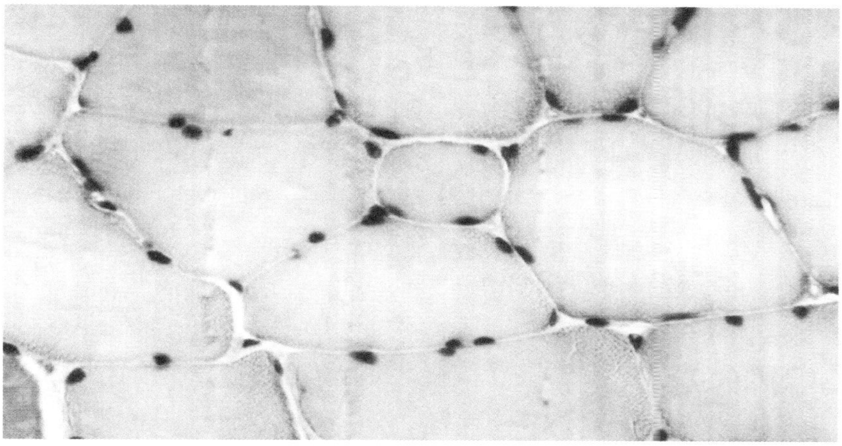

[그림 4-8] 골격근 섬유의 종단면 사진
(타원형 핵의 모양과 근섬유의 장축과 평행하게 위치하고 있는 모습)

(5) 근원섬유

근원섬유(myofibril)는 근육조직에서 매우 독특한 소기관이다. 근원섬유는 섬유형태로 가늘고 긴 원통형이며, 일반적으로 직경이 1~2㎛ 이다. 근원섬유는 근섬유의 장축에 평행하게 배열되어 있다. 근원섬유는 근형질에 잠겨있는 상태로 근섬유의 전 길이에 걸쳐 있다. 식육동물 근육의 경우, 직경 50㎛ 근섬유에는 1,000개에서 2,000개 정도의 근원섬유가 존재한다.

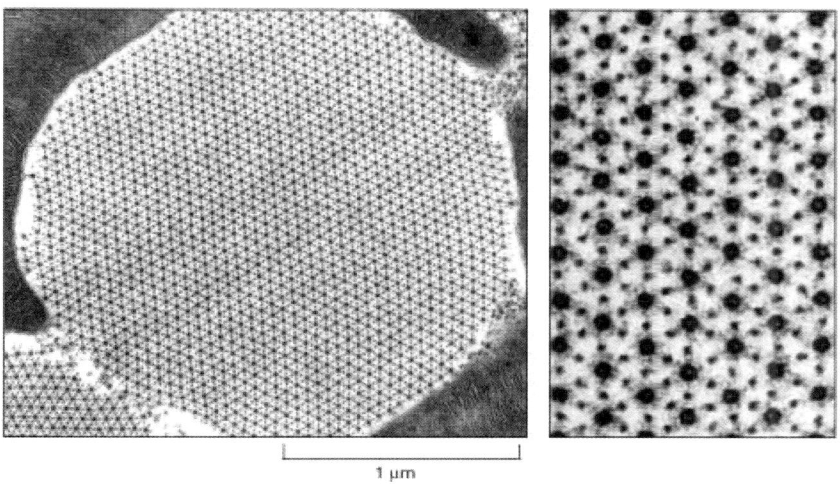

그림 4-9] 근원섬유의 횡단면 전자현미경 사진
(가는 필라멘트와 굵은 필라멘트가 일정한 육각형을 형성하고 있다)

근원섬유의 횡단면을 보면, 두 종류의 크기가 다른 필라멘트가 일정한 간격을 두고 규칙적으로 배열되어 있다[그림 4-9]. 이 필라멘트는 근원섬유 내에 있는 두 종류의 초원섬유(myofilament)들이다. 근원섬유 내에는 여러 종류의 필라멘트로 구성되어 있으나, 가장 중요한 필라멘트는 굵은 필라멘트(thick filament)와 가는 필라멘트(thin filament)이다. 근원섬유 종단면을 보면, 굵은 필라멘트는 근섬유의 전 길이에 걸쳐 정확하게 평행하게 배열되어 있다. 마찬가지로 가는 필라멘트도 굵은 필라멘트와 평행하게 규칙적으로 배열되어 있다. 초원섬유의 이러한 배열 특성, 즉 근원섬유의 종축을 따라서 어떤 부분은 굵은 필라멘트와 가는 필라멘트가 중첩되는 특성이 근원섬유의 특징적인 무늬인 횡문을 나타내는 원인이 된다[그림 4-10].

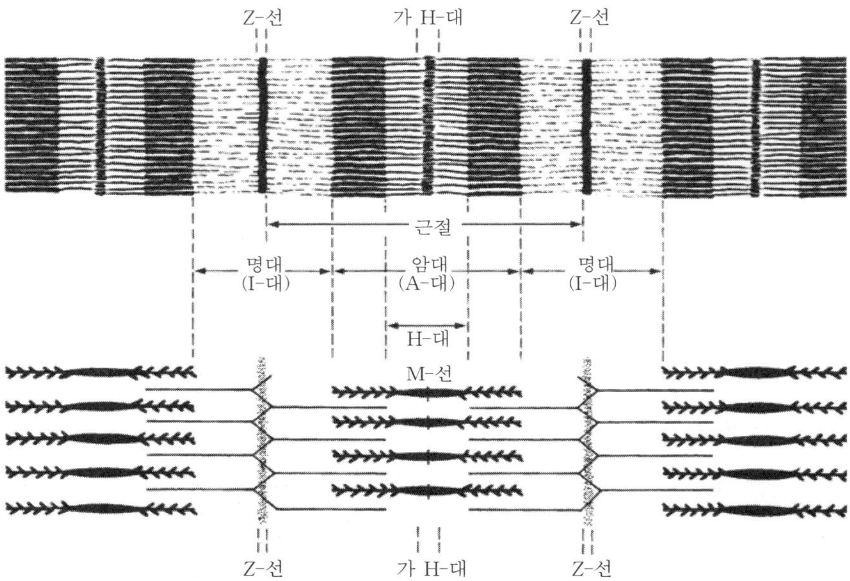

[그림 4-10] 근원섬유의 미세구조를 나타내는 전자현미경 사진 모식도

(근절, Z-선, 가 H-대, 명대(I-대), 암대(A-대), M-선 등이 나타나 있다)

근원섬유의 횡문은 명암의 차이를 보이는데, 밝은 부분은 편광에서 빛이 한 번 굴절하는 단굴절성(isotropic)을 나타내므로 명대(isotropic band, I-대)라고 한다. 반면, 넓고 어두운 부분은 편광에서 빛이 두 번 굴절하는 복굴절성(anisotropic)을 나타내며, 암대(anisotropic band, A-대)라고 한다. 암대보다 밝은 명대는 가운데에 짙고 가는 Z-선(Z disk)에 의해 둘로 나누어지는데, 인접한 2개의 Z-선 사이의 거리를 근절(sarcomere)이라고 하며 근육 수축의 기본 단위이다. 근절은 근원섬유의 반복되는 구조적 단위로 근육의 수축과 이완 기작이 일어나는 기본적인 단위이다. 근절의

길이는 근수축 정도에 따라 달라지며, 일반적으로 포유동물의 휴지기 근육은 근절의 길이가 2.5㎛, 사람의 경우에는 2.25㎛ 정도이다.

암대의 중앙에 약간 덜 짙은 부분은 H-대(Hensen's zone)라고 하고, 이 H-대의 중앙에 짙고 가는 선을 M-선(Middle line)이라고 한다. H-대는 수축에 따라서 길이가 달라지는데, 생체 근육에서 최대 수축하였을 때 나타나는 H-대를 pseudo H-대(pseudo H zone)라고 한다.

(6) 초원섬유

근원섬유의 굵은 필라멘트와 가는 필라멘트는 그 크기가 다를 뿐만 아니라 화학적 조성, 특성 및 근절 내의 위치도 다르다. 척추동물 근육의 굵은 필라멘트는 직경이 약 14~16㎛ 이며 길이는 약 1.5㎛이다. 굵은 필라멘트는 암대를 형성하고 있으며, 마이오신이 주 구성 단백질이기 때문에 마이오신 필라멘트(myosin filament)라고도 부른다.

가는 필라멘트는 직경이 약 6~8㎛이고, Z-선 양쪽에 약 1.0㎛ 정도로 걸쳐 있다. 가는 필라멘트는 근절의 명대를 형성하며, 암대에서는 굵은 필라멘트와 중첩되어 존재하고 있다. 가는 필라멘트는 주로 액틴 단백질로 구성되어 있어 액틴 필라멘트(actin filament)라고도 부른다.

H-대는 마주 보고 있는 액틴 필라멘트의 양끝 사이의 중앙 부분이므로 나머지 암대에 비해 밝게 보이며, 마이오신 필라멘트로만 되어 있다. 따라서 H-대의 폭은 근육의 수축상태에 따라서 차이가 있으며, 암대의 가장 짙은 부분은 액틴 필라멘트와 마이오신 필라멘트가 중첩되는 H-대의 양쪽에 존재한다.

명대는 액틴 필라멘트만 존재하기 때문에 근원섬유 중 가장 농도가 엷은 부분이다. 이것은 근원섬유의 횡단면을 보면 명확히 알 수 있다.

[그림 4-11]의 (F), (G), (H), (I)를 보면, 두 필라멘트가 질서정연한 배열을 하고 있으며, 근절의 H-대 부분에서 마이오신은 정확한 육각형을 보인다. 또 두 필라멘트가 중첩되어 있는 암대의 횡단면은 1개의 마이오신 필라멘트의 주위에 6개의 액틴 필라멘트가 둘러싸고 있는 것을 알 수 있다.

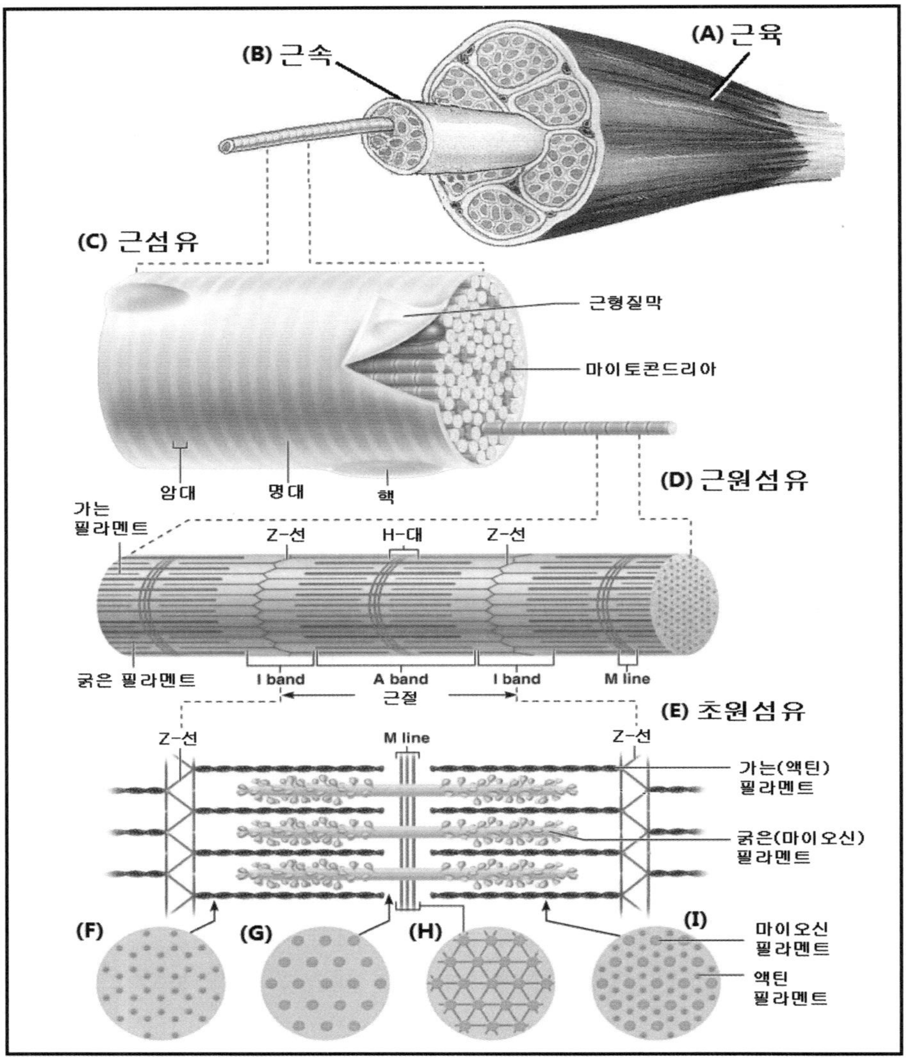

[그림 4-11] 분자 수준까지 골격근의 구성을 나타낸 모식도

(7) Z-선의 미세구조

근원섬유의 종단면에서 Z-선의 한쪽 편에 있는 액틴 필라멘트는 반대쪽 편에 있는 2개의 액틴 필라멘트 사이에 놓여있다. 이런 배열은 액틴 필라멘트가 Z-선을 통과하지 않음을 시사하며, Z-필라멘트는 양쪽의 액틴 필라멘트를 연결한다. Z-선 근처에서 각각의 액틴 필라멘트는 Z-선을 비스듬히 통과하는 4개의 Z-필라멘트와 연결되어 있다. 즉, 4개의 Z-필라멘트는 각각 인접하는 근절 내에 있는 액틴 필라멘트들과 연결되어 있다[그림 4-12].

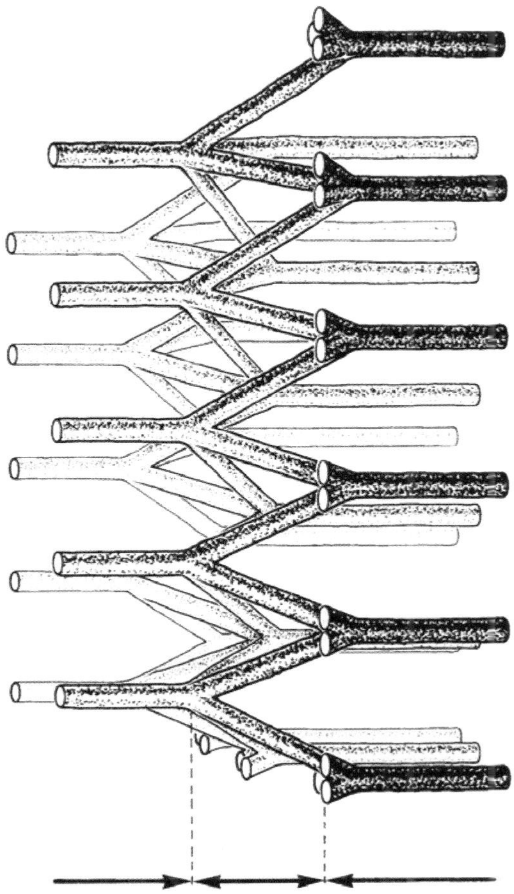

[그림 4-12] 액틴 필라멘트와 연결된 Z-필라멘트의 미세구조

(8) 근원섬유 단백질들

근절은 적어도 28여종 이상의 단백질로 이루어져 있으며, 굵은 필라멘트와 가는 필라멘트는 같은 단백질을 공유하지 않으며, 각각 필라멘트의 주 단백질인 마이오신과 액틴을 제거하면 필라멘트도 사라지게 된다. 근원섬유 단백질 중 6개의 단백질이 전체의 약 90% 정도를 차지하며, 상대적인 함량 순서는 다이오신(myosin), 액틴(actin), 타이틴(titin), 트로포마이오신(tropomyosin), 트로포닌(troponin) 및 네불린(nebulin)이다.

근원섬유단백질들은 기능에 따라 수축(contractile), 조절(regulatory) 또는 세포골격(cytoskeletal) 단백질로 구분된다. 액틴과 마이오신은 수축단백질이고, 트로포마이오신과 트로포닌은 주요 조절단백질이다. 조절단백질은 근육이 수축하는 동안 액틴과 마이오신의 상호결합을 조절하는 역할을 한다. 타이틴과 네불린과 같은 세포골격단백질은 근원섬유와 근절이 형성되는 동안 초원섬유의 배열을 위해 받침대나 지지대의 역할을 담당한다. 세포골격단백질은 Z-선 구조에도 필수적이다. 성숙한 근육에서 세포골격단백질은 초원섬유의 구조를 유지시키는 것과 마찬가지로 근원섬유의 세로와 가로의 전체적인 배열을 유지시키고 세포막과 연결시킨다.

1) 수축단백질

마이오신은 근원섬유단백질의 약 45%를 차지하고 있는 섬유상의 단백질이다. 마이오신의 분자구조를 살펴보면, 한 쪽은 뭉툭한 부분으로 되어 있으며 이 부분을 머리 부분(head region)이라 하고, 다른 한 쪽의 긴 막대모양 부분은 꼬리 부분(rod or tail region)이라고 한다. 마이오신 분자의 머리 부분은 2개로 이루어져 있고(double headed), 머리 부분과 꼬리 부분 사이를 목 부분(neck region)이라 한다[그림 4-13].

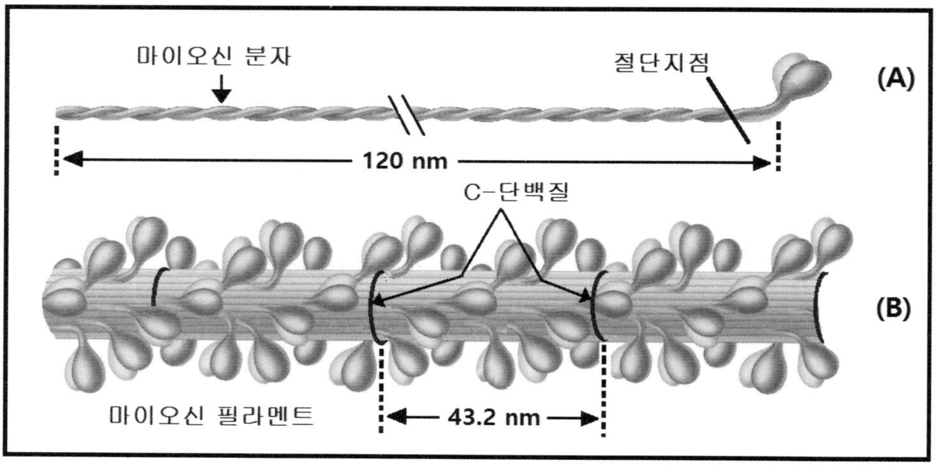

[그림 4-13] 마이오신 필라멘트의 미세구조

A : 마이오신 분자로 머리 부분과 꼬리 부분 및 절단지점을 보여준다.
B : 하나의 마이오신 필라멘트로 2개의 머리를 가진 마이오신과 43.2nm당 하나의 C-단백질에 의해 묶여 있는 모습을 보여준다.

마이오신 분자는 2개의 중쇄(heavy chain, 분자량 약 220kDa)와 4개의 단쇄(light chain, 분자량 15~22kDa)를 지닌 6합체(hexamer)이다. 마이오신을 기능 및 분자구조로 분류하면 structural domain(꼬리 부분)과 enzymatic domain(머리 부분)으로 나누어지며, 마이오신을 단백질 분해효소인 트립신(trypsin)으로 처리하면 완전한 α-helical coiled-coil 형태를 띠는 light meromyosin(LMM)과 약간의 꼬리

부분을 가지고 있는 머리 부분(heavy meromyosin, HMM)으로 구분되어 진다. LMM은 낮은 이온 강도에 불용성을 띠며, 필라멘트의 골격을 이루게 된다. HMM은 다시 sub-fragment 1(S_1)과 sub-fragment 2(S_2)로 나누어지는데, S_1은 수용성으로 ATP 가수분해 능력 및 액틴과의 결합능력을 가진다. 반면, S_2는 S_1보다 수용성이 약하지만 LMM보다는 강한 수용성을 띠는데, 이것은 LMM 보다 자가조립 능력이 떨어지는 것을 의미한다. 즉, 이러한 수용성의 차이 때문에 HMM은 마이오신 필라멘트에서 돌출된 형태를 띠며, S_1부분은 S_2에 비해 더욱 돌출된 형태를 띠게 된다.

마이오신의 꼬리 부분은 불용성이기 때문에 자가조립(self-associates)하여 필라멘트의 골격(backbone)을 이루는데, 마이오신 필라멘트의 형상은 필라멘트의 중앙에서 꼬리 부분끼리 결합하여 나가는 형태를 띠게 된다. 따라서 필라멘트의 중앙에는 마이오신 머리 부분이 없는 부분이 존재하는데(bare-zone), 이 부분이 초원섬유 구조 중 pseudo H-zone이다. 근육이 수축시 마이오신 머리(S_1)는 액틴 필라멘트의 G-액틴 가교부위(binding site)에 결합한다. 이 가교형성의 기작은 제5장에서 보다 자세히 설명되어 있다.

액틴은 근원섬유단백질의 약 20%를 차지하고 있다. 액틴은 직경 5.5㎚의 구형단백질로 이 구형분자를 G-액틴(globular actin)이라 부르는데, G-액틴은 단위분자(single molecule)이다. 액틴 필라멘트의 섬유상 성질은 G-액틴분자들의 중합에 의하여 섬유상의 F-액틴(fibrous actin)을 형성하기 때문이다[그림 4-14]. G-액틴분자들은 마치 진주목걸이의 구슬처럼 서로 연결되어 F-액틴을 만들며, 2개의 F-액틴 섬유가 꼬여서 나선구조인 액틴 필라멘트를 구성한다.

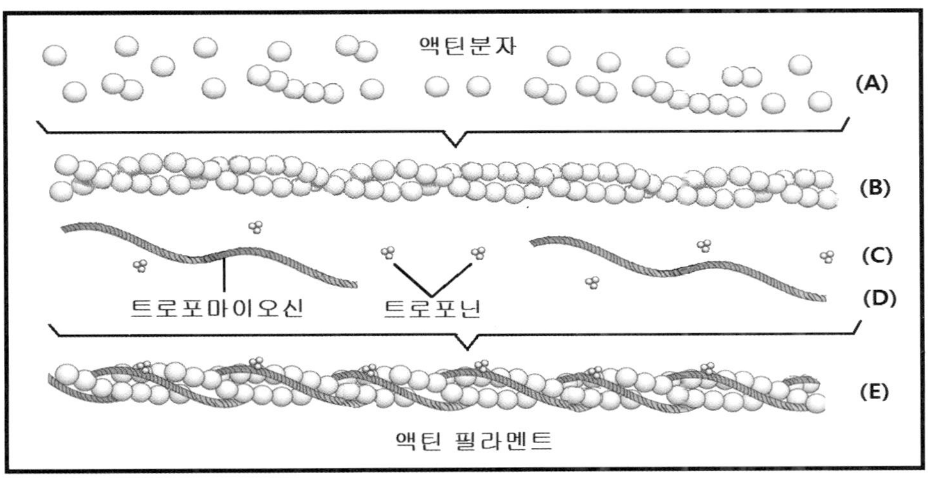

[그림 4-14] 액틴 필라멘트의 미세구조

2) 조절단백질

트로포마이오신은 근원섬유단백질의 약 5% 정도를 차지하는 가늘고 긴 직쇄상의 단백질로, 액틴 필라멘트를 따라 밀착하여 붙어 있다. 즉, 트로포마이오신은 액틴 필라멘트가 나선구조를 만들 때 형성되는 홈을 따라 위치하며, 한 개의 트로포마이오신 분자는 7개의 G-액틴분자에 결합되어 있다[그림 4-14E].

트로포닌 또한 근원섬유단백질의 약 5% 정도를 차지하는 조절단백질로, 트로포마이오신과 마찬가지로 액틴 필라멘트 나선구조의 홈을 따라 규칙적으로 위치하고 있다. 트로포닌은 트로포마이오신의 말단 부위에 위치하고 있기 때문에 액틴 필라멘트를 따라 주기적으로 반복해서 있다. 즉, 7개의 G-액틴 당 하나의 트로포닌 분자가 위치하고 있다. 트로포닌은 3개의 분자(트로포닌 T, 트로포닌 C 및 트로포닌 I)로 구성되어져 있으며[그림 4-15], 근원섬유단백질들 중 유일한 칼슘이온 수용단백질(calcium ion receptive protein)이다. 그리고 트로포마이오신과 결합하여 액틴과 마이오신 간의 결합을 조절하는 등 근육수축기작에 중요한 기능을 지니고 있다.

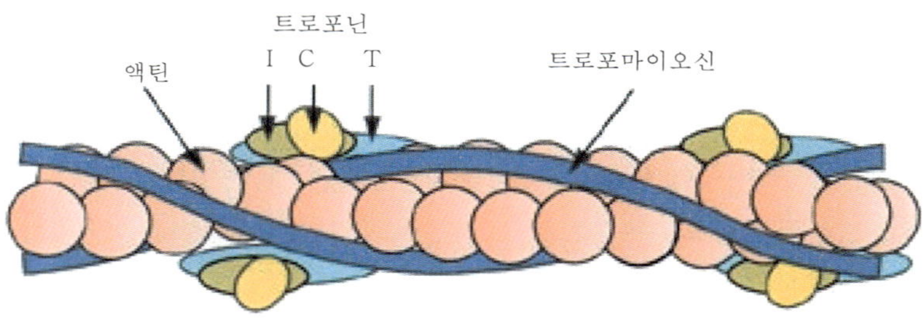

[그림 4-15] 트로포닌 I, C, T의 구조와 위치

Troponin I(TnI)는 억제(inhibitory) 하부단위(subunit)이며, troponin C(TnC) 및 troponin T(TnT)와 결합되어 있다. 액틴 필라멘트와 결합시 TnI는 다른 하부단위 없이도 마이오신 ATPase를 억제할 수 있으나, 직접적으로 액틴-마이오신 결합을 저해할 수 없는데, 이는 7개 액틴 분자에 1개의 TnI가 결합되어 있기 때문이다. TnI는 트로포마이오신에 의해 억제기능이 증가되며, 칼슘이 TnC와 결합하면, TnI-TnC 결합모양이 펼쳐진 형태를 나타내며 액틴과의 결합이 약해지게 된다. 이 후 트로포마이오신과 TnI에 의해 가려져 있던 액틴의 마이오신의 결합위치가 노출된다. TnC는 칼슘과 결합하는 하부단위로 칼슘 결합시 TnI의 억제작용이 사라지며, 이후 칼슘 농도 저하시 TnC는 억제위치로 복귀한다. TnT는 트로포마이오신과 결합하는 하부단위이며, TnI, TnC, 트로포마이오신-액틴 복합체와 결합한다.

3) 세포골격단백질

타이틴은 근육 내 세포골격단백질 중 가장 많은 양을 차지하며, 근원섬유단백질의 약 10% 정도이다. 타이틴 필라멘트는 근원섬유의 3번째 필라멘트로서 마이오신과 결합되어 있으며, M-선에서 시작하여 Z-선까지 세로방향으로 뻗어 있다. 타이틴은 근절에서 스프링 역할을 하는 탄성단백질(elastic protein)로 굵은 필라멘트 양쪽의 힘이 동일하도록 휴지장력(resting tension)을 보장해준다. 또한 근육 성장 시기에 분자모형(molecular template) 역할을 하여 마이오신 필라멘트의 정확한 길이와 조직화에 영향을 준다.

네불린은 근원섬유단백질의 약 4% 정도를 차지하며, 액틴 필라멘트 전 길이에 걸쳐 결합되어 있다. 마이오신 필라멘트의 타이틴과 마찬가지로 네불린은 근섬유 형성 과정에서 액틴 필라멘트의 정밀한 길이를 결정짓는 중요 단백질이다. 성숙된 근육에서는 액틴 필라멘트의 안정성을 위한 틀이나 집합을 위한 기질로서 역할을 한다. 또한 네불린은 액틴 필라멘트가 Z-선에 안정적으로 결합되어 있도록 역할을 한다.

마이오신결합단백질(myosin binding proteins 또는 MBP)은 모든 척추동물의 횡문근(골격근 및 심장근)에서 발견되며, 근원섬유단백질의 약 2%, 굵은 필라멘트의 15% 이상을 차지한다. 척추동물 A-대에서 특수하게 나타나며, 평활근, 비척추동물, 비근육 세포에는 나타나지 않는다. MBP는 마이오신의 꼬리 부분(LMM)과 S_2 부분에 결합되어 있다. 하지만 마이오신 필라멘트의 노출대(bare-zone)에는 존재하지 않으며, A-대를 M-선 기준으로 반으로 나누었을 때 11개의 마이오신결합단백질이 나타난다. 일반적으로 적색근섬유의 9개의 마이오신결합단백질은 C-단백질이며, 백색근섬유에는 8개의 C-단백질, 중간근섬유에는 7개의 C-단백질이 나타나며, H-단백질은 백색근섬유 또는 중간근섬유에서 발현된다. 한편 M-선을 기준으로 첫 번째와 두 번째 마이오신결합단백질에 대해서는 아직 명확하게 밝혀지지 않고 있다. 한편, 마이오신을 정제하고자 할 때 분리가 어려운 것은 C-단백질이 마이오신과 강하게 결합되어 있기 때문이다.

M-선은 여러 굵은 필라멘트와 결합하여 굵은 필라멘트 격자를 안정적이게 하는데 역할을 하며, 이는 근절의 빠르고 능률적인 수축에 중요하다. M-선에는 적어도 3개 이상의 M-선 단백질이 있다. 주 단백질로는 M-단백질, 마이오메신(myomesin) 및 크레아틴 카이네이스(creatine kinase)가 있으며, 추가로 마이오신 꼬리 및 타이틴과 결합하는 스켈레민(skelemin)이 있다. M-단백질과 마이오메신은 모듈단백질(modular protein)로 서로 유사한 구조를 가지고 있다. 마이오메신은 C-단백질과 같이 마이오신의 LMM과 결합되어 있으며, 중심부분은 타이틴과 결합되어 있다. 즉,

이 단백질의 중요한 기능은 타이틴과 결합하여 굵은 필라멘트의 구성한다는 점이다. 스켈레민은 마이오메신과 같은 유전자로부터 생성되지만 짜깁기(splicing)를 통해 형성된 단백질이다. 크레아틴 카이네이스는 2분자의 구형 단백질로 2개의 하부단위를 지니고 있으며, 분자량이 43kDa이다. 이 단백질은 효소이기 때문에 수용성이다. 따라서 근형질에 존재할시 근절 내 구조를 이루는 역할을 할 수 없으나, M-선 구조에 존재할 경우 가교 형성에 영향을 미치기 때문에 구조적 역할을 담당할 수 있으며, ATP를 빠르게 생성하는 효소적 역할 또한 지니고 있다.

Z-선의 필수 구성성분은 알파 액티닌(α-actinin)이며, 알파 액티닌은 액틴, 타이틴 등 다양한 단백질들과 결합한다. Cap Z 단백질 또한 Z-선에서 발견되는 단백질로 액틴 필라멘트의 정밀한 길이를 결정하는 단백질이다. 즉 Cap Z 단백질은 G-액틴이 중합화되어 액틴 필라멘트로 구성될 때 필라멘트 말단 부위(Z-선 부분)에 결합하여 G-액틴의 증가 또는 감소를 막아준다. 이외 Z-선 관련 또는 근원섬유단백질 중 1% 미만의 구조단백질들은 [표 8-2]에 나타난 바와 같다.

데스민(desmin), 필라민(filamin), 파라네민(paranemin), 시네민(synemin) 등과 같은 단백질들은 Z-선에 인접해 있는 가는 필라멘트 또는 필라멘트 사이에 있는 성분들이다. 이러한 필라멘트들은 Z-선에서 시작하여 하나의 근원섬유와 인접한 다른 근원섬유 사이를 연결시킨다. 성숙한 근육에서는 전체 근섬유에서 모든 Z-선들이 측면으로 일정하게 배열되어 있는데, 이러한 단백질들이 인접한 근원섬유들을 측면으로 배열시키는 역할을 담당하는 것으로 생각되고 있다.

(9) 근소포체와 가로소관

근소포체(sarcoplasmic reticulum)는 각 근원섬유를 둘러싸고 있는 세망 형태의 미세한 막조직으로 종말조(terminal cisternae), 종주관(longitudinal tubule) 및 가로소관(transverse tubules, T tubules)을 포함하고 있으며, 인접 근원섬유와 연결되어 있다. 근소포체와 가로소관은 일반적으로 함께 설명하지만, 이 두 조직은 분명히 다른 조직이라고 할 수 있는데, 가로소관이 근형질막으로부터 형성된 것인 반면, 근소포체는 실제 세포 내에 존재하고 있다[그림 4-16].

근소포체는 휴지 근섬유에 있어서 칼슘이온의 저장고 역할을 하는데, 자극을 받으면 종말조의 칼슘 채널이 열리면서 칼슘이 근형질로 유리되어 나온다. 근소포체 중앙 부분은 상대적으로 가는 관이라 할 수 있는 종주관들로 구성되어 근원섬유와 평행하게 뻗어 있으며, 이 종주관들은 횡단관에 인접하여 하나로 합쳐져 두툼한 종말조를 이룬다. 종말조는 암대와 명대의 연결부(A-I junction)에 있는 근소포체의 팽대부이다.

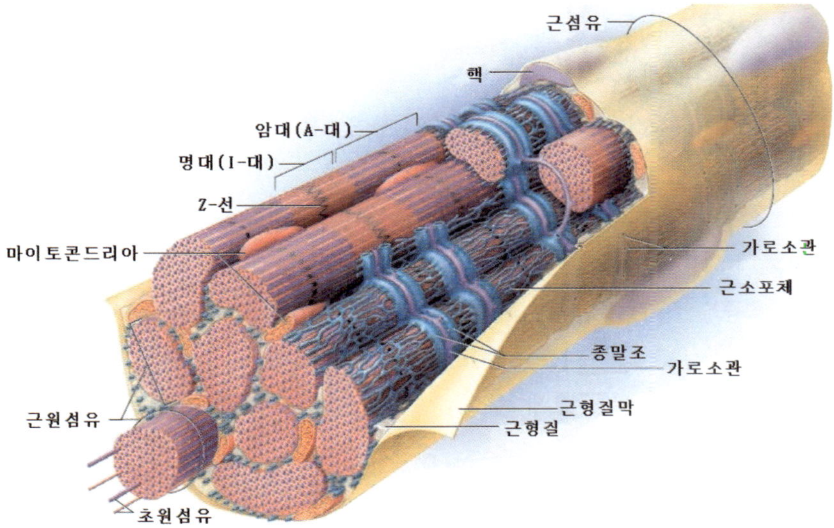

[그림 4-16] 골격근의 근소포체 및 가로소관의 구조와 위치

근소포체는 근절의 H-대에 해당하는 부분에서 구멍이 뚫어진 얇은 막의 모습을 보이는데, 이 구멍을 천공망이라 부른다.

가로소관은 명대와 암대의 연결부에서 근절의 장축과 직각으로 가로 질러 형성되어 있는데, 따라서 하나의 근절 내에는 2개의 가로소관이 존재하며, 가로소관 좌우로 종말조가 위치하고 있다. 이처럼 2개의 종말조 사이에 있는 가로소관의 구조를 삼연구조(triad)라 부르는데, 삼연구조는 일반적으로 명대와 암대의 연결부위에 위치하지만, 어떤 종에서는 Z-선의 위치에 존재하기도 한다[그림 4-17].

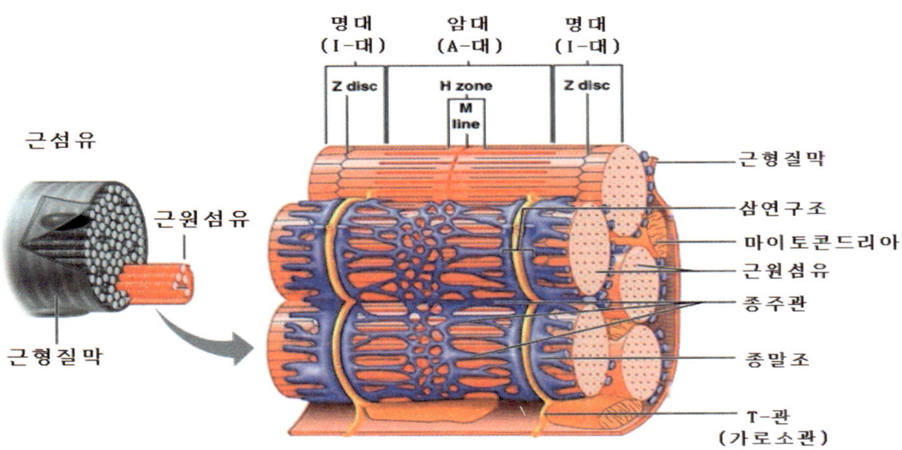

[그림 4-17] 근섬유 내부에서 가로소관과 근소포체의 위치

하나의 근섬유는 수백 개에서 천 개 이상의 근원섬유들을 포함하고 있는데, 근소포체는 모든 근원섬유들에 걸쳐 광범위하게 분포하고 있으며, 따라서 근소포체의 체적은 근섬유에 따라 변이가 심하다고 할 수 있다. 일반적으로 근소포체는 근섬유 전체 체적의 약 13%를 차지하고, 가로소관은 약 0.3%를 차지하는 것으로 추정된다.

근육의 수축과 관련하여 근소포체와 가로소관은 매우 중요한 생리적, 물리적 역할을 담당한다. 즉, 활동전위의 발생과 수반하여 자극은 가로소관을 통해 근섬유 내부의 근원섬유까지 전달되며, 이에 따라 근소포체에도 탈분극 막전위의 변화가 일어나고, 이 변화는 종말조의 칼슘을 근형질로 유리시킨다. 근형질로 유리되어 근육의 수축을 유발시킨 칼슘은 막의 재분극과 근소포체 자체의 활성에 의해 다시 종말조로 되돌아온다. 이에 관해서는 제5장에 보다 자세히 설명되어 있다.

(10) 마이토콘드리아

마이토콘드리아(mitochondria)는 근장에 위치하고 있는 장방형의 소기관으로[그림 4-16], 탄수화물, 지방 및 단백질 대사로부터 에너지를 포획하여 화학적 에너지원을 세포에 제공하기 때문에 소위 '세포발전소(powerhouse of the cell)'라 언급된다. 마이토콘드리아는 호기적 대사에서 세포가 이용하는 효소들을 함유하고 있는데, 근섬유에 존재하는 마이토콘드리아는 그 수와 크기의 변이가 매우 크다.

골격근의 마이토콘드리아는 핵 주변의 섬유 근처에 상대적으로 다량이 존재하는데, 특히 운동종판 부근에 많이 있다. 또한 많은 수의 마이토콘드리아가 근원섬유의 사이, Z-선과 명대 부근, 또는 명대와 암대의 연결부위에서 발견된다.

(11) 라이소좀

라이소좀(lysosome)은 근형질에 존재하는 작은 소포체로 세포와 세포의 내용물을 소화할 수 있는 수많은 효소들을 함유하고 있다. 라이소좀에는 카뎁신(cathepsin)으로 알려진 단백질분해효소가 존재한다.

(12) 골지복합체

골지복합체(Golgi complex)라 불리는 구조물은 핵 근처 근형질에 위치하고 있다. 따라서 다핵을 가지고 있는 근섬유는 핵 근처에 수많은 골지복합체를 가지고 있는데, 이것들은 간, 췌장, 유선과 같은 분비세포와 비교해 볼 때 매우 작다. 골지복합체의 관들은 근소포체의 막과 유사하다.

4.3. 결합조직

결합조직(connective tissue)은 단어에서 의미하는 것처럼 체내의 여러 조직들을 연결하고 유지하는 조직이다. 결합조직은 골격의 구성성분으로서 몸 전체에 광범위하게 분포되어 있는데, 각종 기관들과 혈관 및 림프관의 외곽구조를 이루고, 또 건, 근육, 신경섬유 및 근섬유 등과 같은 구조물의 주위를 감싸고 있다. 물론 피부나 가죽 등도 결합조직에 의해 몸체에 붙어 있으며, 근육, 근속 및 근섬유 자체까지 감싸고 있다. 결합조직은 외부의 전염 물질로부터 신체를 보호해주는 기능을 가지고 있으며, 상처 회복에도 매우 중요하게 작용한다. 한편, 지방을 저장하는 지방세포는 주로 지방조직에 존재하는데, 이 지방조직은 결합조직 사이에 위치하게 된다.

결합조직들은 일반적으로 세포와 세포외물질(extracellular substance)로 구분된다. 세포외물질은 부드러운 젤리 형태부터 딱딱한 섬유집단까지 다양하며, 대부분이 결합조직을 구조적으로 묶고 있는 섬유들에 의해 쌓여 있다. 연골에 있는 세포외물질은 고무처럼 항상 탄력적인 반면, 뼈에 있는 세포외물질은 훨씬 강하고 칼슘염을 포함하고 있다. 연골이나 뼈는 둘 다 섬유들을 포함하고 있지만 다른 세포외물질들과도 연관되어 있다. 지방조직(adipose tissue)은 주로 한정된 수의 세포외섬유(extracellular fiber)들을 가진 세포들로 구성되어 있는 반면, 혈관이나 림프관은 섬유가 없는 세포 외액(extracellular fluid)을 가지고 있다.

근육, 근속 및 근섬유를 감싸고 있는 결합조직은 진결합조직(connective tissue proper)으로 알려진 섬유상이다. 한편, 뼈나 연골은 다른 조직들이 그것들에 붙어 있기 때문에 보조결합조직(supportive connective tissue)이라 할 수 있다. 결합조직들은 구분상 서로가 상당히 다르기도 하지만 구조나 기능에 있어 많은 유사점도 가지고 있다. 진결합조직 섬유는 종종 연골이나 뼈에 연속적으로 결합되어 있는 형태를 나타내며, 결합조직에는 공통적인 화학성분들이 존재한다.

(1) 진결합조직

진결합조직은 구조가 없는 기질(ground substance)이라는 물질과 그 속에 묻혀 있는 세포 및 세포외섬유로 구성되어 있다. 진결합조직의 세포는 고정세포(fixed cell)와 유주세포(wandering cell)로 나누어진다. 고정세포에는 결합조직형성세포(fibroblast), 간엽세포(mesenchymal cell) 및 지방을 저장하도록 특화된 지방세포(adipose cell) 등이 있다. 유주세포는 주로 손상반응과 관련이 있으며, 호산구(eosinophil), 형질구(plasma cell), 비만세포(mast cell), 림프세포(lymp cell) 및 유리대식세포(free macrophage) 등이 있다. 진결합조직의 세포외섬유들에는 콜라젠(collagen), 엘라스틴(elastin) 및 레티큘린(reticulin) 등이 있다.

1) 기 질

기질(ground substance)은 수용성 당단백질(탄수화물을 함유하고 있는 단백질)로 이루어진 점액으로, 이런 당단백질을 통상 프로테오글라이칸(proteoglycans)이라 부른다. 프로테오글라이칸은 중앙의 단백질에 다양한 글라이코스아미노글라이칸(glycosaminoglycans)들이 붙어서 구성되는 거대 분자이다[그림 4-18]. 또한 기질은 결합조직 대사의 최종산물들을 포함하고 있으며, 트로포콜라젠(tropocollagen)과

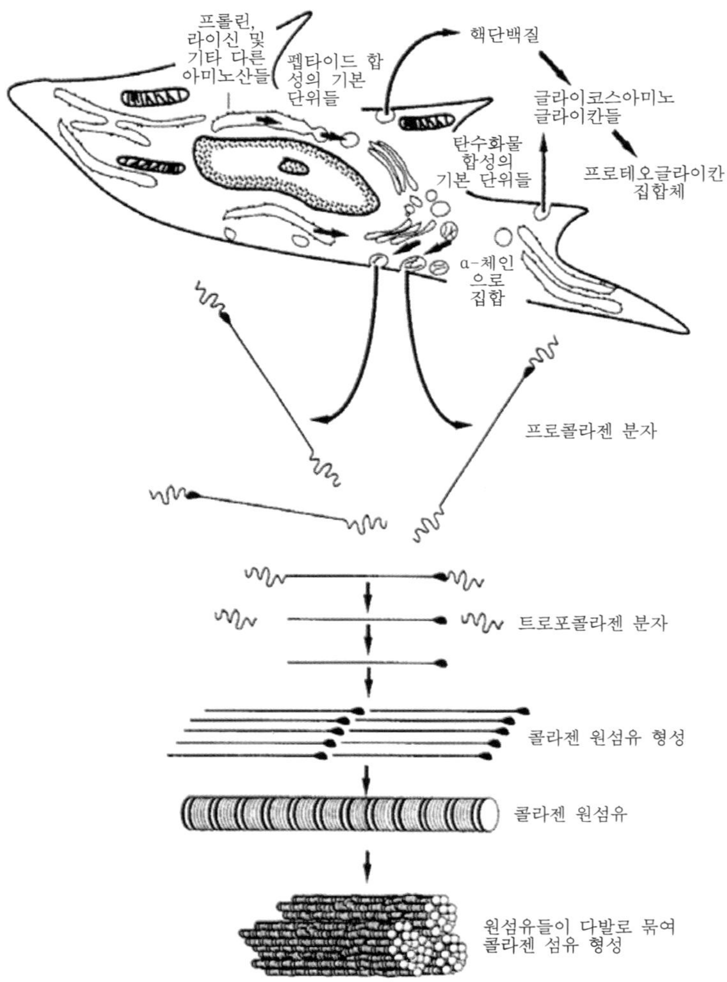

[그림 4-18] 콜라젠의 형성과정을 나타낸 모식도

트로포엘라스틴(tropoelastin)과 같은 콜라젠과 엘라스틴 합성의 전구체들도 함유하고 있다. 글라이코스아미노글라이칸 중 대표적인 것은 하이알루론산(hyaluronic acid)과 황산염 콘드로이틴(chondroitin sulfate)인데, 하이알루론산은 관절액(synovial fluid) 또는 결합조직 섬유들 사이에서 발견되며, 황산염 콘드로이틴은 연골이나 건 또는 성숙한 뼈에서 발견된다. 이들 두 종류의 글라이코스아미노글라이칸은 관련 단백질들과 함께 연골과 뼈의 윤활제로서, 세포 내 접합물질로서, 또는 구조적 물질로서 기능을 담당한다. 뿐만 아니라 이것들은 감염물질에 대한 장벽으로서의 역할도 담당한다.

2) 세포외섬유

세포외섬유(extracellular fiber)는 조밀한 구조를 하고 있는 조밀결합조직(dense connective tissue)과 느슨한 구조를 하고 있는 소성결합조직(loose connective tissue)으로 나누어진다. 조밀결합조직은 섬유의 배열에 의해 다시 두 종류로 구분될 수 있다. 즉, 조밀불규칙결합조직(dense irregular connective tissue)은 섬유들이 조밀하게 짜여 있으나 배열이 불규칙적이다.

반면, 건에 있는 섬유들 또는 결합조직 표면을 싸고 있는 편평하고 얇은 막의 조밀규칙결합조직(dense regular connective tissue)은 섬유들이 섬유다발 내에서 서로 평행하게 배열되어 있다[그림 4-30]. 한편, 이러한 세포외섬유에는 콜라젠, 엘라스틴 및 레티큘린 등이 있다.

① 콜라젠

콜라젠(collagen)은 동물 몸체를 구성하는 가장 풍부한 결합조직단백질이며 식육의 연도에 큰 영향을 미친다. 대부분의 식육동물에서 콜라젠은 총 동물체 단백질의 20~25% 정도를 차지하고 있다. 콜라젠은 결합조직의 기본 구조를 이루는 단백질이며, 건이나 인대(ligaments)의 주요 성분일 뿐만 아니라 뼈와 연골에도 적은 양이지만 중요한 성분으로 존재하고 있다.

세망의 콜라젠 섬유는 근육뿐만 아니라 거의 모든 조직과 기관에 기본적으로 존재하고 있다. 일반적으로 콜라젠의 함량은 골격근 내에서도 균일하지 않은데, 주로 물리적인 활동에 비례하여 존재한다. 예를 들어, 운동량이 많은 앞다리나 뒷다리의 근육은 운동량이 상대적으로 적은 척추 주위의 등심근육 보다 많은 콜라젠이 존재하며, 그 결과 식육은 연도가 질기게 나타난다.

콜라젠은 갈락토오스(galactose)와 글루코오스(glucose)를 소량 함유하고 있는 당단백질로, 콜라젠을 구성하고 있는 아미노산 중 가장 많은 양을 차지하고 있는 것은 글라이신(glycine)으로 총 아미노산의 약 1/3 정도를 차지한다. 그리고 나머지 아미노산 함량의 약 1/3 정도를 하이드록시프롤린(hydroxyproline)과 프롤린(proline)이 차지하고 있다[그림 4-19]. 하이드록시프롤린은 콜라젠 성분 중 비교적 일정하게 약 13~14% 정도 존재하고 있는데, 다른 동물성 단백질에서는 존재하지 않는다. 따라서 동물성 단백질 함량을 화학적으로 분석하여 측정할 때, 하이드록시프롤린의 함량을 콜라젠 함량의 척도로 이용한다.

콜라젠 원섬유(collagen fibril)의 기본 구조단위는 트로포콜라젠(tropocollagen)

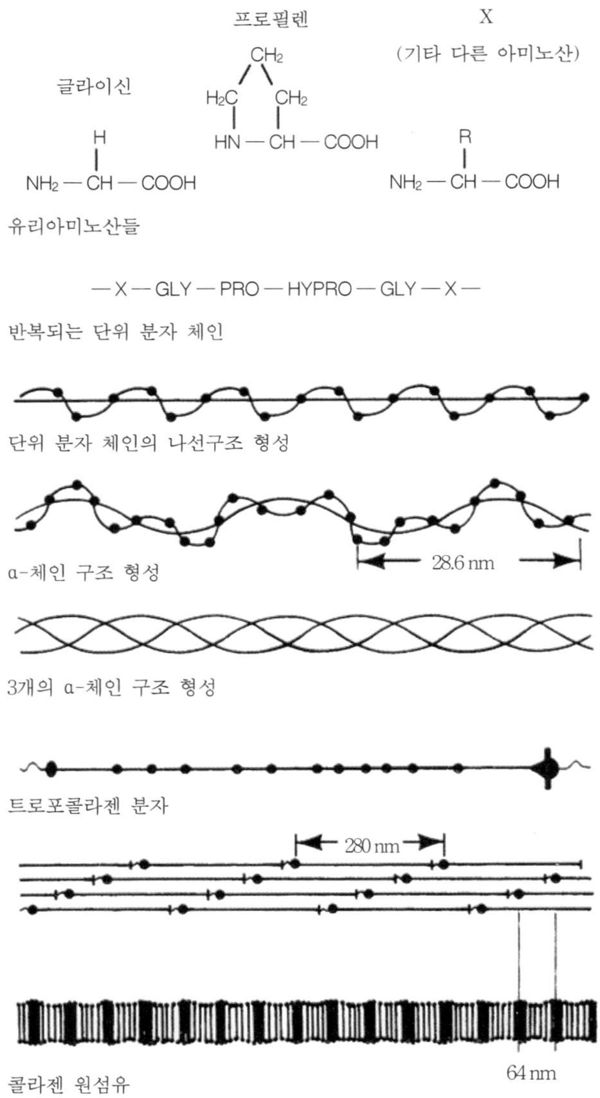

[그림 4-19] 콜라젠과 트로포콜라젠의 분자구조 및 콜라젠 원섬유의 구성을 나타낸 모식도

분자로, 트로포콜라젠 분자는 세 개의 α-체인이 삼중나선구조를 이루고 있다. α-체인은 최소한 19개 이상의 다른 종류가 존재하는데, 이것들 3개가 다양한 조합으로 결합하여 12 종류 이상의 콜라젠 형태와 특성을 나타내는 트로포콜라젠 분자를 형성한다. 트로포콜라젠을 구성하는 세 개의 α-체인은 콜라겐 형터에 따라 모두 같든 지, 다르든지 아니면 두 개는 같고 하나는 다르다. 이들 12 종류 이상의 콜라젠 형태들 중 형태 I, III, IV, V 및 VII이 골격근과 관련된 결합조직 내에서 발견된다.

섬유아세포(fibroblast)의 트로포콜라젠 합성에 따라 콜라젠 원섬유들이 중합되는데, 원섬유들이 중합되는 동안 트로포콜라젠 분자들은 끝과 끝을 맞춰 세로로 평행하게 배열되며, 가로방향으로는 분자들의 약 1/4 정도가 비스듬히 중복되도록 배열된다[그림 4-18]. 콜라젠 원섬유는 트로포콜라젠 분자들이 가로방향으로 비스듬히 중합되는 특성 때문에 골격근의 횡문모양과는 다른 콜라젠 특유의 횡문모양을 나타낸다.

모든 형태의 콜라젠이 섬유를 형성하진 않으며, 근육에는 콜라젠 형태 I과 III만이 섬유를 형성하여 콜라젠 원섬유를 이룬다. 콜라젠 형태 I으로 형성된 섬유는 상대적으로 크기가 크며, 콜라젠 형태 III는 섬세한 섬유를 형성한다. 한편, 세포막 기저층에 존재하는 콜라젠 형태 IV는 섬유상이 아닌데, 콜라젠 형태 IV에 있는 트로포콜라젠 분자는 닭고기에 있어 개개의 근섬유를 감싸고 있는 철사망 같은 외부구조를 형성한다[그림 4-20]. 콜라젠 형태 V와 VIII에 있는 트로포콜라젠 분자는 소형원섬유(microfibril)를 형성할 때 세로로 배열되는데, 형태 VIII에 있는 소형원섬유는 가늘고 길며, 형태 V에 있는 소형원섬유는 얇고 가는 특성을 가지고 있다.

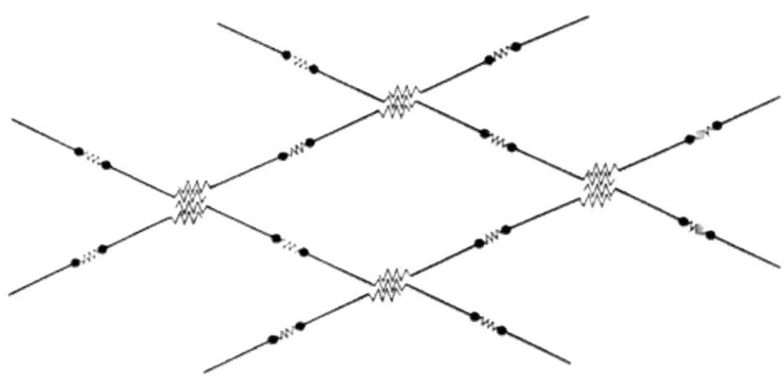

[그림 4-20] 닭의 철사망 구조의 형태 IV콜라젠의 고식도

섬유상인 콜라젠 형태 I과 III은 많은 수의 원섬유들이 집합하여 콜라젠 섬유(collagen fiber)를 형성하는데[그림 4-18], 원섬유들의 수는 콜라젠 섬유가 받는 하중과 압력에 따라 달라진다. 원섬유 수와 마찬가지로 콜라젠 섬유의 수 또한 조직이 받는 하중에 따라 달라진다. 콜라젠 섬유들은 신장성이 거의 없으며, 개개의 섬유들은 투명하고 색이 없지만, 근막 또는 건과 같은 섬유 집합치의 경우에는 빛의 흡수

가 증가되어 불투명한 색을 나타낸다.

콜라겐 섬유의 상대적인 불용성과 높은 인장강도는 분자들 사이의 교차결합에 의해 생긴다. 어린 동물에서의 콜라겐 섬유는 콜라겐 함량 및 교차결합 수가 적어 물리적 충격에 쉽게 끊어질 수 있지만, 동물이 성숙해지면서 교차결합의 수도 증가하고 결합도 튼튼해진다. 따라서 콜라젠의 용해성은 어린동물에서 높으며 동물이 나이가 증가할수록 점차 감소된다. 콜라젠의 이런 특성은 근육의 구조와 식육의 연도를 결정하는 매우 중요한 요인이 된다.

② 엘라스틴

엘라스틴(elastin)은 동물 몸체에서 콜라젠보다 훨씬 적은 양이 존재하는 결합조직 단백질로서, 초미세구조의 특징은 아직 잘 알려져 있지 않다. 엘라스틴은 근육을 포함한 많은 기관의 골격이나 인대 또는 동맥의 벽에 존재하는 탄력성 있는 단백질이다. 엘라스틴 섬유들은 쉽게 신장되고 장력이 해제되면 원상태의 길이로 되돌아간다.

엘라스틴의 아미노산 조성은 콜라젠과 다르지만, 콜라젠과 마찬가지로 글라이신이 가장 많은 양으로 존재한다. 엘라스틴은 소화효소에 대해 높은 저항성을 가지고 있으며, 엘라스틴을 용해할 수 있는 어떤 요리방법도 없는 것으로 알려지고 있다. 따라서 식육에 존재하는 엘라스틴은 영양적 가치가 없다고 할 수 있다.

③ 레티큘린

레티큘린(reticulin)은 격자모양의 결합조직으로 세포주위의 혈관, 신경조직 및 상피조직을 지지하는 피복조직 주위에 미세한 망상조직을 형성하는 소량의 섬유로 구성되어 있다. 태아 발생 중 레티큘린 섬유는 소성결합조직의 분화에서 처음 나타나지만, 결국에는 콜라젠 섬유에 의해 그 수가 압도된다. 레티큘린의 두드러진 특징은 가는 레티큘린 섬유의 끝이 여러 갈래로 분지되어 서로 연결하고 있는 그물망을 형성하며, 그런 세망세포가 밀착되어 있다는 것이다. 레티큘린은 소량으로 존재하지만, 성숙한 동물에서는 중요한 기능을 한다.

(2) 결합조직세포

결합조직에서 발견되는 몇 가지의 결합조직세포(connective tissue cells) 중에서 섬유아세포(fibroblast), 간엽직세포(mesenchymal cell)와 지방세포(adipose cell)는 식육의 특성과 밀접한 관련을 가지고 있다.

1) 섬유아세포

섬유아세포(fibroblast)는 방추형에서 별모양까지 그 형태가 매우 다양하나 일반적으로 길고 가는 것이 특징이다. 섬유아세포는 결합조직 세포의 성분의 전구물질인 트로포콜라젠, 트로포엘라스틴과 세포간물질을 합성한다. 이들 결합조직 단백질은 섬유아세포 내에서 합성되고 세포외 기질로 유리된다. 트로포콜라젠과 트로포엘라스틴 단위분자로부터의 각각의 콜라젠과 엘라스틴 섬유가 형성되는 것은 결합조직 기질 내에서 세포외적으로 일어난다. 섬유아세포 내에서 트로포콜라젠의 합성과 세포외적인 원섬유들의 형성은 [그림 4-18]에 나타낸 바와 같고, 엘라스틴의 형성 또한 콜라젠의 경우와 유사할 것으로 생각되어지고 있다.

2) 간엽직세포

간엽직세포(mesenchymal cells)는 섬유아세포보다 크기가 약간 작은 방추형 세포로, 상대적으로 세포의 수가 잘 파악되지 않으며, 특수한 환경적 자극에 따라 몇 종류의 세포형태 중 하나의 세포로 분화된다. 간엽직세포는 섬유아세포의 전구물질이며, 지방을 축적하는 세포로 알려 진 지방아세포(adipoblast)의 전구물질이기도 하다. 따라서 섬유아세포가 지방세포(adipose cell)에 직접적으로 관여한다고는 할 수 없으며, 그 보다 간엽직세포가 지방세포의 직접적인 전구물질인 지방아세포와 관련되어 있다고 할 수 있다. 지방아세포는 혈관에 가까운 소성결합조직 기질에 존재하며, 이런 초기세포가 지방을 축적하여 최종적으로 지방세포(adipocyte)가 된다.

3) 지방조직

하나의 조직은 상당량의 지방세포를 축적하는데, 지방세포의 대부분은 지방조직(adipose tissue) 형태의 세포 또는 지방(fat, 脂肪)이다. 식육동물의 지방조직을 구성하고 있는 지방산 조성은 [표 8-4]에 나타난 바와 같다.

동물의 지방조직은 백색지방과 갈색지방을 포함하고 있는데, 식육동물의 지방조직은 주로 백색이지만, 출생전후의 포유동물에서는 상당량의 갈색지방도 존재하고 있다. 그러나 어떤 종에서는 동물이 성숙해져도 갈색지방이 변하지 않고 유지되며, 포유동물의 경우 출생 후 빠른 시간 내에 갈색지방은 백색지방으로 전환된다. 갈색지방세포는 백색지방보다 크기가 작으며, 마이토콘드리아 내에 있는 싸이토크롬(cytochrome)의 높은 함량에 기인하여 갈색을 나타낸다.

4) 연 골

독특한 결합조직인 연골(cartilage)과 뼈(bone)는 동물체의 지지성분을 구성한다. 태아의 발생기 동안 골격의 대부분은 연골로 존재하며, 나중에 뼈로 전환된다. 그러나 모든 연골이 뼈로 전환되는 것은 아니며, 관절표면과 같은 부위는 일생을 통해 연골로 존재하기도 한다.

연골은 젤(gel)같은 기질에 묻혀 있는 세포외섬유와 세포로 구성되어 있다. 연골에서 발견되는 세포의 형태는 주로 콘드로사이트(chondrocyte)로 세포외기질의 작은 구멍들에서 분리된 세포들이 집단을 형성하고 있다[그림 4-21]. 콜라젠 원섬유들은 연골기질 내에서 미세한 망상구조를 형성하며, 연골의 약 40% 이상을 구성하나 기질에 의해 완전히 둘러싸여 있어 보이지 않는다.

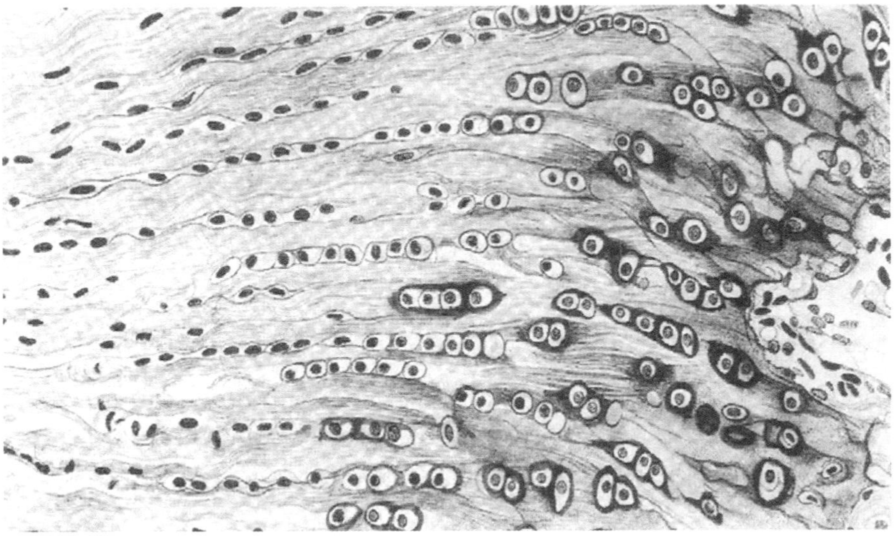

[그림 4-21] 건에서 뼈로 삽입되는 섬유연골을 나타낸 모식도

5) 뼈

뼈도 다른 결합조직과 마찬가지로 세포, 섬유상 성분 및 세포외기질을 함유하고 있다. 그러나 다른 결합조직과 달리 세포외기질은 석회화 되어 있으며, 이것이 골격의 특징인 견고성과 보호적 특성을 부여한다. 뼈는 끊임없이 재생되는 조직으로 칼슘(Ca), 마그네슘(Mg), 나트륨(Na) 등의 이온들이 저장되는 곳이다.

대퇴골(femur)과 같은 장골(long bone)의 중앙축은 속빈 원통으로 골간(diaphysis)이라 부르며, 골간의 양 끝은 골단(epiphyses)이 붙어있다. 원주형 골간의 외부는 고밀도골(compact bone)로 구성되어 있으며, 골단은 뼈의 팽대부이다. 뼈 전체는 특수한 얇은 결합조직 막인 골막(periosteum)으로 싸여 있다. 골단의 주위는 치밀한 뼈로 된 얇은 층으로 덮여 있으며, 골단의 내부는 해면상골(spongy bone)로 구성되어 있다[그림 4-22].

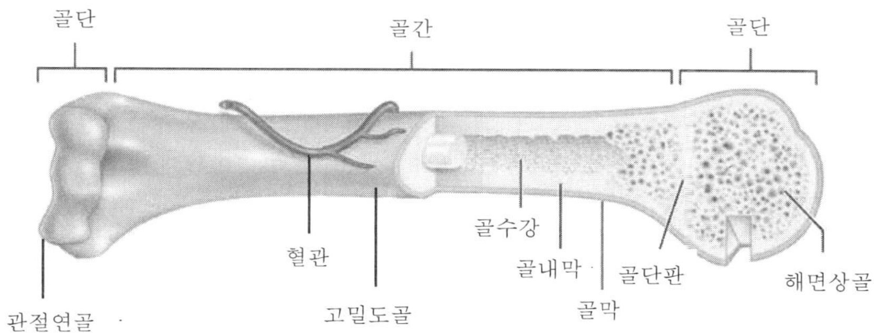

[그림 4-22] 장골의 종구조를 나타낸 모식도

골단의 관절표면은 관절연골(articular cartilage)이라 부르는 초자연골의 얇은 층으로 덮여 있다. 인접한 뼈의 관절연골 사이에 형성되는 관절은 관절액(synovial fluid)으로 알려진 특수한 결합조직 물질로 되어 있다. 성장하는 동물의 골간과 골단을 분리하는 연골 부분은 골단판(epiphyseal plate)이라 하는데, 골단판의 연골은 골간단(metaphysis)이라는 골단의 해면상골 이행부분에 인접해 있다. 골간단의 해면상골과 인접한 골단연골(epiphyseal cartilage)은 뼈가 길이 성장을 하는 곳이다. 골간의 중앙 내부는 골수(marrow)로 되어 있고, 어린동물의 골수는 주로 붉은색이지만 동물이 성숙해짐에 따라 점차 노란색으로 변한다.

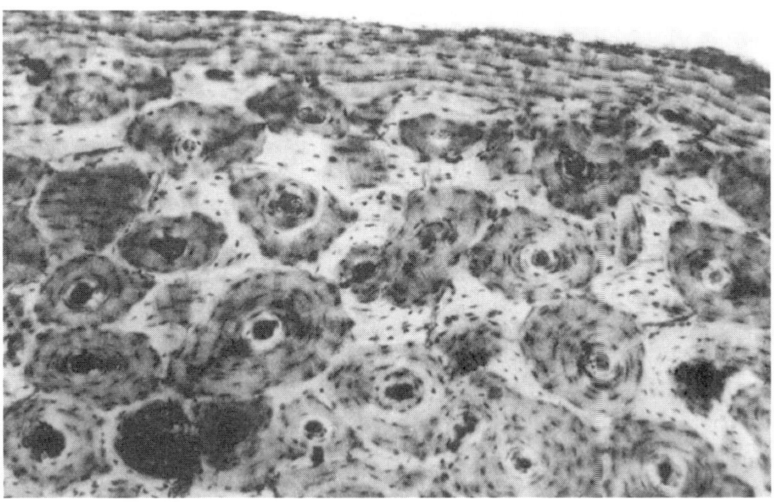

[그림 4-23] 골간의 외부구조인 고밀도골의 내부모습 사진

골간의 외부구조인 고밀도골은 석회화 된 골기질(bone matrix)이 층을 이루고 있는데[그림 4-23], 작은 구멍인 세포강(cell cavity)들이 기질 전체에 분포되어 있으

며, 골세포(osteocyte)와 골아세포(osteoblast)로 알려진 세포들을 포함하고 있다. 세포강 사이는 소관(canaliculi)으로 불리는 관 모양의 성분들이 모든 방향으로 방사되어 그물망을 형성하고 있는데, 이 소관의 그물망은 골세포 영양에 매우 중요하다. 골세포는 충분히 형성된 뼈의 주요 세포이며, 기질 내의 세포강에 존재하고 있다. 골세포는 기본적으로 뼈 형성에 관여하며, 파골세포(osetoclast)는 뼈의 재흡수 과정에 관여한다.

골기질 내에 있는 두 종류의 기본적인 성분은 유기기질과 무기염이다. 유기기질은 프로테오글라이칸 복합물을 함유하는 기질을 구성하며, 기질에는 많은 수의 콜라젠 섬유들이 묻혀 있다. 골기질의 무기성분은 주로 인산칼슘염들로 구성되어 있으며, 칼슘염들의 결정들이 콜라젠 섬유들 사이의 유기기질에 침전되어 있다.

6) 혈액과 림프

혈액(blood)과 림프(lymph) 및 혈관과 림프관도 결합조직으로부터 유래된다. 혈액은 세포에 산소를 운송해주고 영양을 공급하는 매개체이며, 노폐물의 제거를 위한 매개체가 되기도 한다. 또 혈액은 침입이물에 대한 방어기작의 기능을 가지고 있을 뿐만 아니라 pH와 체액균형의 조절역할을 한다.

혈액은 유동물질인 혈장(plasma)으로 구성되어 있고, 혈장 속에는 여러 가지 세포물질들이 현탁 되어있다. 혈구(blood cell)는 일반적으로 혈소판(platelet), 적혈구(erythrocyte, red cell) 및 백혈구(leukocyte, white cell)로 분류되는데, 이런 세포들은 식육동물의 총 혈액량의 약 40%를 차지한다. 적혈구의 주된 기능은 산소를 운반하는 것이며, 혈류에서의 백혈구의 기능은 불분명하지만 어떤 백혈구는 혈관조직 밖에서 외부물질을 소화시키는 식세포(phagocytic)로서 면역반응의 기능을 보인다. 혈소판은 혈액응고기작에 관여한다. 적혈구는 혈색소(hemoglobin)를 함유하고 있어 혈액의 색깔을 적색으로 보이게 하며, 세포에 산소를 공급하는데 직접적으로 관여한다. 정상적인 포유동물의 경우, 체중의 약 7% 정도의 혈액을 가지고 있다.

림프는 림프관 내에서 발견되는 액으로 림프액 내에는 소량의 적혈구와 백혈구도 존재하기도 하지만 주로 림프구(lympocyte)가 많이 있다. 림프는 모든 조직, 기관 및 신체의 림프결절을 지속적으로 순환하고, 흉관(thoracic duct)을 통과하며, 최종적으로 혈류 내로 들어간다.

4.4. 신경조직

신경조직(nerve tissue)은 식육 내 1% 미만의 소량이 존재하지만, 도축직전과 도축과정에서 신경조직의 기능은 식육의 품질에 크게 영향을 미친다. 일반적으로 신경조직은 그 구조상 중추신경계(central nerve system)와 말단신경계(peripheric nerve system)로 나누는데, 중추신경계는 뇌와 척추(spinal cord)로 구성되고 말단신경계는 주로 몸체 각 부분의 신경섬유로 구성되어 있다. 신경조직은 대부분이 뉴론(neuron)이라는 신경단위로 이루어져 있으며, 뉴론은 다면체 모양의 세포체(cell body)와 축삭(axon)돌기라는 긴 원통형의 구조로 되어 있다. 뉴론의 내부는 원형질

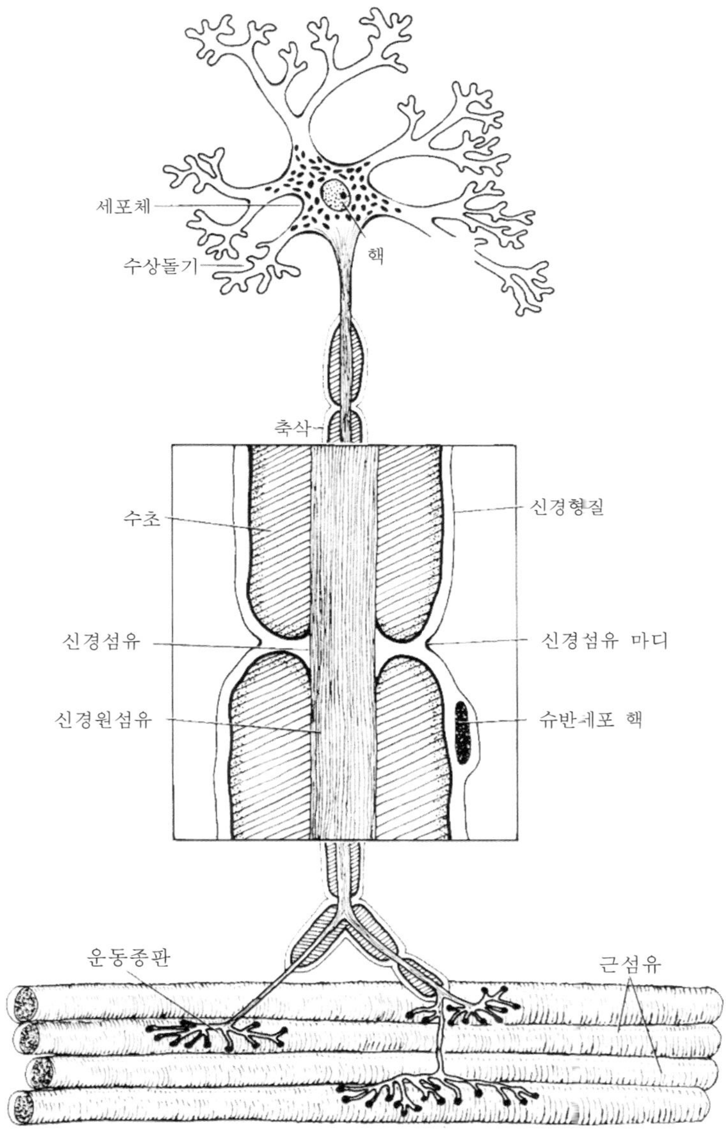

[그림 4-24] 신경세포의 미세구조와 운동종판의 위치를 나타낸 모식도

(cytoplasm)인 신경형질(neuroplasm)이 채워져 있으며, 축삭의 내부를 채우고 있는 신경형질은 축삭원형질(axoplasm)이라고도 한다. 세포체 역시 내부는 신경형질로 채워져 있으며 중앙에 한 개의 핵이 위치하고 있는데, 그 모양은 몇 개의 짧은 분지를 가진 수상돌기(dendrite)가 방사형을 이루고 있는 형상이다. 근섬유와 인접하여 축삭돌기의 끝은 마치 나무의 뿌리처럼 가는 다지구조(multibranched)를 가진 축삭말단(axon ending)으로 끝나며, 축삭말단은 하나 또는 몇 개의 부수적인 분지를 가지는 경우도 있다[그림 4-24].

신경섬유는 뉴론들의 집단으로 구성되어 있으며, 섬유들의 집단이 작은 다발로 모여 신경간(nerve trunk)을 형성한다. 신경섬유는 뉴론이 서로 장축으로 연결되고, 한 세포의 축색말단은 다른 세포의 수상돌기와 교차하고 있다. 뉴론이 교차하는 신경세포의 연접부를 시냅스(synapses)라고 한다. 뉴론들은 구조적으로 스냅스에서 정확하게 서로 연결되어 있지 않지만, 하나의 뉴론에서 유리된 화학물질이 인접한 뉴론에 영향을 미칠 수 있도록, 또 그 영향이 다음 뉴론에 지속될 수 있도록 서로가 아주 가깝게 위치하고 있다. 신경섬유들의 작은 다발들은 결합조직 막에 의하여 함께 묶여져 있고, 신경간 자체도 결합조직으로 싸여 있다. 모든 신경섬유의 주변은 슈반세포(schwann cell)로 둘러 싸여져 있는데, 큰 섬유들은 슈반세포막의 내부가 수초(myelin sheath)가 채워져 있지만, 작은 신경섬유의 주변은 수초 없이 슈반세포로만 둘러 싸여 있는 경우도 있다. 따라서 신경섬유는 종종 유수초(myelinated) 또는 무수초(unmyelinated) 신경섬유로 언급되기도 한다.

4.5. 상피조직

동물의 몸체에 존재하는 4종류의 조직형태 중 상피조직(epithelial tissue)은 양적인 면에서 식육으로의 가치가 가장 적다. 그러나 튀긴 닭고기의 향미나 조직감은 상피조직과 그 밑에 있는 결합조직에 기인한다. 상피조직은 동물의 몸체와 조직들의 표면을 감싸는 안감(lining)을 이루며, 일반적으로 도축, 가공 중에 제거되지만 가죽 등은 중요한 부산물이 되기도 한다. 도체에 남아있는 대부분의 상피조직은 혈관과 림프관들이며, 이 조직들은 신장이나 간장과 같은 가식기관들에도 존재한다.

상피조직은 세포 내 물질을 함유하고 있지 않은 특성을 가지고 있으며, 세포의 모양이나 상피세포(epithelium)를 형성하는 층의 수에 따라 분류된다. 세포모양은 얇고 평평한 것에서부터 긴 원주형까지 다양하며, 어떤 세포는 하나의 층으로 되어 있는 반면 또 어떤 것은 연속적인 복층으로 되어 있기도 하다. 즉, 상피세포는 편평상피(squamous epithelium), 입방상피(cuboidal epithelium) 및 원주상피(columna epithelium) 등의 여러 종류가 있다[그림 4-25]. 상피세포는 그 모양과 상관없이 내부조직과 밀접하게 연결되어 있는 접착성 세포층을 형성하며, 상피세포의 표면은 보호, 분비, 배설, 수송, 흡수 및 감각인지 등의 기능을 잘 수행할 수 있도록 발달되어 있다.

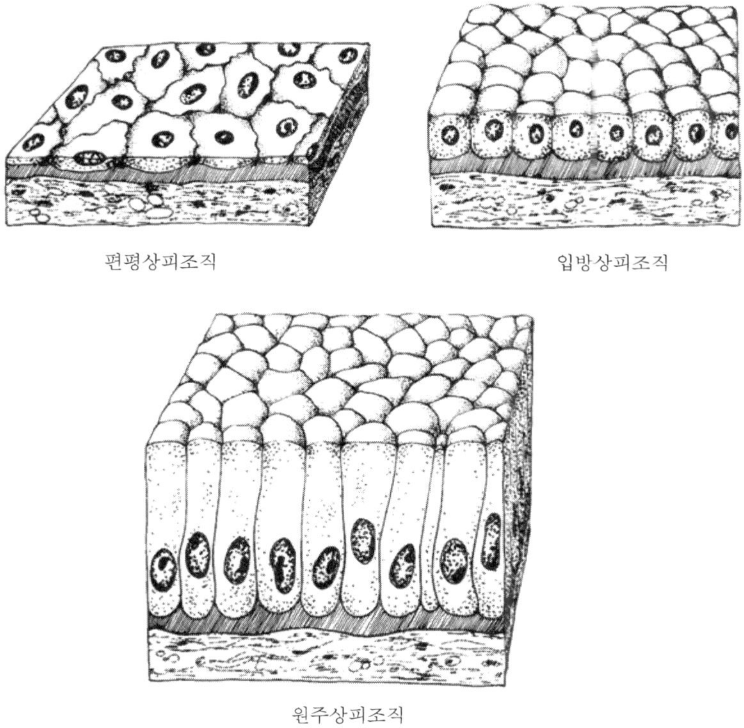

[그림 4-25] 상피조직들의 모식도

4.6. 근육의 구성과 특성

앞에서 골격근의 구성성분들과 각 구성성분들의 특성에 대해 설명하였다. 골격근은 근섬유의 집단이 결합조직에 의해 함께 묶여 있으며, 소량의 상피조직과 신경조직이 연관되어 있다. 따라서 근육은 이들 각 조직들이 총체적으로 집합하여 구성된다고 할 수 있으며, 근육 내에서 이러한 각각의 조직들이 어떻게 체계를 이루고 있는지, 또 그 역할과 기능은 무엇인지를 이해하는 것은 식육과학에 있어 매우 중요하다.

(1) 근속의 형성

구조적으로 근육은 수많은 근섬유가 근속으로 묶여져 집합체를 구성하고 있다. 근속의 크기는 매우 다양하며, 따라서 근속을 구성하고 있는 근섬유의 수 또한 근속의 특성에 따라 변이가 크다. 근속은 근육을 이루기 위해 여러 개의 근속들이 다양한 형태로 집단을 이룬다. 근육의 횡단면을 보면, 근속은 불규칙적인 다면체 모양으로 보이는데[그림 4-26], 이러한 모양은 인접한 근속의 크기, 결합조직 격막의 두께 및 압력 등이 복합적으로 작용하여 상호간의 변형을 만들어 낸 결과이다. 즉, 작은 근속과 얇은 막을 가진 근육은 미세한 조직을 가지며, 큰 근속과 두꺼운 막을 가진 근육은 거친 조직을 가지게 된다. 일반적으로 조직이 미세할수록 생체 근육에서는 운동 정확도가 커지며, 사후근육에서는 연도가 좋은 식육이 된다.

[그림 4-26] 소 반건양근의 현미경 사진

(근섬유, 1차 근속, 2차 근속 및 이와 관련된 내근주막과 외근주막 결합조직이 나타나 있다)

개개의 근섬유를 쌓고 있는 근형질막은 다시 근섬유내막(endomysium)에 의해 둘러싸여 있다. 근형질막(sarcolemma)과 근섬유내막은 둘 다 근섬유를 싸고 있지만 분명히 다른 두 개의 구조이다. 근형질막은 지질-단백질의 단위막구조로 이루어져 있는 특징이 있으며, 근섬유내막은 단백질-다당류 구조로 되어 있고 미세한 콜라젠 섬유들로 구성되어 있다[그림 4-8A].

약 50~150개의 근섬유가 근주막(perimysium)에 묶여서 1차 근속(primary muscle bundle)을 이루고, 1차 근속들이 다수 모여서 더 큰 근속인 2차 근속(secondary muscle bundle)을 만든다[그림 4-3, 4-4]. 이런 1차 근속과 2차 근속들이 콜라젠 결합조직으로 구성되어 있는 근외막(epimysium)에 둘러싸여 최종적으로 하나의 근육을 형성한다. 근외막에 있는 콜라젠 섬유들은 개개의 근속을 싸고 있는 근주막의 섬유들과 지속적으로 연결되어 있을 뿐만 아니라 개개의 근섬유를 싸고 있는 근내막과도 연결되어 있다. 그리고 이런 근섬유와 근속을 함께 연결시키고 있는 결합조직 격막들은 관련 신경과 혈관들을 지지하고 있다[그림 4-27].

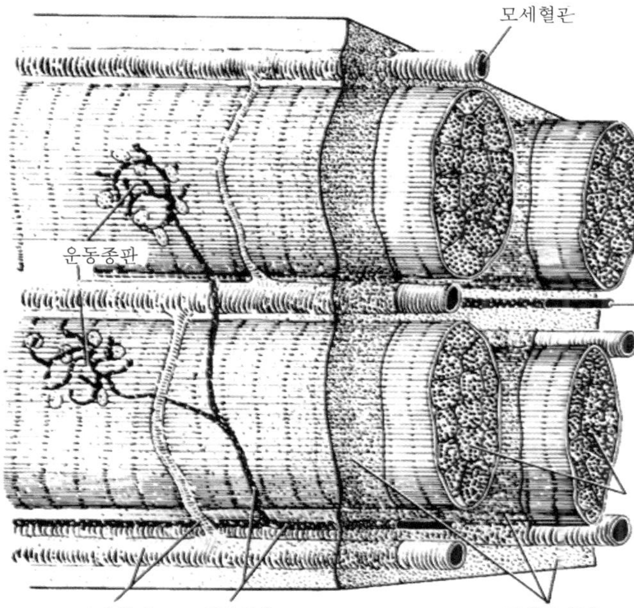

[그림 4-27] 1차 근속 내 혈관, 신경, 근섬유내막과의 관계를 나타낸 모식도

(2) 신경과 혈관의 분포

각 근육은 적어도 한 개의 동맥과 정맥이 위치하고 있으며, 또한 신경간(nerve trunk)으로부터 감각신경과 운동신경 섬유가 공급되어 있다[그림 4-2]. 근육에 분포되어 있는 신경섬유와 혈관은 근외막과 연결되어 있으며, 근주막을 경유하여 근육 내부로 들어간다. 신경섬유와 혈관으로부터 갈라진 각각의 분지는 각각의 근섬유에 공급되며, 이것들은 근내막에 의해 지지된다[그림 4-28A]. 아주 미세한 세동맥(arteriole)과 세정맥(venule)은 근섬유의 횡축 방향으로 배열되어 있으며, 대부분의 모세혈관(capillary)은 섬유의 장축에 평행하게 정렬되어 있다(그림 4-28B). 각 근섬유는 근내막 위에 주로 장축 방향으로 퍼져있는 모세혈관들과 횡축 방향으로 간간히 근섬유를 싸고 있는 모세혈관 등과 같은 광범위한 혈관들에 의해 공급을 받는다(그림 4-28C).

혈관의 이러한 배열은 근섬유 대사의 노폐물과 영양의 교환을 용이하게 한다. 혈관과 마찬가지로 림프관과 신경섬유 및 그 분지들도 결합조직 막의 통로를 따라서 근육 내부 및 외부를 출입한다. 신경섬유는 근섬유를 싸고 있는 근내막과 연결되어 있고, 축색말단은 운동종판에서 근섬유와 연결된다. 개개의 신경섬유는 분지되어 수많은 근섬유들을 관장한다.

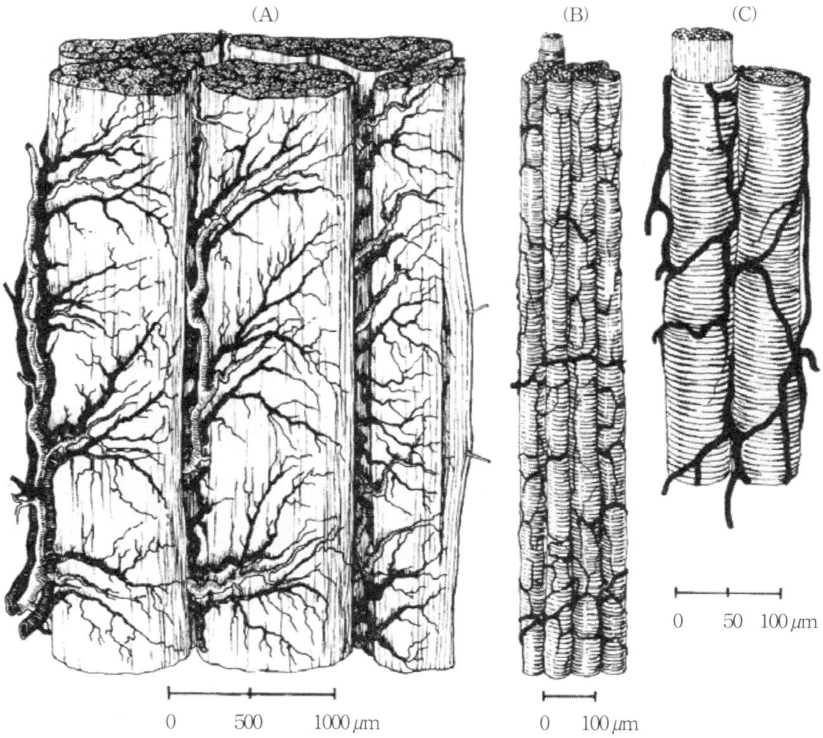

[그림 4-28] 골격근 섬유의 혈관공급과 회로를 나타낸 모식도

식육에서 마블링(marbling)이라 일컫는 근내지방(intramuscular fat)은 혈관에서 가까운 근주막 결합조직의 느슨한 망막에 축척된다[그림 4-29]. 마찬가지로 개개의 근육사이에 있는 근주막 결합조직에도 많은 양의 지방조직이 침착되는데, 이런 근육 사이의 지방은 근간지방(intermuscular fat) 또는 솔기지방(seam fat)이라고 한다.

(3) 근육과 건의 접합

수축하는 근원섬유의 힘이 어떻게 근육의 건에 전달되는지에 대한 부분은 아직 명확하게 밝혀지지 않았다. 그러나 근원섬유의 끝이 건섬유(tendon fibril)에 연결되어 있다는 것은 확실하다. 즉, 근원섬유는 근섬유의 가는 끝부분으로 가까워질수록 특유의 횡문 특성이 없어지면서 비수축성 섬유와 연결되어 있다[그림 4-30]. 건섬유는 근형질막에 삽입되어 있으며, 각 근원섬유의 비수축성 결합조직 섬유가 반대편에 부착되어 있다. 이런 부위를 근건구조(myotendinal structure)라고 하는데, 근건구조의 전체는 건과 연결되어 있다.

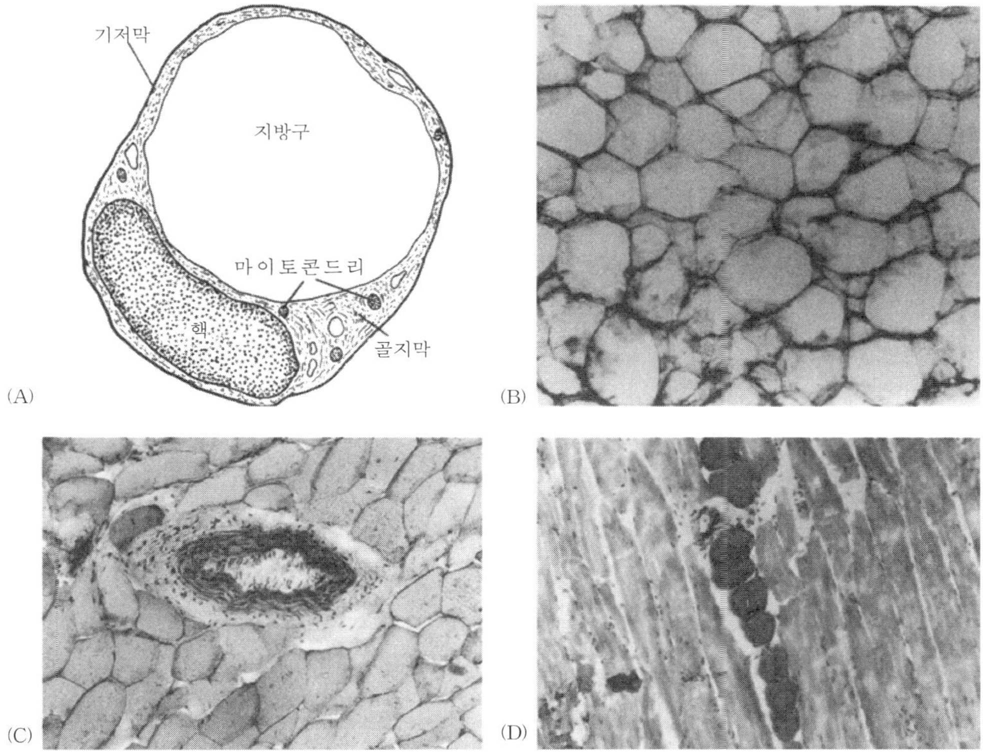

[그림 4-29] 지방세포의 현미경 사진과 모식도

(A) : 전형적인 지방세포의 모식도, (C) : 동맥주위의 근육간 지방세포(근간지방)
(B) : 소의 피하지방세포(체외지방), (D) : 근속사이의 근육내 지방세포(근내지방)

근외막, 근주막 및 근내막은 그것들이 싸고 있는 근육, 근속 및 근섬유의 수축력을 건에 전달하고, 최종적으로 뼈에 전달하는 역할을 한다. 근건구조와 마찬가지로 건은 뼈에 부착되어 있는데, 건이 뼈에 부착되는 부분을 건막(aponeuroses)이라고 한다. 한편, 어떤 근육들은 근막(fasciae)에 의해서 뼈에 부착되거나 가죽, 인대 또는 인접 근육들에 부착되는 경우도 있다. 이런 근막들은 주로 백색의 콜라젠 섬유들로 구성되지만 소량의 엘라스틴 섬유도 포함하며, 건막에 있는 건의 기능을 대체하는 한 겹의 결합조직을 형성한다.

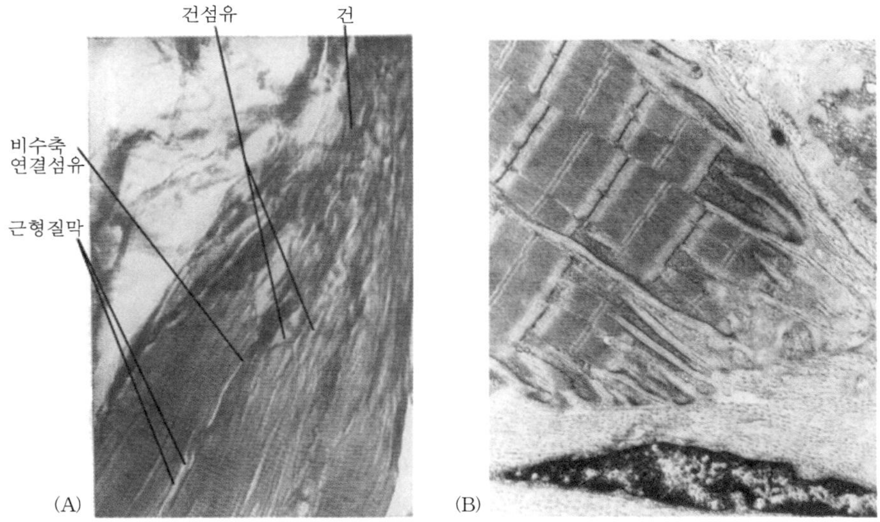

[그림 4-30] 건과 근육의 접합부 현미경 사진
(A) : 건섬유와 비수축 연결섬유가 나타나 있다.
(B) : 콜라겐섬유와 근절의 관계가 나타난 전자현미경 사진

(4) 근섬유의 형태

일반적으로 근육은 색의 강도에 따라 적색근(red muscle)과 백색근(white muscle)으로 구분되는데, 이러한 색의 강도는 근육을 구성하는 두 종류의 근섬유, 즉 적색근섬유(red muscle fiber)와 백색근섬유(white muscle fiber)의 구성 비율에 의해 결정된다. 근육을 구성하는 근섬유가 백색근섬유 또는 적색근섬유로만 이루어져 있는 경우는 거의 없으며, 대부분의 근육은 두 종류의 근섬유가 섞여 구성되어 있다. 특이한 점은 식육동물의 대부분 근육은 외형상 붉게 보이더라도 적색근섬유보다 백색근섬유의 비율이 높다는 것이다. 따라서 적색근은 백색근보다 적색근섬유의 비율이 높으며, 백색근은 적색근보다 적색근섬유 비율이 낮다고 표현하는 것이 적절하다.

근섬유는 전통적으로 수축 속도 및 대사 특성으로 분류하는데, 근원섬유의 ATPase 활성과 예비배양(preincubation)의 산도 조절을 통해 근섬유 I, IIA 및 IIB 형태로 염색한다. 하지만 이 방법은 두 가지의 한계를 가지고 있는데, 첫 번째는 서로 다른 근섬유가 동일한 염색 패턴을 나타내기도 한다는 점이다. 예를 들어, 근섬유 IIX(또는 IID)는 위의 방법을 통해 근섬유 IIB와 구분할 수 없다. 두 번째는 특정 근섬유 경우 전형적인 염색 패턴을 보이지 않는다는 점인데, 발달(developing) 또는 재생(regenerating) 근육의 근섬유 분석에는 이용될 수 없다.

근래 근섬유 조성의 분석에 널리 사용되고 있는 방법은 단백질 아형(protein isoform)을 통해 분석하는 것이다. 단백질 아형이란 같은 단백질 내에서 구조와 기능이 유사한 단백질들을 총칭하는데, 동형 단백질들은 아미노산 배열의 미묘한 차이 때문에 그 특성이 서로 다르게 나타난다. 예를 들어, 마이오신 아형들은 모두 근육의 수축에 관여하는 운동단백질(motor protein)이라는 점에서 같지만, 마이오신 아형들 사이의 아미노산 배열 차이로 인해 수축 및 대사 특성이 서로 달라진다.

마이오신 중쇄(myosin heavy chain, MHC)는 성숙한 골격근에서 4종류의 마이오신 중쇄 아형(I, IIA, IIX(D) 및 IIB)으로 구분되며, MHC I 아형은 적색근섬유에서 주로 발현되며, IIA, IIX 및 IIB는 주로 백색근섬유에서 발현된다. 따라서 각 근섬유는 섬유 내 포함되어 있는 MHC 아형 중 우세한 것에 의해 분류되어지며, MHC I 아형이 주가 되는 근섬유는 근섬유 유형 I, MHC IIA 아형이 주가 되는 근섬유는 유형 IIA, MHC IIX 아형이 주가 되면 근섬유 유형 IIX, MHC IIB 아형이 주가 되면 근섬유 유형 IIB로 구분되어 진다. 이렇게 구분되어진 근섬유 유형 I은 수축 속도가 느리고 호기적인 대사가 강한 것으로 분석되며, 유형 IIB는 수축 속도가 상대적으로 빠르며 혐기적인 대사가 강한 것으로 분석된다.

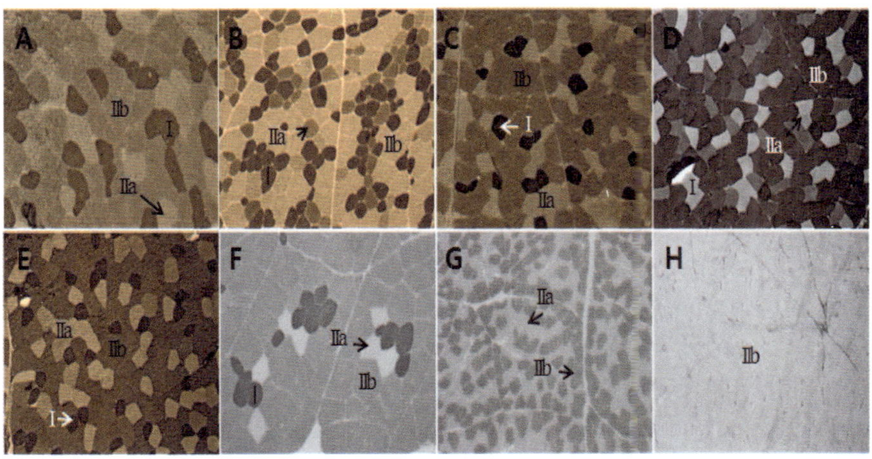

[그림 4-31] 소 근육 종류별 (A : 등심근, B : 안심근, C : 우둔근), 조직염색 사진 및 트끼 등심근(D), 쥐 등심근(E), 돼지 등심근(F), 오리 흉근(G), 닭 흉근(H)의 조직염색 결과

성숙한 근육에서 근섬유 유형 4종류는 구조적, 기능적 및 대사적 특성이 서로 다르며, 이러한 양상은 [표 4-1]에서 보는 바와 같다. 그러나 이런 특성 차이는 상대적인데, 같은 근섬유 유형에서도 특성 변이가 존재할 수 있으며, 다른 근섬유 유형끼리도 특성이 중첩되어 나타날 수 있다. 대부분의 포유동물에서는 근속 내에 적색근섬유

와 백색근섬유, 또는 유형 I과 II 근섬유들이 임의의 비율로 섞여 있다. [그림 4-31]은 다양한 식육동물 근육의 근섬유 유형의 특성 차이를 보여준다.

[표 4-1] 식육동물의 근섬유 형태에 따른 특성 비교

특 성 항 목	형태 I	형태 IIA	형태 IIX(D)	형태 IIB
적색도	++++	+++	+	+
마이오글로빈 함량	++++	+++	+	+
근섬유 직경	+	+	+++	++++
수축속도	+	+++	+++	++++
피로저항성	++++	+++	+	+
수축성 활동	긴장성	긴장성	일과성	일과성
마이토콘드리아 수	++++	+++	+	+
마이토콘드리아 크기	++++	+++	+	+
모세혈관 밀도	++++	+++	+	+
호기적 대사	++++	++++	+	+
혐기적 대사	+	+	+++	++++
지질 함량	++++	+++	+	+
글라이코젠 함량	+	+	++++	++++
Z-선의 폭	++++	+++	+	+

근섬유 유형 I(적색근섬유)은 근섬유 유형 II(백색근섬유)에 비해 높은 마이오글로빈(myoglobin) 함량을 나타내기 때문에 보다 붉은색을 나타낸다. 이러한 마이오글로빈의 함량 차이는 모세혈관 차이에 의해 영향을 받는데, 근섬유 유형 I 주변에는 모세혈관이 많아 유입되는 마이오글로빈의 함량도 높아지게 된다. 또한 마이오글로빈은 근육의 색소로 작용하지만, 산소 저장 및 이동에 관여하기 때문에, 근섬유 유형 I에는 많은 모세혈관과 마이오글로빈으로 인해 유입되는 산소량이 많으며, 산소를 이용하는 호기적 대사를 주로하게 된다.

호기적 대사는 마이토콘드리아의 발달 수준 및 수와 연관성이 높으며, 마이토콘드리아에서 호기적 대사를 통해 에너지원인 ATP를 생산할 수 있다. 따라서 근섬유 유

형 I에서는 마이토콘드리아 수가 많으며, 호기적 대사와 연관된 효소의 활성도 높으나, 혐기적 대사와 연관된 효소의 활성은 근섬유 유형 II B에 비해 낮다고 할 수 있다. 근섬유 크기는 일반적으로 근섬유 유형 I이 작은데, 이는 산소 및 대사와 연관된 물질의 확산거리를 줄여 해당 물질의 수송을 빠르고 용이하게 하기 위함이다. 일반적으로 근섬유 유형 II B는 근육량과 연관성이 높으며 혐기적 대사 능력이 강하다. 따라서 가축화된 동물에서는 근섬유 유형 II B 조성이 높게 나타난다.

혐기적 대사는 산소 존재유무에 관계없이 이루어지며, 주로 혈당과 저장 탄수화물인 글라이코젠을 이용하여 ATP를 생산한다. 따라서 근섬유 유형 II B에는 글라이코젠의 함량이 높다. 반면 호기적인 대사는 산소 존재 하에 지방을 이용하여 ATP를 생산하기 때문에 근섬유 유형 I에는 지방함량이 높다. 혐기적 대사를 주로 하는 근섬유 유형 II B는 대사의 특성상 많은 ATP를 순간적으로 생산할 수 있으며, ATPase 활성도 높아 빠르게 ATP를 분해하여 폭발적인 힘을 나타낸다. 이러한 ATPase 활성은 수축 속도와 연관성이 높은데, 활성이 높을수록 빠른 수축 속도를 나타낼 수 있다. 따라서 근섬유 유형 II B는 빠른 수축 속도를 나타내며, 이를 위해서 근소포체와 가로소관이 광범위하게 잘 발달되어 있으며, Z-선은 적색근섬유에 비해 폭이 좁게 나타난다. 하지만 근섬유 유형 II는 일과성(phasic) 활동을 하므로, 짧은 시간에 빠르게 수축할 수 있지만 쉽게 피로해지는 특성을 가지며, 반면 근섬유 유형 I은 천천히 수축하나 긴 시간에 걸쳐 수축하는데, 이런 형태의 수축을 긴장성(tonic) 수축이라 하며, 피로에 대한 저항성이 높다. 또한 적색근섬유는 자세 유지 및 유산소 운동에 크게 관여하는데, 호기적 대사작용으로 인해 산소가 공급되는 한 쉽게 필로를 느끼지 않는다. 따라서 지속적으로 활동하는 긴장성 활동에는 근섬유 유형 I(적색근섬유)가, 빠르지만 빈도가 낮은 일과성 활동에는 근섬유 유형 II(백색근섬유)가 관여한다.

제5장 근육의 수축과 이완

살아있는 식육동물의 근육은 고도로 특수화된 조직으로 수축을 통하여 화학적 에너지를 기계적 에너지로 전환할 수 있다. 따라서 식육동물은 골격에 부착되어 있는 근육들의 수축과 이완을 통해 움직일 수 있는 것이다. 근육의 수축과 이완은 기본적으로 근섬유를 구성하고 있는 근원섬유 내의 초원섬유들, 즉 마이오신 필라멘트와 액틴 필라멘트 사이의 상호작용에 의해 이루어지지만, 이러한 상호작용은 근형질의 칼슘이온 농도와 에너지 대사체계에 의해 제어된다. 그러므로 근육의 수축과 이완 기작을 이해하기 위해서는 근원섬유 내의 미세구조와 근형질 내의 칼슘이온 농도 및 에너지 대사체계를 충분히 이해하여야 한다.

식육동물의 근육은 도축과정을 거쳐 영양가가 매우 높고 맛있는 식품인 식육으로 전환된다. 이렇게 살아있는 근육이 식품인 식육으로 전환되는 과정을 '근육의 식육화'라 하며, 이에 관해서는 다음 제6장에 자세히 설명되어 있다. 근육의 식육화 과정에서 근육은 수축과 이완 능력을 완전히 상실한다. 그러나 식육으로 전환되기 전 근육의 상태는 식육의 여러 가지 특성에 지속적으로 영향을 미친다. 즉, 살아있는 근육의 수축과 이완 및 이와 관련된 에너지 대사체계와 생화학적 반응 등은 혈액순환이 중단된 식육으로 전환된 후에도 일정기간 지속되며, 이에 따라 pH의 강하패턴, 육색(meat color), 보수성(water-holding capacity), 연도(tenderness), 단축(shortening) 정도 등이 달라질 수 있다. 따라서 살아있는 근육의 기능을 공부하는 것은 식품으로써 식육의 특성을 이해하고 고품질 식육을 생산하기 위해서 꼭 필요하다.

본 장에서는 근육의 수축을 유도하는 자극의 본질, 수축과 이완 중에 일어나는 기작 및 그 기작이 수행되기 위한 에너지 대사체계 등을 설명하였다. 하지만 이러한 설명을 보다 쉽게 이해하기 위해서는 제4장에 설명되어 있는 근섬유와 근원섬유 구조에 대한 명백한 이해가 필요하다. 특히, 초원섬유 단백질들의 미세구조와 결합양식 등을 먼저 알아야 하고, 이와 관련된 횡행소관, 근소포체 그리고 근소포체와 근원섬유의 삼차원적 구조를 알고 있어야 한다. 근육의 수축과 이완은 이것들의 독특한 구조에 기인하여 일어나기 때문이다.

5.1. 자극의 전달

근육은 여러 가지 방법을 통해 수축할 수 있는 자극을 받을 수 있지만, 대부분의 수축은 신경중추에서 시작된 신경자극이 신경을 경유하여 근섬유의 표면, 즉 근형질막에 도달하면서 시작된다. 골격근에서 수축은 보통 중추신경계의 뇌 또는 척수에서 출발한 전기적 자극에 의해 시작되며, 이 자극이 신경섬유들을 경유하여 근육에 전달된다.

골격근에 수축자극을 전달하는 신경섬유를 운동신경(motor nerve)이라 하는데, 운동신경 섬유를 따라 규칙적인 간격으로 슈반세포(Schwann cell) 축삭돌기를 둘러싸고 있으며, 슈반세포막의 안쪽은 섬유를 감싸고 있는 수초로 채워져 있다. 인접하고 있는 슈반세포들 사이는 수초가 축삭과 밀접하게 연결되어 있고 이러한 구조를 신경섬유 마디(node of Ranvier)라고 부른다. 수초로 채워진 슈반세포는 축삭에서 이온들이 빠져나가지 못하도록 절연체 역할을 하기 때문에 자극은 신경섬유 마디와 마디사이를 점프해서 섬유를 따라 빠르게 전달될 수 있다. 따라서 유수초신경섬유는 무수초신경섬유보다 신경자극의 전달이 약 30~40배 정도 빠르다.

(1) 막전위 형성

정상적인 휴지기 상태 하에서, 근육의 모든 세포는 세포막을 경계로 세포 내외부에 전위(electrical potential) 차이를 가지고 있다. 이러한 전위 차이는 세포형태에 따라 약 10~100mV의 변이가 있으며, 휴지상태의 신경섬유와 근섬유의 전위 차이는 대략 90mV 정도인데, 세포 외측에 대하여 세포 내측이 음전하를 띠고 있고 이런 상태를 휴지막전위(resting membrane potential)라고 한다.

일반적으로 근섬유의 내부와 외부에 있는 액은 대략 동등한 양이온과 음이온을 함유하고 있는데, 세포 내액(intracellular fluid)에는 음이온들이 많이 모여 있으며 이것들이 세포막의 안쪽 면을 따라 위치하고 있으며, 반대로 세포 외액(extracellular fluid)에는 양이온들이 많고 이것들이 세포막의 바깥 면을 따라 위치하고 있다. 따라서 세포막을 경계로 안쪽은 음전하를 띠고 바깥쪽은 양전하를 띠는 휴지막전위가 자연스럽게 형성된다[그림 5-1].

통상적으로 이온의 농도비는 세포의 일생을 통해 일정하게 유지되는데, 신경과 근육에 휴지막전위가 형성되는 것은 다음 3가지 이유에 기인한다.

1) 세포 내액과 외액의 독특한 이온 조성
2) 세포막을 통한 이온들의 능동적 이동
3) 이온들과 작은 분자들에 대한 세포막의 선택적 투과성

세포 외액은 나트륨나트륨(Na^+)과 염소(Cl^-) 이온을 높은 농도로 함유하고 있으며, 이와 반대로 세포 내액에는 칼륨(K^+)과 비확산(nondiffusible) 음이온들이 매우 높은

농도로 존재하며, 나트륨과 염소의 농도는 낮은 편이다. 세포막을 경계로 Na^+과 Cl^- 농도의 기울기는 세포 밖으로 Na^+이 나가고 세포 안으로 K^+이 들어오는 이온들의 능동적 이동(active transport)에 의해 유지된다. 이렇게 Na^+과 K^+ 이온들이 능동적 이동을 할 수 있는 것은 세포막에 존재하는 소위 나트륨-칼륨 펌프(Na^+-K^+pump)라 불리는 기능 때문에 가능해진다. 나트륨-칼륨 펌프가 농도 기울기에 반해 두 이온들을 세포막을 통과시키는데 요구되는 에너지는 ATP로 공급된다.

K^+확산에 대한 세포막의 투과성(permeability)은 Na^+확산에 대한 투과성 보다 50~100배 크다. 따라서 Na^+에 비해 K^+은 세포막을 비교적 쉽게 통과하며, 그 결과 Na^+이 세포 안으로 투과되는 것 보다 K^+이 훨씬 빨리 세포 밖으로 투과된다. 물론 세포 내액에 있는 비확산 음이온들이 세포막을 통과하는 것은 매우 어렵다. 그러므로 세포막을 통한 전기하전의 순수한 흐름은 양하전인 K^+이 세포 내부에 약간의 양하전만 남기고 세포 외액으로 확산되는 양상을 보이며, 결과적으로 세포막 안쪽 면을 따라 반대 하전이 형성된다. 즉, 세포막을 경계로 안쪽 표면에는 음하전을 띠고 바깥쪽 표면은 양하전을 띠는 휴지막전위가 형성되는 것이다.

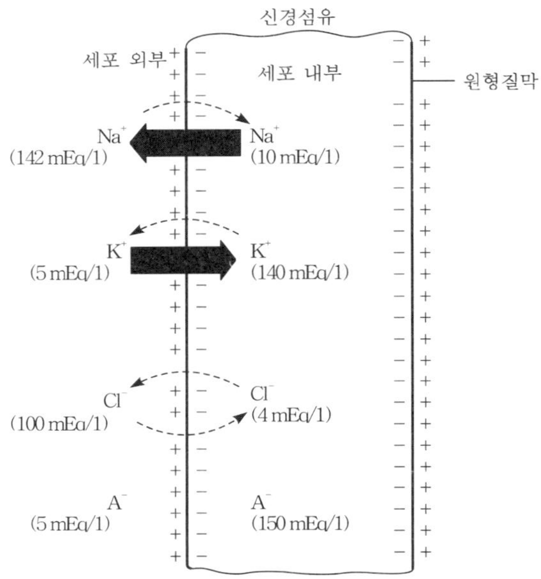

[그림 5-1] 휴지 신경세포 내외의 이온분포 및 막전위 형성을 나타낸 모식도

그러나 세포 밖으로의 양하전의 확산이 지속적으로 이루어지는 것은 아니고, 일단 휴지막전위가 완성되면 세포막 밖으로의 K^+이온이 확산되는 것은 방해를 받으며, 막전위의 차이가 증가할수록 K^+이온의 확산을 방해하는 힘도 커진다. 따라서 이온농도의 기울기에 따라 세포막 밖으로 K^+이온이 확산되려는 힘과 반대로 확산을 방해하는 힘 사이에는 평형이 이루어진다. 즉, 세포막의 바깥쪽 표면 위에 양이온의 존재에 의해 양전위(positive potential)가 성립되는 것이다.

(2) 활동전위의 흐름

신경과 근섬유는 다른 세포들과 마찬가지로 막전위를 가지고 있으나, 다른 세포에서는 볼 수 없는 독특한 능력을 가지고 있다. 즉, 신경과 근섬유는 활동전위(action potential)라 불리는 전기적 자극을 세포막의 표면을 따라 전달시킬 수 있는 능력을 가지고 있다. 활동전위가 운동신경으로부터 근섬유에 전달되면 근육의 수축이 시작된다. 활동전위는 신경섬유의 세포막을 따라 진행하는데, 사실 활동전위는 세포막의 전위가 반전하는 흐름, 즉 세포막의 화학적 변화에 의해 형성되는 탈분극(depolarization) 현상이기 때문에 전기화학적 진행이라고 할 수 있다.

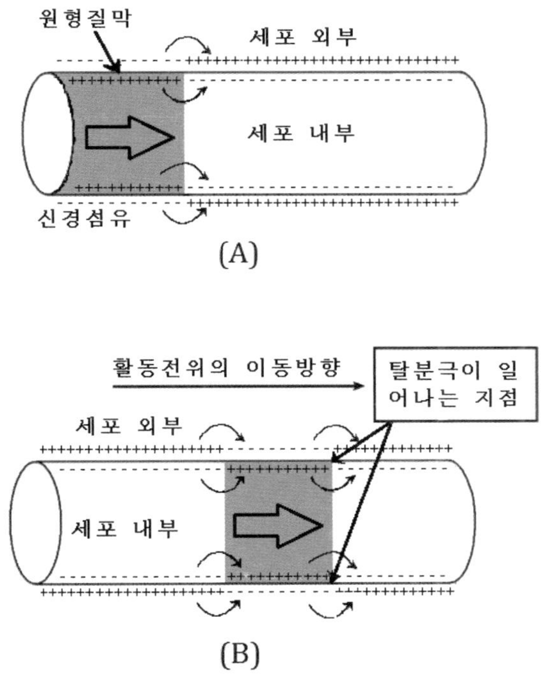

[그림 5-2] 신경섬유막에서의 활동전위 시작과 진행

(A) 휴지막전위의 반전하는 탈분극

(B) 탈분극이 다시 재분극하면서 활동전위가 막의 표면을 따라 이동

앞에서 설명한 바와 같이, 휴지상태에서는 세포 내외액에 존재하고 있는 이온들의 농도기울기에 의해 세포막의 바깥쪽 표면은 양하전을 띠고 안쪽 표면은 음하전을 띠고 있다. 그런데 Na^+의 세포막 투과성이 갑자기 수백에서 수천 배로 극적인 증가를 나타내면서 활동전위의 흐름이 시작된다. 즉, Na^+에 대한 세포막의 투과성이 K^+보다 갑자기 높아져 세포 외액에 높은 농도로 존재하고 있는 Na^+이 세포 밖으로 K^+이 확산하는 것보다 더 빠른 속도로 세포 안으로 확산되어 들어오게 되며, 그 결과 세포막 바깥쪽 표면은 음하전을 띠고 안쪽 표면이 양하전을 띠게 되는, 소위 휴지막전위의 반전이 발생한다[그림 5-2A]. 이렇게 휴지막전위가 반전하는 것을 탈분극이라고 하

는데, 탈분극은 Na^+에 대한 세포막의 투과성이 급격히 높아지는 수천분의 1초 동안만 발생한다. 즉, Na^+에 대한 세포막의 투과성은 순식간에 원래의 낮은 수준으로 되돌아가고 다시 K^+이온이 세포 밖으로 확산을 지속하여 휴지막전위로 돌아가는데, 이를 재분극(repolarization)이라고 한다[그림 5-2B]. 물론 이때에도 세포막에 있는 나트륨-칼륨 펌프가 Na^+이온은 세포 바깥쪽으로, K^+이온은 세포 안쪽으로 막전위의 변화 없이 재분배하는 역할을 담당한다. 신경섬유에서 탈분극과 재분극을 통해 활동전위가 진행하는데 불과 0.5~1천분의 1초 정도 밖에 소요되지 않는다.

(3) 신경에서 근육으로 활동전위의 전달

근육의 수축을 일으키는 자극인 활동전위는 신경섬유를 따라 이동하여 근신경연결부(myoneural junction)를 통해 근섬유로 전달된다. 근신경연결부에서 운동신경은 근섬유와 밀접하게 연결하고 있는 몇 개의 말단가지를 근형질막의 작은 만입부에 삽입하고 있다[그림 5-3, 그림 4-24 참조]. 운동신경의 말단가지는 근형질막을 통과하는 것이 아니고 근형질막에 단단하게 부착되어 있으며, 근신경연결부의 접합구조는 근섬유 표면 위에 약간 불룩한 모양의 운동종판(motor end plate)을 형성한다.

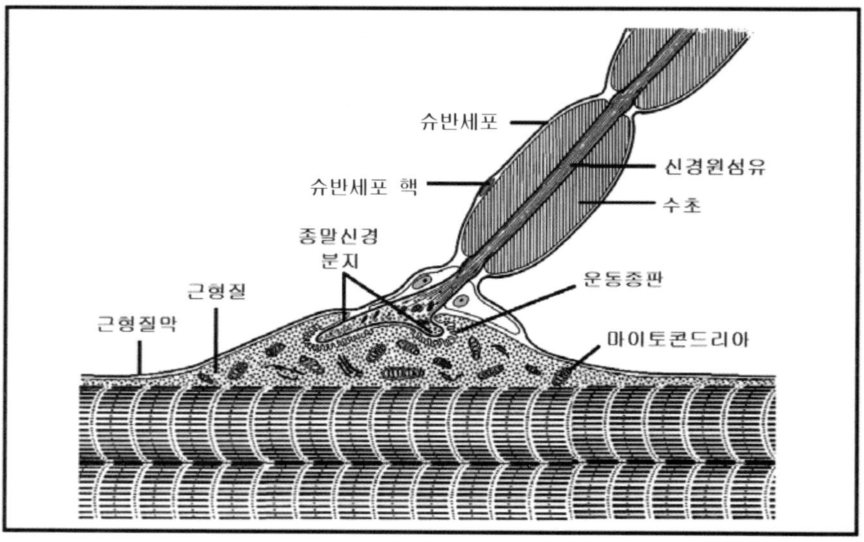

[그림 5-3] 근섬유 종단면의 운동종판 모식도

인위적으로 강한 전기를 근섬유에 가하면 수축이 유도되는데, 신경섬유를 따라 전달되는 활동전위의 전기적 자극의 강도는 수축을 유도할 만큼 충분하지는 않다. 따라서 근섬유가 수축하기 위해서는 어떤 특수한 기작을 통해 전기적 신호를 증폭하여 근섬유에 전달해야만 한다. 이렇게 활동전위의 전기적 자극의 강도를 증폭시키는 역할은 운동신경종판에서 유리되어 나오는 화학적 전달체인 아세틸콜린(acetylcholine)이 담당한다. 즉, 활동전위가 운동종판에 도달하면 운동신경의 말단가지 내에 존재하는 연접소포(synaptic vesicle)에 저장되어 있는 아세틸콜린이 유리되어 나오는데, 아세틸콜린은 활동전위가 운동신경종판에 도달할 때마다 매번 유리된다.

근형질막은 아세틸콜린과 접촉하면 Na^+ 이온의 투과성이 높아져 극성이 반전되고 신경섬유에서와 마찬가지로 활동전위는 탈분극과 재분극을 반복하면서 근섬유의 모든 길이를 따라서 전파된다. 근형질막에 유리된 아세틸콜린은 단지 수천분의 일초 동안만 작용하는데, 신경운동종판에서 재빨리 유리되는 콜린에스터레이스(cholinesterase) 효소에 의해 자극이 중화된다. 근신경연결부에서 발생하는 이 기작이 갖는 의미는 신경을 통해 전달된 작은 자극이 증폭되어 근섬유 전체로 전파된다는 것이다.

(4) 근섬유에서 근원섬유로 활동전위의 전달

아세틸콜린에 의해 촉발되는 근섬유의 활동전위는 신경섬유의 활동전위와 거의 유사하지만, 활동전위가 진행되는 시간이 다르다는 점이 주요 차이점이다. 즉, 신경섬유에서는 활동전위의 진행이 1/1,000~1/2,000초 사이에 빠르게 일어나지만 골격근 섬유에서는 신경섬유에 비해 다소 느려 1/100~1/200초에 걸쳐 진행된다.

대부분의 근섬유는 근섬유 당 하나의 근신경연결부를 가지고 있으며, 거기서부터 자극이 섬유의 모든 부분에 전달된다. 즉, 활동전위는 근신경연결부에서 시작되어 근형질막을 따라 양방향으로 세로로 진행되며 섬유의 전체를 자극한다. 그런데 근섬유는 천개 이상의 근원섬유로 구성되어 있으며, 따라서 많은 근원섬유들이 근섬유 안쪽에 묻혀 있으며 상대적으로 근형질막과 멀리 떨어져 있다. 이렇게 근섬유 외부의 근형질막에서 근섬유 내부에 있는 근원섬유들에게 자극이 전달되는 것은 가로소관(T관)을 통해 이루어진다. 근섬유의 가로소관은 근형질막에 만입되어 있는 작은 통로로 근육 세포막들 사이를 연속하여 통과하고 있으며 근섬유 내부의 근원섬유들까지 연결되어 있다[그림 4-16 참조]. 따라서 활동전위는 가로소관들을 따라 근섬유의 내부로 들어가고 개개의 근원섬유를 싸고 있는 근형질세망으로 전달된다.

(5) 근소포체로부터 칼슘의 유리

활동전위는 근섬유의 가로소관들을 통해 전달되기 때문에 개개의 근원섬유 주위에 있는 근소포체로부터 칼슘이 유리되는 것도 가로소관이 존재하지 않으면 불가능해진다. 근소포체는 세포막에 있는 소기관으로 근섬유 세포질의 칼슘량을 조절하는 역할을 담당하고 있다. 제 4장에 자세히 설명된 바와 같이, 가로소관은 근소포체와 별도의 조직이지만 삼연구조를 구성하는데 있어 매우 밀접한 연관관계를 가지고 있다. 가로소관의 탈분극 기작은 근소포체에 전달되며, 여기에는 두 가지의 막과 결합된 칼슘 경로단백질(calcium channel protein)들이 관련되어 있다. 즉, 가로소관에 위치하고 있는 다이하이드로피리딘 수용체(dihydropyridine receptor)와 근소포체에 위치하고 있는 라이아노딘 수용체(ryanodine receptor)가 가로소관에서 근소포체로 자극이 전달되는데 관여된다. 이들 단백질들은 2개의 근소포체가 하나의 가로소관과 만나는 삼연구조에 위치하고 있는데, 간단히 말해 다이하이드로피리딘 수용체가 가로소관의 탈분극에 반응하여 근육세포의 세포질에 칼슘이온을 방출시키고, 곧 바로 라이아노딘 수용체가 이 칼슘의 유리를 인지하자마자 세포질에 흘러나온 칼슘이온을 근소포체로 불러들인다. 근육이 이완된 상태일 때는 근형질의 칼슘이온 농도는 불과 10^{-7}mole/liter 미만이지만, 전체 골격근 내에 있는 칼슘 이온의 농도는 10^{-4}mole/liter로 약 1,000배 이상이나 많이 존재하고 있다. 즉, 근섬유 내에 있는 대부분의 칼슘은 근소포체에 붙들려 있는 것이라고 해도 과언이 아니다.

5.2. 근육의 수축과 이완 기작

근육의 수축에는 주로 4개의 근원섬유단백질, 즉 액틴, 마이오신, 트로포마이오신 및 트로포닌이 관여한다. 액틴과 마이오신은 수축단백질로 근원섬유의 액틴 필라멘트와 마이오신 필라멘트를 형성하는데, 근육이 수축하는 동안 두 필라멘트 사이에 직접적으로 형성된 연결가교는 수축력을 발생한다. 반면, 트로포마이오신과 트로포닌은 조절단백질의 역할을 담당하는데, 근형질에 존재하는 칼슘이온 농도에 따라 수축의 진행과 중지를 조절한다.

(1) 골격근의 수축

근육이 이완된 상태를 유지하고 있을 동안 칼슘은 근소포체 내에 저장되어 있고, 근형질에는 비교적 높은 농도의 ATP가 마그네슘(Mg^{2+}) 이온과 복합체를 형성하고 있는데, 이러한 조건에서는 액틴과 마이오신의 상호작용, 즉 연결가교의 형성이 쉽게 이루어지지 않는다. 즉, 근형질의 칼슘농도가 10^{-7}moles/liter 미만으로 낮고 Mg-ATP의 농도가 높으면 액틴 필라멘트와 마이오신 필라멘트 사이의 연결가교의 형성은 이루어지지 않으며, 근육의 수축이 시작되기 위해서는 근형질의 칼슘이온 농도가 최소한 10~100배 정도 증가하여 약 10^{-6}-10^{-5}moles/liter 정도가 되어야 한다.

근형질로 유리되어 나온 칼슘은 액틴 필라멘트 위에 위치하고 있는 트로포닌의 구성체인 트로포닌 C와 결합하게 된다. 트로포닌은 3개의 구성체, 즉 트로포닌 I, C 및 T로 구성되는데, 트로포닌 T는 트로포마이오신과 결합하는 역할을 담당하며, 트로포닌 I는 액틴과 상호관계를 맺고 마이오신과의 결합을 저해하는 역할을 한다. 트로포닌 C는 근형질에 존재하는 칼슘과 결합을 하며, 일단 결합이 이루어지면 단백질의 구조에 약간의 변화가 생기고 그 결과 트로포닌 T에도 변화가 발생한다.

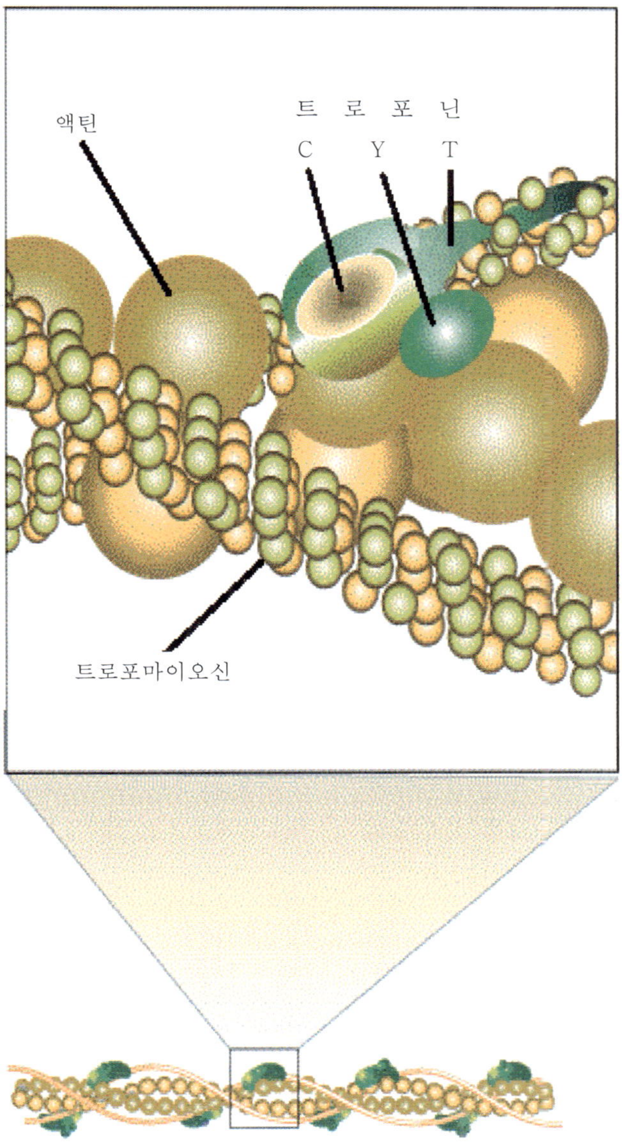

[그림 5-4] 액틴 필라멘트에서 트로포마이오신과 트로포닌 3성분의 위치를 나타내는 모식도

전체적으로 이러한 트로포닌 구성체의 변화는 트로포마이오신과 트로포닌 I의 움직임에 영향을 미치며, 결국 액틴 필라멘트 위에 마이오신이 결합할 수 있는 위치를 만들어 낸다.

[그림 5-4]는 액틴 필라멘트의 트로포닌이 위치하고 있는 부분을 묘사한 것으로, 트로포마이오신과 트로포닌 구성체들의 위치를 나타내고 있다. 트로포마이오신의 변화는 굵은(마이오신) 필라멘트와 가는(액틴) 필라멘트 사이에 마이오신 머리 부분이 연결가교를 형성할 수 있도록 만든다. 이러한 연결가교의 형성이 근육의 수축력을 만들어 내고, 근절의 양쪽 Z-선에 붙어 있는 각각의 액틴 필라멘트는 근절의 중앙으로 Z-선을 끌고 들어오며, 따라서 수축이 일어나면 근절의 길이는 짧아진다[그림 5-5].

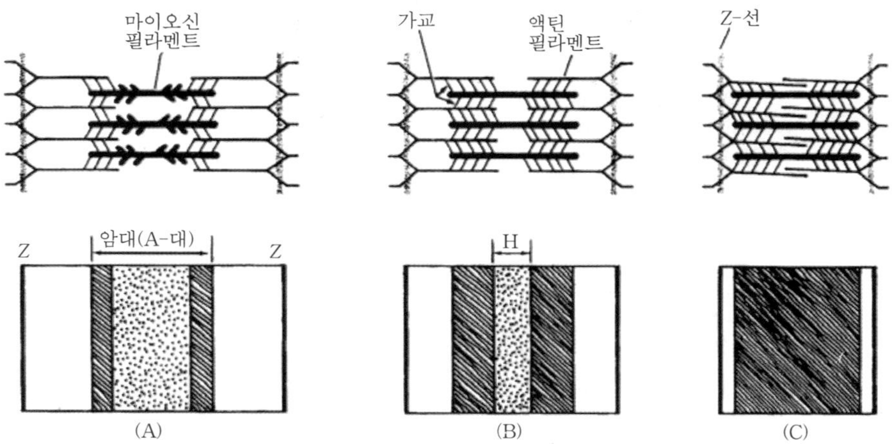

[그림 5-5] 근육의 수축시 근절 내 변화(위)와 그에 따른 명대와 암대의 변화(아래)를 나타낸 모식도

(A) 신장된 근육, (B) 휴지시 근육, (C) 심하게 수축된 근육

두 필라멘트의 연결가교에서 액틴과 마이오신의 상호결합에 의해 형성된 복합단백질을 액토마이오신(actomyosin)이라고 한다. 수축이 일어나는 동안 액틴 필라멘트나 마이오신 필라멘트의 길이는 변하지 않지만, 액틴 필라멘트가 Z-선을 중앙의 마이오신 필라멘트를 향해 끌면서 미끄러져 들어오기 때문에 근절의 길이는 수축할수록 짧아진다.

개개의 가교들은 액틴 필라멘트를 약 10nm 정도 활주시킬 수 있는 힘을 발생시키는데, 수축이 일어나는 동안 필라멘트들은 연결가교의 형성과 해체를 주기적으로 반복하게 되며, 하나하나의 주기들이 전체 수축력의 작은 일부분을 담당한다. 수축력은 액틴 필라멘트와 마이오신 머리부분이 결합되는 각도의 변화에 의해 형성된다.

근육수축의 전 과정동안 A-대의 폭은 항상 일정하지만 I-대와 H-대의 폭은 변화를 나타내는데, 근육이 신장될 때 넓어지고[그림 5-5A] 단축될 때 짧아진다[그림 5-5B]. 만약 근육이 심하게 수축을 일으키면, 근절의 양쪽에 있는 두 액틴 필라멘트는 A-대에서 서로 만나고 심하면 겹치기도 하는데, 이 경우에 마이오신 필라멘트의 양 끝이 Z-선에 거의 맞닿을 수도 있어[그림 5-5C] 전자현미경상에서 H-대와 I-대가 인식되지 않는다.

[그림 5-6]은 하나의 연결가교 주기 동안 마이오신 머리 부분의 위치변화를 도식화한 것이다.

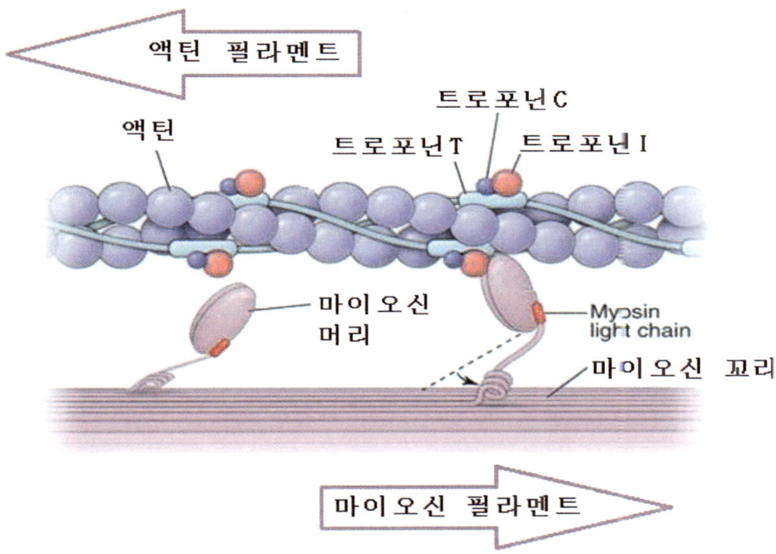

[그림 5-6] 마이오신 머리부분과 액틴 필라멘트 사이의 연결가교 및 수축력 형성을 나타내는 모식도

근육이 수축을 하기 위해서는 근육의 휴지상태에서 통상적으로 소비하는 에너지보다 더 많은 에너지가 필요하며, 이 에너지는 ATP(adenosine triphosphate)로부터 유래된다. 즉, 마이오신 ATPase라는 효소가 ATP를 ADP(adenosine diphosphate)와 무기인(inorganic phosphate)으로 가수분해 시키면서 근육의 수축에 사용되는 에너지를 만들어낸다. 마이오신 ATPase라는 명칭에서 의미하는 바와 같이 마이오신 분자의 머리부분은 ATP를 분해할 수 있는 능력을 가지고 있다. 그런데 마이오신 ATPase의 ATP 분해력은 칼슘이온에 의해 향상되기 때문에 근형질에 유리되는 칼슘이온의 농도가 증가하면 액틴과 마이오신 필라멘트 사이의 연결가교의 형성이 촉진되며, 동시에 가교형성에 필요한 에너지를 생성하는 마이오신 ATPase의 ATP 분해

력도 증가한다.

(2) 골격근의 이완

골격근의 이완은 수축된 근육이 다시 휴지상태로 복귀하는 것을 의미하며, 근육이 이완되면 장력이 감소되어 쉽게 신장될 수 있다. 즉, 이완된 근육에는 액틴 필라멘트와 마이오신 필라멘트 사이에 형성된 연결가교가 없다는 것을 의미하며, 근절 내에서 겹쳐 있던 두 필라멘트들은 서로 수동적으로 미끄러져 나왔다는 것을 말한다.

근육의 이완이 이루어지기 위해서는 근육내의 조건이 휴지상태의 조건으로 다시 돌아가야 한다. 즉, 근형질의 칼슘이온의 농도가 10^{-7}moles/liter 미만으로 감소되어야 하고, ATP 농도는 비교적 높아져야 한다. 따라서 이완은 수축작용이 일어난 일련의 과정이 반전될 때에 일어날 수 있다. 근육의 수축이 휴지막전위가 탈분극을 일으키며 시작된 것처럼, 이완의 첫 단계는 탈분극한 활동전위가 재분극하여 다시 휴지막전위 상태로 되돌아가는 것이며, 이 후에 이완과정의 다음단계가 진행된다.

근형질에 유리된 칼슘이온의 농도는 근소포체에 의해 원래의 휴지기 수준으로 되돌아간다. 근소포체는 근형질의 칼슘농도 기울기에 반하는 작용으로 근형질에 유리되어 있는 칼슘이온들을 능동적 이동을 통해 근소포체로 불러들이는데, 이 같은 칼슘이온의 능동적 이동은 신경과 근섬유의 막에서 일어나는 나트륨과 칼륨의 농도 기울기에 반하는 능동적 이동(나트륨펌프)과 비슷하여 칼슘펌프라고 부른다. 근소포체가 칼슘펌프에 사용하는 에너지원은 ATP이며, 근소포체의 종말조에 칼슘이온들을 다음 자극이 도달될 때까지 저장한다. 칼슘펌프는 근형질의 칼슘 농도가 증가하면 작동을 시작하며, 칼슘펌프의 작동으로 근형질의 유리 칼슘이온의 농도가 감소되면 트로포마이오신과 액틴에 대한 트로포닌 I의 상호작용이 억제되고, 그 결과 연결가교의 형성이 저해된다. 연결가교가 없어지면 장력은 더 이상 존재하지 않게 되며, 근육의 구성성분들 중 탄성적인 특성을 가진 단백질들에 의해 근육은 신장되기 시작하고, 결국 두 필라멘트는 서로가 수동적으로 휴지기 상태의 위치로 미끄러져 나간다.

따라서 근소포체에서 근형질로 유리되어 나오는 칼슘은 근육에 다양한 영향을 미친다고 할 수 있다. 그 첫 번째가 칼슘은 트로포닌을 자극함으로써 트로포마이오신의 구조에 변화를 일으켜 액틴 필라멘트 위에 마이오신의 결합부위를 드러내게 만들어 연결가교가 형성되게 만든다는 것이다. 칼슘의 두 번째 역할은 수축에 필요한 에너지를 공급하는 마이오신 ATPase를 활성화시킨다는 것이다. 그리고 마지막으로 칼슘은 칼슘펌프의 ATPase를 자극하여 종말조로 칼슘을 회수시킴으로써 수축을 종결시키는 중요한 역할을 한다.

(3) 근육의 수축과 이완기작 요약

골격근의 수축과 이완 주기에 일어나는 일련의 과정을 요약하면 다음과 같다.

1) 수축과정

① 근육의 휴지상태
② 운동종판에 활동전위 도달
③ 아세틸콜린의 유리와 근형질막과 세포막들의 탈분극(Na^+ 섬유 내로 이동)
④ 가로소관을 경유하여 근소포체로 활동전위 전달
⑤ 근소포체의 종말조에서 근형질로 칼슘이온 유리
⑥ 유리된 칼슘이온이 트로포닌 C에 결합
⑦ 트로포마이오신의 위치 변화로 액틴 필라멘트 위에 마이오신 결합부위 형성
⑧ 액틴-마이오신 필라멘트 사이의 연결가교 형성
⑨ 마이오신 ATPase 활성화 및 ATP 가수분해
⑩ 각각의 가교들의 형성과 해체를 통해 필라멘트들의 활주(근절길이 단축)

2) 이완과정

① 콜린에스터레이스 유리와 아세틸콜린의 분해
② 근형질막과 가로소관의 재분극
③ 근소포체의 칼슘펌프 활성화로 종말조로 칼슘이온 회수
④ 액틴과 마이오신 사이의 가교형성 종결
⑤ 액틴 필라멘트 위의 마이오신 결합부위로 트로포마이오신 복귀
⑥ 마그네슘이 ATP와 복합체를 형성(Mg^{2+}-ATP)
⑦ 장력소멸로 필라멘트들의 수동적 활주
⑧ 유지상태의 근절 길이로 복귀

5.3. 근육의 에너지 대사

앞에서 자세히 설명한 바와 같이, 근육이 여러 가지 기능들을 수행하기 위해 사용하는 궁극적인 에너지원은 ATP이다. 즉, 근육이 수축하기 위해 사용하는 에너지, 근육이 이완하기 위해 근형질의 칼슘이온을 근소포체로 불러들이는 칼슘펌프가 사용하는 에너지, 그리고 근형질막을 경계로 나트륨과 칼륨의 농도 기울기를 유지하기 위해 사용하는 에너지 모두가 ATP이다.

위의 세 가지 에너지 소모형태 중 근육의 수축과정이 ATP를 가장 많이 소비하는데, 근육이 한 번 수축하는데 소요되는 에너지는 휴지막전위의 반전에 필요한 에너지의 1,000배 이상이며, 근소포체에 칼슘이온을 회수하는 칼슘펌프가 사용하는 에너지보다 최소한 10배 이상이다. 그런데 근육 내에는 겨우 몇 번의 수축밖에 할 수 없는 적은 양의 ATP만 존재하고 있기 때문에, 살아있는 근육 내에는 빠르고 효율적으로 ATP를 재합성할 수 있는 수단이 반드시 있어야 한다.

식육동물이 도축되면 곧 바로 살아있는 근육의 기능이 중지되어 식육이 되는 것이 아니다. 도축공정이 시작되어도 근육은 위에 설명한 근육의 기능 수행에 필요한 에너지를 위해 ATP를 지속적으로 보충한다. 즉, 생명이 끊어진 후에도 살아있는 근육에서와 마찬가지로 ATP 수준을 유지하기 위해 ADP가 ATP로 변환되는 재인산화(rephosphorylation) 경로를 통해 ATP 합성이 진행된다. 이렇게 사후 근육은 살아있는 근육의 조건을 유지하기 위해 여러 가지 생화학적인 반응들을 일으키는데, 이러한 사후 근육의 항상성(homeostasis)은 궁극적으로 식육의 특성에 큰 변화를 야기한다.

(1) 크레아틴인산

근육 내에서 ATP 합성을 위해 동원될 수 있는 가장 즉각적인 에너지원은 크레아틴인산(creatine phosphate)이다. 이 과정은 ADP+creatine phosphate ⇒ ATP +creatine 반응으로 이루어진다. 이 반응은 근형질에서 일어나며 이 반응을 촉매하는 효소는 크레아틴키네이스(creatine kinase)이다. 이 반응을 통해 수축과정에서 소모된 ATP는 빠르게 보충되는데, 반응이 아주 빠르게 일어나기 때문에 한 번 근육이 수축하는 동안 소모되는 ATP의 함량은 측정이 어려우며 단지 크레아틴인산의 소모량만 측정할 수 있다. 일반적으로 휴지중인 근육 내의 크레아틴인산의 농도는 ATP의 약 2배 정도만 존재하기 때문에 근육의 수축기간이 길어지면 크레아틴인산은 고갈될 수 있다. 따라서 고갈된 크레아틴인산은 근육의 휴지기간 동안 다른 어떤 기작에 의해서 다시 보충되어야 하는데, 마이토콘드리아 막에서 크레아틴의 재인산화 반응이 일어난다.

(2) 호기적 대사

식육동물에서 ATP를 합성하기 위한 가장 효율적인 기작은 사료영양분을 이용한 호기적 대사(aerobic metabolism)에 의한다. 즉 탄수화물, 단백질, 지질이 이산화탄소(CO_2)와 물(H_2O)로 분해되면서 유리되는 에너지가 ATP합성에 이용되는 것이다.

이들 영양분의 분해 또는 대사산물들은 모두 궁극적으로 이 일련의 반응을 거친다. 여기서는 호기적 대사를 설명하기 위해 글라이코젠(glycogen)으로부터 유래되는 단당류인 포도당의 붕괴에 대해 설명하였다.

제4장에서 설명한 바와 같이 글라이코젠은 근육중량의 약 1% 정도를 차지하고 있는데, 근형질 내에서 다당류인 글라이코젠은 해당작용(glycolysis)을 통해 개개의 단당류인 글루코오스(glucose, 포도당) 분자로 분해되며[그림 5-7], 이러한 일련의 반응은 근장단백질에 함유되어 있는 효소들이 촉매로 작용하여 일어난다. 글라이코젠은 먼저 몇 개의 글루코오스 1-인산(glucose-1-phosphate)으로 분해된 후, 각각의 글루코오스 1-인산은 연속적으로 2개의 3-탄소(carbon) 절편으로 나누어지는데, 포도당의 최종 분해산물은 피루브산염(pyruvate)이다.

해당작용을 통해 유용한 에너지가 생성되는데, 글라이코젠에서 분해된 각각의 글루코오스 1-인산 하나 당 3개의 ADP를 재인산화(rephosphorylation) 하여 3개의 ATP가 생성되고 아울러 4개의 수소이온(H^+)이 생성된다. 해당작용을 통해 생성된 수소이온들은 수송복합체인 NAD^+(nicotinamide adenine dinucleotide)에 수용된 후 또 다른 재인산화 반응에 사용되기 위해 마이토콘드리아로 운반된다.

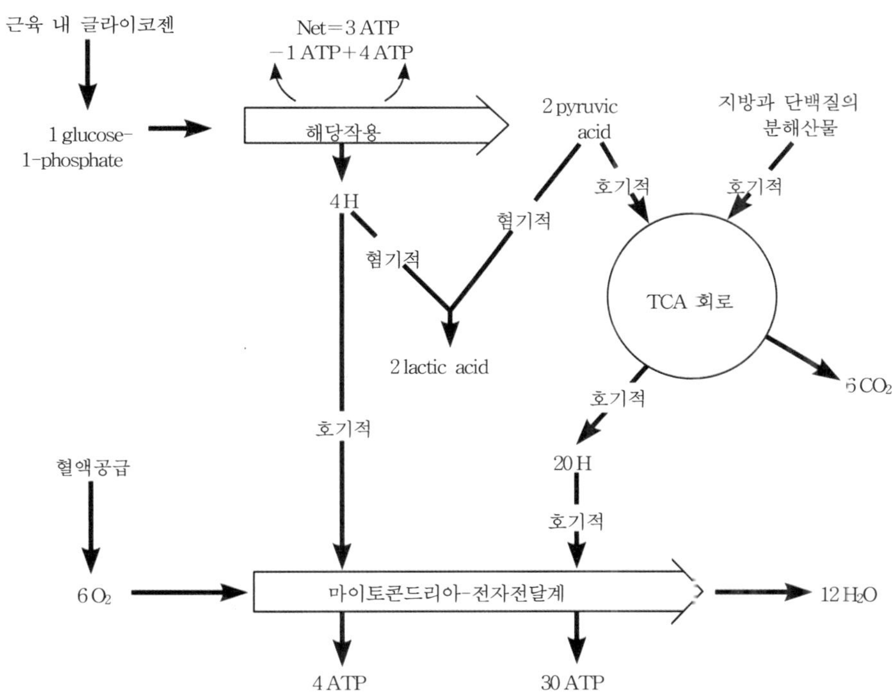

[그림 5-7] 근육의 기능을 위한 에너지 공급체계

호기적 대사의 두 번째 기작은 마이토콘드리아 내에서 이루어지는 일련의 반응들로, 이를 소위 TCA 회로(tricarboxylic acid cycle)라고 부른다. TCA 회로에서 피루브산(pyruvic acid)은 순차적으로 이산화탄소(CO_2)와 수소이온(H^+)으로 분해되고, 이때 생성된 이산화탄소는 세포 밖으로 확산되어 결국 노폐물로서 혈중으로 들어가게 되고, 수소이온은 NAD^+수송체에 수용된 후 NADH 복합체를 형성하게 된다. 지방산과 단백질의 분해산물들도 역시 이 회로를 거쳐서 유용한 에너지로 전환하게 된다[그림 5-7].

대부분의 유용한 재인산화 반응은 호기적 대사의 세 번째 기작인 전자전달계(electron transport chain)에서 일어난다. 전자전달계는 TCA 회로의 효소들과 함께 마이토콘드리아 내에 위치하고 있으며 철을 함유하고 있는 효소들의 집단이다. 전자전달계에서는 해당작용과 TCA 회로에서 생산된 수소이온이 NAD^+로부터 전달되고, 수소이온들은 산소분자들과 결합하여 물을 만드는데, 이 과정에서 많은 에너지가 생성된다. 이렇게 유리되는 에너지의 많은 부분은 ADP의 재인산화 반응에 사용되고 나머지는 열로 사라진다. TCA 회로에서 생성된 한 쌍의 수소이온 당 3개의 ATP가 생성되며, 해당작용에서 유리된 한 쌍의 수소이온 당 2개의 ATP를 생성한다.

글라이코겐에서 분해되어 나온 글루코오스 1분자가 위의 전과정의 반응을 거친다면 37분자의 ATP를 순에너지로 생성한다. 즉, 해당작용에서 3분자의 ATP가 생성되고 4개의 수소이온이 생성되는데, 이 수소이온은 전자전달계에서 4분자의 ATP를 생성하게 된다. 해당작용의 마지막 단계에서 글루코오스 1분자는 2분자의 파이루빈산을 만들고, 이 파이루빈산은 TCA 회로에서 1분자 당 10개의 수소이온을 생성하여 총 20개의 수소이온을 생성하는데, 이 20개의 수소이온들은 전자전달계에서 30분자의 ATP로 전환된다.

(3) 혐기적 대사

만일 근육이 서서히 운동을 하고 산소의 공급량이 적당하다면 크레아틴인산의 분해와 호기적 대사를 통해 조직이 필요로 하는 에너지를 충분히 공급할 수 있다. 그러나 근육의 수축이 아주 빠르게 진행되고 산소의 공급이 부족하면, 호기적 대사를 통한 ATP의 재합성은 한계에 도달하게 된다. 이렇게 산소공급이 제한된 상태에서는 혐기적 대사(anaerobic metabolism)를 통해 단기간 동안 근육이 사용할 에너지를 공급할 수 있다.

혐기적 대사의 주된 특징은 조직에 젖산이 축적된다는 것이다. 산소공급이 부족하면 해당작용과 TCA 회로에서 생성된 모든 수소이온들이 산소와 결합할 수 없게 되어 수소이온들이 근육에 축적되게 된다. 이때 과잉 축적된 수소이온은 피루브산을 젖산(lactic acid)으로 환원시키는데 사용되게 된다. 위에서 언급한대로 글루코오스 1분자는 해당작용을 통해 3분자의 ATP를 생성하기 때문에 혐기적 대사를 통해서도 근육기능에 필요한 에너지를 공급할 수 있다. 물론 혐기적 대사를 통해 근육조직이 유용하는 에너지는 제한적인데, 그 이유는 젖산이 근육에 축적되면 될 수록 pH가 낮아지기 때문이다. 근육 내 젖산의 축적은 근육의 pH를 낮추게 되고, 근육의 pH가 6.0~6.5 정도로 강하하면 해당작용의 속도는 매우 급격히 감소되고 동시에 ATP의 재합성도 감소하게 된다. 이러한 조건에서는 피로가 매우 빨리 오게 되고 근육은 불충분한 에너지와 지나친 산도 때문에 더 이상 수축을 계속할 수 없게 된다.

대부분의 식육동물의 근육에서 위의 전반적인 공정은 매우 전형적으로 나타난다. 근육이 피로에서 회복되는 동안에는 근육 내에 축적되었던 젖산들이 혈중으로 이동되고 이들 젖산은 간에서 글루코오스로 재전환되거나 또는 심장에서 특수한 효소계에 의해 이산화탄소와 물로 대사된다. 피로가 약할 경우에는 근육 내의 ATP와 크레아틴인산은 정상적인 호기적 대사에 의해 빠른 시간 내에 재충전되지만, 근육의 피로가 극심할 때는 시간이 오래 걸린다.

(4) 에너지 공급의 진행체계

근육의 수축과 이완, 그리고 기능을 수행하기 위한 에너지의 공급의 진행체계를 [그림 5-8]에 요약하였다. 에너지 공급의 전체적인 진행체계를 이해하기 위해서는 잠재적인 에너지 생성물인 영양소가 체내로 흡수되는 소화 장기부터 시작해야 한다. 여기서 많은 영양소들 중 글루코오스를 예로 들어 설명하였다.

글루코오스는 순환계에 의해서 간이나 근육으로 운송되는데, 간에서는 저장을 위해 글라이코젠으로 전환되고 근육에서는 즉시 에너지로 대사되거나 글라이코젠으로 저장한다. 간의 글라이코젠은 다시 글루코오스로 가수분해되어 필요할 때 근육으로 운반되어 에너지로 사용된다. 근육의 글라이코젠은 앞에서 이미 설명한 바와 같이 해당작용의 경로를 거쳐 3분자의 ATP를 생성하고 피루브산으로 대사되며, 피루브산은 TCA 회로와 전자전달계를 통해 34분자의 ATP를 생성하면서 물과 이산화탄소로 전환되고, 또는 젖산으로 전환된다. 이렇게 형성된 물, 이산화탄소 및 젖산은 혈류를 통해 근육에서 빠져 나간다. 이산화탄소는 폐를 통해 체외로 나가고, 물은 신장을 통해 배설되며, 젖산은 간에서 글루코오스로 재합성되거나 심장에서 물과 이산화탄소로 분해된다.

대사과정 동안에 생성된 에너지의 일부는 근육수축을 위해 사용되지 않고 체온유지를 위해 근육 내에서 열로 방출되게 된다. 과량의 열은 혈액을 통해 제거되고 피부나 폐를 통해 발산된다.

[그림 5-8]에서 보는 바와 같이 근육에 에너지를 공급하기 위해서는 여러 단계에 걸친 역학적이고 동적인 체계가 필요한데, 근육이 매우 빨리 수축하는 기간에는 에너지 수요에 보조를 맞추는 공급이 불가능해진다. 따라서 근육이 빠른 수축을 하면 피로가 빨리 오게 되고, 결국 피로가 회복될 시간을 얻기 위해 근육은 수축을 중단하게 된다.

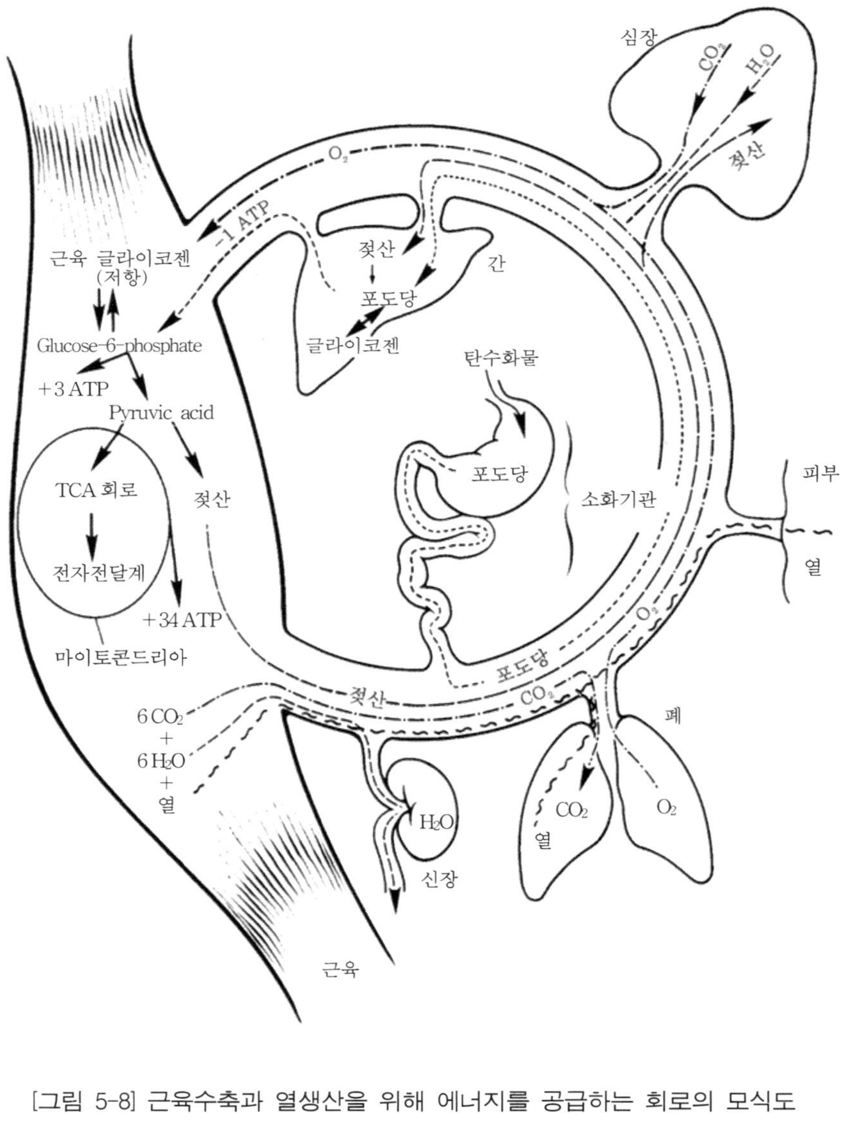

[그림 5-8] 근육수축과 열생산을 위해 에너지를 공급하는 회로의 모식도

제 6 장 근육의 식육화

식육동물의 골격근은 고등동물의 운동기능을 담당하는 생체조직이며, 동시에 인간에 있어서 식량으로 사용될 수 있는 매우 중요한 근육이다. 다라서 이렇게 생산되는 식육을 질적으로 손상시키지 않고 식품으로 이용하는 것은 매우 중요한 일이다. 그러나 근육이 식육으로 전환되는 과정은 매우 복잡하며, 물리적, 구조적 변화 및 대사진행의 변화 등이 끊임없이 일어난다. 즉, 식육동물의 사후 근육은 혈액의 순환이 정지됨에 따라 근육의 기능에 필요한 에너지와 산소의 공급이 중단되며, 대사산물이 분해되지 않아 조직 내에 축적되는 현상이 나타나게 되며, 이러한 사후 근육의 생화학적인 변화들에 의해 식육의 다양한 특성들도 변화를 나타내게 된다. 그러므로 동일한 조건 아래서 생산된 식육동물이라 할지라도 도축전후의 취급방법에 따라 육질이 크게 달라질 수 있다.

사후 근육이 식육으로 전환되는 과정 중 발생하는 변화에 대하여 알아보기 전에, 먼저 모든 근육들이 사후에 동일한 변화를 나타내지 않는다는 점을 염두에 두어야 한다. 그 이유는 다음의 두 가지 사실 때문이다. 첫째, 근육들은 각기 서로 다른 양의 기질을 함유하고 있을 뿐만 아니라 글라이코젠의 분해속도가 다른 적색근섬유, 중간형섬유, 백색근섬유 등 다양한 근섬유가 서로 다른 비율로 구성되어 있다는 점이다. 서로 다른 부위의 근육들은 다양한 근섬유의 함유비율이 다르며, 몇몇 특수한 근육은 근본적으로 백색근섬유 또는 적색근섬유들이 상대적으로 많이 함유되어 있다. 둘째, 사후 대사진행에 대한 온도의 효과를 들 수 있는데, 각 근육의 사후 냉각속도는 일정하지 않으며, 경우에 따라서 동일 근육 내에서도 냉각속도에 차이가 나타날 수 있다. 일반적으로 이러한 온도의 차이는 근육의 내부와 표면 사이에서 발생하게 되며, 이외에도 도체의 크기, 저장온도, 냉장고 내부의 풍속 및 풍향, 그리고 도체표면의 지방두께에 따라 냉각속도의 차이가 현저하게 나타날 수 있다. 따라서 사후 근육에서 일어나는 변화, 즉 근육의 식육화 과정을 충분히 이해하여 이를 효과적으로 이용해야 고품질의 식육생산이 가능하다.

6.1. 생체항상성

사후에 근육이 식육으로 전환되는 과정을 이해하기 위해서는 먼저 근육조직의 생체기능을 살펴보아야 한다. 살아있는 가축의 근육은 생리적으로 균형 잡힌 내부환경,

즉 pH, 온도, 산소농도, 에너지 공급 등을 유지하기 위하여 체내 각종 기관과 조직들이 효과적으로 기능을 발휘한다. 생리적으로 균형 잡힌 내부환경을 유지하려는 이러한 현상을 생체항상성(homeostasis) 이라고 한다. 생물은 온도변화, 산소부족, 스트레스 같은 불리한 외부환경에 대처하여 생리적으로 정상적인 상태를 유지하기 위한 능력을 발휘하는데, 이러한 기작은 신경조직과 내분비선에 의하여 지배된다.

그러나 도축 후 식육으로 전환되는 과정에서는 근육은 생리적으로 균형 잡힌 내부환경을 유지하고 있던 생체항상성을 잃게 된다. 따라서 생체항상성의 개념은 근육의 식육화 과정에서 다음과 같은 중요한 의미를 가진다. 첫째, 근육이 식육으로 전환되는 과정에서 일어나는 모든 생화학적 반응과 변화는 생체기능을 유지하기 위한 노력의 직접적 결과이다. 둘째, 도축직전의 환경조건, 즉 식육동물의 수송, 취급상태, 계류 및 기절과정 등은 식육동물에게 상당한 스트레스를 주며, 이는 사후 근육의 변화에 영향을 미칠 뿐만 아니라 결국 육질에도 영향을 미친다.

6.2 혈액순환의 중단

살아 있는 식육동물의 근육이 식육으로 전환되는 분기점은 혈액순환이 중단되는 시점이라고 할 수 있다. 일반적으로 혈액순환의 중단은 식육동물의 기절과 방혈을 통해 이루어지는데, 이러한 과정은 가능한 빠르고 고통 없이 이루어져야 한다. 기절과 방혈과정에서 발생하는 과도한 혈압상승이나 신경자극은 조직손상의 원인이 되며 심한 몸부림도 출혈의 원인이 되기 때문이다. 방혈은 가능한 충분히 하는 것이 바람직하며, 방혈 직후 근육 내에서는 일련의 사후변화가 시작된다[그림 6-1].

(1) 기 절

식육동물을 안전하고 편하게 안락사(安樂死)하기 위해서는 먼저 기절을 시킨 후 곧바로 혈관을 절단하여 방혈시킴으로써 동물이 받는 정신적, 육체적 고통을 최소화 시켜야 한다. 그래야 좋은 육질의 식육을 얻을 수 있을 뿐만 아니라 작업의 능률도 높일 수 있기 때문이다. 그러나 좋은 식육을 얻기 위해서 또는 작업능률을 높이기 위함 이전에 안락사를 실시하는 이유는 동물복지(animal welfare)를 고려하기 때문이다.

도축시 동물들은 건강하고 생리학적으로 정상이어야 한다. 도축장에 도착해서 충분한 휴식을 취하며, 특히 장거리를 이동하였을 경우에는 충분한 휴식(안정)시간이 필요하다. 또한 도축 전 도축장 내에서 부상이나 상처가 생긴 동물을 식별하고, 감염된 동물들을 검역하여 선별해야 한다.

선진국에서는 이미 동물의 도축전 스트레스, 통증, 불안 등을 제거하기 위해서 의

식을 잃게 하며, 개발도상국과 코셔(Kosher), 할랄(Halal) 등의 도축방법을 제외하고는 강력한 법적규제를 도축방법이 관리되고 있다. 우리나라의 경우 축산물 위생관리법 시행규칙의 가축의 도축처리 및 집유의 기준에 따라 타격법, 전격법, 총격법, CO_2 가스법 등의 기절방법을 이용한다. 기절 후 동물이 심폐기능을 유지한 상태에서 경동맥을 절단하면, 방혈이 촉진되어 산소 결핍으로 인한 사망이 일어난다. 다시 말해서, 동물이 기절 후 의식이 회복되기 전에 도축이 이루어지며, 우리나라에서는 소는 총격법으로, 돼지는 가스 또는 전격법으로 기절시키고 닭의 경우 전격법을 실시한다.

지금은 일반적으로 사용되지 않는 타격법(打擊法)은 머리의 앞이마를 도축용 해머로 강타하거나 후두부를 압축공기로 타격하여 기절시키는 방법이다. 타격법은 동물복지를 위해 바람직하지 않으며, 따라서 현재는 상업적으로 이용되지 않고 있다. 전격법(electrical stunning)은 머리에 전류를 통하게 하여 그 충격에 의해 기절시키는 방법으로 주로 돼지, 양, 닭, 어류에 사용하는데, 순간적으로 작업이 진행되며, 자동화가 가능하고, 방혈도 비교적 양호하기 때문에 많이 사용되고 있다. 총격법은 도축용 피스톨을 이마에 대고 발사하여 돌출되어 나오는 철침에 의해 뇌 조직을 손상시켜 기절시키는 방법으로 주로 소와 같은 대동물에 이용된다. CO_2 가스법은 식육동물을 CO_2 가스에 의해 기절시키는 방법으로 주로 돼지에 사용되는데, 다른 기절법에 비해 인도적이며, 방혈이 잘되어 식육 내의 혈점(blood spot)도 적게 발생한다는 장점이 있다.

(2) 방　혈

방혈에 따른 체내 혈액순환의 중단은 살아 있는 근육이 식육으로 전환하는 시작점이며 매우 중요한 의미를 가진다. 방혈이 시작되면 혈압이 떨어지고 심장박동이 증가하며, 모세혈관은 혈압을 유지하기 위하여 수축을 시작한다. 또 각종 생체기관들도 항상성에 의해 혈액을 저장하게 되는데, 실제로 방혈을 통해 총 혈액의 약 50% 정도만이 제거되고 나머지 50% 정도는 심장을 비롯한 중요 내장기관과 근육 중에 남아 있게 된다. 이렇게 체내에 남아있는 혈액은 부패균이 번식할 수 있는 좋은 배지가 되어 식육이 부패되기 쉽고, 육색이 검게 되거나 외관에 좋지 않은 영향을 미쳐, 소비자에게 불쾌감을 주며 상품가치를 떨어뜨리게 된다. 따라서 식육동물은 도축과정에서 철저한 방혈과 그 위생적인 처리가 뒤따라야 한다.

방혈로 인한 체내 혈액순환의 중단은 근육에 산소공급이 중단되어 대사 작용과 사후변화가 시작된다는 것을 의미한다. 생체 내 근육에서 산소는 혈액순환을 통해 근육조직으로 운반되고, 마이오글로빈(myoglobin)과 결합하여 대사에 이용될 때까지 저장된다. 그러나 방혈 후 저장된 산소가 대사에 이용됨으로써 그 양이 고갈되기 시작하면, TCA 회로와 전자전달계에 의한 호기적 대사가 중단되고 혐기적 대사로 바뀌게 된다. 이 혐기적 대사를 통해 생성된 젖산은, 살아있는 근육에서는 간으로 운반되어 포도당과 글라이코젠으로 재합성되거나[그림 5-8 참조] 신장에서 탄산가스와 물로 대사되지만, 혈액순환이 중단되면 근육조직에 그대로 남아있게 되고 살아 있는 근육이 식육으로 전환되는 가장 중요한 역할을 한다.

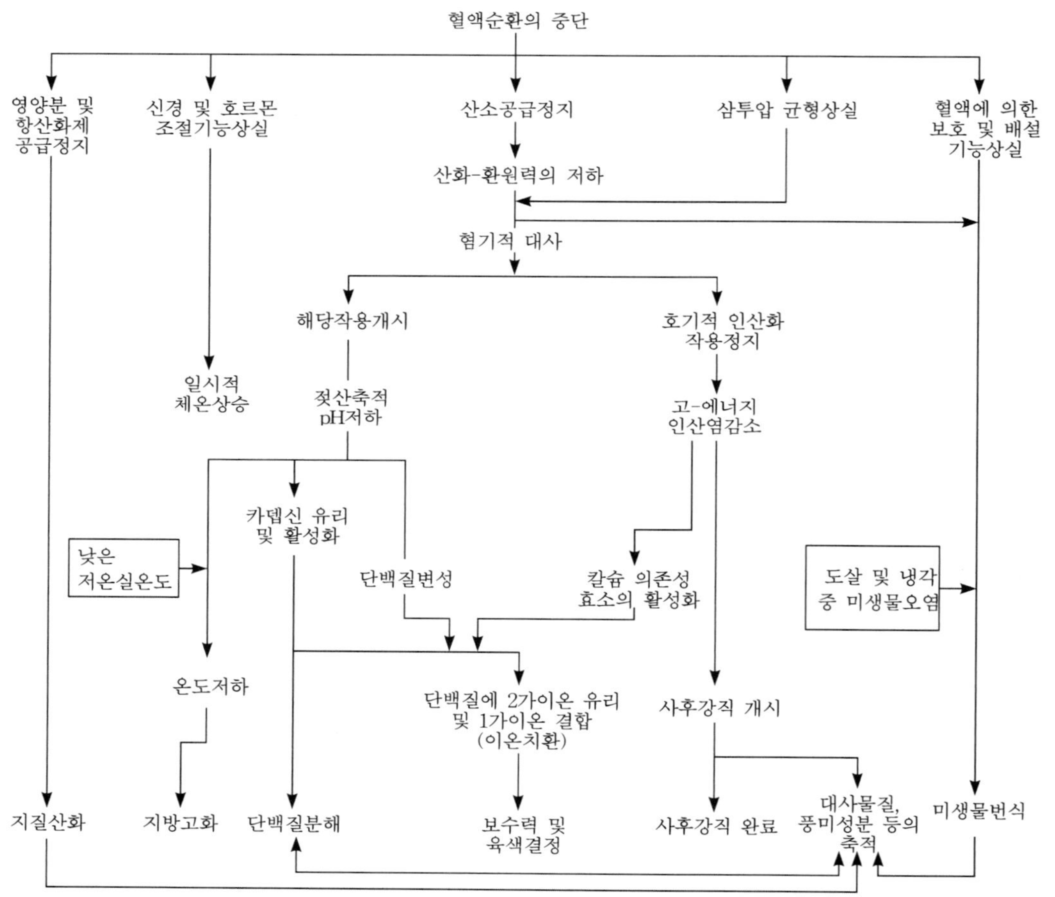

[그림 6-1] 혈액순환의 중단으로 근육 내에서 일어나는 변화

6.3. 에너지 대사의 변화

살아있는 근육이 수축 및 각종 기능을 수행하기 위해 이용하는 에너지원은 고에너지 화합물인 ATP이고, ATP는 크레아틴인산(creatine phosphate)의 분해, 호기적

대사 및 혐기적 대사에 의해 생성된다[그림 5-7 참조].

혈액순환이 중단된 근육에서도 살아있는 근육에서 일어나던 에너지 대사가 한동안 지속된다. 즉, 사후 근육 내에도 크레아틴인산이 상당한 농도로 존재하고 있기 때문에 사후 근육의 초기에는 크레아틴인산의 약 70%가 분해될 때까지 ATP의 농도가 일정하게 유지되며 근육은 수축을 지속할 수 있다. 뿐만 아니라 혈액순환이 중단된 후에도 근육 내에 남아 있는 산소에 의해 호기적 대사를 통해 ATP를 생성하게 된다. 그러나 근육 내에 주로 마이오글로빈과 결합하고 있던 산소는 사후 약 5분 이내에 급격히 소모되며, 따라서 호기적 대사에 의한 ATP의 생성은 곧 중단된다. 결국 사후 근육은 최종적으로 글라이코젠을 이용하는 혐기적 대사에 의해 ATP를 생성하게 되고, 글라이코젠은 해당작용을 통해 ATP를 생성하면서 젖산을 근육에 축적하게 된다.

[표 6-1] 사후 경과시간에 따른 근육 내의 에너지 대사 물질과 pH의 변화 (소고기 등심근)

사후경과시간	Creatine phosphate	Glycogen	Glucose	Lactic acid	ATP	pH
0	9.1	56.7	7.9	13.1	6.4	6.99
6	2.0	41.6	6.3	44.8	5.0	6.57
12	1.5	30.4	12.2	58.0	3.9	5.96
24	-	10.1	18.1	71.2	1.7	5.74
48	-	10.0	15.9	82.4	1.1	5.57

(단위 : 근육 g당 μmol)

설명한 바와 같이 근육의 식육화 과정은 방혈에 따른 산소공급의 중단으로 시작되고, 근육에 존재하고 있던 마이오글로빈과 결합된 산소가 소모되고 나면, 근육은 혐기적 대사를 통해 ATP를 생성하게 된다. 즉, 크레아틴인산의 분해 또는 글라이코젠이 젖산으로 분해되면서 사후 일정기간동안 비록 제한된 양이지만 ATP의 생성은 지속된다. 그러나 근육 내 이러한 물질들의 함량은 제한되어 있기 때문에 사후 일정기간이 지나면 모두 고갈되어 사라지고, 결국에는 ATP 생성이 완전히 중지되는데, 그렇게 되면 근육은 더 이상 수축과 이완을 할 수 없기 때문에 사후강직현상이 일어나게 된다.

앞에서 설명한 바와 같이 방혈에 의한 뚜렷한 사후 변화의 한 가지는 근육 내에서 생성된 혐기성 대사의 산물인 젖산이 간으로 이행되지 못하고 근육 중에 남게 된다는 것이다. 근육 내 젖산의 축적은 근육 내 글라이코젠이 거의 완전히 고갈될 때까지 계속되고, 이러한 젖산의 축적으로 인해 근육은 pH의 저하를 가져온다. 따라서 근육의 최종 pH는 도축시 근육 내에 존재하는 글라이코젠의 함량에 따라 크게 좌우되기 때문에 도축 전 식육동물의 취급에 따른 근육의 상태가 사후 식육의 품질을 결정하는 중요한 요인이 된다. [표 6-1]은 소고기 등심근의 사후 경과시간에 따른 근육 내의 에너지 대사 물질과 pH의 변화를 나타낸 것이다.

6.4. 근육의 pH 강하와 온도상승

(1) 근육의 산성화

동물이 도축 후 혈액 순환계에 이상이 생기면서, 근육에 산소, 포도당(glucose) 등의 공급이 중단된다. 산화적 탈탄산화(oxidative decarboxylation)와 인산화반응(phosphorylation)이 일어날 수 없어서, 이후 글라이코젠(glycogen)의 분해를 통해 체내에 ATP를 공급하는 혐기적 대사가 일어난다. 글라이코젠은 분해가 되면서 젖산(lactic acid)을 축적하고, 혈액의 순환이 되지 않는 상황에서 이 젖산은 제거되지 않기 때문에 근육이 점차 산성화 된다. 일반적인 환경에서 사육되고 스트레스를 받지 않은 소의 경우 도축 전 pH가 7.2에서 도축 후 최종 pH가 5.5가 되며, 최종 pH는 근육에 따라 다양하게 나타날 수가 있다.

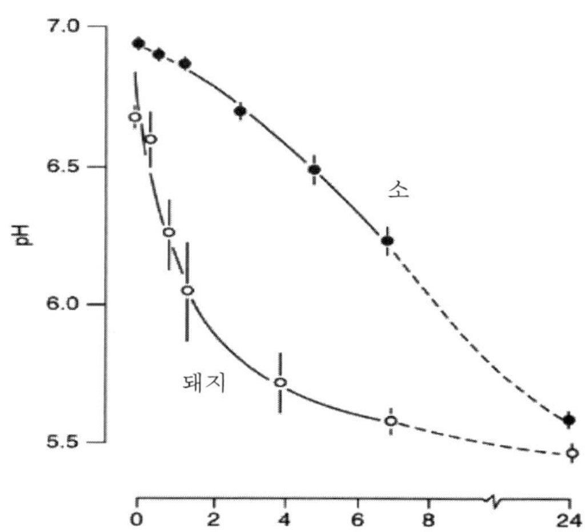

[그림 6-2] 소와 돼지 배최장근의 도축 후 pH 변화

사후 근육의 pH 강하는 젖산의 근육 내 축적에 의한 것으로써, pH 강하 속도와 최종 pH(pHu, ultimate pH)는 식육동물의 종류, 근육의 종류, 환경온도, 도축방법, 도축전후의 취급방법 등에 따라 차이가 나타나며, 근육의 성질에 영향을 미치는 중요한 사후 변화 중 하나이다.

살아있는 근육이나 도축직후 근육의 pH는 7.0~7.3의 범위에 있는 중성이지만, 사후 시간이 경과함에 따라 차차 강하하여 pHu에 도달하게 된다. pHu의 경우도 식육동물들 사이에 많은 차이가 있으나 일반적으로 pH 5.4~5.8 범위에 머무른다. 돼지고기에 있어서 정상적인 pH 강하패턴을 살펴보면, [그림 6-3]에 나타난 바와 같이 사후 직후 pH 7.0 내외에서부터 서서히 강하하기 시작하여 사후 6~8시간에는 pH

5.6~5.7에 이르고, 약 24시간 후에는 pHu 5.4~5.6에 이르게 된다. 반면에 도축 전 장시간의 스트레스로 인하여 근육·내 글라이코젠이 거의 고갈된 상태에서 도축된 식육동물은 사후 1~2시간 동안 약간의 pH 강하가 있은 후 더 이상 변화 없이 pHu 6.0~6.8의 높은 수준을 유지하게 된다. 또 다른 한편, 식육동물이 도축직전에 단시간에 걸쳐 강도 높은 스트레스를 받을 경우는, pH의 강하가 급격히 이루어져 사후 1시간 이내에 pH 6.0 이하로 내려가고, pHu 역시 pH 5.2~5.4의 비교적 매우 수치를 나타내게 된다. 그런데 이러한 사후 pH의 강하패턴과 pHu의 차이는 근육의 물리적 특성에 크게 영향을 미치며 결국에는 육질의 변이를 초래하게 된다. 즉, pHu가 pH 6.0 이상인 식육은 육색이 어둡고 짙으며, 조직이 단단하고 표면에 물기가 없는 DFD(dark, firm, dry)육이 되는 반면, pH의 강하가 급속히 일어나고 pHu도 pH 5.4 이하인 식육은 육색이 창백하고 조직이 흐물흐물하며 표면으로 육즙이 많이 삼출되어 나오는 PSE(pale, soft, exudative)육이 된다.

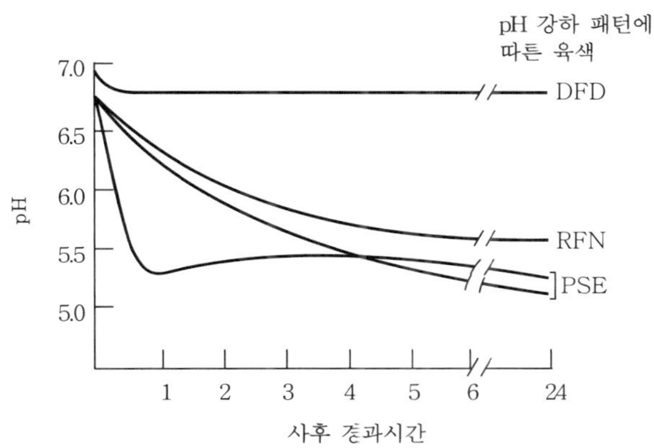

[그림 6-3] 사후 근육의 pH 강하곡선

근육의 pH는 육색, 조직감, 보수성 및 미생물 증식 등과 밀접한 관련을 가지고 있다. 일반적으로 식육의 pHu가 높은 경우(pH 5.8 이상)는 보수성이 좋고, 육색이 짙어지며, 단단한 조직감을 보이고 미생물 성장이 용이한 환경을 제공한다. 반면에 pHu가 낮은 경우(pH 5.5 이하)는 반대의 현상이 나타나는데, 식육 내에서 나타나는 pH의 물리적 효과는 근육을 구성하고 있는 주요 단백질들의 등전점(isoelectric point)과 깊은 관련이 있다. 즉, 만일 pHu가 pH 5.4이하로 하강하면 마이오신의 등전점에 가깝게 되어 물 분자와의 결합능력을 상실하게 됨으로 보수력이 저하된다. 식육표면 구조가 변할 경우 빛의 반사와 흡수량이 영향을 받아 육색도 다르게 나타날 수 있다. 살아있는 근육에서는 근섬유의 세포외 공간인 ECS(extracellular space)가 거의 없고, 근육 구조가 광학적으로 균질하기 때문에 반사되는 입사광 보다는 흡수되는 입사광이 많게 된다. 따라서 근육은 어둡고 반투명한 색을 보이게 된다. 하지만, 도축 후 초원섬유의 간격이 줄어들고 ECS의 부피가 증가하면서 구조는 광학적으로 이형성이 된다. 따라서 굴절률의 차이가 발생하여 더 많은 빛을 산란시켜 고기가 더

열은 것처럼 보이게 된다.

한편, 사후 근육의 pH 강하속도는 [그림 6-4]에 나타나 바와 같이 온도에 의해 크게 영향을 받는다. 일반적으로 근육의 pH는 낮은 온도보다 높은 온도에서 빠르게 강하하는데, 만약 사후 도체의 온도가 높은 상태에서 pH가 급속히 강하하면 육단백질의 변성이 일어나게 된다. 즉, 육단백질의 변성은 높은 온도와 낮은 pH의 조건에서 쉽게 일어날 수 있으며, 따라서 육단백질의 변성 정도는 근육의 온도와 pH의 강하패턴에 의해 달라질 수 있다. 그런데 사후 근육의 pH 강하는 온도에 의해 절대적으로 영향을 받기 때문에, 육단백질의 변성을 최소화하기 위해서는 식육동물의 도축 직후 근육의 온도를 가급적 빠른 시간 내에 낮추는 것이 매우 중요하다.

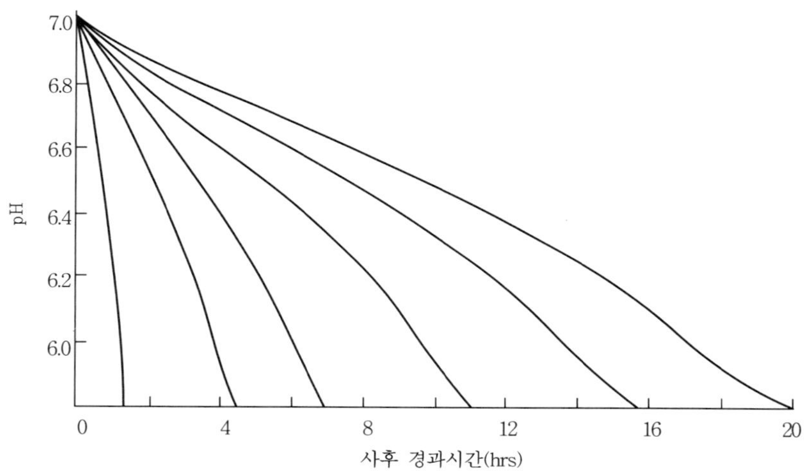

[그림 6-4] 사후 근육의 온도에 따른 pH 강화속의 변화 (소고기 등심)

사후 근육은 혈액순환이 중단된 상태이기 때문에 근육 내의 중요한 온도조절 대사인 순환체계가 기능을 발휘하지 않는다. 즉, 신체 내부로부터 체열이 발산되기 위해 허파나 피부표면으로 살아있을 때처럼 이동되지 않는다. 따라서 사후 해당작용 등의 대사가 진행되면서 발생되는 열은 외부로 이동되지 못하고 근육의 온도를 상승시키는 원인이 된다. 소위 '도축열'이라고 불리는 사후 근육의 온도상승 정도는 대사열의 생산량과 대사의 지속시간에 따라 차이가 나타난다. 일반적으로 사후 해당작용의 속도가 빨리 일어나 근육의 pH 강하가 급속히 일어난 도체는 도축열의 발생이 많아서 도체의 냉각속도가 비교적 느리게 나타난다. 이러한 도축열은 도체의 크기, 도체 내의 근육의 위치, 체외지방의 두께, 근섬유의 조성(백색근섬유와 적색근섬유 등의 비율) 및 근내지방량 등에 의해 영향을 받는다.

식육동물의 도체에서 근육이 큰 부위일수록 근육의 표면과 심부의 냉각속도에 차이가 발생하기 때문에, 온도가 빠르게 하강하는 근육의 표면 보다는 심부로 갈수록 pHu에 도달하는 시간이 빠르게 나타난다. 만약 이렇게 같은 근육이라고 할지라도 온도하강의 차이에 의해 사후 해당작용의 속도가 달라지면, 근육의 물리적 특성도 달라질 수밖에 없으며, 그 결과 육색과 보수성에도 차이가 나타날 수 있다. 즉, 같은 근육 내에서 표면과 안쪽의 육색이 달라지는 결과를 초래하며, 등심근에서의 이러한 현상을 히트링(heat ring) 현상이라고 한다.

사후 근육의 pH 강하패턴과 온도상승은 식육동물의 종에 따라 다르게 나타나는데, 이는 각 동물마다 사후 대사속도에 차이가 있기 때문이다. 즉 식육동물의 근육을 구성하고 있는 근섬유들의 구성 비율이 다르기 때문에 사후 해당작용의 속도에 차이가 나타나며, 그 결과 pH의 강하패턴과 온도상승도 다른 양상을 나타내는 것이다. 물론 같은 이유로 식육동물의 같은 종 또는 같은 개체간에서도 차이가 나타날 수 있다.

6.5. 사후강직의 형성

사후 근육에 있어서 가장 중요한 변화는 부드럽고 유연하며 신전성(extensibility)이 있는 형태에서 단단하고 신전성이 없는 단계로 바뀌는 것이며, 이러한 현상을 사후강직(rigor mortis)이라 한다. 사후강직 현상은 근섬유 내의 마이오신과 액틴 필라멘트 사이에 불가역적이고 영구적인 상호결합이 강하게 형성되기 때문에 나타난다. 즉, 살아 있는 근육에서 이러한 두 필라멘트의 결합은 다시 이완되나, 사후 근육에서는 결합을 해리시킬 수 있는 에너지원이 고갈되었기 때문에 결합된 상태로 강직되는 것이다.

사후강직의 과정은 강직전기(pre-rigor phase), 강직기(rigor phase) 및 강직후기(post-rigor phase)의 세 가지 단계로 나눌 수 있다. 강직전기는 지체기(delay phase)라고도 하는데 근육의 신전성에 아무 변화가 없는 단계를 의미하고, 강직기는 근육의 신전성이 감소하기 시작하여 완료되는 단계로 이 단계에서 강직의 개시(rigor onset)와 완료(completion of rigor)가 나타난다. 강직 후기는 강직이 완료된 이후의 단계를 의미하며, 일정기간의 강직후기를 거쳐 근육은 강직해제(resolution of rigor), 즉 숙성이 시작된다.

근육의 신전성 상실은 직접적으로 사후 근육 내 에너지대사와 밀접한 관계가 있다. 사후 시간이 경과하면서 근육 내 크레아틴인산 수준은 ADP에서 ATP를 재생하면서 감소하고, ATP도 점차 감소하게 된다. 사후 강직은 ATP 수준이 이완을 유지하기 위해 필요한 수준 이하로 떨어질 때 발생하며, 근원섬유의 가는 필라멘트와 굵은 필라멘트 내 액틴과 마이오신 분자들이 결합하여 불가역적인 액토마이오신(actomyosin)을 형성하여 근육은 신전성을 잃게 된다. 이 단계를 강직개시라고 한다.

크레아틴인산과 글라이코젠이 완전히 고갈되고 근육의 pH가 최종 pH에 도달하게 되면 액토마이오신의 가교는 더욱 강화되고, 그 결과 근육은 신전성을 잃고 강직되는데, 이를 강직완료라 한다[그림 6-5]. [표 6-2]는 식육동물들의 사후강직 개시가 시작되는데 소요되는 시간, 즉 지체기 시간을 나타낸 것이다.

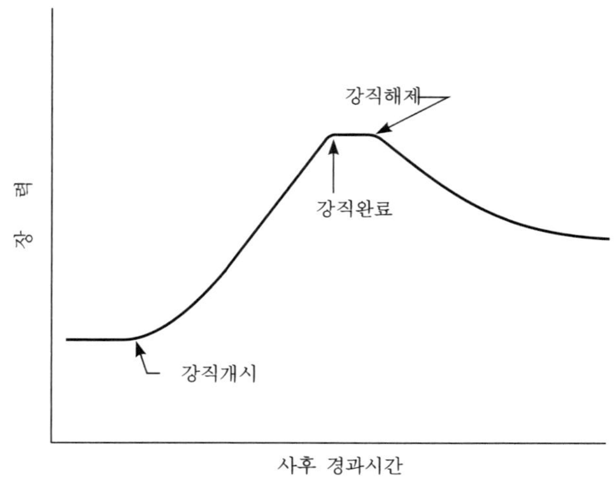

[그림 6-5] 사후강직 단계에 따른 근육의 장력변화

[표 6-2] 식육동물들의 사후강직 지체기의 차이

식육동물	소	돼지	닭	어류
지체기 시간	6~12시간	30분~3시간	30분 이내	1시간 이내

앞에서 설명한 바와 같이 사후강직과 사후 에너지 대사의 변화와는 밀접한 관계가 있다. 즉, [그림 6-6]에 나타난 바와 같이 사후 근육은 최초 1~3시간 동안은 ATP의 수준이 높게 유지되는데, 그 이유는 크레아틴인산의 분해와 혐기적 대사를 통해 글라이코젠으로부터 ATP가 한동안 생성되기 때문이다. 크레아틴인산의 고갈은 사후 초기부터 빠르게 시작되며 pH 강하도 일반적으로 비슷한 경향을 보인다. 크레아틴인산이 고갈된 이후 근육 내의 ATP도 고갈되기 시작하면서 액틴과 마이오신 필라멘트 사이에는 강한 결합이 형성되기 시작한다. 일반적으로 살아 있는 근육의 수축에서 결합과 해리를 반복하던 두 필라멘트 상의 가역적인 가교형성은 ATP가 없는 상태에서는 해리되지 않으며 결합만 이루어진다. 뿐만 아니라 살아있는 근육에서는 결합이 가

능한 전체 결합장소의 약 20% 정도만이 액토마이오신 결합에 이용되지만, 사후에 일어나는 강직의 경우 액틴과 마이오신이 겹쳐있는 거의 모든 부위가 결합에 이용되기 때문에, 그 결과 근육은 더욱 단축되고 강한 장력이 생성되어 매우 단단해진다.

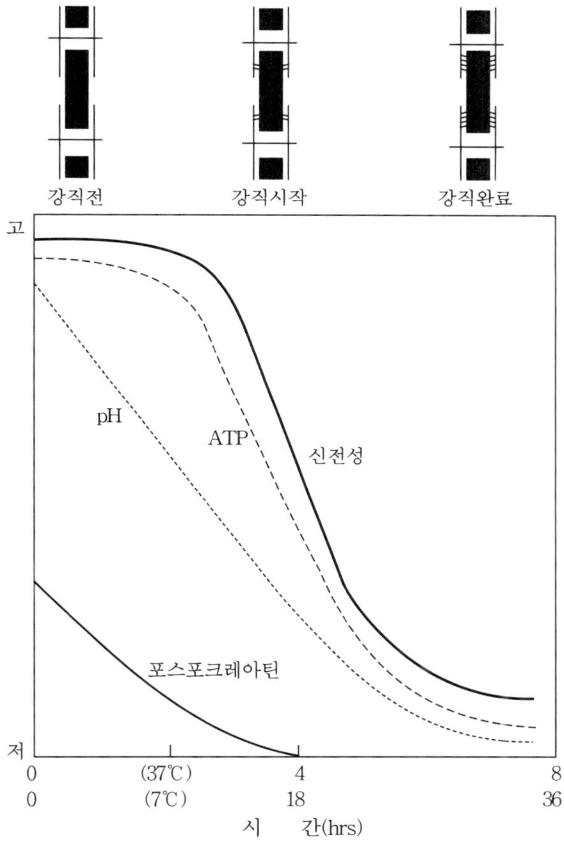

[그림 6-6] 사후 근육 내에서 물리, 화학적 변화

한편, 사후강직은 근육의 pH 강하와도 밀접한 관계가 있다. 즉, 앞에서 설명한 바와 같이 사후 pH 강하가 거의 없거나 pH 저하가 빠르게 진행되는 두 극단적인 경우에는 사후강직의 개시와 완료가 빠르게 이루어진다. 물론 이러한 원인도 에너지 대사와 관계가 있으며, pH 강하가 거의 이루어지지 않는 경우는 도축 전 장시간 스트레스에 의해 근육 내 글라이코젠이 거의 고갈된 상태이므로, 사후 해당작용이 미미하고 ATP 생성이 적어 강직이 빨리 일어난다. 반면에 pH 저하가 빠르게 진행되는 경우는 근육 내 글라이코젠이 사후 단시간 내에 급속히 분해되어 빠르게 고갈되거나, 젖산의 축적으로 pH가 낮아져 해당작용이 억제되므로 ATP 생성이 장시간 지속되지 못하고 일찍 고갈되어 강직이 빨리 오게 된다. 그러나 정상적인 pH 강하패턴을 보이는 근육은 사후강직의 개시 및 완료가 보다 장시간에 걸쳐 서서히 진행된다.

사후강직의 진행단계에 있어서 강직속도는 식육동물의 종류, 근육의 종류, 영양수준, 저장온도 및 도축시 스트레스 정도 등 여러 가지 요인에 따라 크게 차이가 나는데, 식육동물별 대략적인 강직개시 시간을 보면 소고기는 6~12시간, 돼지고기 30분~3시간, 닭고기는 30분 이내, 어류는 1시간 이내로 큰 변이가 있다[표 6-2]. 강직단계 중 강직기에 소요되는 시간도 식육동물별로 차이가 있으며, 강직완료에 소요되는 시간은 적색근섬유의 비율이 상대적으로 많은 소나 양의 경우가 돼지의 경우보다 길다. 또한 사후강직은 15~37℃ 범위의 높은 온도에서 더 빠르게 진행되고 완료된다. 도축직후 식육동물의 근육온도는 정상적인 생리적 수준인 38~40℃ 정도이며, 도축공정을 거쳐 가공된 도체는 4℃이하의 냉장실에 보관되는데, 도체의 냉각속도는 사후강직에 영향을 미치게 된다. [그림 6-6]에서 나타난 바와 같이 사후 소의 도체를 37℃에서 유지하였을 때는 약 6시간 후에 강직이 완료되나, 7℃로 근육의 온도를 낮추면 약 24시간 후에나 사후강직이 완료된다. 이는 근육의 온도가 높을수록 ATPase를 비롯한 각종 효소들이 활성이 좋아져 근육 내의 에너지원이 빨리 소모되고 고갈되기 때문이다.

6.6. 사후강직의 해제와 숙성

사후강직에 의해 신전성을 잃고 단단하게 강직된 근육은 시간이 지남에 따라 점차 장력이 떨어지고 유연해져 연도가 증가된다. 즉, 사후강직 근육은 냉장저장 중 강직해제가 이루어지고 숙성(aging)이 이루어지는데, 양질의 식육을 생산하기 위해서는 사후 근육의 단축을 억제할 수 있는 방법과 빠르고 적절한 숙성을 유도할 수 있는 방법을 적용하는 것이 필요하다. 숙성은 질겨진 고기의 연도를 향상시키기 위하여 지육이나 분할육을 빙점 이상의 온도에 장시간 보관하는 것으로, 이미 오래전부터 고기를 숙성시키면 연도가 좋아지고 풍미가 향상된다고 알려지고 있다. 보통 숙성의 조건으로 효소활성의 촉진을 위해 고온숙성도 이용되나 식육의 보존성을 고려하여 거의 냉장숙성이 이용된다.

사후근육의 숙성 중에는 근섬유의 미세구조에 많은 변화가 일어나는데, 그 첫 번째 변화는 Z-선의 붕괴가 시작된다는 것이다. [그림 6-7]은 소의 등심근을 냉장온도에서 숙성하였을 때 나타나는 Z-선의 붕괴사진들로, 저장기간이 길어질수록 더욱 심한 붕괴가 일어나는 것을 볼 수 있다. Z-선의 구조가 완전히 소실되는 것은 Z-선과 관련된 데스민(desmin)과 타이틴(titin) 같은 세포골격단백질들이 붕괴되는 자가소화

(autolysis)의 결과이다. 이외에도 몇 가지 근원섬유단백질들의 붕괴가 숙성 중에 일어나는데, 마이오신과 액틴은 붕괴되지 않는다. 단백질분해효소들에 의한 개개의 근원섬유단백질들의 붕괴가 식육의 연화에 어떻게 영향을 미치는지에 대해서는 아직 확실하지 않다. 지금까지 과학적으로 밝혀진 사후 골격근의 숙성 중 일어나는 단백질분해의 변화는 다음과 같이 요약될 수 있다.

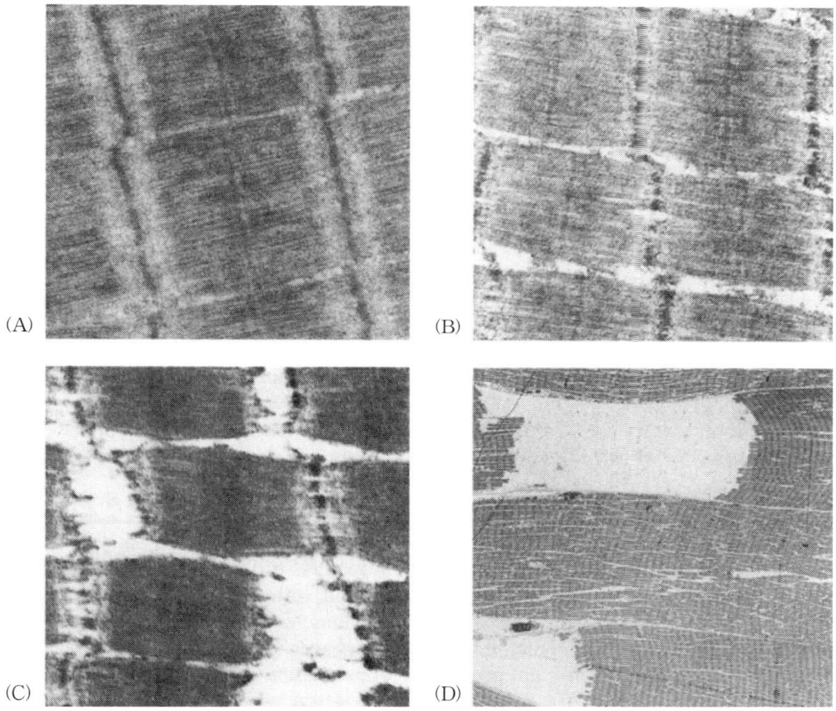

[그림 6-7] 사후 시간경과에 따른 소고기 등심근의 Z-선 붕괴 전자현미경 사진

(A) 도축 1시간 후, Z-선은 전혀 손상되지 않았다.
(B) 도축 24시간 후, 어떤 Z-선은 붕괴가 나타났다.
(C) 도축 48시간 후, Z-선 붕괴와 근섬유 파열이 나타났다.
(D) 도축 8일 후, 근섬유의 종적 횡적 파열이 보인다.

◉ 사후 근육의 숙성 중 일어나는 단백질 분해의 변화

① Z-선이 붕괴되어 근원섬유가 약화되고 짧게 소편화(fragmentation) 된다.
② 데스민이 붕괴되어 근원섬유들 사이의 횡적연결이 무너지고 소편화가 유도된다.
③ 트로포닌 T가 붕괴되어 사라진다. 트로포닌 T는 근원섬유 내에서 액틴 필라멘트 위에 존재하고 있기 때문에, 트로포닌 T의 붕괴가 식육의 연화에 미치는 효과는 아직 정확히 밝혀지지 않고 있다.

④ 타이틴과 네불린(nebulin)이 붕괴된다. 타이틴과 네불린은 근원섬유의 종적인 구조를 안정시키는 구조물의 역할을 하고 있기 때문에, 이것들의 붕괴가 근원섬유의 소편화를 유도할 것으로 생각된다.

⑤ 이러한 근원섬유단백질들의 붕괴는 분자량이 95,000 또는 28,000~32,000 정도인 새로운 폴리펩타이드(polypeptide)들을 만들어 낸다.

⑥ 주요 수축단백질인 마이오신과 액틴, 결체조직을 구성하는 기질단백질인 콜라겐은 사후 숙성시간이 지나도 단백질 분해가 관찰되지 않았다.

Z-선의 붕괴가 일어남에 따라 사후강직 동안 생성되었던 장력은 파괴되고, 그 여파는 바로 옆에 있는 근절로 지속된다. 이렇게 근원섬유 내의 장력이 파괴되는 것이 사후강직 해제(resolution)의 근본적인 기작이 되는데, 이러한 파괴들이 근원섬유들을 짧은 소편으로 만들어 나가며, 이를 근원섬유의 소편화라고 한다. 근육의 소편화 지수는 식육의 연도와 밀접한 상관관계를 나타내기 때문에 연도의 지표로도 이용된다.

골격근에는 사후 근원섬유단백질들의 분해에 관여할 것으로 생각되는 몇 가지 효소체계들이 존재하는데, 이러한 효소체계들에는 근형질에 존재하는 칼페인(calpain)과 다중촉매 단백분해효소 복합체(multicatalytic proteinase complex) 및 근섬유의 라이소좀에 존재하는 카텝신(cathepsin) 등이 있다. 그러나 이러한 효소체계들이 식육의 숙성 중 연도에 영향을 미치기 위해서는 붕괴가 일어나는 근원섬유단백질들과 일치하는 효소들의 분해가 일어나야 한다. 그런데 다중촉매 단백분해효소 복합체는 식육의 연도를 증진시키는 근원섬유단백질들의 어떤 붕괴에도 영향을 미치지 않는 것으로 나타난다. 뿐만 아니라 카텝신도 저장시간을 연장시키거나 전기자극을 시켜도 라이소좀으로부터 유리되어 나오지 않기 때문에 사후 근원섬유단백질의 붕괴와는 크게 관련이 없는 것으로 추정된다. 즉, 살아있는 근육의 경우 세포 내로 이입된 단백질들은 단백질분해를 위해 라이소좀으로 들어가지만, 사후 근육에서는 이러한 세포 내 이입(endocytosis)에 필요한 에너지가 없기 때문에 불가능해 진다. 따라서 위의 세 가지 단백질분해 효소체계들 중 칼페인 만이 사후 근육의 저장기간 동안 일어나는 근원섬유단백질들의 분해에 관여하게 된다.

칼페인 체계는 두 개의 칼슘의존효소(calcium-dependent enzyme)들과 이 효소들의 활성을 억제하는 칼파스타틴(calpastatin)으로 구성되어 있다. 두 개의 칼슘의존효소들은 최대의 활성이 나타나는 칼슘의 농도가 다른데, 하나는 10^{-3}몰(mole)의 칼슘농도에서 최대의 활성을 나타내기 때문에 엠-칼페인(m-calpain)이라고 하며, 다른 하나는 10^{-7}몰에서 최대의 활성을 나타내 마이크로 또는 뮤-칼페인(μ-calpain)이라고 한다. 숙성 중 칼슘은 마이토콘드리아나 근소포체로부터 유리되어 칼페인들을 활성시킨다.

만약 식육동물의 도체나 식육에 칼슘을 인위적으로 확산시키면 식육의 연도가 극적으로 증진되며, 위에서 설명한 모든 형태의 단백질분해의 변화가 나타난다. 반대로 칼슘이온을 묶을 수 있는 칼슘의 킬레이터(chelator)를 확산시키면 단백질 분해의 어떤 변화도 일어나지 않으며 식육의 연도도 증진되지 않는다. 그러나 칼페인과 비교하여 다중촉매 단백분해효소 복합체나 카뎁신은 둘 다 칼슘에 의해 영향을 받지 않는다.

칼페인 체계의 세 번째 구성성분인 칼파스타틴은 칼페인의 활성을 억제시키는데, 소고기 내에 존재하는 함량은 품종 또는 개체마다 차이가 있다. 즉, 전형적으로 질긴 소고기를 생산하는 황소나 브라만 같은 보스 인디쿠스(*Bos Indicus*) 품종의 근육에는 칼파스타틴이 매우 많은 함량으로 존재한다. 따라서 이러한 소에 높은 함량으로 존재하는 칼파스타틴은 사후 근육에서 칼페인에 의한 단백질분해를 제한하고 그 결과 식육의 연화가 감소된다.

위에서 설명한 바와 같이 사후 저장기간 동안 연도가 증진되는 것은 거의 전적으로 근원섬유단백질이 붕괴되는 자가소화에 기인하지만, 콜라젠의 붕괴도 식육의 연도를 증진시키며, 특히 콜라젠 분자들 사이의 교차결합이 붕괴되면 극적인 연도증진이 나타날 수 있다. 그러나 사후 콜라젠의 자가소화는 극히 한정적이며, 분자들 사이의 교차결합은 붕괴되지 않는다.

한편, 사후근육을 냉장온도에 저장하면서 숙성을 시키면, 사후강직이 형성되는 동안 근원섬유단백질들과 결합된 칼슘(Ca^{2+})과 마그네슘(Mg^{2-}) 등의 2가 양이온들이 칼륨(K^{+})이나 나트륨(Na^{+}) 등의 1가 양이온들로 일부 치환됨으로써 육단백질의 수분 분자와의 결합능력인 보수력이 증진된다. 또한 숙성 중에는 식육의 풍미가 증진되는데, 이는 ATP 등의 핵산물질이 IMP, 이노신산, 하이포크산, 리보스, 인산 등의 정미성분으로 분해되기 때문이다. 또한 지방과 단백질도 일부 분해되어 유화수소, 암모니아, 아세트알데하이드, 아세톤, 디아세틸 등을 형성하여 풍미증진에 도움을 줄 수 있으나, 지나친 숙성은 오히려 풍미저하를 가져오기도 한다.

일반적으로 식육의 숙성시간은 식육동물의 종류, 근육의 종류, 숙성온도에 따라 달라진다. 사후강직 후 소고기의 경우, 4℃ 내외의 냉장숙성은 약 7~14일이 소요되며, 사후해당속도가 빠른 돼지고기의 경우 냉장 시 1~2일, 닭고기는 24시간 이내에 숙성이 완료된다. 한편, 식육을 숙성시키면 연도가 향상되지만, 반대로 숙성기간이 필요 이상 길어지면 미생물의 번식과 지방의 산패로 오히려 육질의 저하를 초래할 수 있으며, 심한 경우는 식용으로 사용이 부적당하게 되므로, 적당한 숙성방법과 기간을 지키는 것이 중요하다.

제 7 장 식육의 품질

식육은 인간에게 풍부한 고품질 단백질을 공급하는 중요한 식품이다. 그러므로 식육을 생산하고 유통을 거쳐 소비하는 전 과정에서 좋은 품질을 유지하여 소비에게 공급하는 것은 매우 의미 있는 일이다. 그러나 식육의 품질은 여러 가지 조건에 의해 쉽게 변화될 수 있기 때문에 이 과정이 그리 쉽지만은 않다. 특히, 우리나라와 같이 식육의 생산과 가공 및 유통의 과정들, 즉 식육동물의 생산, 도축, 도체의 가공 및 식육의 유통 등의 모든 과정들이 하나의 사슬로 엮여 일괄적으로 이루어지지 않고 각각 단계별로 따로 이루어지는 체계에서는 식육의 품질을 유지하기가 더욱 어렵다.

일반적으로 품질은 생산자가 결정하는 것이 아니고 소비자에 의해 결정된다. 식육의 구매 기준이 당시의 사회적 환경에 따라 수시로 변할 수 있으므로 식육 생산자들은 소비자들이 식육을 구매할 때 무엇을 구매의 기준으로 고려하는지에 대해 항상 관심을 가지고 있어야만 한다. 통상적으로 식육의 품질은 관능적 품질, 위생적 품질 및 영양적 품질 등으로 나누어 질 수 있는데, 여기서는 관능적 품질인 육색, 보수성, 연도, 조직감 및 풍미 등에 관련된 내용만 설명을 하였다. 위생적 품질은 제 13장의 식육의 위생과 안전성에 설명되어 있고, 영양적 품질은 제 9장의 식육의 영양적 가치에 자세히 설명되어 있다.

7.1. 식육의 색

식육의 색(meat color)은 소비자들이 식육을 구매할 때 신선도를 판단하는 가장 중요한 기준으로 삼기 때문에 그 어떤 식육의 품질 항목보다 중요하다. 따라서 육색에 영향을 미치는 다양한 요인들에 대한 공부는 학문적인 측면에서 뿐만 아니라 산업적으로도 매우 중요하다.

일반적으로 사람이 눈으로 감지하는 색은 몇 가지 요인들의 조합으로 표시할 수 있다. 즉, 색은 색상(hue), 채도(chroma) 및 명도(lightness)의 세 가지 요인들로 나타낼 수 있다. 색상은 사람이 일반적으로 느끼는 노랑, 빨강, 초록, 파랑과 같은 색조를 의미하며, 색의 채도는 색상의 순수한 강도(순도)를 의미하는 것으로 흰 빛과 섞여 있는 정도에 따라 영향을 받는다. 명도는 색의 밝기를 의미하는데 색의 빛에 대한 전체적인 반사정도를 나타낸다.

육색을 결정하는 가장 중요한 요인은 빛의 파장을 흡수하고 반사시키는 색소들의 함량 및 그것들의 화학적 상태이다. 그러나 눈으로 인식하는 육색은 조명이나 배경 등 다른 외적인 환경 요인들에 의해서도 영향을 받는다. 뿐만 아니라 식육의 구조와 조직도 빛을 흡수하고 반사시키는데 많은 영향을 미친다. 신선육의 색은 주로 육색소(肉色素)인 마이오글로빈(myoglobin)에 의해서 좌우되는데, 마이오글로빈의 함량은 식육동물의 종류, 연령 및 부위에 따라 다르다.

(1) 육색소

육색소 중에 가장 중요한 두 색소는 마이오글로빈과 헤모글로빈이다. 그러나 헤모글로빈(hemoglobin)은 주로 혈액에 존재하는 색소이기 때문에 혈색소라고 하는 것이 정확하며, 식육의 붉은 색은 거의 마이오글로빈에 의해 결정되기 때문에 일반적으로 육색소라고 하면 마이오글로빈을 칭한다. 즉, 방혈이 잘 이루어진 식육이라면 식육 내에 존재하는 전 색소의 약 80~90% 정도를 마이오글로빈이 차지하고, 나머지는 헤모글로빈과 카탈레이즈(catalase) 및 싸이토크롬(cytochrome) 등이 차지하지만 이것들이 육색에 미치는 영향은 미미하다. 이 모든 육색소 물질들을 일괄적으로 힘색소(heme pigment)라고 부른다.

마이오글로빈은 단백질 부분인 글로빈과 비단백질 부분인 힘링(heme ring)으로 구성되어 있다. 힘링은 포피린 링(porphyrin ring)이라고도 부르는데, 힘링 한 가운데에는 철원자가 존재하고 있다[그림 7-1]. 힘링 한 가운데에 있는 철원자의 다섯 번째 위치는 글로빈에 연결되어 있고, 여섯 번째 위치에 마이오글로빈의 상태에 따라 물 분자나 산소 분자가 부착될 수 있는데, 식육의 색은 이 철원자의 원자가나 여섯 번째 결합위치에 무엇이 부착되는 가에 따라 달라질 수 있다.

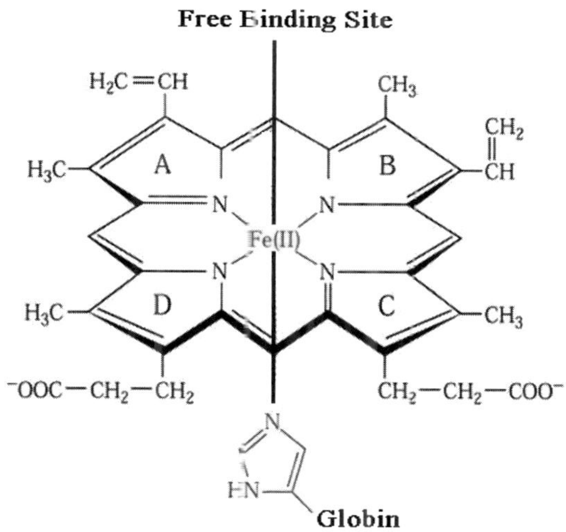

[그림 7-1] 마이오글로빈의 분자구조 (힘링구조)

식육에 존재하는 마이오글로빈의 함량은 식육동물의 연령, 성별, 근육의 종류 및 근육의 운동상태 등에 따라 차이가 나타나며, 그 차이에 의해 식육의 붉은 색의 정도가 달라진다. 즉, 일반적으로 소고기가 돼지고기보다, 돼지고기가 닭고기나 물고기보다 마이오글로빈의 함량이 많아 더욱 붉은 색을 보이며, 운동량이 많았던 성숙한 식육동물에서 생산된 식육이 운동량이 적었던 어린 동물에서 생산된 식육보다 짙은 육색을 나타낸다. 또한 식육동물의 수컷은 동일한 연령의 암컷이나 거세한 수컷보다 마이오글로빈의 함량이 많아 육색이 짙게 나타난다.

제4장의 마지막 부분에 자세히 설명된 것처럼 적색근섬유는 백색근섬유보다 마이오글로빈의 함량이 월등히 많다. 식육동물은 같은 품종 내에서도 근육들 사이에 육색의 차이가 나타나며, 근육과 근육 사이의 마이오글로빈의 함량 차이는 근육을 구성하고 있는 근섬유들의 조성에 기인한다. 일반적으로 적색근섬유가 30~40% 정도로 높은 구성비율을 차지하고 있는 근육은 매우 짙고 붉은 육색을 나타낸다. 그러나 이러한 식육들도 현미경 아래에서 해부학적으로 보면 백색근섬유들 사이에서 쉽게 구별되는 적색근섬유들이 확인된다. 즉, 아무리 짙은 육색을 보이는 식육이라고 할지라도 백색근섬유보다 적색근섬유의 구성비율이 높은 것은 아니며, 단지 상대적으로 적색근섬유의 비율이 높다는 것이다[그림 4-31 참조].

같은 종의 식육동물에서도 품종 간에 육색소 함량에 차이가 나타난다. 소에서는 역용종의 식육이 육용종보다 마이오글로빈의 함량이 많고, 돼지에서는 스트레스에 약한 품종의 식육이 스트레스에 강한 품종의 것보다 육색이 엷다. 이것은 스트레스에 약한 돼지는 도살 후 근육의 온도가 높게 유지되어 급속한 사후 pH 강하가 일어나고, 이에 기인하여 근장단백질과 근원섬유단백질의 변성이 유발되어 PSE 돈육이 생산되기 때문이다. PSE 돈육은 최종 pH가 정상보다 낮고, 그렇게 근육의 pH가 낮으면 마이오글로빈의 산화가 쉽게 이루어진다. 또한 PSE 근육은 육단백질의 변성으로 보수성이 나빠지고 식육표면으로 유리되는 수분의 양도 많아져서 광선을 흡수하기 보다는 반사하기 때문에 육색은 더욱 엷게 보인다. 한편, 이와 반대로 DFD 육은 최종 pH가 높기 때문에 보수성도 높고, 따라서 근섬유들이 부풀어 촘촘히 배열되는 결과, 광선의 흡수량이 많고 산소의 확산도 적게 이루어질 뿐만 아니라 높은 pH에 기인하여 환원효소들의 활력도 높아지기 때문에 산소화 마이오글로빈의 함량이 낮게 되고, 대신 환원 마이오글로빈의 함량이 증가되어 육색은 더욱 짙게 나타난다.

[표 7-1] 식육동물의 연령에 따른 육색소의 함량 변화

등심근의 마이오글로빈(%)	소		돼지		
	12일	3년	5개월	6개월	7개월
	0.07	0.46	0.030	0.038	0.044

동물의 연령도 육색소 함량에 크게 영향을 미치는데, 그 이유는 근섬유의 조성이 식육동물의 종류, 품종 및 성별을 막론하고 연령이 증가하면 육색소의 함량도 따라서

증가하기 때문이다. 일반적으로 연령에 따른 마이오글로빈의 함량의 증가는 두 단계에 걸쳐 일어나게 되는데, 처음에는 급속한 증가가 이루어지고 이후에는 서서히 증가하게 된다. 마이오글로빈의 급속한 증가는 돼지에서는 생후 1년 동안, 소에서는 생후 3년 동안 이루어진다.

식육동물의 성별에 따른 육색의 차이는 수컷이 암컷이나 거세한 수컷보다 마이오글로빈의 함량이 많은 근육을 소유하고 있는데서 기인한다. 따라서 황소가 암소보다 육색이 짙게 된다. 이미 언급한 바와 같이 근육에 있어 적색근섬유와 백색근섬유의 존재비율은 근육의 기능에 따라 결정되기 때문에, 근육 부위에 따라 육색의 차이가 생기게 된다. 즉, 횡격막근에는 등심근보다 더 많은 마이오글로빈이 존재하고, 닭의 대퇴근은 흉근보다 높은 함량의 마이오글로빈을 보유하는데, 이는 운동을 많이 하여 산소의 소비가 많은 근육에 마이오글로빈이 높은 함량으로 존재하기 때문이다. 즉, 육체적 운동이 특정 종류의 근섬유의 발달을 촉진시키는 것은 잘 알려진 사실이다. 보편적으로 장기간에 걸친 운동을 하면 적색근섬유가 발달하게 되고, 짧은 시간에 많은 에너지를 소비하는 운동을 하면 백색근섬유가 발달하게 된다. 따라서 운동 종류나 단련 정도에 따라 근육의 마이오글로빈의 함량에 차이가 나타나게 된다. 결과적으로 같은 근육이라도 야생동물의 육색이 식육동물보다 짙으며, 방목한 식육동물이 가두어 기른 동물보다 동일한 근육에서 짙은 육색을 보인다.

한편, 동물의 영양상태도 근육의 조성을 변화시켜 육색소 함량에 영향을 미치는데, 영양상태가 좋아지면 점차 마이오글로빈의 함량이 감소되고, 철분이 낮은 사료를 먹은 식육동물이 낮은 마이오글로빈의 함량을 나타낸다. 한편, 전체적인 육색의 적색강도는 근내지방이 증가하면 현저히 증가되는 것으로 보이는데, 이는 영양상태가 좋아짐에 따라 마이오글로빈의 함량이 감소함에도 불구하고 근육 내에서 적색의 근섬유들이 백색의 지방에 대비되는 시각적인 효과에 기인하는 것이다.

(2) 마이오글로빈의 화학적 상태

식육의 적색은 일차적으로 육색소의 함량에 따라 차이를 나타내지만, 같은 육색소의 함량을 가진 식육이라고 할지라도 마이오글로빈의 화학적 상태에 따라 육색은 다르게 나타날 수 있다. 즉, [그림 7-2]에 나타난 바와 같이 마이오글로빈 힘링의 한 가운데 있는 철원자가 2가(Fe^{2+}, 환원철)로 존재하면 이를 환원 마이오글로빈(deoxymyoglobin)이라 부르고 육색은 적자색(purplish red)을 보인다. 또 철원자가 3가(Fe^{3+}, 산화철)로 존재하면 이를 산화 마이오글로빈(metmyoglobin)이라 부르고 육색은 갈색(brown)을 나타낸다. 한편 환원 철원자의 여섯 번째 결합위치에 산소분자가 부착되면 이것을 산소화 마이오글로빈(oxymyoglobin)이라고 부르며, 육색은 밝은 선홍색(bright red)을 보인다.

일반적으로 살아있는 근육이나 식육의 내부에 있는 마이오글로빈들은 환원효소들이 산소를 지속적으로 소비하기 때문에 철원자가 환원상태를 유지하고 따라서 환원 마이오글로빈 상태로 존재한다. 식육을 칼로 절단하자마자 절단면을 보면 자적색을 보이는데, 이는 절단면에 있는 마이오글로빈들이 환원상태로 존재하기 때문이다. 그러나 절단된 식육을 공기 중에 방치하면 절단면의 자적색이 밝은 선홍색으로 변하는 것을 볼 수 있는데, 이는 절단면에 있는 환원 마이오글로빈들의 철원자의 여섯 번째 결합위치에 공기 중의 산소가 부착된 결과로, 이렇게 마이오글로빈이 산소화 되는 것을 홍색화(blooming)라고 부른다. 일단 홍색화가 일어난 식육도 진공포장을 실시하면 육색이 다시 자적색으로 돌아가는데, 이는 산소화 마이오글로빈에 붙어 있던 산소가 진공압에 의해 떨어져 나와 마이오글로빈이 환원 마이오글로빈으로 되돌아가기 때문이다. 하지만 진공포장을 개봉하여 식육이 다시 산소와 접하면 마이오글로빈은 산소화 마이오글로빈으로 전환되어 홍색화가 재차 이루어진다. 이렇게 환원 마이오글로빈과 산소화 마이오글로빈은 상호 가역적인 전환이 가능하다.

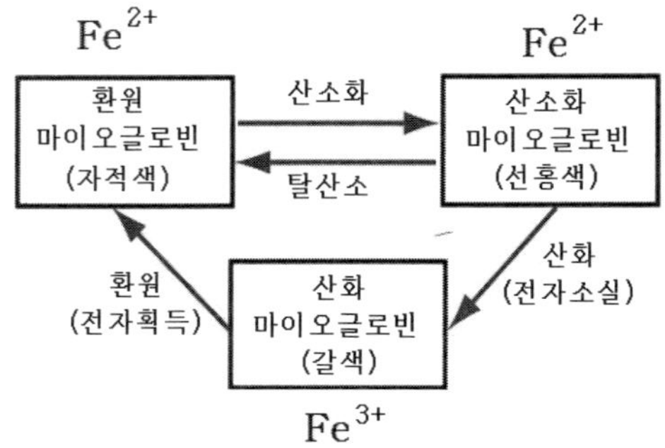

[그림 7-2] 마이오글로빈의 화학적 상태에 따른 색과 철의 원자가

그러나 환원 마이오글로빈과 산소화 마이오글로빈의 가역적인 전환이 영원히 지속되는 것은 아니다. 만약 부분적 진공포장과 같이 산소가 극히 작은 양으로 존재하는 조건이 지속되면 마이오글로빈의 내부에 있는 철원자에 산화가 일어나 산화 마이오글로빈으로 변화되어 육색이 갈색으로 전환된다[그림 7-2]. 이렇게 육색이 갈색으로 전환되는 것은 산업적으로 큰 문제가 되는데, 그 이유는 소비자는 갈색으로 전환된 식육을 신선하지 않은 오래된 것으로 여기고, 심지어 미생물의 수준이 부패 수준이 아니라고 할지라도 상한 식육으로 취급하여 구매를 기피하기 때문이다. 따라서 식육의 갈색화, 즉 산화 마이오글로빈의 형성을 억제하기 위해서는 식육의 포장시 모든 산소를 제거하는 것이 바람직하며, 또 환원 마이오글로빈으로 돌이킬 수 있는 환원조건들을 개발하는 것이 필요하다.

일반적으로 공기와 접한 환원 마이오글로빈이 산소화 마이오글로빈으로 전환되는 홍색화는 약 30~45분 정도가 소요된다. 홍색화 과정에서 환원 마이오글로빈은 공기 중의 산소를 부착하여 산소화되는데, 이렇게 산소화된 마이오글로빈의 내부에 있는 철원자도 시간이 지나면서 환원형에서 산화형으로 전환되어 갈색의 산화 마이오글로빈으로 전환될 수 있다. 그러나 일반적인 대기 조건에서 산소화 마이오글로빈은 비교적 안정하며 쉽게 산화 마이오글로빈으로 산화되지 않는다. 즉, 산소화 마이오글로빈은 식육이 공기와 접하면서 자연발생적으로 형성되지만 그것의 안정성은 산소의 지속적인 공급에 의해 결정되는데, 마이오글로빈의 산화는 산소량이 증가함에 따라 비례적으로 발생하는 것은 아니며, 산소압이 1~10mm 수은주(mercury)에서 최대로 발생하며 수은주가 이보다 높거나 낮으면 산화의 속도는 느려진다[그림 7-3]. 따라서 신선한 적육이 공기 중에 노출되면 표면이 밝은 선홍색을 나타내는 것도 공기 중에는 산소가 21% 정도 존재하고 있어 산소압이 높기 때문에 마이오글로빈이 산화되지 않고 산소화 되기 때문이다. 산소화 마이오글로빈으로 인한 선홍색은 0℃에서 육표면 3~4mm 정도의 깊이까지 보인다.

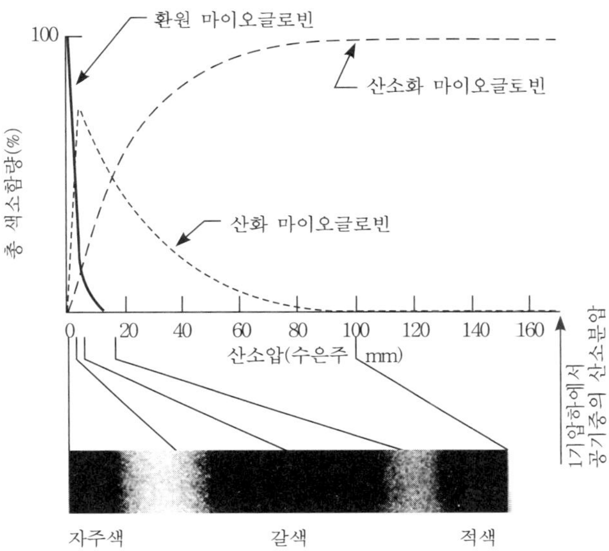

[그림 7-3] 마이오글로빈의 화학적 상태와 산소분압과의 관계

한편, 신선한 적육 내에 존재하고 있는 환원효소들은 식육의 표면에서 산소를 지속적으로 소비하기 때문에 식육 내부에 있는 마이오글로빈들은 산소의 결핍으로 환원 마이오글로빈의 상태를 유지한다. 그러나 식육 표면의 바로 밑에 존재하고 있는 마이오글로빈들은 표면에서 환원효소들이 지속적으로 산소를 소비하더라도 표면으로부터 산소가 어느 정도 내부로 확산되어 들어와 일정한 산소압이 형성됨으로써 산화가 쉽게 이루어질 수 있다. 즉, 산소가 식육의 표면에서 내부로 확산되어 들어감으로써 일

정 두께까지는 산소화 마이오글로빈이 형성되지만, 산소화 마이오글로빈 층의 바로 밑으로는 마이오글로빈이 산화하기에 적절한 정도의 산소압이 형성되기 때문에 산화 마이오글로빈이 형성되고 갈색의 얇은 층을 만든다[그림 7-4]. 따라서 신선한 적육의 단면을 자세히 살펴보면 바깥 표면에는 밝은 선홍색의 층이 형성되어 있고, 그 밑으로 갈색의 얇은 층이 존재하며, 그 갈색의 층 밑으로 적자색의 내부가 시작된다.

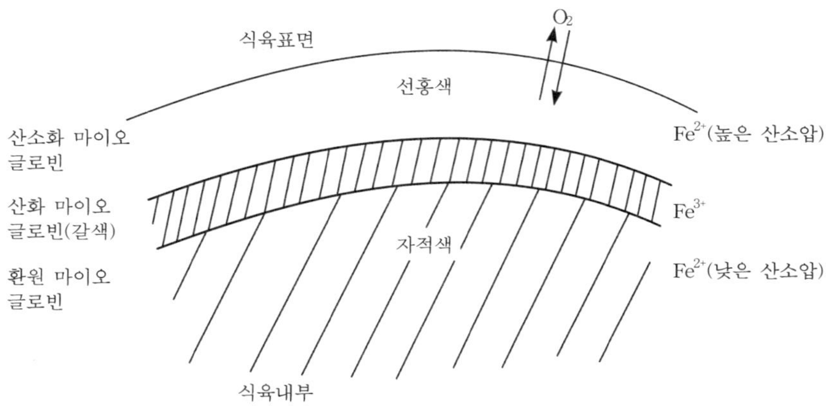

[그림 7-4] 식육의 두께에 따른 산소압 차이에 기인한 육색과 마이오글로빈의 화학적 상태

근육들 사이에는 조직의 표면에 있는 산소를 이용하는 효소들의 활성도에 차이가 나타난다. 일반적으로 조직의 pH나 온도가 증가하면 효소들은 활성이 증진되어 더 많은 산소를 소비하기 때문에 조직 내 산소량은 감소된다. 따라서 식육의 온도를 빙점 근처로 유지하여 효소들의 활성도를 최소화 시키면, 효소들에 의한 산소의 소비도 최소가 되어 식육의 밝은 선홍색이 보다 장시간 유지될 수 있다.

(3) 식육의 변색

식육의 변색(discoloration)이란 육색이 산소화 마이오글로빈에 의한 밝은 선홍색이나 환원 마이오글로빈에 의한 적자색이 아닌 비정상의 색깔을 보이는 것을 말하며, 여기에는 산화 마이오글로빈에 의한 갈색도 포함된다. 식육의 변색은 글로빈의 변성, 환원기전의 존재유무, 산소압의 정도, 온도, pH, 수분함량, 미생물의 존재, 금속이온, 광선 및 산화제 등의 복합적인 작용에 의해 영향을 받는다.

식육의 색은 식육의 온도에 가장 민감하게 반응한다. 즉, 식육의 온도가 증가하면 식육내 환원효소들의 활력과 지방의 산화가 촉진되어 산소의 소비량이 증가하게 되고, 그 결과 마이오글로빈의 산화가 쉽게 일어날 수 있는 낮은 산소압이 만들어진다. 뿐만 아니라 온도증가에 따라 산소화 마이오글로빈의 산소분자가 쉽게 유리되기 때문에 마이오글로빈의 자동산화가 쉽게 이루어져 산화 마이오글로빈으로 바람직하지 않은 갈색을 나타내게 된다. 이러한 형태의 식육 갈색화는 열처리시 또는 열수축필름 사용시 과도한 열에 의한 마이오글로빈의 글로빈 부분 변성으로 갈색화 하는 것과 혼동하지 말아야 한다. 한편, 만약 식육의 온도가 영하 2℃ 이하로 내려가면 식육 내에 존재하는 수분이 부분적으로 동결되어 용질(溶質)의 양이 증가되기 때문에 마이오글로빈의 산화가 가속된다. 그러나 영하 15℃ 이하로 온도가 내려가면 식육 내의 수분이 모두 동결되어 용질이 고정되기 때문에 마이오글로빈의 산화속도는 감소하게 된다. 만약 냉동된 식육의 포장이 불완전하면 식육은 냉동저장동안 얼음의 승화에 의해 표면이 건조되는 결과 육색소들의 농축이 일어나 표면육색이 검붉게 변한다. 또한 식육이 습도가 낮은 공기 중에 장기간 노출되면 표면이 건조되어 같은 결과를 초래하는데, 표면의 건조는 용질의 양을 증가시키기 때문에 마이오글로빈의 산화를 촉진시킨다.

식육에서 미생물이 증식하면 육색은 변화되는데, 그 이유는 미생물들이 육색소의 생리적 환경을 변경시키거나 육색소와 반응하는 물질을 생산하기 때문이며, 또는 미생물들이 직접 글로빈을 분해하거나 아니면 다른 색소물질들을 생산하기 때문이다. 식육에서 호기성 미생물들이 성장하면 식육 표면의 산소압이 저하되어 다이오글로빈의 산화가 촉진될 수 있는데, 호기성균이 $10^7/cm^2$ 수준이면 산소농도가 30mm 수은주 이하로 내려가서 마이오글로빈의 산화가 촉진된다. 그러나 미생물 수가 $10^8/cm^2$ 이상이 되면 산화 마이오글로빈이 환원되어 육색이 갈색에서 적색으로 돌아올 수도 있는데, 이는 미생물들이 대사산물로 환원물질을 생산하거나, 대사물질이 산화 마이오글로빈과 결합하여 적색을 나타내기 때문으로 추정된다. 진공포장 내에서 호기성 미생물들은 잔류산소를 완전히 소비하여 식육의 색깔을 적자색으로 유지시키는 역할을 한다. 미생물은 또한 식육의 pH를 낮추거나 높여서 변색을 유발하기도 하는데, 부패균들은 단백질을 분해하여 암모니아나 아민류를 생산하여 pH를 상승시킨다. 한편, 카탈레이즈(catalase) 음성균들은 과산화수소를 생산하여 식육에 회색이나 녹색 부분을 만든다. 이것은 과산화수소가 마이오글로빈과 반응하여 녹색의 콜레글로빈(choleglobin)을 형성하기 때문이다. 또한 *Pseudomonas mephitica*는 황화수소(H_2S)를 생성하여 녹색의 변색을 유발하는데, 황화수소도 마이오글로빈과 반응하여 녹색의 설프마이오글로빈(sulfmyoglobin)을 형성하기 때문이다.

식육 내에 존재하는 미량 물질들도 육색을 변색시킬 수 있는데, 금속이온들도 마이오글로빈의 자동산화를 촉진시킨다. 일반적으로 구리, 철, 아연 및 알루미늄 이온들이 마이오글로빈의 산화에 영향을 준다고 알려져 있는데, 그 중 구리이온이 가장 크게 영향을 미치는 것으로 알려지고 있다. 구리이온은 0.5ppm 수준에서도 육색의 변색을 유발하고, 5ppm 수준에서는 육색을 흑색으로 변화시킨다. 한편, 소금도 지방산화를 가속시켜 마이오글로빈의 산화를 유발시키는데, 소금에는 여러 가지 금속이온들이 불순물로서 존재하기 때문에 변색을 더욱 촉진시키기도 한다. 또한 식육 내에 미량의 산화제라도 존재한다면 일반적으로 식육의 육색소 함량은 0.5% 미만이므로 충분히 변색이 일어날 수 있다. 한편, 정상적인 식육이라고 할지라도 pH가 낮으면 글로빈의 분자구조형태가 변하여 산소와의 결합력이 약화되기 때문에 마이오글로빈의 산화가 촉진될 수 있다.

광선에 의한 육색의 변색은 식육판매점에서 식육을 진열 판매할 때 주로 나타나는데, 특히 냉동육에 있어 더욱 심각하게 나타난다. 진열과정에서의 광선은 식육표면의 온도를 증가시킬 뿐만 아니라 등(燈)이 발산하는 여러 가지 다른 파장의 광선들이 식육에 복합적인 광화학적 영향을 미친다. 광선에 의한 식육표면의 온도증가는 조도와 주위의 공기유통 속도에 따라 다양하다. 일반적으로 백열등은 형광등보다 5배의 열을 내기 때문에 주로 형광등이 식육의 진열장에 많이 사용되고 있으나, 조도와 강도가 증가하면 형광등도 식육의 변색을 유발한다. 파장이 다른 광선들은 각각 식육의 변색에 다른 영향을 미칠 것으로 생각될 수 있다. 즉, 마이오글로빈은 푸른색과 초록색 파장을 강하게 흡수하여 산화가 촉진되는 반면, 적색 파장은 마이오글로빈의 안정시킬 것으로 추정된다. 그러나 실제로는 가시광선 스펙트럼에서는 특정 파장이 마이오글로빈의 산화에 주목할 만한 영향을 미치지는 않는다. 따라서 신선한 육색에 대한 가시광선의 광화학적인 영향은 거의 없지만 자외선은 마이오글로빈의 산화를 촉진하여 변색을 초래한다.

[표 7-2] 진공포장 된 식육의 저장기간에 따른 진열가능 기간

진공포장하여 0℃에서 저장한 기간(주)	0	2	4	6	8
랩포장하여 진열가능한 기간(일)	3	3	2	2	1

식육을 진열할 때 랩포장을 많이 사용하는데 이는 랩이 산소를 통과하여 바람직한 선홍색 육색을 나타내면서 수분 증발은 억제할 수 있기 때문이다. 랩포장한 식육의 유통기한은 온도가 가장 중요한 요인인데 마이오글로빈의 산화가 온도에 매우 민감하기 때문이다. 여기에 부분적으로 높은 온도에서 미생물 성장으로 인한 산화의 촉진이 있을 수 있다. 식육을 진공포장하여 저장하다가 랩포장과 같이 산소에 노출시켜 진열하면 신선한 식육에 비해 빠르게 산화된 육색을 나타내는데 이는 환원효소들의 활성

이 저장 중 감소하기 때문이다. 오래된 식육일수록 산소에 노출시 변색이 빠르게 일어난다.

식육 내에 존재하는 마이오글로빈의 약 60% 정도가 산화 마이오글로빈의 형태로 존재할 때 육색은 갈색으로 인식된다. 또한 산소화 마이오글로빈은 화학적으로 매우 안정되어 있으며 쉽게 산화되지 않는다. 따라서 갈색의 식육은 장시간 공기 중에 노출되어 있었던 것으로 간주하여도 무방하다. 그러나 악취가 나지 않는 한 갈색은 육질 판단에 기준으로 사용될 수 없다.

신선 또는 가열된 식육의 단면에 종종 무지개색이나 형광색이 보이는 경우를 볼 수 있는데 이는 대부분 앵무새 깃털이나 물고기 지느러미, 비눗방울 등에서도 보이는 것과 같은 물리적인 현상이다. 식육은 근섬유로 이루어져 있으며 근섬유 다발과 직각으로 잘린 경우 근섬유들에 의한 빛의 산란에 의해 발생하며 식육의 품질과는 무관하다고 알려져 있다. 또한 단면이 부드럽거나 물기가 있는 경우 더 자주 발생한다.

7.2. 식육의 보수성

식육의 보수성(water holding capacity)이란 식육이 물리적 처리를 받을 때 수분을 잃지 않고 보유할 수 있는 능력을 의미하는데, 여기서 물리적 처리란 절단, 열처리, 세절, 압착, 냉동 및 해동 등을 말한다. 따라서 식육의 보수성은 육색, 가열감량, 조직감, 연도 등과 밀접한 관련이 있으며, 가공육제품의 생산수율과 경도 등에 상당한 영향을 미친다. 그러므로 식육의 보수성은 식육의 관능적 특성이며 동시에 기능적 특성이라고 할 수 있다.

보수성이 나쁜 식육은 수분손실이 많아서 감량이 크고 영양적 손실도 큰데, 이는 식육내의 수분 중 대부분이 유리수 상태로 존재하기 때문이다. 유리수는 식육을 절단할 때와 같이 외부의 가벼운 충격에도 쉽게 식육표면으로 삼출되어 나와 불량한 외관을 나타낼 뿐만 아니라 수용성 단백질, 수용성 비타민, 무기물 등을 함유하고 있기 때문에 영양가의 손실도 초래한다. 이와 같이 신선육으로부터 유리된 수분을 육즙(drip)이라 부른다.

(1) 식육의 수분

식육 내에 존재하는 물은 육단백질과 밀접한 관계가 있다. 물 분자는 자체적으로 양전하와 음전하의 균일하지 못한 분포에 기인한 전기적 극성을 가지고 단백질 표면의 하전기와 반응을 하고 있다. 즉, 물 분자는 중성이 아닌 극성(polar)을 가지고 있는데, 산소원자 쪽으로는 음전하를 띠기 때문에 상대적으로 두 수소원자 사이에는 양전하를 띠게 되고, 이 극성 때문에 식육 내에서 전하를 띠고 있는 단백질들의 잔류기들과 전기적으로 결합할 수 있는 것이다. 이렇게 단백질 표면의 하전과 물 분자의 극성이 수소결합이나 소수성 결합으로 화학적 결합을 하고 있기 때문에 물은 식육 내에서 쉽게 빠져나오지 않는다.

식육 내의 수분을 명확하게 구분할 수는 없으나, 그것이 단백질들과 결합하고 있는 상태에 따라 결합수, 고정수 및 유리수로 구분된다. 결합수는 육단백질들의 잔류기들과 전기적으로 강하게 결합되어 있는 수분을 말하며 식육 내 총 수분함량의 약 4~5% 정도를 차지하고 있다. 결합수는 단백질과 화학적으로 강하게 결합되어 있기 때문에 외부로부터 심한 기계적 또는 물리적인 힘이 작용해도 유리되지 않는다. 고정수는 결합수와 전기적 인력으로 붙어 있는 수분을 말하는데, 단백질들의 잔류기들로부터 다소 멀리 떨어져 있기 때문에 결합수보다 결합력이 약하며, 따라서 외부로부터 강한 물리적 힘이 가해지면 유리될 수 있다. 한편, 고정수층 다음에 존재하는 수분들을 유리수라 부르는데, 유리수는 오직 표면장력에 의해 식육 내에 존재하고 있기 때문에 매우 쉽게 식육의 표면으로 삼출되어 나올 수 있다. 따라서 일반적으로 식육의 보수성은 고정수의 함량이나 고정수와 육단백질과의 결합상태에 따라 가장 크게 영향을 받는다. 결합수, 고정수 및 유리수가 식육 내 육단백질 분자에 의해 결합해 결합되어 있는 기작은 [그림 7-5]에 나타난 바와 같다.

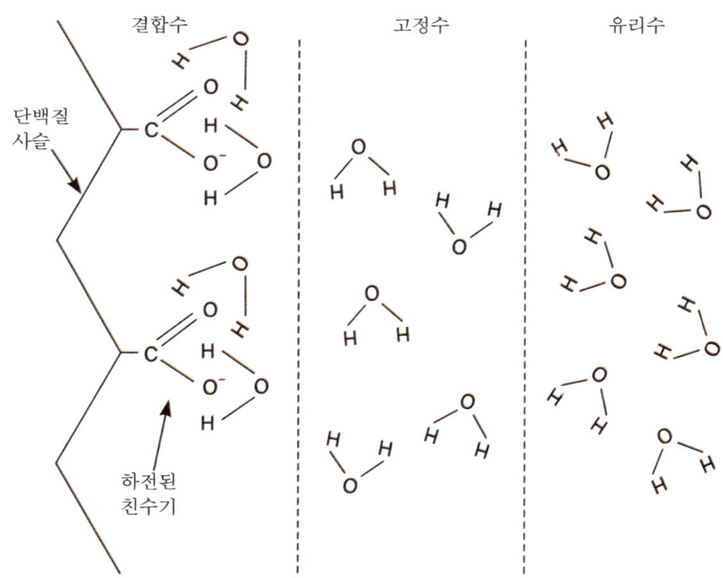

[그림 7-5] 육단백질의 하전에 기인한 근육 내 수분의 형태

(2) 보수성 결정요인

보수성이란 절대적인 숫자로 표현될 수 없고 보수성을 측정하기 위해 사용되는 방법에 따라 다른 수치를 보이게 된다. 그러나 같은 방법을 사용한다면 시료간의 보수성 차이를 비교적 정확하게 측정할 수 있다. 보수성의 측정 방법에는 2개의 유리판 사이에 여과지를 사용하여 식육조각을 얹어놓고 압력을 가하여 유리되어 나온 수분이 여과지를 적신 부분의 넓이를 재어 비교하는 압착법과, 분쇄육을 원심분리(centrifuge)를 하여 추출된 수분의 양을 비교하는 원심분리법이 있다. 그러나 압착법은 사용하는 압력의 정도에 따라 보수성에 차이가 존재하고, 원심분리법에서도 회전 속도와 분쇄육 처리에 따른 차이가 나타날 수 있다. 그래서 최근에는 일정무게의 식육조각을 비닐봉지 안에 넣어 냉장상태에서 24시간 정도 걸어두었을 때 유리되어 나오는 무게의 백분율로 보수성을 측정하는 육즙감량(drip loss)법을 가장 많이 사용한다.

1) 식육의 pH

식육의 pH는 사후 근육의 해당작용에 의해 pH 7.0 부근에서 강하하기 시작하여 사후강직이 완료되는 시점의 최종 pH 5.5 까지 감소된다. 그런데 이러한 식육의 최종 pH는 식육동물의 다양한 조건에 따라 차이가 발생하며 그 결과 보수성이 다른 식육을 생산하게 된다. 즉, 식육의 pH에 따른 육단백질들의 양전하와 음전하의 양적 변화가 발생하여 수분과 결합하는 능력에 차이가 나타나게 되는 것이다. 일반적으로 단백질들은 등전점(isoelectric point)에서 양전하군과 음전하군의 수가 같아지고, 이에 따라 이들 단백질들의 전하들은 대부분이 서로 당기려는데 사용되기 때문에 다른 외부의 물질들을 끌어당길 수 있는 순전하(net electric charge)가 거의 없게 된다. 따라서 육단백질들은 등전점에 가까워질수록 물 분자를 끌어당기려는 힘(순전하)이 감소되기 때문에 물 분자와의 수소결합이나 소수성 결합력이 약해진다. 뿐만 아니라 근원섬유단백질들은 등전점에 가까워질수록 양전하와 음전하가 균형을 이루기 때문에 단백질들 사이에 서로 끌어당기려는 힘이 최대가 되며, 그 결과 근원섬유 내에서 단백질들 사이의 공간이 좁아지고, 이에 따라 근원섬유 내의 수분은 지탱할 곳이 없어 세포 밖으로 나오게 된다. 즉, 등전점에 가까워질수록 보수성이 감소되는 것이다 [그림 7-6].

식육의 보수성은 마이오신이나 액토마이오신의 등전점인 pH 5.0 부근에서 가장 최소로 나타나는데, pH가 5.0 이상으로 증가하거나 이하로 저하하면 식육의 보수성도 증가한다. 따라서 식육은 사후 해당작용에 의해 pH가 7.0에서 5.5로 강하하기 때문에 보수성도 지속적으로 감소된다. 뿐만 아니라 사후 해당작용이 급격히 일어나는 PSE육의 경우에는 낮은 pH와 높은 온도에 기인하여 육단백질의 변성이 초래되기 때문에 더욱 보수성이 나빠진다. 하지만 반대로 최종 pH가 6.0 이상을 유지하는 DFD육과 같은 경우는 근원섬유단백질들의 물 분자를 위한 순전하가 많을 뿐만 아니라 양전하나 음전하의 한쪽이 과도하게 되어 필라멘트들 사이에 반발력이 발생하고, 그 결과 근원섬유 내에 수분을 위한 공간이 넓어지기 때문에 높은 보수성을 나타낸다.

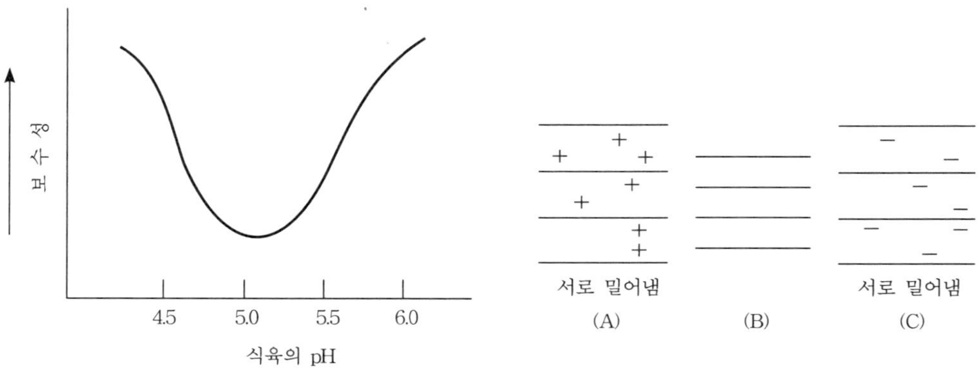

[그림 7-6] 식육의 pH와 보수성과의 관계

2) 근원섬유 내의 공간

식육의 수분 중 약 90% 정도가 근원섬유 내에 존재하고 있는데, 사후강직이 진행되는 동안 근원섬유 내에 존재하는 수분은 약 60% 정도로 감소한다. 이렇게 감소되는 수분의 약 1/3은 사후 해당작용에 의한 pH의 하강 때문이고, 나머지 약 2/3는 사후강직에 따른 근절의 단축과 초원섬유들 사이의 교차결합으로 근원섬유 내에 수분이 위치할 수 있는 공간이 좁아진 결과 때문이다. 사후강직 이외에도 저온단축, 고온단축 및 해동강직 등 근원섬유가 단축되는 모든 경우에서 식육의 보수성은 저하되며, 그 근본적인 이유는 단축에 따른 근섬유의 팽창이 억제되기 때문이다. 이렇게 단축이 일어난 식육은 초원섬유 사이의 강한 교차결합으로 인해 육단백질들의 정전기적 반발에 대한 pH의 효과가 최소화된다.

한편, 근육의 사후강직은 ATP가 소실되면서 근섬유를 구성하고 있는 수축단백질의 상호작용으로 일어나며, 이때 액틴과 마이오신 단백질은 서로 강력하게 결합한다. 그런데 칼슘(Ca^{2+})과 마그네슘(Mg^{2+})같은 2가 양이온들은 육단백질의 음전하 2개와 결합하여 육단백질의 전하력을 중화시킴으로써 단백질이 물과 결합할 수 있는 순전하력을 감소시킨다. 따라서 단백질 구조 내에 물 분자와 결합할 만한 공간이 줄어들게 되는데, 이 현상을 단백질의 수분결합에 대한 분자입체효과(steric effect)라고 한다.

3) 근원섬유단백질들의 상태

식육의 보수성은 근원섬유단백질들의 구조와 전하의 변화에 대해 매우 민감하게 변화한다. 위에서 설명한 바와 같이 식육 내에서 수분의 결합력은 기본적으로 액틴 필라멘트와 마이오신 필라멘트 사이의 상호관계에 의한 공간의 정도에 따라 달라질 수 있지만, 육단백질 분자들의 상태나 이것들 사이의 상호관계에 의해서도 영향을 받는다. 즉, 육단백질들 중에 마이오신, 액틴 및 트로포마이오신 등의 근원섬유단백질들의 상태가 식육의 보수성과 밀접한 관련을 가지고 있는 것으로 알려지고 있다. 마이오신은 근원섬유단백질들의 절반 이상을 차지하고 있으며, 따라서 근원섬유 내의 수분들과 가장 많은 면적을 접하고 있는 단백질이다. 식육에 소금을 첨가하면 근육의 체적은 팽창하는데 이때 수분을 흡수한 굵은 필라멘트의 팽창이 전체 체적의 팽창에 크게 기여한다. 뿐만 아니라 마이오신과 트로포마이오신은 육단백질들 중 가장 높은 전하력을 보유하고 있기 때문에 이들의 상태가 식육의 보수성을 크게 좌우한다고 할 수 있다. 한편, PSE육에서는 많은 근장단백질들의 변성이 일어나는데, 변성된 근장단백질도 식육의 보수성을 저하시키는 원인 중 하나라고 알려지고 있다.

4) 식육의 이온변화

사후 pH의 강하와 사후강직에 따라 감소된 육단백질의 수분결합력은 식육의 저장기간 동안 어느 정도 회복된다. 즉, 단백질 분해효소들이 근섬유의 세포막투과성에 미세한 변화를 일으키는데, 분해효소들에 의해 세포막구조가 붕괴되고 이에 따라 몇몇 이온들이 근섬유 내의 육단백질 주위로 확산되어 들어갈 수 있다. 이온들이 어떻게 근섬유로 확산되어 들어가는지 아직 정확히 밝혀지진 않았지만, 이온들의 배치가 다시 이루어지기 시작하면 육단백질에 있던 몇몇 2가 이온들은 나트륨(Na^+) 같은 1가 이온들로 대체된다. 이처럼 육단백질과 결합하고 있던 모든 2가 이온들이 1가 이온으로 대체가 이루어지며, 2가 이온과 결합하고 있는 단백질의 전하 중 하나는 자유롭게 되어 수분분자와 결합하고, 단백질들 사이의 서로 잡아당기는 힘도 풀려 구조가 느슨해진다. 결국 숙성 중 육단백질의 이온변화에 기인하여 보수력은 향상되며, 숙성 중에 발생하는 약간의 pH 증가도 숙성육의 보수력 향상에 제한적이지만 기여를 한다.

5) 기타 요인

식육의 보수성은 식육동물의 연령, 종류 및 근육부위에 따라 차이가 나타난다. 즉,

돼지고기가 소고기보다 보수성이 좋고, 소에서는 젊은 황소고기가 거세우 고기보다 보수성이 좋다. 또한 근내지방 함량이 높은 근육이 좋은 보수성을 가지는 것으로 알려져 있다. 부위별 보수력의 차이는 pH, 근섬유의 종류 및 강직의 정도의 차이에 기인하며, 식육동물 개체간의 보수력 차이는 성, 영양상태 및 도살 전 처리에 의해 차이가 나타날 수 있다. 즉, 근육은 부위별로 사후 생화학적 대사에 차이가 나타나므로 pH가 달라지며, 적색근섬유가 많은 부위는 pH가 높기 때문에 보수력이 높아질 수 있다. 한편, 도체 내의 부위에 따른 냉각속도의 차이도 pH 강하패턴에 영향을 미쳐 보수성의 차이를 유발시킨다.

(3) 식육의 보수성과 물리적 특성

식육의 보수성은 소비자가 육안으로 식별할 수 없고, 오로지 다른 물리적 성질과의 관계에서만 관찰될 수 있다. 즉, PSE육과 DFD육의 육색은 식육의 보수성과도 밀접한 관련이 있으며, 식육의 저장동안 얼마나 많은 육즙이 손실되는 가도 식육의 보수성에 의해 달라진다. 뿐만 아니라 냉동육의 해동시 발생하는 육즙의 손실 정도나 열처리시 중량의 손실 등도 식육의 보수성에 의해 좌우되고, 이러한 육즙의 손실이 영양소의 손실(수용성 단백질, 비타민 및 무기물)을 가져온다는 것을 감안할 때 보수성은 그 어떤 육질결정 항목보다 중요하다고 할 수 있다[그림 7-7].

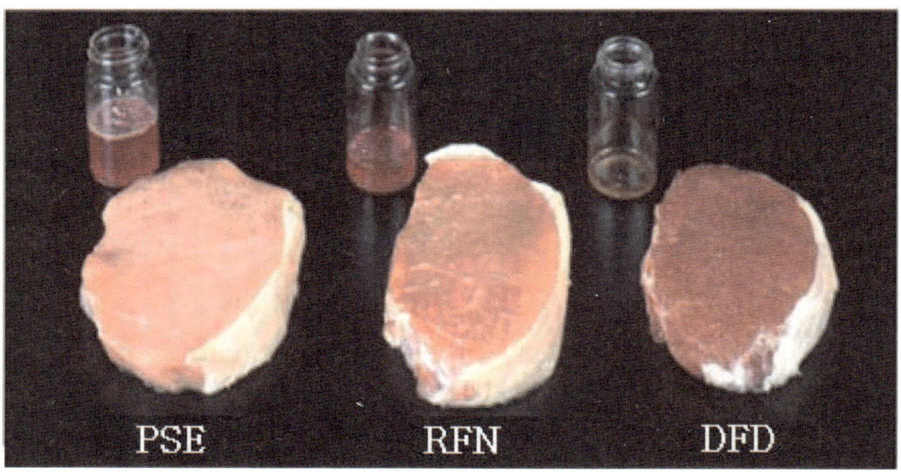

[그림 7-7] PSE육과 DFD육의 육즙감량 및 육색의 차이

PSE육에서 삼출되는 육즙이 많고 조직이 단단하지 않고 흐물흐물 거리는 것도 보수성이 나쁘기 때문이고, 그렇기 때문에 PSE육은 요리를 하면 많은 중량 손실과 영양소 손실이 발생된다. 앞에서 살펴본 바와 같이 식육의 보수성은 식육단백질 조직들

사이에 수분분자들을 위한 공간의 과다에 의해 결정되기 때문에 보수성이 좋은 식육은 식육단백질 조직 내에 공간이 많다는 것을 의미한다. 따라서 보수성이 좋은 즉, 수분을 많이 함유할 수 있는 조직을 가진 식육은 연도가 당연히 높게 된다. 반대로 보수성이 나쁜 식육은 정반대의 이유로 연도가 낮고 질긴 특성을 나타낸다. 따라서 식육의 보수성은 육색, 육즙감량, 조직감 및 연도에 중요한 영향을 미친다.

7.3. 식육의 연도

연도(tenderness)는 적색근섬유의 비율이 높은 식육의 품질에 크게 영향을 미치는 요인이다. 즉, 닭고기나 돼지고기에 비해 소고기나 양고기의 경우 소비자가 육질을 결정할 때 연도를 매우 중요하게 고려한다. 이렇게 적색육의 품질을 크게 좌우하는 연도는 주로 식육에 존재하는 결합조직이나 근내지방의 함량, 육단백질의 강직 정도와 상태에 따라 영향을 받는다. 한편, 고기의 연도는 식육의 조직감과 유사하게 인식되기도 하지만, 엄밀히 말하면 조직감은 연도와 다즙성이 함께 고려되는 항목이라고 할 수 있다. 따라서 여기서는 연도 그 자체만을 자세히 설명하고, 그 다음에 조직감에 대해 포괄적으로 설명을 하였다.

사람이 식육을 입에 넣고 저작(chewing)할 때 받는 힘의 정도를 실질적인 식육의 연도라고 할 수 있는데, 이는 다음 세 가지의 단계를 거치면서 평가된다. 즉, 첫째로 식육을 씹을 때 치아가 식육을 관통하는 힘의 정도에 의해 일차적으로 평가되고, 둘째로 식육이 치아에 의해 분쇄되는 난이 정도에 의해 평가되며, 마지막 셋째로 저작 후의 식육 잔유물의 양에 의하여 입속에서의 연도에 대한 종합적인 느낌이 결정된다. 따라서 궁극적으로 식육의 연도는 식육을 구성하고 있는 근섬유와 결합조직의 함량이나 상태에 따라 거의 결정된다고 할 수 있으며, 근섬유나 결합조직의 함량이나 상태는 다양한 요인들에 의해 영향을 받기 때문에 연도에 영향을 미치는 요인을 단순히 규정하기란 거의 불가능하다. 그러나 일반적으로 식육의 연도는 근섬유의 조성, 결합조직의 함량, 단백질분해 효소의 함량, 근섬유의 강직 및 숙성 정도, 그리고 식육이 조리시 받는 열처리의 시간과 온도 등에 의해 영향을 받는다.

(1) 근섬유의 조성

식육의 연도는 식육동물의 종류, 품종, 연령 및 부위에 따른 근섬유조성 등에 따라 차이가 난다. 즉, 식육동물의 종류들 또는 품종들 사이에 나타나는 연도의 차이는 주로 근육조직의 차이와 결합조직의 함량 차이에서 기인하는데, 일반적으로 식육의 연도는 60% 이상이 유전적으로 정해진 근섬유의 화학적 조성에 기인하는 것으로 알려져 있다. 그러나 근육의 식육화 과정에서 사후 변화의 형태가 근섬유 특성에 따라 다르기 때문에 근섬유 조성과 연도를 직접적으로 연관 짓기는 어렵다. 예를 들면 백색 근섬유가 많은 근육은 사후 해당작용이 급속하게 일어나서 pH 강하가 가속화될 것이다. 또한 사후 근육의 근절 길이는 근육 내 근섬유의 사후강직 개시 시점이 서로 다르므로 다를 수 있다. 그러므로 식육의 연도는 해당과정의 속도와 정도 그리고 도축 후 강직 개시 시점 등에 영향을 받게 되는데 이는 모두 근섬유 조성뿐만 아니라 온도와 관련 있다.

(2) 결합조직의 함량 및 상태

식육동물은 연령이 증가하면서 총 결합조직의 함량은 큰 변화가 없는 반면 결합조직의 성질이 변화되기 때문에 더욱 질긴 조직을 갖게 된다. 이 같은 사실은 결합조직의 주요 구성성분인 콜라젠의 성질이 나이가 먹을수록 변해간다는 것으로 설명될 수 있다. 즉, 식육동물은 나이가 먹을수록 근육의 활동이 늘고 이러한 증가된 근육활동을 돕기 위해 보조와 연결작용을 하는 결합조직의 성질이 자연스럽게 변화되고, 그 결과 결합조직의 대부분을 차지하는 콜라젠의 폴리펩타이드 사슬(polypeptide chain)의 분자 사이와 분자 내의 교차결합이 증가하게 된다. 한편, 근육들 사이의 연도차이도 주로 콜라젠과 엘라스틴의 함량 차이에 기인하여 나타나는데, 자주 사용하는 근육은 결합조직의 함량이 증가하기 때문에 질기게 되며, 같은 근육 내에서도 일반적으로 위치에 따라 결합조직의 함량의 차이가 존재하여 외측이 내측보다 연하게 나타난다. 일반적으로 근내지방이 많은 식육이 연하다고 알려져 있는데, 이는 근육 내에서 근내지방이 결합조직을 희석시키는 결과를 초래함으로써 연도가 증가되는 것으로 나타나는 것이다.

(3) 단백질분해효소의 함량

제6장에서 설명한 바와 같이 사후강직 근육의 연화기작은 근육 내에 존재하는 캘페인의 활성에 따라 크게 달라질 수 있다. 따라서 도축 전 식육동물이 가지고 있는 캘페인의 양은 식육의 연도에 영향을 미칠 수 있다. 소에서 보스 인디커스(Bos indicus) 종은 보스 타우르스(Bos taurus) 종에 비해 캘페인의 활성을 억제하는 칼파스타틴(calpastatin)이 오랫동안 활성을 유지하기 때문에 숙성기간 동안 연화가 상대적으로 덜 이루어진다. 또한 근육은 부위별로 칼파스타틴과 캘페인의 수준이 다양하며, 또 이러한 단백질분해효소들에 의해 영향을 받지 않는 콜라젠과 같은 물질들의 수준이 다르기 때문에 연도가 서로 다르게 나타난다.

(4) 근섬유의 강직과 숙성 정도

도축 후 근육은 해당작용이 진전되어감에 따라 강직현상을 일으킨다. 사후강직전의 근육은 수축이 이루어지지 않았기 때문에 매우 연하나 강직현상이 이루어짐에 따라 근섬유는 수축하게 되고 근육은 질겨진다. 일반적으로 근절의 길이와 연도는 비례하는 것으로 알려져 있다. 그러나 근육이 수축 전 길이의 40% 이상으로 수축이 되면 오히려 연해지는데, 이것은 근섬유 조직이 과도한 수축으로 인하여 서로 충돌한 결과 파괴되기 때문으로 추정된다[그림 7-8].

사후강직의 정도는 근육의 온도에 의해 지대한 영향을 받는데, 도체가 사후강직이 완료되기 전에 낮은 온도에 노출되면 저온단축(cold shortening)이 일어나 식육은 질겨진다. 특히, 사후강직전의 근육을 냉동시키면 일차로 저온단축이 발생하고 냉동된 식육을 해동하면 해동강직(thaw rigor)이 발생하여 식육은 매우 심하게 질겨진다. 주로 백색근섬유가 높은 닭고기 같은 경우 사후강직전의 근육을 높은 온도에 노출시키면 저온단축과 반대 개념인 고온단축(heat shortening)이 유발되어 연도가 감소된다.

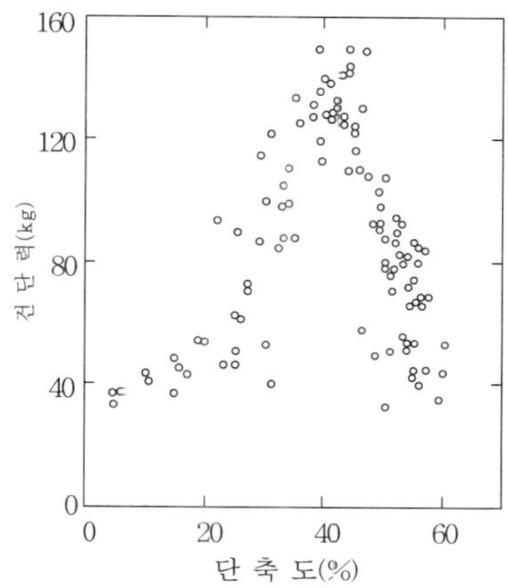

[그림 7-8] 저온단축 정도와 고기의 연도와의 관계 (Y축은 낮은 숫자가 좋은 연도를 보여줌)

사후 해당작용의 속도 또한 식육의 연도에 영향을 미치는데, 사후 근육의 급속한 pH 강하는 근장단백질의 변성을 유발하여 연도가 감소된다. 즉 PSE육은 DFD육에 비해 다소 질긴 특성을 나타내는데, 사후 근육의 최종 pH가 같은 경우에도 pH 강하가 완만히 이루어진 근육이 빠른 강하를 보인 근육보다 연한 특성을 나타낸다.

한편, 사후강직이 완료된 근육은 단백질분해효소에 의한 숙성기작을 통해 연도가 향상되는데, 이에 관해서는 앞의 제6장에 자세히 설명되어 있다.

(5) 식육의 열처리 시간과 온도

일반적으로 식육을 조리할 때 식육에 가하는 열처리는 콜라겐을 젤라틴(gelatin)화하기 때문에 결체조직을 연하게 만들지만, 근원섬유단백질은 응고를 시키기 때문에 식육은 전체적으로 질겨진다. 즉, 조리육의 연도는 조리 시간과 온도에 따라 크게 영향을 받는데, 조리시간은 결체조직의 연화에 결정적인 역할을 하고, 조리온도는 근원섬유단백질의 연도감소에 결정적인 역할을 한다. 따라서 연한 조리육을 얻기 위해서는 결합조직이 많은 식육은 비교적 장시간의 습열처리가 권장되고, 결합조직이 적은 식육은 단시간의 건열처리가 권장된다.

통상적으로 식육은 열처리를 받는 동안 근섬유들이 수축되어 질겨지거나 단단해지는데, 40℃까지의 열처리는 식육의 연도에 크게 영향을 미치지 않는 것으로 알려져 있다. 그러나 식육의 온도가 40~50℃의 범위로 증가하면 식육은 약 3~4배 정도 질겨지며[그림 7-9], 이것은 근원섬유단백질의 응고가 30~40℃ 정도에서 시작되어 약 55℃에서 완결되기 때문이다. 이러한 사실은 액토마이오신의 온도증가에 따른 용해도의 감소로서 확인할 수 있다. 또한 식육의 온도가 67~75℃ 사이의 범위에 도달하면 식육은 다시 두 배 정도 질겨지는데, 이때는 주로 길이가 1/4로 줄어드는 콜라젠의 수축이 약 60℃에서 시작되어 75℃정도에서 완결되기 때문이며, 콜라젠의 수축과 동시에 근원섬유단백질의 수축도 같이 이루어져 식육은 질겨지게 된다. 근원섬유단백질의 응고는 한번 완결되면 온도가 증가하더라도 더 이상의 응고가 진전되지 않고 단지 근원섬유의 수축만 이루어져 연도가 감소된다.

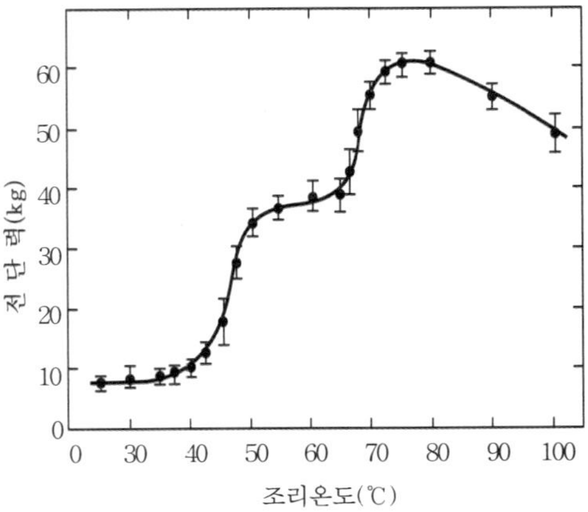

[그림 7-9] 소고기에 있어서 열처리 온도가 연도와의 관계 (Y축은 낮은 숫자가 좋은 연도를 보여줌)

소고기는 콜라젠이 수축하는 60℃보다 낮은 온도에서 완만한 열처리를 받으면 연도의 감소가 일어나지 않는데, 이는 콜라젠 분해효소의 활력이 왕성하게 작용하기 때문으로 생각되고 있다. 그러나 콜라젠은 이 보다 더 높은 온도에서는 수용성 젤라틴으로 변하고, 이러한 콜라젠의 젤라틴화는 식육이 열처리를 받는 동안 연화에 크게 영향을 미친다. 일반적으로 열처리를 받은 조리육의 연도는 결체조직의 함량에 의해 결정되는데, 그 이유는 열처리를 받는 동안 식육은 처음에는 근원섬유단백질의 변성에 의해 질겨지지만, 나중에는 콜라젠의 젤라틴화에 의해 연해지기 때문이다. 이같이 식육의 콜라젠을 젤라틴화해서 조리하는 방법을 수비드(sous-vide) 처리라고 한다.

7.4. 식육의 조직감

식육의 조직감은 식육의 구조, 조직 및 경도 등에 의해 결정되기 때문에 객관적으로 평가하기 힘들고, 일반적으로 소비자들이 시각, 촉각 및 미각을 이용한 종합적인 감각적 평가에 의해서 이루어진다. 식육의 구조는 식육의 절단면에 나타난 결합조직의 존재 정도나 근육 사이의 결합상태 또는 근육 내의 근내지방 침착 정도에 따라 달라질 수 있다. 식육의 조직은 근속의 크기에 의해 결정되는데, 근속이 크면 일반적으로 조직은 거칠어진다. 조직의 미세한 정도나 거친 정도는 출생 후 근육의 발달속도에 의해 좌우된다. 예를 들어, 출생 후 근육의 발달속도가 빠른 반막양근은 조직이 거칠고, 속도가 느린 반건양근은 조직이 미세하다. 또한 조직의 거친 정도는 근속의 크기뿐만 아니라 근주막의 양과 두께에서도 영향을 받는다. 따라서 두꺼운 근주막은 조직이 거친 근육에서 주로 관찰된다. 식육의 경도는 주로 보수성에 의해서 결정되는데, 고품질의 식육은 단단하고 적당한 물기가 있으나, 저품질의 식육은 조직이 무르고 삼출액이 많다. 한편 식육의 경도는 식육 내의 지방의 성질과 양에 의해서도 영향을 받는다. 즉, 포화지방산과 불포화지방산의 구성 비율에 따라 식육의 경도가 달라질 수 있는데, 그 이유는 지방의 융해점이 높고 낮음에 따라 어떤 특정온도에 있어 그 지방의 견도가 좌우되기 때문이며, 그 결과 그러한 지방을 포함한 식육의 경도가 결정되는 것이다.

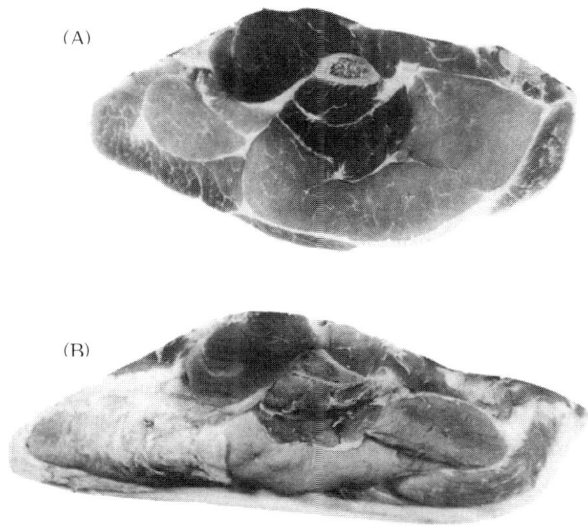

[그림 7-10] 조직감이 극단적으로 다른 돼지고기 사진
(A) 단단하고 강한 구조를 보여줌
(B) 흐물거리고 근육간 분리현상을 보임

[그림 7-10]은 식육의 구조, 조직 및 경도가 극단적으로 다른 두 가지 육질의 돼지고기 사진이다. 사진에서 보다시피 두 식육 사이에는 보수성, 강직상태, 근내지방 함량 및 결합조직 등에서 차이가 있음을 알 수 있다. 즉, 식육의 조직감은 식육의 강직상태, 보수성, 근내지방 및 결합조직과 관련된 다양한 요인들에 의해 영향을 받는다.

(1) 식육의 강직상태

도축이 완료된 식육동물의 도체가 냉각되는 중에 근육은 점차 굳어지고 단단해지는 경화(setting-up)가 일어나는데, 이렇게 사후강직이 진행되면서 근육의 경도가 증가하면 근육은 신전성을 잃고 근육 주변에 있는 지방들도 단단해진다. 이때 어떤 근섬유들은 근절의 길이가 약 1.5μm 정도로 매우 짧아지기도 하는데, 이러한 식육의 미세구조를 보면 초원섬유들이 서로 과도하게 중첩되어 있으며 매우 밀접하고 단단하게 수축되어 있는 것을 알 수 있다. 또한 비정상적인 사후대사가 진행되지 않은 한, 식육은 저장과 가공 중에 일정한 수분과 단단함을 유지한다. 그러나 저장시간이 길어지면서 식육은 숙성되기 시작하고 이와 함께 연도가 증가하고 맛이 좋아진다.

(2) 식육의 보수성

식육의 보수성은 사후강직의 각 단계별로 또는 사후변화 속도에 따라 달라지며, 결국 식육의 구조, 경도 및 조직에 광범위한 영향을 미친다. 수분함량이 높은 식육은 단단하고, 밀집된 구조를 가지며 표면이 건조하고 점착성을 가진다. 반대로 보수성이 나쁜 식육은 흐물흐물하고 느슨한 구조를 가지며 표면에 물기가 많고 거칠다. 전자는 세포 내에 수분이 많고 후자는 세포 외에 수분이 많은 경우로 물론 식육의 보수성과 밀접한 연관이 있다.

(3) 근내지방 함량

마블링이라 불리는 근내지방은 냉장육의 경도에 영향을 미친다. 즉, 도축 후 도체가 냉각되는 동안 근육의 지방은 단단해지는 경화가 일어나며, 이것은 발골, 분할, 정형을 쉽게 만들뿐만 아니라 식육의 처리 및 유통에 있어서도 일정한 형태와 특성을 유지하게 만드는 역할을 한다. 또한 소비자들이 마블링이 많은 식육을 풍미와 다즙성이 좋은 식육으로 연관지어 생각하기 때문에 식육 판매에 있어 마블링은 식육의 외관에 크게 영향을 미친다고 할 수 있다.

(4) 결합조직 함량

각 근속의 크기는 근막들의 함량, 즉 근육 내의 결합조직 함량에 영향을 미치며, 이는 궁극적으로 식육의 조직에 영향을 미친다. 근섬유의 근속이 크거나 또는 1차 근속이나 2차 근속을 감싸고 있는 내근주막들의 결합조직 함량이 많으면 식육은 조악하고 거친 조직을 나타낸다. 예를 들어, 식육동물의 다리에서 생산되는 사태부위는 상대적인 운동량이 많았던 것에 기인하여 결합조직 함량이 높아 조직이 거친 반면, 운동량이 적은 척추부위에서 생산되는 등심이나 안심은 결합조직 함량이 많지 않아 조직이 섬세하다. 일반적으로 거친 조직의 식육은 섬세한 조직의 식육에 비해 연도가 좋지 않으며, 따라서 식육을 요리할 때 결합조직의 콜라젠을 파괴할 수 있는 방법을 사용하여 연화시키는 것이 좋다.

1차 근속과 2차 근속을 감싸고 있는 내근주막은 기본적으로 콜라젠으로 구성되어 있는데, 주요 소고기 부위에 존재하는 콜라젠의 함량은 54~98% 정도의 변이를 가지고 있다. 한편, 소고기의 근육의 외부를 감싸고 있는 외근주막에 존재하는 콜라젠 함량의 범위는 약 13~24% 정도인 반면, 개개의 근섬유를 감싸고 있는 근섬유내막에 존재하는 콜라젠의 함량은 약 24~42% 정도이다. 한편, 나이가 많은 식육동물로부터 생산된 식육은 나이 어린 동물보다 거친 조직을 나타내는데, 식육동물이 나이가 많아지면 결합조직의 양은 증가하지 않으나 결합조직의 강도와 돌기가 증가하게 된다. 즉, 늙은 식육동물의 결합조직은 현저히 돌출되어 있고 근섬유의 직경도 매우 굵다. 결합조직은 식육의 연도와 거친 정도를 결정하는 주요 요인이지만, 식육제품의 전체적인 연도는 꼭 결합조직의 함량으로만 결정되는 것이 아니며, 여러 다양한 요인들이 복합적으로 작용하여 결정된다.

7.5. 식육의 풍미

풍미(flavor)는 주로 혀에서 느끼는 맛과 코에서 느끼는 냄새 그리고 입속의 감촉과 열에 민감한 부분에서 오는 반응이 종합되어 느껴지는 감각으로, 식육의 풍미는 소비자의 구매의사를 결정하는 가장 중요한 요인이다. 식육의 풍미는 사람의 부교감 신경계를 자극하여 활성화함으로써 영양소 분해와 관련된 대사활동을 촉진시키는데, 일반적으로 풍미는 비강의 천장에서 감지되는 휘발성 성분, 혀에서 감지되는 비휘발성 성분 및 눈, 코, 입의 유리말단 신경이 자극되어 감지되는 화학적 자극이나 온도차이 등으로 구성된다. 그런데 식육의 전체적인 풍미는 맛보다는 냄새가 더 중요하게 작용하는 것으로 알려지고 있다.

인간의 혀는 일차 감각으로 단맛, 쓴맛, 짠맛, 신맛, 감칠맛(우마미)을 감지하고 이차 감각으로 금속맛을 감지할 수 있으며, 인간의 코는 비강에 있는 취각 수용기를 자극하여 헤아릴 수 없이 많은 휘발성 물질들을 구별할 수 있다. 일반적으로 조리하지 않은 식육은 단 냄새와 미미한 짠맛을 가지고 있으며, 동시에 금속성의 피맛을 가지고 있다. 그러나 실제 식육의 진정한 풍미는 가열처리의 과정 중에 발현되며, 가열 후 약 1,000개 이상의 휘발성 물질들이 생성되는 것으로 알려지고 있는데, 각 성분들이 어떻게 풍미에 관여하는 지에 대해서는 아직도 많은 연구들이 진행되고 있다. 식육은 가열 중 비휘발성 전구체들이 서로 반응하여 식육의 종류에 따른 독특한 맛과 냄새가 형성된다.

식육의 풍미는 다른 어떤 식육의 품질 결정항목보다 실제 소비자의 식육 구매의사 결정에 직접적인 영향을 미치기 때문에 식육의 풍미를 개선하고 향상시키는 것은 식육산업계에 있어 매우 중요한 일이다.

(1) 풍미화학

식육의 풍미는 열처리를 통해 발현되므로 열처리 방법에 따라 풍미가 달라질 수 있는데, 식육의 풍미 형성에 기여하는 전구물질들은 식육을 구성하고 있는 다양한 성분들로부터 온다. 제8장에 설명된 바와 같이, 식육은 대략 75%의 수분, 19%의 단백질, 2.5%의 지방, 1% 정도의 탄수화물 및 2% 내외의 수용성 비단백질 물질들로 구성되어 있으며, 풍미에 중요하게 영향을 미치는 성분은 지방, 탄수화물 및 수용성 비단백질 물질들이다. 식육에 존재하는 지방은 근내지방의 주요 구성성분인 중성지질과 세포막의 조직성분인 인지질이며, 수용성 물질로는 아미노산, 펩타이드, 환원당, 비타민 및 뉴클레오타이드 등이 있다.

식육동물의 근육은 사후변화를 거치면서 다양한 풍미물질들을 형성할 수 있는 풍미 전구물질들을 만들어 낸다. 즉, 식육은 사후 시간이 경과함에 따라 당분해(glycolysis), 단백질분해(proteolysis), 지방분해(lipolysis), 산화(oxidation) 및 열분해(pyrolysis) 등을 통해 많은 풍미 물질들을 생산하게 된다. 식육은 열처리를 받으면 여러 가지 반응에 의해 풍미 전구물질부터 휘발성 물질들이 생산되어 이것들이 풍미를 형성한다. 이 휘발성 물질들은 풍미에 주요 역할을 한다고 생각되는 질소, 황 및 산소를 포함하는 물질들로, 특히 파이라진(pyrazine)군, 하이드로퓨라노이드(hydrofuranoid)군, 락톤(lactone)군 및 옥사졸린(oxazoline)군 등과 지방산화와 유리지방산에서 파생되는 지방족 탄화수소, 방향족 탄화수소, 알코올, 에스터, 알데하이드 및 케톤 등으로 구성되어 있다.

식육의 수용성 물질들은 풍미의 전구물질들의 원료로 사용되는데, 유리당, 당인산염, 당뉴클레오타이드, 유리아미노산, 펩타이드, 뉴클레오타이드, 글라이코펩타이드, 유기산, 크레아틴 및 크레아티닌 등이 가열시 식육풍미의 전구물질로서 이용된다. 한편, 식육동물의 종류에 따라 식육은 독특한 풍미를 발현하는데, 이때 결정적인 역할을 하는 전구물질은 지방조직으로부터 유래된다. 즉, 수용성 추출물을 가열하면 식육의 종류에 관계없이 비슷한 풍미가 형성되지만 지방조직을 가열하면 식육동물의 종류에 따라 특유의 휘발성 물질들이 생산된다.

1) 식육의 맛

식육은 맛을 좌우하는 다양한 비휘발성 성분을 가지고 있으며[표 7-3], 이러한 성분들은 가열처리를 받는 동안 많은 변화를 일으킨다. 식육의 단맛은 포도당, 라이보스(ribose), 과당 등에서 오며, 짠맛은 다양한 무기염과 글루타민산-나트륨 및 아스파틴산-나트륨 등에서 오고, 신맛은 젖산과 여러 가지 다른 산들에서 기인한다. 또 식육의 구수한 맛은 다양한 유리아미노산들과 MSG로 불리는 모노나트륨 글루타메이트(monosodium glutamate) 및 5'-뉴클레오타이드(5'-nucleotide)에서 온다. MSG와 5'-뉴클레오타이드는 식육의 감칠맛 성분이다.

[표 7-3] 식육에 존재하는 맛 성분

맛	성 분
단 맛	glucose, fructose, ribose, glycine, alanine, serine, threonine, lysine, proline, hydroxy-proline
짠 맛	무기염, sodium glutamate, sodium aspartate
신 맛	aspartic acid, glutamic acid, histidine, asparagine, succinic acid, lactic acid, pyrrolidone carboxylic acid, o-phosphoric acid
쓴 맛	creatine, creatinine, hydroxanthine, anserine, carnosine, 기타 펩타이드, histidine, arginine, methionine, valine, leucine, isoleucine, phenylalanine, tryptophan, tyrosine
감칠맛(우마미)	MSG, GMP, IMP, 약간의 펩타이드들

2) 식육의 냄새

가열처리 하지 않은 식육은 거의 냄새가 없기 때문에 조리육의 냄새는 전적으로 가열처리 중에 형성되는 비휘발성 전구물질들로부터 생성된다. 식육의 냄새를 좌우하는 물질은 주로 메일라드(Maillard)반응, 지방반응 및 타이아민(thiamine) 분해를 통해 형성되는데, 전체 냄새물질의 약 90% 정도는 지방반응에서 유래하고 나머지 약 10% 정도만이 메일라드반응이나 티아민의 분해를 통해 생성된다. 일반적으로 타이아민의 분해보다는 메일라드반응을 통해 더 많은 종류의 휘발성 물질들이 생성되는데, 생산되는 휘발성 물질들이 적다고 이들 반응이 식육의 풍미에 미치는 영향이 적다는 의미는 아니다. 즉, 식육의 관능적인 평가는 어떤 성분의 절대량에 의해 결정되는 것보다는 그것의 감지역치(sensory threshold)에 대한 상대적인 양에 의해 더욱 영향을 받는다.

아미노산의 아미노기와 환원당의 카보닐기의 반응인 메일라드반응을 통해 여러 가지 냄새물질들이 생성되는데, 이 냄새물질들은 주로 퓨란(furan), 퓨라논(furanone), 파이란(pyran), 파이라진(pyrazine), 타이오졸(thiozole), 타이아졸린(thiazoline), 옥사졸린(oxazoline) 등과 같이 탄소 이외의 원소를 함유한 헤테로고리화합물(heterocyclic compound)이며, 이것들의 조합 중에는 모든 종류의 식육에 공통적이고 기본적인 풍미를 제공하는 성분도 있다.

식육이 가열처리를 받을 때 발생하는 지방반응은 일반적으로 식육동물의 종류에 따라 독특한 냄새를 유발하는 것으로 알려지고 있다. 그러나 소고기나 돼지고기는 지방이 없어도 독특한 풍미가 발현되기도 하는데, 그 외의 다른 식육들에서는 지방의 존재가 독특한 풍미의 발현에 필수적이라고 할 수 있다. 지방은 고온에서 유발되는 산화반응을 통하여 냄새물질을 생성하는데, 불포화지방산이 고온에서 산화되어 생성하는 주된 물질은 2,4-데카다이에날(2,4-decadienal)들이며, 이것들은 저온에서의 산화물질들이 나쁜 풍미를 나타내는데 비해 좋은 풍미를 나타낸다. 한편, 포화지방산도 고온에서 산화적 분해를 일으켜 풍미에 영향을 미치며, 여러 가지 지방산화물질들 중 알데하이드류는 메일라드반응에 관여하여 새로운 풍미물질을 생성하기도 한다. 또한 식육 내의 인지질도 그 식육 특유의 풍미를 증가시키는 것으로 알려지고 있다.

타이아민이 분해하면 타이오펜(thiophene), 타이아졸(thiazole), 퓨란(furan) 등이 생성되고 황화수소(H_2S)가 발생되는데, 황화수소는 퓨라논과 반응하여 강한 식육의 풍미를 발현한다. 이러한 타이아민 분해는 특히 소고기의 풍미에 중요한 역할을 한다.

식육의 냄새를 좌우하는 휘발성 물질들을 식육의 종류별로 살펴보면, 소고기는 황함유물질이 주된 냄새의 성분으로 작용하고, 닭고기는 지방에서 유래한 휘발성 물질들이 냄새를 크게 좌우한다. 또 염지한 돼지고기는 알코올과 페놀류 물질들이 다른 식육들에 비해 많이 존재하고 있다.

(2) 풍미에 영향을 미치는 요인

1) 식육동물의 종류

식육동물의 종류에 따른 풍미의 차이는 지방조직에서 오는 것으로 알려진다. 만약 소, 돼지, 닭의 살코기를 열처리 하여 시식 평가하거나, 각 식육의 수용성 물질을 추출하여 가열하면 냄새는 차이가 거의 없으나, 지방조직을 가열처리하면 각 동물의 독특한 냄새를 감지할 수 있다.

2) 품 종

소고기의 경우 보스 타우르스(Bos taurus) 품종과 보스 인디커스(Bos indicus) 품종 사이에는 풍미의 차이가 나타난다. 특히, 한우나 일본의 와규(화우)의 경우, 서양의 육우품종에 비해 지방산 구성에서 소비자들이 선호하는 풍미를 나타내는 올레산(oleic acid)의 함량이 높은 특성이 있다. 돼지에서도 품종 간에 풍미의 차이가 나타나는데, 이는 동일한 등지방두께에서 품종 간에 근내지방의 함량에 차이가 나타나고 지방산 조성에도 차이가 나타나 결국 소비자가 느끼는 풍미도 차이가 나타나는 것이다. 닭고기는 육계의 품종 간에는 풍미가 크게 다르지 않지만 육계와 국내 재래종 닭의 풍미는 차이가 나타나며, 이는 지방산의 종류와 함량의 차이에 기인하는 것으로 알려지고 있다.

3) 성 별

일반적으로 수컷의 고기는 독특한 냄새가 있는 것으로 알려져 있는데, 특히 돼지의 경우 심하나, 소나 양에 있어서는 두드러지지 않는 것으로 인식되고 있고, 가금에서는 성별 간의 풍미 차이는 없는 것으로 알려져 있다. 그러나 식육동물의 사양방법이 발전함에 따라 돼지에 있어서도 대부분의 수컷을 어릴 때 거세하여 사육하기 때문에 최근에는 소위 성취(sex oder)가 거의 나타나지 않는다.

4) 연 령

식육동물은 나이가 먹을수록 점점 독특한 풍미가 나타나는데, 이는 동물의 대사활동이 나이가 먹을수록 변하기 때문이다. 송아지는 6개월령까지는 전형적인 소고기의 풍미를 가지지 못하며, 송아지가 소고기의 풍미를 가지려면 최소한 18개월령은 되어야 하는데, 18개월령 이후부터는 풍미가 크게 변하지 않는다.

5) 사 료

반추동물에 있어서 방목시 섭취하는 목초나 겨울동안에 섭취하는 건초나 사일리지 또는 여러 가지 보조사료들은 식육의 풍미를 더하는 효과를 나타낸다. 대부분의 자연에 존재하는 방향성 물질은 지방성 불포화화합물인데, 이런 물질들은 반추위 내에서 변화하거나 또는 변화되지 않고 그대로 지방조직에 축적된다. 따라서 어떤 종류의 목초는 식육의 풍미에 영향을 미치는 반면 또 다른 종류는 전혀 효과를 나타내지 않는 경우도 있다.

(3) 비정상적인 풍미

식육은 저장기간과 조건에 따라 비정상적인 변취(off-flavor)를 발생하기도 하는데, 이러한 변취는 공기, 물 또는 포장재료에 의한 오염에 기인하거나 저장기간 동안 지방산화 또는 미생물 발육에 의한 부패에 기인하여 발생한다.

공기를 통한 냄새의 오염이 식육에서 종종 나타날 수 있는데, 이는 식육 내의 지방이 공기 중에 오염된 냄새물질을 쉽게 흡착하기 때문에 발생된다. 즉, 화공약품, 페인트, 페놀류나 디젤, 석유, 산화된 기름 등으로 오염된 공기에 식육이 노출되면 변취가 야기될 수 있다. 또 소독제, 농약, 세제 등도 종종 변취의 원인으로 지적되는데, 특히 도축장에서 사용하는 소독제나 가공공장 청소에 사용되는 살균소독제가 식육에 전이되어 변취를 야기하기도 한다. 또한 식육의 포장재료로부터 냄새물질이 식육으로 전이되기도 하는데, 이는 포장재료 성분 자체가 식육으로 전이되기 보다는 주로 포장재료에 남아 있는 잔류 용매에서 기인하는 것이다. 즉, 포장지 제조시 사용되고 남아있는 잔류 스티렌 모노머(styrene monomer), 재생 종이에 남아 있는 잔류 잉크나 플라스틱에 남아있는 에틸벤젠(ethyl benzene), 인쇄에 사용되는 잉크나 접착제에 사용된 용매 등이 냄새 오염과 관련된다.

식육의 저장기간 동안 발생하는 변취의 주요 원인 중 하나는 바로 지방산화(lipid oxidation)에 기인한 산패취의 발생이다. 지방산화는 풍미뿐만 아니라 변색, 단백질 기능성 저하 및 영양가치의 하락과도 깊은 관련이 있는 것으로 알려지고 있다. 식육의 지방산화는 지방산 조성, 식육 내의 산화촉진 물질 또는 항산화제의 존재, 저장온도 등에 의해 영향을 받는다. 일반적으로 식육 내에 불포화지방산이 많으면 산화가 쉽게 일어나는데, 다가 불포화지방산의 함량은 닭고기, 돼지고기, 소고기의 순으로 많이 존재하기 때문에 닭고기가 가장 빠른 지방산화를 나타낸다. 한편, 지방산화는 Fe^{2+}, Cu^{2+} 및 Co^{2+} 등과 같은 이온들에 의해 촉진되지만 비타민 E와 같은 항산화제의 존재에 의해 억제된다.

식육을 가열처리 하면 지방은 열에 의해 산화가 유발되어 여러 가지 휘발성 물질들을 생성하고, 이것들이 다른 물질들과 반응하여 풍미를 형성한다. 그러나 가열처리한 식육을 저장하면 지방의 산화가 심하게 진행되어 변취가 나타나는데, 이때 발현되는 변취는 조리하지 않은 식육의 지방산화에서 나타나는 산패취와 확연히 다르며, 이러한 조리육의 지방산패취를 Warmed-Over Flavor(WOF)라고 부른다. WOF의 주요 원인은 인지질이며 WOF의 발현은 식육동물의 종류에 따라 차이가 나타나는데, 그 이유는 식육동물 간에 인지질 함량과 지방산 조성에 차이가 있기 때문이다. 일반적으로 닭고기는 돼지고기나 소고기보다 인지질 함량이 높고 다가 불포화지방산의 비율도 높기 때문에 WOF의 발현도 상대적으로 빠르게 나타난다.

식육을 장시간 냉장저장 하면 미생물이 성장하여 부패취가 발생하는데, 이는 미생물들이 단백질을 분해하여 악취를 생성하기 때문이다. 도축 후 도체를 충분하고 신속하게 냉장을 시키지 않을 경우, 종종 림프샘에 모여 있던 미생물들이 발육하여 도체 심부에서 악취가 발생하기도 하는데, 이것을 골염(bone-taint)이라 부른다. 식육의 부패취는 주로 미생물에 의한 단백질과 암모니아 분해에 기인하며, 부패취는 황 분해물질이 주된 것으로 하이드로젠 설파이드(hydrogen sulfide), 메틸 머캡탄(methyl mercaptan), 다이메틸 설파이드(dimethyl sulfide) 등에 의해 발현된다. 진공포장육에서는 젖산균의 탄수화물 대사산물인 젖산의 존재 때문에 신 냄새가 나며, 혐기성 미생물이 더욱 증식하면 단백질과 아미노산이 분해하면서 나오는 썩은 냄새가 난다. 한편 미생물들은 지방을 분해하여 유리지방산을 생산함으로써 산패를 유발하기도 한다.

7.6. 식육의 품질에 영향을 미치는 요인

식육의 육색, 보수성, 연도, 조직감 및 풍미 등과 같은 품질결정 요인들은 근육의 식육화 과정에서 발생하는 다양한 변화들에 의해 영향을 받는다. 물론 식육의 이러한 변화는 후에 육제품 제조시 유화력(emulsifying capacity), 결착력(binding property), 조리감량 및 조리육색 등에도 연속적으로 영향을 미친다. 일반적으로 식육의 품질은 도축 전 식육동물과 근육의 상태에 따라 달라질 수도 있으며, 도축 후 도체나 식육의 취급방식에 따라서도 크게 달라질 수 있다. 즉, 도축 전 식육동물의 스트레스, 유전력, 연령, 성, 사료, 취급방법, 기절방식 등의 요인과 도축 후 도체나 식육의 저장온도 또는 가공방법에 따라 육질은 차이가 나타날 수 있다. 따라서 도축 전후의 이러한 요인들을 적절히 조절하면 식육의 품질을 향상시킬 수 있으며, 고품질의 식육을 생산하여 공급하기 위해서는 이에 대한 확실한 이해가 필수적으로 요구된다.

(1) 식육동물이 받는 스트레스

식육동물은 친숙하지 않은 장소로 이동하면 흥분, 발열, 또는 피로 등의 반응을 보이게 되는데, 이는 새로운 환경에 대한 체내에서 일어나는 다양한 반응의 결과이며, 식육동물이 이와 같은 반응을 나타내는 것을 일반적으로 스트레스를 받는다고 말한다. 스트레스는 식육동물이 새로운 환경에 노출되는 경우에 나타나는 심장박동 및 호흡의 속도, 체온 그리고 혈압과 같은 총체적인 생리적 조절 현상을 가리키는 표현으로, 일반적으로 식육동물의 생체항상성을 위해하거나 불안하게 만드는 모든 조건 하에서 나타난다.

식육동물은 스트레스를 받는 동안 다양한 호르몬들을 분비하여 생리적 조절을 하게 되는데[그림 7-11], 호르몬의 분비는 식육동물이 스트레스에 대한 생체항상성 유지를 위해 보이는 첫 번째 반응이다. 즉, 스트레스에 반응해서 부신수질(adrenal medulla)로부터 에피네프린(epinephrine)과 노르에피네프린(norepinephrine)이 분비되고, 부신피질(adrenal cortex)에서 부신피질호르몬(adrenal steroids)이 그리고 갑상선(thyroid gland)에서 갑상선호르몬들이 분비된다. 이러한 호르몬들은 체내에서 발생하는 많은 생화학적 반응에 영향을 미치는데, 특히 부신수질호르몬들은 스트레스

호르몬들로 스트레스에 대한 저항능력을 증진시키는 역할을 한다. 즉, 에피네프린은 간과 근육에 저장되어 있는 글라이코젠의 해당작용을 촉진할 뿐만 아니라 지방의 가수분해를 촉진하여 스트레스에 대응하여 즉각적으로 사용할 수 있는 에너지를 생산하게 만든다. 또한 에피네프린과 노르에피네프린은 심장과 혈관을 자극하여 혈액순환을 원활하게 만든다. 한편, 부신피질호르몬은 스트레스에 반응하여 체내 각종 조직들의 능력을 강화시키며, 갑상선호르몬들은 체내 대사속도를 증가시켜 필요한 에너지 공급을 증가시키는 역할을 한다.

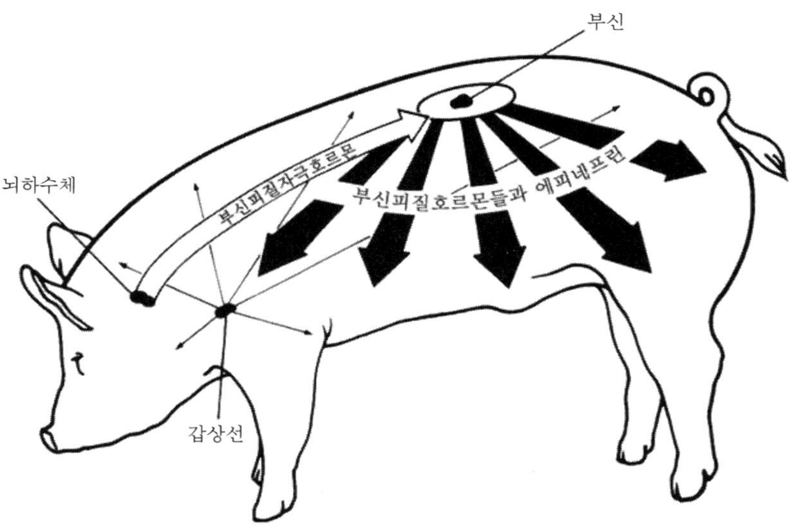

<스트레스 호르몬들의 영향>
- 부신피질자극호르몬-부신피질호르몬 방출을 자극
- 부신피질호르몬들-탄수화물의 합성, 세포반응과 이온균형을 유지
- 에피네프린-순환계 유지, 글라이코젠과 지방의 분해
- 갑상선호르몬-산화적 대사를 자극

[그림 7-11] 스트레스 반응과 관련된 주요 호르몬들의 분비장소와 일반적인 기능

식육동물은 스트레스를 받으면 생리적 조절이 이루어지고 그 결과가 근육에 나타난다. 즉, 생리적 조절은 통상적으로 근육의 수축을 동반하는데 근육수축의 증가는 보다 많은 에너지를 소비하기 때문에 보다 빠른 에너지의 합성이 요구된다. 따라서 상술한 호르몬들의 분비를 통해 혈액순환이 왕성해져 근육으로 많은 영양분과 산소가 공급되며, 근육은 수축운동에서 발생된 열을 제거하여 체온을 일정하게 유지하려는 일련의 반응을 보인다. 그러나 스트레스가 심할 경우, 근육은 혈액순환의 증가에도 불구하고 충분한 산소를 공급받지 못하고 체온이 상승하게 되는데, 이런 상황에 근육은 비상대책으로 스트레스 호르몬들의 도움을 받아 글라이코젠의 해당작용을 촉진시

켜 근육수축에 필요한 에너지를 생성하게 된다. 이렇게 근육의 혐기성 대사가 촉진되면 젖산이 근육 내에 축적되어 근육은 피로해지며, 축적된 젖산이 혈액순환에 의해 간으로 운반되어 다시 글라이코젠으로 재합성되거나 심장으로 운반되어 에너지원으로 이용되면 근육의 피로가 풀리게 된다. 그러나 스트레스가 쉬지 않고 계속 지속되면 체내 축적된 젖산이 미처 처리되지 못하고 축적된 젖산의 양이 과다한 산중독(acidosis)이 발생하며, 산중독이 심하면 폐사될 수도 있다. 산중독에 의한 폐사는 특히 돼지에서 많이 발생하기 때문에 이러한 현상을 PSS(porcine stress syndrome)라고 하는데, 산중독은 돼지에서 심할 뿐이지 스트레스를 받는 모든 식육동물에서 나타날 수 있는 현상이다. 따라서 식육동물은 도축 전 과도한 스트레스를 받지 않도록 취급하는 것이 중요하며, 적절한 계류를 통해 근육에 축적된 젖산이 혈액순환을 통해 해소될 수 있도록 하여야 한다.

식육동물에게 스트레스를 주는 환경적 요인은 매우 다양하다. 즉, 지나친 온도나 습도, 너무 밝은 빛이나 소음, 좁은 공간에 밀집시키는 것과 부적절한 취급 등이 모두 식육동물에게 스트레스를 주는 환경이 된다. 그러나 이러한 환경적 조건이 식육동물에 주는 스트레스의 정도는 식육동물의 품종, 체중, 나이, 성, 스트레스 저항력 및 감정상태 등에 따라 달라질 수 있다. 즉, 같은 환경조건에서 어떤 동물은 불안을 느끼지만 또 어떤 동물은 전혀 그렇지 않을 수도 있는데, 식육동물은 에피네프린과 노르에피네프린의 비율과 같은 호르몬 균형의 차이, 피로의 정도 차이 또는 스트레스 경험의 차이와 같은 다양한 요인에 의해 개체마다 같은 환경조건에서 받는 스트레스의 강도가 다르다.

스트레스와 관련된 여러 가지 환경적 요소 중 식육동물에게 가장 큰 영향을 미치는 것은 고온의 환경온도이다. 식육동물은 고온 또는 다습한 환경에서 적절한 체온조절이 이루어지지 않으면, 체온이 상승하고 근육내 ATP 분해와 해당작용이 가속화되어 폐사에 이르는 경우가 빈번히 발생한다. 이외에도 식육동물을 불안하게 하는 모든 환경조건은 결과적으로 근육 내의 글라이코젠 함량을 변화시키는 등, 사후 근육의 특성에 여러 가지 변화를 가져오게 한다.

(2) 식육동물의 스트레스 저항력

앞에서 설명한 바와 같이, 식육동물이 받는 스트레스는 근육 내 생리적인 변화와 대사과정에 변화를 유발하고, 이는 궁극적으로 육질에 지대한 영향을 미치게 되는데, 그 정도는 스트레스의 강도와 기간 및 식육동물의 스트레스에 대한 저항력 등에 따라 다르게 나타난다. 식육동물은 스트레스에 대한 저항력 정도에 따라 스트레스 취약

(stress susceptible) 동물과 스트레스 저항(stress resistant) 동물로 나눌 수 있는데, 고도의 스트레스 취약 동물은 약간의 스트레스에도 쇼크를 일으키고 순환계가 붕괴되며, 심지어 고온이 아닌 평범한 스트레스에도 폐사될 수 있다. PSS 돼지로 알려진 스트레스 취약 돼지는 극단적인 정육형 돼지로 불안한 행동, 근육경련 및 붉은 피부색의 특성을 나타낸다.

일반적으로 스트레스 취약 동물은 사후근육의 해당작용이 빠르게 진행되고, 젖산축적에 의한 pH 강하가 급속히 이루어지며, 그 결과 빠른 시간 내에 사후강직이 개시된다. 이러한 동물의 근육은 비록 사후변화가 급속히 일어나도 사전에 이미 어느 정도 근육의 온도가 상승되어 있고, 젖산이 형성되어 있으며 ATP 분해 역시 발생되어 있다. 따라서 도축 전후의 이 두 가지 조건이 조합되어 근육의 식육화가 급격히 이루어져, 급속한 pH 강하와 높은 도체온도 상승이 유발되고 그 결과 단백질들의 변성이 초래된다. 결국 스트레스 취약 동물의 근육은 사후 18~24시간 냉각 동안 창백하고(pale), 흐물흐물하며(soft), 물이 흘러내리는(exudative) PSE 육으로 전환된다. 이러한 PSE 육은 가공수율이 낮고 조리감량이 많을 뿐만 아니라 다즙성이 좋지 않은데, 보통 돼지 등심이나 뒷다리 부위와 닭의 가슴육에서 주로 나타나지만 돼지 어깨부위나 소나 닭의 적색근에서도 드물게 나타나기도 한다. 한편, 식육동물이 스트레스를 받는 동안 보유하고 있는 글라이코젠을 고갈시키면서 견디어 낸다면 근육은 어둡고(dark), 단단하며(firm) 물기가 없는(dry) DFD 육을 생산한다.

대부분의 스트레스저항 동물은 상대적으로 심한 스트레스를 받더라도 근육 내에 축적되어 있는 글라이코젠을 소비하면서 정상적인 근육의 온도와 생체항상성을 유지할 수 있다. 식육동물은 도축직전 피로, 운동, 절식, 흥분, 격투, 억제 및 전기충격 등과 관련된 스트레스를 이겨내기 위해 글라이코젠을 소비하기 때문에 근육 내에 그 함량이 부족하게 되는 경우가 빈번히 발생하기 때문에 근육 내 글라이코젠이 보충될 수 있도록 충분한 계류시간을 가져야 한다. 만약 그렇지 못한 경우 사후근육은 한정된 해당작용이 일어날 수밖에 없고 그 결과 식육의 최종 pH는 매우 높게 나타난다. 물론 사후 근육의 식육화 과정에서 pH의 변화가 일어나지 않는 것과 마찬가지로 육색의 변화도 일어나지 않는다. 이럴 경우 특히 식육은 빛을 반사하기 보다는 흡수하는 특성을 가지기 때문에 표면에 존재하는 육색소는 암적색 또는 적자색의 빛을 반사하게 된다. 이런 형태의 식육조직은 보수성이 지나치게 좋아 표면이 매우 건조하며 끈끈한 조직감을 나타내는데, 이런 암절단육(dark cutting meat)은 돼지고기보다 소고기에서 주로 발생한다. 암절단우육의 가장 큰 단점은 외관이 검고 말라있으며 단단해서 소비자의 구매의욕을 감소시키는 것이며, 높은 pH로 말미암아 미생물의 증식이 빠르게 일어나 소고기의 소매판매에 있어 금전적인 손실과 직결된다는 것이다.

(3) 식육동물의 유전력과 유전자

사후에 나타나는 근육의 특성, 즉 육질은 유전력에 의해 추정할 수 있는데, 이는 육질과 관련된 근육의 특성이 상당 부분 유전되고 있음을 전제로 하고 있다[표 7-4]. 따라서 식육동물 생산자들은 정상적인 육색, 바람직한 연도, 최적의 근내지방도를 발현시킬 수 있는 형질의 동물을 선발, 육종하면 기호성이 높은 식육을 생산할 수 있다.

[표 7-4] 식육동물의 육질과 관련된 유전력

육질 항목	식육동물 종류	유전력 (평균 %)
육색-경도-조직	돼 지	30
	소	30
근내지방 침착도	돼 지	25
전단력 또는 연도	돼 지	30
	소	60

어떤 하나의 유전자가 식육의 양적 또는 질적 특성을 좌지우지 한다거나 식육동물에 있어 경제적으로 중요한 형질을 조절하는 경우는 거의 나타나지 않는다. 그러나 아주 드물게 오랜 시간의 육종기간 동안 돌연변이가 발생하여 중요한 형질을 조절하는 경우도 발생하는데, 이런 유전자의 좋은 예가 제6장에서 설명하였던 이중근육과 관련된 마이오스테틴으로, 이 유전자는 소의 근육양을 과도하게 많이 생성되게 만든다. 한편, 육질과 관련해서는 돼지고기의 품질에 주로 영향을 미치는 두 가지의 유전자가 확인 되었는데, 할로세인 유전자(halothane, Hal gene)와 랜디멘트 나폴리 유전자(Rendement Napole, RN gene)이다.

할진(Hal gene)은 스트레스취약 돼지를 선발하기 위해 할로세인 가스 마취 실험을 하는 도중에 발견되었는데, 할진을 보유한 돼지는 할로세인 가스에 노출되면 즉각적으로 뒷다리가 경직되는 현상이 나타난다. 할진은 근소포체에 존재하고 있는 칼슘 조절 단백질이 돌연변이를 일으켜 나타나며, 이 단백질이 돌연변이 되면 칼슘조절 기능이 변경되고 근소포체로부터 과량의 칼슘이 유리되어 나와 근육조직에 영향을 미친다. 앞에서 설명한 바와 같이 스트레스취약 돼지의 근육은 사후 PSE육을 생산할 확률이 매우 높은데, 할진을 보유한 돼지의 근육은 거의가 PSE육을 생산한다. 즉, 할진을 보유한 돼지는 근소포체의 칼슘조절 능력에 결점이 생겨 세포질로 과량의 칼슘이 유리되어 나오고, 증가된 칼슘농도에 의해 근육은 사후 대사가 급속히 일어나며, 그 결과 도체온도가 높은 사후 초기에 매우 빠른 pH 강하가 이루어진다. 따라서 근육의 높은 온도와 낮은 pH는 육단백질의 변성을 야기하여 PSE육이 발생하는 것이다. 여기서 꼭 알아두어야 할 것은 할진에 의해 나타나는 사후 근육 내의 급속한 대사가 사후 도체나 식육의 부적절한 취급에 의해서도 나타날 수 있다는 것이다.

알앤진(RN gene) 역시 PSE 돈육의 발생과 연관이 있지만 할진과는 다른 기작이다. 즉, 알앤진을 보유한 돼지는 아데노신 모노포스페이트 카이네이스(adenosine monophosphate, AMP kinase)가 변경되어 있는데, AMP 카이네이스는 글라이코젠의 합성을 조절하는 세포 내 효소단백질로, 이 효소의 변경으로 알앤진 돼지는 과량의 글라이코젠을 합성하게 된다. 그 결과 알앤진 돼지는 도축시 근육 내에 과량의 글라이코젠이 존재하게 되며, 근육의 식육화 과정에서 정상적인 사후 해당작용이 이루어지지만, 글라이코젠의 함량이 워낙 많기 때문에 최종적으로 생산되는 젖산의 함량도 과도하여 최종 pH가 정상육보다 낮게 나타난다. 현재까지는 명확히 밝혀지지 않지만 근육의 높은 온도와 빠른 pH 강하에서 나타난 것과 유사하게 식육의 낮은 최종 pH에 기인하여 육단백질의 변성이 일어나는 것으로 생각되고 있다.

(4) 식육동물의 연령

고령의 식육동물은 증가된 마이오글로빈 함량에 의해 근육의 색이 짙어지게 되고, 근육 내 결합조직의 특성 변화로 인해 연도가 저하되는 등, 연령에 따라 전체적인 육질의 저하가 나타난다. 결합조직의 양은 식육동물이 성숙한 후에는 큰 변화가 없으나 콜라젠 섬유 내의 분자들 사이의 교차결합이 증가하고, 이러한 구조적 변화가 콜라젠의 용해도를 감소시켜 연도를 저하시키게 된다. 어린 동물의 경우 성장 단계에 있어서 연도는 시간이 지남에 따라 증가하는데, 이는 근섬유의 빠른 성장이 결합조직을 희석하는 효과가 있기 때문이며, 따라서 출하체중의 소(12~18개월 령)가 성장기의 송아지(6개월 령)보다 연한 경우가 나타나기도 한다. 그러나 30개월 령 이상의 소고기는 다시 질겨지게 되며, 시간이 지날수록 그 정도는 심해진다. 한편, 식육의 풍미는 연령이 증가함에 따라 증가하는데, 이는 사후 이노신(inosine)과 하이포산틴(hypoxanthin)으로 분해되는 근육 내 뉴클레오타이드의 농도가 증가하기 때문이다.

(5) 식육동물의 성

식육동물은 성(sex)에 따라 성호르몬의 순환정도가 다르며, 이에 따른 육질의 변화가 나타날 수 있다. 돼지의 경우 수컷에서 나타나는 웅취(boar taint) 때문에 생산된 식육이 문제가 될 수도 있는데, 이는 수컷의 정소에서 생산되는 안드로스테논(androstenone)과 트립토판의 장내 세균 대사물질인 스캐톨(skatole)이 주 원인으로 알려져 있다. 웅취를 방지하기 위해서는 거세가 좋은 방법이나 동물복지의 개념에서 비판을 받을 수 있다. 이를 해결하기 위해 웅취가 약한 품종을 쓰거나 화학적 거세 등이 시도되고 있다. 또한 식육동물의 수컷은 우수한 정육률에 반해 육질이 좋지 않은 경향이 있는데, 수컷의 근육은 콜라젠의 농도가 높고, 같은 연령의 거세한 동물보다 화학적 교차결합이 훨씬 많으며, 높은 마이오글로빈 함량 때문에 짙은 육색을 나타낸다.

(6) 식육동물이 섭취한 사료

일반적으로 식육동물의 사료는 육질에 심각한 영향을 미치지 않는 것으로 알려져 있으나, 도살 직전, 비육말기에 근육 내 글라이코젠 함량에 변화를 줄 수 있는 특정 사료 급여는 육질에 영향을 미칠 수 있다. 특히 전분질 사료의 급여는 근육 내 글라이코젠의 회복에 도움이 되며, 사후 pH의 정상적인 변화에 효과적이다. 그러나 도살 전 계류시 약 24시간 동안은 절식시키는 것이 내장적출 등의 용이한 작업을 위해 바람직한 것으로 알려져 있다. 식육동물에게 높은 수준의 비타민 E를 급여하면 효과적으로 육질을 향상시킬 수 있다. 비타민 E는 지용성이기 때문에 지질조직이나 세포막에 축적되며, 식육 내에 축적된 비타민 E는 항산화제로서 강력한 역할을 하는데, 지방산화를 억제하여 식육의 유통기한을 연장시키며 마이오글로빈을 안정화시켜 육색을 향상시킨다. 어떤 반추동물의 경우 베타-카로틴(β-carotene)의 함량이 높은 목초 급여시, 체지방에 베타-카로틴이 축적되어 바람직하지 못한 황색지방이 나타날 수 있으며, 과량의 목초 급여는 목초 내 함유된 다양한 화합물에 의해 식육에서 변취가 발생할 수도 있다.

(7) 도축 전 식육동물의 취급방법

도축 전 식육동물의 취급방법에 따라 최종적인 육질이 달라질 수 있다. 따라서 도축 전 식육동물이 받는 스트레스를 최소화할 수 있는 환경조건을 종합적으로 고려해야한다. 즉 식육동물의 분류와 승차, 무게측정, 수송, 계류 중 절식, 급수와 기후, 취급 장치 및 취급자 등의 많은 요소가 고려되어야 한다.

수송과정은 특히 식육동물이 가장 스트레스를 많이 받는 단계로서 충분한 환기가 되지 않는 트럭이나 고온다습의 기후는 동물을 불안한 상태로 만들 수 있으며, 이러한 상태에서의 장시간 수송은 폐사, 체중 감소 등의 심각한 결과를 초래할 수 있다.

정상적인 수송조건에서는 약 2~5% 정도의 생체중 감량이 발생하는데, 이는 위장내용물의 배설에 의한 것이지 근육조직 자체의 감량에 의한 것은 아니다.

도축 전 식육동물은 안정과 휴식을 주기 위해 계류를 실시해야 한다. 계류는 수송 중 받은 스트레스로 인하여 고갈된 근육 내의 에너지원을 보충하게 하여 사후 대사와 pH 강하가 정상적으로 일어나게 만든다. 만일 장거리 수송 후 계류없이 곧바로 도축하는 경우 DFD 육이나 암절단육의 발생률이 높아진다.

(8) 식육동물의 기절방법

식육동물의 근육 특성과 조성은 기절방법과 조건에 의해 영향을 받는데, 기절방법이나 조건에 따라 식육동물이 받는 스트레스의 정도는 사후 근육의 글라이코젠 고갈 정도로 알 수 있다[표 7-5].

[표 7-5] 기절방법이 사후 돼지 근육의 에너지 대사에 미치는 영향

측 정 요 소	기 절 방 법				
	기절 없이 붙잡고 방혈	전격법 (90V)	전격법 (290V)	총격법	가스마취법
pH(1시간 후)	5.92	6.22	6.18	5.99	6.14
pH(최종)	5.45	5.47	5.62	5.59	5.58
ATP(1시간 후) (μmoles/g)	3.22	3.51	3.23	2.08	3.48
CP(1시간 후) (μmoles/g)	0.60	0.61	2.48	0.65	0.55
젖산(1시간 후) (μmoles/g)	72.91	75.53	62.48	63.69	75.67

기절 후 빠른 시간 내의 방혈은 혈압의 저하에 매우 효과적인데, 전격법을 사용하는 경우 근육 내 용혈이 발생할 정도로 혈압이 상승하는 등의 현상을 볼 때, 가능한 한 빠른 방혈은 필수적이라 볼 수 있다. 기절 후 수초 내에 방혈이 이루어지지 않을 경우 혈점(blood splash) 현상이 발생할 수도 있는데, 이는 근육에 생기는 일종의 혈액 반점으로 제거되지 않는다. 따라서 적당한 전압과 전극의 사용으로 이러한 문제를 최소화 할 수 있다.

(9) 사후 도체나 식육의 온도 변화

식육동물을 도축한 후 도체는 육단백질 변성과 미생물 번식을 억제하기 위하여 가급적 빠른 시간 내에 예냉실에 입고하여 냉각시키는 것이 좋다. 특히 백색근섬유의 비율이 상대적으로 높은 돼지나 닭의 도체는 급속냉각이 권장되며, 상대적으로 적색

근섬유의 비율이 높은 소의 도체는 급속냉각이 저온단축을 유발할 수 있어 연도에 부정적인 영향을 미칠 수 있다.

1) 저온단축과 고온단축

근육의 수축현상은 근육이 처한 환경온도에 따라서 상당히 민감하다. 일반적으로 도살 후 도체의 온도변화에 따라 근육의 단축정도가 달라지기 때문에 도체의 냉각속도는 육질에 매우 지대하게 영향을 미친다. 모든 근육은 -1~38℃ 사이의 온도에서 사후 해당작용 중에 어느 정도의 단축은 일어난다[그림 7-12].

사후강직 전 근육을 0~16℃ 사이의 저온으로 급속히 냉각시키면 불가역적이고 반영구적으로 근섬유가 강하게 수축되는 현상을 저온단축(cold shortening) 이라고 한다. 저온단축의 원인은 사후강직 전 근육에 있어서 낮은 온도와 무산소 상태에서 pH 저하에 따라 근소포체와 마이토콘드리아로부터 과도한 칼슘이온이 유리되어 나오고, 칼슘이온과 결합할 수 있는 근소포체 능력이 상실됨으로써 근원섬유 주위에 칼슘이온 농도가 크게 높아져 근육수축이 촉진되기 때문이다. 또한 빠른 pH의 강하 역시 칼슘이온의 방출에 기여하는데, 이는 pH 강하에 따라 마이토콘드리아와 근소포체의 칼슘이온 결합능력이 감소되어 더 많은 칼슘이온이 방출되기 때문이다. 일반적으로 적색근섬유가 많은 소고기가 백색근섬유가 많은 돼지고기나 닭고기보다 저온단축의 발생가능성이 높은데, 그 이유는 백색근섬유가 적색근섬유에 비해 마이토콘드리아가 적고, 잘 발달된 근소포체 구조를 갖고 있어 저온단축에 대한 저항성이 강하기 때문이다. [그림 7-13]은 이완상태와 저온단축이 일어난 소고기의 근원섬유의 미세구조를 보여주는 전자현미경 사진인데, 저온단축이 일어난 근원섬유에서는 명대가 완벽하게 사라진 것을 볼 수 있다.

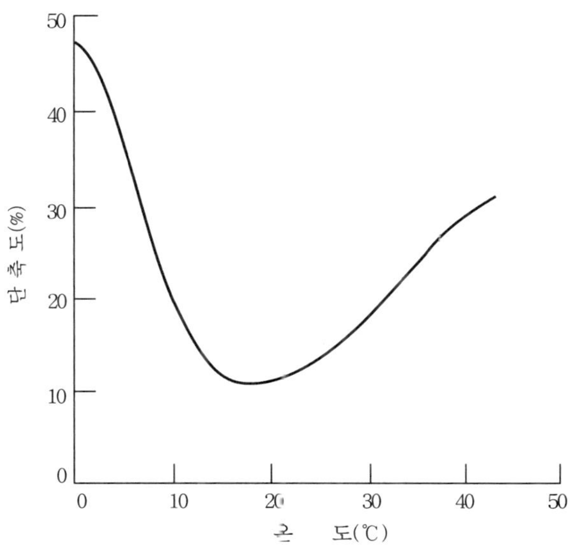

[그림 7-12] 사후 소 근육의 온도와 단축과의 관계

식육의 연도는 저온단축 정도와 상당한 관계가 있다. 일반적으로 식육의 연도는 일정한 크기로 식육을 준비한 후 근섬유의 직각방향으로 절단하는데 필요한 힘을 측정하는 전단력으로 나타낸다. 전단력으로 식육의 연도를 평가할 때, 20% 정도의 단축

이 발생할 때까지는 전단력이 크게 달라지지 않지만, 20~40%로 단축도가 증가하면 전단력이 점차 높아지며 단축도가 약 40%인 식육을 가열하면 최고의 전단력이 나타난다. 반면, 단축도가 40~60% 정도까지 이루어진 식육은 오히려 전단력이 낮아지는데, 이러한 현상은 근육조직의 과도한 수축으로 인해 오히려 구조적 붕괴현상이 발생하기 때문이다. 따라서 저온단축은 연도에 좋지 않은 영향을 미치며, 사후 초기에 도체를 즉각적으로 저온에 노출시키지 않음으로써 또는 냉각온도를 높여 지연냉각을 실시함으로써 어느 정도 방지할 수 있다.

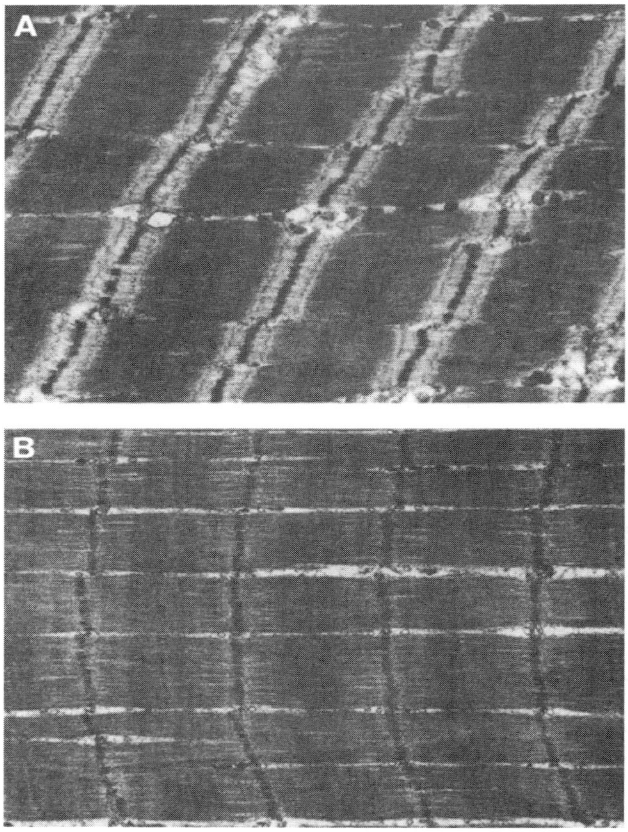

[그림 7-13] 이완상태(A)와 저온단축이 일어난 상태(B)의 소고기 근원섬유의 전자현미경 사진

한편, 저온에서 근육이 단축되는 현상과는 반대로 16℃ 이상의 높은 온도에서도 근섬유가 단축하는 고온단축(heat shortening)이 발생할 수 있다. 이러한 현상은 고온으로 인하여 근육 내 ATPase 및 대사작용에 관계하는 효소들의 활성이 증가되어 ATP, CP, 글라이코젠 등의 에너지원이 빠른 속도로 분해되어 사후강직이 촉진되고

단축도가 증가하기 때문에 발생한다. 저온단축이 주로 적색근섬유에서 발생하는 것에 반해, 고온단축은 닭의 가슴살, 토끼의 안심과 같은 백색근섬유에서 주로 발생한다. 따라서 백색근섬유의 비율이 상대적으로 높은 닭의 경우 도계 후 도체를 가급적 빠른 시간 내에 얼음물에 집어넣어 빠르게 냉각시키는 것이 권장되고 있다.

2) 해동강직

사후강직이 완료되기 이전의 근육을 냉동시킨 후 해동하면 극심한 근섬유의 단축과 함께 강직현상이 일어나는데 이를 해동강직(thaw rigor)이라 한다. 해동강직의 개시는 근육 내 ATP의 수준이 비교적 높은 경우 발생하는데, 이는 저온단축의 경우와 같다. 해동강직은 저온단축과 마찬가지로 강직 후 냉동시킨 고기와 비교하여 매우 질긴 고기를 생산[그림 7-14)]하게 되며, 특히 해동 중 근육조직으로부터 과도한 육즙 손실이 발생한다.

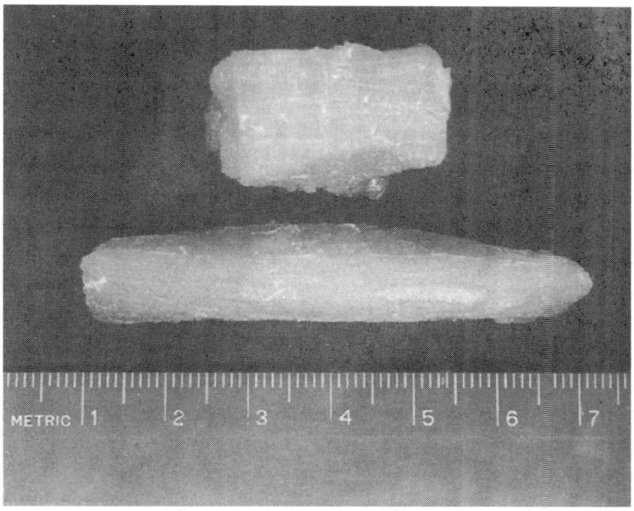

[그림 7-14] 해동강직 현상과 근육의 단축
(위 : 해동강직 후의 근육, 아래 : 강직 전의 근육)

해동강직과 육즙은 밀접한 관련성이 있기 때문에 육가공산업에 실질적인 피해를 줄 수 있는 매우 중요한 요인이며, 따라서 강직이 완전히 완료될 때까지 식육의 냉동은 피해야 한다. 또한 해동강직은 강직 전 냉동된 고기를 냉동상태에서 조리할 경우 극심한 연도 저하가 발생하며, 빠르게 해동된 식육은 완만 해동된 것에 비해 해동강직의 피해를 덜 받는다. 이는 급속해동이 세포 내 공간으로 염의 이동을 최소화함으로써 단축의 위험성을 줄일 수 있기 때문이다. 이와 같은 해동강직을 방지할 수 있는 가장 근본적인 방법은 강직이 완전히 이루어진 이후에 식육을 냉동시키는 것이며, 이외에 전기자극과 같이 해당작용을 가속화하여 강직완료시기를 단축시킴으로써 해동강직을 방지 할 수도 있다.

(10) 도체의 온도조절과 전기자극

식육의 저온단축을 방지하기 위한 다양한 방법들이 개발되어 왔는데, 그 중 하나가 도체의 온도조절(temperature conditioning)이다. 도체의 온도조절은 일반적으로 저온단축이 일어날 수 있는 온도보다 높은 온도에서 강직개시 전에 도체를 일정시간 지연시킨 후 냉각시키는 것을 말한다. 일반적으로 사후 강직 전 근육의 온도를 14~20℃ 또는 30~37℃로 조절하면 저온단축을 어느 정도 피할 수 있다고 알려져 있다. 즉, 사후초기 도체의 냉각속도와 최종 식육의 연도 사이에는 밀접한 관련이 있는 것에 착안하여, 도체의 온도조절을 통해 사후강직 진행 중 근육수축의 정도를 조절하는 것이다. 도체를 예냉실에 입고하기 전에 30~37℃의 고온에서 일정시간 지체시키면 사후 해당작용의 속도가 빨라져 pH의 강하도 빨라지고 동시에 단백질분해효소인 카뎁신(cathepsin)이 유리 증가되어 마이오신과 트로포닌 T를 분해함으로써 연도가 향상되는 것으로 제시되고 있지만, 반대로 도체를 고온에서 지체하면 근육 내의 ATP가 고갈되는 최종단계에서는 고온에 의해 근육의 수축이 증가되어 연도가 감소한다는 주장도 있다. 그러나 한편, 사후 초기에 30℃ 이상으로의 온도조절이 연도에 대한 효과가 불분명한 것과는 달리 사후강직 마지막 단계에 고온처리하면 연도가 명확히 증가되는 것으로 알려져 있다.

사후강직 전 근육에 전기자극(electrical stimulation)을 실시하면 사후 해당작용을 가속화 시켜 에너지를 급속히 소모시켜버리기 때문에 곧 바로 도체를 낮은 온도로 냉각시켜도 저온단축 현상이 일어나지 않는다. 전기자극의 원래 목적은 강직전 근육의 에너지 소비를 촉진시켜 저온단축을 방지하기 위함이었지만 그 동안 많은 연구를 통해 전기자극이 저온단축의 방지뿐만 아니라 연도와 숙성효과 증진, 육색 향상, 히트링(heat-ring) 현상 방지 및 식육의 저장성을 개선하는 등의 육질에 지대한 영향을 미치는 것으로 밝혀졌다.

제 8 장 식육의 화학적 조성

일반적으로 동물체는 100여 가지의 화학원소 중 생명유지에 필수적인 20여개의 화학원소로 구성되어있다. 이 외에 약 30~35개 정도의 화학원소들이 포유류나 어류의 조직에서 검출되며, 이러한 원소들의 조성은 동물의 일생동안 겪는 환경에 의해 변화할 수 있다.

동물체를 구성하는 가장 풍부한 화학원소들은 물에 존재하는, 그리고 단백질, 지질 그리고 탄수화물과 같은 유기물에 존재하는 산소와 탄소, 수소 그리고 질소이다. 이 4가지 원소들은 [표 8-1]에 나타난 바와 같이 동물체를 구성하는 화학원소들의 약 96%를 차지한다. 이 외에 칼슘(1.5%), 인(1.0%), 칼륨(0.35%), 황(0.25%), 나트륨(0.15), 염소(0.15% 그리고 마그네슘(0.05%)까지 11가지의 주요 원소들과 25개의 미량원소들로 구성되어있다.

동물체에서 연한 조직들의 60~90%는 물로 구성되어있기 때문에 산소와 수소의 구성 비율이 명백히 높다. 동물체를 구성하는 유기물은 탄수화물과 지질의 경우 탄소, 수소 및 산소의 복잡한 화합물로 이루어져있으며, 단백질의 경우 탄소, 수소 및 산소 원자들 외에 질소, 황 그리고 인과 같은 다른 원소들의 조합으로 이루어진다.

[표 8-1] 식육동물의 화학원소 조성

주요 원소	비율(%)	미 량 원 소		
Oxygen (O)	65.0	Aluminum (A)	Iron (Fe)*	Titanium (Ti)
Carbon (C)	18.0	Arsenic (As)	Lead (Pb)	Vanadium (V)
Hydrogen (H)	10.0	Barium (Ba)	Lithium (Li)	Zinc (Zn)*
Nitrogen (N)	3.0	Boron (B)	Manganese (Mn)*	
Calcium (Ca)	1.5	Bromine (Br)	Molybdenum (Mo)*	
Phosphorus (P)	1.0	Cadmium (Cd)	Nickel (Ni)	
Potassium (K)	0.35	Chromium (Cr)	Rubidium (Rb)	
Sulfur (S)	0.25	Cobalt (Co)*	Selenium (Se)*	
Sodium (Na)	0.15	Copper (Cu)*	Silicon (Si)	
Chlorine (Cl)	0.15	Fluorine (F)	Silver (Ag)	
Magnesium (Mg)	0.05	Iodine (I)*	Strontium (Sr)	

* 필수미량원소

한편, 동물체에 존재하는 다른 성분들은 무기원소들로 구성된다. 이들 무기원소들의 함량은 변이가 큰 편으로, 칼슘처럼 체중의 약 1.5% 정도를 차지하는 것부터 거의 검출되지 않을 정도로 존재하는 것까지 다양하다. 하지만 동물체에 존재하는 이러한 원소들의 총량이 그것들의 기능적 중요성과 정확하게 일치하지 않는다.

8.1. 수 분

살아있는 근육 조직에서 수분은 65~80% 정도로 가장 높은 구성 비율을 차지하며, 액성 배지로서 세포나 장기 대사의 기본 구성 요소이자 온도 조절, 용매 및 윤활유와 같은 역할을 한다. 또 수분은 대사산물과 호르몬 및 노폐물을 몸 전체로 전달하는 등 동물체 내에서 일어나는 대부분의 화학적 반응과 대사 과정에서 매개체로 작용한다. 따라서 영양학적 가치는 없지만 콜로이드성 단백질 분자들과 함께 세포 구조와 연관성이 있어 동물의 생명 유지에 필수적이다.

사후 근육 조직에서 수분은 개별 세포의 주요 구성요소로 세포 구성성분의 75~80%를 차지한다. 수분은 근원섬유단백질의 구조를 지지할 뿐만 아니라 근장단백질을 함유하는 근형질의 근간을 이룬다. 근원섬유는 근육량의 75~92%를 차지하며 식육의 보수력에 중요한 역할을 하는데, 식육산업에서 신선육의 보수력은 가공수율과 품질과 같은 경제적 가치에 영향을 미친다. 즉, 낮은 보수력은 수분 감소, 변색, 관능 성상 저하 및 포장시 삼출물로 인해 소비자 선호도를 감소시킬 수 있다.

일반적으로 식육 내에서 단백질과 수분은 주로 수소결합에 의해 결합되어 있으므로, 보수성은 단백질의 여러 가지 극성기와 밀접한 관련이 있다. 따라서 근원섬유 내에 물을 보유하는 능력은 식육의 최종 pH(pHu)의 영향을 받는다. 그런데 사후 pH는 젖산 축적에 의해 pH 5.5~5.8로 하강하기 때문에 근원섬유단백질이 수분을 보유하는 능력은 감소하게 된다. 식육의 보수력은 근원섬유단백질의 등전점 pH 5.0 근처에서 최소이며 이보다 pH가 높아지면 현저히 증가한다.

식육의 수분함량은 지방함량에 의해 결정적인 영향을 받는데, 일반적으로 지방함량이 높은 식육은 수분함량이 낮은 경향을 나타낸다. 수분은 식육 내 존재 위치와 분포양식에 따라 세포 내와 세포 외의 것으로 나눌 수 있다. 전체 수분의 약 85%는 세포 내에, 즉 마이오신 필라멘트와 액틴 필라멘트 사이에 위치하고 있으며, 나머지 약 15%는 세포 밖에 위치하고 있다. 한편, 수분은 쌍극성 분자이기 때문에 단백질 및 다른 전하를 띠는 분자들 간에 긴밀한 상호작용이 일어날 수 있다. 이러한 수분은 단백질과의 결합양식에 따라서 결합수, 고정수 및 자유수로 나누어지며, 각각 특유의 기능과 역할을 가지고 있다.

전체 수분의 약 5%를 차지하는 결합수는 단백질과 단단히 결합되어 있으며, 외부의 심한 기계적 충격이나 물리적인 힘에도 쉽게 유리되지 않는다. 식육 내 수분은 여러 물질을 현탁하고 있어서 -1℃ 부근의 온도에서 쉽게 얼지 않지만 -18℃ 이하의 온도에서도 액상으로 존재하며, -40℃에서도 얼지 않는다. 그리고 단백질과 강하게 결합하고 있기 때문에 구획 사이를 쉽게 이동하지 않으며, 심지어 가열이나 동결건조에 의해서도 유리되지 않는다. 결합수는 고정수나 자유수와 달리 용매의 역할이 없으며, 미생물 번식 또는 포자의 발아에 이용되지 않는다. 고정수는 결합수 표면의 물 분자들과 수소결합을 이루고 있다. 자유수는 핵, 세포 소기관, 근형질, 근원섬유 사이 및 근육 근막 사이에 위치하는 수분으로, 식육 내 수분의 약 75%를 차지하고 있으며, 열역학적인 운동이 자유로워 외부의 가벼운 충격에 쉽게 식육 표면으로 삼출될 수 있다. 자유수는 열처리 동안 손실되기 쉽고, 얼어붙을 수 있다. 그리고 자유수는 수용성 단백질, 수용성 비타민 및 무기물을 함유하고 있기 때문에 식육의 보수력이 저하되어 자유수의 삼출이 많아지면 영양성분의 손실이 야기된다.

한편, 식육의 수분함량과 미생물의 번식이 서로 밀접한 연관이 있는데, 특히 주위의 습도에 의해 크게 영향을 받는다. 즉, 대기가 건조하여 습도가 낮으면 식육 내의 수분이 증발하게 되어 수분함량이 점차 감소하게 되며, 반대로 습도가 높으면 수분을 흡수하여 수분함량이 증가하게 된다.

8.2. 단백질

식육의 단백질은 골격근의 16~22%를 구성하고 있으며, 기본 구조는 아미노기(-NH_2)와 카르복실기(-COOH)를 가진 여러 개의 아미노산들이 서로 펩타이드 결합으로 연결된 폴리펩타이드 사슬을 이루는 형태로 되어있다. 단백질을 구성하는 아미노산의 종류는 20개이며, 아미노산의 조성과 함량 및 구조적 특징에 따라 단백질의 특성을 결정할 수 있다. 식육 단백질의 아미노산 조성은 사람의 몸을 구성하는 아미노산 조성과 매우 유사하고 식물성 단백질에 비해 생물가가 높아 완전단백질이라 부르며, 인류에게 있어 중요한 단백질 자원으로 분류된다[표 8-2].

단백질은 일반적으로 그 기능과 용해도에 따라 근장단백질(sarcoplasmic protein, 신진대사), 근원섬유단백질(myofibrillar protein, 수축) 그리고 육기질단백질(stromal protein, 연결 또는 지지)로 분류되며, 근원섬유단백질은 다시 수축단백질, 조절단백질 및 세포골격단백질로 나누어진다[그림 8-1]. 각 단백질의 구성성분과 조성을 [표 8-3]에 나타내었다.

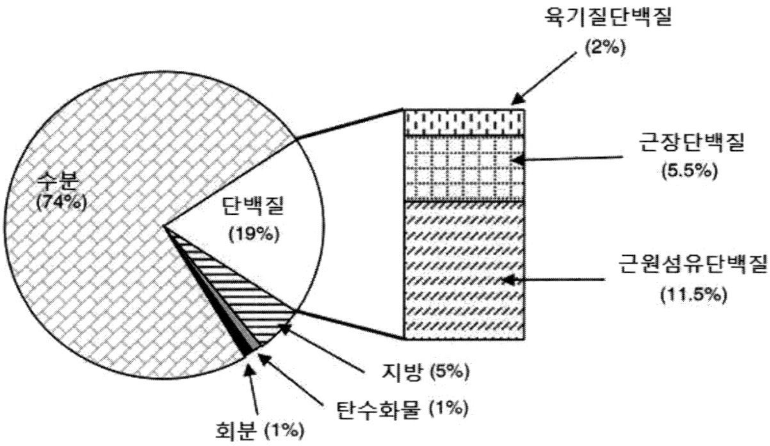

[그림 8-1] 골격근 조직의 조성

[표 8-2] 주요 3대 식육의 부위별 아미노산 조성 (g/105g)

아미노산	소고기			돼지고기			닭고기
	목심	우둔	등심	삼겹살	뒷다리	안심	
Tryptophan	217	228	202	95	162	213	250
Threonine	821	861	764	306	692	761	877
Isoleucine	973	1,020	905	399	841	842	1,088
Lysine	1,625	1,704	1,511	587	1,420	1,346	1,810
Phenylalanine	765	802	711	434	646	646	811
Leucine	1,524	1,597	1,417	728	1,306	1,207	1,490
Tyrosine	361	661	587	234	652	585	725
Arginine	1,199	1,257	1,116	622	1,068	1,005	1,302
Methionine	461	484	429	141	411	409	537
Cystine	235	246	219	106	273	192	277
Valine	1,033	1,083	960	434	879	853	1,012
Histidine	646	667	601	246	544	567	953
Alanine	1,074	1,126	999	–	–	761	–
Aspartic acid	1,735	1,819	1,614	858	1,517	1,553	2,024
Glutamic acid	2,815	2,952	2,619	1,022	2,390	2,509	3,309
Glycine	1,152	1,207	1,071	858	1,114	813	1,378
Proline	917	961	853	482	846	724	–
Serine	780	817	725	352	695	666	–
총 단백질(%)	18.6	19.5	17.3	9.1	16.9	16.4	20.6

(1) 근장단백질

근장단백질 또는 수용성 단백질은 전체 19%의 단백질에서 약 5.5%를 차지하며 물 또는 낮은 이온 강도의 KCl 염용액(0.06M)으로 추출된다. 이 단백질은 근형질 또는 근원섬유 사이의 근장에 용해되어 있으며, 주로 산화효소(싸이토크롬), 다양한 육색소(마이오글로빈), 마이토콘드리아 산화 효소, 노폐물 가수분해에 관여하는 라이소좀효소, 그리고 단백질의 합성을 조절하는 핵단백질 등으로 이루어져있다. 근장단백질의 대부분을 구성하는 당분해효소는 근원섬유단백질인 액틴에 결합되어있다. 근장단백질의 농도는 ~55 mg/ml로, 가장 풍부한 단백질(mg/g tissue)인 글리세알데하이드 인산 탈수소효소(glycealdehyde phosphate dehydrogenase, 12)부터 알돌레이스(aldolase, 6), 에놀레이스(enolase, 5), 크레아틴 카이네이스(creatine kinase, 5), 젖산 탈수소효소(lactate dehydrogenase, 4), 피루브산 카이네이스(pyruvate kinase, 3), 가인산분해효소(phosphorylase, 2.5) 그리고 마이오글로빈(myoglobin, 0.1~20+) 순으로 분포한다. 이러한 효소/단백질의 농도는 종, 근섬유 유형, 성숙 및 동물의 성별에 따라 변화한다. 근장단백질은 소시지 또는 재구성 육제품에서 육기질 단백질인 콜라겐보다 효과적인 유화제이지만 근원섬유 단백질만큼 효과적이지 않다.

식육과 관련하여 근장단백질 중 가장 중요하게 고려되는 단백질은 식육의 색깔을 결정하는 육색소단백질인 마이오글로빈이다. 살아있는 근육에서 마이오글로빈은 산소 결합과 전달 기능을 담당한다. 마이오글로빈은 단백질 부분인 글로빈(globin)과, 비단백질 부분인 힘링(heme ring)으로 구성되어 있다. 글로빈 폴리펩타이드 사슬은 힘 부분 주위에 코일을 형성하는 8개의 나선형의 단편(A~H)으로 구성된다[그림 8-2].

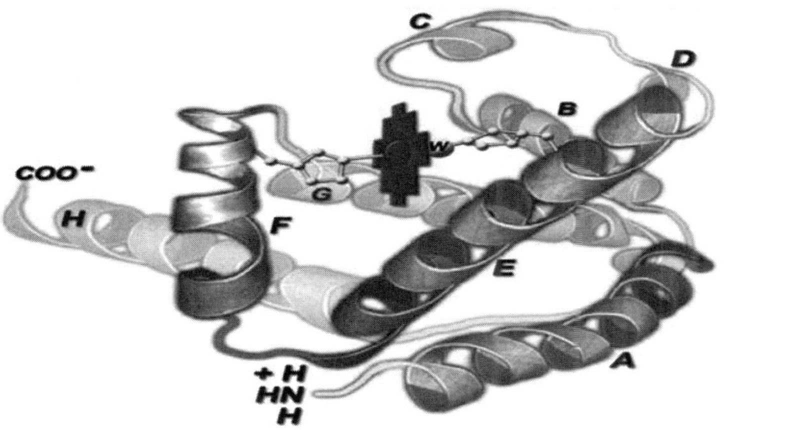

[그림 8-2] 마이오글로빈의 구조

소수성 힘 그룹은 비닐 그룹이 소수성 내부를 향하고 프로피온산 그룹이 분자의 외부 표면을 향하도록 배열된다. 마이오글로빈의 힘 그룹은 철 원자를 함유할 수 있는데, 환원형(ferrous/Fe^{2+}) 또는 산화형(ferric/Fe^{3+})으로 존재할 수 있다.

포유류와 조류의 마이오글로빈 분자는 153개 아미노산의 단일 폴리펩타이드로 구성된다. 소, 불소, 돼지, 양, 염소 그리고 말의 마이오글로빈 분자량은 각각 16,946, 17,034, 16,953, 16,923, 16,896 그리고 16,952 달톤(Da)이다. 생체 내의 마이오글로빈은 전체 철 함량의 10%를 차지하는데, 이는 혈액의 혈색소인 헤모글로빈(hemoglobin)에 많은 양의 철이 존재하기 때문인데, 도축 후 방혈에 의해 혈액이 제거된 식육의 경우 마이오글로빈이 전체 철의 70~80% 정도를 차지한다. 식육의 마이오글로빈 함량은 가축의 종류와 부위에 의해 크게 차이가 나타난다. 어린 송아지의 경우 근육 1g당 1~3mg이 함유되어 있지만 성숙한 소의 경우 4~10mg, 늙은 소는 16~20mg을 함유한다. 그리고 근육의 부위에도 차이가 있어서 운동량이 많아 산소 필요량이 높은 부위의 경우 그 함량이 높아지며 적색근이 된다.

한편, 헤모글로빈은 적혈구에 존재하는 적색의 혈색소단백질로 효소와 가역적으로 결합하여 산소를 필요로 하는 조직까지 운반하고 불필요한 탄산가스를 운반하는 역할을 한다. 분자량은 약 67kDa 정도로 4개의 프로토힘(protoheme)과 결합되어 있으며 분자구조상 산소에 대한 친화성은 마이오글로빈보다 적은 특성을 지니고 있다.

(2) 근원섬유단백질

근원섬유단백질은 전체 19%의 단백질 중 약 11.5%를 차지하고 있으며, 높은 이온강도의 염용액인 0.3 M 이상의 KCl 용액으로 추출할 수 있기 때문에 염용성 단백질이라고도 한다. 마이오신(43%), 액틴(22%), 타이틴(8%), 트로포마이오신(5%), 트로포닌(5%), 네불린(3%), C-단백질(2%), α-액티닌(2%), M 단백질(2%) 그리고 데스민(<1%) 순서로 전체의 93%를 형성하고 20개 이상의 다른 수축성 단백질들이 근원섬유를 구성한다. 근원섬유단백질들은 그 구조와 기능을 고려하여 근육의 수축과 이완의 주 역할을 하는 수축단백질(마이오신과 액틴), 근육 수축기작을 직간접으로 조절하는 조절단백질(트로포마이오신과 트로포닌) 및 근육의 구조를 유지시키는 세포골격단백질(타이틴, 네불린, C-단백질, 마이오메신 등)로 나누며, 전체 성분비는 [표 8-3]과 같다.

1) 마이오신

근원섬유를 구성하고 있는 단백질 중 가장 많은 43%를 차지하는 마이오신은 등전점이 5.4, 분자량은 50kDa에 가깝고 분자의 길이는 약 1,500Å의 섬유상 단백질이다. 길이 대 직경의 비율은 약 100:1이고, 글루탐산과 아스파르트산 그리고 이염기의 아미노산이 풍부하기 때문에 높은 전하를 가지며, 칼슘과 마그네슘 이온에 강한 친화성이 있다. 마이오신은 둥근 머리부분인 두 개의 무거운 폴리펩타이드 사슬(분자량 각각 12kDa, 직경 64Å)과 꼬리부분인 4개의 가벼운 폴리펩타이드 사슬(분자량 약 22kDa, 길이 1,360Å)로 구성된 알파-나선형(α-helical form)의 비대칭 분자이다 [그림 4-13 참조].

[표 8-3] 골격근의 화학적 조성 (중량기준 %)

조 성 분(범위)	비율(%)	조 성 분(범위)	비율(%)
수 분(65~80%)	**75.0**	**지 질**(1.5~13.0%)	**2.5**
단백질(16~22%)	**19.0**	Neutral lipid, phospholipids, fatty acids, fat-soluble substances	2.5
Myofibrillar proteins	**11.5**		
Myosin	5.5	**탄수화물**(0.5~1.5%)	**1.2**
Actin	2.5	Lactic acid	0.90
Connectin(titin)	0.9	Glucose-6-phosphate	0.15
N2 line protein(nebulin)	0.3	Glycogen	0.10
Tropomyisins	0.6	Glucose, traces of other glycolytic intermediates	0.05
Troponins, C, I and T	0.6		
α, β and γ actinins	0.5	**수용성 비단백 물질**	**2.3**
Myomesin,(M-line protein) and C-proteins	0.2	(a) Nitrogenous	**1.65**
		Creatinine	0.55
Desmin, filamin, F- and I-proteins, vinculin, talin, etc.	0.4	Inosine monophosphate	0.30
Sarcoplasmic proteins	**5.5**	Di- and tri-phosphopyridine nucleotides	0.10
Glyceraldehyde phosphate dehydrogenase	1.2	Amino acids	0.35
		Carnosine, anserine	0.35
Aldolase	0.6	(b) Inorganic	**0.65**
Creatine kinase	0.5	Total soluble phosphorus	0.20
Other glycolytic enzymes especially phosphorylase	2.2	Potassium	0.35
		Sodium	0.05
Myoglobin	0.2	Magnesium	0.02
Hemoglobin and other unspecified extracellular proteins	0.6	Calcium, zinc, trace metals	0.03
		비타민	
Stromal proteins	**2.0**	Various fat- and water-soluble vitamins, quantitatively minute.	
Collagen	1.0		
Elastin	0.05		
Mitochondrial, etc.(including cytochrome c and insoluble enzymes)	0.95		

마이오신의 세 가지 중요한 생물학적 기능은 첫째, ATP를 ADP와 무기인산으로 분해하는 ATPase로서의 작용이고, 둘째는 액틴과 결합하여 액토마이오신을 형성하는 것, 그리고 셋째는 약 0.1~0.2M KCl의 생리적 이온강도에서 마이오신 분자가 서로 결합하여 근원섬유의 굵은 섬유인 마이오신 필라멘트 구조를 형성하는 것이다. 마이오신 필라멘트는 약 1.5㎛ 길이의 400여개의 마이오신 분자로 구성된다.

마이오신을 단백질 분해효소인 트립신으로 처리하면 ATPase 활성점 및 액틴과 결합하는 부분과 마이오신 필라멘트의 몸통을 형성하고 용해성을 나타내는 두 부분으로 분리된다. 전자는 heavy-meromyosin(HMM)이라 부르는 수용성의 분자량 약 32kDa의 마이오신 분자의 머리에 해당하고, 후자는 light-meromyosin(LMM)이라 부르는 분자량은 약 15kDa의 마이오신 분자의 꼬리에 해당한다. 마이오신 ATPase는 ATP+ H_2O → ADP+ H_3PO_4의 생화학 반응을 일으키는데, 마이오신은 여기에서 발생하는 화학적 에너지를 기계적 에너지로 변환시킴으로써 근육 수축을 일으킨다. 마이오신 ATPase 활성은 칼슘이온에 의해 촉진되고 마그네슘이온에 의해 억제되지만, 액틴과 결합해서 액토마이오신이 되면 ATPase는 마그네슘이온에 의하여 활성화된다.

2) 액 틴

액틴은 근원섬유단백질의 약 22%를 차지한다. 액틴분자의 형태는 최근까지 구형으로 알려져 왔지만 어느 정도 타원형을 하고 있는 것으로 밝혀졌다. 구형의 액틴을 G-액틴(globular actin)이라고 부른다. G-액틴은 단량체이며 분자량이 약 45kDa이고, 직경이 55Å 정도이며 약 450개의 아미노산 잔기를 가지고 있다. 그리고 마그네슘 이온과 ATP가 한 개씩 결합하고 있다. G-액틴에 중성염이 첨가되어 생리적 이온강도가 되면 G-액틴이 서로 중합하여 길이가 1~5㎛의 긴 섬유상의 F-액틴(fibrous actin)을 형성한다. 따라서 생체 내에서는 F-액틴의 형태로 존재한다. F-액틴에서 G-액틴 단량체들은 진주구슬처럼 가닥으로 서로 연결되어있으며, F-actin 두 가닥은 나선형으로 감겨져 액틴 필라멘트 특유의 고차나선(superhelix) 구조를 형성한다. 그 직경은 약 6~8㎛ 이고, Z-선 양쪽으로 약 1.0㎚ 정도씩 걸쳐 있는 가는 필라멘트를 형성한다. 하지만 가는 필라멘트로서의 구조와 생리적 기능은 F-액틴만으로는 불충분하며 F-액틴에 트로포마이오신과 트로포닌이 결합되어야 완성된다[그림 4-14 참조].

3) 액토마이오신

액토마이오신(actomyosin)은 마이오신과 액틴이 결합하여 형성된 복합단백질로 근육의 수축 또는 사후강직시 형성되며, 근원섬유 내의 액틴 필라멘트와 마이오신 필라멘트가 가교를 형성하면서 생성된다. 액토마이오신의 분자량은 정제조건에 따라 다르지만 약 4~6kDa이며 분자의 길이는 약 11,600Å 이다. 그 형태는 이중 나선형을 이루고 있는 F-액틴에 마이오신 분자가 일정한 방향의 활살모양으로 결합되어 있다.

액토마이오신은 그 구성성분인 마이오신으로 인하여 ATPase의 작용을 가지고 있어서 ATP를 ADP와 무기인산으로 분리시킨다. 액토마이오신 용액에 ATP를 첨가하면 분자간의 집합상태나 분자의 형상에 변화가 일어나 여러 가지 물리적인 상태 변화가 나타난다. 즉, 낮은 이온강도(약 0.1M)의 조건에서 액토마이오신은 젤(gel)과 같은 형상을 나타내는데, 여기에 저농도의 ATP를 첨가하면 젤은 급속히 수축하여 침전하며, 반대로 고농도의 ATP를 첨가하면 유동성이 증가하여 투명한 용액으로 변한다. 액토마이오신의 이러한 특성은 근육의 수축이완 현상을 설명하는 좋은 증거자료로 이용되는데 즉, 저농도의 ATP가 첨가될 때 단백질 분자들이 응집되어 탈수된 상태와 같이 변형되어 침전하는 초침전(superprecipitation) 현상은 근육의 수축상태에 해당하며, 반대로 고농도의 ATP 첨가에서 나타나는 투명상(clearing phase)은 액토마이오신이 액틴과 마이오신으로 해리되면서 나타나는 현상으로 근육의 이완에 해당한다.

4) 트로포마이오신

트로포마이오신(tropomyosin)은 근원섬유 단백질의 약 5%를 구성하고 있으며, 분자량이 약 70kDa, 직경이 20Å, 길이가 490Å의 막대모양으로 분자의 약 94%가 α-나선형 구조를 하고 있다. 트로포마이오신의 아미노산 조성은 특이하게 프롤린(proline)과 트립토판(tryptophan)은 거의 함유하지 않으며, 대신 글루타민산(glutamic acid)과 라이신(lysine)을 많이 함유하고 있다.

트로포마이오신은 근원섬유 내에서 마이오신과는 결합을 하지 않으나 KCl 존재 하에서 F-액틴과 1:3의 비율로 결합한다. 이 결합은 기다란 막대모양의 트로포닌 분자가 F-액틴의 2중 나선의 측면에 나란히 붙는 것으로 생각된다[그림 4-15 참조]. 트로포마이오신은 7개의 G-액틴으로 이루어진 필라멘트 위에서 하나의 트로포닌 분자와 결합하여 400Å의 주기로 분포되어 있다. 트로포마이오신은 마이오신과 용해성, 아미노산 조성 및 등전점이 비슷하지만, 마이오신과 달리 ATPase 활성이 없고, 체내 단백질분해효소인 카텝신 D(cathepsin D)에 의해 쉽게 가수분해 되지 않으며, 산 또는 유기용매에 의해 쉽게 변성을 일으키지 않고, 액틴과는 달리 염농도의 증가에 의하여 점도가 저하하는 특징을 가지고 있다.

5) 트로포닌

트로포닌은 근원섬유단백질의 약 5%를 차지하며, 트로포마이오신과 강한 친화성을 가지고 있다. 트로포닌은 분자량이 약 80kDa인 구상단백질이며, 가장 중요한 조절단백질로 칼슘이온과 결합하여 액틴과 마이오신의 상호작용을 조절하는데, 이 조절 기능은 트로포마이오신과 결합하였을 때 일어난다. 따라서 단독으로는 아무런 생물학적 활성을 나타내지 않는다. 트로포마이오신과 마찬가지로 액틴 필라멘트의 2중 나선 측면에 매우 잘 정의된 간격으로 존재하는데, 즉 액틴 필라멘트를 따라 7개 또는 8개의 G-액틴 분자마다 1개의 트로포닌 분자가 존재하고 트로포마이오신과 1:1 비율로 결합하면 이들이 F-액틴과 결합하여 복합체를 형성한다. 이러한 형태로 근원섬유의 액틴 필라멘트에 위치하면, 생리적으로 근육의 수축과 이완을 지배하는 조절인자로서 매우 중요한 역할을 한다. 즉, 트로포닌은 기능적으로 칼슘(Ca^{2+}) 수용단백질로서 근육수축 기작에 직접 관여한다.

트로포닌은 수축 과정과 관련된 C, I 및 T로 지칭되는 세 가지로 구성된다. 트로포닌 C, I 및 T는 각각 분자량이 18, 24, 37kDa이며, 이들 트로포닌의 3가지 구성 성분들은 1:1:1로 굳게 결합하여 트로포닌의 독특한 기능을 발휘하게 하는 단백질로, 각각 아미노산 조성이 다를 뿐만 아니라 구조적으로도 아주 다르다.

트로포닌 C는 159개의 아미노산 잔기로 구성되어있으며, 칼슘 이온에 대한 4개의 결합부위를 가지고 있고, 트로포닌 I와 동일한 몰량의 복합체를 형성한다. 따라서 이러한 칼슘이온과 결합하는 성분으로 트로포닌 I에 의한 저해 효과를 없애는 작용을 하게 되는데, 근형질 내 칼슘이온 농도가 낮을 때에는 액틴과 마이오신의 상호작용이 트로포닌 I에 의하여 저해되어 근육수축이 일어나지 않는다. 반대로 근형질 내의 칼슘이온 농도가 증가하면 트로포닌 C에 칼슘이온이 결합하여 트로포닌 I의 기능을 억제하여 액틴과 마이오신이 결합하여 근육 수축이 일어나게 된다.

6) 세포골격단백질들

타이틴(titin)은 근원섬유단백질의 8%를 차지하는 근육에서 가장 풍부한 세포골격단백질이다. 타이틴 분자는 알려진 가장 큰 폴리펩타이드 중 하나이다. 단일 타이틴 폴리펩타이드는 M-선에서 Z-선으로 각각의 근절의 가운데 위치에서 연장되며, 근원섬유의 세 번째 필라멘트를 구성한다. A밴드의 타이틴은 비탄력적이지만 I밴드의 타이틴은 탄력적이다. 타이틴은 마이오신 필라멘트의 바깥쪽 축과 마이오신 필라멘트를 둘러싸고 안정시키는 단백질(C-단백질)에 결합한다. 따라서 타이틴의 주요 기능은 세포 내에서 마이오신 필라멘트를 단단하게 안정시키는 골격역할을 하는 것이다. 한편,

네불린(nebulin)은 근원섬유단백질의 약 3%를 차지하며 액틴 필라멘트에 밀접하고 평행하게 위치한다. 네불린은 액틴 필라멘트 전체 길이를 따라 A 밴드에서 Z-선 반향으로 확장하여 액틴 필라멘트가 Z-선에 붙어있을 수 있도록 지지대 역할을 한다.

C-단백질은 근원섬유단백질의 2%를 차지하며, C-단백질의 7개 밴드가 H-영역의 양쪽에 있는 마이오신 필라멘트를 둘러싸며, 근원섬유단백질의 1%에 해당하는 H-단백질 또한 이 부분에서 나타난다. 마이오메신(myomesin), M-단백질 그리고 스켈레민(skelemin)은 각각 근원섬유단백질의 2%, 1% 및 1% 미단으로 있으며 마이오신 분자의 꼬리부분을 안정화시키는 M-선의 구조성분에 존재한다.

알파 액티닌(α-actinin)과 Cap Z는 각각 근원섬유단백질의 2%와 1% 미만으로 존재하며, Z-선의 필수 구성성분이다. 알파 액티닌은 분자량 약 10만의 수용성 단백질로, F-액틴과 강한 친화성을 가지고 있어 액틴 필라멘트와 Z-선을 연결시키는 역할을 담당한다. 한편, 데스민(desmin), 필라민(filamin), 파라네민(paranemin), 시네민(synemin) 등과 같은 단백질들은 Z-선에 인접해 있는 가는 필라멘트 또는 필라멘트 사이에 있는 성분들이다. 이러한 필라멘트들은 Z-선에서 시작하여 하나의 근원섬유와 인접한 다른 근원섬유 사이를 연결시키는 역할을 한다.

(3) 육기질단백질

육기질단백질(stromal protein)은 일반적으로 골격근에서 19%의 총 단백질의 약 2%를 차지하며, 물이나 염용액에도 추출되지 않아 결합조직간백질이라고도 한다. 육기질단백질의 구성성분은 콜라겐과 엘라스틴 및 레티큘린 등의 섬유상 단백질들이며, 근육조직 내에서 망상구조를 형성하고 있다. 육기질단백질은 기능적으로 세포조직을 지지하고 결합시키는 역할을 담당하는데, 동물체의 각종 세포, 조직, 장기 등을 연결시키거나 싸서 보호하며, 내장, 피부, 혈관벽 및 골격 등 동물체 전체적으로 분포하는 주요 구성성분이다.

1) 콜라젠

콜라젠은 독특한 3중 나선형의 분자이며 동물에서 가장 풍부한 단일 단백질이다. 콜라젠은 대사적으로는 불활성 단백질이지만 피부, 인대, 힘줄, 연골 및 뼈를 포함한 전체 단백질의 20~25%를 구성하여 육기질단백질 중 가장 함량이 많다. 콜라젠 섬유는 직경이 약 20㎛로, 그 섬유를 확대하면 직경이 약 2~5㎛의 콜라젠원섬유들이 집합되어있다. 콜라젠 원섬유(collagen fibril)들은 640Å의 주기로 규칙정연하게 배열되어 특징적인 무늬를 나타낸다.

콜라젠은 트로포콜라겐(tropocollagen)이라 부르는 콜라젠 분자로 구성되어있다. 트로포콜라젠은 분자량이 약 282kDa이고, 분자길이는 약 2,800Å, 직경은 15Å이며, 약 3,000개의 아미노산 잔기를 가지고 있는 3개의 폴리펩타이드가 삼중나선의 구조를 이루고 있다. 콜라젠 섬유는 열에 의해 수축하고, 산 또는 알칼리 용액에서 팽윤하는 성질을 가지고 있어서 콜라젠 섬유를 물과 함께 천천히 가열하면 62~63℃에서 콜라겐의 비공유 결합, 공유결합(이황화결합), 분자 내 결합 그리고 펩타이드 결합이 파괴되어 펼쳐지기 때문에 삼중나선의 입체구조가 파괴된다. 따라서 비가역적으로 수축을 일으켜 원래 길이의 1/3~1/4로 된다. 나선형의 콜라젠을 비결정 형태(젤라틴)로 전환시키는 것을 젤라틴화(gelatinization)라고 한다. 냉장온도(~4℃)로 냉각시키면 부분적으로 탈변성이 발생하여 고형화된 젤리 도양의 또는 고형화된 젤라틴이 생성된다. 43~49℃에서 재가열하면 젤라틴이 다시 액화된다.

콜라젠은 오직 강산성 또는 알칼리성 용매로만 추출할 수 있으며, 펩신과 콜라젠 분해효소(collagenase)를 통해 소화시킬 수 있다. 콜라젠을 구성하는 아미노산은 약 33%의 글라이신(glycine), 11%의 알라닌(alanine), 9~10%의 프롤린(proline) 그리고 13~14%의 하이드록시프롤린(hydroxyproline)으로 이루어져있다. 하지만 트립토판(tryptophan), 시스테인(cysteine), 시스틴(cystin) 및 메티오닌(methionine) 등을 거의 함유하고 있지 않기 때문에 영양적 가치가 거의 없다고 할 수 있다. 하이드록시프롤린은 콜라젠 특유적으로 존재하기 때문에 하이드록시프롤린 분석을 통해 육류 조직의 콜라젠 함유량을 화학적으로 측정할 수 있다.

2) 엘라스틴과 레티큘린

엘라스틴은 인대, 동맥벽 및 장기 지지하는 구조에 존재하는 황색의 망상구조의 탄성섬유를 구성하고 있는 단백질이다. 엘라스틴은 높은 함량의 비극성 아미노산과 데스모신(desmosine)의 교차결합으로 인하여 가용화, 조리 또는 효소적 분해에 매우 강하다다. 알칼리 및 단백질분해효소에 대해서는 콜라겐보다 저항성이 크지만, 트립신으로는 소화가 가능하다. 엘라스틴의 아미노산 조성은 콜라겐과 유사하게 글라이신과 프롤린 함량이 많지만, 콜라겐에 많이 함유되어있는 하이드록시프롤린과 하이드록시라이신(hydroxylysine)은 미량으로 존재한다. 그리고 발린(valine)의 함량이 콜라겐보다 몇 배가 많다.

레티큘린은 결합조직의 경계부위인 근육세포의 주위, 세포 주위의 혈관의 내피 및 상피조직 등에 존재한다. 레티큘린은 콜라겐과 유사한 성질을 가지고 있지만 그 형태나 조직이 차이가 있으며, 특히 물과 함께 가열하여도 콜라겐처럼 젤라틴으로 변화되지 않는다.

8.3. 지 질

식육의 구성성분 중 지방(또는 지질)은 함량의 변동이 가장 크고 성질도 동물의 종류, 조직의 차이, 연령, 사양조건, 도체부위 등 다양한 조건에 따라 다르다. 근육의 운동량이 적은 배와 등 부위는 약 20~30% 이상을 차지하고 있지만 운동량이 많은 다리부위 등에는 약 2~5% 정도를 차지하고 있다. 단백질과 탄수화물에 비해서는 비교적 분자량이 작고 조성이 간단한 화합물로 지방의 원소 소정은 기본적으로 탄소, 수소, 산소로 이루어지나, 인, 황, 질소 등을 함유하기도 한다. 지방은 저장된 에너지의 농축된 형태로 완전히 연소되었을 때 1g의 탄수화물이 약 4.1kcal의 열량을 발생하는데 비하여, 지질 1g은 약 9.45 kcal의 열을 발생한다.

지방은 글리세롤(glycerol)의 한 분자와 다양한 길이와 구조의 지방산으로 구성되는데 지방산들은 체내 합성이 가능한 것과 불가능한 것으로 구분되기도 하며 지방산의 수에 따라서 단일(mono-), 두 개(di-), 그리고 중성지방(triglyceride)으로 부른다. 지방산은 2~24개에 이르는 탄소원자의 사슬로 구성되거나 말단에 카르복실기(carboxyl group)를 갖는 길이에 더욱 많은 탄소원자의 사슬로 구성된다. 모든 탄소원자에 수소로 채워진다면 지방산은 포화상태(saturated)로 부르며, 한 개 또는 그 이상의 이중결합이 존재한다면 불포화상태(unsaturated)이다. 지질에서 발견되는 가장 일반적인 지방산은 [표 8-4]에 제시된 바와 같다.

[표 8-4] 지방의 분류

분 류		
포화지방산	짧은사슬지방산	Short chain fatty acid
	휘발성지방산	Volatile fatty acid
	중간사슬지방산	Medium chain fatty acid
	긴사슬지방산	Long chain fatty acid
불포화지방산	단일, 단쇄 또는 일가	Monounsaturated fatty acid
	고도, 장쇄 또는 다가	Polyunsaturated fatty acid

가축에는 근육과 장기 등의 조직을 구성하고 있는 조직지방(tissue fat)과 축적지방(depot fat)으로 구분되며, 축적지방은 다시 4가지로 분류되는데 체표면 피부 밑의 피하지방(subcutaneous fat), 내장주위 등의 내장지방(visceral fat), 근육과 근육 사이의 근간지방(intermuscular fat) 및 근육 내의 근내지방(intramuscular fat)으로

구분된다. 가축을 비만하게 키우면 내장 주위나 피하 등에 지방이 축적되면서 근육 사이나 2차 근속 사이에 있는 결합조직에 지방이 침착하게 되고, 1차 근속 사이까지 지방이 축적되어 비육이 더 진행되면 근섬유 다발을 싸고 있는 내근주막 주위의 결합조직에까지 지방이 침착하는 근내지방의 축적이 이루어진다. 이렇게 근육 내에서 내근주막 사이에 축적되는 지방을 상강, 지방교잡도 또는 마블링(marbling)이라고 부르며 상강의 정도는 많은 나라에서 식육의 품질을 결정하는 요인 중 하나로 이용하고 있다. 축적지방은 약 90%의 지질 외에 수분 7~8% 및 단백질 2~3%로 구성되어 있고 주로 중성지질로 되어 있는 반면, 근육과 장기 등의 조직에 있는 지방을 조직지방이라 하고 세포의 구성성분을 만드는 것으로 중성지방은 적고 주로 인지질, 콜레스테롤 및 당지질이 상대적으로 많다.

(1) 중성지질

축적지방의 주성분인 중성지질은 대부분 3가 알코올의 글리세롤(glycerol)과 고급지방산으로 이루어진 트리글리세라이드(triglyceride)이며, 그 외에 소량의 디글리세라이드(diglyceride), 모노글리세라이드(monoglyceride), 유리지방산 및 콜레스테롤 등을 함유하고 있다. 따라서 중성지질의 특성은 이를 구성하고 있는 트리글리세라이드의 지방산 조성에 따라 영향을 받는다. 중성지질의 분자는 1개의 글리세롤 분자에 3개의 수산기(-OH)와 3분자의 지방산들이 결합하여 형성된 에스터(ester)이며, 3개의 지방산 종류가 모두 같으면 단순 트리글리세라이드, 3개의 지방산이 다르면 혼합 트리글리세라이드라고 한다[그림 8-3].

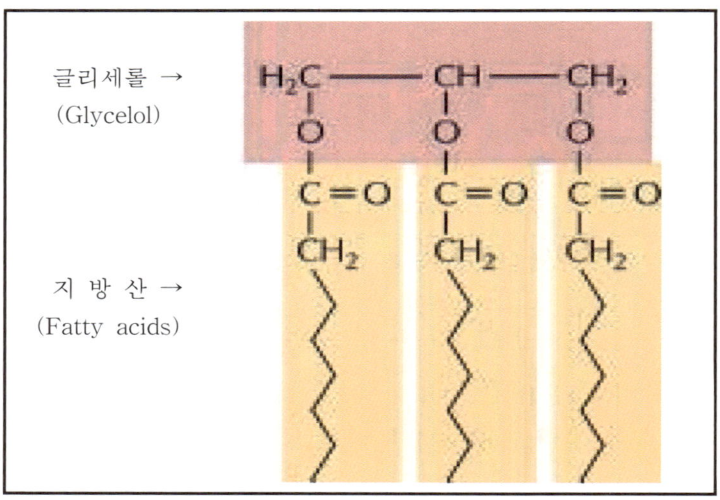

[그림 8-3] 중성지방의 구조

식육의 중성지질을 주로 구성하는 지방산으로는 팔미트산(palmitic acid, $C_{16:0}$), 스테아린산(stearic acid, $C_{18:0}$), 올레산(oleic acid, $C_{18:1}$), 및 리놀레산(linoleic acid, $C_{18:2}$)이며, 가축의 종류에 따라 이들 지방산의 조성은 차이가 난다. 이러한 지방산 조성의 차이는 융점에도 영향을 미치는데 대표적으로 소고기의 지방은 융점이 40~50℃이며 올레산 50~60%, 팔미트산 25~30%, 스테아린산 20~40% 정도 함유하고 있다. 돼지고기는 33~46℃의 융점을 갖으며 올레산 50~60%, 팔미트산 25~30%, 스테아린산 10~15%를 함유하고 있다. 닭고기의 경우 융점이 30℃정도 이며, 지방산은 올레산이 가장 많고 팔미트산도 다량 함유하고 있는데, 닭고기의 융점이 낮은 이유는 다른 육류에 비해 포화지방산의 총량이 작은 것에 기인한다. 지방산의 분자구조에 이중결합이 없는 포화지방산은 융점이 높고, 물에 잘 녹지 않는 특성을 가지고 있으며 일반적으로 소고기가 닭고기에 비해 많은 포화지방산을 함유하고 있다. 반면, 불포화지방산은 융점이 낮아 상온에서 액체로 존재하며 소고기보다 돼지고기가 많이 함유하고 있다. 소나 양 등과 같은 반추동물의 지방은 스테아린산의 함량이 많고 리놀레산 함량이 적기 때문에 융점이 높고 단단하며 전체적인 포화지방산의 비율이 높아진다.

식육의 지방산 조성은 가축이 비육되는 동안 섭취하는 사료에 의해 변동될 수 있는데 특히 단위동물인 돼지의 경우 지방산 조성은 사료에 의해 크게 영향을 받는다. 반면에 반추동물은 지방산 조성에 사료가 미치는 영향은 적으며 그 이유로 반추위의 대사기능에 달라진다.

(2) 인지질

인지질은 복합지질에 속하며, 글리세롤과 2분자의 지방산으로 된 디글리세라이드에 인산이 결합하고, 이 인산이 다시 콜린(choline), 에타놀아민(ethanolamine), 세린(serine) 등의 염기성 유기화합물이 결합하고 있다. 주요 인지질로는 레시틴(lecithin), 세팔린(cephalin), 포스파티딜세린(phosphatidylserine) 등이 있다. 이 중 레시틴은 2몰의 지방산과 1몰의 콜린 및 1몰의 글리세린산으로 구성되어 있으며 식육에 있는 인지질의 주요 부분을 차지하고 있다. 세팔린의 경우 콜린 대신 1몰의 에탄올아민을, 포스포티딜세린은 1몰의 세린을 함유하고 있다. 인지질의 지방산 조성은 근육의 운동량과 관계가 있는데 운동량이 많은 근육에는 인지질이 많이 함유되어 있다.

(3) 당지질과 뇌지질

당지질(glycolipid)은 분자 내 당을 가지고 있는 복합지질로써 신경조직에 들어있으며, 주로 뇌에 존재하므로 뇌지질(cerebroside)라고도 부른다. 구성 성분은 거의 갈락토오스이지만 포도당, 자당, 유당 등을 함유하는 뇌지질도 존재한다. 지방산은 lignoceric acid, phrenosinic acid, nervonic acid 및 hydroxy nervonic acid 등이며 이 지방산의 종류에 따라 뇌지질을 kerasin, phrenosin, nervon, hydroxy nervon 등으로 구분한다.

(4) 콜레스테롤

콜레스테롤은 지방 성분의 일종이지만 구조적으로 중성지방이나 인지질과는 전혀 다르며, 친수성과 소수성 성질을 모두 가지고 있으며 동물 세포의 세포막을 구성하는 기본 물질이다. 콜레스테롤은 스테로이드 핵을 가진 알코올로 유리형태 또는 지방산과 결합한 형태로 존재한다. 콜레스테롤은 각 조직 중에 존재하며 인체 내에서 쉽게 형성되는데, 콜레스테롤과 에스터를 형성하고 있는 지방산은 대부분이 리놀렌산이다. 또한 콜레스테롤은 성호르몬, 부신피질호르몬, 담즙산 또는 비타민 D 등을 합성하는 전구물질로 생명을 유지하는 데 중요한 역할을 한다.

8.4. 탄수화물

탄수화물은 식육의 약 1% 정도의 소량으로 주로 근육과 간장 내에 존재하며 대부분이 글라이코젠이다. 탄수화물은 탄소와 물과의 결합비율이 2 : 1인 $C_m(H_2O)_n$의 일반식으로 이루어져 있다는 뜻에서 탄수화물 또는 함수탐소 라고 칭하지만, 근래에는 당이면서도 탄수화물의 일반식에 맞지 않는 화합물이 있기 때문에 당질(glucide)이라고 부르기도 한다. 글라이코젠으로 간장에 저장되었다가, 혈액을 통해 근육이나 다른 조직에 운송되고 산화에 의해 에너지를 공급한다.

글라이코젠(glycogen)의 구성단위는 포도당만으로 되어 있으며 그 구조는 아밀로펙틴과 비슷하지만 가지가 더 많고, 길이가 짧은 점이 다르다. 구조적으로 D-글루코오스가 다수 중합한 다당류로 분자량이 커서 100만~500만 정도로 구형분자를 형성하고 있다. 맛과 냄새가 없고 찬물에 녹아 콜로이드용액이 되는 성질을 가지고 있다.

근육의 탄수화물은 구조물질로 존재하는 것과 에너지원으로 존재하는 것으로 구분되며, 근육이 식육으로 전환되는 과정에서 식육에 존재하는 탄수화물은 매우 적은 양이라 영양적 가치는 무시된다. 체내에서 에너지원으로 존재하는 당질은 글라이코젠과 혈당 정도로 글라이코젠은 간장에서 약 6%정도, 근육 내에는 약 1%정도 존재하나 사후강직이 완료되기 전에 대부분이 해당작용을 통해 사라진다.

식육동물은 사료로 섭취한 탄수화물을 소화해서 글루코오스와 같은 단당류의 형태로 장에서 흡수하고 젖산에서 글라이코젠으로 저장한다. 근육에 존재하는 글라이코젠은 운동을 통해 글루코오스를 거쳐 젖산으로 분해된다. 이렇게 글라이코젠이 젖산으로 분해되는 과정을 해당작용이라 하는데, 근육 내에 생성된 젖산은 혈액을 통해 간장으로 운송되어 다시 글루코오스를 거쳐 글라이코젠으로 재합성된다. 하지만 도축 후, 혈액순환이 중단되면 사후근육 내에서 글라이코젠의 분해 산물인 젖산은 축적될 수밖에 없고, 그 결과 근육의 pH는 강하하게 된다. 따라서 사후 근육에서 글라이코젠의 분해속도와 양은 식육의 보수력, 육색, 조직감과 같은 육질을 결정하기 때문에 식육과학에서 매우 중요하게 생각한다.

8.5. 무기물

무기물은 체성분으로는 필수적이나 화학적 에너지를 가지고 있지 않다. 동물의 몸체는 산소, 탄소, 수소, 질소 등의 유기물이 약 96%정도를 차지하고 있고 그 외에 여러 가지 무기원소의 함량은 단지 1% 정도만이 존재하며, 그 함량은 축종, 품종, 근육 등에 따라 변이가 적은 편이다[표 8-5]. 무기물은 세포액의 염류농도를 유지하고 효소작용에 관계하기도 하여 생체의 구성과 대사에 중요한 역할을 한다. 또한 식육의 보수성과 지질의 산패 등에도 영향이 있기 때문에 식육의 영양적 가치뿐만 아니라 식육의 가공과 유통에서도 매우 중요하게 여겨진다.

[표 8-5] 식육의 무기물 함량 (mg/100g)

무 기 물	소고기	돼지고기	닭고기	양고기	말고기
Sodium (Na)	39.5~64.2	63	46	91	100
Potassium (K)	336~436	326	407	350	-
Magnesium (Mg)	17.09~23.13	23	17.8	27.2	-
Calcium (Ca)	3.26~4.4	6	5.8	12.6	4
Zinc (Zn)	2.83~7.37	2.25	1.1	-	-
Iron (Fe)	2.16~3.51	2.1	2.2	1.7	2
Copper (Cu)	0.1~0.3	0.11	-	0.16	-
Manganese (Mn)	0.2	0.03	-	-	-
Phosphorus (P)	154~184	248	339	195	200
Chlorine (Cl)	40.3~72.9	54.2	144	84	-
Sulfur (S)	-	201	129	208	-

무기물은 체 내에서 요구되는 정도에 따라서 구분할 수 있는데 많이 요구되는 무기물에는 칼슘, 마그네슘, 인 등이 있고, 적게 요구되는 것에는 철, 구리, 아연 등이 있다. 칼슘과 마그네슘은 근육의 수축과 이완에 관여하며, 마그네슘은 근육의 탄수화물 대사에 관여하고 있는 많은 효소들의 활성제 역할도 담당하고 있다. 인은 대부분 뼈와 치아를 구성하고 체액을 중성으로 유지하는 역할을 담당하는데, 근육수축의 에너지원으로 사용되는 ATP는 아데닐산과 인이 결합한 것이며, 크레아틴 포스트페이트는 크레아틴과 인이 결합한 물질이다. 무기물은 식육 내의 단백질과 물에 결합되어 있어서 지방보다 적육에 더 많이 함유되어 있다. 동결육을 해동할 때에 발생하는 드립에 의해서 아주 적은 양이지만 칼슘, 인, 칼륨 등이 감소된다.

8.6. 기타 성분

(1) 비단백태질소화합물

비단백태질소화합물은 단백질 침전제로써 침전하지 않는 부분에 함유되는 질소화합물로, 단백질은 아니지만 조단백질 중에 함유되고 체내의 생리, 생화학적 기능의 면에서 중요한 역할을 가진 물질이다. 다시 말해, 식육을 뜨거울 물로 추출해서 얻은 성분에서 단백질, 지질, 무기물, 비타민을 제외한 나머지의 유기화합물을 비단백태질소화합물이라 정리할 수 있다. 주요 유기화합물은 핵산관련물질, 유리아미노산, 당질, 유기산 등이 있으며 식육의 약 1.5% 정도를 차지하고 있다. 핵산관련물질 중에서 가장 중요한 것은 ATP로 가수분해하면 1몰 당 약 8kcal의 자유에너지를 방출한다. ATP는 핵산의 합성을 비롯하여 단백질, 지질, 당질 등의 대사에 관여하며, 동물체내에서 ATP 함량은 활동량에 따라서 다르며 운동이 심할수록 ATP 함량은 감소한다. 사후근육 내에서 ATP는 ATPase의 작용에 의해 1개의 인산을 방출하여 ADP가 되고 다시 AMP가 된다. 이 AMP에서 아미노기가 떨어져서 생긴 것이 IMP(inosine monophosphate)로 이노신산이라고하며, 이는 식육의 맛을 증진시키는 정미성분으로 알려져 있다.

(2) 비타민

비타민은 적은 양으로 체내 생리기능을 조절하며 물질대사를 완전하게 일어나도록 하는 유기화합물이다. 체내에서 합성되지 않으므로 사료를 통해 섭취해야 하는 필수물질이다. 비타민은 수용성 비타민(water soluble vitamin)과 지용성 비타민(fat soluble vitamin)물질로 나눈다. 수용성 비타민은 C(ascorbic acid), B-복합체 비타민(B-complex vitamin), 티아민(thiamin, B_1), 리보플라빈(riboflavin, B_2), 나이아신(niacin), 피리독신(pyridoxine, B_6), 폴라신(folacin), 이노시톨(inositol), 시아노코발라민(cyanocobalamin, B_{12}), 비오틴(biotin), 콜린(choline), 파라아미노벤조인산(paraaminobenzoic acid, PABA) 등이 있다. 지용성 비타민은 A[레티날(retinal) 또는 레티논산(retinoic acid)], 비타민 D, 비타민 E인 α-tocopherol, 비타민 K를 포함하고 있다[표 8-6].

[표 8-6] 식육의 비타민 함량 (신선육 100g 중 단위)

비 타 민	소고기	돼지고기	닭고기	양고기
A (I.U.)	미량	미량	-	미량
B_1 (thiamin, ㎎)	0.07	1.0	0.05	0.15
B_2 (riboflavin,㎎)	0.20	1.20	0.16	0.25
Nicotinic (㎎)	5	5	10.7	5
Pantothenic (㎎)	0.4	0.6	-	0.6
Biotin (㎎)	3	4	-	4
Folic acid (㎎)	10	3	-	3
B_6 (㎎)	0.3	0.5	0.68	0.5
B_{12} (㎎)	2	2	-	2
C (ascorbic acid, ㎎)	-	-	-	-
D (I.U.)	미량	미량	-	미량

수용성 비타민의 함량은 비타민 C를 제외하고는 상당히 높은 편이나, 그 함량은 축종, 연령, 사양방법, 비육정도 및 근육의 부위에 따라 차이를 나타낸다. 수용성 비타민의 정확한 존재 위치는 확실하게 밝혀지고 있지 않으나, 대부분이 근세포 내의 근장에 존재하고 있는 것으로 믿어지고 있다. 비타민 B_1, B_2, B_6 및 B_{12}, 바이오틴(biotin), 엽산(folic acid, 폴산) 및 판토텐산(pantothenic acid) 등은 각종 효소와 생리활성물질들의 보조효소로서 작용을 하며, 구조성분으로 존재하거나 유리상태로 존재한다.

제 9 장 식육의 영양적 가치

근래 우리나라는 농업생명과학의 발달로 식량 공급이 풍족해지면서 식생활이 개선되고 서구화되고 있으며, 다양한 식품의 선택의 폭이 넓어지고 있다. 이러한 식생활의 향상 결과, 우리나라는 20~30년 전에 비해 어린이와 청소년의 신장과 체중이 증가하여 선진국 국민의 체형에 닮아가고 있다. 즉, 다양해진 식품, 특히 식육제품의 소비가 급증하면서 짧은 기간 동안에 우리나라 국민들의 체형이 크게 성장하게 되었다.

그러나 이처럼 우리나라 국민들에게 식육제품이 영양학적으로 기여한 바가 지대함도 불구하고 최근 들어 그 영양적 가치가 제대로 평가받지 못하고 있다. 특히, 21세기 들어 저급한 영양식품이 과잉 공급되면서 고급 영양식품인 식육이 건강을 위해하는 식품으로까지 오해되고 있는 실정이다. 따라서 식육의 영양적 가치를 제대로 공부하는 것은 지속적인 식육산업의 발전뿐만 아니라 국민건강을 위해서도 중요하다.

9.1. 식육의 영양

식육의 영양적 가치를 이해하기 위해서는 먼저 식품의 영양성에 대한 개념이 우선적으로 정립되어야 한다. 식육의 영양적 가치는 다른 식품들과 마찬가지로 다양한 방법으로 평가되어져 왔다. 상식적으로 식육은 영양이 풍부하다고 알려지고 있는데, 그 이유는 식육에 포함되어 있는 영양성분의 형태가 우수할 뿐만 아니라, 그 함량도 다른 식품들에 비해 많기 때문이다. 그러나 구체적으로 영양성분이 어떻게 우수하며, 어느 정도 많은 가를 설명하기는 그렇게 쉬운 것은 아닌데, 그것은 어떤 식품의 영양성이란 것이 단순히 그 식품이 가지고 있는 영양성분의 함량만으로 설명될 수 없기 때문이다.

식육을 포함한 식품의 영양가에 대한 개념은 해를 거듭해 오면서 사회적으로 많은 변화를 해왔다. 즉, 예전에는 단순히 식품 내 영양성분이 어느 정도 들어 있는가에 중점을 두었지만, 현대에는 그 영양성분의 소화율 또는 소화 이용 가능한 함량은 어느 정도인가 등으로 의미가 바뀌게 되었다. 즉 현대의 영양가에 대한 개념은 생체 이용 가능한 영양성분의 함량으로 의미를 둔다. 더 나가 현대사회에 있어 가장 문제가 되는 심장병 같은 성인병 및 암 같은 질병에 이러한 성분이 어느 정도 영향을 미치는 가도 영양가 개념에 포함시키기도 한다.

[그림 9-1]은 식품군의 분류와 각 식품군을 차지하는 중요성을 일반인들이 쉽게

이해할 수 있도록 도해한 것으로, 우리나라의 식품 구성자전거와 미국의 마이플레이트(My Plate)를 비교하였다. 식품구성 자전거는 권장식사 패턴을 반영한 균형 잡힌 식단과 규칙적인 운동이 건강 유지를 위해 중요함을 전달하고 있다. 아울러 수분의 적당한 섭취가 중요함을 강조하기 위해 앞바퀴에 물이 담긴 컵을 표시하고 있다. 미국의 최신 영양권장가이드인 마이플레이트는 접시와 유리컵으로 표기하면서 곡물, 단백질, 야채, 과일, 유제품 5가지의 식품군을 표시하고 있다.

[그림 9-1] 영양권장 가이드를 위한 우리나라의 식품 구성자전거(2015)와 미국의 마이 플레이트(2011)

어떤 식품이 특정 영양소의 일일 섭취량의 최소 10%를 공급하면 그 식품을 그 특정 영양소를 위해 영양적으로 좋은 식품이라고 한다. [표 9-1]은 한국인 영양소 섭취기준(에너지 적정비율), [표 9-2]는 한국인 동물성 식품군의 1인분 섭취량을 나타낸 것인데, 소고기 100g은 에너지 190kca와 단백질 27g을 함유하고 있다. 20~29세의 한국인 성인남자는 하루에 에너지 2,500kcal와 단백질 75g을 섭취가 권장됨으로 소고기 100g은 에너지 권장량의 7.6%, 단백질은 단백질 권장량의 36%를 공급하게 된다[표 9-3]. 따라서 소고기는 에너지 일일 섭취 권장량을 공급하는 비율보다 특정 영양소 일일 권장량을 공급하는 비율이 높으므로 좋은 영양소임을 알 수 있다.

[표 9-1] 한국인 영양소 섭취기준 (제8차 개정, 2015)

영 양 소		에너지 적정비율			
		1~2세	3~18세	19세 이상	비 고
탄수화물		55~65%	55~65%	55~65%	
단 백 질		7~20%	7~20%	7~20%	
지 질	총지방	20~35%	15~30%	15~30%	
	n-6계 지방산	4~10%	4~10%	4~10%	
	n-3계 지방산	1% 내외	1% 내외	1% 내외	
	포화지방산	-	8% 미만	7% 미만	
	트랜스지방산	-	1% 미만	1% 미만	
	콜레스테롤	-	-	300 ㎎/미만	목표 섭취량

[표 9-2] 한국인 동물성 식품군의 1인분 섭취량 (제7차 개정, 2000)

식품군	품 목	식 품 명	1인1단위 분량(g)	조리 후 분량(g)	비 고
식육,생선, 달걀, 콩류 (80kcal)	육 류	소고기	100	구이시 40~45g	* 90kcal
		돼지고기	60	편육시 40~45g	* 130kcal
		닭고기	60		* 뼈 포함시 80~90g 70kcal
		소시지, 햄, 런천미트 등	40		* 110kcal
	어패류	동태, 가자미, 오징어 등	70		* 작은 것 1토막 70kcal
		어묵	50		* 50kcal
		전복, 깐홍합, 생굴, 조갯살	80		* 70kcal
		갈치, 삼치, 꽁치, 고등어	70		* 작은 것 1토막 110kcal
		잔멸치	15		* 1/4컵 36kcal
		뱅어포	8		* 26kcal
		북어채, 백진미, 어채, 오징어포	18		* 67kcal
	난 류	달걀	50	중 1개	* 75kcal

	콩 류	검정콩	20		* 83kcal
		두부-조림, 지짐, 구이용	80		* 75kcal
		순두부, 연두부	100		* 55kcal
		두유	200		* 110kcal
우유 및 유제품 (125kcal)	우 유	우유	200		
	유제품	치즈(1장)	20		* 열량을 맞추려면 30g
		요구르트-호상 (1개)	110		* 열량을 맞추려면 180g
		요구르트-액상 (1개)	150		* 열량을 맞추려면 180g
		아이스크림 (1/2컵)	100		

* 한국인 영양권장량 제7차 개정, 2000년

[표 9-3] 3대 식육의 일반성분 구성 및 칼로리

식육의 종류	일반성분 (%)				칼로리
	단백질	수 분	지 방	회 분	(100g 당)
소고기					
신선육	20.78	70.62	6.16	1.02	144
가열육	29.58	59.25	9.91	1.20	222
돼지고기					
신선육	20.22	71.95	6.75	1.04	147
가열육	27.04	58.97	13.04	1.10	233
닭고기(가슴육, 껍질 제거)					
신선육	23.20	74.86	1.65	0.98	114
가열육	30.91	64.76	4.51	1.02	173
닭고기(가슴육, 껍질 포함)					
신선육	20.27	68.60	11.07	0.86	186
가열육	29.02	60.51	10.85	0.93	222
닭고기(다리육, 껍질 제거)					
신선육	20.08	75.99	4.31	0.94	125
가열육	27.37	63.06	9.73	1.02	205
닭고기(다리육, 껍질 포함)					
신선육	16.69	65.42	18.34	0.76	237
가열육	25.97	58.63	15.73	0.92	253

9.2. 식육단백질

(1) 식육단백질의 영양적 의의

단백질이라는 말은 "제1위를 차지한다."라는 뜻의 희랍어 프로테오(proteuo)에서 유래된 단어로, 단백질은 아미노산의 공급원으로서 인간의 체조직을 구성하는데 매우 중요한 요소이다. 식육단백질은 다른 단백질 식품과 달리 근원섬유단백질, 근장단백질, 효소, 육색소, 그리고 결합조직단백질인 콜라겐과 엘라스틴도 풍부하여 단백질 공급원으로는 최고의 식품이다.

(2) 아미노산의 종류

사람의 신체가 요구하는 22종의 아미노산 중 9개의 아미노산은 체내에서 합성되지 않는데, 이와 같이 신체에서 합성할 수 없거나 소량만 합성되는 아미노산을 필수아미노산(essential amino acid)이라고 한다. 일반적으로 사람의 필수아미노산은 페닐알

[표 9-4] 식육식품 중의 필수 아미노산 조성과 그 단백가

식 품	iso-leucine	leucine	lysine	phenyl-alanine	황함유 아미노산		threonine	tryptophan	valine	단백가
					합 계	methionine				
아미노산 표준구성	270	306	270	180	270	144	180	90	270	100
우 유	407	630	496	311	211	154	292	90	440	78
계 란	428	565	396	368	342	196	360	106	460	100
소 고 기	332	515	540	256	237	154	275	75	345	83
돼지고기	320	462	515	240	233	156	292	80	302	86

*단위 : 단백질 N 1g 당 아미노산 mg
*단백가 : Protein score

[표 9-5] 식육의 단백질 함량과 필수아미노산(EAAs) 및 곁사슬아미노산(BCAAs) 조성, 전란 및 전유와 비교

	식 육	계 란	우 유
단 백 질(g)	19.7	12.6	3.2
총 EAAs(mg)	8,340.9	5,626	1277
총 BCAAs(mg)	3,552.7	2,619.0	622.0
EAAs(mg)			
히스티딘	629.6	309	75
이소류신	969.1	672	165
류 신	1,561.1	1,088	265
리 신	1,732.7	914	140
메티오닌	526.3	380	75
페닐알라닌	794.0	681	147
트레오닌	864.3	556	143
트립토판	241.3	167	75
발 린	1,022.4	859	192

* 가식 부위 100g당 수치 (USDA, 2011)

라닌(phenylalanine), 발린(valine), 트립토판(tryptophan), 트레오닌(threonine), 메치오닌(methionine), 루이신(leucine), 아이소루이신(isoleucine), 라이신(lysine) 등이며 유아에게는 히스티딘(histidine)이 필수 아미노산에 포함된다. 즉 우리 신체가 대사기능을 원활하게 하기 위해서는 상기 아미노산들을 필수적으로 섭취하여야 하는데, 시스테인(cysteine)과 티로신(tyrosine)은 체내에서 합성은 되지만 메치오닌과 페닐알라닌이 부족하게 되면 이 두 아미노산의 합성은 극히 제한된다. 따라서 이러한 이유로 시스테인과 티로신을 준필수아미노산(semi-essent al amino acid)이라 칭한다.

소고기, 돼지고기, 닭고기의 부위별 아미노산 조성은 [표 8-3]에 나타난 바와 같으며, [표 9-4]는 소고기, 돼지고기, 우유 및 계란의 필수아미노산 및 단백가를 비교한 것이다.

(3) 단백질의 분류

일반적으로 단백질들은 화학적으로 또는 영양적으로 몇 가지로 분류된다.

1) 화학적 분류

① 단순단백질(simple protein) : 아미노산만으로 이루어진 것으로 난백, 혈청, 우유 중의 알부민(albumin), 동물 결체조직의 주성분인 알부미노이드(albuminoid) 등이 이에 속한다.

② 복합단백질(conjugate protein) : 단백질이 당질, 지질, 인산과 색소 등의 단백질 이외의 물질과 결합한 형태로, 우유 중의 케이신(casein)이나 난황 중의 바이텔린(vitellin)은 인단백질(phosphoprotein)이며, 난백의 오보뮤코이드(ovomucoid)는 당단백질(glycoprotein)이고, 혈색소인 헤모글로빈(hemoglobin)이나 육색소인 마이오글로빈(myoglobin)은 색소단백질(chromoprotein)이다.

③ 유도단백질(derived protein) : 단백질을 열 혹은 가수분해를 통해 부분적으로 분해하면 만들어지는 것으로, 변성도가 작은 것을 제1차 유도단백질이라 부르며, 이들은 콜라젠을 물로 끓여서 만든 젤라틴이나, 단백질 용액에 알코올 또는 산을 가하여 만든 응고단백질과 같은 것이다. 이러한 단백질은 일반적으로 물에 대하여 용해도가 저하된다. 또 가수분해된 것을 제2차 유도단백질이라 부르며 가수분해의 정도에 따라 펩타이드(peptide), 펩톤(peptone), 프로테오스(proteose) 등으로 구별한다.

2) 영양적 분류

단백질의 영양적 분류는 단백질에 함유되어 있는 아미노산의 종류와 그 양에 따라서 결정된다. 이러한 단백질의 분류는 식품으로써 단백질의 질적 평가에 주로 사용된다.

① 완전단백질(complete protein) : 사람이 성장하는데 필요한 모든 필수 아미노산이 적합한 비율로 골고루 들어 있을 때, 이것을 완전단백질이라 하며, 생물가가 높은 단백질 또는 양질의 단백질이라고도 부른다. 즉, 이런 단백질은 보편적으로 필수 아미노산 33%, 불필수 아미노산이 66% 함유되어 있다. 모든 종류의 식육, 우유 및 달걀이 완전단백질에 속한다.

② 부분적 불완전단백질(partially incomplete protein) : 밀이나 호밀 속에 들어 있는 단백질인 글리아딘(gliadin)은 필수아미노산을 전부 함유하고 있으나 그 중에 라이신의 함량이 부족하므로 어린이나 자라나는 청소년에게 글리아딘을 단백질의 급원으로 공급하면 생명은 유지하나 성장률이 부진하다. 이와 같이 필수 아미노산의 함량이 성장을 위한 필요량을 충당하지 못하는 단백질을 부분적으로 불완전한 단백질이라 한다. 이러한 종류의 단백질을 함유한식품은 단백질의 질을 향상시키기 위해 아미노산의 보강이 필요하다. 즉, 곡류에 부족한 라이신을 보강하는 의미에서 곡류 위주의 식단에 식육이나 우유 등의 배합은 우리나라 식생활에서 반드시 필요하다.

③ 불완전단백질(incomplete protein) : 불완전단백질은 저질 단백질 혹은 생물가가 낮은 단백질로 칭하며, 식품 중에 하나 이상의 필수 아미노산이 결여되어 있는 것을 말한다. 불완전단백질은 체단백질의 합성을 위한 모든 아미노산을 제공할 수 없는 단백질이기 때문에 이런 단백질은 약 25%의 필수 아미노산을 함유하고 있다. 사람이 이러한 단백질을 계속 섭취하면 체중이 떨어지고, 성장이 지연되며, 생명에 지장을 받는데, 두류와 견과류를 제외한 식물성 단백질은 모두 불완전단백질이다. 따라서 인간이 정상적으로 성장하려면 완전 단백질인 육류, 우유, 달걀 등이 꼭 필요로 하다.

(4) 식육단백질의 영양가와 종류

식육의 동물성 단백질과 곡류의 식물성 단백질은 필수 및 비필수 아미노산류의 성분함량에 큰 차이가 있다. 일반적으로 동물성 단백질은 필수 아미노산을 충분히 함유하고 있으나 식물성 단백질은 인간에게 필요한 필수 아미노산류가 하나 또는 몇 개가 부족하다. [표 9-6]은 식물성 식품에서 부족하거나 제한되어 있는 아미노산 종류를 나타낸 것이다.

본질적으로 사람의 체조직 성분은 식물성 조직보다는 동물성 조직을 훨씬 많이 닮았다. 그러므로 동물성 단백질은 완전단백질로 모든 필수 아미노산을 함유하고 있기 때문에 신체의 성장과 유지를 원활히 충당할 수 있다. 하지만 불완전단백질은 하나

이상의 필수 아미노산의 부족으로 성장은 물론 신체의 정상유지도 불가능하게 만든다. 따라서 완전단백질을 섭취하면 별로 문제될 것이 없으나 불완전단백질을 섭취하는 경우라면 이런 제한 아미노산을 필히 보충해 주어야 한다. 즉, 필수아미노산의 부족한 불완전단백질을 섭취할 때는 완전단백질과 함께 섭취하면 단백질의 합성에 필요한 필수 아미노산을 충분히 보충 받을 수 있다.

일반적으로 성인은 필요한 단백질의 11%를 필수 아미노산으로 섭취해야 한다. 그러나 영아와 미취학 아동들은 32~43%를 필수 아미노산으로 섭취해야 한다. 따라서 어린이들의 식사구성은 모든 필수 아미노산을 함유하도록 더욱 주의하여야 하는데 이러한 관점에서 육류, 우유, 달걀 등이 완전단백질로 자라나는 어린이들에게는 완전식품이라고 할 수 있다.

[표 9-6] 식물성 식품의 제한 아미노산류

식 품	제한 아미노산 류
대두와 기타 콩 종류	methionine
곡 류	lysine, threonine
종실류와 견과류	lysine
채 소 류	methionine
옥 수 수	tryptophan, lysine

(5) 식육단백질의 기능

상술한 바와 같이 단백질은 신체의 대사와 체조직 구성 형성에서 중요한 역할을 한다. 인간의 생명현상을 유지하기 위한 체내의 모든 기능은 열량을 소요하며, 만약 열량이 우선적으로 충당되지 않으면 단백질조차 열원으로 우선 사용된다. 따라서 단백질의 섭취는 체조직 구성의 일차목적과 생명유지를 위한 에너지 공급이라는 이차목적을 위해서 충분하게 공급되어야 할 필요가 있다. 그런데, 식육단백질은 일반식품의 단백질 보다 인간의 체성분과 비슷하고, 소화 및 흡수가 용이하기 때문에 그 어떤 식품단백질보다 훌륭한 단백질 공급원이라 할 수 있다.

1) 생명현상 유지를 위한 체성분 합성

사람의 체성분과 비슷한 식육 단백질은 근육조직, 결체조직, 혈액응고효소, 혈액수송 단백질, 지단백질 등을 구성하고 또 골격의 내부조직을 형성하는 단백질 기질(protein matrix) 등을 형성한다. 근육은 체단백질의 양을 잘 반영하기 때문에 보통 단백질의 영양상태를 판정하는 지표로 사용된다. 각 세포점막도 단백질로 구성되어 있으며 지질의 수송을 위하여 단백질은 지단백질의 형태로 구성하여 존재하며 세포막을 형성하는 단백질은 세포 내부로 영양소를 흡수하기 위한 수용체로 존재한다. 그리고 특정 단백질은 호르몬 구성을 위한 수용체로 역할을 하며, 세포 내의 이온균형을 유지하는 역할을 하기도 한다. 하지만 일부의 아미노산은 분해 된 뒤 연소과정에 사용되어 재합성 과정에 임할 수 없다. 이러한 이유로 매일 충분한 단백질의 섭취가 이루어지지 않으면 체 단백질 합성과 보수는 지연되므로 생체 주요기관(심장, 간, 혈액, 근육 등; 단, 뇌세포는 예외)의 양과 크기가 위축된다. 따라서 충분한 양질단백질의 공급이 필요하게 된다.

2) 신체의 기능 조절작용

① 체액의 균형 유지

글로빈(globin) 단백질은 혈액을 구성하는 중요한 단백질 중에 하나며, 알부민(albumin)이나 글로불린(globulin) 같은 혈액 단백질은 체내에 존재하는 체액(혈청)의 평형유지에 관여한다. 이러한 혈청은 세포층에 영양소를 공급하도록 세포외 간질로 이송되지만, 혈액 단백질의 구조는 혈청에 비해 거대하기 때문에 일반적으로 조직층으로 이송이 되지 않으며, 혈액단백질은 체액을 다시 혈관으로 귀납하도록 함으로써 혈관 내 수분을 보유하게 된다. 만일 장시간 단백질의 섭취가 부진할 경우에는 혈액단백질의 양이 하강하게 되고, 일단 혈관 밖으로 빠져나간 수분을 혈관 내로 재흡수가 불가능하기 때문에 수분이 조직 내 세포층에 잔류되어 부종현상을 일으킨다. 따라서 충분한 글로빈 단백질의 공급이 필요한데 식육에는 이러한 양질의 글로빈 단백질이 풍부하다.

② 체내의 pH 조절

혈액단백질은 수소이온을 쉽게 받아들이고 제공함으로써 유리수소이온의 양을 조절하는데 도움을 준다. 이러한 조절작용은 혈액의 pH를 일정하게 유지시키며, 약간 알칼리 쪽으로 유지시켜, 체액의 산과 알칼리를 조절하는 완충제 역할을 하게 된다.

③ 호르몬과 효소의 합성

신체의 기능을 조절하는 호르몬과 효소의 주성분은 단백질로, 신체의 대사 작용을 원활하게 하도록 조절하는 역할을 한다.

④ 면역기능 형성 및 체계 구성

단백질로 구성된 항체는 면역체계를 형성하는 주요 부분을 담당하고 있다. 즉 항체는 체내에 단백질로 구성된 이물질이 침입하면 이를 제거하기 위하여 싸우는데 만일 사람이 충분한 단백질을 섭취하지 못하면 면역체계는 이물질과 싸울 수 있는 세포를 충분히 제조하지 못하게 된다.

⑤ 신경의 자극전달물질 형성

단백질은 중요한 신경의 자극전달 체계에 관여하는데, 이는 트립토판(tryptohphan), 티로신(tyrosine), 글루탐산(glutamic acid) 등이 신경전달물결의 전구체로서 역할을 하기 때문이다. 특히, 불면증 환자에게는 우유가 좋은 식품으르 알려져 있는데, 이것은 우유에 신경전달물질인 세로토닌(serotonin)이 풍부하므로 불면증 환자에게 많은 도움을 주기 때문이다.

⑥ 에너지 공급원 및 포도당 생성

사람의 신체는 혈액과 세포 및 신경조직에 충분한 에너지를 공급하기 위하여 혈류에 항상 일정 양의 포도당을 유지하여야만 한다. 두뇌가 사용하는 에너지 소비량은 성인의 경우 몸 전체 에너지의 20%정도지만, 어린이는 더 큰 비율을 차지하며, 출생 직후 어린이는 무려 50%를 사용하는데, 이에 필요한 대부분을 포도당에서 공급받는다. 만약 식사에 충분한 당질이 함유되지 않으면 간과 신장의 일부분이 포도당을 만들기 위하여 아미노산 대사를 강행하게 되며, 많은 종류의 아미노산류가 이러한 과정에 사용될 수 있다. 따라서 단백질이 부족하게 되면 신체는 체내 기관 내의 조직단백질을 분해하여 필요한 에너지로 사용하는 등 체단백질을 소모하기 때문에 에너지 결핍증, 즉 기아상태를 수반할 수 있다.

(6) 식육단백질의 생물가

단백질은 사람의 체 조직을 구성하는 필수적인 물질이라 할 수 있으며 단백질의 종류에 따라 그 영양적 가치가 다르게 평가된다. 사람은 식품을 통해 단백질을 섭취하게 되면 체내 대사를 통해 단백질은 아미노산으로 분해되고 다시 체 단백질로 합성되는 과정을 거친다.

단백질 생물가(Biological value of protein)는 식품 중의 단백질이 어떻게 효과적으로 체내 조직으로 변화할 수 있는지를 측정하는 것이다. 만약 식품이 도든 필수 아미노산을 충분히 가지고 있으면 사람들은 효과적으로 식품 단백질을 체 단백질로 만들 수 있다. 즉, 식품단백질을 많이 충당할수록 체 단백질로 많이 전환될 수 있다. 아래의 공식은 단백질의 생물가를 나타낸 것이다.

$$\text{생물가(BV)} = \frac{\text{체내에 축적된 질소량}}{\text{흡수된 질소량}} \times 100$$

단백질 식품 중 달걀의 생물가를 100으로 기준을 정하였을 때, 일반적으로 생물가가 70 이상인 것은 양질의 단백질에 속한다. 위의 공식에서 질소보유량을 측정하여 체내에 축적된 단백질 보유량을 실질적으로 측정하는데 그 이유는 질소가 단백질보다 측정하기가 쉬우며, 모든 종류의 아미노산은 질소를 함유하고 있기 때문이다.

[표 9-7]은 다양한 식품들의 단백질의 질을 나타낸 것이다.

[표 9-7] 다양한 식품들 사이의 단백질의 질적 비교

식 품	아미노산 값 (Chemical score)	생물가	NPU	단백질의 효율비 (PER)
달 걀	100	100	94	3.92
우 유	95	93	82	3.09
생 선	71	76	-	3.55
쇠 식 육	69	74	67	2.30
현 미	67	86	59	-
땅 콩	65	55	55	1.65
연 맥	57	65	-	2.19
백 미	57	64	57	2.18
통 밀	53	65	49	1.53
대 두	47	73	61	2.32
참 깨	42	62	53	1.77
풋 콩	37	64	55	1.57

· NPU : 단백질의 체내 유용률(Net Protein Utilization : NPU)
· PER : 단백질의 효율비(Protein Efficiency Ratio : PER)

동물성 단백질인 달걀의 단백질은 다른 단백질 급원식품보다 최고의 생물가를 나타내고 있다. 다음으로 우유와 소고기 단백질도 높은 생물가를 나타내고 있는데, 그 원인은 사람과 비슷한 아미노산 성분을 가지고 있기 때문이다. 그러나 식물성 단백질 및 아미노산은 사람의 아미노산 성분과 크게 다르므로 체 성분 유지를 위해서는 부족한 생물가를 가지고 있다.

생물가는 신장과 간 질환 등을 치료하는데 중요한 자료로 인정되고 있는데, 그 이유는 신장이나 간은 과잉 아미노산을 대사하고 처리해야 하기 때문이다. 즉, 이들 병을 치료하기 위해서는 가능한 적은 아미노산을 가지고 많은 체 조직을 합성하는 것이 좋기 때문이다. 다시 말해서, 요소와 암모니아 생성에 부담을 주지 않는 것이 좋기 때문에 달걀 단백질, 우유 단백질 및 식육단백질을 섭취하는 것이 좋으며, 이러한 식품은 비필수아미노산을 생성하지 않고 신장 및 간질환 환자에게 식품에서 최고의 생물가를 공급할 수 있다.

9.3. 식육의 지질

식품에서의 지질(lipid)은 단백질, 탄수화물들과 함께 가장 중요한 성분 중에 하나이며, 식육 내에는 다양한 지방이 함유되어 있다. 일반적으로 사람들이 요리하여 섭취하는 식육의 지방은 대부분이 근육 사이의 근간지방이나 근육 내의 근내지방이다.

지질은 물에 대해 불용성이며, 에테르, 알코올, 아세톤, 클르로프롬 등의 유기용매에 녹는 물질로 식육의 지질은 글리세롤, 지방산, 중성지질, 인지질, 콜레스테롤, 지용성 비타민 등으로 구성되어 있고, 영양적으로 매우 중요한 기능을 가지고 있다.

(1) 지질의 영양학적 가치

지질은 인체에 열량을 공급하는 주요 열량원으로 중요한 역할을 한다. 즉 다른 영양소인 탄수화물이나 단백질이 1g당 4kcal의 열량을 발생시키는 반면 지질은 1g당 2배 이상의 열량인 9kcal의 열량을 발생한다. 식육에 포함되어 있는 중성지질은 사람의 신체에 연료를 지속적으로 공급함으로써 체온을 조절하고 유지시켜주며, 복강안에 있는 주요 장기기관을 외부에서 오는 충격으로부터 보호한다. 또 인지질과 콜레스테롤은 체조직 세포와 각종 호르몬의 구성성분으로 체 내의 주요기관에서 매우 중요한 역할을 한다. 또한 지질은 네 가지 지용성 비타민(A, D, E, K)의 용매 역할을 하여 체내 흡수를 용이하게 만들며, 특히 비타민 B_1의 소비량을 절약하게 한다. 이 밖에도 7-디하이드로콜레스테롤(7-dehydrocholesterol)과 에르고스테롤(ergosterol)은 비타민 D로 전환되기도 하며, 칼슘의 흡수를 도와 골격의 밀도를 높여 준다. 그러나 그 무엇보다도 지질은 맛과 향을 제공하는 방향성 물질들을 함유하고 있어 음식의 유연성과 부드러움, 고소한 맛, 바삭바삭한 질감을 주는 것과 동시에 음식의 맛을 증진시켜 사람들에게 행복한 만족감을 준다.

지방의 영양학적 가치는 필수지방산의 함량으로 평가한다. 인체에 있어 필수지방산은 항체 형성, 정상적인 시력 유지, 세포막 형성, 많은 종류의 호르몬 유사물질의 생성 등을 위하여 필요한 영양소이므로 급원식품을 통해 공급 받아야 하며, 식육은 우수한 지방의 공급식품 중의 하나이다. 사람에게 필요한 필수지방산은 리놀레산(linoleic acid), 리놀렌산(linoleinic acid), 아라키돈산(arachidonic acid) 등이며, 그 중 아라키돈산과 리놀레산은 소고기보다 돼지고기에 5~20배나 더 많은 것으로 알려져 있다.

세계 각 나라마다 지질 섭취량의 차이는 있지만, 우리나라의 2015년 국민건강영양조사 결과에 따르면 지질섭취는 1998년 이후 증가하는 경향을 보였는데, 남자는

1998년 45.3g에서 2015년 58.9g으로 13.6g 증가하였고 여자는 같은 기간 35.2g에서 43.0으로 7.8g 증가하였다. 지방의 에너지 섭취비율은 19~29세에서 25.4%이었으며 49세 이하의 연령군에서는 22~25%를 보였으나 만 65세 이상에서는 13.3%로 절반수준 이었다. 이 같은 지방의 섭취량은 미국이나 유럽(40% 이상) 사람들에 비하여 아주 낮은 것이다. 일반적으로 영양학자들은 전체 열량의 20~25%를 지질로부터 얻는 것이 건강에 좋다고 하며, 필수지방산은 총열량의 2%를 유지해야 하고, 불포화와 포화의 비율은 1:1 또는 1.5:1로 유지하라고 권유한다. 그러나 그 비율은 2:1을 넘지 않도록 주의해야 한다.

한편, [표 9-8]에서 보는 바와 같이, 다양한 종류의 식육이나 같은 식육이라도 각각의 부위들 간에 지방함량과 지방산 조성 특성의 상당한 차이점들이 있다. 가슴 부위육은 닭과 칠면조에서 껍질을 고려하지 않은 경우에 가장 기름기가 없는 것으로 알려져 있다. 소 우둔살은 안심살과 양지살보다 낮은 지방함량을 보여준다. 일반적으로 돼지고기는 각 부위별 체외지방의 정형 정도에 따라 지방함량이 크게 달라지는데, 총 지방함량이 높아도 다른 식육과 비교했을 때 단가불포화지방산 함량이 유의적으로 높다. 또한 돼지고기는 인체에서 올레산으로 전환될 수 있는 포화지방산인 스테아르산이 특히 풍부한데, 올레산은 여러 만성 질환에 대항하는 예방 효과를 발휘한다. 과학적으로 이러한 결과들은 식육이 높은 포화지방 함량을 가지고 있어서 각종 성인병의 발병 위험을 증가시킨다는 주장을 반박할 수 있는 근거가 된다.

[표 9-8] 소, 돼지, 칠면조, 돼지고기 가식 부위 100g당 지방 및 포화, 단가불포화 그리고 다가불포화지방산 함량 (USDA, 2011)

	소 등심	소 양지	소 우둔	닭 가슴	닭 다리
총 지방(g)	5.6	7.2	4.3	1.2	3.8
SFA(g)	1.7	3	1.5	0.3	1
MUFA(g)	2.5	2.9	1.8	0.3	1.2
PUFA(g)	0.2	0.3	0.2	0.3	0.9
W6 PUFA(mg)	20	169	145	170	730
W3 PUFA(mg)	187	81	10	40	100
	칠면조 가슴	칠면소 다리	돼지 등심	돼지 갈비	돼지 다리
총 지방(g)	0.7	2.4	8.2	5.6	15.7
SFA(g)	0.2	0.8	2.8	2	5.4
MUFA(g)	0.1	0.5	3.7	2.5	7
PUFA(g)	0.2	0.7	0.9	0.6	1.7
W6 PUFA(mg)	110	570	720	565	1,400
W3 PUFA(mg)	20	50	30	24	120

SFA, 포화지방산; MUFA, 단가불포화지방산; PUFA, 다가불포화지방산

(2) 콜레스테롤

콜레스테롤은 동물성 식품에만 존재하는 물질로 간, 신장, 난황, 새우, 굴, 게, 우유 등에 다량 함유되어 있다[표 9-9]. 콜레스테롤은 사람의 체내에서 중요한 기능을 하고 있는 호르몬들의 구성 성분으로 꼭 필요한 물질이다. 특히, 성호르몬인 에스트로젠(estrogen)과 테스토스테론(testosterone)의 구성성분이며, 담즙, 비타민 D 전구체인 7-디하이드로콜레스테롤을 만드는데 필요한 물질이기도 하다.

체내에서 중요한 기능을 하고 있는 콜레스테롤은 다른 측면에서는 건강에 해를 끼치는 요인이 되기도 한다. 즉, 혈액속의 인지질이나 콜레스테롤 및 혈액응고인자인 피브린(fibrin)이 결합하여 플라그(plaque)를 형성, 이 형성된 물질이 동맥벽 내부에 붙어 혈액의 흐름을 방해하게 된다. 하지만, 이러한 플라그의 형성은 단순히 콜레스테롤이 원인이라고 보기엔 힘들다. 즉, 동맥경화 및 심장관련 질병이 높은 함량의 지방섭취뿐만 아니라, 운동량의 부족, 흡연, 음주, 과다한 스트레스 등도 한 몫을 하기 때문이다.

[표 9-9] 콜레스테롤의 대표 급원식품들의 비교

식 품	목측량(g)	Cholesterol 함량(mg)	식 품	목측량(g)	Cholesterol 함량(mg)
탈 지 유	1 컵	4	넙치, 참치	3 온스	55
커티지 치즈 (크림불함유)	1/2 컵	8	닭고기, 칠면조	3 온스	67
마요네즈	1 티스푼	10	소고기, 돼지고기	3 온스	75
버 터	1 조각	11	양고기, 게	3 온스	85
라 드	1 티스푼	12	새 우	3 온스	130
커티지 치즈 (크림함유)	1/2 컵	17	바닷가재	3 온스	170
저지방 우유(2%)	1 컵	18	심 장	3 온스	230
우유와 크림 섞은 음료	1/4 컵	23	난 황	1 개당	250
아이스크림 (유지방 10%)	1/2 컵	30	간	3 온스	370
체다 치즈	1 온스	30	콩 팥	3 온스	680
우 유	1컵	34	뇌	3 온스	1,700
조개, 연어	3 온스	40			

* 출처 : Principles of Meat Science. U.S. (2002년)

(3) 식육 지방의 유해성 논란

식육에 포함된 지방은 그 함량의 변이가 크지만 일반적으로 도체의 경우 약 20% 내외, 정육의 경우 약 10% 내외 그리고 살코기의 경우 약 2~5% 정도를 함유하고 있다. 따라서 식육은 지금까지 고지방식품으로 인식되어져 왔고 현대인의 식생활 패턴과 건강에 관련하여 식육 내 지방함량은 뜨거운 논란의 대상이 되어 왔다. 대부분의 이런 논쟁의 초점은 식육의 지방함량이 현대인의 건강에 미치는 영향 중 좋은 점보다는 나쁜 점에 맞추어 졌으며, 그 내용도 과장되어져 왔다.

문제는 대부분의 사람들이 식육의 지방이 건강에 해로우며, 따라서 식육을 섭취하면 건강을 해친다고 믿는다는 것이다. 이에 대한 구체적인 예로, 식육이 많은 양의 포화지방산을 함유하고 있으며, 이 포화지방산은 심장병과 밀접한 관련이 있다고 믿고 있으며, 더 나가 이 포화지방산에는 높은 농도의 콜레스테롤이 있으며, 이 물질이 동맥의 혈관벽을 막아 고혈압의 원인이라는 것이다. 하지만 이렇게 발표되는 주장의 대부분이 통계적인 자료에 기초를 두고 있다는 것이다. 즉 동물성 지방을 많이 섭취한 사람들이 동물성 지방을 상대적으로 적게 섭취한 사람들 보다 심장병 발병률이 높았다는 것이다. 하지만, 일본 오키나와의 장수촌, 티벳 지역의 위구르족 장수촌은 육류를 많이 섭취함에도 불구하고 건강하게 무병장수하고 있다. 따라서 동물성 지방의 섭취와 심장병에 관련한 연구는 보다 세심하고 과학적으로 이루어져야 할 필요가 있다.

실제로 심장병은 포화지방산 함량이 높은 음식물의 과다한 섭취가 원인인 것은 부인할 수 없는 사실이다. 그리고 식육은 이러한 포화지방산을 포함해서 총지방의 함량이 높은 것도 사실이다. 그러나 문제의 핵심은 표현상의 '과다한 섭취'에 있다. 사람들은 식육을 섭취하면 과다한 지방을 섭취한다고 생각한다. 그 이유는 식품으로써 식육의 지방함량으로 발표되는 자료는 거의 모두가 도체상태 또는 지육상태에 근거를 두고 있어, 지방함량이 약 20% 이상으로 발표되기 때문이다. 하지만 사람들이 최종적으로 요리에 사용하는 살코기의 지방함량은 약 2~5% 정도에 불과하다. 그리고 식탁에서 요리된 식육을 먹기 전에 많은 사람들이 눈에 보이는 피하지방은 다시 한 번 제거하기 때문에 실제로 섭취하는 지방함량은 그렇게 많지 않다.

근래 들어 서구사회에서는 식육의 소비량을 줄이기 위해 다양한 방안들이 모색되고 있는데 그 가장 큰 이유는 그들의 비만문제 때문이다. 지방은 탄수화물이나 단백질보다 2.25배의 열량을 가지고 있기 때문에 많은 지방의 섭취는 비만의 원인이 될 수 있다. 그러나 실제 식육의 섭취가 비만의 원인인지에 대해서는 의심의 여지가 많이 있다. 특히, 우리나라와 같이 채소류의 섭취가 많은 국가에서는 식육과 육제품의 많은 소비에도 불구하고 비만이 그렇게 문제가 되지 않는 경우도 있다. 최근 미국에서는 동물성 지방의 섭취는 줄었으나 전체적인 지방의 섭취가 증가한 것이 비만의 주요인이라는 발표가 있었다. 즉, 비만은 식물성 지방의 과다한 섭취가 중요한 원인이 될 수 있다는 것이다. 따라서 비만을 방지하기 위해서는 섭취하는 전체 칼로리의 조절이 식육의 섭취를 줄이는 것보다 훨씬 중요한 것이다.

서구사회가 식육의 소비량을 줄이려고 하는 두 번째 이유는 식육 내의 콜레스테롤이 심장질환의 발병률을 높인다는 것이다. 하지만 이것도 현재까지는 아직 확실하지 않는데, 그 이유는 음식물로 섭취한 콜레스테롤은 혈중 콜레스테롤의 축적에 아무런 영향을 미치지 않는다는 연구결과도 많이 발표되고 있기 때문이다. 또 많은 학자들은 모든 콜레스테롤이 성인질병을 유발하는 것이 아니고 산화 콜레스테롤(cholesterol oxides)이 동맥경화 등의 성인병을 유발한다고 주장하고 있다. 콜레스티롤은 하루 600~1,500mg 정도 신체 내에서 합성된다. 그러나 일부 채식주의를 권장하는 영양학자들은 콜레스테롤을 하루에 300mg 이상 섭취해서는 안 된다고 주장한다.

9.4. 탄수화물

탄수화물은 자연에서 생성되는 유기물질 중 가장 중요한 것 중 하나로 주로 식물에 존재하고 동물에는 매우 적은 함량으로 존재한다. 즉, 일반적으로 식물의 약 20% 정도가 탄수화물이지만 동물에서는 단지 1% 정도만이 존재한다. 그러나 비록 탄수화물이 동물 체내에 적은 양으로 존재하지만, 동물 체내에서 세포대사나 생체구성 성분으로서 매우 중요한 역할을 하고 있다. 탄수화물은 가축의 근육에 글라이코젠과 젖산의 상태로 존재하고 있으며, 간에는 글라이코젠 함량이 약 6% 정도로 다소 많이 존재하지만, 영양적인 가치는 낮은 편이다. 즉, 근육의 글라이코젠은 도살 후, 점차 분해 되어 사후 해당 과정에서 없어진다.

하지만 근육 내의 글라이코젠의 함량이나 도살 후 해당과정의 정도는 식육의 품질, 즉 육색, 보수력, 조직감, 유화능력 및 저장성까지 영향을 미친다. 특히 글라이코스아미노글라이칸(glycosaminoglycan)과 프로테오글라이칸(proteoglycan)과 같이 탄수화물을 갖고 있는 물질들은 결합조직과 관련이 있기 때문에 식육의 연도와 밀접한 관련을 가지고 있다. 또한 식육 내 탄수화물의 카보닐기(carbonyl groups, -C=O)는 건열조리시 갈색화 또는 메일라드 반응에 영향을 미치기도 한다. 따라서 탄수화물은 식육 자체의 품질에는 중요한 역할을 하지만 식육 내에 존재하고 있는 함량이 적기 때문에, 식육은 탄수화물을 풍부히 공급하는 식품은 아니다. 우리나라 사람들은 주로 쌀밥이나 그 외의 다른 식품으로부터 대부분의 탄수화물을 공급 받는다.

9.5. 수 분

식육에서 수분은 약 70% 정도를 차지하고 있지만, 식육의 영양학적으로는 큰 의미가 없다. 하지만 식육 수분 속에는 많은 성분들이 용해되어 있으므로, 그 함량 및 화학적 존재 상태는 식육의 가공성, 저장성, 맛 및 육색 등의 육질에 영향을 미친다. 식육의 수분함량에 영향을 미치는 요인에는 여러 가지가 있지만, 식육의 구성성분만을 토대로 보면, 주로 지방의 축적정도에 따라 수분함량이 달라진다고 할 수 있다. 즉, 일반적으로 지방함량이 많은 식육이 상대적으로 적은 수분함량을 나타낸다. 그리고 식육 중의 수분의 존재 상태(결합수, 고정수, 유리수)에 따라서도 수분함량이 달라진다.

식육은 물리적 내·외부 환경변화에 따라 식육 자체 내에 수분을 보유하고 있는 능력을 보수력이라고 하는데, 이 보수력은 육질을 결정짓는 결정적인 요인이기도 하다. 식육은 식육 자체의 무게로 경제성을 판단한다. 다시 말해, 보수력이 좋지 않아 수분이 밖으로 삼출 되면, 빠져 나온 수분 무게만큼 금전적 손실이 발생하며, 이렇게 보수력이 나쁜 식육은 육가공제품 제조시 그 가공성 또한 좋지 않다. 식품에서 미생물의 번식은 수분함량에 좌우되는데, 따라서 수분함량이 높은 식육은 미생물에 의해 쉽게 부패될 수 있다.

9.6. 무기질

식육은 인간에게 다양한 무기질을 제공해주는 훌륭한 식품이다[표 9-10]. 칼슘, 인, 마그네슘, 칼륨, 황, 나트륨, 염소 등은 우리 신체에서 많이 요구되므로 이들 무기질을 다량 무기질(macro-mineral) 이라 하며, 철, 요오드, 구리, 아연 등은 우리 신체에서 적은 양이 요구되므로 미량 무기질(micro-mineral)이라고 한다. 미량 무기질은 적은 양이 필요로 하지만 우리 신체기능을 위해 매우 중요한 물질이기도 하다. 소고기 살코기 100g은 1일 요구량의 약 37%의 셀레늄, 26%의 아연, 20%의 칼륨을 제공한다.

(1) 다량 무기질

1) 칼 슘(Calcium, Ca)

몸을 구성하고 있는 대부분의 칼슘은 뼈와 치아로 존재하고 있다. 일반적인 식육 내에는 근육상태에서 적정소량의 칼슘이 존재하고 있지만, 영양권장량(Recommenced dietary allowance)이 요구하는 적정량은 아니다. 칼슘은 체내에서 골격과 치아조직을 형성하고, 근육의 수축이완작용 조절, 신경의 자극·전달 작용의 유지, 세포대사 관여, 세포막의 투과성조절 및 혈액의 응고작용에 관여한다. 이러한 칼슘 섭취가 부족하거나 감소하면 골연화증, 골다공증 및 구루병 증상이 나타나는데 칼슘은 대표 급원식품인 육류, 난류 어패류, 우유에서 얻을 수 있다.

[표 9-10] 여러 종류의 식육의 무기질 함량 (가식부위 100g 당)(USDA, 2011)

무 기 물	소	닭	돼지	칠면조	양	토끼	오리
칼 슘(mg)	7	10	17	14	12	13	11
철(mg)	1.9	1	0.8	1.5	1.6	1.6	2.4
마그네슘(mg)	19	23	23	25	22	19	19
인(mg)	177	198	211	195	166	213	203
칼 륨(mg)	306	238	389	296	239	330	271
나트륨(mg)	58	75	52	70	59	41	74
아 연(mg)	3.7	1.2	1.8	2.4	3.5	1.6	1.9
셀레늄(μg)	22.4	16.9	36.1	26.5	19.7	23.7	13.9

2) 인(Phosphorus, P)

인은 신체 구성인 전 무기질의 1/4(0.8~1.1%)를 차지하고 있으며 그 중 85%는 칼슘과 결합하여 골격과 치아를 형성하게 된다. 인은 체내에서 여러 가지 대사 작용에 관여하는데 체내 구성, 유전자 조절물질 형성, 세포막 구성, ATP의 구성성분, 비타민 B 복합군의 조효소 형성, 체내 pH 조절 및 삼투압조절에 관여한다. 인은 식품에 널리 존재하고 있어 결핍증이 나타나지는 않는다. 하지만 식품의 부족이나 감소로 인하여 결핍증이 나타나는데 스프루(sprue)나 소아 지방변증을 일으킨다. 인을 급여할 수 있는 식품으로는 [표 9-11]와 같으며 식육 및 두류에 많이 함유되어 있다.

[표 9-11] 인의 대표적인 급원식품

식 품	인의 함량 (mg/100g)	식 품	인의 함량 (mg/100g)
돼지 간	356	달 걀	267
소 간	352	돼지고기	204
우 유	169	쇠 고 기	172
대 구	160		

3) 마그네슘(Magnesium, Mg)

신체를 구성하고 있는 마그네슘은 아주 소량이지만, 칼슘 및 인과 결합하여 골격의 표면을 구성하고 골격의 조밀도 및 강직성을 유지하도록 도와주며, 세포 내에 존재하면서 세포를 유지한다. 마그네슘은 칼슘, 인과 함께 체내 대사 작용에 중요한 역할을 한다. 골격대사, 효소반응(생명유지), 신경자극전달과 근육의 긴장 및 이완작용, 치아 에나멜(enamel) 층에 있는 칼슘의 안정성 증가 및 티록신(thyroxine)의 분비에 영향을 미쳐 기초대사율을 조절하게 된다. 마그네슘의 경우 결핍증세가 빨리 나타나지 않고 천천히 나타나는데 마그네슘의 고갈이 일어나면 신체 내의 무기질의 불균형이 일어나 신경자극전달과 근육의 수축 이완에 영향을 미치며, 근육의 경련을 일으킨다. 식육의 경우 마그네슘이 함유(22~30mg/100g)되어 있긴 하지만, 그 함량이 두류나 견과류(100mg/100g) 등 다른 식품에 비해 미비하다.

4) 칼 륨(Potassium, K)

건강한 성인 신체엔 약 250g의 칼륨이 존재하며, 나트륨과 함께 체내 세포 내에서 삼투압 조절하는 역할을 한다. 또한 신경의 자극전달, 인슐린(insulin) 공급 및 단백질 합성에서 중요한 작용을 한다. 칼륨의 결핍증상은 신경성 식욕 감퇴, 구토, 원기부족, 불안, 근육의 연약, 마비성 장폐쇄, 저혈압증, 심계항진 등이 나타나는데 우리나라 성인 남녀 1일 칼륨 권장량은 2,000mg 이다. 이러한 양은 정상적인 식사를 하게 되면 충분히 공급되지만 특히 식육에 풍부하다[표 9-12].

[표 9-12] 칼륨의 대표적인 급원식품

식 품	칼륨함량 (mg/100g)	식 품	칼륨함량 (mg/100g)
소고기(간 것)	350	전 유	145
치 즈	167	아이스크림	210
달 걀	100	다랑어 통조림	330

5) 황(Sulfur, S)

신체의 약 0.25% 차지하는 황은 주로 아미노산(methionine, cystein, cystine)에 존재한다. 또한, 황은 보조효소인 thiamin, biotin, lipoic acid, coenzyme A의 구성요소이기도 하다. 식육은 황이 풍부한 식품이고 황을 충분히 제공하는 식품으로는 육류, 우유, 달걀 등이 있다.

6) 나트륨(Sodium, Na)

나트륨은 세포 외액의 삼투압과 수분을 조절하는 주요 물질이며, 음식으로부터 섭취한 나트륨은 심한 운동이나 활동, 땀을 흘릴 때 많이 손실된다. 우리나라는 보통 음식으로부터 2,400~5,900mg에 해당되는 나트륨을 섭취하는데 이 양은 생리적 필요량을 훨씬 초과하며, 식육에서의 아주 소량(65~100mg/100g)의 나트륨이 존재한다.

(2) 미량 무기질

1) 철(Iron, Fe)

식육은 특히 철을 제공해주는 좋은 공급원으로서 건강을 유지하는데 필수영양소이다. 철은 헤모글로빈, 마이오글로빈, 사이토크롬 효소의 대사 합성에서 요구되는 영양소이기 때문에 미량으로 요구되지만 아주 중요한 영양소이다. 철분은 빈혈의 치료에 효과가 있다고 밝혀졌으며, 신체의 0.004%를 차지하고 있고 적혈구 적색 단백질의 필수 구성요소로 존재하고 있다.

일반적으로 철분은 혈액 내에 많이 구성하고 있는데, 우리나라 성인남자의 경우 체중 1kg당 50mg, 여자는 35mg이 존재한다. 식품 내의 철은 두 가지 형태로 존재하는데 철분운반 단백질과 결합되어 있는 힘철(heme iron)과 비힘철(nonheme iron)이다. 식육은 힘 형태 철의 귀중한 공급원이다. 힘철은 헤모글로빈과 마이오글로빈에서 나온다. 따라서 동물 세포 음식에만 존재한다. 생물학적 이용가능성이 높고 쉽게 장 내강에서 흡수되는데 이는 장 세포에 의해 분자 그대로 흡수되기 때문이다. 식육과 달걀 및 어류에 힘철이 많이 함유되어 있으며, 특히 돼지간의 철분함량이 가장 높다[표 9-13].

[표 9-13] 철분의 대표 급원식품간의 비교

식 품 명	1인 1회분		함유량(mg)	
	목측량	중량(g)	평균1회 분당	100g당
돼 지 간	2쪽	72	9.0	12.5
소 간	2쪽	73	5.8	7.8
굴	1인분	100	5.6	5.6
돼지고기	1인분	80	2.6	3.2
쇠 고 기	3쪽	90	2.7	3.0
달 걀	1개	54	1.3	2.7
새 우	1인분	100	1.6	1.6

비록 철분은 어두운 녹색 잎을 가지는 채소(예를 들어, 시금치), 곡물, 두류(예를 들어, 콩)와 같은 식물성 식재료에도 함유되어 있지만, 이러한 공급원들은 낮은 생체

이용률을 가지고 있는데, 그 이유는 이들이 비힘철 외에도 철을 킬레이트하여 철의 흡수를 방해하는 피틴산이나 옥살산과 같은 물질을 가지고 있기 때문이다. 한편, 채소류는 철의 흡수를 향상시켜주는 것으로 알려져 있는 비타민 C의 좋은 공급원이다. 식육과 육제품이 1일 철 요구량의 최대 18% 기여할 수 있어 건강 균형 식단과 가장 흔하게 영양 결핍증상을 예방하는데 중요한 역할을 하는 식품군이다.

2) 아 연(Zinc, Zn)

아연은 체조직에 고루 분포되어 있으며, 식물성 식품보다 동물성 식품인 식육에서 많이 존재한다. 인체 체조직 내에는 약 1.5~3.0g의 아연이 분포되어 있고, 주고 간, 근육, 뼈, 전립선, 머리, 손톱 등에 많이 존재하며 적혈구와 인슐린의 구성성분으로도 존재한다. 일반적으로 선진국에서는 아연 결핍이 흔하지 않지만, 유아기, 자라나는 성장기인 청소년, 임신부에게는 종종 나타난다. 아연 결핍은 성적 성숙의 지연, 발육 부진으로 인한 왜소 현상, 성장장애, 탈모, 설사, 정신적 우울감이 나타나며, 특히, 임산부에게는 유산이나 기형아 출산을 초래하기도 한다. 식육은 아연이 풍부한 식품으로서 이러한 결핍 현상을 예방할 수 있으며 특히, 소고기, 굴, 새우, 게 등에 많이 함유되어 있다. 특히 소고기는 가장 좋은 아연 공급원 중 하나이며 소고기 100g은 일일 권장섭취량의 26%를 제공한다.

3) 구 리(Copper, Cu)

일반적으로 건강한 성인의 경우, 75~150mg의 구리의 함량이 체내에 분포되어 있으며, 뇌, 심장, 신장, 간, 안구 및 모발에 존재한다. 구리의 결핍증은 흔히 일어나는 증세가 아니지만, 인공 수유를 받는 아기(6~9개월령)가 오랫동안 설사를 한 뒤, 만성 영양결핍 증세를 가지면 구리 결핍증세를 보인다. 구리의 결핍증상은 혈액 내 구성하고 있는 구리와 세룰로플라스민(ceruloplasmin)의 양이 감소하고, 철의 흡수 능력이 저하, 백혈구수의 감소, 골격의 광물질소실(demineralization) 및 적혈구의 부족으로 빈혈 등의 증세를 나타내며 케라틴 형성 장애, 멜라닌 색소 부족, 골격의 무기질 감소와 성장 부진 등이 나타난다. 구리의 급원이 되는 식육(동물의 내장, 어패류 등)을 섭취함으로써 이러한 구리 결핍현상을 예방할 수 있다.

4) 기타 필수무기질

셀레늄은 인체 영양에서 필수미량원소이다. 셀레늄단백질의 구성분으로써 주로 심혈관계 질환이나 암의 예방에서 항산화 작용에 중요하다. 생체에서 항산화효소인 glutathione peroxidase의 구성 요소로 자유라디칼로부터 세포방어 작용을 한다.

식육은 성인의 셀레늄 일일권장섭취량과 아주 비슷한 수준인 50μg의 셀레늄을 제공한다.

9.7. 비타민

식육은 100g당 권장섭취허용량의 약 25%에 해당하는 리보플라빈, 나이아신, 비타민 B_6 및 B_{12}를 함유하고 있으며, 1일 요구량(DR)의 2/3를 제공하는 비타민 B 복합체의 훌륭한 공급원이다 [표 9-14]. 특히 가금육과 토끼육은 100g당 1일 요구량의 56%를 제공하는 나이아신을 함유하고 있고, 소고기는 100g당 비타민 B_{12}를 1일 요구량보다 더 높은 수준(125%)으로 함유하고 있다.

[표 9-14] 다양한 종류의 식육 100g 당 비타민의 함량 (USDA, 2011)

비 타 민	계란	생선	소고기	닭고기	돼지고기	칠면조고기	양고기	토끼고기	오리고기
비타민 A(IU)	487	143	0	45	7	0	0	0	79
비타민 C(mg)	0	0	0	0	0.6	0	0	0	5.8
비타민 D(IU)	35	0	0	0	0	0	0	0	0
비타민 E(mg)	1	0	0	0.2	0.2	0.4	0.2	C	0.7
티아민(mg)	0.1	0.1	0.1	0.1	1	0.1	0.1	0.1	0.4
리보플라빈(mg)	0.5	0	0.2	0.1	0.3	0.2	0.2	0.2	0.5
나이아신(mg)	0.1	0.3	3.2	7.9	4.9	4.5	6	7.3	5.3
비타민 B_6 (mg)	0.2	0.3	0.4	0.4	0.5	0.5	0.2	0.5	0.3
엽 산(mcg)	47	9	6	7	5	9	23	8	25
비타민 B_{12}(mcg)	1.3	0.6	3	0.4	0.6	0.4	0.7	7.2	0.4

한편, 조리방법에 따라 식육 내 비타민 함량이 달라질 수 있다. 특히 비타민 B는 조리방법에 상당히 민감한데, 비타민 B_{12}와 티아민이 가장 영향을 많이 받는다. 이러한 손실은 크게 물에 대해한 용해성과 열에 대한 불안정성에 기인한다. 즉, 비타민 B 복합체는 물에 쉽게 용해될 수 있으므로 끓이는 조리 방법은 추출로 인해 더 많은 손실을 발생시킨다. 또 비타민 B는 열에 불안정하기 때문에 단시간동안 조리하거나(볶는 것)나 완전히 굽지 않으면 손실을 줄일 수 있다.

(1) 수용성 비타민

1) 티아민(Thiamin, vitamin B_1)

쌀을 주식으로 하는 우리나라, 일본, 중국, 동남아시아에겐 티아민의 결핍이 종종 나타나는데, 티아민의 섭취가 감소하거나 부족하게 되면 각기병(beriberi)을 유발하게 된다. 각기병은 크게 건성각기(dry beriberi)와 습성각기(wet beriberi) 두 가지 형태로 나타나며, 건성각기는 근육의 위축, 하체 마비로 인한 보행 곤란, 심장비대, 심장 박동의 불규칙, 호흡곤란 및 심하면 사망까지 이르게 되고, 습성각기는 세포 수분의 축적으로 체조직 및 하반신에 부종현상이 생기는 것을 말한다. 식육과 유제품을 중심으로 발달된 주식엔 티아민이 풍부하지만, 백미를 주식으로 하는 아시아인들에겐 티아민 결핍 증상이 쉽게 나타나다. 식육과 유제품엔 티아민이 풍부하므로 이러한 식품을 급여하게 된다면 각기병을 예방할 수 있다. [표 9-15]에 티아민의 대표적인 급원식품을 나타내었는데, 돼지고기와 유제품에 풍부하게 함유되어 있다.

[표 9-15] 티아민의 대표 급원식품간의 비교 (단위 : mg/100g)

식 품 명	Thiamin 함량	식 품 명	Thiamin 함량
돼지고기	0.95	수 수	0.35
탈지분유	2.34	밀(wheat, whole grain)	0.34
붉 은 팥	0.56	달걀가루	0.33
깨 소 금	0.51	잣	0.33
검 정 팥	0.50	강 낭 콩	0.30
호 두	0.55	현 미	0.30
참 께	0.50	분 유	0.29
호밀(rye, whole grain)	0.47	밀 가 루	0.28
밤(날밤)	0.45	강 냉 이	0.19

2) 리보플라빈(Riboflavin, vitamin B_2)

리보플라빈은 열에 강한 비타민으로서 형광성을 소유하고, 열엔 강하지만, 자외선이나 적외선엔 민감한 것이 특징이며, 세포의 호흡작용에 관여, 여러 개의 효소 및 보조효소의 구성요소로서 수소이온을 받아 다른 화학작용에 전달하여 주는 수소 운반체의 역할을 한다. 리보플라빈의 결핍증은 리보플라빈의 함량이 부족한 식사(권장량의 1/4)를 2개월 이상 계속할 때 나타나며, 특히 어린이들에게 흔히 발견된다. 증상은 입안이 헐고 염증이 생기는 구순구각염, 광선공포증과 백내장, 설염 및 피부질환(생선 비늘 같은 현상) 등이다. [표 9-16]에 리보플라빈의 대표적인 급원식품을 나타내었는데, 리보플라빈은 간이나 살코기 및 우유 달걀에 많이 함유되어 있다.

[표 9-16] 리보플라빈의 대표 급원식품간의 비교 (단위 : mg/100g)

식 품	Riboflavin 함량	식 품	Riboflavin 함량
소 간	2.10	우 유	0.10
돼지 간	2.30	조 기	0.34
소 콩팥	1.60	달 걀	0.30
탈지분유	0.82	참도미	0.50
분 유	1.46	꽁 치	0.22
달걀가루	1.20	닭고기	0.15
치 즈	0.55	맛살(조개)	0.49

3) 나이아신(Niacin, Nicotinic acid, nicotinamide)

나이아신은 나이코틴산(nicotinic acid)과 나이코틴아마이드(nicotinamide)의 두 물질로 구성되어 있는 비타민으로서 무색 침상 결정형이며 약간의 쓴맛이 있고, 수용성 비타민으로 산, 알칼리, 열, 태양에 매우 안정한 물질이다. 나이아신의 결핍은 옥수수를 주식으로 하는 지역에서 종종 나타나며, 나이아신의 섭취가 감소하거나 부족하게 되면 펠라그라(Pellagra: 거칠다, 아픈 통증이라는 뜻)를 유발하게 된다. 초기증상은 식욕부진, 체중감소, 허약증, 피부염, 설사, 및 우울증이 나타나고 심하면 사망에까지 이른다. 다음 제시한 [표 9-17]는 니아신의 대표 급원식품간의 비교한 것이며 간, 신장 등 내장기관과 소고기 살코기에 풍부하게 함유되어 있어 나이아신의 좋은 공급원이 된다.

[표 9-17] 나이아신의 대표 급원식품간의 비교 (단위 : mg/100g)

식 품	Niacin 함량	식 품	Niacin 함량
돼지 간	14.9	소고기	16.3
소 간	12.0	닭고기	5.0
돼지 신장	51.4	닭 내장	6.6
돼지 심장	38.7	돼지고기	5.0
소 신장	7.0		

4) 판토텐산(Pantothenic acid)

판토텐산은 담황색 기름으로 불안정한 점성액이지만, 물에는 잘 용해되는 유리산 물질이다. 판토텐산이 결핍되면 여러 가지 결핍증세가 나타나는데, 식욕부진, 소화불량 복부통증, 우울증, 수면장애 및 말초 신경염으로 인한 팔과 다리의 경련 등이 일어난다. 육류, 우유, 달걀, 버섯 및 효모 등이 판토텐산의 좋은 공급원이 된다.

5) 바이오틴(Biotin)

바이오틴은 장 내 미생물에 의해 합성되어 결핍현상을 잘 일으키지는 않지만, 체내에서 대단히 중요한 기능을 한다. 바이오틴은 열, 광선, 산에는 대체적으로 안정하지만 알칼리와 산화에 의해 활동능력을 상실하는 것이 특징이다. 바이오틴이 체내에서 합성되지 않거나 부족하면 탈모증이 생기는데 심하면 중풍과 경련으로 죽게 되는 경우도 있다. 바이오틴은 내장기관인 신장과 간에 풍부하며, 닭고기, 달걀, 우유에도 좋은 공급원이 된다.

6) 엽 산(Folic acid, Folacin)

엽산은 황색을 띠는 결정체 물질로 태양광선에도 약하고 물에 잘 용해되며, 산성용액에 산화가 쉽게 되어 식품의 저장 및 조리과정에서 손실이 많이 되는 것이 특징이다. 엽산은 여러 가지 효소의 작용을 돕는데, 핵산의 구성 성분인 퓨린과 피리미딘을 합성시키며, 아미노산인 페닐알라닌과 글라이신을 각각 타이로신과 세린으로 전환시키고, 필수 아미노산인 메티오닌을 합성 및 헤모글로빈의 구성성분을 형성한다. 이러한 엽산 섭취가 부족하거나 감소하면 엽산 결핍증을 초래하는데 그 현상은 거대적혈구성 빈혈을 일으킨다. 또한 설염과 설사, 성장장애, 탈모 등이 생긴다. 엽산의 대표적인 식품은 내장기관인 간, 신장에 많으며 그 외 야채류에 함유되어 있다.

7) 비타민 B_6(Pyridoxine)

피리독신은 열에는 안정하지만 광선(자외선)에는 파괴가 잘 일어나며, 쉽게 산화되는 특징을 가지고 있다. 비타민 B_6의 공급이 부족하거나 감소되면 피부질환, 혈액질환인 저혈색소 빈혈이 나타난다. 비타민 B_6는 육류, 어류, 가금류에 많이 함유되어 있는데 주로 육류에 많이 함유되어 있다.

8) 비타민 B_{12}(Cyanocobalamin)

사람의 식이에 식육을 포함시키는 가장 알맞은 주장 중 하나는 식육에 비타민 B_{12}가 풍부하다는 것이다. 실제로, 비타민 B_{12}는 특정 종류의 조류에 의해서도 공급될 수 있다고 제안하는 일부 자료에도 불구하고 거의 동물 자원에만 존재 한다.

비타민 B_{12} 결핍은 일반적으로 부족한 섭취에 의해서 발생하지만, 대사나 흡수 과정에서 복잡성 또한 비타민 B_{12}의 생체이용률을 감소시킬 수 있다. 위에서는 코발아민이 햅토코린(R 단백질)과 결합한 후에, 췌장 프로테아제가 작용하여 이 결합체를 내인성 인자(IF)와 결합시키고 이 복합체가 회장 점막에 있는 특정 수용체에 결합되었을 때 흡수된다. 이것은 리소좀에 도입된 후에 방출되어 메틸이나 디옥시아데노실 형태로 대사된다. 이것이 혈류에 도달하게 되면, 혈장 코발아민의 약 25%를 운반하는 트랜스코발아민이 되어 체세포로 수송되고 전달된다. IF-B_{12}의 흡수는 식이 비타민 B_{12}의 생체이용률 결정에 상당한 영향을 준다.

비타민 B_{12} 결핍의 주요한 결과는 거대적아구성빈혈이다. 또한 이것은 우울 증상뿐만 아니라 신경학적 손상을 유발할 수 있는 심혈관계 질환 위험인자인 높은 혈중 호모시스테인 수준에 대한 원인이 될 수 있다.

비타민 B_{12}는 헤모글로빈과 유사한 구조를 가지고 있는 것이 특징이며, 결핍 시 악성 빈혈을 초래한다. 다시 말해, 비타민 B_{12}는 정상적인 성장과 혈액 조성, 건강한 신경조직을 위해 필요한 물질이고, 생리적 활성화된 보조 효소를 형성한다. 비타민 B_{12}의 주요 급원 식품으로는 간, 소고기, 달걀, 돼지고기, 우유 등이 있다.

(2) 지용성 비타민

현재 알려져 있는 지용성 비타민은 비타민 A, D, E, K 네 가지로서 식육에서는 전혀 없는 것은 아니지만 다른 비타민에 비해 그 함량은 아주 미비하다.

9.8. 식육의 영양적 고찰

상술한 내용을 종합해보면 식육은 매우 훌륭한 영양소 공급원이라는 것을 부인할 수 없다. 무엇보다 식육은 높은 생물가를 가지는 단백질의 훌륭한 공급원이며, 높은 필수아미노산(EAAs) 함량을 제공한다. 단백질은 인체의 구성요소로써 필수적이며 인체 내에서 다양한 기능을 하는데, 식육은 이런 역할을 담당할 양질의 단백질의 주요 공급원으로 권장되는 식품이다.

식육 내 포화지방함량이 심혈관계 질환과 암을 촉진시킨다는 것에 대한 여러 논란들이 남아있다. 반드시 고민해야 하고 추가적인 연구가 필요한 것은 식육과 육제품 간의 차이이다. 실제로, 최근 연구에서는 육제품이 아닌 식육 자체도 암, 심혈관계 질환 그리고 당뇨병발생 가능 위험인자로 분류하였다. 그러나 이러한 질병들은 복잡한 병인을 가지고 있고, 개인의 식이 습관은 복잡하고, 식이는 생활방식(예를 들어, 운동)의 다른 측면들과 관련이 있다는 것을 고려하는 것이 매우 중요하다. 따라서 질병 촉진인자가 음식, 특히 식육의 섭취라는 것을 단정하기는 어렵다.

식육의 총 지방과 포화지방함량은 식육의 부위와 종류에 따라 매우 다양하다. 식육은 또한 단가불포화지방의 좋은 공급원이다. 질병의 촉진과 관련된 과도한 식육 섭취가 도대체 어느 정도의 함량 인지에 대한 정의가 필요하며 이를 통해 건강한 식이의 일부로써 식육의 적절한 섭취의 역할을 명확히 해야 할 필요성이 크다.

또한 식육 내에 비타민 B_{12}, 철, 셀레늄, 아연과 같은 중요한 미량영양소가 풍부하다는 것은 식육의 섭취에 대한 명분과 영양적 가치를 제시할 수 있다. 이런 미량영양소들은 다른 공급원에 의해 쉽게 대체될 수 없으며 완전 채식 식단에서 흔하게 관찰되는 결핍요소이기 때문에 반드시 식육을 통해 섭취할 필요가 있다.

제 3 편

신선육 가공의 과학과 기술

제 10 장 식육동물의 출하와 도축

일반적으로 식육동물(meat animal)이라 함은 식육생산에 보편적으로 이용되고 있는 가축을 말하며, 그 가운데서도 일정한 절차를 걸쳐 도축(slaughter)의 대상으로 선정된 것을 출하축이라고 부른다. 양질의 식육을 생산하기 위해서는 우선적으로 식육의 원료가 되는 출하축의 올바른 선정과, 이어서 적절한 도살전후의 취급 및 처리가 요구된다. 도축 전 출하축의 적절한 선정과 취급은 인수공통전염병의 환축(患畜) 또는 병축(病畜)이 식육으로 전환되는 것을 방지하고, 미생물학적 또는 화학적 오염을 방지하여 식육의 안전성을 확보하는데 있어 매우 중요하다. 최근 식육산업계에 있어 고품질의 식육의 생산도 중요하지만 그 보다 더 중요하고 우선적으로 고려되는 것이 안전성의 확보라는 점을 감안할 때, 출하축의 선정과 적절한 취급의 중요성이 그 어느 때보다 강조되고 있다. 물론 고품질의 식육생산도 출하축의 올바른 선정과 훌륭한 시설의 도축장, 적절한 도축전후의 취급 및 처리 그리고 작업원의 철저한 위생의식 등이 있어야만 가능하다.

10.1. 출하축의 선정

고품질의 식육을 생산하기 위해서는 살아있는 식육동물의 근육이 식육으로 전환되는 과정에서 근육 내에서 발생하는 생물학적, 생리학적 또는 생화학적 기작들을 고려한 도축 전후의 작업들이 수행되어야 한다. 특히 상대적으로 스트레스에 민감한 돼지의 경우 도축 전후의 처리에 따라 식육의 품질이 지대한 영향을 받기 때문에 양돈장에서부터 과학적인 방법으로 돼지를 취급하여야 한다. 일반적으로 식육동물은 동일한 품종이라 할지라도 사양관리의 상태에 따라 식육원료로서의 가치가 크게 달라질 수 있다. 즉, 우량한 근육을 가진 식육동물이 고품질의 식육을 생산하고, 또 우수한 육제품의 생산으로 이어지기 때문에 좋은 식육동물을 출하축으로 선정하는 것이 매우 중요하다.

출하축의 선정에서 고려해야 할 사항들은 가축의 건강상태 이외에 품종, 연령, 성별 등이 있다. 예를 들어, 현대 식육의 소비경향에 맞춰 식육동물들은 지방함량이 적고 살코기가 많은 품종 쪽으로 육종, 개량되었으나, 이러한 이유로 많은 식육동물들이 스트레스에 약하고 근육 내 지방함량도 적다는 단점이 나타나고 있다. 또한 종종 어떤 식육에서는 수컷이 성장하면서 발생하는 웅취(boar taint)가 문제가 되기도 하는데, 따라서 출하축의 선정에 있어 거세의 유무를 확인하여 적절히 취급하는 것도 매우 중요한 일이다.

(1) 환축의 선별

상술한 바와 같이 도축할 식육동물의 건강상태는 식육의 품질 및 소비자의 건강에까지 영향을 미치기 때문에 출하축을 선발하는 일은 매우 중요하다. 특히, 출하축은 법정 전염병과 기생충에 감염되어 있지 않아야 하며, 가벼운 질병이라도 치료 중에 있는 동물이나 외상이 뚜렷한 동물을 도축하여 식육으로 사용할 경우 종종 공중위생상 안전성의 문제가 발생할 수 있다. 돼지의 경우 돈열병(돈콜레라)와 결핵이 걸린 경우는 확실히 제외되어야 하며, 기생충으로는 선모충(*Trichinella spiralis*)의 감염 여부를 명확히 하여야 한다. 이러한 환축들은 장단기간에 걸친 치료약의 투여로 항생물질 등의 체내 잔류가능성이 높기 때문에 많은 문제를 야기할 수 있다.

한편, 건강한 식육동물이라고 할지라도 중량을 부정하게 늘리기 위한 강제급수 및 강제급여 등의 학대행위를 하여서는 안 되며, 임신한 동물이나 종축 및 후보종축으로 등록된 식육동물은 법적으로 도축이 금지되어 있다. 우리나라도 식육 내 항생물질, 합성항균제, 호르몬제, 농약 및 중금속 등에 대한 잔류물질 허용기준을 제정하여 규제하고 있으며, 이러한 물질들을 투여 받은 식육동물은 최소한 7일이 경과된 이후에 출하하여야 한다.

(2) 품종의 고려

근래에는 일반 생육용이나 가공용을 막론하고 식육 중의 지나치게 많은 지방은 기피의 대상이 되고 있기 때문에, 지방이 적고 적육(lean meat)의 생산성이 양호한 개량종이 선호되고 있다. 그러나 적육의 생산성이 좋은 개량종으로 또는 성장속도가 빠른 조숙종(早熟種)으로 성공적인 개량이 이루어지면서, 반대로 스트레스에 대한 감수성이 예민한 돌연변이 유전자들이 발생하기 시작하였고, 특히 돼지의 경우 소위 porcine stress syndrome(PSS)의 증상을 나타내는 돼지들도 출현하기에 이르렀다. 이러한 PSS 돼지들은 도축 전후에 적절한 취급을 하더라도 육질이 매우 불량한 PSE육을 생산하므로 출하축에서 제외시키는 것이 권장된다.

(3) 성에 따른 특성

식육동물은 성별에 따라서 자극성의 특이한 성취(sex odor)가 있기 때문에 이에 대한 적절한 대책이 필요하다. 특히 돼지의 경우, 수컷은 성장에 따라 웅취가 심하여

지므로 반드시 생후 2~3주경에 거세를 하여야 하며, 도태되는 종모돈(種牡豚)은 성취가 극심하므로 신선육 생산을 위한 출하돈에서 제외되는 것이 바람직하다. 일반적으로 암퇘지는 육질이나 풍미도 양호하여 발정이나 임신 중일 때를 제외하고는 가공용으로 적당하지만, 번식모돈도 신선육 생산을 위한 출하돈을 선별할 때 제외시키는 것이 좋다. 소의 경우는 돼지와 달리 웅취가 심하지 않으므로 지역과 식생활의 습관에 따라서 거세실시에 차이를 보이고 있다. 예를 들어, 미국이나 우리나라에서는 거세를 권장하고 있으나 유럽지역에서는 동물복지를 앞세워 거세하지 않는 비율이 높아지고 있다.

(4) 출하축의 연령

식육동물은 일반적으로 새끼를 낳은 경험이 있는 경산축(經産畜)보다는 경험이 없는 미경산축(未經産畜)이 육질이 우수한 식육을 생산하며, 연령이 많은 동물이 어린 동물보다 수율과 육질이 양호하다. 물론 아주 어린 유축(幼畜)은 육질이 매우 연하고 섬세하며, 지방함량은 적으나 수분함량이 많고, 맛이 담백한 특성이 있다. 일반적으로 가공용 원료육을 생산하는 돼지의 경우, 생후 6~7개월령의 체중 110kg 전후가 출하돈으로 많이 이용되고 있다.

(5) 사료와 사양방법

식육동물의 체성분 중 사료에 의해 가장 많은 영향을 받는 성분은 지방이다. 즉, 사료의 지방산조성이 그대로 식육의 체지방으로 이행되기 때문에 식육동물이 섭취하는 사료지방의 품질은 그대로 식육동물 체지방의 품질로 연결된다고 할 수 있다. 일반적으로 사료지방에 저급 및 불포화지방산이 많을수록 체지방은 단단하지 못하고 무른 연지방(soft fat)을 형성한다. 연지방을 가진 돼지고기는 특히 육가공 원료육으로 이용하기에 부적합한데, 연지방은 지방의 조직이 물러 식육의 경도(firmness)를 불량하게 만들뿐만 아니라 융점이 낮아 가열 등의 가공처리 과정에서 쉽게 녹아 지방의 분리현상을 초래한다. 즉 연지방으로 인해 육제품의 유화성, 보수성, 결착성 등의 물성이 나빠지고, 지방의 산화도 쉽게 일어나 보존성도 저하된다. 식육동물 중에서 사료에 가장 많은 영향을 받는 동물은 돼지인데, 그 때문에 일반적으로 돼지는 출하하기 4~8주부터는 백색의 경지방을 형성하는 사료로 비육시키는 것이 권장된다.

(6) 도체등급 자료의 활용과 생체검사

어떤 농장의 축적된 도체등급의 자료는 출하축을 선정하는데 있어 매우 중요한 자료로 활용될 수 있다. 즉, 도체등급의 자료를 통해 최적의 육량과 육질을 나타내는 출하체중 또는 일령을 추정할 수 있고, 그에 따른 경제적인 수익을 최대화 할 수 있다. 최근에는 식육동물의 성장과정 중 근내지방의 침착정도나 다른 조직들의 성장 정도를 생체검사를 통해 추정할 수 있는 기기들이 개발되어 이용되고 있다. 예를 들어, 의료용이나 이화학 분석용으로 개발된 X-선 단층촬영장치(X-ray computed tomography), 영상분석장치(video image analysis), 핵자기공명장치(NMR, nuclear magnetic resonance) 등이 점차 살아있는 식육동물의 체조성 탐구에 이용되고 있다. 우리나라 소의 경우, 등심근의 근내지방함량이 등급에 결정적인 영향을 미치기 때문에 이러한 기기들이 출하축 선별에 유용하게 사용되고 있다.

10.2. 도축장과 도축설비

도축장이란 식육동물을 도축, 해체하고 이를 적절히 처리하여 보관하는데 필요한 위생적인 시설을 설비한 장소 또는 건물을 말한다. 대규모 도축장은 ⓐ 계류장 ⓑ 생체검사장 ⓒ 격리사 ⓓ 작업실 ⓔ 검사시험실 ⓕ 소독준비실 ⓖ 원피처리실 ⓗ 폐수처리시설 ⓘ 폐기물처리시설 ⓙ 골발정형실 ⓚ 냉장실 ⓛ 냉동실 ⓜ 탈의실 ⓝ 목욕탕 ⓞ 휴게실

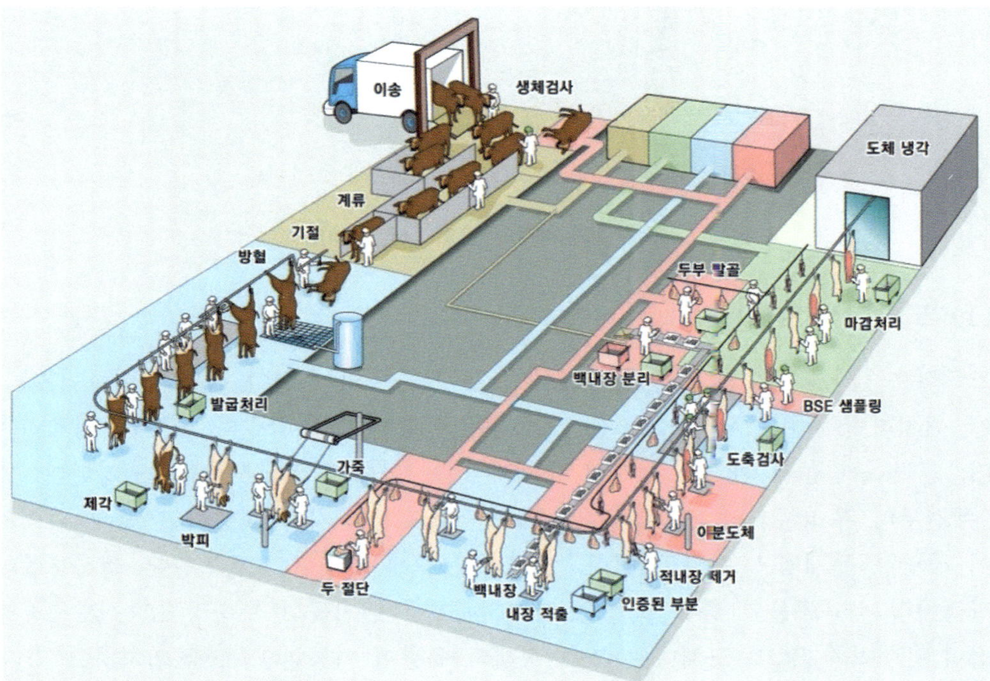

[그림 10-1] 소의 도축 공정 모식도

ⓟ 식당 ⓠ 사무실 등을 갖추어야 한다. 간이도축장은 ⓐ 계류장 ⓑ 생체검사장 ⓒ 격리사 ⓓ 작업실 ⓔ 검사시험실 ⓕ 소독준비실 ⓖ 원피처리실 ⓗ 폐수처리시설 ⓘ 폐기물처리시설 ⓙ 골발정형실 및 계량기를 갖추어야하며, 도서벽지 또는 자체 원료육 생산을 위한 육가공공장에서 운영하는 도축장을 말한다.

소와 돼지의 일반적인 도축공정은 [그림 10-1]과 [그림 10-2]와 같다.

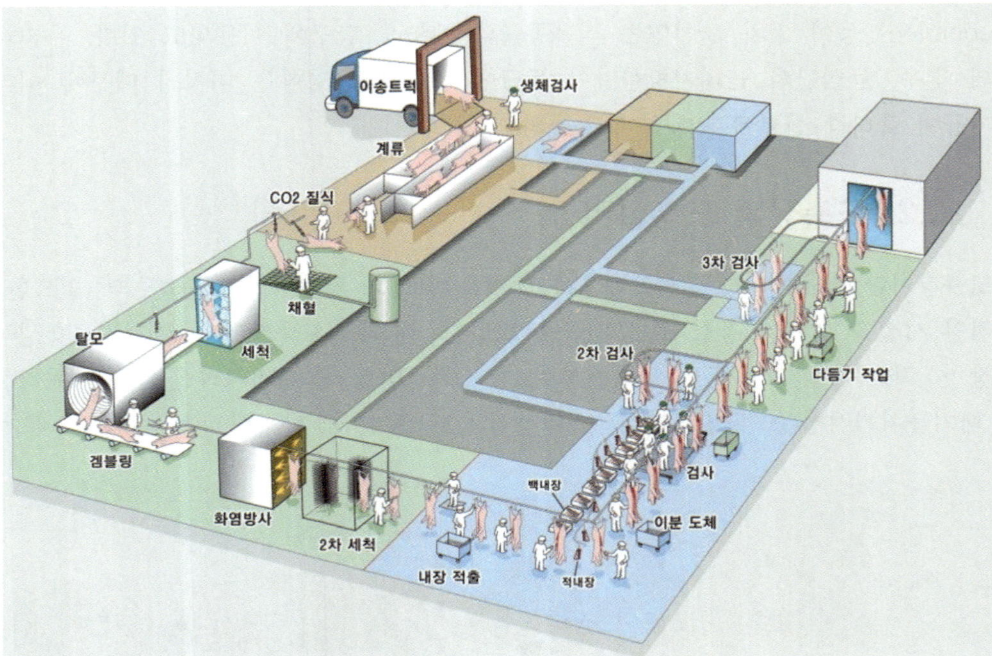

[그림 10-2] 돼지의 도축 공정 모식도

(1) 도축장의 위치

도축장은 출하축 및 그 생산품인 도체 또는 부분육의 운송이 원활히 이루어지는 장소에 위치하여야 바람직하다. 또한 도축장은 기본적으로 급수와 배수가 양호하여야 하며, 인근 주민들의 환경과 정서상 문제가 없는 곳에 설치되는 것이 권장된다. 그러나 예전부터 우리나라의 도축장들은 식육의 주요 소비지인 대도시 근교에 위치하고 있어 상당한 문제점을 안고 있었다. 하지만 근래에 건립된 도축장들은 축산물종합처리장들처럼 식육동물의 출하 시간을 짧게 하고, 일반인들의 도축장 또는 도축공정의 인접이 용이하지 않고, 도체나 부분육 형태의 유통이 가능한 장소에 입지하고 있다.

(2) 도축설비

대규모 도축장은 계류장, 생체검사실, 병축격리사, 작업실, 내장 및 도체검사실, 소독실, 냉동·냉장실, 보일러실, 소각장 및 오물처리시설 이외에 갱의실, 목욕실, 휴게실 등도 갖추도록 규정되어 있다. 생체검사실에는 보정틀과 우형기, 작업실에는 도체를 절단하는 전기톱과 지육을 계량할 수 있는 전자자동계량기 등을 설치하도록 되어 있다. 작업실은 도축실, 내장처리실 및 원피처리실로 구획되고 바닥과 내부벽은 내수성의 콘크리트와 타일 등으로 축조되어 청소하기 쉬우며, 배수가 잘 되는 구조로 되어야 한다. 특히 작업장은 위생적인 수세가 가능하도록 충분하고도 편리한 냉·온수 공급체계에 의한 각종 수세설비를 갖추어야 하며, 박피 또는 탈모된 도체는 운반이나 작업시에 바닥에 닿지 아니하도록 현수시설이 설비되어야 한다.

최근, 대규모 도축장은 도축처리의 전과정이 일관작업이 가능하도록 설계되어 있으며, 가능한 기기에 의한 자동화가 추구되고 있다. 현재, 세계적으로 널리 보급되어 있는 처리방식은 일괄현수방식(on-the-rail system)으로, 이 방식은 전자동식의 운송방식(conveyorized moving system)을 도축처리라인에 도입하여 각종 기기를 적절히 혼합 사용하면서, 작업대상인 도체를 순서에 따라서 연속적으로 이동 및 회전시키며 작업을 진행시킨다. 때문에 이 방법은 처리 도중 지육, 내장 등 가식부분이 바닥에 닿는 일이 없으며, 작업원은 자기 앞에 이동해 온 도체에 대하여 고정된 위치에서, 또는 작업대상과 같이 이동하면서 할당된 작업만을 단순 반복하게 된다. 이 방법은 위생적이고 연속적이며, 전문화된 작업이 특징으로 대량처리에 적합하며, 시간당 처리속도는 소는 350~500마리, 돼지는 600~1,000마리 정도이다. 최근에는 이러한 도축라인(slaughter-line)에 마이크로컴퓨터와 감응장치(sensor)가 부착된 도체자동해체기(automatic carcass opener)와 로봇(robot)의 활용이 시도되고 있다. [그림 10-3]은 각종 자동화 로봇을 이용한 돼지의 도축 모습이다.

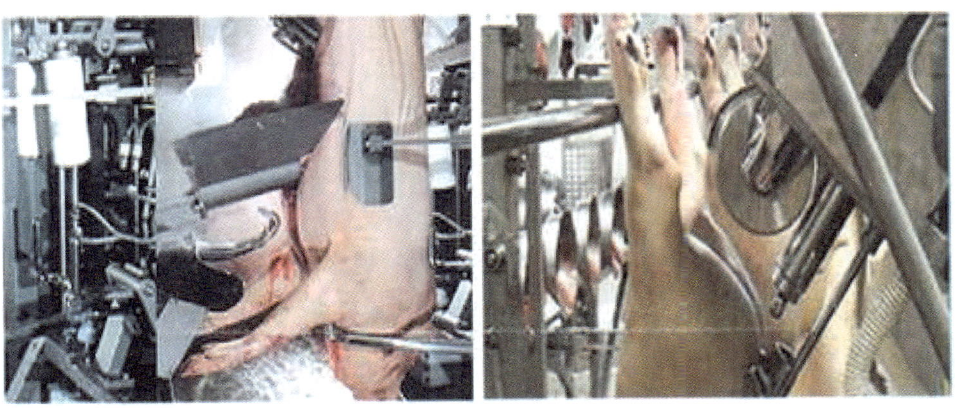

[그림 10-3] 자동화 로봇을 이용한 돼지의 도축 모습

(3) 축산물 종합처리장

축산물 종합처리장은 축산물 위생처리법에 의거하여 5,000㎡ 이상(간이 도축장의 경우 2,000㎡ 이상) 부지 면적에 계류장, 생체검사실, 격리사, 작업장, 검사실험실, 소독준비실, 원피처리실, 폐수처리시설, 폐기물처리시설, 골발정형대, 냉장냉동실 및 기타 편의 시설로서 목욕실 25㎡, 휴게실 25㎡, 식당, 사무실 등을 갖추도록 되어 있다(표 10-1).

[표 10-1] 우리나라 축산물 종합처리장의 시설별 기준 (소 작업 기준)

시 설 명	기 준		시 설 명	기 준	
	부 지	면 적		부 지	면 적
총 면 적	5,000㎡		검사실험실	20㎡	15㎡
계 류 장	150㎡ 이상	5,000㎡	원피처리실	30㎡	
생체검사실	15㎡ 이상	5,000㎡	예 냉 실	100㎡ 이상	50㎡
작 업 실	300㎡ 이상	200㎡ 이상	골발정형실	20㎡	

10.3. 도축 전 식육동물의 취급

제9장에서 자세히 설명한 바처럼 아무리 우수한 특성을 가진 식육동물이라 할지라도 고품질의 식육을 생산하기 위해서는, 근육이 식육으로 전환되는 과정이 생리학적, 생물학적 또는 생화학적으로 이상 없이 진행되어야 한다. 따라서 출하축은 농장에서 도축장으로 운송되는 순간부터 도축에 이르기까지 항상 적절하게 취급되어져야 한다. 도축 전 48시간 동안 식육동물을 어떻게 취급하느냐에 따라 수송도중 폐사, 도체수율 감소, 식육품질 저하 등이 결정적으로 영향을 받는다는 것을 명심해야 한다.

(1) 절 식

도축을 위해 선정된 출하축은 필히 절식(fasting, 絶食)시키는 것이 권장되는데, 그 이유는 절식을 시키면 수송도중 폐사율이 감소되고, 내장적출시 도체오염의 가능성이 감소되며, 도체냉각과 절단시 중량감소가 저하될 뿐만 아니라 생산된 식육의 육색과 보수성이 좋아지기 때문이다. 그러나 절식이 심해지면 도체수율이 낮아지고 DFD육의 발생률이 높아질 수도 있다.

특히 돼지는 반추위를 가진 소와 달리 사료의 장내통과가 상대적으로 신속하게 이루어지기 때문에 절식에 의한 체중감소가 민감하게 나타난다. 그러나 이러한 체중감소의 주 원인은 체내 사료의 양과 물의 양의 감소 때문이지 도체중이 감소하는 것은 아니다. 일반적으로 돼지에 있어 도체중의 감소가 나타나는 절식의 시간은 16시간 이후로 알려져 있다. 따라서 돼지의 경우 16시간 이내의 절식이 권장되며, 도축 전 최소 10시간 이내에 급여한 사료는 도체중의 증가에는 아무런 영향을 미치지 않는 것으로 알려져 있다. 또 절식시간이 48시간 이상이 되면 육색이 짙어지고 드립손실이 감소되며 DFD육의 발생이 증가하는데, 특히 우리나라의 경우 명절을 전후하여 소의 도축량이 폭증하여 계류의 시간이 길어지면 암절단육(dark cutting beef)의 발생이 많아진다.

(2) 수 송

식육동물이 산지로부터 도축장까지의 수송과정 중 받는 스트레스의 주요 요인들은 수송의 소요시간, 온도, 습도, 수송밀도, 환기상태 및 도로사정 등으로 이러한 여건들에 의해 도축의 흥분과 피로는 커지게 된다. 특히 식육동물은 트럭에 상하차할 때 가장 많은 스트레스를 받는데, 동물의 행동습성을 이용한 기술적인 승하차방법이 권장된다.

농장에서 식육동물을 상차장으로 몰 때는 가능한 전기봉이나 막대기를 사용하지 않는 것이 바람직하다. 돼지의 경우 넓은 판을 이용하는 것이 스트레스를 줄이는 방법이 되는데, 상차는 경사가 20~25도를 넘지 않는 것이 좋으며 8~10마리씩 수송차로 들어 올리는 승강기를 이용하는 것이 더 좋다. 식육동물은, 특히 돼지는 낯선 돼지들과 섞이면 서열을 가리기 위해 많은 싸움을 하기 때문에 출하는 가능한 같은 돈방에서 사육된 것끼리 같이 하는 것이 좋다.

수송도중 식육동물들 사이의 싸움으로 인한 타박상 등은 곧 바로 저품질의 식육생산으로 이어진다. 또한 미끄러운 바닥에서 미끄러진다거나 지팡이나 전기봉 또는 곤봉 등의 사용으로 인한 상처 등도 식육손상을 야기하여 경제적인 손실을 초래한다. 따라서 식육동물의 수송시에는 적절한 적재밀도를 유지하고 경우에 따라서는 칸막이를 설치하여 낯선 동물들과 섞이지 않게 하는 것이 중요하다. 물론 운전자의 급제동이나 급출발과 같은 난폭한 운전습관도 식육동물에게 지대한 스트레스를 준다.

돼지는 높은 온도와 급격한 온도변화에 매우 민감하기 때문에 온도와 습도가 높은 더운 여름철에는 수송도중 폐사하는 경우가 많이 발생한다. 따라서 여름철에는 한낮의 수송을 피하며, 개체간의 공간도 다른 계절보다는 조금 넓게 하여야 하고, 장거리 수송시에는 5~6시간마다 급수시키는 것이 권장된다. 일반적으로 수송거리가 멀어질수록 경비도 증가하고 스트레스도 커지며 체중감량도 증가한다.

(3) 계 류

도축장에 도착한 식육동물은 불안, 흥분된 상태에 있고, 피로와 갈증을 느끼게 되어 물을 찾게 되므로 급수시설이 완비된 조용한 계류장에서 휴식을 취하도록 하면서 안정을 찾도록 해야 한다. 대부분의 계류장은 도축장 내에 위치하고 있는데, 가능한 계류장은 도축공정에서 발생하는 작업소음과 자극적인 냄새로부터 격리되는 것이 좋으며, 특히 다른 식육동물들이 도축되는 것을 볼 수 없게 하는 것이 중요하다. 또한 계류장의 조명은 약간 어둡게 하여 피로한 동물들이 안정적으로 휴식을 취하게 하는 것이 좋다. 일반적으로 소와 돼지는 개체에 따라 계류시간이 수송거리와 피로의 상태에 따라 다르지만, 돼지는 약 3~12시간 정도, 소의 경우는 24시간 전후가 적당한 것으로 알려져 있다. 그러나 지나치게 계류시간이 길어지면 체중감소로 인한 육량의 감소와 함께 절식에서 오는 스트레스를 받을 수 있다.

도축 전 식육동물은 물을 자유롭게 먹이고 절식시키는 것이 바람직한데, 이는 방혈을 보다 완전하게 하여 육색이 좋고 저장성이 높은 식육을 생산하고, 장관의 파열을 줄여 내장적출(evisceration) 작업을 용이하게 하며, 또한 사료의 절식을 통해 불쾌취가 식육으로 이행되는 것을 방지하기 위함이다. 사료를 급여하여도 식육의 생산량은 증가하지 않고 사료비와 인건비의 낭비가 발생하므로 절식은 경제성면에서도 중요하다. 즉, 상술한 바와 같이 절식감량(fasting shrinkage)은 생체중의 약 2~3% 정도가 발생하는데, 1차로 배설감량(excretorial shrinkage)이 발생하며, 24시간 이후에는 2차로 조직감량(tissue shrinkage)이 발생한다. 따라서 조직감량이 발생하기 전에 도축이 이루어져야 한다.

(4) 도축검사

식육생산에 있어 도축검사(meat inspection)는 위생적으로 안전한 식육을 생산하기 위하여 반드시 거쳐야 하는 과정으로, 우리나라에서 생산되는 모든 식육은 축산물가공처리법에 의해 전문수의검사관의 검사를 받아 생산되고 있다. 도축검사는 도축 전의 생체검사와 도축 후의 도체검사로 구분되어 실시되며, 생체검사는 도축 전 2시간 이전에 생체검사장에서 실시한다[그림 10-4].

생체검사는 주로 도축허가서에 기재된 내용과 출하축을 대조하여 성, 연령, 모색, 특징 등을 확인하고, 동물의 영양상태, 자세, 피부, 소화기 및 체온을 알기 위해 각근, 이근부위의 검온, 안검, 비강 및 구강 검사, 경부구간 및 앞다리의 촉진, 항문 생식기 및 뒷다리 검사를 실시한다. 또 임신 여부 등도 확인하며, 도축이 금지되어 있는 것이나 식육생산용으로 부적당하지는 않는 지도 검사한다. 이때 가축전염병에 감염된 것으로 확인된 개체는 격리되어 살처분 되는 경우도 있다.

도체검사는 혈액, 가죽, 머리, 혀, 인후, 경부 및 장기부위를 검사하고 식육부위도 관찰하여 기생충 등에 감염된 여부를 확인한다. 도체검사에서 불합격 판정의 원인 중 발생빈도가 높은 질병은 돼지의 경우 농상(膿傷), 관절염, 폐렴, 황달 및 폐혈증 등이다. 이 외에 특수검사로 소의 경우 내외교근, 간장, 신장, 자궁의 검사를 하고, 돼지의 경우는 복근, 횡경막, 심장, 혀 및 인후를 검사한다.

[그림 10-4] 돼지의 생체검사

(5) 생체중 측정

생체검사가 끝난 식육동물은 피모에 붙어 있는 오물을 물로 씻어주고 생체중을 측정한다. 식육동물의 피모에 존재하는 오염물질들은 도축과정에서 도체를 오염시켜 생산되는 식육의 품질을 저하시키거나 변패의 원인이 되므로 도축 전에 반드시 씻어주는 것이 바람직하다. 도축 전의 생체중 측정은 도축 후 식육생산량을 계산하기 위해서 반드시 필요하다. 또 기타 각종 내장과 부산물의 생산량도 생체중을 기준으로 산출한다. 일반적으로 소와 같은 대형동물은 한 마리씩 대형저울에 달아 측정하나, 돼지나 닭과 같은 중소동물은 동물을 실은 채 측정한 수송차의 무게에서 공차(空車) 중량을 공제하는 방법으로 집단체중을 측정한다.

(6) 부적절한 취급

도축 전 식육동물의 부적절한 취급은 비정상적인 육질의 식육을 생산하게 된다. 즉, 도축 전 장기간 스트레스로 인하여 근육 내 글라이코젠이 고갈된 후 회복할 시간이 없이 곧바로 도축이 이루어지면, 식육은 어두운 암적색을 띠고 표면이 아주 단단하고 건조한 특성을 가진 DFD육이 생산된다. 특히 적색근섬유의 비율이 상대적으로 높은 소고기의 경우 육색이 매우 짙은 암적색을 나타내는 암절단육을 생산한다.

한편, 도축 전 단시간 내에 과다한 스트레스로 인한 젖산의 과다 축적으로 호흡이 증가하고 체온이 상승한 상태에서 도축이 이루어진 돼지는 육색이 창백하고 조직이 흐늘거리며 표면에 수분삼출이 많이 일어나는 PSE육을 생산한다. PSE육은 주로 백색근섬유의 비율이 상대적으로 높은 돼지고기에서 많이 발생하며, 일반적으로 날씨가 무더운 하절기에는 그 발생량이 증가한다.

이러한 PSE육이나 DFD육과 같은 비정상육의 발생률을 감소시키기 위해서는 식육동물의 장거리 수송 및 난폭 운전을 줄이고, 식육동물 농장 인근에 도축장을 개설하는 식육유통의 거점화 및 권역화가 필요하다. 또 운송에 의한 피로를 회복할 수 있는 안정과 휴식을 위해 충분한 계류를 실시하며 자유급수를 실시해야 하고, 필요에 따라서는 분무사워를 실시하는 것도 비정상육의 발생감소를 줄일 수 있고, 도축 후에는 반드시 예냉을 실시하는 것도 중요하다. 아무리 좋은 품종개량과 사양기술로 우수한 식육동물이 생산되어도 도축 전에 식육동물을 부적절하게 취급한다면 비정상육이 언제든지 발생한다는 것을 명심하여야 한다.

10.4. 소와 돼지의 도축

(1) 기 절

식육동물을 도축하기 전에 기절(stunning) 시키는 것은 고통을 최소화하고 작업능률과 육질개선을 촉진하기 위함인데, 의식을 잃은 상태에서 심폐기능을 유지한 채 방혈을 실시하면 식육동물이 받는 스트레스는 최소화 된다. 식육동물을 실신(immobilization)시키기 위한 기절법에는 타격법(knocking), 전격법(electrical stunning), 총격법(shooting) 및 가스 마취법(gas anesthetization) 등이 있다. 식육동물을 기절시키지 않고 바로 방혈시키는 방법은 자격법(sticking)이라고 한다.

1) 타격법

타격법은 식육동물의 앞이마를 도축용 해머(sledge hammer, poleaxe)로 강타하여 실신시키거나, 뒷머리를 압축공기로 타격하여 실신시키는 방법이다. 사용하는 도축용 해머는 끝이 뾰족하게 고안된 도끼(pole-axe)의 형태로 두개골 속으로 침투시켜 실신시키는데, 이때 타격점은 두 눈과 양각근(羊角根) 부위를 대각선으로 연결하였을 때 만나는 교차점으로, 이 부위가 뇌의 내부조직에 도달하기 쉬운 곳으로 되어 있다. 이 방법은 소, 말, 돼지로부터 토끼에 이르기까지 모든 동물에 손쉽게 시행될 수 있는 단순한 방법으로, 실신 후 사지의 반사적 경련을 방지하기 위해 타격 후 타공부(打孔部)에 쇠줄을 넣어 척수(spinal cord)를 파괴시켜 안정시키는 경우도 있다.

2) 전격법

전격법은 돼지와 같이 다두도축을 실시하는 동물에 적합하며, 다양한 전압강도의 전기로 감전시켜 실신시키는 방법으로 소음 없이 간단히 실시할 수 있다. 이 방법은 동물의 비명이 없고 순간적으로 작업이 진행되어 방혈상태가 양호할 뿐만 아니라 로봇을 이용한 자동화가 가능하다는 장점이 있다. 주로 돼지와 닭에서 많이 사용되며, 양에도 이용되기도 한다. 고전압을 이용할 경우 확실한 실신이 이루어지나 큰 경련에 따른 등뼈의 손상 및 근출혈에 기인한 혈점의 발생이 문제되어 최근에는 저전압 전격법이 주로 이용되고 있다.

3) 가스 마취법

가스 마취법은 집단도축에 주로 이용되며, 식육동물을 이산화탄소(CO_2) 가스실을 통과시켜 실신시키는 방법이다. 가스실의 이산화탄소의 농도는 65~85% 수준으로 15-45초간 실시하며, 이때 가축은 약 2~3분간 실신하게 된다. 이 방법은 전격법에 비해 근출혈 현상이 없어 혈점의 발생이 적으며 방혈량이 많은 장점이 있다.

4) 총격법

총격법은 타격법이 발전된 형태로 식육동물의 앞이마에 도축용 피스톨을 대고 발사하여 돌출되는 철간(captive bolt)이 두개골을 뚫고서 뇌조직을 파괴하여 실신시키는 방법으로, 총구를 앞이마에 대고 발사하므로 확실하다. 주로 소와 같은 대동물의 기절에 이용되나 돼지에도 종종 사용하기도 하며, 총격의 위치는 타격법의 타격위치와 동일하다.

5) 자격법

자격법은 주로 이슬람 국가의 할랄 도축에 사용하는 방식이다. 식육동물을 고정시킨 상태에서 예리한 칼로 경동맥(carotid artery)이나 경정맥(jugular vein)을 절개하여 방혈함으로 빈혈사(貧血死)에 이르게 하는 방법이다. 자격법은 소의 도축에도 사용되지만 주로 양이나 닭과 같이 온순하거나 작은 동물에 사용된다.

(2) 방 혈

방혈(exsanguination)은 식육동물을 기절시킨 후 체내의 혈액을 체외로 제거하는 과정으로, 돼지의 경우에는 기절하여 가사상태에 있는 돼지 뒷다리의 아킬레스건과 경골사이에 셔클(shackle)을 걸어 레일에 매단 다음, 양날이 선 소독한 칼로 가슴과 인후의 중간 지점에 직각으로 삽입하여 경동맥을 절단하면 방혈이 시작된다. 이때 만약 칼을 너무 깊숙이 삽입하면 심장, 식도, 기관지 등에 상처를 입혀 방혈이 불량하게 이루어지거나, 견갑골 아래에 혈액이 고이게 될 수도 있다. 소의 경우는 먼저 기절시킨 소의 뒷다리를 셔클에 걸어 레일에 매단 다음, 역시 소독한 칼을 경추를 기준하여 45℃ 각도로 가슴아래에 삽입하여 가슴과 인후 사이를 약 30cm 절개하면서 동시에 동맥과 정맥을 절단하면 방혈이 시작된다.

방혈되는 혈액의 양은 평균 생체중의 약 8% 정도이며, 완전히 방혈 된 경우 전체 혈액량의 50%까지 방혈이 이루어지는데, 잔존 혈액들은 주로 심장이나 간 등의 내장조직에 모이게 된다. 방혈에 소요되는 시간은 약 6~9분 정도이며, 실신 후 곧 바로 방혈을 하여야 방혈량이나 방혈상태도 좋아진다. 돼지의 경우 방혈 개시 후 약 9분 정도 심장이 계속 박동하기 때문에 방혈작업시 혈액 중에 오염물질이 혈류를 타고 전신에 퍼질 위험성이 있으므로 자도는 항상 철저히 소독하는 것이 바람직하며, 절개부위도 가능한 작게 만들어 탕박작업(scalding) 도중 더러운 물이 체내에 유입되는 양을 적게 할 필요가 있다.

만약 실신이나 방혈이 불량할 경우 근육조직 중의 모세혈관이 파열하여 출혈로 인한 다수의 혈점(blood splash)이 생성되는데, 이러한 혈점의 발생은 전격법으로 기절시킬 때 종종 나타난다. 근육의 혈점의 기절 후 방혈의 개시가 25초 이상 경과되면 많이 발생하므로 가급적 실신 후 5초 이내의 신속한 방혈 개시가 이루어져야 한다. 방혈이 불완전할 경우 근육 내에는 산소가 남아 있게 되므로 TCA 회로의 대사가 빨리 진행되어 부패가 빨리 이루어진다. 또한 미생물의 번식에 의한 사후변화가 촉진되어 육색이 암적색으로 변하며 상품가치가 저하된다.

(3) 박피와 탈모

방혈이 끝난 도체는 가죽을 벗겨 내는 박피(skinning)를 하거나 피부의 털만 제거하는 탈모(dehairing)를 실시하는데, 소의 경우는 대부분 박피를 하고, 돼지의 경우는 목적에 따라 둘 중 하나를 선택하여 실시하는데 우리나라는 주로 탈모를 실시한다.

소의 박피는 도축장의 처리규모에 따라 몇 가지 종류의 박피설비를 이용하는데, 가장 단순한 방법은 바닥에 깔려진 파상모양의 박피판(skinning plate) 위에 방혈이 완료된 도체를 올려놓고 실시하는 판상방식(on the plate system)이다. 이 방법은 작업이 바닥에서 이루어지기 때문에 안전과 능률 및 위생상 문제가 있다. 이보다 약간

진보한 방법이 요람형상의 박피틀(skinning cradle)에 고여 놓거나, 이동이 가능한 박피대(skinning truck) 위에 도체를 올려놓고 박피하는 방식이다. 현대식 도축장에서는 상하, 전후좌우로 사용이 가능한 전기도(electric knife)나, 편리한 박피기(hide puller) 등을 사용하여 도체가 현수된 상태에서 연속작업으로 박피작업이 이루어진다.

박피의 순서나 요령은 지역에 따라서 다소 다르나, 완전한 탁피를 위해서는 두부와 사지의 끝에서부터 박피를 시작한다. 즉, 방혈이 끝난 도체의 두부, 사지단 및 꼬리는 절단하여 제거한 다음, 사지는 내측으로부터, 복부는 정중선에서 절개하여 박피를 시작하며, 이때 고환, 음경, 유방 및 항문 주위는 칼로 도리어 놓아 박피 및 내장적출을 원활하게 한다.

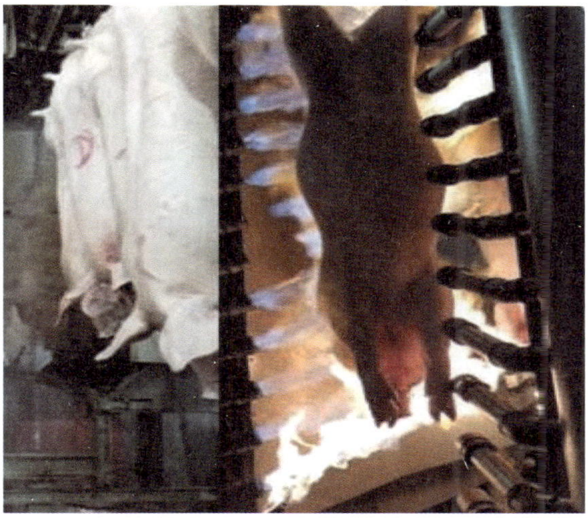

[그림 10-5] 가스 불꽃을 이용한 탕박도체의 잔도처리

돼지의 박피는 머리와 사족을 절단한 후 도체의 사지내측과 복부를 박피기에 물려 실시하며, 가죽의 생산량은 가죽에 붙어 나오는 지방의 양에 따라 조금씩 차이는 있지만 일반적으로 생체중의 약 3~8% 정도이다. 우리나라의 경우 돼지는 주로 탈모를 실시하는데, 탈모 전에 제모가 용이하도록 따뜻한 물의 탕박조(scalding tank)에 도체를 잠깐 담구는 탕박을 실시하기 때문에, 탈모작업을 탕탁(scalding)작업이라고도 한다. 탕박은 보통 60~65℃에서 5~7분 정도 실시하는데, 수온과 탕박시간은 계절에 따라 조절된다. 즉, 돼지의 털이 두꺼운 가을철에는 수온을 높이거나 탕박시간을 길게 하고, 반대로 털이 부드러운 봄철에는 수온을 낮추거나 시간을 짧게 한다. 일반적으로 탕박조는 다수의 돼지들이 순차적으로 탕박을 실시하기 때문에 교차오염의 확률이 높고 비위생적이라 최근에 지어진 현대신 도축장에서는 탕박조를 사용하지 않고 온수를 분무하여 탕박시키는 방식을 채택하고 있다.

탕박이 끝난 돼지도체는 탈모대 위에 올려놓고 칼로 털을 제거하거나 탈모기(scrapper)에 넣어 기계적으로 탈모를 실시한다. 탈모기를 사용할 경우 다리 안팎, 귀, 안면, 턱 등은 깨끗이 탈모가 되지 않으며 종종 몸체에도 미세한 세모들이 남아있게 되는데, 이러한 잔모는 냉수로 씻으면서 칼로 다듬어 내거나, 토치를 이용하여 가스불꽃으로 태워낸다[그림 10-5]. 탕박도체는 박피도체와 비교하여 껍질이 붙어있기 때문에 외부의 오염원에 대해 보다 안전하며, 냉장 중 감량도 적고, 지육률도 높을 뿐만 아니라 작업효율도 좋아 연속식 대량처리에 적합하다는 장점이 있다. 그러나 도체의 온도가 높아져 사후해당 속도가 빨라지고 pH 강하도 빠르게 일어나며, 단백질 변성도 상대적으로 쉽게 일어날 수 있기 때문에 박피 도체보다 육질적인 측면에서는 다소 불리하다고 알려져 있다.

(4) 내장적출

소의 경우 박피된 도체는 레일에 현수된 상태에서 내장적출(eviscerating) 작업을 시작한다. 작업은 좌골(aitch bone)에서 약 10~15cm 아래의 복벽으로부터 복부의 정중선을 따라서 절개하고, 골반의 치골봉합부를 톱으로 절단하여 복강을 열고, 위장의 분문부를 잘라서 복강내장(viscera)이 쏟아져 나오도록 유도한다. 이어서, 톱으로 흉골을 절개하고, 횡격막근주를 체벽으로부터 격리시킨 다음 흉강장기(pluck)를 끌어내게 된다. 소의 내장적출의 순서는 돼지의 경우와 비슷하나, 장기의 크기가 거대하므로 일괄하여 절취하기가 힘들어 부위별로 떼어내게 된다.

돼지의 내장 적출은 도체복부의 전면에 선 상태에서 복벽의 정중선을 따라서 약간 가볍게 칼로 흠집을 낸 다음 생식기를 도려낸다. 그 다음, 칼날을 도체 바깥쪽으로 향하게 하여 복벽 위쪽에 칼을 넣어 아래쪽으로 천천히 내려오면서 배를 완전히 가른다. 이때 장기가 다치지 않도록 섬세한 주의가 필요하며, 신장과 신장 주위의 지방을 그대로 두는데 이는 전통적인 관습에 의한 것이다. 내장적출은 신속하게 이루어져야 하는데 이는 1차오염의 원인인 혈액과 오물을 빨리 꺼내기 위함이다.

(5) 이분체 분할

내장적출이 끝난 도체를 지육(dressed carcass)이라고 부른다. 즉, 지육이란 식육동물을 기절, 방혈, 박피 또는 탈모한 다음 두부와 사지 및 꼬리를 절단하고, 내장을 적출한 도체로서, 주로 근육, 뼈 및 지방으로 구성된다.

지육의 전도체는 냉각과 취급상의 편이를 위해서 전기톱으로 척추의 정중앙(center of vertebral)을 절단하여 이분체(halves, sides)를 만들며, 보통 돼지는 이분체 지육의 형태로 유통된다. 이분체는 냉수 또는 온수로 절단부위의 응혈과 톱질에 의한 뼈가루(bone dust) 등을 완전히 제거한다. 이어서 도체를 식염과 열수로 처리한 면포(cotton muslin cloth)로 둘러싸 외관을 좋게 하고, 도체의 혈액을 흡수하며, 냉각 중 감량을 억제하고, 도체를 외부의 오염원으로부터 보호한다.

(6) 도체의 수세

해체 완료된 도체는 곧바로 깨끗한 냉수로 절단 부위의 혈액 덩어리를 비롯한 도체 표면의 오물을 씻어내는데, 이때 살균효과를 얻기 위해서 10~20ppm 정도의 염소수를 사용하기도 한다. 또한 88℃ 정도의 열수를 고압살수기(jet type fan sprayer)를 사용하여 7kg/㎠ 정도의 압력으로 단시간에 세척함으로써 도체 표면에 부착된 오염물이 효과적으로 제거하기도 한다. 이렇게 고온고압의 세척수로 도체를 수세하면 온도체(hot carcass)의 표면건조도 촉진되고, 식육의 홍색화(blooming)도 일반 냉수로 수세한 경우보다 좋아진다.

(7) 도체의 냉각

식육동물의 도체는 아무리 이상적인 조건하에서 위생적으로 도축한 도체라 하더라도 통상적으로 약 100~1,000마리/㎠ 정도의 표면미생물이 검출되며, 영세한 도축장에서 도축된 도체의 경우는 이 보다 100배 정도 많은 초기미생물이 검출되기도 한다. 따라서 도축이 끝난 도체는 미생물의 증식을 억제하고 신선도를 유지하기 위해서 도체의 표면은 물론 내부까지 신속히 냉각시켜야 한다. 더욱이 만에 하나 존재할 수 있는 병원성 미생물들은 대부분이 중온성 균들이기 때문에 도체의 빠른 냉각은 더욱 필요하다.

도체의 냉각은 냉각실(chilling room)에서 실시하게 되는데, 우리나라에서는 냉각실의 평면 평(3.3㎡)당 소 지육은 4마리, 돼지 지육은 8마리를 초과하여 수용할 수 없도록 규정되어 있으며, 또한 냉각실에서 12시간 이상의 냉각을 실시하여 지육의 심부온도가 0℃ 이상, 5℃ 이하가 되도록 규정하고 있다. 따라서 이를 위해서 냉각실의 온도는 보통 0~4℃ 정도로 조절되며, 효과적인 열전달을 위해서 송풍식 냉각장치(air blast cooler)가 갖추어져 있다. 도체의 냉각에서 주의해야 할 점은 도체들이 서로 접촉되지 않고 냉기의 흐름이 원활히 이루어져야 한다는 것이다. 도체의 냉각이 진행되면 냉각실 내의 습기는 냉각관 등의 배관물에 부착되어 실내습도는 점차 낮아지고, 이에 따라 도체의 표면은 수분 증발이 일어나 수분함량이 적은 일종의 피막이 형성되어 곰팡이 등의 발생을 억제하는 효과가 나타나나, 반대로 도체의 중량이 감소되는 냉각감량(chilling shrinkage)이 발생한다. 이러한 냉각감량은 냉각시간, 냉각방법, 도체의 지방부착 상태에 따라 영향을 받는다.

소 도체의 냉각은 위생적인 면만 고려한다면 빠를수록 좋으나, 냉각이 너무 급속한 속도로 이루어지면 지육부위 중 특히 고급부위인 등심과 안심에 저온단축이 발생할 확률이 높아지며, 반면 너무 완만한 냉각은 우둔부위와 같은 크기가 큰 근육의 심부가 장시간의 높은 온도로 인해 골염(bone taint)이 발생할 우려가 있다. 따라서 소의 도체는 도살 후 28~36시간 경에는 심부 근육의 온도가 10℃ 이하로, 48시간 경까지는 5℃ 이하가 되도록 냉각속도를 조절하는 것이 바람직하다. 또 실내 습도는 85~95% 정도로 조절하는데, 저온의 조건하에서는 시간이 경과함에 따라 상대습도는 낮아지므로, 지육의 상태로 장기간 냉장하게 될 경우는 표면건조로 냉각감량이 발생할 수 있다.

[그림 10-6] 돼지도체 냉각실

일반적으로 돼지도체의 냉각실은 상대습도는 90% 정도를 유지하고, 도축 후 12~16시간 경에 도체의 심부온도를 10℃ 이하로, 24시간 경에는 5℃ 이하로 하강시키는 것이 바람직하다. 특히, 탕박도체일 경우, 탕박작업에 기인하여 도체는 온도가 높으며 표면이 습윤되어 있기 때문에 보다 신속한 냉각과 표면건조가 필요하다. 냉각기의 상대습도는 초기에는 95%까지도 무방하나 후에는 반드시 85~90% 정도를 유지하는 것이 바람직하다. 냉각 중 형성되는 도체표면의 피막은 곰팡이와 박테리아의 증식을 방지하며, 냉각감량을 방지하는 효과도 있어 바람직하다. 소 도체에 비해 백색근섬유의 비율이 높은 돼지 도체는 빠른 냉각속도에 기인한 저온단축 현상의 피해가 상대적으로 적기 때문에 가능한 빨리 냉각시켜야 하며, 이는 냉각감소를 줄이고 PSE육의 발생도 줄일 수 있기 때문에 더욱 중요하다[그림 10-6].

10.5. 닭의 도계

우리나라의 닭은 대부분 통닭구이, 튀김, 백숙용 등으로 이용되고 있으며, 이에는 주로 육용 브로일러(broiler)가 대부분을 차지하고 있다. 닭의 도계공정은 [그림 10-7]과 같이 대부분의 공정이 연속적인 일괄작업이 가능하도록 자동현수체계(on-the-rail-system)로 기계화 및 자동화되어 있어, 현대식 대규모 도계장의 경우 하루에 2~3만수의 처리도 그리 어렵지 않으며, 공정은 [그림 10-8]에 도식한 바와 같다.

[그림 10-7] 현대식 대규모 도계장의 자동화 도계 모습

(1) 도계 전 취급

백색근섬유 비율이 높아 백색육을 대표하는 브로일러는 성장속도가 신속한 반면 체질이 취약하고 스트레스에 민감하여, 도계 전 취급이 거칠면 몸에 손상을 입거나 의외로 쉽게 폐사하기도 한다. 따라서 포획, 수집 및 운송과정에서 난폭한 취급을 한다거나 밀집수용을 하면 탈골 및 압사되는 경우가 빈번히 발생하며, 고온 또는 환기불량 등의 환경조건이 나빠지면 폐사도 쉽게 일어난다. 물론 도계 전 닭이 스트레스에 노출되면, 돼지에서 나타나는 PSE육이나 DFD육과 유사한 특성도 나타난다.

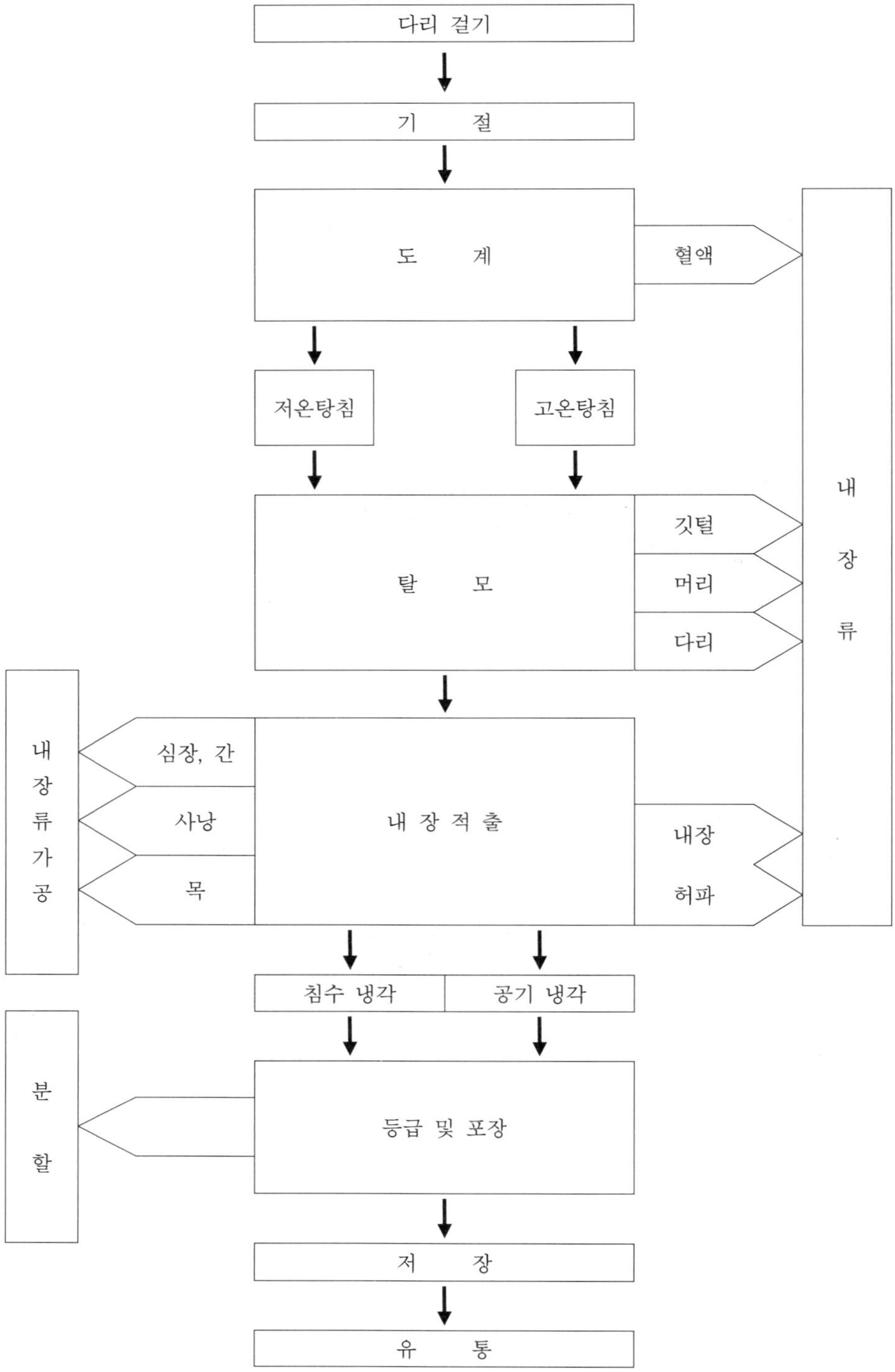

[그림 10-8] 닭의 도계공정

일반적으로 브로일러는 2~3시간 정도의 운송으로도 3~5%에 달하는 체중감소가 일어나는데, 운송감량의 정도는 운송의 거리, 시간, 온도, 도르상태, 수송케이지의 공간 및 환기상태 등에 의해서 상당한 영향을 받는다. 따라서 브로일러는 생체운송 중 감량이나 폐사의 확률이 높기 때문에 도계장은 가급적 양계의 주산지 부근에 위치하는 것이 바람직하다.

(2) 실신 및 방혈

자동현수체계에서는 브로일러의 운송차량과 도계처리라인의 컨베이어가 연결 접속될 수 있기 때문에, 브로일러의 양쪽 뒷다리를 셔클(shackle)에 걸어 컨베이어에 현수시킨 채 이동하면서 실신과 방혈작업이 진행된다.

브로일러는 소, 돼지와는 달리 실신시키지 않고서 방혈처리만으로 도살하는 것이 보통이었으나, 현재는 방혈 중 버둥거림을 방지하고 스트레스를 완화시키기 위하여 실신시키는 것이 점차 보편화되고 있다. 실신은 약한 전류가 흐르는 수중에 닭의 머리 부분을 통과시키든가, 아니면 방혈자도(防血刺刀)의 칼날이 전류가 흐르도록 하여 혈관의 절단과 동시에 전격 실신이 이루어지도록 하는 방법이 이용되고 있다.

방혈은 손이나 자동도계기에 의해 이루어지는데, 수작업의 경우 목뼈를 건드리지 않고 경정맥(jugular vein)을 절단하여 실시한다. 보통 숙련된 작업자는 정기적으로 휴식을 취하면서 시간당 4,000수 정도를 작업한다. 자동도계기로 절단할 경우는 방혈량을 최대한 높이기 위해 턱 아래를 자르게 되므로 경정맥과 동시에 경동맥도 절단되며, 역시 목뼈를 부수거나 기관 또는 척수를 자르지 않도록 기계가 작동된다. 경동맥이나 경정맥이 절단된 브로일러는 약 2~3분 정도 방혈터널(bleeding tunnel)을 컨베이어에 의해 현수된 상태로 통과하면서 방혈을 완료한다. 일반적으로 브로일러의 방혈량은 전도체의 약 3.3~4.8% 정도이다.

(3) 탕 침

방혈이 완료된 브로일러는 곧 바로 탈우(脫羽)를 하기 위해서 탕침(scalding)을 실시하는데, 이는 우모기저부(羽毛基底部)의 근육을 이완시켜서 탈우를 촉진시키기 위함이다. 자동현수체계에서는 방혈된 도체가 셔클에 매달린 상태로 탕침조를 통과하거나, 밀폐된 터널 또는 캐비닛(cabinet)을 통과하면서 온수분무 처리되거나 증기처리 된다. 탕침은 보통 처리온도에 따라서 고온탕침(hard scalding), 중온탕침(sub-scalding) 및 저온탕침(semi-scalding)으로 구분된다.

고온탕침은 71~82℃에서 30~60초 동안 담그는 방법으로 탈우는 용이하게 이루어지지만 표피 아래의 근육이 부풀어 오르고 표피가 박리(剝離) 되기 쉽다. 따라서 고온탕침은 브로일러보다는 탕침에 의해서 쉽사리 피부가 변색되지 않는 오리나 거위와 같은 수가금(water fowl)에 적합하며, 처리 후에는 빙수에 침수시켜 저장하여야 한다.

중온탕침은 60℃부근에서 50~70초 정도 담그는 방법으로 고온탕침처럼 피부의 표피는 박리되지만, 근육은 별다른 영향을 받지 않는다. 이 방법은 탈우도 비교적 용이하고 피부색도 균일하여 제일 많이 적용되고 있으나, 처리 후에 표면의 보습상태가 나쁘면 변색될 가능성이 있다.

한편, 저온탕침은 50~54℃에서 90~120초간 담그는 방법으로 피부의 변색이나 표피의 박리도 없어 가장 피부가 온전하지만, 저온으로 인해서 날개, 꼬리, 목, 무릎 등의 탈우가 불완전하게 이루어지며, 잔모도 많아서 이차적인 손질이 요구된다. 따라서 이 방법은 노폐계(spent fowl)나 성계에는 부적당하다.

(4) 탈 우

탕침이 끝난 도체는 곧바로 털을 제거하게 되는데 터널을 통과하면서 터널 내의 로타리(rotary) 혹은 디스크(disc)식 탈우기에 의해 연속적으로 털이 제거되거나 또는 드럼식의 탈우기 내에 탕침된 도체를 투입하여 고속 회전시키면서 탈우가 이루어진다. 보통 탈우기는 손가락 모양의 탄력성이 좋은 고무가 부착되어 있으며, 이 고무와 탕침된 도체가 회전운동에 의해 서로 부딪치고 마찰되는 작용에 의해 탈우가 이루어진다. 탈우가 끝난 후 잔모는 가스불꽃처리에 의해 태우거나 왁스 처리하여 뽑아낸다. 탈우에 요구되는 인력은 수컷이 암컷보다, 절식 개체가 급식 개체보다 그리고 운동한 개체가 휴식중인 개체보다 많이 필요하며, 실신 후 방혈한 개체가 실신시키지 않고 바로 방혈한 개체보다 탈우가 용이하다. 또 탕침 시간보다는 탕침 온도가 보다 탈우에 보다 중요한 영향을 미친다.

(5) 내장적출

탈우가 끝난 도체는 목, 머리, 미지선(尾脂腺), 내장, 소낭과 허파를 제거함으로써 내장적출이 이루어진다. 내장적출은 양다리를 절단하고 미지선을 제거한 후 내장적출 라인으로 운반되면서 시작되는데, 양다리는 비절(hock) 부위를 잘라내고, 미지선 제거는 항문과 꼬리의 중간에 칼을 삽입하여 항문 주위를 도리어 놓으면서 꼬리의 지방선(oil gland)을 도려낸다.

복부절개는 칼이나 가위로 복부를 10cm 정도 자르고, 절개구로부터 손이나 자동내장인출기에 의해서 가식성 내장인 심장, 사낭(모래주머니), 간과, 비가식성인 창자류, 전위, 식도 하부, 취장 및 생식기관 등을 일괄하여 인출하게 된다. 닭의 허파는 흉추에 밀착되어 있어서 손가락으로는 쉽사리 떼어내기 곤란하므로 진공흡입기로 잔류물 없이 완전히 제거하는데, 이때 신장과 알주머니도 같이 제거한다.

한편, 머리의 제거는 소낭과 내장을 제거하는 공정과 함께 일괄적으로 이루어지는데, 목과 몸통이 연결되는 제1경추 주위를 수동절단기로 자른다. 이 작업은 미지선이 기계적으로 절단될 때 동시에 행해질 수도 있다.

(6) 도체의 수세 및 냉각

내장적출이 완료된 도체는 최종 세척이 이루어지는데, 도체 안쪽과 바깥쪽에 붙어 있는 피, 막 또는 다른 내장 찌꺼기와 같은 모든 이물질들을 제거한다. 체표면과 체강을 깨끗이 수세한 도체는 곧 바로 5℃ 이하로 냉각하여야 한다. 닭고기는 백색근섬유의 비율이 다른 식육동물보다 상대적으로 많기 때문에 저온단축 현상은 발생하지 않으나, 20℃ 이상에서는 고온단축 현상이 발생할 뿐만 아니라 사후변화의 속도도 매우 빠르기 때문에, 냉각수에 탕침하는 방법으로 고온의 도체를 신속히 냉각시켜야 한다. 빙수냉각 시에는 도체의 중량에 따라서 내장적출 후 4~8시간 이내에 5℃ 이하로 냉각하여 포장 시까지 이 온도가 유지되어야 하며, 공기냉각 시에는 24시간 이내에 도체 내부의 온도가 5℃ 이하가 되도록 해야 한다.

닭 도체의 냉각법에는 정치 침수냉각, 유동 침수냉각, 분무냉각, 공기냉각, 극저온 냉각 등이 있는데, 산업적으로 가장 널리 이용되고 있는 것은 냉수나 빙수에 담그는 침수냉각 방법이다. 산업적으로 이용되고 있는 침수냉각 기계로는 나선형 회전스큐류를 따라 도체가 빙수와 함께 이동하는 회전식 냉각기와 흐르는 냉수를 칸막이로 구분하고 컨베이어로 도체가 이동하는 연속식 칸막이 냉각기가 있다. 미국에서는 냉각방법으로 도계직후 사전 냉각수의 온도가 18.3℃ 이하, 2차 냉각수의 온도는 2℃ 이하여야 한다고 규정하고 있다.

빙수냉각시 닭의 도체는 빙수 중에서 수분을 흡수하여 체중이 보통 4~8% 정도, 많게는 최고 12%까지 증가하게 된다. 판매용으로 포장되는 닭의 경우, 도체의 세척 및 냉각과정 중 수분흡수로 인한 체중의 증가는 도체중량의 8%를 초과하지 못하도록 규제하고 있으며, 냉장용은 최대흡수량을 12% 이하로 제한하고 있다. 한편, 냉각수 침지는 세균오염의 가능성을 내포하고 있기 때문에 최근에는 세균오염의 가능성이 적은 공기냉각법으로 많이 전환되고 있다. 공기냉각의 경우 증발로 인한 냉각감량이 발생하므로 도체에 물을 살포하여 냉각하게 된다[그림 10-9].

[그림 10-9] 현대식 초저온 공기냉각 시스템 라인

제 11 장 도체의 처리와 평가

식육생산 과정에서 근육이 식육으로 전환되는 조건은 도체의 품질과 고기의 맛에 결정적인 영향을 미친다. 따라서 식육생산 공정에는 도축을 포함한 냉각방법, 전기자극, 현수방법 등 도체와 식육의 품질을 향상시키기 위한 다양한 도체처리 기술들이 사용된다. 일반적으로 도축 전 가축의 취급과 관리(절식, 스트레스, 개류방법, 도축방법 등)와 도축 후 도체 처리가 서로 상호적으로 근육과 식육의 물리화학적 또는 생물학적 상태에 영향을 미쳐 궁극적으로 도체 및 식육의 품질이 결정된다.

도축과정의 다양한 도체처리 조건들은 궁극적으로 식육의 근절길이와 형태, 숙성과 관련된 효소의 활성강도와 지속성 및 근섬유의 물리적 파괴 등에 영향을 미친다. 이런 처리 중 사후강직 전 기술로는 전기자극(electrical simulation), 골반골 현수방법(tenderstretch), 온도체 발골(hot-boning and wrapping) 및 온도조절(temperature conditioning) 등이 있다.

소, 돼지, 가금류 등 축종에 따라 도체처리 규정은 다소 차이가 있으나, 궁극적으로 근육에서 식육으로 전환되기 전 또는 후에 도체의 등급을 부여하고, 분할, 발골, 정형의 과정을 거처 식육으로서 소비자에게 전달된다.

11.1. 도체처리 기술

(1) 전기자극

전기자극은 1950년도 초반에 개발된 도체처리 기술 중 하나로 도축 후 근육의 사후강직을 가속화하여 고기의 질김 정도를 감소시키고 연도를 향상시키는 기술로 발전하여 왔다. 1970년대에 뉴질랜드 양 산업계에서 저온단축으로 인해 고기가 질겨지는 것을 최소화하고 도축직후 냉동시킬 수 있는 기술로 전기자극을 발전시켰으며, 이는 호주에서 더욱 산업화되었다. 이후 전기자극 방법은 대부분 축산선진국에서 양고기, 소고기, 돼지고기, 낙타고기, 염소고기 생산에 적용되고 있다. 학술적으로도 전기자극은 빠른 냉각속도, 높은 사후강직온도, 수송스트레스 및 유전적 요인 등으로 인한 질긴 고기의 생산을 최소화 하거나 제어하는데 큰 효과가 있는 것을 증명되었다. 국내에서도 국립축산과학원에 의해 전기자극기기 개발되었으며 그와 관련된 연구들이 이루어졌으나, 상업적인 적용은 이루어지지 않고 있다.

1) 전기자극의 개요

전기자극의 효과에 영향을 미치는 전기적인 요인은 전기의 전압(voltage), 도축 후 전기자극 적용 시점, 전기자극의 총 시간, 전류의 형태(AC, DC 등), 파장의 빈도, 파장의 형태 및 극성, 도체와 접촉방법, 도체의 저항 등이다.

도축 후 식육은 사후강직 과정을 거치게 되는데, 전기자극은 식육이 사후강직에 들어갈 때 해당작용을 가속화시켜 짧은 시간 내 근육의 ATP함량과 pH를 저하시킴으로써 도체가 냉각될 때 발생할 수 있는 저온단축을 방지 또는 극소화시키고, 단백질 분해효소인 칼페인의 활성을 향상시키며, 근육을 물리적으로 파괴시켜 고기를 연하게 만드는 것으로 알려져 있다.

일반적으로 행해지고 있는 전기자극 방법은 2개의 전극 탐침(probe)을 코와 항문에 또는 코와 다리에 연결하거나 그냥 도체가 매달린 레일을 한쪽 극으로 하고 다른 쪽 전극을 도체의 가슴이나 등 부위에 접촉시켜 전기자극을 실시한다. 이러한 전기자극은 크게 고전압과 저전압 전기기작으로 나누어진다.

고전압 전기자극은 사용목적에 따라 다시 여러 가지로 나누어지는데, 일반적으로 80V이상을 고전압으로 분류하며, 상업적으로 가장 많이 이용되는 전압은 500~700V이며 3,000V이상의 고전압도 필요에 따라 이용되기도 한다. 고전압 전기자극은 직접 근육 세포막에 탈분극 현상을 일으켜 전기자극 효과를 나타내는 방법으로 방혈 후 60분 이내에서 500~700V의 고전압(5~15A)으로 도체를 1.5~2분간 자극을 실시하는 것이 일반적이다[그림 11-1].

[그림 11-1] 고전압 전기자극(왼쪽)과 저전압 전기자극(오른쪽)

저전압 전기자극은 일반적으로 80V 미만의 자극을 말하는 것으로, 근육 내의 신경조직을 이용하여 간접적으로 전기자극을 전달하여 자극효과를 기대하는 방법이다. 일반적인 실시방법은 2개의 전극을 코와 항문에 또는 코와 다리에 연결하여 가급적 방혈 후 20분 이내의 빠른 시간에서 30~80V의 저전압(0.25~1A)으로 0.5~4분간 자극하는 것이다. 그러나 저전압 전기자극의 효과는 개체에 따른 변이가 크고 자극의 적용이 중앙 신경계의 기능과 관련되기 때문에 효과적인 전기자극을 위해서는 전압, 주파수, 자극시간의 적절한 조합이 필요하다.

전류는 전자(electron)의 흐름을 뜻하는데 회로의 형태에 다라 전류의 방향과 세기가 달라지지만, 그 기본적인 성질은 같다. 전류의 세기는 옴의 법칙(Ohm's law)에 따라 전압과 전기저항에 의해서 달라진다. 고전압일수록 전류세기가 커져서 자극효과가 커지게 된다. 주파수(pulse frequency)는 일정 시간당 반복되는 반복수를 말하며, 특히 매 초당 반복되는 진동수를 헤르츠(Hertz, Hz)라고 한다. 일반적으로 전기자극에 사용되는 적정 주파수는 식육동물의 종류에 따라 다르나 소나 양에서는 가장 큰 pH 감소를 가져오는 9~16Hz가 적정선으로 알려지고 있다. 한편, 전기자극을 가하는 동안에 전기파동이 지속되는 시간은 초(second) 단위로 표시되는데, 지속시간이 0.1~10초 범위사이에서는 전기자극 효과에 큰 차이는 없는 것으로 알려지고 있다. 다만 지속시간이 너무 짧을 때는 소 도체의 경우 모든 근섬유에 충분한 자극을 주지 못하여 고른 자극효과를 얻을 수 없는 것으로 알려져 있다.

2) 전기자극의 효과

전기자극은 식육의 연도를 향상시키는데, 그 이유는 주로 다음 3가지의 기작으로 설명된다. 첫째, 사후 해당작용의 촉진과 근육의 온도가 저온단축 범위에 도달하기 전에 강직 개시가 시작됨으로써 저온단축을 방지하여 연도를 향상시킨다. 둘째, 촉진된 칼슘이온의 방출에 의한 단백질 분해의 가속화에 의해 연도가 향상된다. 셋째, 극심한 근육의 수축활동을 통한 근섬유의 물리적 파괴에 의해 연도가 향상된다. 이러한 근육 연화의 기작은 도체의 냉각시 온도의 조건에 크게 영향을 받는 것으로 알려져 있는데, 특히 전기자극에 의한 식육의 연화는 냉각동안 근육의 저온단축 방지가 결정적인 역할을 한다[그림 11-2].

도축 후 미생물의 확산과 증식을 막기 위해 도체는 최대한 빠른 시간에 냉각시켜야 한다. 하지만 근육 내 수축에너지가 남아 있는 상태에서 너무 빠른 도체 냉각은 근소포체에서 칼슘을 유리시켜 근육의 수축이 형성되어 고기가 질겨지는 현상이 발생한다. 이러한 저온단축을 막고 도체를 빠르게 냉각시키기 위해서는 근육의 빠른 pH 강하가 필요하다. 따라서 도체에 인위적인 전류를 흐르게 하여 근육의 수축을 촉진시킴으로 근육 내 에너지를 소진하여 사후강직에 도달하는 시간을 단축하는 처리가 전기자극이다. 즉, 전기자극에 의한 사후 해당작용의 촉진은 근육의 pH가 6.0에 도달하는 시간을 상당히 단축시키며, 소와 양과 같이 사후 해당속도가 완만한 도체를 냉각시킬 때 저온단축의 발생을 방지 또는 최소화할 수 있다.

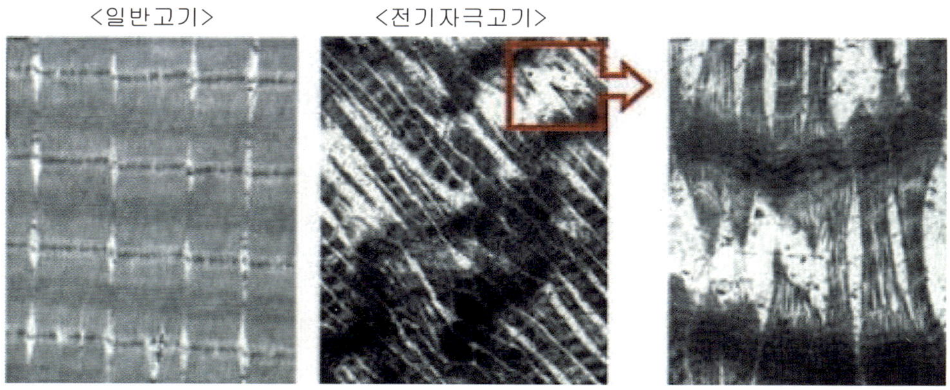

[그림 11-2] 전기자극에 따른 근섬유 미세구조의 파괴 모습

한편, 식육의 연화 현상은 피하지방이 많은 도체를 냉각시킬 때 또는 완만한 속도로 도체를 냉각시킬 경우에도 나타나는데, 피하지방이 많은 도체들은 그렇지 않은 도체에 비해 보다 많은 근육의 물리적 파괴현상이 일어난다. 전기자극이 실시된 대부분의 도체는 식육의 연도가 두드러지게 향상되지만 일반적으로 연한 식육에 전기자극을 실시할 경우는 연도 증진 효과가 크게 나타나지 않는다. 반면, 전기자극의 효과는 고농도의 배합사료를 섭취시키지 않고 유전적으로 연도가 좋지 않은 도체에서 더욱 크게 나타난다. 그러나 고기의 연도에 가장 중요한 요인인 결체조직은 숙성기간에도 전기자극에 의해 큰 영향을 받지 않는 것으로 알려져 있다.

도체에 전기자극을 실시하면 높은 온도에서 식육의 숙성이 시작되어 도축직후 단시간에 높은 숙성효과를 기대할 수 있다. 전기자극에 의해 근육의 pH가 급속히 강하하면 근원섬유단백질의 자연적 변성이 가속되는데, 도체의 온도가 내려가기 전에 실시되는 전기자극은 근소포체로부터 칼슘이 유리되게 하여 칼페인을 활성화 시키고, 또한 세포막을 파괴하고 근소포체의 칼슘(Ca^{2+}) 회수능력을 상실케 함으로써 초기에 다량의 칼슘을 근형질로 유리시킨다. 이와 동시에 근육의 pH가 산성으로 급속히 전환되면 세포막에서는 칼슘활성화 요인(calcium-activated factor, CAF)가 작용하여 숙성이 시작된다. 따라서 전기자극을 받은 근육의 숙성초기 연도는 보다 장시간 동안 숙성된 근육의 연도와 비슷하게 나타난다[그림 11-3].

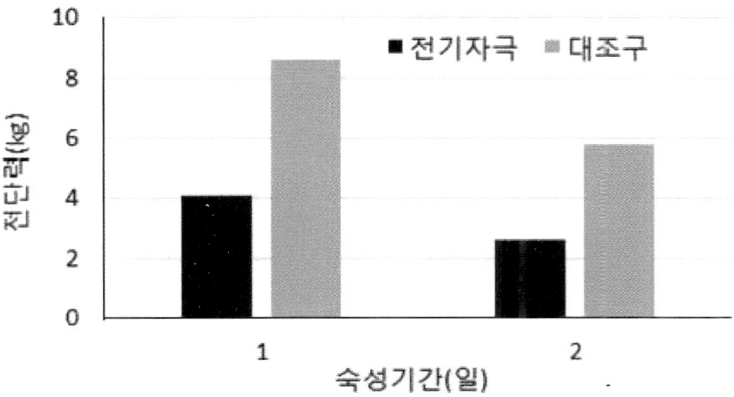

[그림 11-3] 전기자극이 숙성육의 연도에 미치는 효과

도체의 전기자극은 육색의 향상에도 어느 정도 기여하는 것으로 알려져 있다. 그러나 구체적인 그 기작은 아직 확실하지 않으나, 급속한 해당작용에 기인하여 근육 내로 산소의 침투가 용이하게 됨으로써 식육 표면에 옥시마이오글로빈 층이 두껍게 되는 것으로 추정되며, 실제로 전기자극을 받은 식육은 옥시마이오글로빈의 비율이 높아진다고 알려져 있다. 한편, 전기자극은 등지방이 얇은 도체에서 많이 발생하는 히트링(heat-ring) 현상을 방지하는데, 이 히트링은 도체가 냉각될 때 표면은 급속히 냉각되고 심부는 천천히 냉각되어 바깥쪽 등심근 색깔이 심부보다 짙은 붉은색의 둥근 고리모양을 보이는 것을 말하며, 이는 등급판정시 등급저하의 요인으로 작용하기도 한다. 또한, 전기자극은 도체의 pH를 급속히 강하시키므로 미생물 성장을 억제시키며, 덧붙여 저온단축을 방지하기 위해 실시하는 고온숙성(지체냉각)을 생략해도 됨으로 육의 저장성을 개선시킬 수 있다.

3) 전기자극의 한계점

전기자극을 실시하는 도축장은 물의 사용이 많은 곳이기 때문에 전기자극을 실시하기 위해서는 안전한 장치 또는 설비가 꼭 필요하다. 사람은 고도로 발달된 신경조직체계를 갖고 있어 매우 낮은 전류에도 민감한 반응을 보이기 때문이다. 통상적으로 80V 이하의 저전압은 인체에 아무런 해가 없으나, 그 이상의 고전압을 사용할 때는 안전장치가 반드시 필요하다. 일반적으로 상업적 도축장에서는 안전캐비닛 안에서만 전기자극이 이루어지기 때문에 큰 문제는 없지만, 이러한 시설과 운영에는 일정한 비용이 소요된다.

전기자극에서 적절한 전기의 투입이 가장 중요한 요소이나 너무 많은 전기가 투입되면 과도한 근섬유 단백질의 변성으로 보수력이 낮아지고 단백질 분해효의 변성으로 숙성능력이 떨어진다. 미래 지향형 전기자극기는 도체의 저항등 특성을 감안한 전기 투입량을 조절하는 가능이 요구된다[그림 11-4]. 전기자극은 원래 온도체 가공시 유발되는 신선육의 연도 감소문제를 방지하기 위해 개발된 것이지만 전기자극을 받은 도체에서 2차 가공 원료육으로 사용되는 잡육(trimmed meat)도 생산된다. 그런데 전기자극시 도체의 온도가 높은 상태에서 급속한 pH의 감소가 일어나므로 이에 민감한 근육단백질의 구조변화나 변성이 일어날 수 있으므로 원료육의 기능적 가공특성이 저하될 가능성이 있다.

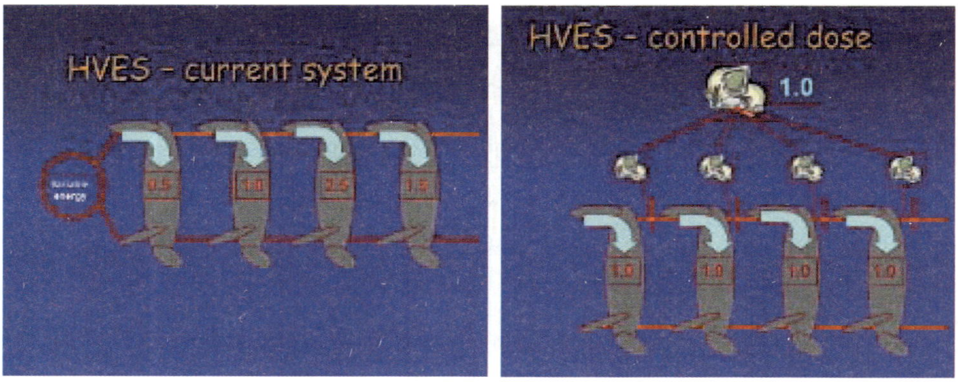

[그림 11-4] 현행 전기자극 한계점과(왼쪽) 미래 개체의 저항과 전기량 조절장치에 의한 전기자극 모형(오른쪽)

한편, 저전압 전기자극에 이용되는 전극탐침이나 고전압 전기자극에 이용되는 전극막대는 여러 도체에 반복적으로 접촉되기 때문에 교차오염의 가능성을 내포하고 있다. 따라서 접촉되는 부위는 뜨거운 물로 살균처리하여 도체들 사이의 교차오염을 방지해야 한다. 이 뿐만 아니라 보통 식육동물의 기절 직후에 실시하는 저전압 전기자극은 박피를 어렵게 만들며, 내장적출 전에 고전압 전기자극을 실시하면 도체가 수축하면서 심하게 움직여 복강 내에서 방광 등이 터져 오물이 도체내부를 오염시킬 가능성도 있다.

(2) 도체의 온도조절

사후강직 전 도체의 pH와 온도의 상호작용은 강직 후 근절길이, 액틴과 마이오신의 결합강도 및 단백질 분해효소의 활성에 작용하여 최종적으로 식육의 연도에 큰 영향을 미친다. 도축 후 도체의 온도 변화는 지방두께, 도체중, 온도, 풍속, 풍향, 습도 등 냉각실 조건에 따라 달라진다. 일반적으로 사후강직 전 2~3시간동안 도체의 온도가 13~17℃로 유지되면 저온단축이나 고온단축이 일어나지 않으며 식육의 연도는 크게 향상된다. 이러한 현상은 체외지방이 많아 저온단축의 위험성이 적은 도체에서도 나타나는데, 이는 라이소좀 효소나 칼페인의 활성과 관련이 있는 것으로 보고되고 있다. 하지만 사후강직 전 너무 높은 온도에 도체가 노출되었을 경우, 고온단축이 발생하여 숙성 잠재력이 감소한다.

도체의 14~20℃ 범주의 온도조절은 초기 냉각기간 동안의 냉각온도와 최종 연도가 밀접한 관계가 있는 것으로 생각되어 사후강직 진행 중 근육의 수축 정도를 조절하는 것이다. 즉, 도체의 온도를 16℃에서 16~20시간, 17℃에서 10, 12시간 또는 14~19℃에서 12시간 정도 조절하면 일반적인 도체 냉각에 비해 저온단축 방지 효과가 있는 것으로 알려져 있다. 한편, 30~37℃ 범주의 온도조절은 사후 초기온도의 중요성과 관련하여 제안되었으나, 이 범주의 온도조절은 연도가 증가된다는 보고와 더 나빠진다는 상반된 주장이 공존하고 있다. 도체의 온도를 고온으로 조절하면 연도가 감소된다는 주장은 ATP가 고갈되는 최종단계에서 도체의 온도가 고온으로 조절되면 근육의 수축이 증가된다는 것으로 설명된다. 반대의 주장은 사후 초기에 지체냉각 또는 고온처리를 하면 근형질에 카뎁신의 유리가 증가되어 연도가 증가한다는 것인데, 보통 37℃에서 고온처리한 우육 등심근의 pH는 2℃ 처리에 비해 빠르게 하강하여 마이오신이나 트로포닌 T의 분해에 영향을 미쳐 연도가 증가한다는 것이다.

(3) 도체의 현수방법

도축과정에서 뒷다리 인대를 활용한 전통적인 도체 현수방법과 비교하여 골반골 현수방법(Tenderstretch)이 연도를 향상 시킨다는 사실은 잘 알려져 있으며, 여러 나라에서 산업적으로 이용되고 있다[그림 11-5].

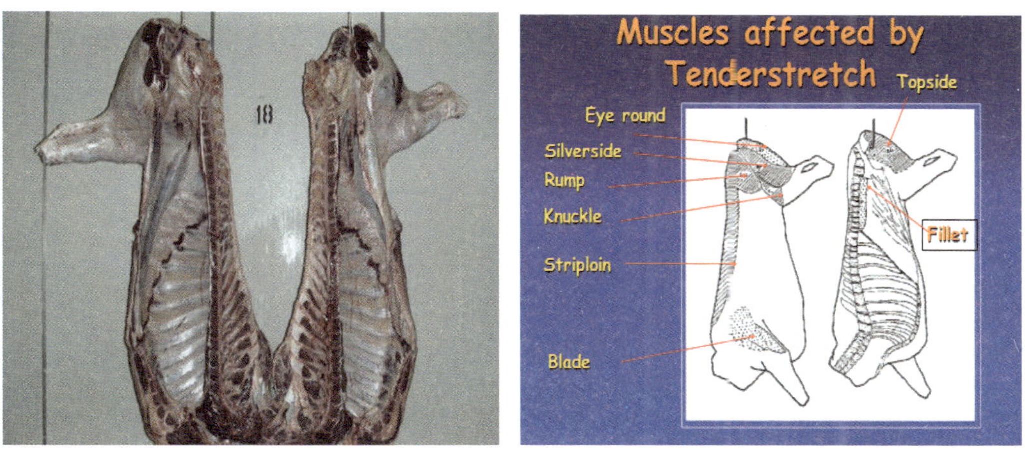

[그림 11-5] 골반골 현수방법(Tenderstretch)의 사진과 관련 근육모형

이 방법은 사후 숙성에 관여하는 칼페인의 활성에는 영향을 미치지 않은 것으로 알려져 인장력에 의한 근절길이 증가로 근섬유의 구조적 변화가 연도 증가와 관련된 것으로 이해되고 있다. 이 현수 방법은 국내 소고기 산업에 이용되고 있지 않으나 소비자들의 균일한 품질과 맛있는 소고기에 대한 요구가 증가하고 있어 이 현수방법의 적용에 대한 고려가 필요하다.

[표 11-1] 소 도체의 현수방법이 각 근육의 근절길이와 전단력에 미치는 영향

근 육	근육 내 위치	근절길이(㎛)		전단력(kg)	
		아킬레스건	골반골	아킬레스건	골반골
Longissimus dorsi	A	1.7	2.1	4.5	3.7
	B	1.7	2.0	4.8	3.6
	C	1.7	1.9	5.2	4.0
Biceps femoris	A	1.8	2.0	nd[Ψ]	nd
	B	1.9	2.5	5.2	4.3
	C	1.9	2.4	5.4	5.7
	D	1.9	2.3	4.8	3.9
Semimembraneous	A	1.9	2.4	4.8	4.7
	B	1.8	2.3	4.7	5.1
	C	1.8	2.3	5.6	4.9
Gluteus medius	A	1.8	2.1	4.1	3.8
	B	Na	na	4.5	4.0
	C	1.8	2.1	4.5	3.7
Vastus lateralis	A	2.0	2.4	6.0	4.9
	B	2.1	2.4	5.9	5.2
Psoas major	A	3.4	3.1	3.5	3.8
	B	3.4	3.2	3.2	3.1
Semitendinosus	A	1.9	2.3	6.2	6.1
	B	2.1	2.2	5.4	5.3
Abductor	A	1.9	2.6	4.6	3.9
Gracilis	A	3.3	3.1	5.2	5.3
Iliacus	A	3.1	2.5	3.9	4.0

(위치 A : 머리쪽 또는 안쪽, B, C, D : 꼬리쪽 또는 바깥쪽)

우리나라에서 대표적으로 사용되고 있는 뒷다리 아킬레스건 현수방법은 방혈시 수평방혈에 비해 훨씬 빠른 시간 내 많은 양의 혈액을 제거할 수 있는 장점을 가지고 있다. 골반골 현수의 장점은 골반에 섀클을 걸어 주기 때문에 아킬레스건 현수에 비해 척추를 중심으로 길게 뻗어 있는 골격근의 이완(스트레칭)을 보다 효율적으로 해준다는 것이다. 즉, 도체의 하중에 의해서 근육의 단축현상을 줄이기 위해서 실시되는 현수는 도체 근육들의 수축이 일어나는 시작점과 최대한 가까운 위치에 있는 골반

골에 하는 것이 아킬레스건에 하는 것보다 효과적이다.

사후강직이 이루어지는 동안 근육이 수축함으로써, 즉 근절의 길이가 단축하는 것에 기인하여 연도가 감소하기 때문에, 만약 도체의 현수방법을 변경하여 근육의 수축정도를 줄인다면 연도도 확실히 개선될 수 있다. 그런 점에서 소 도체 중 가장 가치가 높은 등심근의 연도개선을 위한 골반골 현수방법은 아킬레스 현수방법에 비해 등심근이 더 신장되며 근섬유의 직경이 축소되고 또 근절길이가 신장되어 저온단축이 방지되며, 그에 따른 연도 감소를 억제할 수 있다고 받아들여지고 있다. 도체의 현수방법을 골반골 현수로 바꾸면 근육의 신장과 수축의 방향이 바뀌게 되므로 재래식 아킬레스건 현수방법과 비교해 근육 간의 연도의 차이가 확연하게 나타난다. 즉, 아킬레스건 현수에서는 안심이 매우 연하게 되나, 골반골 현수에서는 그 효과가 다른 근육에 더 많이 미치게 된다.

그러나 골반골 현수방법은 단점도 있는데, 도살과정 중 아킬레스건에 걸려있는 도체를 골반골로 바꾸어 달아야 하므로 노동력이 더 들고 냉각 후 뒷다리의 형태가 종전방법에 의한 형태와는 달라 도매, 소매육의 발골, 정형에 불편함이 있다는 점이다. 또한 이러한 변경된 현수방법은 재래식 방법보다 공간을 많이 차지하게 되고, 추가 노동력을 필요로 하기 때문에 경제적인 면에서 어려움이 있다.

(4) 온도체 가공

온도체 가공(hot carcass processing)은 도체온도가 아직 높은 상태 즉, 도축 후 1시간 이내에 발골하여 정육으로 만들거나 염지처리를 하여 가공육으로 이용하는 것을 말하며, 가공방법에 따라 강직 전 근육(pre-rigor muscle)을 사용할 수도 있고 강직 후 근육(post-rigor muscle)을 사용할 수도 있다. 온도체 가공은 온도체 발골(hot boning) 또는 강직 전 발골(pre-rigor excision)이라고도 부른다[그림 11-6].

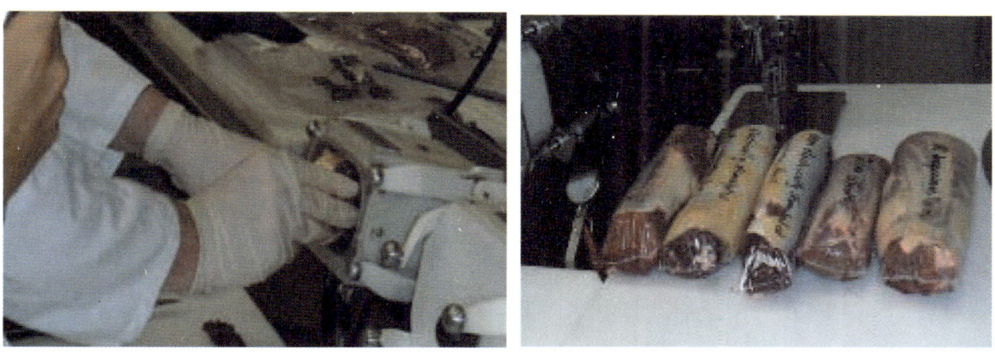

[그림 11-6] 온도체 가공된 소고기 근육모습

전통적인 도체가공 과정은 도축 후 도체를 24~48시간동안 냉장시킨 후 발골(deboning) 하게 되는 냉도체 가공이다. 그러나 이와 같이 도체를 발골하기 전에 장시간 냉장시키는 것은 상당한 에너지와 냉장시설을 요구하므로 최근에는 이러한 가격인상 요인을 줄이기 위해서 온도체 가공이 관심을 끌게 되었고, 현재는 특히 2차 가공 원료육 생산을 위해 온도체 발골이 많이 이용되고 있다.

1) 온도체 가공의 장점

온도체 가공의 가장 큰 이점은 향상된 육질의 식육을 생산할 수 있다는 것이다. 즉, 사후강직 전 근육의 높은 pH에 기인하여 보수력, 결착력, 염용성 단백질의 추출성 및 유화력 등 원료육의 기능적 가공특성이 증진된다. 특히 온도체 발골육을 발골 즉시 소금이나 인산염과 함께 혼합한 원료돈육으로 이용할 경우 더욱 우수한 기능적 가공 특성을 기대할 수 있다. 햄이나 베이컨 등의 염지제품의 경우, 온도체 가공시 빠른 염지제의 침투가 일어나며 제품의 색이 안정되게 발색하며 제품수율도 증가된다.

온도체 발골육은 균일한 육색 및 발색이 일어날 뿐만 아니라 냉장 중 수분증발의 감소 및 진공포장육의 육즙손실(drip loss)를 감소하는 효과가 있다. 하지만 온도체 발골 후 즉시 진공포장하면 냉장보관 중에 수분증발을 방지할 수 있기 때문에 정육수율이 증가하나, 온도체 발골시 냉도체 발골에 비해 뼈에 붙어 있는 잔육이 많아지므로 정육수율의 증가효과는 상쇄될 수도 있다. 온도체 발골 후 즉시 진공포장 된 신선육의 경우 기능적 특성이 증진되기 때문에 냉장 중이나 유통 중의 육즙손실을 감소시킨다. 또한 더 많은 고기 표면이 냉장온도에 노출되어 근육의 냉각이 균일하게 이루어질 뿐만 아니라 육색도 균일해 진다.

다른 한편, 온도체 가공은 냉장실 공간을 효율적으로 이용할 수 있어 냉장비용을 감소시키는 경제성이 있다. 즉, 소 도체를 냉장시키는 것보다 발골된 가식부위만을 냉장시킨다면 약 80%의 냉장실 공간을 절약할 수 있으며, 냉장비용도 도체를 냉장시킬 때와 비교하여 약 50%의 정도를 절약할 수 있다. 또한 도살 후 전체 도체를 냉장실에서 2~5℃의 냉장온도로 냉각시키는 것 보다 가식부위만을 냉장시키면 냉장시간이 훨씬 단축된다. 돼지의 경우 최종산물로 생산되기까지 공장에 머무르는 시간이 신선육은 21시간이 절약되고, 염지육은 117시간이 절약된다. 강직전의 상태에서는 근육의 신전성이 있기 때문에 근육간의 절단이 용이하다. 또한 유통과정에서는 반도체나 4분체로 운반하는 것 보다 진공포장 후 상자에 넣어 운반하는 것이 훨씬 용이하다. 그 외 도체등급을 매기는데 요하는 시간이 필요 없게 되어 노동력이 감소된다.

2) 온도체 가공의 문제점

우리나라는 소 도체의 등급을 도축 24시간 후 냉도체에서 실시하기 때문에 온도체 가공을 하면 도체등급을 평가할 수 없게 된다. 이 점은 우리나라뿐만 아니라 미국을 포함한 여러 나라에서 소고기의 온도체 가공을 적용하지 못하는 가장 큰 이유이다. 또 온도체 가공은 기존 시설의 이용이 곤란하다는 문제가 있는데, 기존 가공방식은 도축실→ 냉각실→ 발골라인→ 가공실 등의 단계로 이루어지나, 온도체 가공은 도축실→ 발골라인→ 가공실→ 냉각실의 단계로 이루어지기 때문에 기존시설로는 온도체 가공을 원활하게 수행하기 힘들다.

한편, 재래식 방법의 절단육은 산소가 투과될 수 있는 포장필름에 포장함으로써 고기의 색소가 산화되기 때문에 옥시마이오글로빈이 표면에 형성되어 밝은 적색을 띠게 된다. 반면에 온도체 발골육의 경우 산소가 투과될 수 없는 필름에 포장함으로써 표면의 식육 색소가 환원마이오글로빈으로 어두운 자적색을 띤다. 육색뿐만 아니라 강직 전 상태에서 발골된 신선육을 급속냉장이나 냉동시킬 경우 저온단축이나 해동강직 현상에 의해 식육의 연도가 저하될 수도 있다.

또 온도체 가공을 하기 위해서는 미생물 오염 방지 및 위생처리가 필요하다. 즉, 재래식 발골육과 비교하여 식육의 온도와 pH가 높으며 외부로 노출되는 표면적이 넓은 관계로 미생물 오염이 크게 문제가 될 수 있다. 더욱이 연도 증가를 위해서 도체나 절단육을 고온숙성을 실시하면 높은 주위의 온도로 인해 미생물의 증식이 빠르게 일어날 수 있다. 따라서 미생물 오염방지는 식육의 저장성과 직접적인 관계가 있으므로 도살장의 레일에 도체가 현수되어 있는 상태에서 곧 바로 발골하는 것이 바람직한데, 기존 냉도체를 작업대 위에서 발골하는 것에 익숙해진 작업자들이 현수된 상태에서 발골하는 것에 적응하는 것이 용이하지 않다. 즉, 재래식 방법에서는 뼈의 위치가 중심이 되어 각 부분육으로 절단하는데 비해 온도체 가공에서는 가식부분의 적육만을 발골하게 되므로 새로운 절단방법이 필요하게 된다. 또한 비슷한 부위의 근육들을 하나의 그룹으로 근육 사이의 경계선을 따라 절단하여 부분육을 만들기 때문에 그 모양이 재래식과는 상이하다. 진공포장 시는 식육의 온도가 높은 관계로 진공포장 필름에 쉽게 달라붙어 기포가 완전히 제거되지 않는 어려움도 있다.

11.2. 도체의 평가와 등급제도

(1) 도체의 품질

도체품질을 기준으로 경매가 유통이 이루어지기 때문에 도체의 품질은 생산농가 소득에 직접 영향을 미치고 소비자들이 품질을 평가하는 중요한 유통표시 방법이다. 식육동물을 사육하는 생산자는 우수한 품질의 식육을 생산하여 좋은 값을 받고 판매하는 것을 추구하며, 그 우수한 식육품질의 기준은 도체품질(carcass quality)을 결정한 도체등급(carcass grading)으로부터 시작된다. 따라서 도체의 품질은 식육유통의 기준이라고 말할 수 있으며, 식육동물의 생산에 관계되는 모든 분야, 즉 번식, 유전, 육종, 사료영양 및 가공유통의 목표는 도체의 품질을 향상시키는 것으로 초점이 맞추어진다.

도체의 품질은 도체율, 도체구성, 조직분포 및 도체형태에 따라 다르게 평가되는데, 최근에는 지방이 적고 살코기가 많은 도체를 선호하기 때문에 도체율보다 도체구성, 조직분포 및 도체형태가 더 중요하게 취급된다. 도체율은 주로 육량등급을 결정하는 요소로 판매가능한 정육량 및 고가부위의 수율 등을 예측하는데 이용된다. 한편, 도체의 주요 구매자인 식육판매업자에게 도체는 상품의 원재료로서 어떤 도체를 구입하는가에 따라 상품의 품질과 용도가 결정된다. 따라서 도체의 상품가치는 식육이 거래되는 그 지역의 지역적, 문화적, 시간적 여건에 따라 평가 기준이 달라질 수 있기 때문에, 도체의 품질은 보편타당한 요인들에 의하여 객관적으로 규정될 수 있어야 한다.

각 나라마다 도체의 품질을 결정하는 도체등급의 기준은 다를 수 있는데, 도체등급은 도체의 특성을 객관적으로 평가하여 그 나라의 여건이 요구하는 상품적 가치 개념에 따라 도체를 분류하는 기준이라 볼 수 있다. 따라서 도체의 평가는 객관성을 바탕을 해야 하며 도체등급 기준은 그 나라의 소비성향이나 식육동물산업 여건을 합리적으로 반영할 수 있도록 설정되어져야 한다. 도체의 등급판정은 축산물 품질평가원의 평가전문가들에 의해서 이루어지고 있으면 대상 축종은 소, 돼지, 말, 닭, 오리에서 이루어지고 있다.

(2) 도체등급제도

현대적 의미의 도체등급제도는 1916년 미국에서 시작되었으며, 국가별 도입 목적은 국가에 따라 조금씩 다르다[표 11-2]. 최근 국내에서는 생산 농가들의 생산비 감소와 소비자들의 건강증진에 대한 요구 증가로 도체등급의 중요성과 개정에 대한 논의가 이루어지고 있는 실정으로, 도체등급제도는 그 시대의 사회 경제 문화적인 의견이 반영된 유통규격이다.

식육동물 생산자들은 도체등급의 자료를 이용하여 식육동물의 육종, 사양, 구입 및 판매를 결정할 수 있고, 도축업자, 가공업자, 식육판매업자들은 식육동물, 도체 및 식육을 일정한 집단으로 구분하여 가격을 책정하는 수단으로 이용할 수 있으며, 소비자들은 구매하려는 식육을 공인된 품질기준에 의해 믿고 구입할 수 있다. 즉, 도체등급제도는 생산자에게는 개량 및 판매지표를 제공하고, 유통업자에게는 수대지표를 제공하고, 소비자에게는 구매지표를 제공한다. 도체등급제도는 우리나라뿐만 아니라 여러 나라에서 각기 다른 목적으로 실시되고 있다.

[표 11-2] 국가별 도체등급제도 법령 및 도입시기

구 분	법 령	도입시기
한 국	축산법	1989년
일 본	축산물의 가격안정에 관한 법령 畜産物の格安定にする法律	1964년
미 국	농산물유통법 Agricultural Marketing Act of 1946 =CFR Title 7(Agriculture) Part 27~209(Agricultural Marketing Service-Standards, Inspections, Marketing Practices)	1916년
캐나다	캐나다 농산품법 Canada Agricultural Products Act	1929년
EU-27	농산물 시장의 일반적인 조직 설립과 특정 농업제품에 대한 특정조항에 관한 의회규정 (단일 CMO 규정) Council Regulation(EC) No. 1234/2007 establishing a common organisation of agricultural markets and on specific provisions for certain agricultural products (Single CMO Regulation)	1972년 (2007년 통·폐합)
호 주	호주 식육 및 축산업에 관한 법령 Australian Meat and Live-stock Industry Act 206/1997(최근 144/2008) 장관의 명령과 지시로 식육 및 축산물의 품질, 기준, 등급에 대해 조항을 제정할 수 있음 → AUS-Meat Ltd에서 담당 식육 및 축산물의 품질, 기준, 등급 등에 따라 수출과 수출을 위한 판매를 금지시킬 수 있음	1987년 (1997년 통·폐합)
중 국	중화인민공화국 농업산업표준 NY/T 676-2003 '소고기품질등급(牛肉質量分級 Beef quality grading)	2003

(자료 : 축산물품질평가원 eKAPE, 2017)

(3) 도체의 평가

'축산물'이라 함은 계란, 소·돼지·닭·오리의 도체 및 닭의 부분육을 말하는데, '도체(carcass)'라 함은 축산물위생관리법 시행규칙 제2조의 규정에 따라 도살·처리된 소·돼지·닭·오리를 말한다. 도체의 평가는 '축산물 등급판정 세부기준'에 의해서 정하여진다. 소의 도체라 함은 소를 도축하여 머리, 가죽, 다리, 내장류 및 혈액을 제외한 나머지 부분을 말하며, 나라마다 도체에서 신장 및 신장 지방(kidney fat)을 잘라내는 곳이 있는가 하면 도체에 포함시키는 곳도 있는데, 우리나라에서는 신장지방을 제거하지 않는다. 돼지의 도체는 돼지에서 머리, 다리, 혈액, 내장류를 제외하고 탕박도체에서는 털을, 박피도체에서는 돈피까지 제외한 나머지 부분을 의미하게 된다.

도체의 평가는 양적인 특성과 질적인 특성으로 구분하여 평가된다. 양적인 특성은 적육, 지방, 뼈의 상대적 조성과 부위별 생산율에 의하여 평가되며, 질적인 특성은 식육과 지방의 색깔, 연도, 보수력, 풍미, 지방교잡 정도 등에 의해 평가된다. 한편 이러한 도체의 특성은 식육동물의 품종, 연령, 성별, 사양방법 등에 의해 영향을 받으며, 도체의 상품가치를 극대화할 수 있는 체중에 도달하였을 때 도축하는 것이 바람직하다.

1) 양적특성 평가

도체의 산육량은 적육, 지방, 뼈의 상대적 조성에 의해 결정되며, 적육량이 높은 도체가 우수한 것으로 평가된다. 식육판매점에서 소비자에게 거부감을 주지 않을 정도로 지방을 제거하고 정형한 정육을 거래정육이라고 하는데, 도체의 양적특성 평가는 거래정육의 수율을 평가의 기준으로 삼는다.

일반적으로 도체의 조직 구성은 비육도와 지방부착 정도에 의해 다르게 평가되는데, 비육도가 높을수록 일반적으로 지방이 많고 뼈의 비율이 낮으며 적육률은 감소하는 편이다. 또 도체의 지방부착 정도가 일정할 때 비육도가 클수록 적육률은 증가하나 뼈의 수율은 감소하며, 도체의 비육도가 일정할 때는 지방부착이 많을수록 적육율이 감소한다. 비육도가 좋으면서도 지방이 가급적 적게 부착된 도체가 우수하게 평가되며 비육이 극히 불량한 도체는 지방과다 지육보다 산육량이 많을 수도 있으나, 이러한 도체에서 생산된 식육은 대부분 육질이 열등한 편이다.

2) 질적특성 평가

도체에서 육질을 직접 측정할 수 있는 다양한 기기나 방법들은 최근 활발히 연구, 개발되고 있으며, 통상적으로 육색, 지방색, 성숙도, 성별, 근내지방 정도 등을 간접적인 육질 평가요인으로 활용하고 있다. 육색 및 지방의 색은 비색모델을 이용하여 육안으로 비교 판정한다. 도체의 성숙도는 화골상태로 판별하며 육색이나 지방색을 참고요인으로 활용할 수도 있다. 연골은 가축의 연령이 늘어감에 따라 점차 굳어져서 단단해지는데 이런 현상을 화골(ossification)이라 한다. 화골의 순서는 지육의 꼬리쪽(caudal)에서 머리쪽(cranial)으로 발전되어 가는데, 미추골의 뼈마디부터 굳어지기 시작하여 요추, 흉추의 순서로 화골되며, 흉추 극돌기의 연골이 완전히 화골된 도체는 연령을 5년 이상으로 추정한다. 흉골마디의 연골도 꼬리쪽에서 머리쪽으로 화골이 진행되어 5년이 넘으면 거의 화골이 완료된다.

도체의 암수구분은 용이한 편이나 가끔 구별이 힘든 경우도 있다. 암수의 대표적인 특징은 외형상 어깨와 목 부위가 잘 발달된 것이 수소이며, 수소에는 생식기 지방이 나타난다. 일반적으로 수소는 치골이 크게 굽어있고 암소는 펴져 있으며, 수소는 치골 끝부분이 크게 돌출되어 있고, 암소는 치골 끝이 가늘고 돌출이 심하지 않다. 또 수소는 치골상단의 근육절단면이 완두콩 모양으로 크고, 치골상단에 두터운 힘줄이 연결되어 나타난다.

마블링(marbling)이라 불리는 근내지방(intramuscular fat)의 정도는 배최장근(*M. longissimus dorsi*) 절단면에 침착되어 있는 지방의 양을 육안으르 판별한다. 근내지방은 피하지방보다 늦게 발달하는 경향이 있으므로 지육의 피하지방 부착정도에 따라 근내지방의 정도를 간접적으로 추정하기도 한다.

(4) 도체등급의 결정요인들

1) 축종과 품종

현대 소비자들은 자신들이 구매하려고 하는 식육의 정보를 알 권리가 있고, 따라서 세계적으로 모든 도체등급제도는 축종과 품종을 구분하도록 규정하고 있다. 축종을 구분하는 이유는 진실한 정보를 제공한다는 이유뿐만 아니다 저가의 육류가 고가의 육류에 혼입되는 것을 방지하기 위함이다. 즉, 대부분 소비자들이 지방이 없는 살코기 상태에서 축종을 구별하지 못하기 때문에 많은 나라에서는 축종 구분을 도체등급에서 요구하고 있다.

축종과 마찬가지로 품종도 도체의 가치를 결정하는데 결정적인 역할을 하기 때문에 구분하여야 한다. 우리나라의 경우 소고기는 한우에서 생산되는 한우고기, 젖소의 수컷을 비육하여 생산한 육우고기, 젖소의 암컷에서 생산되는 젖소고기로 구분하며, 이러한 품종은 도체등급 결정에 지대한 영향을 미친다.

2) 성 별

도체는 성별에 따라 특성이 달라진다. 즉, 수컷, 거세수컷 및 암컷은 성장률과 체조성이 다르기 때문에 성은 도체등급에 중요하게 취급된다. 브통 1년 이상의 수소고기는 동일한 연령의 암컷이나 거세된 수컷에 비해 고기가 질기다. 하지만 수소에서 24개월 령까지는 연도가 크게 문제가 되지 않을 뿐만 아니라 풍미에도 큰 이상이 없다. 돼지 도체의 경우, 수돼지에서 나는 성취(sex odor, 性臭)가 특히 조리 후에 문제가 되기도 하여 도체등급시 감점의 요인으로 작용하기도 한다.

3) 성숙도

성숙도(maturity)는 도체를 생산한 식육동물의 생리적 연령을 의미한다. 일반적으로 어린 동물에서 생산된 식육은 연하고 풍미는 덜한데, 동물이 성숙하면서 근육의 근섬유와 결합조직의 화학적 성질이 변하여 식육은 점점 질겨지고 풍미가 더해간다. 따라서 대부분의 도체등급제도에서 식육동물의 성숙도가 고려되며, 주로 연골의 골화(ossification) 정도에 근거하여 성숙도를 결정한다.

4) 도체중

도체중(carcass weight)을 측정하는 도체는 국가마다 다를 수 있는데, 우리나라는 소 도체의 경우 박피 후 내장, 머리, 사족을 절단하고 콩팥과 신장은 붙어 있는 것을 의미한다. 또 돼지 도체는 탕박하는 경우에는 피(皮)는 도체에 붙어 있고 꼬리는 제거된다.

도체의 거래시 기준이 되는 도체중은 나라와 상황에 따라 결정되는데, 도축직후의 온도체중을 사용하거나 또는 냉도체중을 사용하며, 우리나라는 도매시장에서 온도체중을 거래기준으로 사용하고 있다.

5) 지방부착도와 색깔

지방부착도(fatness)는 도체등급에서 중요하게 고려되는데, 그 이유는 도체를 발골, 분할, 정형한 후 판매할 수 있는 거래정육률은 도체의 피하지방 함량이 증가할수록 감소하기 때문이다. 또한 역사적으로 지방부착도는 기호도와 상당한 관련을 보여 왔는데, 최근에는 동물성 지방의 섭취와 심장병 및 순환기 계통의 질병과의 관계에 기인하여 지방이 많은 식육을 기피하게 되었다. 따라서 거의 모든 도체등급제도는 주관적 또는 객관적 측정방법으로 측정된 지방부착도를 도체등급 결정에 이용한다.

6) 체 형

체형(conformation)은 착육도(muscularity)라고도 하는데, 도체등급을 결정하는 요인일 뿐만 아니라 품종의 구분지표로도 사용된다. 즉, 소의 품종을 알 수 없을 때 체형이 등급평가에 중요하게 고려되는데, 그 이유는 체형별로 거래정육률이 차이가 나타나기 때문이다. 종종 짧고 뭉툭한 바람직한 체형의 도체를 지방부착도와 혼동할 수도 있는데, 동일한 도체 중에서 짧고 뭉툭한 도체가 등심근 면적이 더 크기 때문에 등심부위의 수율이 높아진다. 돼지 도체는 객관적 측정치가 도체등급에서 중요시되기 때문에 육안으로 측정하는 체형이 그리 중요하게 고려되지 않는다.

7) 거래정육률

거의 대부분 국가들의 도체등급제도에서 육량을 매우 중요하게 고려하는데, 우리나라도 소 도체를 육질등급과 육량등급을 별도로 구분하여 평가한다. 도체의 육량, 즉 거래정육률은 등지방두께, 도체중, 등심근 단면적, 심장+신장+골반강 지방량, 갈비끝쪽 절단면의 두께 등 여러 가지 측정치들을 이용하여 추정하며, 나라마다 추정방정식은 차이가 있다. 거래정육률은 특히 돼지 도체등급에서 가장 중요하고 고려하는 요인이다.

8) 육 색

도축 전에 스트레스를 받은 소의 도체로부터는 소비자들이 구입을 꺼려하는 검붉은 식육이 생산되며, 도체등급에서는 감점의 요인이 된다. 돼지 도체에서는 육색이 창백한 PSE육이 종종 발생하며, 이 또한 도체등급에서 감점의 대상이 된다.

9) 조직감

모든 식육은 지방을 포함하고 있는데, 도체의 냉각시 지방이 근육보다 더 단단히 경화되므로 지방함량이 높으면 식육은 더 단단해진다. 그러나 연성지방을 가진 도체는 조직이 단단하지 않아 도체등급에서 감점의 대상이 된다.

10) 근내지방도

근섬유다발인 근속들 사이에 침착되는 지방을 근내지방 또는 마블링(marbling)이라고 부른다. 마블링이 많은 식육은 연도가 좋은 것으로 인식되며, 특히 풍미와 다즙성이 뛰어나기 때문에 소의 도체등급에 있어 근내지방도는 육질등급을 결정하는 가장 중요한 요인으로 고려된다.

(5) 현행 도체등급제도와 소비자 형질등급제도의 차이점

우리나라 소고기 유통의 기준은 등심의 근내지방도에 의해 크게 좌우되지만, 소비자 연구에 의하면 근내지방은 불과 15~20% 이내에서 비선형적으로 소고기의 관능특성에 대한 변이를 설명하는 것으로 보고되고 있다. 일반적으로 소고기의 맛은 근내지방과 더불어 유전적/사양/도체특성/근육/가공/숙성/요리에 이르는 고기의 맛과 관련된 주요요소들(Critical Control Points, CCPs)에 의해서 결정된다.

그동안 생산자의 관점에서는 농장에서 생산된 소고기의 맛에 대한 관심보다는 근내지방 침착도 증가에 노력이 집중되었다. 하지만 소고기의 생산-유통-판매-소비자 관리에 이르는 1, 2, 및 3차 산업을 통합하는 브랜드육 생산이 농가 소득을 올리기 위한 중요한 산업적 과제로 떠오르면서 소고기 관능특성(맛)에 대한 관심이 고조되고 있고, 근내지방이 높은 소고기와 더불어 맛있는 소고기 생산이 산업적 목표로 부각되고 있다.

국내 소비자들은 소고기의 연도를 소고기의 맛을 결정하는 요인들(연도, 다즙성, 풍미) 중 가장 중요시한다. 이는 기업형 소고기 생산농가 수가 적고 복합영농 농가가 많은 우리나라의 한우고기 생산 특성상 각각 한우 개체 간 또는 한 마리의 한우 내에서 근육 간 연도가 편차가 다즙성이나 풍미보다 월등히 크기 때문이다. 따라서 근내지방 뿐만 아니라 연도를 소고기 등급제도에 반영할 수 있는 방안이 마련될 필요가 있다.

11.3. 우리나라의 도체등급제도

우리나라의 축산물 등급제는 소 도체, 돼지도체, 닭도체 및 부분육, 오리도체 및 오리 부분육 으로 나뉘어져 있다. 도체등급과 부분육 등급으로 나누어지며, 도체등급은 소의 도체등급과 돼지의 도체등급으로 나누어진다. 축산물은 '축산물 등급거래 규정'에 의해서 등급거래 지역에서는 축산물 등급평가사에 의해서 평가된 도체 및 개체만 유통이 가능하다. 축산물등급 거래지역 안에서 축산물을 가공·진열·운반·보관 또는 판매하고자 하는 자는 규칙 제45조제1항 및 제2항의 규정에 따라 발급한 축산물등급판정확인서 또는 당해 축산물의 거래내용(소의 종별, 등급, 부위, 중량 등)이 명시된 공급명세서 등 증빙서를 소지하여야 하며, 식육판매업자는 당해 축산물을 판매하는 기간 동안 위의 증빙서를 게시하여야 한다. 다만, 이력관리시스템 등 전자적 방법으로 소비자가 해당 축산물의 등급정보를 확인할 수 있는 경우에는 증빙서 게시를 생략할 수 있다.

(1) 소 도체의 등급판정기준

소 도체등급판정기준은 소의 도살·해체 방법에 따라 도살·해체된 도체에 적용하는데, 이 기준은 품종, 연령, 성별에 관계없이 적용한다. 그리고 이 기준은 배최장근의 심부온도가 5℃이하로 예냉된 도체의 좌반도체(左半屠體)의 최후 흉추와 제1요추사이를 척추골과 직각되게 절개하여 배최장근 단면적, 등지방두께 및 근내지방도, 육색, 지방색, 조직감, 성숙도 등의 판정이 가능하도록 한 도체에 적용한다[그림 11-7].

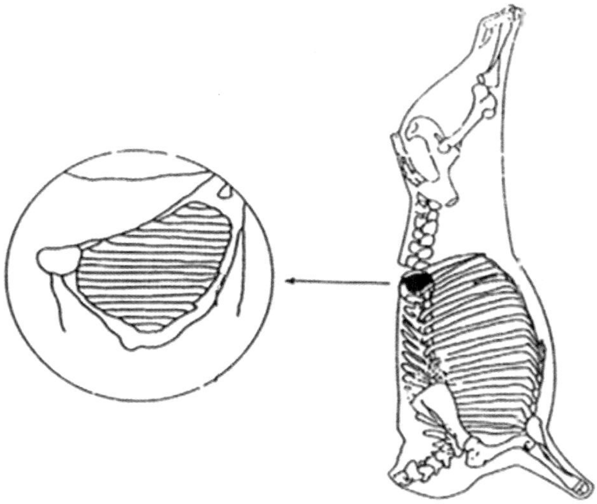

[그림 11-7] 소 도체 판정부위 (국가법령 정보센터 2017)

1) 육량등급

소 도체의 육량등급판정은 등지방두께, 배최장근 단면적, 도체의 중량을 측정하여 육량 지수에 따라 다음과 같이 A, B, C의 3개 등급으로 구분한다[표 11-3].

[표 11-3] 소 도체의 육량등급판정기준

육 량 등 급	지 수
A	67.20 이상
B	63.30 이상 ~67.20 미만
C	63.30 미만

(국가법령 정보센터, 2017)

소 도체의 육량등급판정을 위한 육량지수는 소를 도축한 후 2분할된 왼쪽 반도체의 마지막등뼈(흉추)와 제1허리뼈(요추) 사이를 절개한 후 등심쪽의 절개면(등급판정부위)에 대하여 등지방두께와 배최장근 단면적을 측정한다 육량등급은 원칙적으로 육량기준지수산식에 의하되 엉덩이(우둔)의 비육상태가 좋지 않고, 엉덩이와 앞다리의 균형이 현격하게 결여된 경우에는 지수에 의한 육량등급에서 1개 등급을 낮추고, 엉덩이와 앞다리의 비육상태가 매우 좋은 경우는 1개 등급을 높인다.

등심쪽의 절개면을 등급판정부위라고 한다. 등지방두께는 배최장근 단면의 오른쪽 면을 따라 복부 쪽으로 2/3 정도 들어간 지점의 등지방을 mm단위로 측정한다. 다만, 등지방두께가 1mm 이하인 경우에는 1mm로 한다. 배최장근 단면적은 등급판정부위에서 가로, 세로가 1cm단위로 표시된 면적자를 이용하여 배최장근의 단면적을 ㎠단위로 측정한다(그림 11-8). 다만, 배최장근 주위의 배다열근, 두반극근과 배반극근은 제외한다. 도체중량은 도축장경영자가 측정하여 제출한 도체 한 마리 분의 중량을 kg 단위로 적용한다.

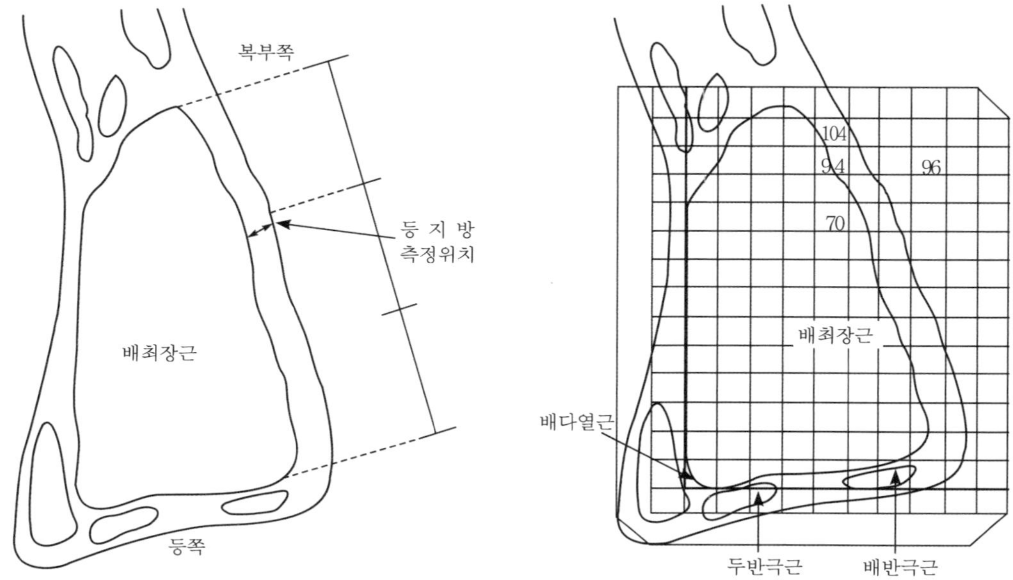

[그림 11-8] 소 도체 판정부위에서 소 도체 등지방두께와 배최장근 단면적 측정

(국가법령 정보센터, 2017)

육량지수는 한우 및 육용종과 젖소는 차이가 있는데 구하는 식은 다음과 같이 산정한다. 한우 및 육용종 소(앵거스, 샤로레, 헤어포드 등)는 다음과 같다.

$$\text{육량지수} = 68.184 - [0.625\times\text{등지방두께(㎜)}] + [0.130\times\text{배최장근단적(㎠)}] - [0.024\times\text{도체중량(kg)}] + 2.01$$

[단, 한우의 도체는 3.23을 가산하여 육량기준 지수로 한다]

계산된 지수는 소숫점 셋째자리 이하를 절사하여 둘째자리까지 산정하고, 계산에 의하여 구분된 소 도체의 육량등급이 도체의 비육상태가 매우 나쁜 경우에는 산출된 등급에서 1개 등급을 낮추고, 도체의 비육상태가 매우 좋은 경우에는 산출된 등급에서 1개 등급을 높여서 최종 판정한다.

2) 육질등급

소 도체의 육질등급판정은 근내지방을 중심으로한 예비등급판정 결과를 육색, 지방색, 조직감 및 성숙도를 판정한우 예비등급판정 결과를 조정하여 최종등급판정 결정된다. 근내지방도, 육색, 지방색, 조직감, 성숙도에 따라 1^{++} , 1^{+}, 1, 2, 3의 5개 등급으로 구분한다. 근내지방도는 등급판정부위에서 배최장근단면에 나타난 9가지 지방분포(No. 1~No. 9) 정도를 예비등급으로 판정한다.

육색의 경우는 등급판정부위에서 배최장근단면의 색깔을 의한 육색 7가지의 기준과 비교하여 해당되는 기준의 번호를 결정한다. 식육의 색과 광택이 현저하게 나쁘거나 육색이 No. 1 또는 No. 7에 해당될 때는 근내지방도 기준에 의해 등급을 1개 등급을 낮추어 조정한다.

지방색은 등급판정부위에서 배최장근단면의 근내지방 주위의 근간지방과 등지방의 색깔을 7가지의 지방색기준과 비교하여 해당되는 기준의 번호를 결정한다. 지방의 색, 광택 및 질이 현저하게 나쁘거나 지방색이 지방색 기준 No. 7에 해당될 때에 근내지방도 기준에 의해 1개 등급을 낮춘다.

조직감은 등급판정부위에서 배최장근단면의 보수력과 탄력성을 크게 3등급으로 나누고 조직감 구분기준에 의하여 해당되는 기준의 번호를 결정한다. 식육의 조직감은 탄력성이 없고 결이 거칠어 조직감 기준 No. 3에 해당될 때에 근내지방도 기준 의한 등급에서 1개 등급을 낮춘다.

성숙도는 왼쪽 반도체의 척추 가시돌기에서 연골의 골화 정도 등을 성숙도 구분기준과 비교하여 해당되는 기준의 번호를 결정한다. 성숙도는 연골의 골화 정도가 심하여 흉추(胸椎) 및 요추(腰椎) 절단면의 상태가 성숙도기준 No. 3에 해당될 때에는 근내지방도 기준에 의한 등급에서 1개 등급을 낮춘다. 소 도체의 육질등급판정은 예비등급에 대하여 육색, 지방색, 조직감, 성숙도가 다음 각호에 해당하는 경우에는 등급을 조절하여 최종 판정한다[표 11-4].

[표 11-4] 육질등급 최종 판정기준

예비등급	등급 하향조정 항목수			
	1개	2개	3개	4개
1^{++}등급	1등급	2등급	3등급	3등급
1^{+}등급	1등급	2등급	3등급	3등급
1등급	2등급	3등급	3등급	3등급
2등급	3등급	3등급	3등급	등외
3등급	3등급	3등급	등외	등외

(국가법령 정보센터, 2017)

소 도체가 다음의 경우에 해당하는 경우에는 육량등급과 육질등급에 관계없이 등외로 판정한다. 성숙도 구분기준 번호 3에 해당하는 경우로서 비육상태가 매우 불량한 노폐우 도체, 즉시 도살하여야 할 불가피한 사유가 있는 경우에 해당되어 도살한 소 도체로서 방혈이 불량하거나 외부가 오염된 도체, 그리고 축산물 검사결과 부분 폐기된 정도가 심하다고 인정되는 도체, 도체중량이 150kg미만인 왜소한 도체, 설날, 추석, 연말 육류 성수기에 예냉 능력을 초과하는 관내용의 경우로서 출하자가 온도체를 희망하는 경우, 수해, 화재, 정전 등으로 냉도체등급판정 방법을 적용할 수 없다고 시・도지사가 인정하는 사고 당일 도축된 도체는 등외로 판정한다. 소 도체의 등급표시는 육량등급과 육질등급을 병행하여 표시하고, 등외로 판정된 경우에는 D로 표시한다[표 11-5].

[표 11-5] 소 도체의 등급표시 방법

구 분		육 질 등 급					
		1^{++}등급	1^{+}등급	1등급	2등급	3등급	등외
육량등급	A등급	1^{++}A	1^{+}A	1A	2A	3A	
	B등급	1^{++}B	1^{+}B	1B	2B	3B	
	C등급	1^{++}C	1^{+}C	1C	2C	3C	
	등외	D					

(국가법령 정보센터, 2017)

체등급 결과 결함이 있는 도체에 대하여는 규정에 따라 그 결함내역을 표시한다[표 11-6]. 등급평가사는 등급판정 즉시 날인하여야 하고, 소 도체 날인은 좌·우 도체의 엉덩이(우둔) 부위와 제11-12번째 늑골부위 등심(척추 중앙에서 복부 방향으로 10cm 내려간 위치)에 날인하는데, 다른 검사인과 중복되지 아니하도록 날인한다.

[표 11-6] 소 도체의 결함 내역 및 표시방법

결함내역	표시방법
근출혈(筋出血)	ㅎ
수 종(水腫)	ㅈ
근 염(筋炎)	ㅇ
외 상(外傷)	ㅅ
근육제거	ㄱ
기 타	ㅌ

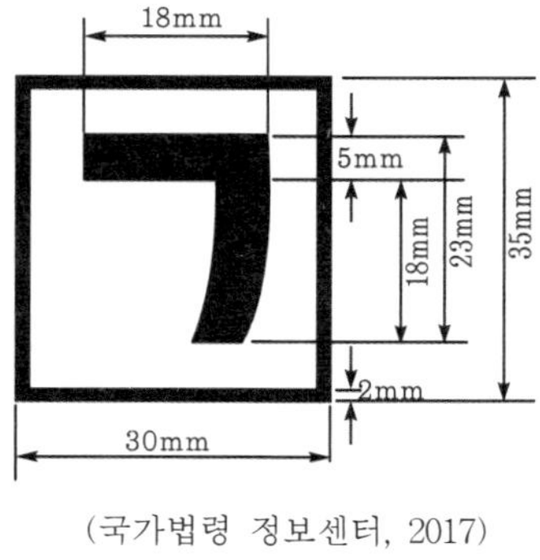

(국가법령 정보센터, 2017)

3) 이상육의 종류와 특징

① 다발성 근출혈

다발성 근출혈은 근육 내에 반점(spot)모양의 검은 혈액응그물이 얼룩처럼 보인다[그림 11-9]. 다발성 근출혈은 임사기(臨死期)에 급격히 높은 혈압이 부하되어 근육에 모세혈관이 파괴되어 출혈하는 현상으로, 출하농가 및 구매자간 갈등과 불신을 초래하는 원인이 된다. 발생원인은 명확하지는 않으나 출하 전까지 식염 등을 사료에 첨가하거나, 광염급여를 계속하는 농가에서 다발을 보이는 경우가 있는데, 염분을 출하 전까지 급여하면 혈압상승의 원인이 되고, 혈관파손의 원인이 되기 때문으로 추정된다. 또 방혈 전에 혈압이 비정상적으로 상승하여 근육 내 모세혈관이 파괴되는 것도 원인 중 한 가지로, 실신 후 방혈까지의 시간이 지연되면 발생하기 쉽다. 따라서 다발성 근출혈의 발생을 저하시키기 위해서는 최소한 실신후의 재빠른 방혈처리가 필요하다.

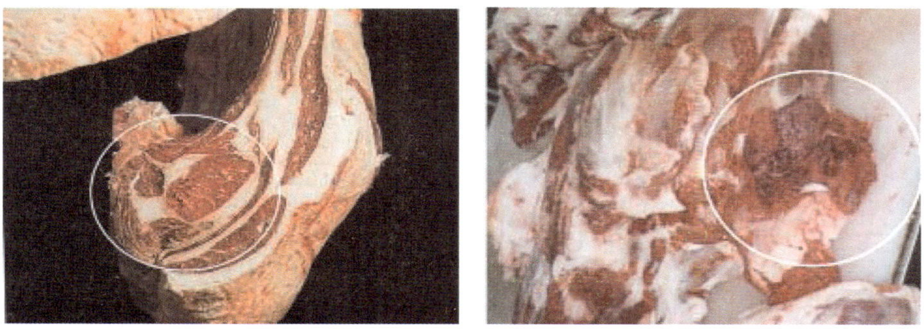

[그림 11-9] 근출혈을 보이는 등심부위(좌)와 앞다리 부위(우) 도체 사진

② 수 종

수종은 세포간격과 체공에 여분의 조직액이 쌓인 상태를 말한다[그림 11-10]. 또한 수종은 생산단계에서 모두 발생하는 증상인 순환기 장애와 비타민 A 결핍 등에 의한 전신성의 경우와, 운송, 계류 및 도축시 상처에 의한 손상(상처)등에 의해서 발생하는 부분적인 경우가 있다. 그 정도도 경도에서 중도까지 폭이 넓다. 상처에 의한 발생을 줄이기 위해서는 반입시, 도축 시에 외상이 발생하지 않도록 주의가 필요하다.

특히 최근 수종 발생률이 증가하고 있는 주요 이유는, 근내지방 합성을 억제한다고 알려진 비타민 A를 지방교잡을 높일 목적으로 급여제한 하기 때문이다. 비타민 A가 과도하게 제한되면, 그 결핍 증상의 하나로서 수종이 발생한다. 수종은 고기의 경제적 가치를 크게 저하시키며, 고도의 수종은 전 도체가 폐기되기 때문에 생산단계에서 비타민 A의 과도한 제한을 피하는 것이 좋다.

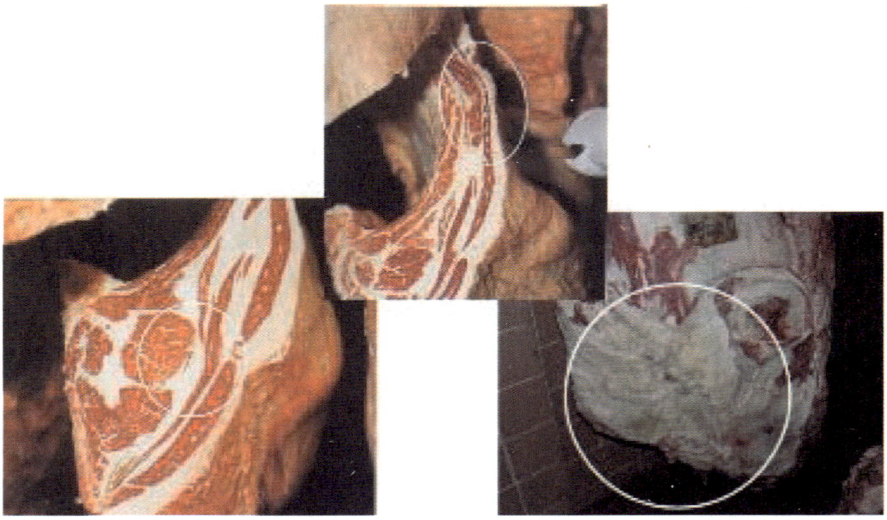

[그림 11-10] 도체의 국부수종(좌, 상)과 전신수종(우)

③ 근 염

소 도체에 있어서 근염은 통상의 근육 염증이 아니라, 근지방증, 지방치환육 등으로 불리우는 과도한 지방이 축적된 근육을 말한다[그림 11-11]. 근육 부위의 크기(형상)는 남겨져 있지만 내부의 근육 덩어리는 위축되고, 지방이 치환한 상태로 된다. 과도한 지방 교잡상태로도 보여, 판단이 어려운 경우도 있지만, 다른 부위와 달리, 지방이 섞이는 방법이 극단적이며, 중증의 경우에는 지방에 근육이 아주 조금 들어간 상태가 된다. 승모근에 많이 나타나고, 그 외에도 각종 근육부위에 부분적 또는 전면적으로 나타나기 때문에 도체상태에서는 알 수 없는 경우도 있다. 이 때문에 거래 후 발견되어 문제가 되기도 한다. 미국에는 이상우육(異狀牛肉)의 하나로, " Steatosis" 또는 "Callused" 라는 단어를 사용한다.

아직까지 근염의 원인은 명확하게 밝혀지지 않고 있다. 원인의 하나로서 육성·비육시에 있어서 근육의 상해를 들 수 있는데, 근섬유가 괴사한 경우, 지방과 결합조직이 침입(수복)하고, 결과로서 근염을 발생하게 한다. 따라서 도축단계뿐만 아니라 비육단계에 있어서도 단기간 혹은 비육 종료에 가까운 시기에 일어나는 경우는 아니라고 생각된다. 근육의 상해는 부적절한 주사를 놓는 물리적인 원인뿐만 아니라, 살충제, 구충제라는 약제의 부적절한 투여에 의해서도 발생되는 것으로 추정된다.

소고기의 근염 발생은 드문 경우는 아니고 식육시장에 자주 나타나는 문제이다. 이것은 식육의 안전성에는 크게 문제가 되지 않지만 경제적 손실의 원인이 된다. 따라서 소비자의 안심감을 높이기 위해서라도 원인 구명과 대책이 필요하다.

④ 외 상

도축장으로 운송, 계류, 도축 시에, 생체에 외상, 타박상, 골절 등의 손상을 입히고, 피하와 근육 내에 출혈을 일으킨 부분을 상처라고 한다. 반입 시와 도축 시에 소를 무리하게 몰아넣으면, 타박, 갈비뼈 골절 등의 원인이 되기 때문에 주의를 요한다.

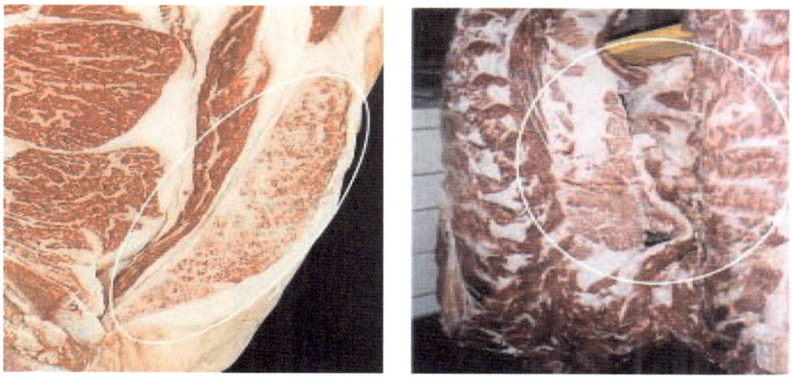

[그림 11-11] 도체에서 승모근의 근염

⑤ 지방색이상

지방색도 육색과 같이, No. 1(백색)~7(황색)의 7단계로 분류되어, 그 범위도 육색과 같은 기준이다. 황돈과는 달리, 맛에 문제는 없지만, 황색 지방은 선호하지 않고, 경제 가치가 낮아진다. 지방 황색화의 원인은 청초 등에 있는 β-카로틴이 체지방으로 옮겨가서, 축적하기 때문이다. 방목한 소에서 자주 보이며, 같은 조사료를 먹여도, 황색이 나오기 쉬운점에 유전적 차이가 있다.

지방 속에 β-카로틴 농도가 높을수록 황색을 띠지만, 잔류하고 있는 헤모글로빈의 양과 화학적 변화에 의해서도 지방의 색조는 영향을 받는다. 옥시헤모글로빈이 많으면 황색이 낮아 보이고 메트헤모글로빈이 많으면 황색을 강하게 느낀다. 그 외에도 지방의 질과 결합조직, 세포막 등 지방색에 미치는 요인은 여러 가지 존재한다. 또한, 이상육(異狀肉)으로까지는 아니지만 지방이 너무 연하거나(연지방) 너무 단단한 것도 선호되지 않는다. 지방의 질은 육의 맛, 보존성, 사람의 건강, 가격에도 영향을 주는 중요한 요인이며, 식육 시장에 있어서 상당한 개체 간 변동이 있다.

⑥ 근육제거 및 기타

질병과 상처 등에 의한 손상이 있는 경우 위생검사에 의한 도체의 부분적인 폐기가 이에 해당된다. 이분할 불량, 골절, 방혈불량, 이상취, 이상색 등이다. 방혈 불량은 다발성 근출혈과는 달리 정맥 내에 혈액이 남아 있는 상태이다.

(2) 돼지 도체의 등급판정기준

돼지 도체등급판정 방법은 온도체등급판정 방법으로 하며, 종돈개량, 학술연구 등의 목적으로 냉도체 육질측정 방법을 희망할 경우 측정항목을 제공할 수 있다. 돼지 도체등급판정은 인력등급판정 또는 기계등급판정 중 한 가지를 선택하여 적용할 수 있다. 돼지 냉도체 육질측정은 등급판정 신청인이 별도의 계획서를 축산물품질평가사에게 제출할 경우, 냉도체 육질측정 방법을 적용한다.

돼지 도체 1차 등급판정은 돼지를 도축한 후 2분할된 좌반도체에 대하여 다음 각 호의 항목을 측정하여 판정한다. 도체중량은 도축장경영자가 측정하여 제출한 도체 한 마리 분의 중량을 kg단위로 적용한다. 인력등급판정 방법에 따른 등지방두께는 왼쪽 반도체의 마지막 등뼈와 제1허리뼈 사이의 등지방두께와 제11번 등뼈와 제12번 등뼈 사이의 등지방두께를 품질평가사가 측정자로 측정한 다음, 그에 대한 평균치를 ㎜단위로 적용한다. 기계적 등급판정 방법에 따른 등지방두께 및 등심직경 : 등급판정보조장비인 초음파기계(Ultrafom, A-mode)를 사용하여 왼쪽 반도체의 제12번 등뼈와 제13번 등뼈 사이의 2분할단면에서 복부방향으로 6㎝지점 들어간 도체표면에 기계를 밀착시킨 상태에서 등지방두께와 등심직경의 최단거리를 ㎜단위로 측정한다.

기계적 등급판정 방법의 수율 측정은 다음의 산식에 적용하여 산출한다.

수율산식 = 57.8661 - [0.4147 × 등지방두께(㎜)] + [0.1443 × 등심직경(㎜)]

제1항에 따라 측정된 도체의 중량과 등지방두께 등을 이용하여 1^+등급, 1등급 또는 2등급으로 1차 등급을 부여한다(표 11-7).

[표 11-7] 돼지의 도체중량과 등지방두께에 의한 1차 예비등급기준

<table>
<tr><th rowspan="3">1차
등급</th><th colspan="4">인 력 판 정</th><th colspan="3">기 계 판 정</th></tr>
<tr><th colspan="2">박 피 도 체</th><th colspan="2">탕 박 도 체</th><th colspan="3">탕 박 도 체</th></tr>
<tr><th>도체중
(kg)</th><th>등지방두께
(mm)</th><th>도체중
(kg)</th><th>등지방두께
(mm)</th><th>도체중
(kg)</th><th>등지방두께
(mm)</th><th>수 율
(%)</th></tr>
<tr><td>1⁺ 등급</td><td>이상 미만
74~83</td><td>이상 미만
12~20</td><td>이상 미만
83~93</td><td>이상 미만
17~25</td><td>이상 미만
83~93</td><td>14.0이상</td><td>56.0이상</td></tr>
<tr><td>1등급</td><td>71~74
74~83
74~83
83~88</td><td>10~23
10~12
20~23
10~23</td><td>80~83
83~93
83~93
93~98</td><td>15~28
15~17
25~28
15~28</td><td>80~98</td><td>12.0</td><td>54.0</td></tr>
<tr><td>2등급</td><td colspan="2">1⁺· 1등급에 속하지 않는 것</td><td colspan="2">1⁺· 1등급에 속하지 않는 것</td><td colspan="3">1⁺· 1등급에 속하지 않는 것</td></tr>
</table>

(국가법령 정보센터, 2017)

예비판정 된 돼지 도체는 외관 및 육질판정은 비육상태, 삼겹살상태, 지방부착상태, 지방침착도, 육색, 육조직감, 지방색, 지방질을 종합하여 1^+, 1, 2, 등외등급으로 판정한다[표 11-8]. 결함판정은 방혈불량, 이분할불량, 골절, 척추이상, 농양, 근출혈, 호흡기불량, 피부불량, 근육제거, 외상 등으로 판정하고, 결함이 확인되는 경우 등급을 하향(최대 2등급까지)하거나 등외등급으로 2차 판정한다. 최종 등급판정은 1차 등급판정 결과와 2차 등급판정 결과 중 가장 낮은 등급으로 한다. 기계등급판정의 2차 등급판정 및 최종 등급판정은 인력등급판정과 동일하게 적용한다.

[표 11-8] 돼지 도체의 외관 및 육질에 의한 2차 예비등급기준

판정항목		1^+ 등급	1 등급	2 등급
외관	비육상태	도체의 살붙임이 두껍고 좋으며 길이와 폭의 균형이 고루 충실한 것	도체의 살붙임과 길이와 폭의 균형이 적당한 것	도체의 살붙임이 부족 하거나 길이와 폭의 균형이 맞지 않은 것
	삼겹살상태	삼겹살두께와 복부지방의 부착이 매우 좋은 것	삼겹살두께와 복부지방의 부착이 적당한 것	삼겹살두께와 복부지방의 부착이 적당하지 않은 것
	지방부착상태	등지방 및 피복지방의 부착이 양호 한 것	등지방 및 피복지방의 부착이 적당한 것	등지방 및 피복지방의 부착이 적절하지 못한 것
육질	지방침착도	지방침착이 양호 한 것	지방침착이 적당 한 것	지방침착이 없거나 매우적은 것
	육색	부도 10의 No. 3, 4, 5	부도 10의 No. 3, 4, 5	부도 10의 No. 2, 6
	육조직감	육의 탄력성, 결, 보수성, 광택 등의 조직감이 아주 좋은 것	육의 탄력성, 결, 보수성, 광택 등의 조직감이 좋은 것	육의 탄력성, 결, 보수성, 광택 등의 조직감이 좋지 않은 것
	지방색	부도 11의 No. 2, 3	부도 11의 No. 1 2, 3	부도 11의 No. 4, 5
	지방질	지방이 광택이 있으며 탄력성과 끈기가 좋은 것	지방이 광택이 있으며 탄력성과 끈기가 좋은 것	지방이 광택도 불충분하며 탄력성과 끈기가 좋지 않은 것

(국가법령 정보센터, 2017)

돼지 도체가 다음 항의 1에 해당하는 경우에는 등급에 관계없이 등외로 판정한다.

- 부도 13의 돼지 도체 근육특성에 따른 성징 구분방법에 따라 '성징 2형'으로 분류되는 도체
- 결함이 매우 심하여 등외등급으로 판정된 도체
- 도체중량이 박피의 경우 60kg미만(탕박의 경우 65kg미단)으로서 왜소한 도체이거나 박피 100kg이상(탕박의 경우 110kg이상)의 도체
- 새끼를 분만한 어미돼지(경산모돈)의 도체
- 육색이 부도 10의 No. 1 또는 No. 7 이거나, 지방색이 부도 11의 No. 6 또는

No. 7인 도체
- 비육상태와 삼겹살상태가 매우 불량하고 빈약한 도체
- 고유의 목적을 위해 이분할 하지 않은 학술연구용, 바베큐 또는 제수용 등의 도체
- 검사관이 자가소비용으로 인정한 도체
- 좋지 못한 돼지먹이 급여 등으로 육색이 심하게 붉거나 이상한 냄새가 나는 도체

(3) 닭 도체 및 닭 부분육 등급판정

닭 도체의 등급판정은 품질등급과 중량규격으로 구분한다. 닭 도체의 품질등급판정은 롯트의 크기에 따라 적정 수의 표본을 무작위로 추출하는 표본판정 방법 적용을 원칙으로 하되, 품질평가사가 필요하다고 판단한 경우에는 전수판정 방법을 적용한다. 규정에 따른 품질등급판정 방법은 다음과 같다.

- 전수판정 방법 : 등급판정 신청된 닭 도체를 한 마리씩 개체별로 등급판정
- 표본판정 방법 : 등급판정 신청된 롯트의 크기에 따라 적정 수의 표본을 무작위로 추출하여 등급판정

닭 도체의 품질등급은 1^{+}등급, 1등급, 2등급으로 구분하고, 품질등급판정을 위한 항목별 품질기준은 [표 11-9]와 같으며, 품질등급 부여방법은 [표 11-10]과 같다. 닭 도체등급판정의 결과를 부분육화 할 경우 도체상태의 등급판정 결과를 그대로 적용할 수 있다.

[표 11-9] 닭 도체 품질기준

항 목	품 질 기 준		
	A급	B급	C급
외 관	날개, 등뼈, 가슴뼈 및 다리가 굽지 않고 좋은 외형과 피부병 등 질병의 흔적에 따른 도체외관의 손상이 없는 것	날개, 등뼈, 가슴뼈 및 다리가 외관을 손상시키지 않는 범위에서 약간 휘거나 피부병 등 질병의 흔적에 따른 도체외관의 손상이 약간 있는 것	날개, 등뼈, 가슴뼈 및 다리가 비정상적으로 휘거나 피부병 등 질병의 흔적에 따른 도체 외관의 손상이 많이 있는 것
비육상태	충분한 착육성을 지니며 특히 가슴과 다리에 고기의 부착이 잘 된 것	보통의 착육성을 지니며 특히 가슴과 다리에 고기의 부착이 보통 인 것	빈약한 착육성을 지니며 가슴과 다리에 고기의 부착이 적은 것
지방부착	피부의 지방층이 매우 잘 발달된 것	피부의 지방층이 충분히 발달된 것	피부의 지방층이 빈약한 것
잔털, 깃털	깃털은 아래의 허용기준치를 넘어서는 안 되며 약간의 잔털이 있다. -깃털 2개 이하	깃털은 아래의 허용기준치를 넘어서는 안 되며 잔털이 일부분만 퍼져있다. -깃털 4개 이하	깃털은 아래의 허용기준치를 넘어서는 안 되며 잔털이 넓게 고루 퍼져있다. -깃털 6개 이하

신 선 도	피부색이 좋고 광택이 있으며 육질의 탄력성이 있다.	피부색, 광택 및 육질의 탄력성이 보통이다	피부색이 불량하고 광택이 없으며 육질의 탄력성도 없다.
외 상	피부가 상처로 인해 노출된 살이 가슴과 다리부위에는 없어야 하고, 기타 부위는 노출된 살의 총면적의 지름이 2㎝를 초과해서는 안 된다.	피부가 상처로 인해 노출된 살이 가슴과 다리부위에는 없어야하고, 기타 부위는 노출된 살의 총면적의 지름이 4㎝를 초과해서는 안 된다.	피부가 상처로 인해 노출된 살이 총면적의 지름이 가슴과 다리부위는 2㎝, 기타부위는 6㎝를 초과해서는 안 된다.
변 색	가벼운 상처나 멍, 피부의 변색은 허용하나 색이 분명한 것은 총면적에 대해 장축의 지름이 아래의 허용치를 초과해서는 안 된다.	가벼운 상처나 멍, 피부의 변색은 허용하나 색이 분명한 것은 총면적에 대해 장축의 지름이 아래의 허용치를 초과해서는 안 된다.	가벼운 상처나 멍, 피부의 변색은 허용하나 색이 분명한 것은 총면적에 대해 장축의 지름이 아래의 허용치를 초과해서는 안 된다.
중량규격	가슴과 다리부위	기타 부위	가슴과 다리부위
13호미만	1.5㎝	3㎝	2.5㎝
13호이상	2.5㎝	4㎝	4㎝
	상처로 인한 응혈이 있어서는 안된다.		
뼈의 상태	골절 및 탈골된 것이 없어야 한다.	골절된 것이 없어야 하고, 1개의 탈골된 뼈는 허용한다.	1개 이하의 골절 및 2개 이하의 탈골은 허용한다.

(국가법령 정보센터, 2017)

[표 11-10] 닭 도체 품질등급 부여 방법

(1) 전수 등급판정

등 급	등급판정 결과
1⁺등급	닭 도체 품질기준의 모든 항목이 A급 이상이어야 함
1등급	닭 도체 품질기준의 모든 항목이 B급 이상이어야 함
2등급	닭 도체 품질기준의 모든 항목이 C급 이상이어야 함

(2) 표본 등급판정

표본 닭 도체의 등급판정 결과에 구성비율에 따라 신청물량 전체에 품질등급을 부여한다.

등 급	등급판정 결과
1⁺등급	A급의 것이 90% 이상이고 C급의 것이 5%이하이어야 함(나머지는 B급)
1등급	B급 이상의 것이 90% 이상인 경우(나머지는 C급)
2등급	B급 이상의 것이 90% 미만인 경우

(국가법령 정보센터, 2017)

닭 도체의 중량규격은 신청인이 제시한 닭 도체의 중량에 따른 호수를 기준으로 구분하며, 품질평가사는 신청인이 제시한 닭 도체의 중량규격을 확인하기 위하여 표본 추출된 닭 도체에 대하여 중량을 칭량(稱量)하여, 중량범위에서 2%이상 미달하는 닭 도체의 수가 5%를 초과하는 경우에는 해당 롯트에 대하여 중량규격의 재선별을 신청인에게 요구한다. 닭 도체의 등급표시는 품질등급과 중량규격을 속포장지와 겉포장지에 등급판정일자, 평가기관명 등과 함께 표시한다. 다만, 밀봉하지 않는 운반용기를 사용하여 속포장의 등급표시가 확인 가능한 경우 겉포장의 등급표시 사항을 생략할 수 있다.

1) 닭 부분육 등급판정

닭 부분육의 등급판정은 일정수의 표본을 추출하여 판정하는 표본판정방법을 적용한다. 롯트(lot)단위 판정은 등급판정 신청된 롯트의 크기에 따라 적정수의 표본을 무작위로 추출하여 등급판정하고, 생산공정별 판정은 원료육의 선별·정선·포장 등 일련의 작업과정에서 표본을 추출하여 등급판정 한다. 닭 부분육의 등급은 1등급, 2등급으로 구분한다. 등급판정을 원하는 닭도체는 다음의 최소 요소에 부합하여야한다. 냉동 또는 해동된 제품을 원료육(닭 도체)으로 사용하여서는 안 되며, 끈적거리는 점액질의 물질과 산패로 인한 이상취가 없어야 한다. 닭 부분육의 원료육은 도축완료 후 48시간 이내의 것이어야 한다. 골절 등으로 인한 출혈성 외상이나 각 부위의 1/3이상을 초과하는 멍(혈반)은 등급판정 이전에 제거되어야 한다. 위 내용물, 분변, 혈액 등에 오염되지 않아야 한다. 금속물질·플라스틱 등 이물질이 포함되지 않아야 한다.

(4) 계란의 등급판정요령

계란의 등급판정은 품질등급과 중량규격으로 구분한다. 계란의 품질등급은 롯트의 크기에 따라 무작위로 표본을 추출하는 표본판정 방법을 적용한다. 계란의 품질등급 판정을 위한 외관·투광 및 할란판정을 하며, 등급판정 신청된 롯트의 표본에 대한 등급판정 결과에 따라 신청 롯트 전체에 등급을 부여한다. 단, 살균액란 제조용 계란은 외관 및 할란판정만 실시한다. 계란의 중량규격은 계란의 무게에 따라 구분한다[표 11-11]. 품질평가사는 신청인이 제시한 롯트의 중량규격을 확인하기 위하여 외관·투광판정을 실시하는 계란에 대하여 중량을 칭량(稱量)하여, 중량범위에서 2g이상 미달하는 계란의 수가 표본수의 5%를 초과하는 경우에는 해당 롯트에 대하여 중량규격의 재선별을 신청인에게 요구한다.

계란의 등급표시는 품질등급과 중량규격을 포장용기에 등급판정일자, 평가기관명

확인 가능한 경우 겉포장의 등급표시 사항을 생략할 수 있다. 중량규격 및 등급판정 일자는 신청인이 속포장지와 겉포장지에 별도로 표시하는 경우에는 생략할 수 있다. 등급판정 받은 원료란으로 제조한 살균액란의 등급표시는 품질등급을 포장용기에 등급판정 일자, 원료란 확인표시를 하여야 한다. 등과 함께 표시한다. 다만, 밀봉하지 않는 운반용기를 사용하여 속포장의 등급표시가 확인 가능한 경우 겉포장의 등급표시 사항을 생략할 수 있다. 중량규격 및 등급판정일자는 신청인이 속포장지와 겉포장지에 별도로 표시하는 경우에는 생략할 수 있다. 등급판정 받은 원료란으로 제조한 살균액란의 등급표시는 품질등급을 포장용기에 등급판정 일자, 원료란 확인표시를 하여야 한다.

[표 11-11] 계란의 중량 규정과 분류

규 격	왕 란	특 란	대 란	중 란	소 란
중 량	68g 이상	68g 미만~ 60g 이상	60g 미만~ 52g 이상	52g 미만~ 44g 이상	44g 미만

(국가법령 정보센터, 2017)

(5) 오리 도체 등급판정

오리 도체의 등급판정은 품질등급과 중량규격으로 구분한다. 오리 도체의 품질등급 판정은 롯트의 크기에 따라 적정수의 표본을 무작위로 추출하는 표본판정 방법 적용을 원칙으로 하되, 품질평가사가 필요하다고 판단한 경우에는 전수판정 방법을 적용한다. 전수판정 방법은 등급판정 신청된 오리 도체를 한 마리씩 개체별로 등급판정하고, 표본판정 방법은 등급판정 신청된 롯트의 크기에 따라 적정수의 표본을 무작위로 추출하여 등급판정 한다. 오리도체의 품질등급은 1^{+}등급, 1등급, 2등급으로 구분하고, 품질등급판정을 위한 항목별 품질기준에 따라 판정하고 품질등급 부여 방법은 아래 [표 11-12]와 같다. 오리 도체 등급판정의 결과를 부분육 단위로 포장할 경우 도체상태의 등급판정 결과를 그대로 적용할 수 있다.

오리 도체의 중량규격은 신청인이 제시한 오리 도체의 중량에 따른 호수를 기준으로 품질평가사는 신청인이 제시한 오리도체의 중량규격을 확인하기 위하여 표본추출된 오리 도체의 중량을 칭량(稱量)하여, 중량범위에서 2%이상 미달하는 오리 도체의 수가 5%를 초과하는 경우에는 해당 롯트에 대하여 중량규격의 재선별을 신청인에게 요구하여야 한다. 오리 도체의 등급표시는 품질등급과 중량규격을 속포장지와 겉포장지에 등급판정일자, 평가기관명 등과 함께 표시하여야 한다. 다만, 밀봉하지 않는 운반용기를 사용하여 속포장의 등급표시가 확인 가능한 경우 겉포장의 등급표시 사항을 생략할 수 있다.

[표 11-12] 오리 도체의 등급판정 방법

(1) 전수 등급판정

등 급	등급판정 결과
1^+등급	오리 도체 품질기준의 모든 항목이 A급 이상이어야 함
1등급	오리 도체 품질기준의 모든 항목이 B급 이상이어야 함
2등급	오리 도체 품질기준의 모든 항목이 C급 이상이어야 함

(2) 표본 등급판정

표본 오리 도체의 등급판정 결과에 구성비율에 따라 신청물량 전체에 품질등급을 부여한다.

등 급	등급판정 결과
1^+등급	오리 도체 품질기준의 모든 항목에서 A급이 90% 이상 이고 C등급의 것이 5% 이하이어야 함(나머지는 B급)
1등급	오리 도체 품질기준의 모든 항목에서 B급 이상이 90% 이상 이어야 함(나머지는 C급)
2등급	오리 도체 품질기준의 모든 항목에서 C급 이상이 90% 이상 이어야 함

(국가법령 정보센터, 2017)

11.4. 도체의 분할

도축 후 냉각이 완료된 도체는 유통의 단계나 용도에 따라서 부위별로 분할하게 된다. 이분도체의 분할은 우선 도매분할육(wholesale cut meat)인 대분할(primal cut)을 한 후, 소매분할육(retail cut meat)인 소분할(retail cut)을 하는 순서로 진행된다.

(1) 부분육의 규격화

판매를 위한 상품으로써 식육은 생체조직으로부터 얻어지기 때문에 품질의 변이가 일반 공산품과 비교해서 매우 큰 편이다. 즉, 각 부위별 식육은 크고 작은 근육들이 결합조직에 의해서 뭉쳐 이루어진 상품으로서 근육의 구성, 결합조직의 성분의 함량,

지방조직의 침착 정도, 근육의 운동 정도 등에 따라서 육질의 차이가 나타난다. 또한 식육은 도축과정, 사후처리, 부분육의 분할, 정형 및 끝손질과 모양내기, 포장 등에 의해서도 상품적 가치가 크게 변화된다. 여기에 덧붙여 식육은 요리문화와 관련된 이용 목적에 따라서도 선택을 달리해야 하는 상품으로서 복잡한 특성을 갖고 있다.

부분육 규격화의 목적은 식육유통의 도·소매과정에서 판매자와 구매자 사이에 유통을 원활히 효과적으로 이루어질 수 있도록 하는 것이기 때문에, 규격화를 위한 부분육 명칭이나 분할방법, 정형요령 등은 통일될 필요가 있다. 즉, 한 국가 또는 동일 시장권 내에서 통일된 부분육의 규격화를 통해서만이 식육거래의 편리성과 신뢰성이 확보될 수 있다. 뿐만 아니라 소비자 입장에서는 동일한 가격을 지불하고 식육을 구매할 때, 항상 일정한 크기와 외관의 상품과 균일한 품질의 상품적 가치를 요구하는 것은 당연하며, 이와 같은 소비자들의 욕구 충족을 위해서도 식육의 규격화는 필수적이다.

(2) 부위별, 등급별 규격화

식육의 규격화 발전과정은 대체로 식육거래 방법의 발전과 관련되어 변화되는 특징을 갖고 있다. 식육유통의 가장 원시적인 방법은 식육동물이 생축으로 거래되어 도축된 후 도체를 식육소매상이 각자의 방법으로 부분육으로 분할하여 부위에 관계없이 동일한 가격으로 판매하는 것이다. 이런 경우 식육규격은 단일 규격으로 부분육은 육질의 차이가 의미를 갖지 못하며, 단지 식육의 가치는 식육동물간의 차이만 인정된다.

식육의 유통이 한 단계 발전하면, 같은 식육동물에서 생산된 식육이라도 육질이 유사한 부위별로 통일된 방법에 따라 분할하여 거래가격을 달리하는 부위별 규격화가 이루어진다. 이 단계에서 부위별 거래가격의 결정은 그 부분육이 갖는 이화학적, 관능적 육질 특성이 고려되지만, 가장 중요한 가치의 척도는 그 소매시장에 속해 있는 소비자들의 수요와 공급에 따라 달라질 수 있다. 즉, 수요가 많은 부위는 높은 가격에, 수요가 낮은 부위는 낮은 가격에 거래가격이 형성되며, 시장기능에 따라 거래가격이 결정되어져 부위별 수요와 공급의 조절이 이루어진다. 그런데 이러한 식육유통체계에서는 소비자의 수요가 높은 부위의 공급부족 현상이 발생하고, 따라서 여타부위가 그 부위로 둔갑하여 판매되는 현상이 반복적으로 발생하게 되며, 이에 따른 식육 소매시장에 대한 불신의 악순환이 반복된다. 그 결과 소비자들의 불신을 해소하기 위해 부분육의 규격화가 이루어지고 식육 소매시장의 부위별 수요와 공급에 따른 요구에 따라 식육도매단계에서 규격화된 부분육으로 공급하는 유통체계가 확립된다.

부분육 규격화에 의한 부분육 거래단계에서도 초기에는 식육의 육질 특성이나 이용도가 유사한 부분육을 묶어 4~5개의 규격으로 거래되지만 점차 세분화되어 대분할 부분육으로 규격화되어 거래가 이루어지고, 더욱 발전하게 되면 소분할 부분육으로 규격화되어 거래가 이루어지게 된다. 그리고 최종적으로는 부위별로 일정한 규격을 갖는 최종 소매용 상품규격으로까지 규격화가 이루어진다. 그런데 이렇게 부위별 규격화의 식육유통이 이루어져도 해결할 수 없는 점은 동일 부위라도 품질적인 차이가 나타난다는 것이다. 따라서 품질 차이에 대한 소비자들의 불만을 해소할 수 있는 방안으로 식육의 육질 등급제도가 실시되는데, 식육 규격화에 식육등급 개념의 도입은 식육유통에 있어 소비자들에게 품질에 따른 차별된 가격의 거래를 가능하게 한다. 즉, 식육을 부위별, 등급별로 규격화하여 소비자들에게 공급함으로써 최상의 소비자 만족도를 확보할 수 있다.

(3) 소 도체의 골격과 분할육 체계

소 도체는 10개의 대분할 부위와 39 소분할 부위로 나뉘어 유통된다[표 11-13, 그림 11-12].

[표 11-13] 소고기의 부분육 분할 체계

도 체	대분할육	소분할육
도체→반도체→4분도체	안심	안심살, 안심머리, 토시살
	등심	아랫등심(갈비심)살, 윗등심(어깨등심)살, 꽃등심(알등심)살, 등심덧살, 살치살
	채끝	채끝살, 치마살(채받이)
	목심	목심살, 멍에살, 제비추리살
	앞다리	꾸리살, 갈비덧살, 부채뼈덧살, 앞다리살
	우둔	우둔살, 홍두깨살
	설도	설깃살, 도가니살, 중치살, 삼각살, 보섭살
	양지	차돌양지살, 차돌배기, 업진살, 양지머리(양지면)살, 치마살(채받이)
	사태	사태살, 뭉치사태살, 아롱사태살
	갈비	갈비(불갈비), 상마구리, 하마구리, 고리마구리, 안창살, 토시살, 제비추리살

(국가법령 정보센터, 2017)

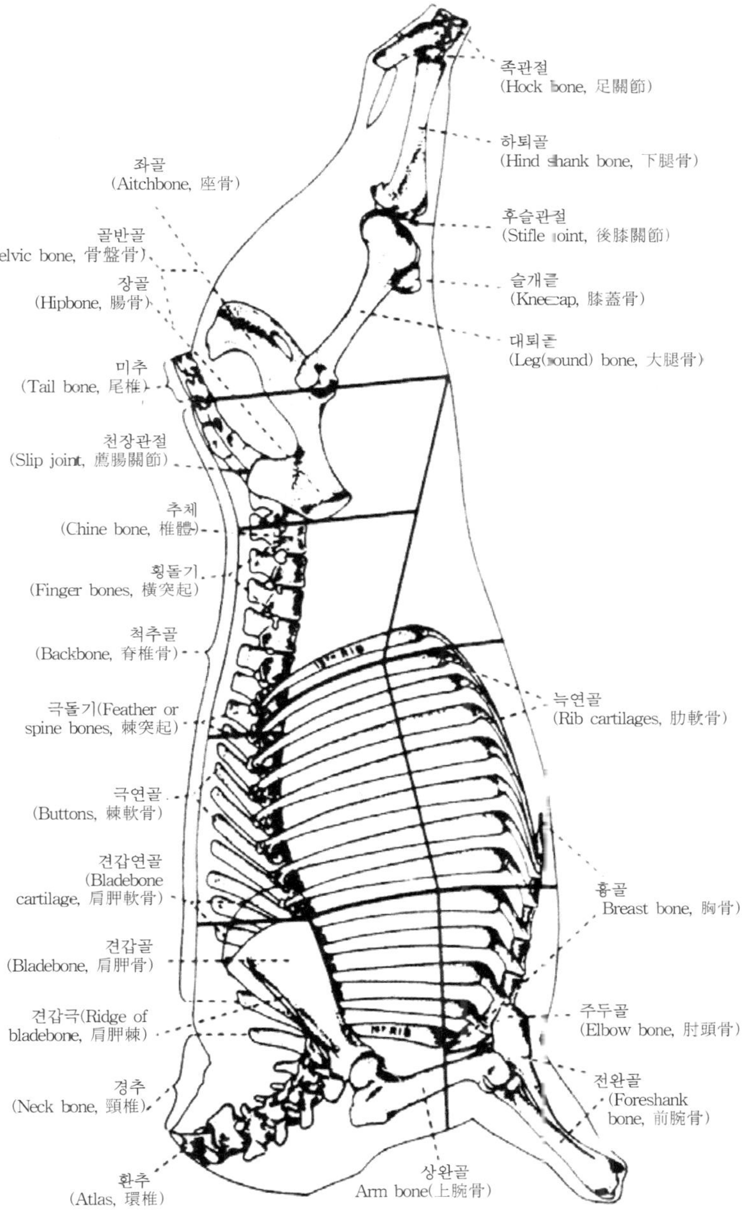

[그림 11-12] 소 도체의 골격 명칭

(4) 돼지 도체의 골격과 분할육 체계

돼지 도체는 7개의 대분할과 22개의 소분할로 나뉘어 유통된다[그림 11-13, 표 11-14].

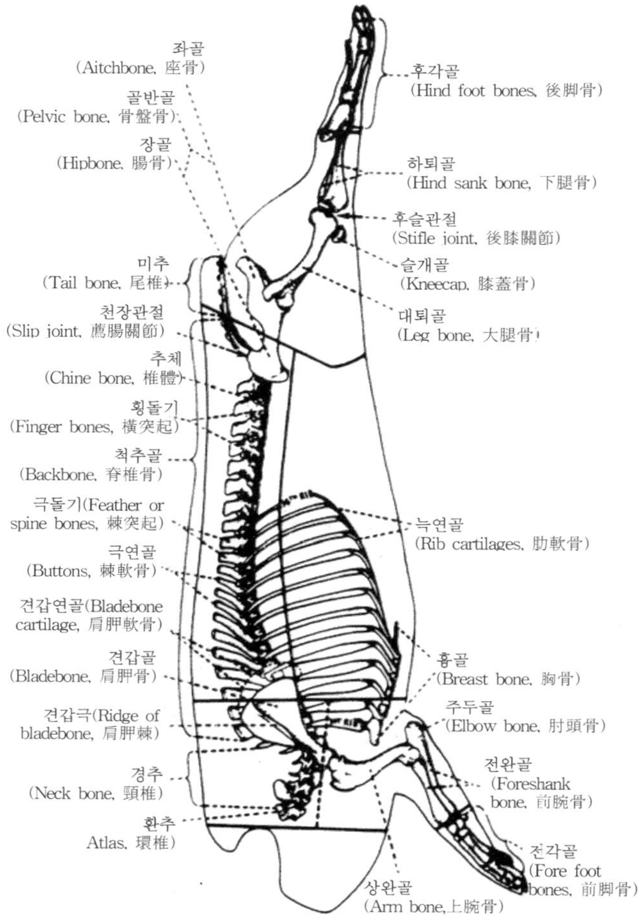

[그림 11-13] 돼지 도체의 골격 명칭

[표 11-14] 돼지고기 부분육 분할 체계

도 체	대분할육	소 분 할 육
탕박·박피→반도체	안 심	안심살
	등 심	등심살, 알등심살, 등심덧살
	목 심	목심살
	앞 다 리	앞다리살, 앞사태살, 항정살, 꾸리살, 부채살, 주걱살
	뒷 다 리	볼기살, 설깃살, 도가니살, 홍두깨살, 보섭살, 뒷사태살
	삼 겹 살	삼겹살, 갈매기살, 등갈비, 토시살, 오돌삼겹
	갈 비	갈비, 갈비살, 마구리

(국가법령 정보센터, 2017)

11.5. 가축 및 축산물 생산판매 이력제도

(1) 이력제도의 취지 및 용어

이력관리란 가축의 출생·수입 등 사육과 축산물의 생산·수입부터 판매에 이르기까지 각 단계별로 정보를 기록·관리함으로써 가축과 축산물의 이동경로를 관리하는 것을 말한다. 축산물 생산이력제도는 축산물의 안전성을 확보하여 소비자 이익의 보호 및 증진과 축산업 및 관련 산업의 건전한 발전에 이바지함을 목적으로 도입되었다. 이력관리란 가축의 출생·수입 등 사육과 축산물의 생산·수입부터 판매에 이르기까지 각 단계별로 정보를 기록·관리함으로써 가축과 축산물의 이동경로를 관리하여 소비단계에서 생산물의 생산 경로에 대한 정보를 제공하는데 있다[그림 11-14].

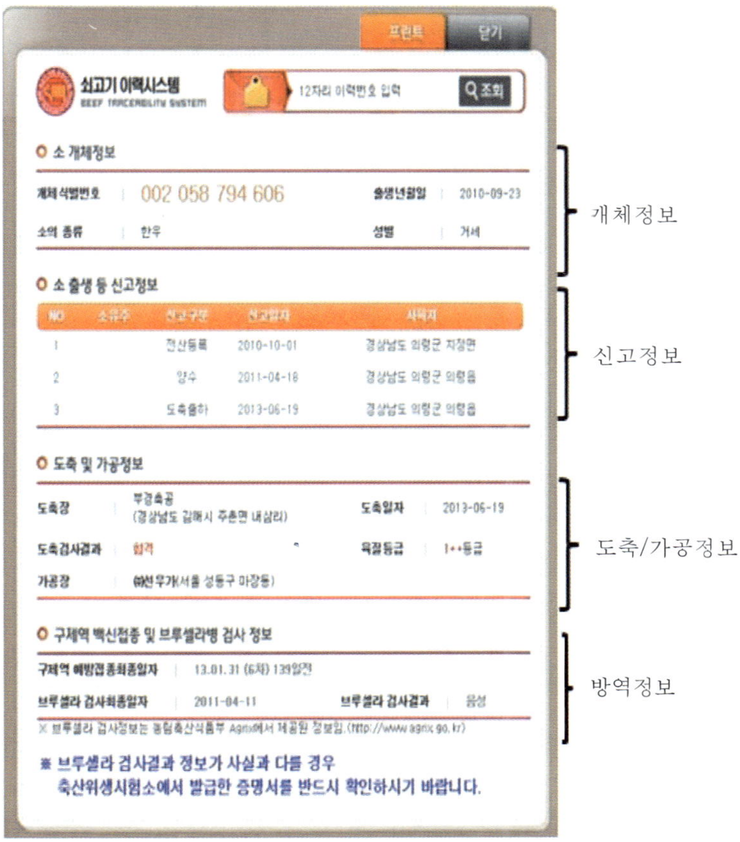

[그림 11-14] 돼지 도체의 골격명칭 소비단계에서 축산물 생산이력 정보
(축산물품질평가원, 2017)

농장식별번호란 이력관리대상가축을 기르는 사육시설을 식별하기 위하여 가축사육시설마다 부여하는 고유번호를 말하며, 체식별번호란 이력관리대상가축의 개체를 식별하기 위하여 가축 한 마리마다 부여하는 고유번호를 말한다. 이력관리 대상은 국내산이력축산물과 수입산이력축산물로 구분되는데, 국내산이력축산물은 개체식별번호가 부여된 이력관리대상가축이나 농장식별번호가 부여된 가축사육시설에서 사육한 돼지를 도축 처리하여 얻은 축산물(지육, 枝肉)이나 지육을 이용하여 생산한 정육 또는 포장육)을 말하고, 수입산이력축산물은 이력번호가 부여된 수입 소고기(지육이나 지육을 이용하여 생산한 정육 또는 포장육 및 부산물)을 말한다.

이력번호란 이력관리대상축산물의 이력을 관리하기 위하여 이력관리대상축산물에 부여하는 번호를 말한다. 귀표 등이란 이력관리대상가축의 이력관리를 위한 개체식별번호를 표시하기 위하여 문자와 숫자 및 바코드(RFID 포함) 등으로 기재하여 귀나 그 밖의 곳에 부착 또는 표시할 수 있도록 제작한 표 등을 말한다. 수입유통식별표란 수입산이력축산물의 유통이력 관리를 위한 이력번호 및 수입산이력축산물 관련 정보를 문자와 숫자 및 코드(전자태그, RFID tag)를 포함한다]로 기재하여 수입산이력축산물의 포장박스 등 포장에 부착할 수 있도록 제작한 표를 말한다.

(2) 사육단계의 이력관리

생산 및 유통 단계별 정보수집 및 제공 내용은 사육단계, 도축단계, 포장처리단계, 판매단계에 따라 정보입력 및 전달을 위한 처리 내용 업무가 나누어진다[표 11-15].

1) 사육단계

사육농가는 해당 관청에 농장식별번호의 발급을 신청하여야 하고, 해당되는 소 또는 종돈에 개체식별번호를 표시한 귀표 등을 부착하여야 한다. 소, 종돈이 출생(종돈의 경우에는 등록을 말한다)하는 경우, 소, 종돈이 폐사한 경우, 이력관리대상가축을 양도(도축을 위한 출하를 포함)·양수하는 경우, 가축사육시설에서 다른 가축 사육시설로 이동시킨 경우, 이력관리대상가축을 수입하는 경우, 이력관리대상가축을 수출하는 경우, 이력관리대상가축을 가축시장에서 거래하는 경우에는 해당 관청에 신고하여야 한다.

돼지의 경우 농장식별번호의 표시를 특별한 경우를 재외하고는 하여야 한다. 귀표 등이 없는 가축의 이동은 금지되어 있으며, 누구든지 소, 종돈에 부착된 귀표 등 또는 돼지의 농장식별번호 표시를 위조·변조하거나 떼어내거나 고의로 훼손하여 식별을 곤란하게 하는 행위를 하여서는 안 된다. 개체식별번호를 표시한 귀표 등이 부착되어 있지 않거나 훼손되어 개체식별이 곤란한 소나 종돈과 농장식별번호가 표시되어 있지 않은 돼지(종돈은 제외한다)는 다음의 경우는 천재지변을 제외하고는 가축을 이동해서는 안 되며, 도축단계의 이력관리(귀표 등이 없는 가축)가 없으면 도축이 금지된다.

[표 11-15] 산 및 유통 단계별 정보수집 및 제공 내용

단 계	수행업무	처 리 내 용
사육단계	출생(수입, 수출) 신고	- 송아지 출생시 위탁기관에 서면으로 신고(5일 이내)하고, 귀표 부착(30일, 육우는 7일 이내) - 귀표 부착 후 이력관리시스템에 정보입력
	양도, 양수, 폐사 신고	- 소의 양도·양수, 폐사시 위탁기관에 신고(5일 이내) - 도축을 위해 출하할 경우 도축장에 출하농가 인적사항 및 이력번호 등 정보를 도축검사 신청서에 기재통보
	변경신고	기 신고된 사항 중 개체식별대장의 내용을 변경, 누락오류의 수정을 하고자 하는 경우 신고
도축단계	도축신청접수	- 도축검사 신청서 접수
	개체식별번호확인	- 도축검사신청서와 귀표에 표시된 개체식별번호의 일치여부 확인 - 이력추적시스템 등록여부 확인
	위생검사 및 도축	- 출하된 소의 귀표와 신청서상의 이력번호 일치여부 확인 후 도축 - 검사관은 위생검사 결과 전산입력(합격/불합격)
	라벨출력 및 부착	- 소와 도체에 표시된 이력번호의 일치여부 확인 - 이력번호가 표시된 라벨을 출력하여 도체의 갈비내부 등에 부착
	DNA시료채취	- 축산물품질평가사는 도체에서 시료채취 후 이력번호를 기록하여 축산물품질평가원 본원에 우송
	등급판매	- 축산물품질평가사는 이력번호 확인 후 등급판정내역 입력 및 자료전송
포장처리단계	포장처리장 입고	- 입고된 도체와 거래명세서상의 이력번호 일치여부 확인
	발골 및 정형	- 포장처리장에 입고된 도체의 이력번호 확인 후 개체가 섞이지 않도록 부위별로 발골·정형
	부위별 포장	- 부위별로 포장된 부분육에 이력번호가 표시된 라벨을 포장지에 부착 - 포장처리실적 5일 이내 전산신고(도축장 면적, 년평균 종업원 수 5인 이상 업소 등)
	박스 포장	- 부위별로 포장된 부분육의 이력번호와 일치된 라벨을 겉포장지에 부착 - 소포장지마다 해당 이력번호 표시
	반출	- 거래명세서와 이력번호의 일치여부 확인 후 판매장으로 출고
판매단계	판매장입고	- 입고된 부분육과 거래명세서상의 이력번호 일치여부 확인 - 거래내역서에 이력번호 등 기록관리
	부분육의 소분할	- 이력번호 확인 후 단위별 소분할 작업 - 소분할 포장정육은 소고기의 이력번호와 동일한 번호를 포장지 등에 표지
	이력번호 게시후 판매	- 소고기 또는 진열대 식육표시판 등에 이력번호를 게시하여 판매 - 소포장단위 판매시 이력번호가 표시된 라벨을 포장지마다 부착 후 판매
	이력정보 공개	- 핸드폰, 스마트폰 어플, 인터넷 등을 통해 소고기 이력정보 공개

2) 도축단계

도축업자는 귀표 등이 부착되어 있지 아니한 소 또는 농장식별번호가 표시되어 있지 않은 돼지, 귀표 등 또는 농장식별번호 표시가 훼손되어 개체식별 또는 농장식별이 곤란한 이력관리대상가축, 가축 및 축산물식별대장에 등록되어 있지 않은 소, 종돈 또는 같은 대장에 등록되어 있지 않은 가축사육시설에서 출하한 돼지는 도축할 수 없다.

도축장에서 도축 처리하는 이력관리대상가축 및 그 국내산이력축산물에 대한 검사를 실시한 검사관은 이력번호를 기재한 도축검사증명서를 검사신청인에게 교부하여야 한다. 국내산이력축산물에 대한 등급판정을 한 축산물품질평가사는 이력번호를 기재한 축산물등급판정확인서를 해당 축산물의 등급판정 신청인에게 교부하여야 한다. 도축업자는 도축한 이력관리대상가축에게서 얻은 국내산이력축산물에 이력번호를 표시하여야 한다.

3) 포장처리 및 판매단계

축산물수입업자 및 식육포장처리업자는 축산물 위생관리법조에 따라 소고기의 수입신고를 하는 경우에 제13조에 따라 부여받은 이력번호를 표기하여 신고하여야 한다. 누구든지 수입산이력축산물에 부착된 수입유통식별표를 위조·변조하거나 떼어내거나 고의로 훼손하여 이력번호의 식별을 곤란하게 하는 행위를 하여서는 안 된다.

낱개로 포장하거나 판매할 경우에는 농림축산식품부령으로 정하는 바에 따라 묶음번호(다수의 이력번호이거나 이력 번호 외의 번호 또는 이를 새로운 기호로 대체한 것을 말한다)로 표시할 수 있다. 축산물수입업자, 식육포장처리업자 또는 육판매업자·식육부산물전문판매업자 및 축산물유통전문판매업자가 이력관리대상축산물을 농림축산식품부령으로 정하는 자에게 판매하는 경우에는 농림축산식품부령으로 정하는 영수증 또는 거래명세서에 이력번호를 기재하여 발급하여야 한다.

개체식별번호를 부여하였거나 농장식별번호를 부여한 가축사육시설에서 사육된 이력관리대상가축 및 국내산이력축산물에 대하여 가축 및 축산물식별대장에 기록할 사항은 다음과 같다. 농장식별번호, 개체식별번호, 이력번호, 출생 또는 수입 연월일, 암수 구분, 수입된 이력관리대상가축은 원산지(국가명), 수출국, 수출한 자의 성명(법인의 경우에는 명칭) 및 수입한 자의 성명·주민등록번호 및 주소(법인의 경우에는 명칭, 사업등록번호 및 대표자 주소·성명), 가축사육시설의 소재지, 농장경영자의 성명, 주민등록번호 및 주소(법인의 경우에는 명칭, 사업등록번호 및 대표자 주소·성명), 도축업자의 경매에 따른 거래내역의 신고 및 변경 내역, 포장처리 및 거래·판매 내역,

돼지 사육시설의 사육두수(암수 구분), 위해축산물 해당 여부 등.

수입산이력축산물에 대하여 수입유통식별대장을 작성하고 다음 각 호의 사항을 수입유통식별대장에 기록하여야 할 내용을 다음과 같다. 이력번호, 입년월일 및 유통기한(수입 이전 도축일 및 식육포장처리일과 유통기한의 만료일), 원산지(국가명), 수출국, 수출한 자의 성명(법인의 경우에는 명칭), 거래품명, 상대국 도축장명(가공장명), 축산물수입업자의 성명, 주민등록번호 및 주소(법인의 경우에는 명칭, 사업등록번호 및 대표자 주소·성명), 거래 및 변경 내역, 포장처리 및 거래·판매 내역, 위해축산물 해당 여부 등.

제 12 장 식육의 저장과 보존

식육은 다량의 수분과 여러 가지 영양성분을 함유하고 있기 때문에 쉽게 변패가 이루어진다. 식육을 장시간 동안 유통, 판매하기 위해서는 적절한 저장방법 및 보존방법이 강구되어야 한다. 여기서 식육의 적절한 저장과 보존방법이란 주어진 조건에서 식육의 미생물학적, 화학적 및 물리적 변패를 방지하거나 지연시킬 수 있는 방법들을 의미한다. 즉, 식육을 변패시키는 요인을 파악하고 이에 따른 방지법이 이용되어야 하는데, 이러한 방법에는 식육의 냉장, 냉동, 건조, 조사 및 포장 등이 있다.

12.1. 식육의 냉장

식육은 신선육(fresh meat)으로 직접 소비되거나 육가공품 원료육으로 이용될 때까지 변패를 막고 품질을 보존하기 위해 적절히 저장하는 것이 필요한데, 식육의 저장에 가장 널리 사용되는 방법은 냉장(refrigeration)이다. 통상적으로 낮은 온도는 미생물의 성장을 억제시킬 뿐만 아니라 변패나 부패를 유발하는 효소적 또는 화학적 반응들을 지연시킨다. 저온을 이용하여 신선육을 저장할 경우, 광범위한 의미에서 저온보존(low temperature storage)은 빙결점(freezing point)이상의 온도에서 저장하는 냉장저장과 빙결점 이하의 온도에서 저장하는 동결저장(freeze storage)으로 나누어진다. 따라서 냉장육이란 동결되지 않는 저온에서 저장된 식육을 의미하며 대체로 0~10℃에서 취급되는데, 특히 신선육의 빙점에 가까운 -1~1℃에서 저장된 식육을 초냉각육(super chilled meat)이라고 구분하기도 한다.

(1) 도체의 냉각

도축이 완료된 식육동물의 도체는 내부온도가 약 39℃ 내외이며, 도축직후 즉시 냉각시켜 약 6℃이하로 만드는 것이 육질 보존을 위해 바람직하다. 특히 림프결절(lymph node) 부위에서 발생하기 쉬운 골염(bone-taint)을 방지하기 위해서는 급속냉각이 권장된다. 그런데 높은 온도를 가진 도체를 냉장실에 곧바로 입고시키면 냉장실이 하중을 많이 받기 때문에, 효율적인 도체의 냉각을 위해서는 일단 도체를 -4~0℃의 예냉실(precooler)에서 예비냉각(豫備冷却)시킨 후 냉장실에 입고시키는 것이 바람직하다.

우리나라에서는 도체의 냉각이 일반적으로 이분체(halves) 형태로 행해진다. 냉각을 하여 급속히 도체의 온도를 0℃ 근처로 떨어뜨리고, 표면의 수분을 어느 정도 제거함으로써 수분함량이 낮은 피막이 형성된다. 냉각된 도체의 육색은 상품가치가 높은 선홍색이 되고, 지방이 흐물흐물하지 않고 단단히 경화되어 외견상 품질이 향상되어 보일 뿐만 아니라 절단작업이 용이해진다.

일반적으로 도체의 냉각은 냉각장치를 통해 예냉실 안으로 찬 공기를 블어넣는 이른바 송풍식 냉각방법에 의해 이루어진다. 도체의 냉각속도는 예냉실의 온도와 풍속뿐만 아니라 도체의 온도, 크기, 비열 및 피하지방의 두께 등에 의해 좌우된다. 같은 도체 내에서도 부위별에 따라 냉각속도가 달라지는데 도체의 표면보다는 내부에서 냉각이 천천히 일어나며, 부위가 작은 것보다 큰 것의 냉각이 당연히 느려진다. [그림 12-1]은 일반적으로 사용되는 송풍식 냉각방법에서 소와 돼지 도체의 냉각시간을 나타낸 것이고, [그림 12-2]는 소 도체의 부위별 냉각시간을 나타낸 것이다. 냉각에 소요되는 시간은 소는 약 48~72시간, 돼지는 약 24시간 이내에 도체의 심부온도가 5℃ 이하로 냉각되는 것을 표준으로 한다. 상업적으로는 돼지 도체는 10℃ 정도로 냉각되었을 때 분할, 발골 및 정형하는 것이 권장되며, 소 도체는 4~5℃로 예냉된 다음 0℃ 냉장실로 옮겨서 나머지 냉각작업이 완료되도록 한다.

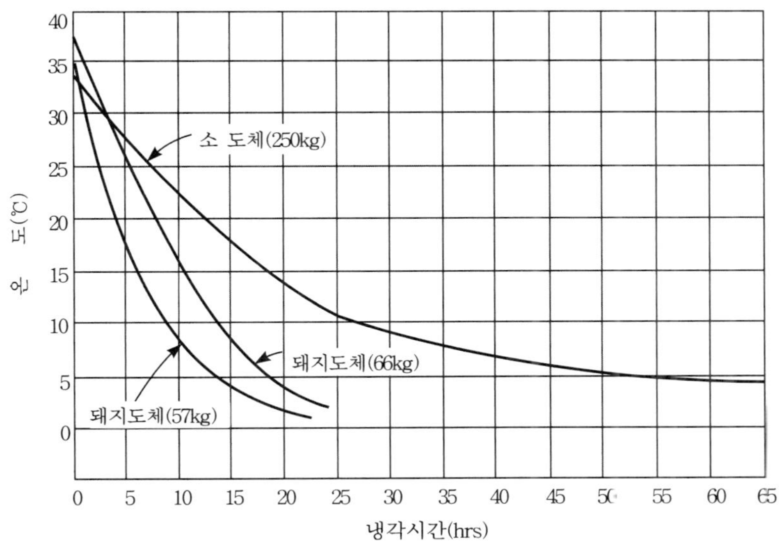

[그림 12-1] 소와 돼지 도체의 온도하강곡선

도축 후 도체의 근육이 강직되기 전, 즉 근육 내 에너지가 남아있는 상태에서 온도를 급속히 낮추면 근섬유가 급격히 수축을 일으키는 저온단축이 일어난다. 일반적으로 저온단축 현상은 소의 경우 도축 후 10시간 이내에 도체의 온도가 8℃ 이하로 내

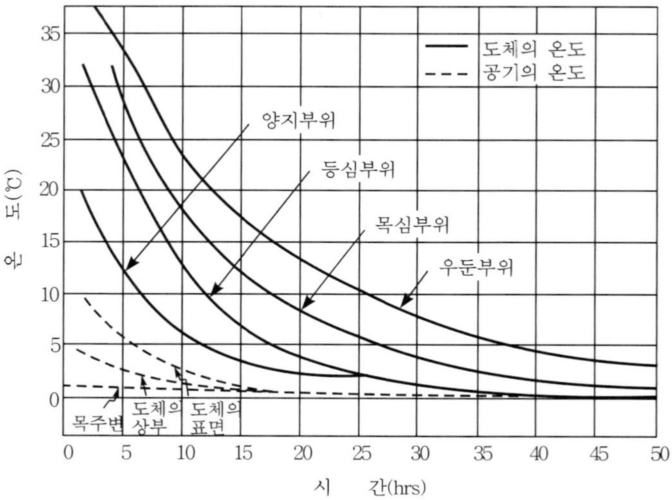

[그림 13-2] 소 도체의 부위별 온도하강곡선

려가면 발생한다고 알려져 있으나, 저온단축이 발생하는 시간과 온도는 품종이나 개체에 따른 변이가 큰 편이다. 그러나 앞의 12장에 설명된 바와 같이, 도체의 냉각 전 전기자극이나 온도조절(지체냉각)을 통해 사후강직을 촉진시킨 후 도체를 냉각시키면 저온단축에 의한 연도저하를 방지할 수 있다.

터널식 예냉실에서는 냉각기 출구의 온도를 처음에는 -3℃로 조절하고 후에 -1℃로 조절한다. 이때 상대습도는 90~95%, 유속은 초당 0.5~3m로 조절하며, 만약 풍속을 증가시키면 예냉시간을 약 25~35% 정도 단축할 수 있다. 일반적인 예냉실의 공기온도는 [표 12-1]과 같은데, 온도체를 입고한 직후 공기의 최고온도가 3.3℃를 넘지 않는 것이 바람직하며, 냉각 중의 평균 공기의 온도는 0℃ 내외를 유지하는 것이 바람직하다.

[표 12-1] 도체의 냉각 중 예냉실 공기의 온도

구 분	공 기 온 도(℃)		
	소	돼 지	양
도체 입고전	-0.5~0	-0.5~0	0.5~1.1
냉각 중의 평균온도	0	0	0.1~1.1
냉각 중의 최고온도	2.2~3.3	3.3	3.3

도체의 예냉시 수분 증발에 의한 지나친 감량(정상은 1.3~1.9%)을 방지하기 위해서는 상대습도를 88~92% 정도로 유지하는 것이 좋은데, 습도가 이 범위 이상이 되면 곰팡이나 점액이 생성이 증가한다. 입고된 도체들은 통풍이 잘 될 수 있도록 충분

한 간격을 두어야 하며, 냉장능력을 고려하여 과다한 하중은 피해야 한다. 만약 냉각실의 습도가 도체 입고 전에 90%정도라면, 입고 후 냉각이 시작되면서 습도는 약 95% 정도로 증가하는데, 물론 이것은 따뜻한 도체로부터 수분이 증발되기 때문이다. 냉각이 시작되는 초기에는 도체의 표면과 순환공기 사이의 온도차가 크기 때문에 공기의 습도는 냉각감량에 큰 영향을 미치지 않지만, 도체의 표면온도가 예냉실 공기의 온도에 근접하면 습도는 감량에 절대적인 영향을 미치며 습도가 낮을수록 도체의 표면건조가 촉진된다.

소 도체를 72시간 냉각시키는 경우, 도체표면의 온도가 예냉실 공기의 온도에 근접하는 시간은 약 10~12시간 정도 소요되며, 그 후 24시간까지는 공기의 유속은 0.75m/초, 습도는 85%로 유지하는 것이 바람직하다. 도체의 냉각은 도체의 심부온도가 소의 경우 약 48~72시간, 돼지는 약 24시간 이내에 5℃이하로 떨어지게 하는 것이 권장된다.

예냉실에서 냉각을 하는 도체의 형태는 우리나라의 경우 대개 2분체로 행하지만 외국에서는 소 도체의 경우 4분체로 하기도 한다. 예냉실의 수용밀도는 대동물과 소동물 사이에 차이가 나타나며, 단위 면적당 수용되는 전체중량은 오히려 소동물의 도체가 적은데, 이는 소동물일수록 도체의 표면적이 상대적으로 크기 때문이다. 일반적인 예냉실의 도체별 수용밀도는 [표 12-2]와 같다.

[표 12-2] 예냉실의 도체별 수용밀도

도체의 종류	1두당 도체중(kg)	수용밀도/$3.3m^2$	
		두 수	중량(kg)
소	260	5	1,300
돼지	60	10	600
양	50	10	500

(2) 도체와 식육의 냉장보관

예냉실에서 냉각이 끝난 도체는 곧 보존냉장실(holding cooler)로 옮겨 숙성, 분할, 발골, 정형 및 판매될 때까지 냉장보관하게 되는데, 냉장실은 온도 0~1℃, 습도 85~90%, 유속 0.1~0.2m/초로 유지하는 것이 일반적이다. 통상적으로 냉장실에 입고된 도체의 온도는 냉장실의 실온보다 높기 때문에 입고 후에도 도체의 냉각이 서서히 진행되며, 최종적으로 실온에 가깝게 된다. 도체는 예냉실에서 체온을 이미 제거한 상태이므로 수용밀도가 다소 높아도 되며, 냉각장치의 냉각능력 또한 예냉실에 비해 적은 편이다. 일반적으로 적용되는 보존냉장실의 수용량은 200kg/m^2정도이다 [표 12-3].

[표 12-3] 식육별 보존냉장실의 수용량

식육의 종류	소고기	돼지고기	양고기
수용량(kg/m^2)	200	200	150

도체의 냉장저장 중 습도는 도체의 품질, 냉장기간, 공기의 순환속도 등에 따라 다소 차이가 있으나, 습도가 낮으면 감량이 늘어나고, 습도가 높아지면 도체 표면에 곰팡이가 발생할 우려가 있다. 공기의 순환속도가 빠를수록 습도를 높이는 것이 권장되나, 공기의 순환이 지나치게 빨라지면 감량이 증가하며 변색의 우려가 있으므로 도체 표면에 수분의 응축이 일어나지 않을 정도로 조절하는 것이 바람직하다.

도체나 지육상태로 냉장실에서 저장할 수 있는 기간은 축종, 초기오염정도, 저장온도와 습도 및 포장상태 등에 따라 달라지는데, 일반적으로 소고기는 30~40일, 돼지고기는 20일 정도 냉장저장이 가능하다. 식육의 저장기간에 가장 큰 영향을 주는 것은 도체의 초기 오염도이지만, 도축 후 가공, 포장 및 저장중의 취급에서 일어나는 2차오염도 저장기간에 영향을 미친다. 따라서 냉장저장온도는 항상 4℃이하로 유지하도록 하고, 발골, 분할, 정형과 포장이 이루어지는 작업실은 10℃ 가까이 유지하는 것이 바람직하며, 작업이 끝나면 곧바로 4℃이하의 냉장실로 옮겨야 한다. 일반적으로 작업자의 편의를 위해 작업실의 온도를 10℃ 내외로 조절하기 때문에 식육이 작업실을 통과하는 시간은 가능한 최소화하는 것이 중요하다. 특히 적재, 수송, 하역작업을 할 때도 온도 상승을 최소화하도록 주의해야 하며, 운송차량의 냉장능력이 초과될 수 있는 고온다습한 여름철의 경우 특별한 주의가 요구된다.

(3) 식육의 냉장저장 중 변화

1) 미생물의 변화

장시간 효과적으로 식육을 보존하기 위해서는 도체의 초기 미생물 오염정도를 최소화시키는 것이 필수적이며, 이를 위해서는 도축공정에서 미생물의 오염원을 철저히 제거해야 한다. 또한 초기 취급공정 중에 세심한 주의와 함께 냉장저장 중 일정한 저온을 유지하는 것도 매우 중요하다. 호냉성균(psychrophiles)은 냉장저장 중 식육에 쉽게 발육하여 부패를 일으키는 주요 미생물인데, 특히 호기성균(aerobic bacteria), 곰팡이(mold)와 효모(yeast) 등은 식육표면에 증식하여 부패를 일으키는 원인 미생물이다.

대부분의 식육미생물은 20℃까지의 온도 범위에서는 생장이 활발한 편이나, 만약 -1℃로 온도를 낮추면 효모와 곰팡이를 제외한 대부분의 세균은 1%이하의 생존율을 나타낸다. -1℃에서 생존할 수 있는 세균은 주로 4종류르서 *Micrococcus*(7%), *Acinetobacter Moraxella*(90%), *Flavobacterium*(3%) 및 *Pseudomonas*(1% 이하) 등이며, 그 외 -1-4℃의 냉장저장 중 증식이 가능한 세균으로는 *Lactobacillus*, *Streptococcus*, *Leuconostoc*, *Pediococcus*와 *Proteus* 등이 포함된다.

상술한 미생물들의 증식이 일어나면 식육은 변패를 일으키게 되는데, 그 대표적인 문제점이 점성부패(sliming)이다. 점성부패는 식육 표면에 끈적끈적한 점액이 나타나는 부패를 말하는데, 때로는 작은 거품과 함께 불쾌취도 발생한다. 일반적으로 도체의 내면에 발생하며 돼지 도체에서 잘 발생하는데, 주로 해체과정이나 도체의 취급에 있어서 *Acinetobacter-Moraxella*나 *Pseudomonas* 등의 부패균에 오염되어 발생된다. 따라서 도체를 빠른 시간 내에 0℃내외로 냉각시키고, 냉장저장 중에는 온도의 변동을 막아 식육표면에 수분이 응집되는 것을 막는 것이 중요하다. 또한 미생물의 증식은 도체나 식육의 변색을 일으키는데, 그 이유는 미생물들이 식육 표면의 산소분압을 낮추거나 pH를 변화시켜 마이오글로빈의 산화를 촉진시키기 때문이다. 미생물들은 힘(heme)색소의 글로빈 부분을 분해함으로써 마이오글로빈의 갈색화를 촉진시키며, 자체적으로 색소를 생성하여 변색반점을 생성하기도 한다.

식육 표면에 반점 또는 넓은 면적에 곰팡이가 발육하면 식육은 회색 또는 흑색으로 변색되며, 솜털 같은 것이 생겨나고 자극성 있는 곰팡이 냄새를 풍기게 된다. 냉장육에서 발견되는 곰팡이류에는 *Cladosporium*, *Penicillium*, *Mucor*, *Alternaria*, *Sporotrichium*, *Thamnidium* 및 *Rhizopus* 등이 있다. 곰팡이류는 공기의 유통이 양호하고 습도가 높은 부위에서 번식이 왕성하게 일어나며, 곰팡이류의 아포도 외부로부터 오염되기 때문에 예냉실이나 냉장실에서 도체처리시와 식육의 취급시 위생에 만전을 기해야 한다. 곰팡이는 저온에 대한 저항성이 높아 -8~-9℃에서도 성장가능하며, 또한 85%이상의 습도에도 발육하기 때문에 습도는 85%이하로 식육의 표면이 습하지 않도록 하는 것이 중요하다. 한편, 효모의 저온내성은 효모의 종류, 성숙도와 배지의 종류 등에 따라 다른데, *Saccharomyces*속의 효모 중에는 -2℃에서 출아하거나 포자를 형성하는 것도 있고, 심지어 -9℃에서도 완만하게 발육하는 것도 있다.

도체의 냉장저장 중 미생물의 증식에 의해 발생하는 문제점 중 골염을 빼놓을 수 없다. 골염은 도체의 뼈 주위에서 혐기성균이 증식하여 불쾌한 부패취를 생성하는 현상을 말하는데, 가스가 발생하여 축적되면 스폰지 형태를 나타내기도 하며, 주로 뒷다리 뼈나 등뼈 등의 주위, 특히 관절부위에서 잘 발생한다. 골염의 발생원인은 도축시 또는 도축 후, 뼈 주위의 동맥을 통해 장 내 세균 또는 공기 중의 세균이 이행하여 증식하기 때문이다. 피로가 누적된 소를 도축하면 골염의 발생빈도가 높아지는데, 이는 혈액의 항균작용이 약화됨으로써 세균오염에 대한 저항성이 떨어졌기 때문이다. 골염의 발생을 예방하려면 도축 전 식육동물이 충분히 수분을 섭취하면서 휴식하여야 하며, 도축시 방혈을 촉진하고 도축 직후에는 신속하게 냉각하여야 한다.

2) 육색의 변화

좋지 않은 냉장조건에서 도체를 장기간 저장하면 도체 표면의 육색이 변화하는데, 이러한 변색의 정도는 냉장실의 온도, 공기유통속도, 상대습도 및 포장상태 등에 의해 좌우된다. 냉장온도는 변색에 가장 큰 영향을 주는데, 저장온도가 낮을수록 산화마이오글로빈(metmyoglobin)의 함량이 낮아지므로, 낮은 온도를 유지하면 변색을 방지할 수 있다[그림 12-3a]. 이것은 산소의 용해도가 온도가 낮을수록 높아지고, 산소를 소비하는 환원요소 및 미생물들의 활력이 떨어져 상대적으로 식육 내 산소화마이오글로빈(oxymyoglobin)의 함량이 증가하기 때문이다.

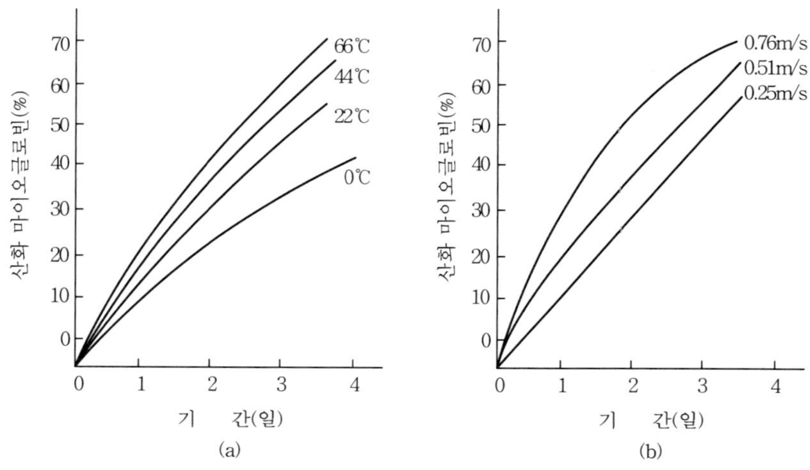

[그림 12-3] 저장온도
(a)와 공기유통속도
(b)가 소고기에서 산화 마이오글로빈의 형성에 미치는 영향

냉장실의 공기유통속도는 빠를수록, 상대습도는 낮을수록 도체나 육표면의 건조를 유발시켜 변색을 촉진하게 된다[그림 12-3b]. 이는 표면건조로 용질의 함량을 부분적으로 증가시켜 마이오글로빈의 산화가 촉진되어 갈색의 산화 마이오글로빈의 함량이 증가하기 때문이다.

식육의 저장 중 변색은 산소분압이 5mmHg 내외일 때 최대로 일어나기 때문에, 신선육을 산소투과성이면서 수분차단성인 염화비닐랩이나 폴리에틸렌계 필름을 이용하여 포장하면 미생물의 오염과 감량을 억제할 수 있을 뿐 아니라 산소화 마이오글로빈의 함량을 높여 선홍색을 유지할 수 있다. 또한 신선육을 진공포장하면 산화 마이오글로빈으로의 전환을 억제할 수 있는데, 진공포장육에서 다이오글로빈은 자적색의 환원상태를 유지하고 있다가 포장을 개봉하면 공기 중의 산소와 결합하여 산소화 마이오글로빈으로 전환되는 홍색화가 일어나 선홍색이 된다.

3) 지방의 변화

도체나 식육은 장기간 냉장저장시 지방의 변질에 의해서 불쾌취(off-flavor)를 생성하는데, 이 불쾌취는 지방의 가수분해나 자동산화에 의해서 생성된다. 가수분해에 의한 지방의 변패는 식육내 지방이 미생물들이 분비하는 지방분해효소(lipase)에 의해 분해되어 유리지방산을 생성함으로써 일어난다. 지방변패는 미생물의 오염 및 증식을 억제하면 방지할 수 있으므로, 가급적 저장온도를 낮추고 특히 저장 중의 온도변화를 최소화하여야 한다. 장기저장이 필요할 경우에는 급속냉동을 통해 억제할 수 있다.

한편, 지방의 변패는 지방산화에 의해서도 일어난다. 즉, 지방산화는 비효소적 반응으로 식육의 지방이 광선, 열, 금속이온 등 외부의 촉매작용에 의해 유리기(free radical)를 생성하고, 유리기는 잔존하는 산소와 결합하여 하이드로퍼록사이드(hydroperoxide)라는 물질을 만든다. 이 물질은 매우 불안정하여 알데하이드(aldehyde), 알콜(alcohol)과 케톤(ketone) 등과 같은 2차 부산물로 분해되어 불쾌취를 생성한다. 이 반응은 한번 시작되면 연쇄반응을 일으킴으로 자동산화(autoxidation)라고도 부르며, 매우 심한 산패취(rancid flavor, 酸敗臭)의 원인이 된다.

지방산화는 포화지방산이 많은 소고기보다는 불포화지방산이 많은 돼지고기에서 많이 발생하며, 부위별로도 일어나는 정도가 다르다. 이 반응은 촉매작용에 의해 시작되거나 촉진되므로 이들 원인을 제거하는 것이 중요하다. 식육을 냉암소에 저장하거나, 저장온도를 낮게 그리고 일정하게 유지하고, 또한 진공포장을 함으로써 산소와의 접촉을 막는 것 등이 효과적인 방지책이 될 수 있다.

4) 감 량

냉각과 냉장 중의 감량은 공기의 온도, 습도, 유속 등의 냉각조건과 도체나 식육의 크기, 지방부착 정도 등에 따라 달라진다. 평균 지방층을 가진 소, 돼지 및 양 도체를 온도 1℃, 상대습도 80~90%, 유속 0.2m/sec의 상태에서 냉장하였을 때, 도축 후 경과시간에 따른 감량은 [표 12-4]와 같다. 일반적으로 냉장 24시간까지의 감량이 증가하나, 냉장일수가 길어짐에 따라 증가율은 둔화된다.

[표 12-4] 도체의 냉장저장 중 중량감소

도축 후 경과시간	중량감소(%) (온도 1℃, 습도 80~90%, 유속 0.2m/초)		
	소	돼지	양
12시간	2.0	1.0	2.0
24시간	2.5	2.0	2.5
36시간	3.0	2.5	3.0
48시간	3.5	3.0	3.5
8일	4.0	4.0	4.5
14일	4.5	5.0	5.0

12.2. 식육의 냉동

식육을 냉동시킨 다음 약 -20℃이하의 저온에 냉동 저장하는 것은 식육을 장기적으로 저장하는 최선의 방법으로, 다른 어떤 방법보다 미생물의 증식을 억제하고, 육색, 풍미 및 관능적 품질이 적게 변화할 뿐 아니라 대부분의 영양가도 저장기간 동안에 잘 유지되는 편이다. 하지만 냉동된 식육을 해동할 때 육즙 방출에 따른 약간의 수용성 영양분이 손실되며, 이러한 손실은 냉동과 해동조건에 따라 많은 차이가 있다. 해동에 의해 방출되는 육즙에 존재하는 영양분들은 염, 단백질, 펩타이드, 아미노산 및 수용성 비타민 등이며, 일반적으로 식육 내에 존재하는 영양분은 냉동에 의해 파괴되거나 소화성이 낮아지지는 않는다.

냉동육의 품질은 일차적으로 냉동 전에 냉장저장 기간과 냉동방법에 의해 결정된다. 따라서 냉동육의 품질을 잘 유지하려면 냉동 전 냉장육의 품질을 잘 관리해야 하며, 냉동은 급속히 하는 것이 바람직하다. 일단 식육을 냉동저장하면 수분의 승화, 단백질의 변성, 조직적인 손상 등의 물리화학적인 변화는 미미하지만 지속적으로 일어나며 그 결과 품질이 저하되는데, 이러한 냉동육의 품질은 냉동속도, 냉동저장 기간, 온도, 습도 및 포장상태에 따라 영향을 받는다.

(1) 식육냉동의 원리

식육의 냉동이란 식육이 동결되기 시작하는 온도 이하로 낮추는 것을 의미한다. 순수한 물의 냉동과정은 [그림 12-4]에서 보는 바와 같이 예비단계(a), 과냉각단계(b),

냉동단계(c) 그리고 동결점 이하로의 냉동단계(d)의 4단계로 구성되어진다.

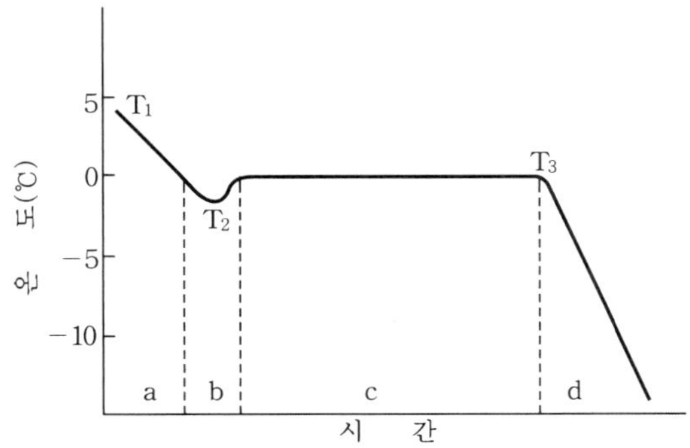

[그림 12-4] 순수한 물의 냉동 중 온도변화

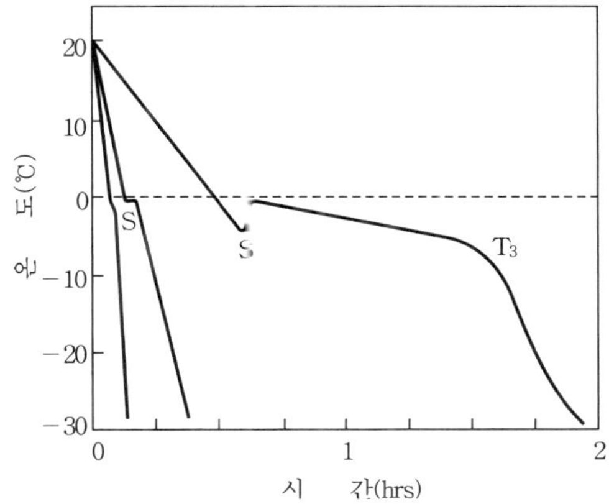

[그림 12-5] 다양한 속도로 냉동시킨 식육의 전형적인 냉동곡선 (S : 과냉각)

예비단계는 식육의 온도를 빙점까지 낮추는 과정으로 T_1에서 T_2까지는 1℃ 냉각시키는데 1cal/g의 열을 제거하여야 한다. 과냉각단계는 식육의 온도가 얼음이 형성됨이 없이 빙점이하로 떨어지는 단계를 말한다[그림 12-5의 S]. 과냉각은 식육 내 수분이 액체상태에서 고체인 얼음으로 변화되지 않은 상태로 온도가 빙점 이하로 내려가는 것인 반면, 냉동단계는 액체가 고체로 상태 변화를 일으키는, 즉 수분의 결정화가 일어나는 단계이다. 그러나 이러한 과냉각은 순수한 물 상태에서는 잘 일어나지만 용질이 혼합되어 있는 식육에서는 잘 나타나지 않는다.

냉동단계에서 일어나는 결정화란 액체로부터 조직적으로 구성된 고체상이 형성되는 것을 말한다. 일단 결정화가 시작되면 결정잠열(79.7cal/g)이 방출되므로 과냉각되어 낮아졌던 온도는 빙점까지 상승된 후 모든 물이 얼음으로 될 때까지 빙점을 유지한다. 식육의 빙점은 약 1.7~ -2.2℃의 범위이며, 한 번 형성이 시작된 빙결정은 지속적으로 크기가 성장하는 결정성장(crystal growth)의 과정을 거친다. 물에서 얼음으로 바뀌는 데는 오랜 시간이 소요되며 -30℃로 떨어져도 식육 내 전체 수분의 약 87%만이 얼음으로 변한다.

급속히 냉동시킨 식육에는 수많은 작은 빙결정이 존재하고, 반대로 완만하게 냉동시킨 식육에 크고 숫자가 적은 빙결정이 존재하게 된다. 그 이유는 완만냉동에서는 형성되는 빙결정의 숫자가 적고 성장은 심하게 일어나지만, 급속냉동에서는 많은 빙결정이 형성되고 한정된 크기까지만 성장하기 때문이다[그림 12-6].

식육조직 내의 얼음 형성은 냉동속도, 식육의 온도와 세포의 성질에 의해 영향을 받는다. 즉, 완만냉동(분당 1℃ 이하의 감소속도)은 세포 외에 큰 얼음결정이 형성되어 세포 내의 물이 세포 밖으로 이동되므로 동결된 상태에서 세포는 수축된다. 이것은 세포막을 기준으로 세포 내액에 용질의 양이 많아 세포 외액보다 빙결점이 낮아져서 냉동온도가 서서히 내려감에 따라 세포 외액에서 결정화가 먼저 시작되어 큰 얼음결정이 생기기 때문이다. 그 결과 세포 내액은 과냉각되고 증기압은 세포 외액보다 높아지기 때문에 세포 내액의 수분은 세포 밖으로 확산되어 세포 외액의 얼음결정에 결합하게 된다. 하지만 급속냉동에서는 작고 균일한 얼음결정이 세포 안팎에 골고루 형성되어 세포 내 수분의 이동이 최소화되고 외관도 동결되지 않은 상태와 거의 비슷하게 유지된다.

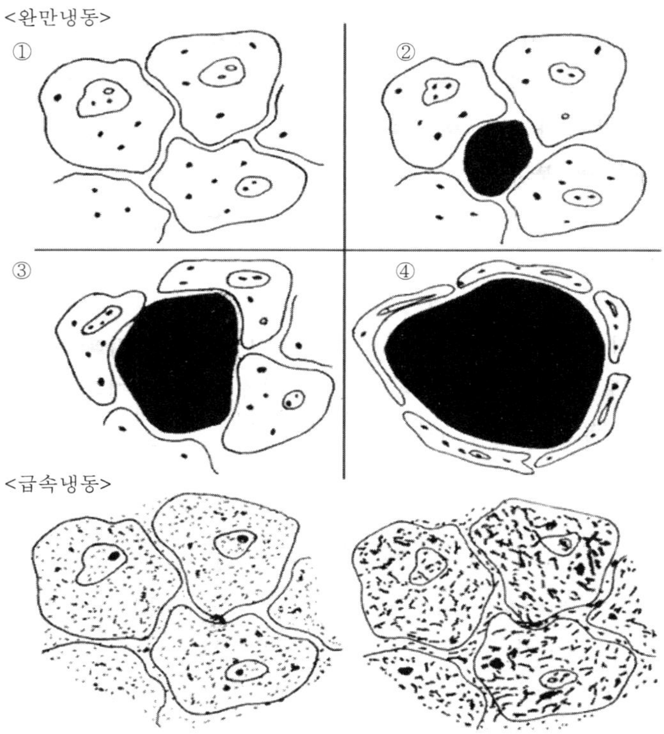

[그림 12-6] 냉동시 식육조직 내의 빙결정 모식도

마지막으로, 동결점 이하로의 냉동단계는 동결이 완료된 식육의 온도를 저장하려는 온도까지 낮추는 단계이다. 이 단계에서는 얼음이 물보다 비열이 약 절반정도로 낮기 때문에 비교적 신속히 진행되어진다. 얼음은 온도가 내려갈수록 비열이 감소하지만 평균적으로 온도가 약 1℃ 낮아지는데 0.5cal/g의 열이 제거되어야 한다.

(2) 식육의 냉동방법

식육을 냉동시킬 때의 냉동곡선은 식육의 표면과 중심부에서 매우 다르게 나타나며, 특히 식육덩어리가 클 경우 그 차이는 더욱 심하여진다. 식육을 강제송풍으로 냉동시킬 때, 식육의 평균온도가 냉동저장 온도에 도달하면 냉동이 완료된 것으로 본다.

냉동시간은 식육온도를 초기온도에서 목표하는 중심부 온도까지 낮추는데 필요한 시간을 말하는데, 일반적으로 중심부 온도를 -10℃로 정한다. 그런데 크기가 다른 식육들에서는 냉동시간의 비교는 큰 의미가 없기 때문에 냉동방법을 비교할 때는 주로 냉동속도를 비교기준으로 사용한다. 일반적으로 냉동속도는 단위시간당 온도변화량으로 표시되지만, [그림 12-7]에 나타낸 바와 같이, 표면과 중심부 온도변화는 차이가 너무 큰 경우에는 소용이 없기 때문에 표면과 중심부의 최소거리와 냉동시간의 비율로 정의하여 cm/시간으로 표시한다. [표 12-5]에 냉동속도에 따른 냉동방법의 분류를 나타내었다. 동결속도란 식품조직 내의 체액 수분이 상(phase)의 변화를 보일 때 식품 품질에 중요한 영향을 주는 온도대(temperature zone)를 통과하는데 걸리는 시간을 말한다. 이 온도의 폭을 한계 온도대(critical temperature zone)라 하며 그 온도 구간은 -1~-5℃이며 이때 최대빙결정이 생성된다. 때문에 동결시 식품의 품질을 좋게 유지하기 위해서는 이 구간을 빠른 속도로 통과하는 것이 바람직하다.

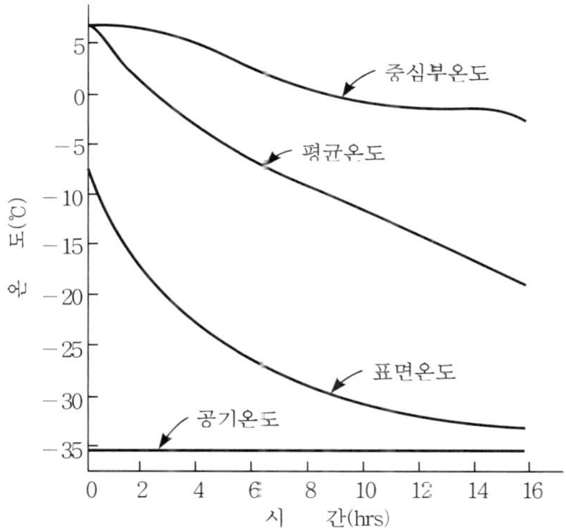

[그림 12-7] 큰 식육 덩어리의 냉동시 온도변화

[표 12-5] 냉동속도에 따른 식육의 냉동방법

냉동방법	속도(cm/시간)	특 성
초급속냉동	>10	액체질소, 프레온 또는 탄산가스를 이용한 작은 크기의 식육이나 육제품의 냉동
급속냉동	1~10	부유베드 또는 평판냉동기
정상냉동	0.3~1	강제송풍 냉동
완만냉동	0.1~0.3	상자육의 강제송풍 냉동
초완만냉동	>0.1	강제송풍 속도가 낮거나 공기온도가 높은 냉동, 또는 식육의 덩어리가 큰 경우

식육을 냉동할 때에는 제품에 따라 육질을 가장 잘 유지할 수 있으면서도 경제성이 있는 방법을 선택하여야 한다. 냉동육의 품질은 냉동속도에 따라 가장 큰 영향을 받기 때문에 급속냉동이 권장되는데, 그 이유는 앞에서 자세히 설명한 바와 같이 동결속도가 빠를수록 얼음의 결정이 작고 고루 분포되어 조직의 손상이 적고, 결과적으로 해동시 분리되는 유리육즙량도 적고 복원력도 우수하게 되기 때문이다. 식육의 냉동방법에는 정지공기 냉동(still air freezing), 평판접촉 냉동(contact plate freezing), 송풍 냉동(air blast freezing), 액체냉매 냉동(liquid refrigerant freezing) 및 크라이오제닉 냉동(cryogenic freezing) 등이 있으며 각각의 특성은 다음과 같다.

1) 정지공기 냉동

공기가 열전달 매체이므로 오로지 대류에 의해서만 냉동이 진행되기 때문에 냉동이 매우 완만하게 진행된다. 가정용 냉장고의 냉동실이 여기에 속하며, 일반적인 공기온도는 -10~-30℃이며, 저장능력에 비해 많은 양을 넣으면 냉동속도는 당연히 더욱 느려진다. 따라서 상업적으로 이용되기에는 매우 비효율적이다.

2) 평판접촉 냉동

열전달 매체가 금속판으로 두께가 5~6cm 이하의 편평한 식육을 동결하는데 적당하다. 금속판의 온도는 -10~-30℃ 정도이며, 식육의 표면이나 식육을 담은 용기가 직접 냉동기 금속판과 접촉되어 냉동이 진행된다. 열전도에 의한 냉동이므로 공기냉동보다 약간 빠른 냉동이 이루어지며, 냉동을 신속히 하기 위해서는 찬 공기를 순환시키는 것이 좋다. 스테이크, 찹(chop) 또는 햄버거 패티 같이 두께가 한정되어 있는 식육의 냉동에 주로 이용되는데, 최근에는 발골한 상자육의 냉동에 사용되기도 한다.

3) 송풍 냉동

가장 흔히 사용되는 방법으로 급속한 공기의 순환을 위한 송풍기가 설치된 방이나 터널에서 찬 공기의 송풍으로 냉동이 이루어진다. 공기가 열전달 매체이지만 신속한 순환으로 인해 열전달율은 급속히 높아져 냉동속도 또한 빠르다. 하지만 비포장육의 경우 공기의 순환속도가 빠르면 냉동비용의 증가와 식육표면의 탈수에 의한 동결소(freezer burn) 현상이 심각히 일어난다. 송풍은 온도 -30~-35℃, 유속 3~4/초 정도가 가장 일반적으로 사용되며, 이 경우 소 이분도체의 중심온도가 약 -20℃로 되는데 약 48시간 정도 소요된다. 한편, 반송풍 냉동법은 정지공기 냉동실에 송풍기를 장치하여 공기를 유동시킴으로써 냉동속도를 빠르게 하는 방법으로, 냉동속도는 평판접촉 냉동과 정지공기 냉동의 중간정도이다. [그림 12-8] (A)와 (B)는 식육을 각각

-62℃와 -17℃에서 정지공기, 평판접촉 및 송풍 냉동시켰을 때 나타나는 중심온도의 변화 모습이다.

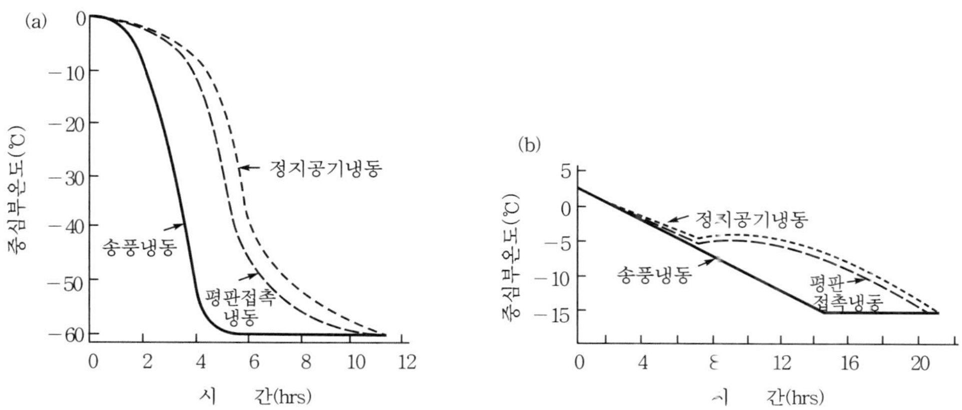

[그림 12-8] 15m^{3}인 육면체 식육덩어리를 -62℃(a)와 -17℃(b)에서 냉동시킬 경우의 냉동곡선

4) 액체냉매 냉동

고기를 적당한 포장재로 싼 다음 -16℃ 정도의 저온의 소금물, $CaCl_2$, $MgCl_2$, methylalcohol, 프로필렌글리콜(propylene glycol) 등의 액체냉매에 담그거나, 액체냉매를 분무하여 냉동하는 방법으로, 닭고기와 같은 가금류 및 소포장 가공제품의 냉동에 주로 사용한다. 이 방법은 냉동속도가 매우 빨라 품질은 최상의 조건으로 유지시킬 수 있다. 특히, 방수성 내한성이 있는 plastic film이 개발된 이후 밀착포장(skin packaging)을 하여 냉동액에 침지하여 사용되고 있다.

[표 12-6] 액체냉매 동결법에 이용되는 주요 brine류

종 류	용매의 농도(%)	동결점(℃)
NaCl	21.2	-19.4
$CaCl_2$	30.3	-50.6
Propylene glycol	45.0	-25.0

5) 크라이오제닉 냉동

식육을 -60℃이하의 액체질소, 드라이아이스나 아산화질소 등에 접촉시켜 초급속 동결시키는 것으로, 직접침지, 액체분무 또는 냉매증기 순환의 3가지 방법이 있다. 얼음결정이 매우 미세하게 형성되어 가장 이상적인 냉동방법이지만 경제적인 이유로 실용화되지 않고 있다. 주로 크기가 작은 조리육이나 세절육의 냉동에 이용된다.

(3) 식육의 냉동저장 중 변화

식육을 냉동하면 물이 얼음으로 전환되기 때문에 식육 내의 다른 물질들은 농축이 일어나며, 그 농축정도는 식육종류, 최종온도 및 냉동속도 등에 의해 영향을 받는다. 이러한 농축현상은 식육의 pH 저하, 보수력 감소, 단백질 용해도 감소 등 물리화학적 변화를 유발시킨다. 식육의 냉동에 따른 물리화학적인 변화는 액체상태에서 용질 농도가 증가할수록 커지기 때문에 온도가 매우 낮아져 물의 양이 적어지면 감소하게 된다. 그러나 많은 물이 동결될수록 해동시 원래의 위치로 돌아가야 할 물의 양의 더 많아지므로 식육 조직에 더 많은 손상을 야기한다. 냉동과정 중 얼음결정이 가장 많이 생기는 소위 '최대빙결정형성대'는 -1℃에서 -5℃사이로 이때 육질의 변화가 가장 크게 일어나므로 냉동과 해동 중 가능한 빠른 시간 내에 이 온도범위를 통과하는 것이 권장된다. 그리고 냉동저장 중에는 육질의 변화를 최소화하기 위해서 -20℃를 유지하고 냉동저장 중에는 온도 변화를 최소한으로 유지하는 것이 바람직하다.

1) 물리적 변화

① 부피의 증가

순수한 물이 얼음이 되면 약 9% 정도의 부피가 증가하지만, 실제로 식육에서는 순수한 물에서 보다 부피증가가 적어 일반적으로 약 6% 미만의 증가가 일어난다. 부피증가는 조직에 물리적 압력을 주어 조직이 파괴된다. 부피팽창에 의한 조직손상은 동결속도에 따라 영향을 받으며, 완만냉동시 더욱 심하게 나타난다.

② 식육성분의 재구성

식육은 수분 이외에 단백질, 당질, 각종 염류 등의 성분들이 수분 중에 분산하여 콜로이드 상태로 되어있다. 순수한 물은 0℃에서 동결이 끝나지만 용액의 동결점은 0℃보다 내려가고 그 정도는 용질의 농도 수준에 따라 달라진다. 식육의 온도가 동결점에 도달하여 내부의 수분이 빙결정으로 석출하게 되면 잔존용액의 농도는 점점 농후해져 동결점은 더욱 하강하게 된다. 이렇게 식육 중의 모든 수분이 동결을 완료하는 것은 상당한 저온이 되어야 하며, 이와 같이 동결이 완료되는 온도를 공정점(eutectic point)이라 한다. 식품의 동결률이 100%, 즉 완전동결상태라 하는 것은 공정점의 온도로 되었을 때를 의미하는 것이다.

식육의 공정점은 그 중에 녹아 있는 염류의 공정점에 의해서 좌우되는데, 이를테면 근육 중에 Na, Ca, Mg, Fe 등의 염류가 녹아 있는 용액이 있는데 이를 염류 중에서 가장 낮은 공정점은 -55℃이므로 근육의 공정점은 적어도 -55℃ 이하라 볼 수 있다. 농축의 정도는 최종온도에 따라 좌우되며, 어느 정도는 존재하는 용질의 공정점, 물리적 교반 및 동결속도에 의해 영향을 받는다. 발생되는 용질의 농축현상으로 인하여 동결 중 얼지 않은 부분에서는 pH, 적정산도, 이온강도, 점도, 동결점, 표면장력 및 산화-환원 전위 등 여러 가지 성질에서 큰 변화가 발생한다.

③ 중량감소

냉동과정 중 냉동방법에 따라 1~2%의 중량감소가 유발된다. 중량감소는 식육의 종류나 냉동방법에 따라 다양하며 저장 중에도 지속되는데, 급속 냉동일수록 중량감소는 적어진다. 수증기 차단성 포장재로 포장된 식육에서 발생되는 중량감소는 포장이 밀착되지 않았을 경우 수분이 증발하여 포장내부에 얼음으로 축적됨으로써 야기되며 비포장 식육에서는 저장 중 수분이 곧 바로 증발된다. 공기는 온도가 낮을수록 수분을 적게 함유하기 때문에 저장온도가 낮을수록 중량감소는 줄어든다. 저장고 내의 공기순환속도는 가능한 한 낮아야 한다.

수증기 투과성이 높은 포장재로 포장된 식육에서 발생되는 중량손실량은 저장온도와 저장 중 온도변화에 따라 차이가 난다. 지속적인 수분증발은 표면이 백색으로 변색되는 동결소 현상을 가져온다. 이것은 표면의 얼음이 승화(sublimation)되어 산소가 쉽게 표면에 접근할 수 있게 되므로 산화작용이 진전되어 변색을 가져오기 때문이다. 이러한 현상은 비포장 식육에서 특히 심하며 돌이킬 수 없는 풍미, 조직감 및 외관의 손상을 가져온다. 감량을 적게 하는 조건은 높은 온도, 낮은 습도, 느린 유속, 긴 저장기간, 미포장상태, 얇은 지방층 및 작은 크기의 식육 등이다.

④ 얼음의 재결정화

냉동저장 중의 물리적 변화로는 얼음 결정의 재결정화(recrystallization)를 들 수 있다. 동결된 식육 내의 얼음결정은 매우 불안정하여 일단 형성된 다음에도 저장동안에 형태가 계속 변화되는데, 이것을 재결정화라 한다. 일정한 온도와 증기압 하에서는 얼음결정이 안정한 구조를 유지하려는 경향을 보이며, 개개의 얼음결정의 형태가 불규칙하기 때문에 더욱 치밀한 구조를 갖기 위해 재결정화가 일어난다.

만약 식육의 냉동저장이 불규칙한 온도와 증기압 조건 하에서 이루어지면, 높은 온도와 높은 증기압 하에 존재하는 얼음결정은 낮은 온도와 낮은 증기압 하에 있는 얼음결정으로 확산되어 흡수된다. 따라서 높은 온도와 증기압 하에 있던 큰 얼음결정은 크기가 줄어들고, 작은 결정은 완전히 없어지게 된다. 식육에서 일어나는 이러한 재결정화는 불규칙한 저장온도에 의해 주로 야기되며, 작은 얼음결정은 큰 얼음결정으로의 이동, 확산과 흡수에 의한 재결정화가 일어난다.

재결정화는 -20℃ 이상의 온도에서 특히 심하며, 저장온도의 변화가 심하면 작은 빙결정이 없어지고 큰 얼음결정이 생성된다. 따라서 급속냉동으로 작고 많은 얼음결정이 형성된 식육도 오랫동안 저장하면 얼음결정이 커지고 숫자도 작아진다.

2) 화학적 변화

냉동저장 중 식육의 화학적 변화는 지방산화에 따른 풍미의 변화, 단백질의 변성에 의한 보수력과 유화 특성의 변화, 효소적 갈변현상, 해동시 육즙감량에 따른 영양가 손실 및 pH 변화 등을 들 수 있다. 이론적으로 냉동저장 온도를 -80℃ 이하로 매우 낮게 유지한다면 화학적 변화를 최소화시킬 수 있지만, 일반적으로 냉동저장은 -20℃ 부근에서 이루어지므로 저장 중 발생하는 화학적 변화는 피할 수 없다. 화학적 변화는 크게 효소적 변화와 비효소적 변화로 구분될 수 있는데, 일반적으로 냉동에 의한 용질의 농축으로 비효소적 변화는 저장 중 촉진된다.

① 육색의 변화

급속냉동 된 육은 빙결정이 작게 형성되어 빛의 반사율이 높아짐에 따라 표면 육색이 밝게 나타나지만, 해동 후에는 완만냉동 된 육과 차이가 없어진다. 냉동저장 중에는 고기의 마이오글로빈이 산화되어 변색이 유발되는데, 산소차단성 포장재를 이용하여 탈기포장된 육은 냉동저장 중 및 해동후에도 변색이 방지된다.

② 지방의 산화

냉동육에서의 풍미변화는 주로 지방산화에 의해 야기되는데, 지방산화에는 자동산화와 가수분해산화로 구분된다. 자동산화는 구성지방산의 불포화 정도, 냉동 전 지체시간, 냉동저장온도와 시간, 산소함량 그리고 산화촉진제의 존재 등에 의해 영향을 받는다. 일단 냉동된 후 저장온도가 -15℃보다 높으면 자동지방산화는 급속히 진행된다. 그러나 지방 산화는 포장 내 산소함량을 낮게 유지하는 포장방법을 통하여 효과적으로 억제될 수 있다.

가수분해에 의한 지방산화는 인지질이나 지방이 효소에 의해 가수분해 되어 유리지방산 함량이 증가함으로써 야기되며 저장온도가 높을수록 촉진된다. 저장 중 지방의 산화는 변패취를 형성하며 특히 동결소에 의해 촉진된다. 이것은 얼음이 지방의 보호막으로 작용하다가 승화되어 없어지게 되고, 아울러 미량 금속 이온들, 예를 들면 육색소와 염과 같은 산화촉진제들의 농축으로 지방산화가 가속화되기 때문이다. 이는 진공포장이나 항산화제 처리로 지방산화를 지연시킬 수 있고, 저장온도를 낮춤으로써 산패를 억제할 수 있다.

③ pH의 변화

냉동저장 중 pH 변화는 단백질 변성, 보수력 및 연도감소를 유발하는데, 이 pH 변화는 저장온도와 기간에 따라 달라진다. 저장 초기에는 얼지 않은 부분에 존재하던 산성염이 침전되어 pH의 증가를 보이며, 이후에는 알칼리염의 침전으로 pH가 감소된다.

④ 단백질의 변성

식육은 냉동저장 중 단백질의 변성으로 조직이 질기고 건조해지는데, 이것은 냉동으로 인해 염들이 농축되기 때문이다. 단백질의 추출성도 냉동저장온도가 높을수록 더욱 저하되며, 이것은 식육을 가공육제품 원료로 사용할 때 기능성의 감소를 가져온다. 단백질 추출성 변화를 억제하기 위해서는 저장온도를 가능한 낮추거나 냉동변성 방지제를 첨가하여 냉동시켜야 한다. 식육의 품질을 유지하기 위해서는 냉동저장이 최선이며, 냉동저장에 따른 식육의 영양가는 거의 변화가 없다. 하지만 해동시 육즙에 포함되어지는 수용성 비타민, 단백질과 광물질 등의 영양가 손실이 야기되지만 양적으로는 매우 적은 편이다.

3) 미생물학적 변화

식육의 냉장저장과는 달리 냉동저장의 정상적인 온도(-18℃ 이하)에서는 곰팡이의 발생이 불가능하나, 세균은 -12℃ 이상, 곰팡이는 -8℃ 이상에서 발육하는 경우가 있기 때문에 냉동저장 중 온도가 부분적으로라도 상승하는 일이 없어야 한다. 식육의 냉동저장 중 문제가 될 수 있는 세균과 곰팡이의 종류는 [표 12-7]과 같다.

[표 12-7] 냉동저장 중에도 번식이 가능한 세균과 곰팡이

세 균	곰 팡 이
Bacillus proteus, Bacillus vulgaris, Bacillus subtilis, Bacillus prodigiosus, Staphylococcus albus	*Thamnidium elegans, Mucor mucedo, Rhizopus nigricans*

(4) 냉동육의 해동

냉동육의 해동과정은 [그림 12-9]에서 보는 바와 같이, 냉동된 식육을 해동정체기까지 가열하는 단계(a), 해동단계(b), 그리고 해동점 이상으로 온도를 올리는 단계(c)로 구분된다. 전체 해동시간은 냉동된 식육의 온도를 얼음이 전혀 남아있지 않는 온도까지 올리는데 소요되는 시간이다. 해동곡선을 보면 해동 초기에는 온도 상승이 빠

른데 이는 수분이 얼음의 형태로 있어 비열이 낮기 때문이다[표 12-8]. 그리고 냉동 시에는 외부에서 내부로 물이 얼어 들어가기 때문에 내부의 열이 바깥으로 쉽게 이동, 제거될 수 있으나, 해동 시에는 외부에서 내부로 얼음이 녹아가는 이유로 인하여 외부의 열이 내부로 쉽게 전달이 되지 못한다. 또한 최대빙결정형성대에서는 가해진 열량의 대부분이 얼음을 녹이기 위한 융해잠열(약 80cal/g)로 사용되어 실제 육의 온도를 올리기 위해 사용되는 열량은 적어 온도 상승이 천천히 이루어진다. 따라서 해동에 소요되는 시간은 냉동에서보다 더 길게 된다.

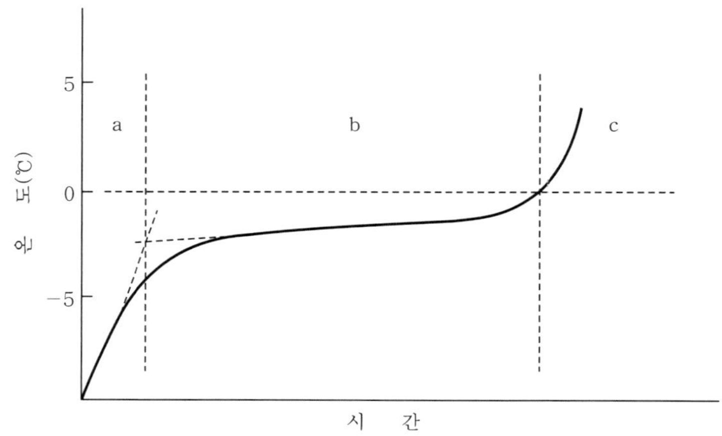

[그림 12-9] 전형적인 냉동육의 해동곡선

[표 12-8] 물과 얼음의 물리적 특성 비교

	열용량 (cal/g·℃)	밀 도	열전도도 (cal·cm/cm·초·℃)	열확산계수 (cm/초)
물 (0℃)	1.0	1.0	0.0012	0.0012
얼음(0℃)	0.5	0.9	0.0050	0.0110

냉동육은 직접 조리를 하지 않는 한 동결된 상태에서 포장이 된 채로 해동시켜야 건조를 방지할 수 있다. 냉동육의 해동 시에는 육즙이 유리되어 나오는데, 이 육즙의 정도는 식육의 종류, 표면적, 냉동방법, 저장건조 및 해동방법에 따라 달라진다. 일반적으로 중량의 약 1~2%의 육즙이 삼출되어 나오므로 해동된 식육은 간혹 건조한 조직감을 나타내기도 한다.

해동방법은 크게 표면가열방법과 내부가열방법의 두 가지로 구분되는데, 표면가열방법은 공기, 물 또는 증기를 이용하여 열을 표면에서 전도시켜 해동시키는 방법이다. 내부가열방법은 전자파(電磁波)를 이용하여 열이 냉동육의 내부에서 발생되어 해동되는 방법이다. 해동은 급속히 이루어지면 육즙의 삼출이 적지만 표면적이 큰 식육의 경우 표면온도가 높아질 위험이 있다. 해동시간은 식육의 온도, 크기, 열용량이나 해동방법에 따라 달라지는데, 비록 오랜 시간이 걸리더라도 냉장온도에서의 해동하는 것이 권장되는데, 그 이유는 해동 중 미생물의 증식을 막기 위해서이다. 각각의 해동방법에 따른 특성은 다음과 같다.

1) 공기해동

실온에서 하룻밤 지체시켜 해동시키는 방법으로 열전달 매체가 정지된 공기이므로 해동속도가 매우 느리다. 미생물의 성장을 억제하기 위해서는 실온을 약 15℃ 이하로 유지하는 것이 바람직하며, 고습도의 공기를 순환시키는 터널 속에서 수행하면 신속한 해동과 위생적인 관리가 이루어 질 수 있다.

2) 침수해동

침수해동 시에는 열전달 매체가 물이기 때문에 공기보다 열전도도가 높아 공기해동보다 해동시간이 단축된다. 하지만 물을 사용하므로 사용한 물의 교체빈도와 온도 등에 따른 위생상의 어려움이 있으며 폐수발생이 문제될 수 있다.

3) 증기해동

증기해동은 응축된 수증기의 높은 열전도도를 이용하는 것으로, 저압하에서 저온으로 생산된 수증기를 냉동육의 표면에 응축시켜 해동한다. 공기나 물보다 훨씬 빠른 해동이 이루어지는 반면, 냉동육 표면온도 관리에 신중을 기해야 한다.

4) 전자파해동

전자기 파장을 이용하여 냉동육 내부에서 열을 발생시키는 방법으로, 적외선해동(infrared defrosting), 초음파해동(ultrasonic defrosting) 및 마이크로웨이브(microwave)해동법 등이 있다. 상업적으로는 전자레인지를 이용한 마이크로웨이브 해동법이 가장 많이 쓰인다. 마이크로웨이브 해동에 사용되는 파장은 가정용 전자레인지는 2,450MHz, 산업용 전자레인지는 915MHz를 이용하는데, 식육의 부위에 따라 가열 정도가 다를 수 있다는 문제가 있다. 하지만 해동시 수분의 분리가 적고, 단시간에 해동시킬 수 있는 장점이 있다.

12.3. 식육의 건조

5000년 전 이집트에서 건조를 이용하여 미이라를 잘 보존했으며, 이러한 건조를 이용하여 우리는 식육을 오래 보존해 왔다. 즉 식육 내 수분을 제거하는 건조는 미생물을 억제하는 효율적인 저장방법이다. 이는 수분이 미생물 성장에 필수요소이기 때문이다. 건조는 식육의 부패나 식중독을 초래하는 미생물 활동을 억제할 수 있도록 식육의 수분을 제거하는 방법이다.

미생물이 성장을 위해 요구하는 수분의 정도는 수분활성도(water activity, Aw)로 표시되는데, 이는 다음과 같은 식으로 계산된다.

$$\text{식육의 Aw} = \frac{\text{식육 중의 물의 증기압}}{\text{순수한 물의 증기압}}$$

신선한 식육의 수분활성도는 0.99 정도이고, 미생물이 성장에 필요한 최소 수분활성도는 종류에 따라서 다르다[표 12-9].

[표 12-9] 식육 부패미생물의 성장을 위한 최소한의 수분활성도 수준

미 생 물	최소한의 수분활성도
분 류	
대부분의 부패 세균	0.91
대부분의 부패 효모	0.88
대부분의 부패 곰팡이	0.80
호염성 세균	0.75
호건성 곰팡이	0.65
특 정 균	
Acinetobacter	0.96
Enterobacter aerogenes	0.95
Bacillus subtilis	0.95
Clostridium botulinum	0.97
Salmonella	0.95
Escherichia coli	0.95
Pseudomonas	0.97
Staphylococcus aureus	0.86
Saccharomyces rouxii	0.62

건조된 식육은 수분활성도 수준에 따라 저수분식육(low moisture meat)과 중간수분식육(intermediate moisture meat)으로 구분된다. 즉, 저수분식육제품은 수분활성도와 수분함량이 각각 0.60, 25% 이하인 식육제품이며, 중간수분식육제품은 수분활성도가 0.60~0.92이고 수분함량이 15~50%인 식육제품이다. 저수분식육제품은 주로 군용 및 등산용 식품에 이용된다. 식육분말은 대표적인 저수분식육제품으로 주로 스프에 사용되며 일반적으로 열풍건조를 이용한다. 소고기 육포(beef jerky)의 수분활성도는 0.55~0.70으로 저수분식육제품과 중간수분식육제품에 해당되는데, 이러한 건조식육품의 특성은 가볍고, 장기간 상온에서 유통이 가능하다는 장점이다.

일반적으로 식육을 건조하는 방법에는 열풍건조(hot air dry)와 냉동건조(freeze dry)가 있다.

(1) 식육의 열풍건조

열풍에 의하여 식육을 건조할 때 열전달은 주로 대류(對流)에 의해 이루어진다. 열풍건조기를 이용하여 식육을 건조할 경우, 입자의 크기, 온도 및 열풍속도를 조절하여 소비자의 선호도를 높일 수 있다.

일반적으로 열풍건조육(수분 5.6%)과 냉동건조육(수분 1%)을 12개월 동안 저장할 경우, 열풍건조육의 수분함량은 5.0%로 감소하는 반면, 냉동건조육은 낮은 수분함량을 그대로 유지한다. 돼지고기지방은 열풍건조 후 변패를 일으키기 쉬우나 건조 전에 항산화제를 첨가하거나 건조된 제품을 산소와 차단된 상태로 포장하면 변패를 억제할 수 있다. 열풍건조에 의한 건조는 주로 만육(挽肉)을 사용하는데, 신선육이나 스테이크류는 건조속도가 느리고 표면 경화현상(硬化現象)이 발생하여 건조가 충분히 진행되지 않아 기호성이 감소된다.

식육을 열풍건조하기 위해서 표면적을 넓게 하는 것이 효율적이므로, 분쇄한 식육을 조리하고 만육(挽肉)하여 70℃ 이하의 온도에서 열풍건조를 실시하였을 때 고품질의 건조식육을 얻을 수 있다. 건조육은 상온에서 저장이 가능하지만 신선육과 같은 용도로 사용하기에는 부적합하다.

(2) 식육의 냉동건조

냉동건조의 특징은 식육이 건조과정에서 형태나 부피의 변화 없이 수분함량을 약 2% 이하로 감소시킬 수 있으며, 이런 냉동건조된 식육제품은 다공성(多孔性)을 지니며 수화(水和)가 용이하다. 또 냉동건조는 식육의 비타민과 다른 필수영양소의 파괴를 최소화 할 수 있다. 일반적으로 질소충전(窒素充塡)한 건조육의 저장기간은 37℃

에서 약 4개월 정도이며, 조리건조육의 저장기간은 37℃에서 약 1년, 20℃에서 약 2년 정도이다.

냉동건조육의 안정성은 건조 전 원료육의 품질, 건조방법, 수분함량, 포장방법, 저장온도 등 여러 가지 요인에 의해 영향을 받는다. 가장 많이 발생하는 변패현상은 지방의 산패, 효소적 갈변 및 단백질의 변성이다. 그러나 이러한 변패도 적절한 포장과 산소의 차단 및 수분함량의 조절 등을 통하여 제품의 안정성을 유지할 수 있다. 냉동건조육의 기호도는 수분함량의 증가와 저장온도가 높아짐에 따라 감소한다. 즉 37℃에 저장할 경우 -20℃에서 저장할 경우보다 식육의 연도, 다즙성 및 풍미가 감소된다.

(3) 건조육의 특성

신선육에서는 식육 내의 수분이 손실되면 근섬유 사이의 공간이 축소되거나 근섬유 직경이 점차 감소한다. 따라서 장기저장을 위한 건조육은 공기나 수분을 제거하기 위하여 압착시키는 것이 바람직하며, 밀폐된 방수용기에 충진 또는 보관하여야 한다. 왜냐면 냉동건육의 미세한 기공(氣孔)들은 산소와 접촉하는 면적을 넓게 만들기 때문이다. 산소의 접촉이 방지된 건조육은 15℃에서 12개월 동안 풍미를 유지할 수 있으나, 비산화적 변화는 37℃에서 질소가 충전된 상태에서도 일어날 수 있다.

혐기적 상태에서 식육에서 나타나는 주된 변화는 환원당의 카아보닐(carbonyl)기와 단백질과 아미노산의 아미노기가 비효소적으로 작용하는 메일라드 반응(Maillard reaction)이다. 메일라드 반응에 의해 식육은 흑갈색을 띠며 쓴맛과 가열취(burnt flavor)를 발생한다. 갈변현상은 pH에 따라 증가하며, 수분함량이 2% 이상일 경우에는 37℃ 이상에서도 반응이 억제되지 않는다. 메일라드 반응 때문에 건조육은 고온에서 저장할 경우 6개월 정도만 경과하여도 기호성이 감소하므로, 이를 방지하기 위해서는 가축을 도축한 직후에 즉시 건조하거나, -10℃ 이하에서 몇 시간 방치하여 반응에 관여하는 반응물질의 농도를 최대로 감소시켜야 한다.

식육단백질의 보수력이 상실되면 조직이 부서지기 쉽다. 또한 신선육을 건조하면 지방분해효소의 역가가 남아있게 되는데, 건조 전에 조리나 다른 처리를 하면 그 역가를 감소시킬 수는 있으나 지방분해력 그 자체를 파괴시킬 수는 없다. 건조육의 지방분해력은 저장온도가 높을수록, 수분함량이 높을수록 높다. 수분함량을 1.5% 이하로 감소시키면 지방산패는 일어나지 않으나, 풍미나 조직감에 심각한 악영향을 미친다. 산소에 대한 지방의 안정성은 에틸갈레이트(ethylgallate)와 같은 항산화제를 사용하여 높일 수 있으며, 산패는 가스치환포장으로 방지할 수 있다.

건조염지육은 특히 염지과정 중 산화제(pro-oxidant)의 생성에 의해 산화적 산패를 일으키기 쉽다. 일반적으로 건조육의 수분함량은 상당히 낮아서 미생물이 증식할 수는 없지만, 수분함량이 10% 이상이 되면 저장 몇 주 후에는 곰팡이의 성장이 일어날 수 있다. 따라서 이상적으로 건조과정을 거치는 식육은 미생물이 자랄 수 없을 정도의 수분함량이 되기 전에 가열처리되는 것이 바람직하다. 육포는 대표적인 건조염지육이며, 외국에서는 jerky, charqui, speck, koppa 등의 이름으로 불리어지고 있다. 육포는 원료육의 종류, 건조 온도 및 시간, 처가제의 종류에 따라 다양한 연구가 진행 중이며, USDA/FSIS에서는 건조공정 전에 71.1℃ 이상의 온도에서 가열할 것을 권장하고 있다. 71.1℃이하의 온도에서 가열할 경우 미생물이 내열성을 갖기 때문에 사멸하기 어렵다.

12.4. 식육의 조사

방사선 조사란 식품 보존을 연장하는 방법으로 방사선을 이용하여 식품의 생물학적 변화를 억제하는 기술이다. 최근 식육의 안전성을 높이기 위해 조사(irradiation)를 이용하는 연구가 활발히 이루어져 식육산업계에 적용하는 단계에 이르렀다. 조사란 공간으로 에너지가 이동되는 물리적인 현상을 말하는데, 조사의 형태는 원자와 분자에서 전자를 제거시켜 이온으로 변하게 하는 능력이 있기 때문에 이온화 방사선(ionizing radiation)이라 불린다. 그런데 이온화 방사선의 모든 형태가 식육의 조사에 적당한 것은 아니다. 예를 들어, 조사시 알파입자는 충분히 깊숙하게 침투하지 못하고, 고에너지 전자선과 X-선은 조사물질에 방사능을 만들기 때문이다. 방사선은 방사성 동위원소로부터 방출되는 알파(α), 베타(β), 감마(ϒ)선 이외에도 기계적으로 발생되는 X-선, 전자가속기에서 나오는 전자선(electron-beam, 電子線), 원자로에서 만들 수 있는 중성자선 등이 있다. 최근 닭고기, 양고기, 버펄로에 감마선 2.5, 5, 10 kGy를 조사하였을 때 조사선량이 증가함에 따라 연도가 증가했다고 보고된 바 있다.

(1) 조사의 종류

지금까지 식품의 조사와 관련 있는 국제기구, 즉 국제식량농업기구(Food and Agriculture Organization, FAO), 국제원자력기구(International Atomic Energy Agency, IAEA), 세계보건기구(World Health Organization, WHO)와 CODEX 식품규격위원회에서 식품 및 의료제품의 조사에 안전하게 이용될 수 있다고 밝힌 방사선의 종류는 [표 12-10]와 같으며, 식품에 있어 방사선 조사의 양은 10kGy이하로 권장한다.

[표 12-10] 식품 및 의료산업에서 이용될 수 있는 방사선의 종류

방 사 선	선 원	반 감 기
감마선	^{60}Co ^{137}Co	5.3년 30년
전자선	전자가속기에서 발생(10MeV 이하)	
X-선	기계적으로 발생(5MeV 이하)	

이온화 방사선 조사에는 많은 종류가 있으나 [표 12-10]에 나타난 바와 같이 식육에 사용될 수 있는 조사는 3종류라고 할 수 있다. 전자가속기에서 발생하여 높은 에너지 수준을 가진 전자선은 식육의 표면처리에 유용하며, 방사선 동위원소에서 나오는 감마선은 식육내부까지 유용하게 사용될 수 있다[표 12-11]. 전자가속기에서 발생하는 에너지를 텅스텐과 같은 금속에 충돌시켜 감마선과 유사한 에너지를 방출시키게 만든 X-선은 전자선의 단점인 낮은 침투효율을 극복하면서 동위원소가 아닌 전기를 사용한다는 장점이 있다. 그러나 어떠한 형태의 조사라도 9MeV 이상은 식육의 방사능(방사능)을 유발시킬 수 있으므로 실제적으로는 사용할 수 없다.

[표 12-11] 이온화 방사선 조사의 침투효율 비교

방사선 종류	조사강도(MeV)	유용침투 깊이(cm)	
		단면조사	양면조사
전자선	10	3.8	8.6
X-선	0.5	0.13	0.51
X-선	10	12.7	61.0
감마선(^{60}Co)	1.25	10.2	40.6

이온화 방사선이 식육식품에 침투할 때 방사선 에너지 모두 또는 일부가 흡수되는데 이것을 흡수선량(absorbed dose)이라고 하며, 단위는 그레이(gray, Gy)로 측정된다. 이전에는 선량의 단위로 라드(rad)가 사용되었는데, 이를 그레이로 환산하면 100rad=1Gy, 1krad=10Gy, 1Mrad=10kGy 이다.

(2) 식육의 조사 목적과 살균력

식품의 방사선 조사 이용 목적은 해충·기생충 방제, 병원균·부패균 살균, 멸균을 통하여 저장성을 증진시키는데 있다[표 12-12]. 이온화 방사선의 조사는 식육의 온

도를 거의 올리지 않고도 표면 및 내부에 있는 미생물을 죽일 수 있어 냉온멸균(cold sterilization)이라고도 부른다. 식육의 저장에 있어서 이온화 방사선 조사의 가장 큰 장점은 미생물 억제효과가 크고 화학적 변화가 적으며, 포장지에 관계없이 사용할 수 있다는 것이다.

[표 12-12] 식육의 방사선 선량에 따른 이용 목적

	조사 목적	조사선량(kGy)	대상 식품
저선량조사 (1.0kGy이하)	해충 · 기생충 방제	0.15~0.50	건조육류, 생돼지고기 등
중선량조사 (1~10kGy)	병원균 · 부패균 살균	1.0~7.0	생육, 냉동육, 생가금육, 냉동가금육 등
고선량조사 (10~15kGy)	멸 균	30~50	육류, 가금육, 수산물, 가공식품, 환자식

이온화 방사선 조사를 받은 거의 대부분 식육미생물의 생장곡선은 보통 직선을 나타내나, 대수성장기 전에 휴지기나 유도기를 가지며, 이는 미생물이 덩어리 또는 사슬형태를 이루기 때문인 것으로 생각된다. 따라서 안전한 멸균을 위해서는 *botulinum* 포자를 완전히 사멸시킬 수 있을 만큼 조사량이 높아야 하며, 식육과 같은 저산(低酸), 저염식품(低鹽食品)의 안전멸균량은 45kGy이다. 이 값은 *botulinum* 포자의 D값인 3.75kGy에서 계산되었으며, 1,012개의 *botulinum* 포자를 사멸시킬 수 있는 안전량은 3.75×12=45kGy 이다.

일반적으로 멸균량 보다 낮은 조사량을 이용하여 냉장저장 중 저장기간을 연장시킬 목적으로 하는 조사를 살균조사(殺菌照射)라고 한다. 신선육의 부패에 가장 중요한 역할을 하는 *Pseudomonas geniculata*는 1kGy 이하의 조사로도 거의 사멸되므로 신선육의 저장성을 증진시킬 수 있다. 그러나 이와 같이 조사된 신선육도 *Pseudomonas geniculata*보다 저온에서 생장속도는 느리나 조사에 잘 견디는 미생물에 의해

[표 12-13] 식육의 부패미생물들의 상대 조사저항성

미 생 물	D10(kGy)*	미 생 물	D10(kGy)*
Pseudomonas geniculata	0.3~0.1	*Staphylococcus aureus*	2~3.5
Brochothrix thermosphactum	3~4.5	*Bacillus licheniformis*	12.5
Lactobacillus viridescens	2~3.9	*Bacillus cereus*	25.0
Lactobacillus plantarum	8.5~16.5	*Yeasts*	2.5~13.5
Streptococcus faecalis	4~7.5	*Clostridium botulinum*	13~33
Streptococcus faecium	7.5~23.5	*Micrococcus radiodurans*	25~30

부패가 일어나게 되며, 조사신선육의 부패 주요 원인균은 주로 *Brochothrix thermosphactum*이다. 이와 같은 식육의 부패미생물의 조사저항성은 [표 12-13]에 나타낸 바와 같다. 또한 육가공 제품에 사용되는 대부분의 향신료는 6.5~10kGy를 조사할 수 있다. 향신료는 일반적으로 육가공제품의 0.1~1%를 사용하며, 방사선 조사되지 않은 향신료는 10^5~10^6CFU/g의 미생물이 존재한다.

(3) 조사에 의한 식육의 생화학적 변화

이온화 방사선 조사는 식육에 이온이나 다른 화학적으로 흥분된 물질을 생성시켜 화학적 반응을 일으키는데, 활성화된 분자는 반응을 계속하여 유리기나 중합체를 만들거나 산소의 존재 하에서는 과산화물을 생성하기도 한다. 즉, 단백질과 결합된 아미노산의 파괴는 거의 일어나지 않으나, 아미노산은 탈아민화가 일어나 케토산(keto acid)이나 알데하이드(aldehyde)를 생성하고 함황아미노산은 황화수소(H_2S)를 생성한다. 또한 기타 화학적 변화로 등전점에서의 용해도의 감소 및 중합화와 변성에 의한 저분자 물질의 응고가 일어난다.

식육이 멸균조사량인 60kGy 정도로 조사를 받을 경우, 육단백질의 보수력이 눈에 띠게 감소되며, 효소의 불활성에서 기인된 ATP에 대한 감응도가 떨어진다. 효소가 불활성화 되는 것은 조사에 의해 효소단백질의 SH기가 산화되기 때문에 일어나는 것으로 알려져 있다. 한편, 콜라겐은 건조상태에서 조사를 받으면 수축을 일으키고, 습윤상태에서 조사를 받으면 물에 용해되므로 조사는 식육의 연도를 증가시킨다. 이는 조사에 의해 콜라겐의 3개의 나선구조를 결합시키고 있는 수소결합이 파괴되기 때문에 연도가 증가하는 것으로 알려지고 있다[표 12-14].

[표 12-14] 미국 소고기의 이온화 방사선 조사에 따른 연도의 증가

조사량(kGy)	연 도	
	choice 급	utility 급
0	6.94	4.70
30	7.13	5.86
45	7.13	6.62
60	7.75	6.53

이온화 방사선 조사는 지방의 산패와 비슷한 효과를 나타내는데, 산소가 없을 경우 지방산은 탈카르복실화가 일어나고 불포화지방산인 경우 중합이 일어나며, 산소의 존재 하에서는 과산화물 및 카아보닐(carbonyl) 화합물을 형성한다. 카아보닐 화합물의 생성은 조사량이 증가할수록 증가되나, 지방량이 증가된다고 증가되지는 않기 때문에

생성된 카아보닐 화합물이 전부 중성지방의 산화에서 기인되지는 않는 것으로 생각된다. 한편, 조사량이 증가하면 알데하이드, 아세톤, 메틸에틸케톤(methylethylketone) 등의 생성량도 증가되며, 식육 내 탄수화물은 산화되어 글루콘산과 알데하이드를 생성한다. 또한, 비타민 C와 티아민(thiamine)은 조사에 의해 특히 파괴가 심하게 일어나며, 비타민 중 가장 파괴가 심한 것은 비타민 B_{12}이다. 그러나 영양학적 면에서 보면 티아민의 파괴가 가장 중요하다.

(4) 조사에 의한 식육의 기호성 변화

이온화 방사선을 식육에 조사하였을 경우 많은 기호성의 변이가 일어나나, 가장 문제가 되는 것은 독특한 냄새와 맛이 난다는 것이다. 신선한 소고기를 40kGy까지 조사하면 유황물질냄새가 나며, 40kGy 이상에서는 젖은 곡식이나 젖은 개털과 같은 냄새가 난다. 이와 같이 조사에 의해 발생되는 이상취(異常臭)의 정도는 소고기가 가장 심하고, 송아지고기와 양고기는 중간정도이며, 돼지고기 및 닭고기는 비교적 낮은 편이다. 이와 같은 이상취를 발현시키는 주요성분은 메치오닌(methionine)으로부터 유래되는 메틸머캡탄(methylmercaptan)과 함황아미노산으로부터 유래되는 황화수소인데, 이런 성분의 생성을 억제하기 위하여 조사 전후에 식육을 동결하는 방법이 연구되었다. 이는 동결에 의해 자유기가 불활성화되어 식육성분과 결합이 불가능해지기 때문이다.

식육에 방사선 조사시 축종과 조사량에 따라 다르지만 적색을 나타내며, 가금육과 돼지고기는 소고기와 양고기 보다 적색을 띠는 경향이 있다. 적색은 산소가 결핍되어 옥시마이오글빈을 형성하지 못하고 카복시마이오글로빈(carboxymyoglobin)을 형성하여 적색을 나타낸다. 산소가 존재하는 상태에서 방사선을 조사하면 메트마이오글로빈(metmyoglobin)을 형성하여 갈색을 보이며, 소고기는 심지어 진공상태에서도 갈색을 나타내지만, 돼지고기와 칠면조 고기는 적색을 나타낸다. 이는 축종에 따른 육색소 단백질의 반응이 다르기 때문이라고 사료된다. pH 5.8인 신선육에서는 산소의 존재 하에서 황화수소에 의해 썰프마이오글로빈(sulfmyoglobin)이 생성되기도 한다. 한편, 조사는 식육의 조직에도 변화를 일으키며, 조사량에 비례하여 연도가 증가한다. 그러나 콜라겐 분자변이에 의한 연도증진효과를 얻을 정도로 조사를 하면 식육은 식용이 불가능한 상태로 된다.

(5) 조사에 따른 저장성 개선과 이용

이온화 방사선에 조사된 식육은 미생물학적으로 안정하다고 하여도 비교적 높은 저장온도에서 장시간 저장하면, 조사시 생성된 카아보닐 화합물에 의한 비효소적 갈변화가 심하게 일어날 수 있다. 여기에 덧붙여 초기에 심하게 일어난 지방산화가 저장기간 중 2차 반응을 촉진시킬 가능성이 높다. 그러나 조사육의 저장 중 가장 중요한 변이는 남아있는 단백질분해효소에 의한 근육단백질의 분해 때문에 야기되는 문제이다. 따라서 식육 내 단백질분해효소를 불활성화시키기 위하여 71℃ 정도의 높은 열처리를 하여야 하나, 이 정도의 열처리는 조리육이 되므로 사용에는 다소 문제점이 있다. 또한 식육에 방사선을 조사할 경우 TBA값이 상승되지만, 대장균과 같이 방사선에 민감한 미생물은 사멸할 뿐만 아니라 총균수 또한 현저히 감소한다.

신선육의 변패는 미생물학적인 변패단계, 변색 등을 일으키는 화학적 변패단계, 그리고 육즙이라고 불리는 액체의 유출을 일으키는 물리적 변패단계를 거치게 되는데, 주요 부패미생물은 조사에 상당히 민감한 *Pseudomonas* 속이므로 0.5~1kGy 정도의 낮은 조사로도 미생물 번식을 억제할 수 있어 신선육의 살균조사는 신선육의 유통성 향상방안으로 이용될 수 있다. 즉, 조사와 함께 화학적이거나 물리적 변패를 방지하기 위한 공기조절 또는 인산염 등의 사용으로 신선육 판매가능기간을 약 3주 정도 연장시킬 수 있으며, 이 정도의 기간이면 중앙분할포장육(centralized packaged meat) 유통을 가능하게 한다.

이온화 방사선 조사를 식육의 저장에 이용할 경우, 기호성의 감소나 영양학적 손실보다 더욱 중요한 것은 실험상으로 입증은 되지 못하였으나, 조사에 의해 생성될지도 모를 생물학적 유해물질, 예를 들면 스테롤(sterol)로부터는 발암물질 등의 생성이다. 그러므로 영국 등 선진국의 경우, 식품에의 사용범위를 법적으로 철저히 규정하고 있다.

12.5. 식육의 포장

식육의 포장이란 식육이 생산되어 유통, 소비되기까지 식육의 품질에 영향을 미치는 요인들, 즉 물리적, 화학적, 생물학적 및 위생적 요인 등으로부터 식육을 보호하여 바람직한 상태로 유통하고자 하는 저장수단이라고 할 수 있다. 사양기술의 향상과 유전학적인 노력 등으로 양질의 가축이 생산되고 있으며, 이와 더불어 도축 후 가공을 통한 유통 및 소비과정에서 고품질의 상태가 유지될 수 있도록 포장되어야 한다. 따라서 식육포장기술은 식육산업에 있어 매우 중요한 비중을 차지하고 있다. 최근의 소비자들은 식품을 구매할 때 식품조리의 편의성을 중요하게 생각하기 때문에 조리하기에 용이한 크기 및 중량으로 포장된 소매용 포장육을 선호하고 있는 추세이다. 따라서 상품판매 촉진을 위한 포장디자인 개선과 저장성 향상을 위한 식육의 포장재료 및 포장방식이 더욱 필요해지고 있다.

(1) 식육포장에 있어 고려해야 할 사항

좋은 식육이란 신선육의 품질을 유지시킬 뿐만 아니라, 미생물 오염에 관계되는 여러 가지 요인들을 조절함으로써 식육의 저장성과 품질을 향상시키는 것을 의미한다. 일반적으로 포장 및 저장과 관련하여 미생물 성장에 영향을 미치는 요인으로는 저장온도, 초기 미생물수, pH, 상대습도, 산소와 포장재의 가스투과도 등을 들 수 있다. 이러한 요인들은 포장방법과 목적에 따라 조절될 수 있기 때문에 미생물 오염을 억제할 수 있을 뿐만 아니라, 수분증발을 방지함으로써 중량감소를 줄일 수 있다. 포장방법 따른 육질변화의 차이는 주로 포장지 내 가스조성의 차이에 기인할 뿐만 아니라, 육색에도 영향을 미친다. 또한 포장된 식육의 품질변화는 미생물 오염의 정도와 미생물의 종류 따라 달라진다. 즉 공기 중의 산소가 포장지를 통과하여 식육의 표면에 닿을 수 있다면 호기성 미생물 성장이 활발해지지만 산소차단성 포장재로 진공포장한 경우는 혐기성 미생물의 성장이 두드러진다.

1) 미생물

식육의 포장에 있어 고려되어져야 할 가장 중요한 특성은 원료육의 총미생물수이다. 일반적으로 신선육의 초기 미생물수는 10^3~10^4/cm^2이며 그 중의 약 85.4%가 그람음성균이다. 포장육된 식육의 초기 미생물은 매우 다양하게 분포되며, 주로 *Pseudomonas*, *Acinetobacter*, *Moraxella*와 *Alcaligenes*와 같은 균들의 비율이 높으며, 일부 그람양성포자형성균, *Corynebacterium*, *Enterobacteriaceae Brochothrix*와 같은 균들이 존재한다. 이러한 미생물들은 식육의 부패를 일으키는 주된 원인이므로 미생물의 성장을 억제하는 것이 식육의 저장기간을 연장시키기는 중요한 요소이다.

일반적으로 PVC 랩(wrap) 필름으로 포장된 식육은 미생물수가 10^7/cm^2이상 되었을 때 부패되었다고 간주된다. *Pseudomonas*균은 식육 내 포도당이 고갈되면 아미노산을 분해하여 식육을 부패시키는 대표적인 부패균이다. *Pseudomonas*균은 식육의 냉장유통 과정에서 식육 내 포도당을 이용하여 다른 미생물들 보다 증식속도가 빠르고, 산소가 존재하는 상태에서는 다른 미생물에 의한 성장의 제약을 거의 받지 않는 특성을 지니고 있다. 따라서 *Pseudomonas*균은 랩 필름 포장육과 같은 호기적 조건하에 저장될 경우 부패취를 발생시키는 주종 미생물이다. 반면, 진공포장육과 같이 혐기적으로 저장되는 상태에서는 *Lactobacillus*와 *Streptococcus*와 같은 균들이 주종균으로 번식하여 신 맛과 냄새를 발생시킨다.

2) 육 색

소비자들이 신선육을 구입할 때 육색을 통하여 신선도를 판단하기 때문에 육색은 포장에서 중요한 요소이다. 소비자는 일반적으로 선홍색을 보이는 식육을 선호하며, 그 이외의 갈색이나 적자색의 식육 신선하지 않다고 생각한다. 육색은 미생물뿐 아니라 포장내 산소분압, 온도, pH, 염농도, 지방산화, 환원력과 빛 등 여러 요인에 따라 변색될 수 있다.

일반적으로 육색은 총색소 함량의 약 90%를 차지하고 있는 마이오글로빈의 화학적 상태에 의해 결정된다. 마이오글로빈(myoglobin)은 산소와 결합하여 선홍색의 옥시마이오글로빈(oxymyoglobin)을 형성하며, 옥시마이오글로빈과 환원마이오글로빈(reduced myoglobin)은 산소분압이 낮은 상태에서 또는 철원자의 산화에 의해 메트마이오글로빈(metmyoglobin)으로 산화되는데, 이때 육색은 갈색으로 변한다. 소비자는 메트마이오글로빈의 갈색을 식육이 부패했다고 생각하기 때문에, 식육제품의 품질을 연장하기 위해서는 다양한 포장방법을 통해하여 옥시마이오글로빈과 환원 마이오글로빈이 메트마이오글로빈으로 변하는 것을 최대한 막아야한다. 식육표면에 메트마이오글로빈이 형성되는 속도는 식육의 pH가 낮을수록, 저장온도가 높을수록 촉진되고, 식육표면에 기생하는 미생물의 수가 증가하면 식육표면의 산소분압이 낮아져 그 형성속도가 빨라진다.

3) 식육포장의 효과

식육은 포장을 통하여 미생물에 의한 부패를 억제할 수 있을 뿐만 아니라 미생물 및 이물질의 오염을 방지할 수 있다. 또한, 해충에 의한 손상을 줄일 수 있다. 산소 및 빛에 따른 지방산패나 변색을 최소화 할 수 있으며, 수분증발에 따른 저장감량과 표면건조를 예방할 수 있다. 또한, 풍미성분의 유출과 이취의 유입을 방지할 수 있다. 포장된 식육은 외부의 압력으로부터 보호할 수 있으며, 포장을 통해 일정한 크기 혹은 중량으로 규격화를 이룰 수 있으며, 포장육은 가볍고 견고성을 갖추어 유통, 수송, 판매의 단계에서 취급이 용이해진다. 포장된 식육은 소비자에게 내용물을 보이게 하여 구매를 촉진하며, 휴대가 간편하여 편의성을 증진시키며, 제품의 정보(중량, 가격, 제조회사 및 제조일 등)를 표기하여 신뢰도를 높일 뿐만 아니라 마케팅 포장을 통하여 구매의욕을 향상시킨다.

(2) 포장재의 특성과 용도

식육제품의 포장은 1차 가공의 신선육 포장과 2차 가공의 식육제품 포장으로 구분할 수 있으며, 제품의 특성상 각 포장에 사용되는 포장재도 달라질 수밖에 없다. 그러나 본 12장에서는 신선육 포장에 관하여 설명하며, 식육제품이 관한 포장은 식육가공 부분에서 다룰 것이다. 식육가공제품 제조에 사용되는 내포장재인 케이싱(casing)류나 육제품의 포장방법들에 대한 내용은 16장에서 설명하기로 한다.

[표 12-15] 각종 플라스틱 필름의 약자

약 자	종 류	약 자	종 류
EVA	Ethylene vinyl acetate	PC	Polycarbonate
EVAL	Ethylene vinyl alcohol	PET(P)	Polyester(polyethylene terephthalate)
MS	Nitrocellulose coated cellulose	PP	Polypropylene
PA	Polyamide	CPP	Casted polypropylene
PB	Polybutylene	KOP	PVDC coated polypropylene
PE	Polyethylene	OPP	Oriented polypropylene
HDPE	High density polyethylene	PS	Polystyrene
MDPE	Medium density polyethylene	PVAL	Polyvinyl alcohol
LDPE	Low density polyethylene	PVC	Polyvinyl chloride
LLDPE	Linear low density polyethylene	PVDC	Polyvinylidene chloride

[표 12-16] 각종 단층 필름의 투과도와 사용가능 온도 범위

필 름	기체투과도*			수증기 투과도**	사용가능온도(℃)
	CO_2	N_2	O_2		
Cellophane					
unlacquered	250	240	70~700	–	−20~+190
lacquered	50~250	240	15~80	3~15	−20~+190
Polyethylene					
LDPE	42,500	2,800	7,900	24~48	−50 ~+90
HDPE	9,100	660	2,900	22	−50~+110
Polypropylene					
CPP	12,600	760	3,800	22~34	0~+120
OPP	8,500	310	2,500	3~5	−50~+120
Polyester	240~400	11~16	95130	20~24	−60~+150
Polyamide	160~190	14	40	240~360	−60~+130
PVC	320~790	30~80	80~320	5~6	−20~+100
PVDC	40~100	2~5	10~25	3	−20~+140
PS	14,000	880	5,500	110~160	−60 ~+90
EVAL	–	–	2	30	–
PVAL	–	–	1	–	–

*cm^3(ml 또는 cc)/m^2·day·bar, **g/m^2·day·bar

식육의 포장에 주로 이용되는 플라스틱 포장재는 중합(polymerization, 重合)이나 축합(polycondensation)되어 생산된다. 이러한 중합이나 축합에 사용되는 각 필름들

은 종류가 많고 제조법과 특성이 매우 다양하기 때문에, 특정 목적에 부합하는 포장재를 사용하기 위해서는 각각의 단층필름(single layer film)이나 다층필름(multi layer film)들의 특성을 잘 이해하여야 한다. 각 단층필름이나 다층필름의 약자, 공기와 수증기 투과도 및 사용가능온도는 [표 12-15], [표 12-16] 및 [표 12-17]과 같으며, 중요한 재질들의 제조, 특성 및 용도는 다음과 같다.

[표 12-17] 각종 다층 필름의 투과도와 사용가능온도 범위

필름	두께(㎛)	투과도*		사용가능온도(℃)
		O_2	수증기	
Cellophane/NC/PE	35/75	15	1.5	0~+80
Cellophane/X/PE	35/75	15	1	0~+80
PET/LDPE	12/75	100	1.2	−60~+80
PET/MDPE	12/75	100	1.2	−60~+110
PET/HDPE	12/75	100	0.6	−60~+124
PET/HDPE	19/400	60	0.1	−60~+124
PET/PP	19/400	60	0.1	−60~+135
PET/x/PE	12/75	15	0.9	−60~+80
PA/PE	25/60	35	1.1	−60~+110
PA/PE	50/75	15	0.8	−60~+110
PA/HDPE	50/75	15	0.8	−60~+124
PA/PP	50/75	15	0.6	−60~+135
Celluphane/NC/Al/PE	35/12/75	–	–	0~+80
PET/Al/LDPE	12/12/75	–	–	−60~+110
PET/Al/HDPE	12/12/75	–	–	−60~+124

NC=nitrocellulose, *ml or g/m^2·day·bar, X=PVDC

1) 단층 필름

① 폴리에틸렌(Polyethylene, PE)

- 제조 : 에틸렌을 중합
- 구분 : 선상저밀도 폴리에틸렌(LLDPE), 저밀도 폴리에틸렌(LDPE)과 고밀도 폴리에틸렌(HDPE)
- 특성 : 저밀도 폴리에틸렌은 유연성과 산소투과성이 좋음, 고밀도 폴리에틸렌은 내열성이 좋으나 산소투과성은 저밀도폴리에틸렌보다 낮음.
- 용도 : 생육의 랩포장(LLDPE, LDPE), 냉동육용, 진공포장재와 가스 포장재의 봉합면

② 폴리프로필렌(Polypropylene, PP)

- 제조 : 프로필렌을 중합
- 구분 : 연신(延伸)여부에 따라 무연신 폴리프로필렌(CPP), 연신 폴리프로필렌

(OPP)

· 용도 : 레토르트용 포장재의 봉합면(CPP), 스트레치포장(OPP), 수축포장

③ 염화비닐수지(Polyvinyl chloride, PVC)

· 제조 : 염화비닐(vinyl chloride)을 중합

· 특성 : 연질 PVC는 투명성, 산소투과성과 점착성이, 경질 PVC는 성형성과 산소차단성이 좋음.

· 용도 : 랩, 스트레치필름(연질 PVC), 용기나 tray(경질 PVC). 그러나 PVC는 염화비닐 단량체와 가소제의 용출가능성으로 사용이 제한되는 추세

④ 폴리염화비닐리덴(Polyvinylidene chloride, PVDC)

· 제조 : 염화비닐리덴을 중합

· 특성 : 공기와 수증기의 차단성이 높음. 투명성, 열수축성이 뛰어나나 가격이 비쌈

· 용도 : 튜브상으로 제조, 어육연제품 및 훈연이 안 되는 소시지의 포장재. 진공 또는 가스치환포장재의 차단재. EVA와 공중합하여 생육의 수축포장재

⑤ 폴리스티렌(Polystyrene, PS)

· 제조 : 벤젠과 에틸렌을 반응시켜 중합

· 특성 : 무기약품과 알콜에 내성 있음, 인쇄성과 내한성이 양호, 산소와 수분 투과성은 높음

· 용도 : 스티로폼은 생육이나 육제품의 tray로 이용

⑥ 폴리아마이드(Polyamide, PA)

· 제조 : 아민과 카르복실산이 아마이드(amide) 축합 결합

· 특성 : 나일론(nylon)이라고 불림, 공기차단성, 내열성, 내한성 및 성형성이 우수

· 용도 : 진공 및 가스치환포장용, 냉동제품의 포장용

⑦ 셀로판(Cellophane)

· 제조 : 펄프를 화학적으로 재생한 섬유소

· 특성 : 광택이 있고 투명성과 인쇄성이 좋음, 습기에 매우 약하며 열접착성이 없는 것이 단점

· 용도 : 프레스햄의 내포장재, 폴리프로필렌으로 많이 대체

2) 수축성 필름

· 제조 : 연신과정에서 배열된 상태로 장력을 걸어 냉각시켜 제조
· 특성 : 가열하면 내부구조가 풀리면서 필름이 수축
· 사용방법 : 뜨거운 물(75~85℃)에 침지하거나 열터널(120~180℃)을 통과시켜 순간적으로 가열 수축시킴
· 종류 : 연신 PET, PP, PE, EVA, PVDC, PVC 및 공중합체
· 용도 : 진공포장

3) 다층 필름

· 제조 : 2종 이상의 필름, 종이나 알루미늄 등의 포장재를 서로 적층(lamination), 공압출(coextrusion)하거나 코팅하여 제조
· 특성 : 단층 필름으로서는 공기, 수증기 및 광선 차단성이나 내열성, 내한성 또는 열봉합성 등 다양한 특성을 모두 갖고 있지 못하기 때문에 식육의 품질을 유지하는데 적합하도록 여러 겹의 필름으로 제조 가능
· 용도 : 아래와 같은 단층필름의 특성에 따라 다양한 용도에 맞추어 조합하여 제조 가능
· 각 단층필름의 특성
· 내열성 : PET, PA, HDPE, CPP, 알루미늄
· 기계적 강도: PET, PA, PP, PS, PVC
· 방습성 : PVDC, HDPE, LDPE, PP, 알루미늄
· 공기차단성 : PVDC, PVC, PA, PET, 알루미늄
· 열봉합성 : PE, CPP, EVA, ionomer
· 인쇄성 : 종이, 셀로판, PS
· 다층 필름의 예 : PA/PE, PET/PE, PA/PVDC/PE,OPP/Al/PET/LDPE, OPP/LDPE 등

4) 알루미늄

· 제조 : 0.5mm 정도의 알루미늄 판을 여러 번 압연 제조
· 특성 : 공기와 수증기의 투과성이 낮고, 광선차단성이 좋으며, 내열, 내한성 및 성형성이 뛰어남. 알루미늄 자체는 열 봉합성 없음
· 용도 : 폴리에스터나 폴리프로필렌 등에 증착시킨 필름으로 제조하여 장기보관용 필름이나 파우치로 사용

5) 종이와 카톤

- 제조 : 목재의 펄프를 화학적 또는 기계적으로 추출하여 제지
- 특성 : 가볍고 인쇄성이 우수하며 성형성과 광선 차단성이 있으며 환경친화적이다. 공기와 수증기차단성은 열등하나 왁스나 필름을 도공하거나 내유처리하면 개선됨.
- 용도 : 베이컨의 받침, 육제품 외포장용, 생육이나 육제품 수송용 골판지 상자

(3) 식육의 포장방법

식육의 포장은 식육제품의 크기, 성질, 형태, 종류, 저장기간 또는 경제성 등에 따라 사용되는 포장재 및 포장방법이 달라진다. 1960년대 이후 식품산업이 급속히 발달하면서 많은 새로운 포장재와 포장방법의 개발이 이루어져 다양한 형태의 포장화(包裝化)가 가능하게 되었다.

1) 도체와 분할육의 포장

도체는 냉장 또는 수송 중 외부로부터 오염을 방지하고 수분증발에 의한 중량손실을 줄이기 위하여 포장하게 된다. 포장재로는 얇은 두께의 PE, PP나 PVC와 같은 필름이나 마대 등이 이용된다. 상술한 필름들은 기체투과성이 높으나 수증기 투과성이 낮으므로 포장하기 전에 도체를 충분히 냉각시켜야 육표면과 포장재 사이에 응축수를 방지할 수 있다. 응축수가 형성되면 4℃에서도 세균의 성장이 촉진되기 때문에 포장할 때 식육의 중심온도를 약 7℃이하로 냉각시키는 것이 무척 중요하다. 플라스틱 필름으로 도체를 싸서 저장할 경우, 수분증발의 억제로 도체의 외관은 양호한 상태로 유지되나 비포장도체와 비교하여 미생물 성장면에서는 큰 차이가 없는 것으로 알려져 있다.

국제간 교역에서 저장기간을 더욱 연장할 필요가 있을 경우에는 플라스틱 필름이나 마대로 싼 후 냉동수송하고, 경우에 따라서는 도체가 들어간 컨테이너 내부를 탄산가스가 혼합된 공기조절(modified atmosphere) 상태로 만들어 냉장수송 한다.

2) 부분육의 포장

최근 우리나라도 부분육 상태로 유통되는 비율이 점차 높아지고 있는데, 이는 수송비의 절감, 합리적 유통 및 저장기간의 연장 등의 장점이 있기 때문이다. 부분육의 유통에 이용되는 포장재는 산소투과도가 낮아 호기성미생물의 번식과 변색 및 산화반응을 억제시킬 수 있어야 할 뿐만 아니라 수증기의 투과도도 낮아 수분증발에 의한 중량손실을 막을 수 있어야 한다. 따라서 PA 또는 PET에 PE를 적층(積層)시킨 적층필름 또는 복합필름(laminated film), 그리고 여기에 산소 수증기 차단성을 강화하

기 위하여 PVDC 층을 입힌 필름이나 EVA와 PVDC의 공중합물(copolymer) 등이 이용된다. 부분육의 포장방법은 크게 진공포장(vacuum packaging)과 공기조절포장(modified atmosphere packaging, MAP)이 이용된다.

① 진공포장

일반적인 함기(含氣)포장의 단점을 보완하여 저장성을 높일 수 있도록 고안된 방법이 진공포장이다. 진공포장은 포장용기 내의 산소를 제거함으로써 주요 부패 미생물인 호기성균들의 성장과 지방산화를 지연시켜 저장성을 높이는데 목적이 있다. 진공포장을 실시하면 포장내 산소농도가 급격히 감소하고, 미량으로 남게 되는 산소마저 미생물이나 고기세포의 호흡에 이용되기 때문에 산소분압은 매우 낮아진다. 그 결과, 옥시마이오글로빈(oxymyoglobin)은 환원 마이오글로빈(reduced myoglobin) 형태로 바뀌게 되고 육색은 암적색으로 변한다. 암적색은 육색 또한 소비자로부터 신선한 육색으로 평가되지 않지만, 진공포장을 개봉하여 식육이 대기 중의 산소와 만나게 되면 환원 마이오글로빈은 옥시마이오글로빈으로 변하고 육색은 다시 선홍색으로 돌아오는 홍색화(blooming)가 일어난다. 홍색화의 속도는 식육의 신선도와 부위별 그리고 주위온도 등의 요인에 따라 차이가 난다.

진공포장시 미생물의 성장 정도는 포장에 사용되는 필름의 투과도에 영향을 받는다. 산소와 이산화탄소의 투과도가 낮은 필름으로 포장한 것이 투과도가 높은 필름으로 포장한 것 보다 미생물 호흡에 의한 이산화탄소의 증가로 인해 부패 미생물의 성장을 더욱 억제시킨다. 진공포장에 사용되는 필름은 크게 수축형과 비수축형으로 나누는데, 수축형은 진공포장된 제품을 80℃ 내외의 뜨거운 물이나 120~180℃의 뜨거운 열풍 터널을 통과하여 포장재가 육에 밀착하게 하는 방법이다. 수축형의 재료는 EVA와 PVDC의 공중합필름 등이 사용되고, 비수축형의 포장재료는 보통 PE와 PA의 적층필름 등이 주로 이용된다.

② 가스치환포장

가스치환포장은 공기조절포장이나 기체치환포장 또는 MAP라고도 하며, 이 포장방법은 식육의 호흡속도를 늦춤으로써 미생물의 성장을 감소시키고, 포장재 내 기체조성을 변화시킴으로써 효소에 의한 오염을 지연시킨다. 즉, 포장용기 내의 공기를 모두 제거한 후 그 대신 인위적으로 조성된 가스를 채워 포장한다.

가스치환포장에 사용되는 가스의 조성비에 따라 식육 표면에 존재하는 미생물의 성장속도를 조절할 수 있으며, 또한 옥시마이오글로빈 상태를 연장할 수 있어 저장기간을 조절할 수 있다. 일반적으로 산소(O_2), 이산화탄소(CO_2)와 질소(N_2)가 가스치환포장에 이용되며 주로 일정비율로 혼합하여 사용한다. 산소는 공기 중 약 21%를 차지하며 마이오글로빈과 결합하여 선홍색을 나타내기 때문에 소비자의 선호도를 증진시킬 목적으로 이용된다. 혐기성균들의 성장을 억제하기 위해서 산소가 첨가되기도 하는데, 이 경우에는 직접적인 저장기간의 연장효과는 얻지 못하며, 오히려 산소 농도가 높아져 호기성 미생물들의 성장으로 보존기간이 짧아지는 단점이 있다.

이산화탄소는 공기 중 약 0.03%정도 존재하지만 미생물 성장을 억제하는 효과 때문에 고농도로 가스치환포장에 이용된다. 식육에는 1930년대부터 호주나 뉴질랜드로부터 영국에 수출되는 식육의 수송에 이용되었다. 이산화탄소가 식육표면의 부패균 성장을 억제하는 기작은 몇 가지로 설명될 수 있다. 포장용기 내에 첨가된 이산화탄소의 식육표면에 존재하는 수분에 용해되어 식육의 pH를 저하시킴으로써 미생물의 활동을 억제할 뿐만 아니라 효소의 활력을 저하시킨다. 세포각의 수분을 제거시켜 세포내로 유입하는 수용성 물질의 경로를 차단하는 등 세포막의 투과성을 변화시킴으로써 미생물의 신진대사를 억제한다. 질소는 대기 성분 중 가장 많은 비율(약 78%)을 차지하고 있는데, 보통 불활성 기체로서 산소를 대체하거나 희석시키기 위한 충진제로서 사용되어 포장의 형태를 유지할 목적으로 사용된다. 질소는 미생물 성장억제에는 효과가 없으며, 육색의 변화에도 영향을 미치지 못하는 것으로 알려져 있다.

일반적인 생육의 가스치환포장시 공기의 조성은 산소, 이산화탄소와 질소의 비율이 각각 70~80, 20~30 및 0~10%이다. 그러나 마이오글로빈의 함량이 소고기보다 상대적으로 낮은 돼지고기나 가금육에서는 지방 및 육색의 산화와 호기성미생물의 성장억제를 위하여 산소의 비율을 낮추고 반대로 이산화탄소와 질소의 비율을 높이기도 한다.

가스치환포장은 육색의 발현을 연장시키고 미생물 성장을 억제하여 저장성을 연장시킬 수 있는 장점이 있다. 조절되는 공기의 조성은 산소의 사용으로 진공포장시 일어나는 육색의 암적색화를 막고, 질소의 사용으로 물리적 압력에 의해 증가되는 유리육즙과 외견상의 문제를 해결하며, 이산화탄소에 의해서 저장성을 개선시키는 것이다. 그러나 이러한 가스치환포장은 혼합가스사용으로 인한 포장단가의 상승과 진공포장에 비해 부피가 크기 때문에 수송 및 보관상 불리하다는 점이다.

또한, 함기포장은 공기조절 포장의 한 형태로 공기대신 질소와 이산화탄소의 혼합가스를 주입하여 외부와 압력을 같게 만들어 식육의 산화 및 부패를 방지하는 포장방법으로, 육즙의 삼출되는 것을 방지하여 소비자로 하여 식육이 상품적 가치를 향상시킬 수 있다.

3) 소매육의 랩 포장

소비자와 직접 대면을 하는 소매육의 포장은 식육이 밝은 선홍색을 나타낼 수 있도록 포장 내의 산소농도가 높게 유지될 수 있어야 한다. 또한 저장판매 중 수분증발을 막기 위하여 수증기 투과도가 낮고 점착성, 수축성, 투명성 및 내한성(耐寒성) 등이 있는 포장재를 사용하여야 한다. 지금까지 가장 일반적으로 사용되고 있는 소매육의 포장방법은 포장용기에 식육을 넣고 산소투과도가 높은 포장재인 PVC나 PE 재질의 얇은 랩 필름으로 포장하는 것이다. 즉, 10~15㎛ 정도의 얇은 연질 PVC, PVDC, PE, EVA, PB 또는 EVA와 PE의 공중합필름 등이 소매육의 랩 포장에 이용된다.

식육의 저장기간은 초기 미생물 오염정도와 저장온도에 따라 좌우되는데, 랩 포장의 경우 냉장조건 하에서도 변색정도가 빠르고 *Pseudomonas* 같은 호기성균의 성장이 촉진되어 부패취를 발생하는 등 저장성이 짧다는 문제를 가지고 있다. 식육을 통기성이 좋은 랩 필름으로 포장하여도 필름을 통해서 유입되는 산소의 양은 식육 자체의 효소나 미생물들의 호흡작용 등에 의하여 소비되는 양보다 적다. 따라서 일정시간이 지나면 포장 내의 산소분압이 떨어지고, 그 결과 식육표면에서 2~5mm 깊이에서부터 메트마이오글로빈의 생성대가 나타난 뒤 차차 식육표면으로 이동함으로써 최종적으로는 표면도 갈색으로 변하게 된다. 그리고 용기에 접하는 식육부위에서도 산소분압이 낮아져 변색이 일찍 진행된다. 이러한 이유로 냉장의 저온에서 보관된 포장육이라도 통상적으로 3~5일이 지나면 신선도를 잃고 상품가치가 하락하게 된다. 따라서 소매육의 랩 포장방법은 저장성 향상이라는 효과는 기대할 수 없고, 단지 단기간 동안에 사용한다는 유통의 효율적 측면이나 수분증발 방지 등의 경제적 측면에서만 그 가치가 인정된다.

제 13 장 식육의 위생과 안전성

건강한 식육동물의 근육은 세균이나 다른 미생물들이 존재하기 어려운 상태이다. 동물의 피부, 소화관 및 호흡기의 벽 등과 같은 자연 장벽들은 세균의 침투를 방지하며, 장벽을 침투한 경우에도 면역체계에 의해 세균들이 파괴되기 때문이다. 식육동물 및 외부 환경에서 유래한 세균의 도체 오염은 주로 도축과정에서 시작되며, 이후 도체표면의 세균은 가공과정에서 분할육이나 최종 식육제품으로 전이된다. 따라서 세균의 제어는 도축단계부터 시작되어야 하며, 이후 도축, 분할, 발골, 정형, 저장, 유통 및 소비단계에까지 지속적으로 관리되어야 한다. 일반적인 도체와 식육표면의 세균 제어방법으로는 오염을 최소화 할 수 있는 위생적인 처리, 진공포장, 유기산을 이용한 도체 세척, 저온저장 등이 있다.

현재는 세균의 오염을 억제하기 위해 특정 병원성세균에 대한 예방접종, 식육동물 표면에 묻은 배설물을 감소시키는 사육조건의 개선 등과 같이 농가나 사료의 관리까지 확장되고 있다. 또한 도축 전 실시하는 절식도 장관 내용물의 양을 감소시켜 내장 적출시 발생할 수 있는 세균뿐만 아니라 다양한 미생물 오염을 억제하는 방법으로써의 중요성이 강조되고 있다.

육류 식품에서 세균 오염에 대한 주요 관심사는 유통기간과 안전성이다. 도체 및 신선육의 표면에 존재하는 대부분의 세균은 불쾌취, 풍미저하 및 변색의 원인이 되는 부패세균이다. 그러나 부패세균은 육류 식품을 소비한 소비자에게 치명적인 질병을 유발하지는 않는다. 즉, 소비자에게 질병을 일으키는 미생물은 병원성세균으로, 이러한 병원성세균 역시 육류 식품에 존재할 수 있다. 신선한 육류 식품에서는 일반 부패세균이 병원성세균에 비해 압도적으로 높은 빈도를 나타내지만, 특정 병원성세균은 소수만 존재할 경우에도 인체에 심각한 질병을 일으키기도 한다. 이러한 세균들은 눈에 보이지 않는 매우 작은 생물이기 때문에 육류 식품에 존재하는 세균의 수와 종류를 알아내기는 그리 쉽지 않다. 따라서 육류 식품에 존재하는 세균을 찾아내고 측정하기 위한 다양한 방법들이 개발되어 이용되고 있으나 결과를 얻기까지 수 시간 또는 수일이 소요된다.

효과적인 위생시설과 냉장저장은 총세균수를 감소시키고 부패를 지연시킬 수 있으나 병원성세균의 존재 여부를 확신할 수는 없다. 기술적인 측면외에도 식육이나 식육가공품의 식중독과 관련된 세균을 제어하기 위해 위해요소중점관리기준(HACCP)을 시행하고 있는데, 이는 *Escherichia coli*, *Salmonella* 및 *Listeria monocytogenes*에 대한 검사 프로그램과 함께 도축장 점검의 기준이 되고 있어 식육가공업계로 하여금 병원성세균 오염을 방지에 어느 정도의 효과가 있는 것으로 사료된다. HACCP제도가 제대로 시행이 된다면 식육 및 식육가공품의 안전성 향상과 유통기간의 연장을 통한 경제적 이득을 줄 수 있다.

한편, 가열조리는 식육에 존재할 수 있는 세균을 파괴하는 가장 효과적인 방법이다. 식육을 가공하여 육제품으로 제조된 즉석섭취식품(ready-to-eat products)들은 가공단계에서 대부분 가열처리 후 포장되어 유통되는데, 식육가공회사들은 즉석섭취식품의 위생적 생산 및 가공 후 재 오염이 되지 않도록 기술적 노력을 기울여야 하고, HACCP과 같은 제도적 장치들이 잘 운영이 될 수 있도록 제도적 측면의 관리와 감독을 철저히 해야 한다. 또한 작업자뿐만 아니라 관리자를 대상으로 한 주기적인 식품안전교육 실시를 통해 기술적, 제도적인 관리방안들이 잘 운영이 되어 안전성을 확보하도록 해야 한다.

13.1. 식육미생물

(1) 식육의 미생물 오염

식육의 초기 미생물 오염은 도축과정에서 시작된다. 즉, 비위생적인 타격법으로 기절시키거나 소독되지 않은 칼로 방혈을 실시하면 미생물이 혈관계로 전이될 수 있다. 혈액은 짧은 시간이지만 체내를 순환하기 때문에, 한번 혈관으로 전이된 미생물은 식육동물의 신체 곳곳에 퍼질 수 있다. 미생물의 오염은 도축, 분할, 가공, 저장 및 식육의 유통 등 대부분의 단계에서 미생물이 식육의 표면에 전이되면서 발생하는데, 도체는 도축 과정 중 가죽, 발, 배설물, 내장 등과 접하면서 오염되게 된다. 또 다른 잠재적인 미생물 오염원은 작업장의 공기, 물, 벽, 문, 장비, 의류 및 작업자의 손 등을 들 수 있다. 적절한 위생시설과 관리를 통해 미생물 오염을 억제할 수 있으나, 만약 미생물이 존재한다면 이들의 활성을 완전히 제거하는 것은 쉽지 않다. 따라서 미생물 오염의 지표가 될 수 있는 총세균수(total bacterial populations)와 특정 병원성세균의 존재여부는 모든 육제품의 유통기간과 안전성을 결정하는 중요한 요인이 된다.

(2) 식육미생물의 종류와 생장

식육에서는 다양한 미생물이 발견될 수 있는데 바이러스는 매우 작은 유기체로 일반적으로 부패에 관여하지 않으나 소비자에게 감염원으로 작용할 수 있다. 곰팡이는 진핵생물로써 일반적으로 보풀, 솜 모양의 외관을 가지고 있다. 곰팡이는 포자를 생산하며 공기 중으로 확산되며 발아하기 적합한 환경을 만나면 발아 한다. 효모도 진핵생물이고 일반적으로 단세포생물이며 발아를 통해 증식한다. 효모는 식육 및 관련 시설이나 설비 또는 기구의 표면에 오염될 수 있다. 세균은 분열법으로 증식하면 형태에 따라 간균(막대형), 구균(구형), 나선형 등으로 구별할 수 있다. 일부 세균은 악조건 속에서 포자를 생산하여 생존한다. 대부분 세균 포자는 세균의 영양세포가 생존하기 어려운 고온, 화학제, 건조한 환경에도 견딜 수 있는 내성을 가지고 있기 때문에 식육가공시 각별한 주의가 필요하다.

세균 세포는 적합한 조건이 주어질 경우, 처음에는 수적증가가 관찰되지 않는 지체기(rag phase) 단계를 거친다. 다음 단계인 대수생장기(logarithmic phase)에서는 뚜렷한 수적 증가를 나타내며, 환경요인이 제한되기 전까지 지속되게 된다. 이후 영양분의 감소와 미생물의 부산물이 축적 등으로 인해 생장속도는 감소하여 세포의 복제와 사멸이 균형을 이루는 정체기(stationary phase)가 나타나고, 세포사멸속도가 복제속도를 넘어서게 되면 사멸기(death phase)가 된다. 점액형성 및 변취와 같은 부패의 증거는 대수생장기에 명확하게 나타난다. 따라서 냉장과 같은 미생물 생장의 억제방법은 지체기를 연장시키기 위한 방법이라고 할 수 있다.

미생물의 종류와 수는 식육의 부패속도를 결정하는 중요한 요인이다. 세균, 곰팡이, 효모들은 식육에 존재하지만 주변 환경조건에 따라 부패의 종류, 속도, 정도 등에 크게 영향을 미친다.

(3) 식육미생물의 활성에 영향을 주는 요인

미생물의 생존 및 생장은 식육과 주변 환경의 다양한 요인에 의해 영향을 받는다. 식육에서 미생물 생장에 영향을 주는 요인들은 수분함량, pH, 산화-환원 전위차, 이용가능 영양소 및 억제물질의 존재여부 등이 있다. 또한, 온도, 산소의 유무, 식육의 물리적 형태(도체, 분할육, 소매 판매육 또는 분쇄육) 역시 미생물의 생장속도에 영향을 미친다. 그러나 신선육에서 미생물의 생장에 가장 큰 영향을 주는 요인은 저장온도, 습도 및 산소의 유무다.

1) 온 도

개개의 미생물은 생육에 알맞은 적정 온도를 가지고 있다. 따라서 식육의 저장 온도는 미생물의 종류와 생장속도에 크게 영향을 미친다. 즉, 약간의 온도변화도 일반적인 경우와 전혀 다른 미생물군의 생장에 영향을 주어 다른 형태의 부패를 나타낼 수도 있다. 이러한 특성은 역으로 온도 조절을 통해 특정 미생물의 활성을 억제할 수 있다는 것을 의미한다.

대부분의 미생물 생장에 필요한 적정 온도는 15~40℃이다. 그러나 일부 미생물은 냉장온도에서도 생장이 가능하다. 15℃ 이하의 온도에서 최적 생장을 나타내는 미생물을 호냉성균(psychrophiles)이라 하고, 45℃ 이상의 온도에서 최적 생장을 나타내는 미생물은 호열성균(thermophiles)이라 한다. 호냉성균과 호열성균 사이에서 최적 성장을 나타내는 미생물을 중온성균(mesophiles)이라고 한다. 중온성의 온도 범위에서 잘 생장하지만 7℃ 느린지만 이하에서 생장할 수 있는 미생물을 저온성균(psychrotroph)이라고 한다.

세균, 곰팡이, 효모는 모두 호열성, 중온성, 호냉성에 속하는 다수의 속(genera)으로 이루어져있다. 그러나 일반적으로 곰팡이가와 효모가 세균 세균보다 낮은 온도에서 생장하는 특성을 나타낸다. 따라서 세균, 곰팡이, 효모 모두는 일반 냉장저장온도(-1~3℃)에 저장된 식육에 존재할 경우 곰팡이와 효모의 생장이 세균 생장에 비해 더 두드러진다.

식육에 존재하는 세균의 세대간격(generation interval : 하나의 박테리아가 2개로 될 때까지 걸리는 시간)이 5℃ 이하에서 세대간격이 급격히 길어지는 결과를 통해 식육 저장시 적절한 냉장온도를 지속적으로 유지해야 하는 중요성을 확인할 수 있다. 이와 같이 운송단계 뿐만 아니라 가정에서도 몇 시간만이라도 식육의 보존 온도를 낮게 조절한다면 세대간격을 뚜렷이 증가시킬 수 있다. 신선한 분쇄육은 일반적으로 g당 백만 개의 세균이 존재하지만, 이상취를 나타내기 위한 미생물수는 약 천만 개이며 점액을 형성하기 위해서는 g당 약 3억 개의 세균이 필요하다.

온도가 0℃에 도달하면 소수의 미생물만이 생장할 수 있으며, 증식속도가 느려진다. 약 5℃ 이하의 온도는 우세한 부패세균의 생장속도를 확연히 지연시킬 수 있으며, *L. monocytogenes*를 제외한 거의 모든 병원성세균의 생장을 막을 수 있다. 따라서 5℃는 식육을 처리하거나 저장할 경우 중요한 온도로 인식되고 있다.

2) 습 도

수분은 미생물 생장에 절대적으로 필요한 성분이다. 수분의 이용성은 어떤 미생물 종이 생장할 수 있는지를 판단하게 되는 근거가 된다. 수분활성도(water activity, A_w)란 미생물이 이용할 수 있는 수분의 지표를 나타내는 용어이다. 수분활성도는 임의의 온도에서 그 식품이 갖는 수증기압(P)에 대한 그 온도에서 순수한 물이 갖는 최대 수증기압(P_o)의 비로 다음과 같이 $A_w=P/P_o$로 나타낸다. 수분활성도는 수분의 제거로 감소시킬 수 있으며, 염과 같은 용질을 첨가하여 미생물이 수분을 이용하지 못하게 함으로써 감소시킬 수 있다. 세균은 일반적으로 높은 수분활성도(A_w>0.900)를 필요로 한다. 대부분의 효모는 0.870~0.920 범위에서 생장할 수 있으며, 곰팡이는 0.840나 그 이하의 수분활성도에서 생장할 수 있다.

도체와 신선육에는 미생물 생장에 필요한 수분이 풍부하며, 수분활성도 역시 0.98 이상을 나타낸다. 그럼에도 불구하고 수분활성도의 조절은 미생물 생장을 억제하기 위한 방법으로 사용될 수 있다. 즉, 도체 냉각실의 상대습도를 낮추게 되면 도체 표면이 건조되며 수분활성도를 감소시켜 표면의 박테리아 생장을 억제하게 된다. 지방이 둘러싸고 있는 도체의 표면은 수분의 이용성이 더 제한되기 때문에 특히 이러한 영향을 더 받게 된다. 예냉실에서 도체가 냉각되는 동안 도체에 수분을 뿌리는 과정은 표면의 수분활성도를 높게 유지시킨다. 또한, 따뜻한 공기나 열이 식지 않은 다른 고온의 도체가 냉각실에 들어 올 때 변화하게 되는 상대습도는 건조되었던 육 표면을 다시 액화시키기도 한다. 이러한 조건들은 미생물 생장을 증가시키는 원인이 된다.

3) 산 소

산소의 이용성에 따라 생존할 수 있는 미생물의 종류가 결정된다. 절대적으로 산소를 필요로 하는 미생물들은 호기성(aerobic)이라고 한다. 반면에 혐기상태에서 생장하는 미생물은 혐기성(anaerobic) 미생물이라 한다. 산소가 존재할 때 가장 잘 생장하지만 산소가 부족한 경우에도 느린 속도로 생장할 수 있는 세균은 통성혐기성(facultative) 세균이라 하며 매우 적은 농도의 산소 존재시 생장하는 미생물은 미호기성(microaerophilic) 미생물이라 한다.

식육에 존재하는 모든 곰팡이는 호기성이며, 효모 역시 호기적 상태일 때 가장 잘 자라게 된다. 반면, 식육에서 발견되는 세균은 호기성, 혐기성, 미호기성 또는 통성혐기성미생물 등 다양하다.

저장시 산소에 노출된 식육은 호기적 조건을 나타내지만 산소가 조직 내부로 침투하는 것이 매우 제한적이기 때문에 이러한 호기적 조건은 식육의 표면에 국한되어진다. 따라서 식육 표면에 발생하는 미생물의 생육은 대부분 호기성균과 일부 통성혐기성균이며 식육의 내부조건은 혐기성, 미호기성, 통성혐기성균의 생장조건이 된다. 분쇄와 같은 일부 가공공정은 산소를 식육의 내부로 혼합시키는 작용을 하며, 반면 진공포장의 경우 산소를 제거하는 작용을 한다. 일시적인 또는 장기간에 걸친 미생물군의 변화는 이러한 공정의 결과로 나타날 수 있다.

4) pH

미생물은 중성 pH(pH 7.0)에서 최적의 생장을 보인다. 곰팡이는 생존 가능 pH의 범위가 넓어(pH 2.0~8.0) 낮은 pH에 대한 저항성이 강하다. 효모의 경우에도 산성 조건에서 생장할 수 있다. 반면, 세균의 경우 중성 pH가 생장에 가장 적합한 것으로 알려져 있다. 식육의 최종 pH는 약 5.4~5.6이며 이는 곰팡이, 효모, 호산성(acidophilic) 세균에 알맞은 pH 조건이다. 식육의 pH가 5.2 이하로 낮을 경우 미생물의 생장은 정상 pH인 경우보다 현저히 감소하게 된다. 반면 암적색육과 같이 식육의 최종 pH가 높을 경우 미생물 생장에 매우 민감하여 최적의 위생관리를 하여도 미생물에 의한 문제를 일으키기 쉽다.

5) 산화-환원 전위차

식육의 산화-환원 전위차는 산화 및 환원력을 나타낸다. 최적 성장을 위해 어떤 미생물들은 환원조건을 필요로 하며, 어떤 미생물들은 산화조건을 필요로 한다. 호기성 미생물은 높은 산화-환원 전위차를 선호하며, 혐기성균의 경우 낮은 산화-환원 전위차에서 최적의 생장을 보인다. 통성혐기성 미생물은 두 가지 조건 모두에서 잘 생장한다. 미생물들은 생장에 따라 식육의 산화-환원 전위를 변경시킬 수 있으며 이는 다른 미생물들에게 영향을 미칠 수 있는 요인이 된다.

내장적출과 이후 근육에서 식육으로 전환되는 기간 동안 산화-환원 전위차는 낮아진다. 사후 근육의 경우, 일반적으로 환원조건이 우세하며, 산소 침투가 극히 제한되어 있고 많은 환원기들이 존재한다. 공기 중의 산소로 인해 산화-환원 전위차는 근육 표면에서 가장 높고 근육 심부 쪽이 가장 낮다. 분쇄육의 경우 산소가 내부로 침투하기 때문에 산화-환원 전위차가 뚜렷이 증가하게 된다.

6) 기타 영양소

호기성균은 수분 및 산소와 함께 다른 영양소들을 필요로 한다. 대부분의 미생물들은 생육하기 위해 질소, 에너지, 미네랄과 비타민 B 등 외부의 영양소를 필요로 한다. 일반적으로 아미노산과 기타 비단백태 질소화합물에서 질소를 얻으며 일부는 펩타이드와 단백질을 이용하기도 한다. 신선육에서 *Pseudomonas*와 기타 미생물들은 에너지를 얻기 위해 탄수화물을 이용하며 탄수화물 공급이 제한되게 되면 아미노산을 통해 에너지를 얻게 된다. 이 경우 황을 포함한 물질(methylsulphide, hydrogen sulphide, dimethylsulphide)들을 배출하며 이러한 물질들은 부패된 식육의 불쾌한 냄새를 유발하게 된다. 미네랄은 모든 미생물에 필요한 물질이나 비타민과 기타 물질들의 요구량은 매우 다양하다. 곰팡이와 일부 세균은 필요할 경우 충분한 양의 비타민 B를 합성할 수 있으며 다른 미생물들은 매우 적은양만을 필요로 한다. 식육은 이러한 영양소들이 풍부하며 따라서 미생물 생장에 최적의 배지역할을 한다.

7) 미생물 생장 억제물질

식육은 식육자체에 미생물 생장을 억제할 수 있는 인자를 가지고 있지 않으며 많은 식육제품 또한 마찬가지이다. 미생물 생장 억제 물질은 박테리아의 생장에서 발생되는 물질이 많으며 이러한 세균은 다른 세균과 경쟁하여 생장하면서 자신은 안정시키고 이때 생성된 물질을 이용하여 다른 균에 영향을 미친다. 젖산균(lactic acid bacteria)은 탄수화물과 젖산을 생성해 pH를 낮춤으로써 다른 세균의 성장을 억제시킨다. 과산화수소나 일산화탄소는 미생물의 어떤 특정한 조건에서 생성될 수 있는 억제 부산물이다. 박테리오신(bacteriocin)은 중요한 미생물 억제 펩타이드로 많은 세균에 의해 생성되는데 이러한 예로 젖산균을 들 수 있다. 박테리오신은 대부분 내열성이 있어 100℃에서 안정하며, 세포벽의 특정 수용체를 인식하여 작용하는 특이성을 가지고 있다.

8) 식육의 물리적 형태

식육과 가금육 제품에서 발생하는 대부분의 미생물 오염은 제품의 표면에서 발생하고 일반적으로 미생물은 근육의 내부로 침투하지 못한다. 하지만 식육가공공정 중 절단은 새로운 표면을 형성함으로써 미생물이 자랄 수 있는 환경을 제공한다. 표면노출이 커질수록, 육즙 및 영양소가 많을수록, 산소 투과량이 클수록 미생물의 수도 그에 따라 증가하게 된다. 따라서 식육의 세절로 인한 분쇄육은 미생물 오염의 가능성이 더욱 높아지며 미생물 오염 속도도 빠르게 된다. 이와 같이 식육 표면의 증가는 미생물을 증가시키며, 또한 절단기, 분쇄기와 같은 식육가공기기의 사용과 가공시간의 증가는 미생물을 증가시키는 원인이 된다. 또한 분쇄과정도 미생물의 오염을 증가시키는 원인이 된다. 따라서 분쇄육제품의 부패감소와 안전성 확보를 위한 제어기술을 적용하기 위해서는 분쇄육제품의 표면과 내부 모두를 고려하여야 한다.

9) 요인들 사이의 상호작용

온도, 산소, pH, 수분활성도와 같이 미생물 활성에 영향을 주는 여러 요인들은 각기 독립적으로 작용하는 것이 아니다. 일반적으로 미생물들은 생장 가능한 최저 혹은 최고 온도에서 수분활성도, 산소, pH에 대한 민감도가 증가한다. 예를 들어, 통성혐기성균이 혐기적인 조건에 처하면 호기적인 조건에 비해 높은 pH, 수분활성도, 온도를 필요로 한다. 호냉성균은 일반적으로 호기적 조건과 높은 수분활성도를 필요로 한다. 결과적으로 저온 저장된 식육에 대해 수분활성도를 낮추거나 산소를 제거함으로써 미생물에 의한 부패속도를 현저히 감소시킬 수 있다. 일반적으로 어떤 미생물의 생장 속도는 어떤 한 가지의 요인을 제어함으로 제한 범위까지 줄일 수 있다. 반면에 두 가지 이상의 요인을 제한한다면 미생물의 생장은 급격하게 줄거나 완전히 제거될 수도 있다.

(4) 부패 미생물과 병원성 미생물

1) 부패 미생물

가축이 도축되면 도체 표면은 배설물, 흙에 존재하는 미생물에 의해 오염될 가능성이 높아진다. 병원성 미생물에 의해 오염될 수도 있지만 대개의 경우는 병원성이 없는 미생물이다. 부패성 세균의 생장과 생장에 따라 생성되는 분비물들은 제품의 외관 변화와 냄새를 유발시킨다. 도체의 냉각에 따른 온도 저하는 저온성균이 생장할 수 있는 가능성이 높아진다. 저온에서는 결국 2~4 종류의 미생물이 식육표면에서 우세하게 발육하게 되는데, *Pseudomonas*, *Moraxella*, *Acinetobacter*는 냉장된 식육 및 가금육 표면에서 활발하게 생장한다. 그 외의 박테리아는 *Aeromonas*, *Alteromonas*, *Shewanella*, *Micrococcus*, *Lactobacillus*, *Streptococcus*, *Leuconotoc*, *Pedioccoccus*, *Flavobacterium, Proteus*가 적은 수로 존재하지만 부패의 원인이 되는 경우도 있다. 식육의 저장조건에 따라 우점종 세균의 종류를 변화시킨다. 예를 들어, 식육의 진공포장은 젖산균을 우점균으로 변화시키게 된다. 발효 육제품에 대한 염의 첨가는 *Pseudomonas*와 같은 그람음성균을 억제하며, 염에 대한 저항성이 있는 젖산균이 더욱 활발히 생장하여 젖산을 생성하게 된다. 식육의 냉동은 많은 미생물의 생장억제나 손상을 유도할 수 있으나 대부분의 미생물은 식육의 해동시 다시 생육하거나 성장하게 된다. 냉동저장 시에는 생육 가능한 미생물의 수도 줄어든다.

2) 병원성 미생물

음식물의 섭취로 인한 위장장애는 여러 가지 원인에 의해 발생된다. 그 원인으로는 알러지, 과식, 화학물질의 오염, 독성 식물이나 동물, 박테리아 독소, 미생물 감염, 기생충 등이 있다.

식중독은 미생물 자체나 미생물이 생산한 독소 섭취에 의해 발생하는데, 식육에 의한 감염은 식육에 오염되어 있는 병원성세균이 식육과 함께 섭취되어 장 내에서 질병을 일으키게 된다. 독소는 세균, 곰팡이에 의해 생성된다. 곰팡이로부터 생성된 독소를 통칭하여 곰팡이독소(mycotoxin)라고 한다. 곰팡이는 일반적으로 곡류에 생육하기 때문에 곰팡이 독소는 오염된 사료를 섭취한 가축의 건강에 영향을 미치기도 하고 그 식육에는 독소가 잔류될 수도 있다. 식육, 특히 염지 및 훈연육, 숙성을 거친 건조소시지는 곰팡이나 효모에 영향을 받기도 하여 곰팡이 독소가 문제가 될 수도 있다. 그러나 이제까지 곰팡이에 오염된 육제품을 섭취하여 인체에 식중독이 발생한 뚜렷한 증거는 없었다. 한편, 세균에 의해 생성된 독소를 함유한 식육이나 식육가공품을 섭취하면 식중독이 유발된다. 세균에 의해 생성된 독소는 상대적으로 이취(異臭)나 이미(異味)가 없어 소비자들이 위험을 감지하지 못하고 그 식육을 소비하기 때문에 더욱 주의를 요한다.

13.2. 식육을 매개체로한 감염과 중독

우리나라는 경제발전을 거쳐 오면서 식육의 소비량도 함께 증가해 왔다. 하지만 식육은 소비자들로부터 외면을 당하거나 가격이 급격하게 하락하는 경우는 대부분이 식육 또는 식육 가공품과 관련된 안전사고의 발생 직후이다. 특히 식중독 세균과 관련된 안전사고는 우리가 생각하는 것보다 더 자주 발생하고 있고, 경우에 따라서는 매우 심각한 경우도 있다. 식중독 사고는 소비자들의 생명을 위협할 뿐만 아니라 관련 산업에 재정적 손실을 주고 산업의 기틀을 붕괴 시킬 수도 있다. 식육은 가열해서 섭취를 하기 때문에 식중독 사고발생의 확률이 낮다고 생각할 수 있으나, 다른 교차오염을 통해 식중독 사고가 발생하거나 가공공정 중에 오염 또는 식중독 세균이 내열성 및 내산성이 높은 경우 생존하여 식중독을 발생 시킨다. 따라서 식육을 통해 식중독을 발생 시킬 수 있는 원인세균에 대해 이해를 하고 제어를 통해 식육을 통한 식품 안전사고를 최소화해야 한다.

(1) 감염형 식중독

감염형 식중독이란 세균자체가 사람의 몸 안에 침투하여 병원성 기작을 통해 사람에게 질병을 발생시키는 식중독을 말하며 대부분의 식중독 세균이 여기에 속한다.

1) *Escherichia coli*

대장균군(coliform bacteria)은 사람이나 동물의 장 내에서 주로 서식하는 그람음성 세균으로 35~37℃에서 젖당을 이용하여 가스를 생성할 수 있고 포자를 형성하지 않는 통성혐기성 간균들이다. 대장균군에는 *Klebsiella*, *Enterobacter*, *Citrobacter*, *Escherichia* 속이 이에 속하며, 이것들 중 44.5℃에서 젖당을 이용하여 가스를 생성할 수 있는 세균들을 분변계 대장균(fecal coliform bacteria)이라고 하고, 대장균인 *Escherichia coli* 가 여기에 속하다. 식품에 대장균의 오염은 사람이나 동물의 분변이 교차오염된 것으로 간주할 수 있기 때문에 대장균을 오염지시균으로 이용한다. 대장균은 비병원성과 병원성으로 분류가 되며 병원성 대장균은 질병을 발생시키는 기작과 증상에 따라 4개의 병원형(pathotype)으로 분류된다. 병원성대장균의 경우 과거에는 주로 축산물을 통해 사람에게 감염된다고 생각했었지만, 2006년 미국의 26개 주에서 시금치를 섭취하고 199명이 식중독에 걸려 3명이 사망하였고, 원인 세균은 *E. coli* O157:H7로 밝혀졌다. 그 이후에도 미국에서는 새싹채소와 상추 섭취에 의한 병원성대장균 식중독이 계속 발생하고 있다. 최근에는 독일을 비롯한 여러 유럽국가에서 동시다발적으로 신선한 채소를 섭취한 사람들이 *E. coli* O104 : H4에 감염되는 대형 식중독사고도 발생하였다. 따라서 병원성 대장균에 의한 식중독은 축산물뿐만 아니라 채소류를 통해서도 감염될 수 있다.

2) 장관출혈성 대장균(Enterohemorrhagic *E. coli*, EHEC)

장관출혈성 대장균은 사람에게 감염된 후 대장에서 시가독소(shiga toxin ; Stx1, Stx2)를 생산한다. 감염되었을 때 증상은 구토, 복통, 설사, 장관출혈, 신장부전에 의한 용혈성 요독소 증후군(hemolytic uremic syndrome, HUS) 등을 나타낸다. 장출혈성 대장균 중 가장 대표적인 혈청형(serotype)은 *E. coli* O157 : H7이지만 국내 유통 중인 축산물에서는 거의 분리가 되고 있지 않다. 그 외에도 다른 장관출혈성 대장균 혈청형도 있다. 치사율은 3～5%이고, 감염량은 10～100cell이다. 현재 우리나라에서는 병원성 대장균 중 장관출혈성 대장균에 대한 규격만 가지고 있다. 장출혈성 대장균군은 다른 그람음성 세균들과 비슷하게 열에 대한 큰 내열성은 없다.

3) 장관병원성 대장균(Enteropathogenic *E. coli*, EPEC)

장관병원성 대장균은 설사와 구토를 유발하는 식중독 세균으로 특히 후진국의 영유아 설사를 일으키는 주요 원인세균이다. 장관병원성 대장균은 소장과 대장 점막에 A/E(attachment/effacement) 병변(lesion)을 이용하여 부착하고 장관세포 actin을 재배치하여 미세융모의 구조를 약사발 모양을 변화시킴으로 인해 설사를 발생시킨다. 감염량은 영유아의 경우 매우 작지만 성인의 경우에는 10^7～10^{10}cell 정도이고, 잠복기는 4시간으로 다른 식중독 세균들에 비해 감염 후 매우 빠르게 식중독 증상이 발생한다. 장관병원성 대장균은 *E. coli* adherence factor plasmid의 유무에 따라 전형적 장관병원성(typical EPEC)과 비전형적 장관병원성 대장균(atypical EPEC)으로 분류된다.

4) 장관독소원성 대장균(Enterotoxigenic *E. coli*, ETEC)

장관독소원성 대장균은 오염된 물이나 식품을 통해 감염될 수 있으며, 감염 후 소장에 부착하여 열에 안정적인 독소(heat stable toxin, ST)와 불안정한 독소(heat labile toxin, LT)를 생성하여 설사와 복통을 동반하는 식중독을 발생시킨다. LT는 열에 민감하지만 ST는 열에 안정적이다. 이 식중독은 후진국을 여행하는 사람들에게 발생하는 경우가 많아 일명 'Traveler's diarrhea' 라고도 블린다. 장관독소원성 대장균의 감염량은 10^7~10^{10}cell 정도이고 잠복기는 8~44시간 정도이다.

5) 장관침입성 대장균(Enteroinvasive *E. coli*, EIEC)

장관침입성 대장균은 Shigella와 유전적으로 매우 가까운 세균이다. 다른 병원형과 다르게 장관침입성 대장균은 대장 상피세포를 통과한 후 세포 내에서 증식하고 인접한 세포로 옮겨가며, 복통, Shigella 식중독과 유사한 설사, 구토 등의 증상을 나타내는 식중독을 발생시킨다. 이러한 특성은 장관침입성 대장균이 pINV 플라스미드를 가지고 있기 때문에 나타난다. 잠복기는 12~72시간 이며, 감염량은 200~5,000cell 정도로 작은 편이다. 주원인이 되는 식품은 아직 명확하게 밝혀지지 않았다.

6) *Campylobacter*

*Campylobacter*는 포자를 생성하지 않는 그람음성 간균으로, 나선형 막대 모양(S자 형태)이다. *Campylobacter jejuni*와 *Campylobacter coli*가 주로 사람에게 식중독을 발생 시킨다. *Campylobacter*의 생장 최적온도는 42~43℃이다. 다른 식중독 세균들과 다르게 실온에서는 쉽게 사멸되지만, 4℃ 정도의 냉장상태나 동결상태에서는 장시간 생존 가능하다. 건조, 열, 산성 조건 등 주변 환경에 대해서는 매우 민감하다. 최적 pH는 6.5~7.5이고 생장가능 pH의 범위는 4.9~9.0이다.

*Campylobacter*는 미호기성 세균이기 때문에 산소 농도가 적은 조건(최적 3~5%)에서만 생장이 가능하다. *Campylobacter*는 대사활성은 있으나 배양이 까다로운 VBNC(viable but non-culturable ; 살아있지만 배양이 어려운 상태) 상태로 존재할 수 있는데, 이때 배지에서 검출되지 않는 경우가 있다. 따라서 오염되지 않았다고 잘못 판단하여 이것이 식중독 발생으로 연결될 수 있는 위험성이 있다. 최소 감염량은 500~800cell 정도로 매우 낮지만, 숙주의 민감도에라 식중독 발생은 다를 수 있다.

가금류는 다른 가축에 비해 높은 체온을 가지고 있다. *Campylobacter*가 생장하기에 적합하여 *Campylobacter*가 주로 분리되고, 그 외에도 소, 돼지, 양, 고양이, 개 등의 동물에서도 분리된다. *Campylobacter* 식중독의 주요 원인식품으로는 가금육, 소고기, 돼지고기, 기타 육류 제품, 우유 및 유제품이다. 아울러 *Campylobacter*가 오염된 식품 원재료와의 교차오염에 의하여 생선, 홍합, 신선 채소 등이 식중독의 원인이 될 수 있다. *Campylobacter* 식중독의 주요 증상은 설사, 발열, 복통 등이며, *Campylobacter*에 감염되어도 증상이 나타나지 않는 경우도 있다. 잠복기는 *Campylobacter*를 섭취한 양이 따라 차이가 있으나 보통 1~7일 정도이다. 심각하게는 반응성 관절염인 라이터 증후군(Reiter's syndrome), 급성 감염성 다발신경염인 길랭-바레 증후군(Guillain-Barre syndrome)이 나타날 수 있어 위험하다. *Campylobacter*는 설사의 주요 원인세균이며, 특히 개발도상국에서는 영유아 설사에 주요 원인이다.

*Campylobacter*는 다른 식중독 세균에 비해 환경적 스트레스에 매우 민감하여 식품을 가열하거나 염소수로 세척했을 때 충분히 사멸될 수 있다. 또한 *Campylobacter*는 교차오염을 통해 식중독을 발생시키는 경우가 많으므로 교차오염을 방지하기 위해 *Campylobacter*의 주 오염원인 식육은 다른 식품과 구별하여 보관·조리해야 하고 식육을 냉장 보관할 때 육즙이 다른 식품에 닿지 않도록 용기나 포장비닐 등을 이용하여 분리보관 해야 한다. *Campylobacter*는 그 위해성이 최근 들어 급격하게 증가하고 있는 식중독 세균이다.

7) *Listeria monocytogenes*

*Listeria monocytogenes*는 *Listeria* 속에 속하는 세균으로, 인수공통으로 질병을 발생시키는 세균이다. 13개의 혈청형을 가지고 있으며(1/2a, 1/2b, 1/2c, 3a, 3b, 3c, 4a, 4ab, 4b, 4c, 4d, 4e, 7), 그 중 식품에서 주로 분리되는 혈청형은 1/2a, 1/2b, 4b이다. *L. monocytogenes*는 그람양성, 통성혐기성 간균이며, 포자는 형성하지 않는다. *L. monocytogenes*의 최적 생장 pH는 7.0이며, 생장 가능한 pH는 4.2~9.5이다. 또한 최소 생장 가능 수분활성도는 대략 0.92정도 이다. 최적 생장 온도는 30~37℃이나, -0.4~45℃의 넓은 범위에서도 생장이 가능하다. 이러한 특징 때문에 냉장온도 보관된 진공 및 질소포장 내에서도 느리지만 *L. monocytogenes*는 생장이 가능하다.

*L. monocytogenes*는 토양, 하수 등의 자연계와 동물의 장내에 널리 분포되어 있기 때문에 축산물의 비위생적인 취급으로 인해 식육 및 육가공품에 오염될 수 있다. 특히 *L. monocytogenes*가 슬라이스 된 제품에서 분리되는 경우가 많다. 따라서 *L. monocytogenes*가 주로 분리되는 식품은 육류 및 햄, 소시지, 돼지편육과 훈제오리 등 이다. 이 외에도 아이스크림, 채소류와 시판 중인 냉동만두, 피자 등에서도 *L. monocytogenes*가 검출되고 있다.

*L. monocytogenes*에 감염될 경우의 최소감염량은 최소 10^2cell에서 최대 10^{13} cell이다. *L. monocytogenes* 식중독에 걸리게 되면 발열, 복부경련, 설사 등의 증

상뿐만 아니라 패혈증, 간농양, 뇌수막염 등 심각한 증상을 발생시킬 수 있다. 치사율은 20~30% 정도로 매우 높고, 특히 임산부, 신생아, 장기이식 환자, 암환자, 노인 등과 같이 면역이 저하된 사람들에게는 더욱 치명적이다.

업체에서는 냉동, 냉장식품의 저장시 제품별 적합한 냉동 또는 냉장온도 유지를 철저히 준수하여야 하고, 특히 시설 및 장비에 대한 철저한 소독이 필요하다. *L. monocytogenes*가 오염될 위험이 높은 육류 및 육가공품, 치즈류, 훈제식품 등은 다른 식품과 분리·보관하여 교차오염을 차단해야 한다. 또한 임산부, 면역력이 낮은 사람 등 *L. monocytogenes* 감염에 대하여 취약한 집단은 육류 및 육가공품에 대한 섭취를 자제하거나 충분히 가열 조리한 후 섭취해야 한다.

미국, 유럽 등 국외에서는 대규모 *L. monocytogenes* 식중독 사고사례가 빈번하게 나타나며, 사망자도 발생한다. 그러나 국내는 아직까지 *L. monocytogenes* 식중독에 대한 공식적인 보고는 없으나, *L. monocytogenes* 감염증에 의한 유산, 사산 등의 사례가 지속적으로 학술지에 보고되고 있다. 이 외에도 2014년에는 국내 생산된 소시지에서, 2015년에는 국내에서 생산된 훈제오리와 훈제 닭에서 매우 높은 빈도로 *L. monocytogenes*가 검출된 사례가 있어, 국내에도 *L. monocytogenes* 식중독 발생 위험성은 존재하고 있다.

8) *Salmonella* spp.

*Salmonella*는 그람음성의 간균으로 운동성이 있고 포자를 형성하지 않는 통성 혐기성 세균이다. *Salmonella*는 다른 미생물들과 다르게 종(species)이 2개(*S. enterica, S. bongori*)만 있고 대부분의 *Salmonella*는 *S. enterica* 종으로 분류된다. *Salmonella* 식중독을 발생시킬 수 있는 잠재적 가능성을 갖는 약 2,500개의 혈청형이 있기 때문에 속(genus)과 종만을 이용하는 학명표기법을 사용하지 않고 속과 혈청형으로 만 표기한다. 예를 들어 *Salmonella*(속) *enterica*(종)의 혈청형 *Enteritidis*는 *S. Enteritidis*로 표기한다.

*Salmonella*는 자연에 널리 퍼져 존재하지만, 특히 가축 및 야생 동물, 조류, 파충류, 그리고 곤충 및 사람의 장내에 자연스럽게 존재하고 있다. 특히 닭의 장관에 존재하는 *Salmonella*는 산란을 하면서 달걀로 교차오염 되기 때문에 계란의 표면에서도 *Salmonella*가 분리될 수 있다. 동물과 조류의 장관에서 존재하고 있던 *Salmonella*는 배설물을 통해 외부로 전파되며 곤충과 같은 매개체를 통하여 다양한 환경으로 오염된다. *Salmonella*는 동물, 조류, 그리고 사람 등의 배설물 등을 통해 직·간접적으로 식재료에 오염된다. 오염된 식재료를 날것 또는 부적절하게 요리된 것을 섭취하거나, 음식을 충분히 열처리 하였을 지라도 오염된 조리도구 등에 의해 교

차오염 되어 *Salmonella* 식중독이 발생한다.

Salmonella 식중독은 과거에 동물성 식품을 통하여 발병할 수 있다고 여겨졌으나, 신선한 농산물에서도 *Salmonella* 식중독이 발생할 수 있다. *Salmonella*가 오염된 농산물이나 해산물은 *Salmonella*가 오염된 세척수가 원인이 된 경우도 있었다. 수분 함량이 적은 식품에서는 대부분의 세균이 사멸되지만 *Salmonella*는 수분량이 적은 식품에서도 사멸하지 않고 어느 정도까지 견디기 때문에 식중독 사고를 발생시킬 위험이 있다. 따라서 *Salmonella* 식중독은 다양한 식품에서 발생할 수 있으며 그 예로는 고기, 가금류, 계란, 우유 및 유제품, 생선, 새우, 향신료, 효모, 코코넛, 소스, 코코아, 농산물 등이 있다. 국내에서도 다양한 식품을 통해 *Salmonella* 식중독이 지속적으로 발생하고 있다.

*Salmonella*에 감염이 되면 6~72시간의 잠복기간, 일반적으로는 12~36시간 내에 발열, 두통, 설사와 구토, 복부 경련 등 위장증상이 나타난다. 증상은 일반적으로 4~7일 동안 지속되지만 섭취 균주의 특성, 섭취량과 개인의 특성에 따라 1~2일에서 그 이상 지속될 수 있는 급성질환이다. *Salmonella*는 장 내에서 부착 및 침투를 통해 염증과 조직 손상을 발생시킨다. 일반적으로 건강한 사람의 경우 가벼운 위장염 증상으로 치사율은 1% 이내로 나타난다. 감염량은 사람의 나이와 건강상태에 따라 매우 다양하다. 하지만 *Salmonella*는 열에 민감하여 일상적인 조리를 통해 *Salmonella* 식중독을 예방할 수 있다.

9) *Yersinia enterocolitica*

Yersinia 속은 11개의 종이 있다. 그 중 *Y. enterocolitica*와 *Y. pseudotuberculosis*가 장염을 유발할 수 있으며, 특히 *Y. enterocolitica*가 식중독을 유발한다. *Y. enterocolitica*는 작고, 간균 형태의 그람음성 세균이며 상처부위, 분변, 객담, 장간막 림프절과 같은 임상 검체에서 종종 분리되나, 사람의 정상 균총 내 구성 세균은 아니다. *Y. enterocolitica*는 토양, 물, 동물(비버, 돼지, 다람쥐)에 분리되는데 이것이 식품에 교차 오염될 수 있으며 실제 육류(돼지고기, 소고기, 양고기 등), 굴, 생선, 게, 비살균 원유 등 에서 분리되고 있다. 특히 날 것 또는 덜 익은 돼지고기가 대표적인 *Y. enterocolitica*의 감염원이다.

*Y. enterocolitica*는 저온성 세균(저온에서 생장하는 세균)으로 7℃ 이하에서도 생장이 가능하다. 냉동에서도 견딜 수 있으며 오랜 기간 냉동식품에서 생존이 가능하다. 또한 *Y. enterocolitica*는 통성혐기성 세균이다. 이러한 특성 때문에 *Y. enterocolitica*는 진공포장 된 육제품, 삶은 달걀, 삶은 생선, 멸균된 액란, 멸균유, 코티지 치즈, 두부에서 냉장 중에도 생장할 수 있으며, 냉장된 해산물, 굴, 생새우,

조리된 게살에서도 분리될 수 있다.

Y. enterocolitica 식중독의 치사율은 매우 낮으나, 감염시 불특정, 자기제한적(self-limiting) 설사를 나타내며 다양한 자가면역 합병증을 야기하기도 한다. 대부분의 감염 증상은 5세 이하의 어린이들에게서 나타나며 설사와 구토를 동반한 장염이 빈번하고 발열 및 복통도 동반된다. 이 세균에 감염된 어린이들이 혈변을 보기도 한다. *Y. enterocolitica* 식중독의 주요 질환 및 잠재적 합병증에 대해 가장 취약한 인구집단은 10세 미만의 어린 아이들이며, 면역이 저하된 사람, 노인, 등이다. 감염량은 10^4~10^6cell 정도로 추정된다.

(2) 독소형 식중독

독소형 식중독은 장 내에서 생산되는 독소가 아닌 식품에서 세균이 생산한 독소를 섭취하여 식중독이 발생하는 경우를 말한다. 그래서 독소형 식중독의 경우는 잠복기가 감염형 식중독에 비해 짧다.

1) *Staphylococcus aureus*

Staphylococcus aureus(황색포도상구균)은 그람양성, 비운동성, catalase 양성인 구형의 세균으로 토양, 하수 등 자연계에 널리 분포하고 있을 뿐 아니라 사람의 25% 이상 피부와 코 점막 등에 보균하고 있기 때문에 사람으로부터 교차오염에 의해 식품에 오염될 가능성이 매우 높은 세균이다. *S. aureus*는 호기적 조건의 식품에서 생장이 빠르나 통성 혐기성 세균이기 때문에 진공 또는 가스치환 등으로 포장된 제품에서도 서서히 생장이 가능하다. 또한, 생존조건의 범위가 다른 세균에 비해 넓어 높은 염과 당 농도 등에서도 생장이 가능하다는 특징이 있다.

이와 같이 다양한 환경에 널리 존재할 수 있기 때문에 대분의 식품이 *S. aureus* 식중독의 원인식품이 될 수 있으며 식품에 오염된 *S. aureus*는 증식하여 세균수가 10^5~10^6 CFU/g가 되면 장독소(A, B, C1, C2, C3, D, E, G, H, I)를 생산하고, 생성된 장독소를 섭취하게 됨으로써 독소형식중독을 발생시킨다. 국내에서는 조리종사자의 손을 많이 거치는 김밥과 도시락 등에서 *S. aureus* 식중독이 빈번하게 발생해왔다. 그 외에 황색포도상구균 식중독 원인식품(12건)은 소고기와 그 가공품, 뷔페음식, 갑각류, 조개, 연체동물, 가금육 등이 있다.

S. aureus 식중독은 장독소가 있는 식품을 섭취 후 2~8시간 정도면 메스꺼움, 구토, 복부 경련, 설사 등이 발생한다. 탈수가 동반될 수 있고 신경쇠약, 허탈, 의식장애 등의 증상도 보인다. 이러한 증상은 1~2일까지 지속될 수 있고, 낮은 확률이지만

사망에 이르기도 한다. *S. aureus*에 의한 식중독은 1㎍의 매우 적은 독소량으로도 발생할 수 있으며, 민감한 사람의 경우 100~200ng의 독소만으로도 증상이 나타날 수 있다. 국내에서 *S. aureus* 식중독은 매년 꾸준히 발생하고 있다.

*S. aureus*의 장독소는 내열성을 갖기 때문에 보통의 조리 시 열처리에 의해 잘 파괴되지 않는다. 따라서 원료 자체의 오염을 방지하는 것이 중요하며, 식품에 대한 충분한 열처리 및 신속한 섭취가 필요하다. 황색포도상구균은 건강한 사람의 피부 등 다양한 환경에 존재하고, 생장 범위가 넓기 때문에 오염을 완전히 예방하기 어려우나 주변 환경을 위생적으로 관리하여 최대한 감염원을 제거하는 것이 황색포도상구균 식중독 예방에 중요하다.

2) *Clostridium botulinum*

*Clostridium botulinum*은 그람양성의 편성혐기성 간균이며 포자를 형성한다. *C. botulinum*의 포자는 토양이나 해양의 침전물에 존재하고 있다가 농축수산물에 교차오염된다. 포자 자체는 병원성이 없기 때문에 포자 자체가 질병을 발생시킬 수는 없지만 포자가 열에 대한 내성이 매우 강하여 농축수산물이 가공되는 동안 열에 의해 파괴 되지 않는다. 이렇게 생존한 포자가 통조림이나 레토르트 포장 등과 같은 혐기적인 조건에 노출이 되면 발아하여 영양세포가 되고 *C. botulinum* 독소를 생산한다. 국내에서는 *C. botulinum* 식중독이 드물기는 하나 2003년 진공포장 된 소시지를 섭취한 일가족 3명이 *C. botulinum* 식중독에 걸린 경우가 있다.

C. botulinum 독소는 7가지(A, B, C, D, E, F, G)가 있는데 그 중 A, B, E, F[Group I(proteolytic ; 식품부패 발생) : A, B, F ; Group II(식품부패 없음) : B, E, F만이 사람에게 독성이 있다. 이 독소에 의한 식중독 증상은 섭취 후 12~36시간 후면 발생하고 신경독소이기 때문에 신경을 마비시켜 처음에는 흐리게 보이거나 2개로 보이는 복시 증상이 나타나고 복통, 구토와 어지럼증을 동반하면서 근육의 수축이 어려워지고 식도뿐만 아니라 기도를 마비시켜 호흡곤란으로 사망하게 된다. 영유아의 경우 *C. botulinum* 포자를 섭취한 경우 포자가 장 내에서 발아하여 독소를 생산하고 이로 인해 중독증상(intestinal toxemia botulism)이 발생하기 때문에 *C. botulinum* 포자가 오염되어 있을 수 있는 벌꿀은 만 1세 이하의 영유아에게 절대 공급해서는 안 된다.

C. botulinum 독소는 100℃에서 급격하게 파괴가 된다. 따라서 식품 내에 독소가 생성되어 있을 지라도 100℃ 에서 충분히 가열할 경우 안전하다. 육제품 제조시 질산염이나 아질산염을 이용하여 *C. botulinum*의 독소생성을 억제한다. 또한 젖산균이나 박테리오신을 이용하여 *C. botulinum* 포자의 발아를 억제하기도 한다.

(3) 중간형 식중독

중간형 식중독은 감염형과 독소형의 특성을 모두 나타내는 식중독을 말한다.

1) *Clostridium perfringens*

*Clostridium perfringens*는 그람양성, 혐기성 세균이고 성장에 적합하지 않은 환경에서 포자를 형성하는 간균이다. *C. perfringens*는 영양세포나 포자의 상태로 분변, 토양, 사람 또는 동물의 장에 널리 분포하면서 식품에 교차오염 될 수 있다. *C. perfringens*의 영양세포는 열에 민감하여 70℃에서 2분간 가열하면 10^6 CFU/g가 사멸하지만 포자는 내열성을 가지고 있어 100℃의 조리온도에서도 파괴되지 않고 식품 내에 존재하고 있다가 12~60℃에서 보관하는 등 적합한 환경이 되면 발아하여 장독소(enterotoxin)를 생성한다. 이 독소를 섭취할 경우에도 식중독을 발생시킬 가능성이 있다. 하지만 이러한 경우는 현재까지 한 번의 식중독 사고만 확인되었다. 대부분은 10^6 이상의 영양세포나 10^6 이상의 포자를 섭취하였을 경우에는 장 내에서 장독소를 생산하여 식중독을 발생시킨다. 포자의 경우엔 장 내에서 발아하여 장독소를 생산하여 식중독을 발생시킨다.

*C. perfringens*는 생성하는 독소(α, β, ε, ι)에 따라 다섯 가지[A(α), B(α, β, ε), C(α, β), D(α, ε), E(α, ι)형] 종류로 분류된다. 분리된 *C. perfringens*의 5% 정도만 *C. perfringens* enterotoxin(CEP)를 생성하고 이것들의 대부분이 A형 *C. perfringens*이다. *C. perfringens*는 사람의 장 내에도 존재하고 있는 장내세균으로 식중독 발생시 분변에서 분리된 *C. perfringens*가 CEP를 생성할 수 있는 균주인지 확인하는 단계가 반드시 필요하다.

*C. perfringens*는 소고기, 가금육, 건조 혹은 반 조리된 식품에서 종종 발견되고, 특히 식중독은 대량으로 준비되어 오랜 시간동안 배식하는 병원, 학교 급식 등의 단체 급식소에서 많이 발생한다. *C. perfringens*는 적합한 환경에서 다른 세균들에 비해 증식속도가 매우 빨라 doubling time이 10분 이하이다. 식품의 보관온도가 적합할 경우 *C. perfringens*가 식중독을 발생시킬 수 있는 세균수까지 다른 세균들에 비해 더 빠르게 도달할 수 있다.

*C. perfringens*의 일반적인 감염 증상은 설사 및 복통으로 잠복기는 6~24시간 이내이고 보통 10~12시간 이내이다. 설사는 장 세포 조직의 손상을 야기하는 장독소에 의해 발생하게 되며, 간혹 구토 및 오심 증상을 보이기도 한다. 설사증상은 *C. perfringens* 장독소와 포자가 배출되면서 경감된다. A형 *C. perfringens*는 오염된

식품의 섭취를 통해 사람에게 발병하는 설사병의 원인체이며 대부분의 *C. perfringens* 식중독을 차지하지만 치명적인 경우는 흔하지 않다. 아주 드물지만 C형의 경우 β독소에 의해 괴사성 장염(enteritis necrosis, pig-bel disease라고도 함)의 원인으로 복부가 부풀어 오르는 증상과 피가 섞인 설사를 보이는 경우가 있으며 치사율은 정확하게 파악되어 있지 않지만 이 경우 매우 치명적일 수 있다. B, D, E형은 사람에게는 식중독을 잘 발병시키지 않는다. *C. perfringens* 식중독은 모든 연령의 사람에게 발생할 수 있지만 영아 및 어린이, 노인에게 감염의 위험성이 높고, 더 심한 증상이 지속될 수 있다. 최근, 2014년에는 학교급식에서 제공된 돼지족발로 인해 *C. pefringens* 식중독이 여러 학교에서 동시다발적으로 발생한 사례가 있어 *C. pefringens*는 식중독 예방에 대한 각별한 주의가 필요한 식중독 세균이다.

*C. perfringens*는 70℃에서 2분간 가열시 10^6 CFU/g이 사멸하고, 독소 또한 다른 장독소에 비해 열에 불안정하여 60℃에서 5분간 가열하면 활성을 잃는다. *C. perfringens* 포자 생산을 예방하기 위하여 소고기, 가금육 등 *C. perfringens* 감염과 관련이 있는 식품들은 권장 온도에 맞추어 철저히 조리되어야 한다. 조리 후에는 60℃보다 높거나 5℃보다 낮은 온도로 유지되게 하여 초기 조리 과정에서 생존했을 수 있는 *C. perfringens*의 포자 발아를 억제시켜야 한다.

(4) 바이러스 식중독

식육을 통한 바이러스 식중독은 세균성에 비해 흔하지 않지만 최근 E형 간염바이러스가 식육가공품에서 문제가 되어 식육가공품에 대한 판매량이 감소한 사례가 있다.

1) Hepatitis E virus

Hepatitis E virus(HEV; E형 간염바이러스)는 Hepeviridae과 Orthohepevirus 속의 Hepatitis virus 5가지 중 하나로, 불안정한 입자의 바이러스이다. E형 간염바이러스는 외피가 없는 단일 가닥의 RNA를 가지며, 분변-경구 경로를 가진다. 주로 오염된 물이나 식품섭취를 통해 E형 간염바이러스에 감염된 후, E형 간염바이러스가 장에서 간으로 이동하는 것으로 알려져 있으나 질병발생 기작은 현재까지 정확히 밝혀지지 않았다. HEV에 감염된 개체를 분석한 결과, HEV가 주로 간에서 발견되었으며, 소장, 림프절, 결장 및 타액선에서도 종종 분리되나, 비장, 편도선, 신장에서는 분리되지 않았다.

E형 간염바이러스 감염은 주로 저개발국가에서 오염된 식수로 인해 발생하고, 미국·일본 등 선진국에서는 육류와 육가공식품을 통하여 산발적으로 발생하고 있다. 주

로 E형 간염바이러스에 오염된 물을 마시거나, 감염된 돼지, 사슴 등 육류를 덜 익혀 섭취할 경우에 사람이 감염된다. 미국에서는 돼지 간에서 HEV가 검출되어 이를 회수한 사례가 있으며, HEV 감염 돼지의 배설물에 의해 주변 폐기물까지 HEV가 오염될 수 있다. 이로 인하여, 다른 농작물로 HEV가 교차 오염될 가능성이 있으며, 유럽과 미국에서는 하수에서 HEV가 발견된 사례가 있다.

E형 간염바이러스 감염은 주로 15세에서 40세 사이 연령에서 많이 발생한다. HEV의 최소 감염량은 현재까지 알려진 바가 없으며, 감염될 경우 5~60일(평균 40일) 잠복기를 지나서 피로, 복통, 식욕부진 등의 증상이 발생한 후 황달, 진한색 소변, 회색변 등의 증상을 보인다. 건강한 성인은 대부분 자연 회복되며 치사율은 낮지만, 임신부, 간질환자, 장기이식환자와 같은 면역저하자의 경우는 치사율이 매우 높아 주의가 필요하다. 2017년 영국의 한 대형마트에서 판매한 소시지로 인하여 E형 간염바이러스 식중독이 발생하였으며, 유럽 소시지에 의한 E형 간염바이러스 식중독 사례도 지속적으로 보고가 되고 있다. 우리나라에서는 멧돼지 담즙, 노루 생고기를 먹고 E형 간염바이러스 식중독이 발생한 사례가 있다. 하지만, E형 간염바이러스는 71℃ 에서 20분 정도 처리 하면 불활성화 시킬 수 있으므로 가열을 통해 E형 간염바이러스 식중독은 충분히 예방될 수 있다.

(5) 기생충에 의한 식중독

기생충에 의한 식중독은 국내 식육동물 사양기술의 위생화로 인해 현저하게 감소하였지만 수입되는 축산물의 양이 증가하고 있고 일부 국가에서는 여전히 식육을 통한 기생충 감염이 발생하고 있으므로 기생충에 의한 식중독에 대해 주의를 기울일 필요가 있다.

1) *Trichinella*

Trichinella 속은 동물의 골격근에 기생할 수 있는 기생충이다. 유충은 다른 동물이나 사람을 감염시킨 후에 소화관 벽을 파고들어 체내를 돌아다니며 주로 특정 근육에 기생한다. 이러한 기작 때문에 *Trichinella* 감염은 육식성 및 잡식성 포유류, 파충류 및 조류의 익히지 않은 고기에서 발견된다. *Trichinella* 종들 중 *Trichinella spiralis*의 의한 *Trichinella* 식중독이 가장 많으며, 주요한 오염원은 전 세계적으로 돈육이지만 미국과 다른 선진국들에서는 돈육에 의한 감염 위험이 크게 감소하고 있다. 하지만 완벽하게 익지 않은 돈육 섭취에 의한 식중독의 위험성은 여전히 남아있다.

Trichinella 식중독에 의한 사망률은 매우 낮다. *Trichinella* 식중독의 잠복기는 일반적으로 섭취 후 1~4주이다. 초기 감염은 경미한 위장 증상을 유발할 수 있으며 증상의 지속 기간과 중증도는 육류의 준비방법, 섭취한 유충의 수, *Trichinella* 종, 환자의 면역 상태에 따라 다양하다. 감염증상은 주로 설사, 구역감 및 구토이며 신체 조직에 침입한 유충은 때때로 심각한 증상을 나타내는데, 주로 근육통, 열, 무력감 등을 동반하고, 특히 얼굴 중 눈 주변의 붓기가 주로 나타난다. 유충은 골격근에서만 생존할 수 있지만 다른 장기를 통해 이동할 수 있기 때문에 합병증이 발생할 수 있다.

Trichinella 식중독은 주로 익히지 않은 음식찌꺼기나 육류를 섭취하는 돼지를 통해 발생하는 감염병이며 이를 예방하려면 돈육을 완벽하게 익혀서 섭취해야한다. 전자레인지 조리는 유충 사멸에 큰 효과가 나타나지 않으며, 훈연 및 얼리는 냉동방법 역시 유충을 완벽하게 차단시키는 방법으로는 적합하지 않다.

2) *Toxoplasma gondii*

*Toxoplasma gondii*는 편성세포내기생성(obligate intracellular parasites)의 근육포자충과(Sarcocystidae)에 속한다. *T. gondii*는 전 세계적으로 발견되고 특히, 지역적으로는 덥고 습한 기후의 낮은 고도의 지역에서 많이 발견된다. *T. gondii*는 무성생식과 유성생식 생활주기로 분류된다. 무성생식은 온혈 척추동물(새, 육식동물, 설치류, 돼지, 영장류, 사람)과 같은 중간 숙주에서 일어나고, 유성생식은 종결숙주(애완 고양이)에서 예외적으로 발생한다. *T. gondii* 감염시 발생하는 질병을 톡소플라스마증(toxoplasmosis)이라고 한다.

*T. gondii*는 주로 가축이나 야생 고양이의 분변에서 분리될 수 있으며, 1차 숙주인 고양이 분변에 의해 오염된 물 혹은 음용수, 애완 고양이와 접촉한 손, 오염된 물로 세척된 채소, 중간 숙주(새, 설치류, 돼지, 양, 소 등), 물, 토양과 같은 환경적 인자에 의해서도 *T. gondii*에 감염될 수 있다. 또한, *T. gondii*의 접합자낭이 오염된 생고기 혹은 생우유 섭취시 식중독이 발생한다. *T. gondii*에 감염되었을 경우, 건강한 사람들은 무증상인 경우가 많지만 면역이 저하되어 있는 사람들의 경우 독감과 유사한 증상이 나타나고 두통과 고열, 림프절 부종이 동반된 근육통이 발생한다. 특히, 임산부의 경우 기형을 유발할 수 있고 임신 초기 유산을 유발하기도 하며 생명을 위협할 수도 있다.

*T. gondii*의 기생충 낭포는 고기를 60℃ 이상 가열하거나 0.3kGy 이상의 방사선 조사를 통해 파괴될 수 있다. 하지만, 접합자낭은 더 높은 온도에서 파괴 된다. 또한 고양이 분변으로부터 환경적으로 오염되는 것도 방지해야 한다. *T. gondii*에 의한 감

염은 미국, 프랑스, 독일 등 전 세계적으로 발생하고 있으나 우리나라에서는 드문 편이다.

(6) 광우병

1990년대 초 영국에서 발생한 광우병(Bovine spongiform encephalopathy)은 이와 관련된 질병에 대해 큰 반향을 불러일으켰다. 광우병은 다양한 종에서 발생할 수 있는 해면상뇌증(海綿狀腦症)의 일종이다. 즉, 양에서의 스크래피(scrapie), 사슴에서의 만성소진증(Chronic Wasting Disease), 그리고 인간에서의 Kreutsfledt-Jacobs병과 쿠루병(Kuru)들이 다양한 종에서 발생하는 해면상뇌증 유사 증상이다. 이 병은 중추신경계를 침해하여 다양한 신경계의 이상 증상으로 나타난다. 이 질병은 예외 없이 치명적이지만 정확한 진단은 오직 시체해부에 의한 조직학적 분석으로만 가능하다는 문제점을 가지고 있다. 그 원인이 되는 병원체는 프라이온(prion)으로 추측되는데 프라이온은 특정 DNA 혹은 RNA가 결핍된 바이러스보다 작은 단백질 입자다.

영국에서 발생한 광우병이 스크래피에 감염된 양의 부산물로 제조한 사료를 소에게 공급하여 발생한 것으로 확인되기 전까지, 해면상뇌증은 특정 종에서만 발생하는 특이성을 가진 질병으로 생각되었다. 당시의 정제 과정은 병원체를 파괴하기에 불충분하였으나 그 이후 정제 기술은 향상되었다.

영국인들에게서 발생한 소수의 비전형적 Kreutsfeldt-Jacobs병의 사례는 광우병의 원인체가 종적 특이성을 상실하여 인간을 감염시킬 수 있도록 변형되었다는 추측을 불러일으켰다. 그러나 현재까지 의학계에서도 해면상뇌증의 병인학적 특성 연구는 절대적으로 부족하며 따라서 위와 같은 추측을 반박하거나 입증할만한 확실한 정보는 거의 없는 실정이다.

13.3. 식육미생물의 검사와 제어

(1) 식육미생물의 검사

식육에서의 미생물 성장과 활성을 평가하는 방법은 다양하며, 평가 방법은 필요한 정보나 제품의 특성, 그리고 측정하고자 하는 미생물의 특성에 따라 선택하는 것이 좋다. 식육 또는 검사하고자 하는 식육제품 표면에 대한 시료채취 방법의 선택은 유용한 결과를 얻기 위한 중요한 수단이다. 미생물 분석은 위생상태, 특정 병원성균의 유무, 미생물 수, 특정 미생물의 포자형성, 예상 유통기간 등을 나타낼 수 있는 지표가 된다.

1) 미생물 측정법

어떠한 방법을 선택하든지, 미생물 실험은 시료채취, 희석, 접종, 배양, 미생물 수 측정과 같은 공통적인 순서에 의해 진행된다. 시료채취는 시료에 존재하는 세균을 대표할 수 있도록 적절한 방법으로 시료채취가 이루어져야 하며, 채취한 시료의 세균을 접종, 배양하고 그 수를 정확히 산출하기 위해서는 세균을 희석액에 살아있는 상태로 유지할 수 있어야 한다. 시료채취 방법은 분쇄육의 경우 조직을 직접 이용하고 식육이나 도체의 경우 살균된 면봉, 스폰지, 거즈 등을 이용하여 표면 미생물을 채취하기도 한다. 조직을 직접 채취한 경우에는 균질기(pummeler)를 사용하여 희석액과 함께 조직을 분쇄함으로써 이를 검액으로 이용한다.

신선육이나 도체의 표면에 있는 시료 자체의 초기 세균수는 페트리접시에 집락을 확산시켜 관찰하기에는 너무 많다. 따라서 시료는 접종하기 전에 희석하여 실험에 이용해야 한다. 희석은 보통 액체시료 1ml를 취하여 멸균 희석액 9ml에 혼합시킴으로써 10배 희석한다. 희석 농도는 집락 관찰이 용이하도록 추가적으로 원하는 농도에 맞추어 사용한다. 세균의 생장이 용이하도록 영양분을 함유한 배지를 페트리접시에 응고(배지에 한천을 첨가하면 응고가 용이해짐)시킨 후 1ml 또는 0.1ml의 희석액을 접종시킨다. 한 개의 미생물 세포가 생장하여 고체배지위에 집락을 형성하게 되고 최종적으로 눈으로 관찰할 수 있다. 원활한 관찰을 위해서는 각각의 미생물이 생산하는 집락을 평판에 균등하게 분산시키는 것이 중요하다. 형성된 집락수를 계산하면 결과적으로 희석액에 존재하는 박테리아의 수를 알 수 있는 것이다.

위와 같은 방법으로 접종한 평판은 일반적으로 일정한 온도에 약 2~3일 배양한다. 배양기간 동안 각각의 미생물은 평판에서 증식하여 식별 가능한 집락을 생산한다. 일반적으로 권장되는 집락 계산 방법으로는 평판에 확산집락이 없고 평판 당 25~250개의 집락을 형성한 평판을 택하여 집락수를 계산 한다. 집락의 수를 셀 때 집락계산기(colony counter)를 이용하면 편리하게 산출할 수 있다. 집락계산기는 빛으로 평판을 투과시켜 밝게 보이게 하며 또한 확대경이 설치되어있기 때문에 실험자는 집락을 더 쉽게 셀 수 있다. 집락수를 계산한 후 검액의 희석배수를 곱하면 채취한 시료 또는 시료 표면의 미생물 수를 산출할 수 있다. 세균은 극단적으로 높거나 낮은 온도에 민감하기 때문에, 배양기는 지속적인 온도를 유지할 수 있어야 한다. 배양의 최적 온도는 실험의 유형에 따라 다르다. 일반적으로 35~37℃ 정도의 온도가 미생물의 가장 빠른 생장과 집락 형성에 적합하다.

일반적으로 미생물 수 측정에 가장 많이 이용되는 방법은 총세균수 측정(total

plate count)이다. 이 방법은 식육 또는 식육의 표면, 공기, 물, 시설 및 장비 등의 총세균수를 평가하는데 주로 이용된다. 특정한 세균수를 산출하기 위해서는 이와 같은 과정에 따라 실험하지만 원하지 않는 다른 세균의 성장을 억제하면서 선택적으로 얻고자 하는 특정 세균만이 잘 성장할 수 있는 선택배지를 사용해야만 한다.

2) 미생물 신속검출법

식육산업에서 미생물학적 모니터링(monitoring)의 중요성 및 방법의 표준화 작업은 미생물의 신속검출법(rapid microbiological methods) 또는 자동검출법의 수요를 증가시켰다. 미생물 실험법은 다양한 발명품들에 의해 그 기술이 점점 발전, 간소화 되어가고 있다. 예를 들어, 시료의 연속적 희석 및 접종을 자동으로 수행하는 장비(spiral plating system)가 개발되어 상업적으로 이용되고 있으며, 평판배양법의 간소화를 위해 생장배지를 응고시킨 평판이 직접 판매되기도 한다. 이와 같이 실험 준비단계에서의 간소화는 다방면으로 진행되어왔으나 아직까지 대부분의 미생물 측정법은 미생물을 배양하여 그 수를 산출하기 위해서 2~3일 정도의 긴 시간이 여전히 소요된다.

결과를 빠르게 획득할 수 있는 방안으로는 미생물군의 다른 지표를 이용하는 간접적인 방법이 있다. *Pseudomonas*는 식육의 일반적인 부패미생물로써 생장시 카탈레이즈(catalase)라는 효소를 생성한다. 이러한 특성을 이용하여 미생물이 생성하는 카탈레이스를 측정하면 간접적으로 식육의 부패 진행 정도를 예측할 수 있다. 또한, 미생물 생장이 증가됨에 따라 pH와 산화환원전위차가 변하게 되는데 이를 triphenyl-tetrazolium chloride나 다양한 염색제를 이용하여 그 변화를 측정함으로써 미생물 성장의 지표로 이용할 수 있다. 이런 염색법은 총세균수의 평가나 특정 미생물의 존재 유무를 예측하는 지표로 이용될 수 있다. 또 항원 항체 반응 시스템을 이용한 효소면역항체법(enzyme-linked immunosorbent assay, ELISA)이 *Salmonella*나 *L. monocytogenes* 같은 특정 병원성균의 빠른 검출을 위해 개발되었다.

다른 신속검출법은 주로 식품과 접촉하게 되는 설비나 장비 등의 청결도를 평가하기 위해 고안되었다. ATP hygiene-monitoring 시스템은 미생물의 오염 정도를 직접적으로 측정할 수 있는 방법은 아니다. 이 방법은 대부분의 생물체에 존재하는 ATP를 측정하는 방법으로써 면봉으로 특정 설비나 장비 등의 표면을 시료채취하여 기기적으로 발광(bioluminescence)정도를 신속하게 측정(약 5~10분)함으로써 미생물(생물체이므로 ATP 존재)에 의한 오염을 간접적으로 측정하는 것이다. ATP농도가 높게 측정되면 시료채취 한 설비나 장비의 표면은 비위생적인 상태로 판단할 수 있다.

(2) 식육미생물의 제어

식육동물의 도체에서 병원성세균이나 부패세균의 오염을 최소화하기 위해서는 이를 제어할 수 있는 처리방법의 적절한 조합이 필요하다. 제어방안은 크게 억제방안과 교정방안으로 분류할 수 있다. 억제방안은 도체에 미생물 성장이나 오염을 방지하는 것이고, 교정방안은 도체에 존재하는 미생물을 제거하거나 사멸시키기 위한 것이다.

1) 미생물 오염의 방지

도체의 미생물 오염은 작업자 및 처리장비와 오염된 도체의 반복적 접촉에 의해 흔히 발생한다. 특히 박피나 내장적출 공정의 위생관리를 강화하면 미생물 오염을 크게 줄일 수 있다. 도체를 작업하기 전에 작업자의 빈번한 손 씻기 및 처리장비나 기계의 철저한 위생이 요구된다. 우리나라에서도 많은 도축장이나 식육가공장에서 작업자 및 장비나 설비의 위생관리를 미리 정해진 위생관리절차(sanitation standard operation procedure, SSOP)에 의거하여 관리하도록 규제하고 있다. 또한, SSOP는 공정 중 미생물의 오염을 방지할 수 있는 절차를 삽입해야 하고, 모니터링 및 각 절차의 위생관리는 기록하여 문서로 제시할 수 있도록 일정기간동안 보관하여야 한다.

2) 작업 단계 이전의 위생

작업 단계 이전의 세척 및 위생관리(pre-operational sanitation)는 대개 이물질의 제거, 세제세척, 온수세척, 위생제 처리와 같은 순서로 단계별로 진행된다. 이물질의 제거는 총 세척 과정의 위생성 향상과 더불어 고형물을 줄이는 단계다. 세제는 지방과 단백질의 세척을 위한 방안으로써 육류와 같이 지방함량이 높은 물질에는 보통 알칼리성 세제를 쓴다. 또한, 거품을 이용하면 모든 장비와 설비의 구석구석까지 용이하게 세척할 수 있다. 온수세척 단계에서 적용하는 물의 수온은 약 60℃로 유지시켜야 한다. 처리장비의 위생을 위해서는 80℃나 그 이상의 온수를 사용하여 열에 민감한 미생물을 사멸시킬 수 있다. 소독을 위한 위생제는 염소나 암모니아수가 흔히 사용된다.

3) 작업 중 위생

작업 중 위생(operational sanitation)은 일반적으로 작업자의 개인위생, 도구와 장비의 살균 그리고 위생을 고려하여 신중히 고안된 작업절차를 말한다. 개인위생관리는 작업 중 위생모와 청결한 작업복의 착용이 기본이며, 빈번한 손 씻기와 개인 작업도구(칼, 철로 제작된 마대, 장갑)의 청결 역시 모든 작업자들에게 반드시 필요한 요구 사항이다. 장비위생은 지속적인 관리가 이루어져야 하며, 장비의 소독을 위해 일정한 간격으로 공정을 중단한 후 실시해야 한다. 작업장의 벽면, 문, 레일, 천장, 조명 등과 같은 고정 장비들은 녹, 윤활제, 페인트 조각 등의 오염물질들이 없어야 한다.

위생적 도축 절차는 제품의 오염을 최소화 할 수 있는 도축 방법을 설정해야 한다. 이를 위해서는 작업의 적절한 연속성, 허가된 기법의 사용, 도체와 도체 간 접촉의 최소화 등을 고려해야 한다. 예를 들어 박피나 탕박이 끝나기 전에는 도체의 복강을 절개하지 말아야 한다. 또한, 교차오염을 방지하기 위해서는 오염된 부분을 인위적으로 제거하기 전까지 혈점을 물로 세척하지 말아야 한다. 도체 검사가 종료되기까지 같은 종의 도체는 접촉을 피해야 하며, 다른 종의 도체는 일반적으로 다른 장소에 분리 보관한다.

위의 단계만 철저히 지켜도 현실적으로 식육의 미생물 오염을 피할 수는 없다. 따라서 미생물 생장속도의 지연이나 잔존하는 미생물을 사멸시킬 수 있는 처리방안은 중요하다고 할 수 있다. 일반적으로 도체나 식육을 4℃ 이하로 냉장하면 미생물의 성장속도를 지연시킬 수 있다.

3) 미생물 오염원 제거

도체의 손질(trimming)은 배설물이나 기타 오염원이 도체에 존재 할 때 눈에 보이는 오염원을 제거하는 첫 번째 처리방법이다. 세균은 보이지는 않지만 눈에 보이는 얼룩이나 찌꺼기는 세균이 존재한다는 좋은 표시이다. 물로 오염부위를 세척할 경우 오염원을 다른 부분으로 전이시킬 수 있으므로 오염부위를 제거하는 것이 수세보다 바람직한 처리이다. 오염되기 쉬운 도체의 몇몇 부위는 가시적인 오염원이 없더라도 통상적으로 개선, 예방 처리를 하게 된다. 수증기를 이용한 처리가 이러한 목적으로 주로 이용되며, 특별히 고안된 장치를 이용하여 도체 표면에 포화된 수증기를 분무하게 된다.

전도체를 대상으로 하는 처리는 도축과정이 완료된 후 가시적인 오염원을 제거한 후 실시한다. 일반적으로 이용하는 방법은 82℃ 물로 세척하는 방법, 유기산 용액을 첨가하여 분무하는 방법, 스팀 저온살균법 등이 있다. 유기산 세척은 일반적으로 젖산이나 아세트산 1~2% 용액을 이용한다. 도체에 뿌려진 후 남아있는 산성분에 의해 때로 육 표면이 퇴색되기도 한다. 스팀 저온살균법은 처리실 내에서 도체표면에 포화된 증기를 분무하는 방법이며, 증기분무 후 냉수를 이용하여 도체를 다시 냉각하게 된다. 스팀 저온살균법은 소 도축시설에서 많이 이용되고 있으며 도체에 존재하는 박테리아수를 2~4 log 감소시키는 것으로 알려져 있다(1 log 감소 = 90% 감소).

방사선 조사는 신선육, 냉동육, 가금육과 가공육제품에서 세균수를 줄이는데 사용될 수 있다. 이 처리는 저 선량에서는 풍미나 외관에 거의 손상을 주지 않고 부패세균과 병원성균수를 감소시킬 수 있다.

13.4. 미생물에 의한 식육의 품질저하

식육의 변성이 어느 시점부터라고 간단히 정의 내리기는 매우 어렵다. 왜냐하면 식육의 상태에 대해 개인에 따라 섭취가 가능하다고 판단할 수도 있고 부패한 것이라고 생각할 수도 있기 때문이다. 일반적으로 식육 또는 식품에서 부패라는 말은 소비자가 소비하기 부적절해진 시점을 가리킨다. 부패는 미생물에 의한 분해, 부패와 부패물을 통칭하여 말하며, 부패의 징후가 보일 경우 식육소비에 대한 안전은 확보될 수 없다. 하지만 *L. monocytogenes*나 *Salmonella*와 같은 병원성 미생물이 존재한다면 부패와 변질과 같은 증후가 보이지 않더라도 사람이 섭취하기에는 부적절하다. 따라서 여기서는 유기물의 변질이라는 관점으로 식육의 부패를 설명하였다.

(1) 화학적 변화

단백질, 지방, 탄수화물 등은 동물의 체내에 존재하는 가수분해 효소와 미생물의 효소에 의해 분해되어 진다. 우선 동물의 체내에 존재하는 효소가 복잡한 분자들을 분해하는 역할을 한다. 그러나 미생물의 수와 활력이 증가하면서 이러한 물질들의 분해 작용에 참여하게 되고, 궁극적으로 거의 모든 분해 작용에 미생물이 관여하게 된다. 동물 체내의 분해효소가 복잡한 형태의 분자를 간단한 형태로 분해하고 나면 이를 미생물이 영양소로 이용하여 생장한다.

미생물에 의한 최종 생산물은 미생물의 종류와 이용 가능한 영양소 종류에 따라 다르게 나타난다. 신선육에는 탄수화물이 존재하기 때문에 일정기간 동안 호기성 미생물은 이를 이용하여 이산화탄소와 물을 생산하고, 혐기성 미생물은 젖산을 생성한다. 탄수화물이 고갈되면 미생물은 에너지 생산을 위해 단백질에 의존하게 된다. 호기적 조건에서 단백질이 가수분해 되면 펩타이드와 아미노산 등을 생성하고, 혐기적 상태에서는 불쾌한 악취를 유발하는 황을 함유한 다양한 화합물로 분해된다. 비단백태 질소화합물의 최종 분해산물은 일반적으로 암모니아를 함유한다.

미생물에 의해 분비되는 지방 가수분해 효소(lipase)는 중성지방과 인지질을 글리세롤과 유리지방산으로 분해한다. 인지질의 경우에는 인이나 질소를 함유한 염기들을 생성한다. 다량의 지방 분해는 지방의 산화를 가속화시켜 지방이 산패된 산패취를 형성한다.

가공 공정 중 추가로 첨가한 경우 외에는 육류 자체에는 탄수화물의 함량이 매우 낮다. 그러나 미생물은 다른 영양소보다 탄수화물의 이용을 우선적으로 소비한다. 미생물은 탄수화물을 이용하여 알코올과 유기산 등을 생성한다 이러한 특성을 이용해서 어떤 소시지의 경우에는 독특한 유기산 풍미 형성시키기 을 위해 당을 첨가해서 미생물의 작용을 이용하기도 한다.

(2) 물리적인 변화

미생물에 의한 식육의 물리적 성질 변화는 화학적인 변화에 비해 보다 주렷하게 관찰된다. 육류에서 미생물에 의한 부패는 분명한 물리적인 변화를 일으키는데 색, 냄새, 풍미, 연도, 그리고 가공 적성 등에서 변화가 나타난다. 식육의 부패는 발생한 환경조건에 따라 호기적 상태와 혐기적 상태로 구분하기도 하고, 원인균에 따라 세균, 곰팡이 또는 효모에 의한 부패로 구분하기도 한다.

세균과 효모와 같은 미생물이 호기성 부패를 일으키면 점액을 형성하거나 불쾌한 냄새나 풍미, 변색 등을 일으킬 수 있다. 온도와 수분활성도 등 환경적 요인에 따라 점액을 형성하는 미생물의 종류는 매우 다양하다. 세균에 의한 산화물 형성으로 육색소인 마이오글로빈과 산소화 마이오글로빈은 산화 마이오글로빈과 같은 산화된 형태의 색소로 변하게 되어 식육을 회색, 회갈색, 경우에 따라서는 녹색 등으로 변하게 한다. 어떤 종들은 소시지에서 '녹색화'라고 하는 변화를 일으키는데, 이는 색소를 지닌 세균에 의해 표면의 다양한 색변화가 유발되는 것이다. 지방의 가수분해는 지방분해 세균이나 효모에 의해 증가되며 그 결과 지방산패취와 불쾌취를 생성하게 된다.

곰팡이에 의한 호기성 부패는 식육의 표면을 끈적거리게 만든다. 보통 장기간 숙성된 식육의 경우 거의 대부분 곰팡이의 번식이 관찰된다. 곰팡이의 번식에 의한 색 변화로 식육의 표면이 크림색, 검은색, 녹색 등과 같은 다양한 변화를 보인다. 세균과 효모에 의한 부패와 마찬가지로 곰팡이에 의한 부패는 지방 분해를 일으키고 산패를 촉진하며 여러 불쾌한 휘발성 물질의 생성으로 풍미를 저하시킨다.

위에 언급한 식육에서의 미생물의 활동은 가금육과 해산물에도 적용되며, 일반적으로 신선육이 가공육에 비해 부패에 보다 민감하다. 염지나 훈연 그리고 항균제를 처리한 경우 미생물의 생장을 억제하는 효과가 있다. 위와 같은 처리는 포장과 함께 처리되어 더 이상의 부패세균 생육을 억제한다. 그러나 첨가된 탄수화물과 진공 포장의 상호작용은 젖산균을 생성시키고 이것이 최종적으로 시큼한 냄새와 가스 생성의 원인이 되기도 한다.

(3) 해충에 의한 변성

일반적인 위생 상태 하에서 처리된 육류에는 해충에 의한 오염이 거의 발견되지 않는다. 위생시설과 제어 설비들이 있다면 이러한 문제를 엄격히 제한하는 효과를 보이지만, 만약 제어에 실패해 오염이 일어나면 단순히 기호성을 떨어뜨리는 것뿐만 아니라 사람의 건강에 치명적인 위협을 줄 수도 있다.

해충을 제어하는 시설은 특히 염지햄 처리 시설이나 돈육가공 처리 과정에서 중요하다. 이러한 돈육제품을 숙성시키고 저장하는 동안 비교적 높은 온도에서 몇 달씩 보관하게 된다. 따라서 해충을 제어할 설비가 없다면 그에 의한 오염이 발생하게 된다. 일반적으로 발견되는 해충은 방아벌레 유충인데 근육과 연체 조직 부위를 영양분으로 삼는다. 이밖에 식육저장실의 딱정벌레, 치즈나 햄의 진드기, 그리고 금파리들은 구조상 손상을 줄 뿐만 아니라 변색, 중량 감소를 일으킨다. 미국의 경우, 메틸브로마이드(methyl bromide)가 훈증약으로 인증되어 육류 가공에서 널리 사용되고 있다.

13.5. 식육의 화학적 오염

식육에 존재하는 잔류물질은 대부분이 사료, 동물약품, 살충제, 제초제 또는 환경오염 물질들에서 유래한다. 즉 식육의 화학적 잔유물(chemical residues)은 식육동물이 섭취하고 흡수한 물질들에 의해 결정된다. 사료를 통해서 항생제, 호르몬 등의 잔유물이 전달되기도 하고 셀레늄 함량이 높은 토양에서 자란 작물의 경우 셀레늄의 함량이 높게 나타난다. 뿐만 아니라 제초제나 살충제와 같은 성분들이 검출되기도 한다. 어류의 경우 수은과 같은 중금속들이 발견되는 경우도 있다. [표 13-1]은 식육에서 검출되는 잔류물질의 종류들이다.

가축을 이산화황, 다이옥신과 같은 물질로 오염된 산업단지 주변에서 사양할 경우 이들이 공기나 사료에 오염돼 가축 체내에 축적되게 된다. 기생충을 막기 위해 사용되는 화학약품도 피부를 통해 동물조직에 축적될 수 있다. 식육에서 잔류물질로 검출되는 화학물질들은 살충제로는 할로카본(halocarbons), 유기인(organophosphates), 카바메이트(carbamates), 파이리스로이드(pyrethroids) 등이 있고, 제초제로는 염화트라이아진(chlorinated triazines), 휘발성 산업환경 오염물질로는 스타이린(styrene), 석유에텔(petroleum ether), 에틸벤젠(ethyl benzene) 등이 지방에 흡수된다. 할로페놀(halophenols)류는 나무방부제로 처리된 나무를 농장이나 도축장에서 사용시 식육에 종종 오염된다.

동물약품으로는 질병치료나 성장촉진을 위해 사료에 첨가되는 다양한 종류의 항생제, 식육동물의 성장을 촉진하기 위해 사용되는 성장촉진용 호르몬제, 식육동물의 체지방함량을 줄이고 살코기를 많게 하기 위해 사용하는 베타-에고니스트와 같은 체조성 재분배제, 기생충 제거를 위해 사용되는 구충제, 원생동물에 의한 질병치료를 위해 사용되는 콕시듐 치료제, 항생제가 아닌 살균제 설파마이드, 식육동물의 수송 중 스트레스를 감소시키기 위해 사용되는 안정제 등이 있다.

[표 13-1] 식육에서 검출되는 잔류물질의 종류

근 원	화 학 물 질
농작물 생산	살충제, 진드기 구제, 제초제, 살곰팡이제
축 산	항생제, 호르몬제 및 기타 성장촉진제, 체조성재분배제, 살충제
환 경	다이옥신, 중금속, 방사성 핵종, 나무방부제 곰팡이 독소
기 타	나이트로사민, 포장재 성분

이러한 잔류물질들은 인간에게 급성독성, 만성독성, 돌연변이 유발, 기형아 출산, 발암, 앨러지 유발, 과민성 등의 피해를 초래할 수도 있다. 또 항생제나 호르몬제 등의 잔류물은 소비자에게 약학적 효과를 유발할 수도 있다. 그러나 대부분의 잔류물질들은 급성독성을 유발할 정도로 높은 수준으로 식육에 오염되어 있지 않기 때문에 장기적인 섭취에 따른 부작용 유발이 문제가 되며, 더욱이 잔류수준에서 이들의 해로운 효과를 확인하기가 매우 힘들다.

화학약품의 허용 한계는 사람에 미치는 영향에 따라 다양하게 나타나는데, 우리나라 식품의약안전처에서는 식육으로 사용할 동물에게 도축 전 약품 사용을 제한하고 있다. 만약 육제품에서 약품의 잔유물이 발견된다면 사육자가 사용제한 기준을 어겼거나 금지된 약품 등을 사용한 경우로 처벌된다.

최근 선진국의 식육동물 생산업계에서는 이러한 화학적 잔류물질을 남기는 항생제나 호르몬제 등을 사용하지 않고 과거의 자연상태에서 사육한 방법으로 사육한 소로부터 생산된 소고기를 '자연육(natural meat)'라고 하여 소비자들의 호응을 상당히 받고 있다. 아울러 선진국에서 '유기육(organic meat)'이라고 부르는 것도 자연육과 비슷하여 법으로 그 생산방법을 정하고 있다. 즉, 합성비료나 농약을 일체 사용하지 않고 2년 이상(2번의 수확기) 경작된 토양에서 수확된 농작물을 사료로 사용하고, 질병치료를 제외하고는 일체의 동물약품을 사용하지 않고 사육된 식육동물에서 생산된 식육으로서 잔류물질이 전혀 검출되지 않아야 유기육으로 상표를 붙여 판매할 수 있다.

제 4 편

육가공제품 제조의 과학과 기술

제14장 육가공제품과 산업

식육가공은 크게 신선육을 생산하는 1차 가공과 육가공제품을 생산하는 2차 가공으로 구분할 수 있다. 여기서 2차 가공이란 신선육을 분쇄, 혼합, 조미, 훈연, 건조, 열처리 등의 여러 가지 방법으로 식육 고유의 성질을 변형시키는 것을 의미한다.

식육산업은 다양한 식육동물로부터 고품질의 식육을 생산하는 것이 1차적인 목적인데, 식육 자체만으로는 아무리 고급육이라고 할지라도 인간의 다양한 욕구과 용도를 만족시킬 수는 없다. 따라서 인간은 옛날부터 경험적으로 얻은 지식을 바탕으로 식육의 성질을 변형시켜 섭취해 왔으며, 그러한 작업들이 발달하여 오늘날에는 다양한 육가공제품들을 제조하기에 이르렀다.

14.1. 육가공제품 제조 목적

다른 식품들과 마찬가지로 육가공산업이 발전한 계기도 주로 식육의 저장성을 연장시키기 위한 방안을 모색하는 가운데 태동되었으며, 그러한 기술들이 하나하나씩 적립되면서 다양한 육가공제품들이 개발되어 고급식품으로써 애용되어 왔다. 그러나 초기 단순히 저장성 향상을 위해 시작된 육가공제품의 제조는 오늘날에는 생활이 현대화되고 복잡해지면서 제조의 목적도 이에 따라 다양해졌으며, 이를 정리해보면 다음과 같다.

(1) 저장성 향상

식육은 미생물 발육에 최적의 조건을 구비하고 있으므로 실온에서 오래 보관할 수 없다. 냉장시설이 없던 옛날에는 획득된 신선육을 오래 저장하기 위해서 소금을 첨가하거나, 연기를 쐬거나 건조시켜 부패를 방지하고 나아가서는 신선육과 다른 풍미와 맛을 갖는 육제품을 제조하는 결과를 가져왔다.

현대에는 새로운 기술의 발달로 가열처리를 통한 통조림 제조, 냉장, 냉동, 냉동건조, 새로운 첨가물 이용, 방사선 조사 등의 여러 가지 방법들이 개발되어져 식육의 저장은 안전성 측면에서의 식중독 예방, 부패억제를 통한 자원의 손실방지 뿐만 아니라 식육수급의 조절 및 분배의 균형이라는 측면에서도 중요한 의미를 갖게 되었다.

(2) 기호성 향상

원료육의 생산 초기단계에서 적절한 온도관리나 처리를 함으로써 육질을 개선할 뿐만 아니라 원료육을 적절히 물리적 또는 화학적으로 처리함으로써 보수성, 유화력, 결착력 등의 기능성을 증진시키고, 최종적으로 맛과 향미 등의 관능적 특성을 향상시켜 궁극적으로 소비자들의 기호성을 향상시킨다.

(3) 간편성과 다양성 추구

복잡한 현대생활과 생활수준의 향상에 따라 소비자들은 식품구입 및 음식준비시간 편성을 추구하게 되었고, 다양한 종류의 제품 중에서 선호하는 것을 선택하기를 바라는 구매형태로 변화되었는데, 육가공제품은 소비자들의 이러한 욕구를 충족시켜주어 식생활을 보다 윤택하게 만든다.

(4) 식육의 부가가치 증진

육가공제품의 제조는 식육의 저장성을 향상하여 경제적 손실을 방지하고, 소비자의 욕구충족을 위한 간편성과 다양한 맛을 부여함으로써 식육의 부가가치를 높인다.

(5) 유통의 효율성 제고

육가공제품의 제조는 포장, 운반, 보관, 판매 등의 유통의 기능을 향상시키고, 식육의 과잉 생산시 수급의 조절기능을 할 수 있다.

14.2. 육가공제품의 제조 역사

육가공의 역사는 기원전으로 거슬러 올라가 서양에서는 고대 이집트, 동양에서는 고대 중국에서 이미 식육의 저장을 위해 소금첨가나 건조를 이용하였다. 기록을 보면 훈연과 염지 기술은 BC 1000년 전 고대 희랍시대에 이미 존재하였다. 고대 희랍인들이 가장 좋아했던 음식 중의 하나인 소금에 절여서 훈연하여 건조시킨 햄이 가장 오래된 육제품이다.

소시지의 어원을 보면, 영어의 sausage, 불어의 saucisse, 이태리어의 salsicca, 스페인어의 salchicha 등은 라틴어로 소시지를 뜻하는 salsicia로부터 유래된 말이다. salsicia는 라틴어로 소금에 절인다는 뜻의 salsicius로부터 유래된 것으로 소시지의 기원이 염지와 깊은 관련이 있음을 말해준다. 슬라브 국가들에서는 소시지를 뜻하는 말이 러시아어로 kolbasa, 폴란드어로 kielbasa, 체코슬로바키아어로 klobasa, 크로아티아어로는 kobasica인데 이 말은 히브리어로 '모든 식육'를 뜻하는 kol-basar로부터 유래된 것으로 추정된다. 독일어로 소시지를 뜻하는 wurst는 11세기부터 기록되기 시작하였으며, 이것은 소시지를 충전 후 창자를 꼬았다는 의미인 인도 게르만어인 wert나 versuert 또는 라틴어인 vertere에서 유래된 것으로 추정된다. 중국에서는 남, 북조시대(BC 420-589)에 이미 염소고기나 양고기에 파와 소금, 간장, 생강, 후추 등을 첨가하여 창자에 충전하여 룹청(lup cheong)을 만들었다는 기록이 있다. 룹청은 돼지고기에 소금과 설탕, 술과 간장 등을 첨가하여 만들어 숙성, 건조시킨 것으로 살라미와 유사한 제품이다.

유럽에서는 20세기 초반까지도 농부들이 직접 피 소시지나 간 소시지를 만들어 먹었다. 유럽에서는 돼지를 직접 도살하여 해체한 후 다리는 소금에 절여 부엌에 매달아 훈연과 건조를 시키거나 그늘진 곳이나 동굴 속에 매달아 숙성시키는 방법으로 햄을 만들고, 나머지는 피나 간을 섞고 여기에 양념을 버무린 다음 창자에 담아 익히는 방법으로 소시지를 만들었다. 우리나라에서도 서양의 햄, 소시지가 보급되기 이전에 전통적인 육제품인 순대가 제조되었는데, 이는 소시지의 제조와 같은 맥락에서 이해된다.

서구에서는 중세 시대에 이미 소시지가 요리책에 등장할 정도로 대중화 되었고, 도축과 식육의 품질검사에 대한 법이 산업정책의 일환으로 제정되기도 하였다. 집에서의 도축을 법으로 금지하였으며, 물이 있는 강 근처에서 도살하도록 법제화 하였고, 도살 후 식육의 품질검사도 시행하였다. 프랑크 소시지는 17세기에 독일의 프랑크푸르트(frankfurter) 시에 살고 있는 소시지 기술자가 처음으로 만들었으며, 사람들에게 좋은 반응을 얻으면서 '프랑크푸르트'라 일컬어졌고, 이것이 미국으로 건너가 짧게 프랑크라고 불려져 우리나라에는 프랑크로 소개되었다. 비엔나소시지는 오스트리아 수도인 비엔나(vienna)에서 처음 생산되기 시작하여 붙여진 이름이다. 비엔나소시지는 우리나라에서 통용되는 4cm 정도 길이의 미니형 소시지가 아니라 양장에 충전된 15cm정도 길이의 소시지이다. 비엔나소시지는 독일어로 위너(wiener)라 표기되는데, 이에 근거하여 일본에서는 위너라 부르고 있으며, 이것과 구별하여 미니형 소시지를 비엔나라 부른다. 이것이 우리나라에도 그대로 전달되어 위너와 비엔나로 구분되고 있다. 살라미는 약 250년 전 이태리 북부지방에서 처음 생산되었는데, 살라미 기술자가 헝가리로 이주하면서 제조기술이 각국으로 보급되어 전 세계로 알려지게 되었다.

한국 육가공의 역사는 1915년 일본인에 의해 설립되어 주문에 의해 소량씩 납품했던 조선축산이 그 시초이고, 한국인에 의해 1926년에 세워진 근강축식품회사는 일일 20kg 정도 생산하였다. 우리나라에서 육제품이 일반에 알려지게 된 큰 계기는 한국전쟁이고, 국내에 주둔한 UN군부대들에서 반출된 육제품들에 대한 선호도가 높아 인기를 끌면서 소비자들이 육제품에 대해서 맛있고, 귀한 먹거리라는 긍정적 인식을 가지게 되었다. 그 후 1960년대와 70년대에 본격적인 육가공 제품이 생산, 판매되었으나, 주 제품은 어육가공품이나 어육 혼합 제품으로 육제품의 비중이 매우 낮았다. 1980년대에 들어서면서 대기업들이 육가공 사업에 진출함으로써 비로소 제대로 된 육가공품이 출시되었으며, 대량생산체제와 소비자에 대한 광고 판촉 활동이 이루어지고, 유통 체계를 갖추기 위해 냉장 쇼케이스의 무상 공급을 통해 콜드체인 시스템을 구축하여 위생적인 육가공품의 공급이 가능해 졌으며, 국민 소득의 증가와 이들 대기업간의 선의의 경쟁에 의해 국내 육가공 시장이 확대되는 계기가 되었다. 1990년대에는 품질의 고급화 및 다양화를 통한 차별화를 시도하여 많은 고급 제품들이 출시되었으며 수산물 전문 회사들이 OEM방법을 통해 육가공 사업에 대거 진출하였으며, 최근에는 정부의 축산물 유통구조 개선 정책에 입각한 부분육 처리와 육가공 제품생산을 일괄 생산하는 종합 식육가공 업체들이 설립되어 국제 경쟁력을 갖춰가고 있다.

14.3. 국내 육가공 분야의 SWOT분석

육가공품은 우리나라의 소비자에게는 생소한 먹거리에서 익숙한 먹거리로 변화하였다. 육가공산업의 출하액은 2000년 이후 연평균 15.3% 증가하는 추세이며, 이는 식품제조업의 평균 증가율보다 높은 수치이다. 그러나, 식품은 소비자들의 관념에 영향을 받는 경향이 강하다는 특성이 있어, 여러 가지 부정적 인식과 사회적 여건의 변화에 따라 호불호가 다양하게 나타나고 있고, 최근 들어 육가공산업의 발전이 정체되는 모습을 보이고 있다. 따라서 육가공 제품의 소비에 악영향을 미칠 수 있는 요인들을 파악하고, 이를 해결하기 위한 방안을 개발하는 노력이 지속적으로 이루어져야 하겠다. 향후 국내 육가공산업의 지속적인 발전을 위해서 SWOT분석을 하여 보면 아래와 같다.

(1) 강 점(Strength)

① 국내의 소비자들은 식육과 육제품에 대해 고급식품이라는 기본적 인식을 가지고 있고, 당연히 가격이 비싸다는 것을 인정하고 있다.

② 육 및 육제품에 대한 선호도가 높고, 지속적인 경제 성장에 힘입어 육류의 소비량은 지속적으로 증가하고 있다.

③ 대기업에 속하는 유수의 육가공 전문기업들이 다양한 제품을 생산하고 있고, 높은 기술력을 확보하고 있다.

④ 다양한 제품과 유사한 제품이 많고 이를 소비자가 기호에 따라 선택할 수 있어서 국산 육제품의 시장 점유율이 비교적 높다.

(2) 약 점(Weakness)

① 외국의 육류소비에 비해서 아직도 소비량이 많지 않은 국내의 소비자들이 스스로 식육과 육제품을 과도하게 먹고 있다고 생각하고, 소비를 줄이고자 노력하는 경향이 있어서 소비 잠재력이 점차 둔화되고 있다.

② 소비자들이 육제품에 대한 오해와 편견이 있어, 부정적 견해를 가지고 있다. 비만의 원인으로 지목되어 육제품의 소비는 체중의 증가를 야기하며, 건강에 해롭다고 오해하는 경우가 많고, 혈관 및 순환계 질환 발생을 증가시킨다고 생각하여 건강을 지향하는 경향이 강한 소비자들은 육제품의 섭취를 기피하는 경향이 있다.

③ 원료육의 가격이 상대적으로 높고, 가격의 변동폭이 크다. 돈육의 경우 공급량의 약 22%가 육가공 원료로 이용되나, 돈육 산지와의 연계가 부족하여 안정적 공급체계를 갖추지 못하고 있다.

④ 신제품 개발을 위한 R&D 투자와 관련 인프라 구축이 미흡하다.

⑤ 육가공제품의 관리 이원화, 육가공제품 소분판매 미허용 등 법적, 제도적 측면의 제약이 많다.

⑥ B2C 시장 중심의 단순한 제품생산전략을 추구함으로써 외식 등 다양한 시장을 개척할 수 있는 제품의 차별화를 못 하고 있다.

(3) 기 회(Opportunity)

① 국민들의 식육과 육제품에 대한 기호와 요구가 다양해지고 있다. 무첨가 저지방의 웰빙제품에 대한 수요가 늘고 있고, 캠핑문화의 확산으로 맞춤형 즉석조리, 즉석섭취형 제품에 대한 수요가 증가하고 있다.

② 국민들의 식습관이 서구화 되었고, 여성의 사회적 진출이 확대됨으로서 가정에서의 조리 및 취사행위가 감소하고 있다. 국내 육가공식품 소비량이 독일·미국의 약 10%, 이웃 나라 일본의 절반 수준이라는 것을 고려할 때 앞으로 육가공제품 시장이 더 커질 것으로 예상된다.

③ 한국인들의 전통 관념인 특별한 날 '고기' 취식이 여전히 지속되고 있어 육류의 소비량 증가를 견인하고 있고, 국내의 외식시장 규모는 점진적으로 발전하고, 확대되고 있다.

④ 현재 애용되는 직화 또는 숯불구이는 발암물질인 Heterocyclic amines과 Polycyclic aromatic hydrocarbons이 발생과 인건비의 상승으로 직화구이

형태의 소비는 점차 위축될 것으로 예상된다.

⑤ 안전한 먹거리에 대한 관심이 증가하면서 무첨가, 무항생제, 저염, 발효 육제품의 개발 및 판매를 요구하는 소비자들이 늘어나고 있다

(4) 위 협(Threat)

① 국내외에서 축산식품위생관련 사건, 사고가 빈발하고 있다. 각종의 식중독 사고와 유해물질의 검출은 축산식품의 소비를 급격히 위축시키고, 이런 상황이 장기간 유지되어 피해가 커지고 있다.

② 매년 가축전염병이 주기적으로 발생하고 있고, 이와 연관된 육류 및 육제품의 소비가 급격히 위축되고 있다.

③ 소비자들이 축산식품의 생산단계에서 위생적 안전성과 항생제에 대해 민감하고, 이에 대한 감시를 강화하고 있다.

④ 외국의 육가공제품 수입량이 점차 증가하면서 시장 점유율을 높이고 있다.

⑤ 서구화되어 식육 및 육제품에 대한 소비가 증가하고 있는 현실과 웰빙 문화에 따른 건강에 대한 인식의 제고로 육식을 줄이려는 소비자의 양면성으로 인해 미래의 전망이 불투명해지게 되어 계획수립에 어려움이 있다.

육가공산업을 비롯한 식품산업은 국민경제에서 그 비중이 점차 확대되고 있으며, 식생활 패턴의 변화, 소비자의 기호, 외식산업의 발전, 수입 확대 등으로 경쟁은 치열해지고 있고, 소비자의 요구를 빠르게 반영하는 것이 점점 더 중요해질 것으로 판단된다.

2000년대부터 식품 안전성에 대한 소비자의 인식이 커지면서 '저염', '저지방', '무첨가', '국내산'이외에도 '착한' 등의 수식어를 앞세운 제품들이 등장하였으며, 그로 인해 현재 시장에는 합성 첨가제를 배제하고 천연 대체제를 첨가했다는 강점을 내세운 제품이 상당수 출시되어있다. 또한, 대량 제품 생산이 아닌 소비자들의 선호 경향에 따라 '수제' 육제품이 지속적으로 출시되고 있다. 이와 같이 지속적인 육가공 산업의 발전을 위해서 건강과 안전을 지향하는 것뿐만 아닌 소비자가 중심이 되어 다양한 제품 개발 및 제조 기술 확립, 시장을 세분화하고 목표고객에 맞는 마케팅 활동, 소비자 홍보활동을 지속적으로 전개하여 육가공품이 참다운 먹거리라는 인식의 변화가 절실히 요구되고 있다.

14.4. 육가공제품의 분류

유럽의 경우 육가공제품은 무려 약 1천 5백여 가지가 있으며, 이렇게 다양한 육가

공제품은 몇 가지의 기준에 의해 분류된다. 즉, 식육의 부위를 그대로 사용할 경우와 분쇄할 경우, 가열처리조건, 훈연, 건조, 숙성, 분쇄정도, 부산물의 이용, 충전재의 재료나 크기에 따라 분류한다. 우리나라는 식품공전상 육가공제품을 크게 햄류, 베이컨류, 프레스햄과 혼합 프레스햄 및 소시지류로 분류할 수 있다[표 14-1].

[표 14-1] 육제품의 구분 및 성분기준

육제품명	식육(%)	전분(%)	수분(%)	비 고
햄				뼈나 껍질 있는 것 포함
생 햄				저온에서 훈연 또는 숙성 및 건조한 것 뼈나 껍질 있는 것 포함
프레스햄	85↑	5↓		
혼합 프레스햄	75↑	8↓		어육을 혼합하여 제조할 경우 전체 육함량의 10% 미만이어야 함
건조저장육류	85↑		55↓	식육 그대로 또는 이에 식품 및 첨가물을 가하여 건조하거나 열처리하여 건조시킨 것
소 시 지	70↑	10↓		육함량 중 10% 미만 알류 혼합된 것 포함 건조소시지는 수분 35% 이하, 반건조소시지는 수분 55%이하로 가공한 것
발효소시지	70↑	10↓		저온에서 훈연, 숙성, 건조한 것
혼합소시지	70↑	10↓		육함량 중 20% 미만 알류 또는 어육 혼합한 것 포함
베이컨류	100↑			복부육(삼겹살) 또는 특정 부위육(등심육, 어깨 부위육)을 정형한 것
양념육류	60↑			식육에 식품 및 첨가물을 가하여 양념한 것
분쇄가공육제품	50↑			식육(내장은 제외)을 세절 또는 분쇄하여 식품 또는 첨가물을 가한 후 냉장, 냉동한 것 혹은 훈연 및 열처리한 것
갈비가공품				식육의 갈비부위(뼈가 붙어 있는 것에 한함)를 양념하고 훈연하거나 열처리한 것
식육추출가공품				식육을 주원료로 하여 물로 추출한 것 혹은 이에 식품 또는 식품첨가물을 가하여 가공한 것 (건조제품에 한하여 수분 10% 이하)

(식품의약품안전처, 축산물의 가공기준 및 성분규격, 제2017-84호)

햄류는 돼지고기를 부위에 따라 분류하여 정형 염지한 후 훈연하거나 열처리한 것이며, 분류를 하면 뼈가 있는 상태로 가공한 본인햄(bone in ham), 뼈를 제거한 후 가공한 본레스햄(bornless ham), 등심을 이용한 로인햄(loin ham), 어깨살을 이용한 숄더햄(shoulder ham), 목심부위를 이용한 피크닉햄(picnic ham) 등이 있다.

베이컨류는 돼지의 복부육(삼겹살) 또는 특정 부위육(등심육, 어깨부위육)을 정형한 것을 염지한 후 훈연하거나 열처리한 것이다. 프레스햄은 식육의 육괴를 염지한 것에 결착제, 조미료, 향신료 등을 첨가한 후 훈연하거나 열처리하여 식육 85% 이상 전분 5% 이하인 것은 '프레스햄' 이라 규정하고, '혼합 프레스햄'의 경우 식육 75% 이상, 전분 5% 이하로 규정하며, 어육을 혼합하여 제조할 경우 어육의 함량은 전체 육함량의 10% 미만이어야 한다. 국내에서 육제품을 구분하고 있는 성분기준에 대한 것은 아래에 제시한 기준을 따르고 있다.

소시지류는 식육에 조미료 및 향신료 등을 첨가한 후 케이싱에 충전하여 냉동, 냉장한 것 또는 훈연하거나 열처리한 것으로 식육 70%, 전분 10% 이하의 제품을 말하며, 알류를 혼합할 경우에는 알류의 함량은 육함량 중 10% 미만이어야 한다. 이 제품을 별도로 숙성, 건조시킬 경우 건조소시지(수분 35% 이하)와 반건조소시지(수분 55% 이하)로 규정하고 있다.

각종 육가공제품의 종류를 분류하면 다음과 같다[표 14-2].

[표 14-2] 각종 육가공제품의 분류와 종류

분류		종류
비분쇄 제품	비건조 제품	베이컨(bacon), 소고기 베이컨(beef bacon), 카나디언 베이컨(canadian bacon), 햄(ham), 파스트라미(pastrami), 콘드비프(corned beef)
	건조 제품	프로슈티(proscuitti), 캐포콜르(capocollo)
분쇄 제품	유화형 소시지	생소시지 : 박불스트(bockwurst) 가열소시지 : 리버소시지(liver sausage) 부라운슈바이거(braunschweiger) 가열 훈연소시지 : 벌로니(bologna), 위너(wiener) 프랑크푸르트(frankfurter)
	조분쇄 소시지	생소시지 : 부랕불스트(bratwurst), 생돈육소시지(fresh pork sausage) 비가열훈연소시지 : 킬바사(kielbasa) 건조소시지 : 살라미(salami), 페퍼로니(pepperoni) 반건조소시지 : 레바논벌로니(lebanon bologna) 쵸리조(chorizo)
	비소시지 제품	로오프(loaf), 햄버거 패티(hamberger patty), 재구성육(restructured meat) 헤드치즈(head cheese), 프레스 햄(press ham)

분쇄제품은 비분쇄제품과는 달리 여러 가지 방법으로 원료육의 식육입자를 작게 한 후 혼합하여 결착시키거나 혼합유화(혼화)하여 제품을 만든다. 분쇄제품은 조직형태를 기준으로 조분쇄 소시지, 유화형 소시지 및 특수제품으로 구분하거나, 가공방법을 기준으로 생, 가열, 훈연, 건조, 반건조 또는 특수제품으로 분류한다. 제조공정은 발골한 정육을 분쇄한 후 혼합염지하여 케이싱이나 기타 용기에 충전하고, 훈연실에서 훈연가열한 후 냉각시켜 포장한다.

(1) 햄

① 레귤러 햄(regular ham): 돼지 뒷다리를 이용하여 뼈가 있는 상태에서 정형, 훈연, 가열처리하여 제조된 햄이다. 뼈를 제거하지 않았기 때문에 본인햄(born-in-ham)이다.

② 본레스 햄(boneless ham) : 돼지 뒷다리의 뼈를 발골하고 레귤러 햄과 같이 제조하여 케이싱에 포장하거나 롤링(rolling)하여 제조한다.

③ 로인햄(loin ham) : 돼지의 허리 등심 부위를 정형하여 염지, 훈연, 가열한 제품이다.

④ 락스햄(lachs ham) : 로인햄에 해당하지 않은 소형의 햄이다.

⑤ 가열햄(cooked ham) : 돼지 뒷다리 부위를 발골하여 염지하고 훈연하지 않고 열처리한 제품이다.

(2) 소시지

① 생 소시지(fresh sausage) : 원료고기를 갈아서 양념 등을 넣어 유화시키거나 조분쇄한 제품으로 가열처리 하지 않고 냉장 또는 냉동상태에서 유통시킨다.

② 가열 소시지(cooked sausage) : 혈액, 간 등과 같은 내장육은 상하기 쉽기 때문에 미리 가열처리 한 다음 제조한 제품을 말한다.

③ 훈연 소시지(smoked sausage) : 세절된 원료육에 양념을 섞어 훈연과 가열처리를 하는 대표적인 유화형 소시지이다. 우리나라에서 가장 많이 소비되는 프랑크푸르트 소시지(frankfurter), 워너 소시지(wiener), 볼로니 소시지(bologna) 등이 있다.

④ 건조 소시지(dry sausage) : 조분쇄한 육성분에 향신료와 젖산균을 접종하여 약하게 발효시킨 다음 가열처리를 하지 않고 장시간 동안 숙성과 건조를 실시하여 제조된다. 최종 수분함량이 35% 이하이며, pH는 5.0~5.5이다.

⑤ 반건조 소시지(semidry sausage) : 건조소시지와 제조원리는 같으나 발효에 의해 보다 많은 젖산을 생성시키고, 단시간 내에 숙성과 건조를 시키기 때문에 수분이 많고 맛이 달콤한 것이 특징이다. 최종 수분함량이 35% 이상이며, pH는 4.7~5.2이다.

(3) 베이컨

① 등심 베이컨(loin bacon) : 일반 베이컨과 달리 지방층이 5mm 이하이고, 등심

부위에 삼겹부위가 등심 쪽으로 1/3정도 부착된 상태에서 절단된 원료육을 사용한다. 일면 캐나다식 베이컨이라고 하며, 덴마크식 베이컨도 같은 방법으로 제조된다.

② 숄더 베이컨(shoulder bacon) : 돼지 어깨부위 육을 염지하여 훈연한 것을 말한다.

③ 롤드 베이컨(rolled bacon) : 원료육의 두께가 너무 얇아서 좋은 베이컨을 만들기 어려울 때 이것을 안쪽으로 말아서 롤링하여 만든 제품이다.

제 15 장 육가공제품의 제조원리

15.1. 염 지

(1) 염지의 목적

염지(curing, salting)는 식육과 같이 부패하기 쉬운 식품의 저장수단으로 오래전부터 이용되어 왔으며, 오늘날 육가공 산업에 있어 매우 중요한 공정으로 제품의 품질을 결정짓는 중요한 공정이다. 염지는 식육에 소금을 이용하여 유통기한을 늘리는 것이 주된 목적으로 대부분의 육제품들은 염지과정을 거쳐 제조된다. 원래 식육에서의 염지는 수분 활성도를 낮추고 미생물의 성장과 산화를 지연함으로써 식육을 부드럽게 하고 맛을 더하기 위한 것이다.

1) 염지효과

① 육색고정

육제품의 색깔은 소비자가 제품을 선택함에 있어 중요한 품질지표로 매우 중요하다. 아질산염을 사용하지 않고 만든 육제품과 비교할 때 염지 육제품의 색은 소비자의 구매력을 자극하기엔 충분한 요소이다. 가장 이상적인 색은 제품 전체가 균일한 선홍색 또는 분홍색으로 반점이나 제품의 색이 불균형을 보이지 않아야 한다.

육제품의 색은 육색의 발현과 유지하는데 필요한 여러 요인인 육색소단백질, pH, 식육상태, 포장재질 등에 따라 결정된다. 육색은 주로 육색소단백질인 마이오글로빈(myoglobin)의 6번째 위치의 화학적인 상태와 철 원자의 환원(Fe^{2+})또는 산화(Fe^{3+}) 상태에 의해서 결정된다. 일반 신선육의 육색소단백질(myoglobin, Mb)은 열처리될 때 변색되어 육색이 갈색에서 회색까지 다양하게 변화되는데, 염지육의 육색 변화는 육색소단백질의 6번째 위치에 아질산염으로부터의 생성된 일산화질소와의 결합에 영향을 받게 된다. 염지공정에서 첨가되는 아질산염은 식육 속에서 반응성이 매우 강한 일산화질소(NO)로 환원되어 육색소와 반응하고 가열에 의해 고유의 염지육색이 형성된다. 일산화질소는 마이오글로빈의 힘(heme) 고리의 6번째 결합위치에서 강한 친화력을 갖고 있고, 일산화질소가 결합되면 마이오글로빈이 나이트로소마이오글로빈으로 변화된 다음, 열처리 공정을 거치면서 단백질 부분인 글로빈이 변성되어 육색의 구조가 안정성을 가지게 되는데 이때의 육색소를 나이트로소헤모크(nitrosohemochrome)이라 하며 전형적인 가열 염지육색을 갖게 한다[그림 15-1]. 한편, 아질산염에서 일산화질소로의 환원은 식육 중의 젖산 등 환원성 성분 또는 아스코르브산염이나 에리소르빈산염과 같은 환원제에 의해 촉진되기도 한다.

한 번 형성된 염지육색소는 일반적인 혐기적 조건 하에서 매우 안정적이지만, 공기 중에 노출시 산소분압과 빛에 의해 퇴색되기도 한다. 따라서 햄, 베이컨을 비롯한 염지육제품들은 저장 중이거나 유통판매시 대기 중의 산소를 배제시키기 위해서 진공포장하며, 포장재질은 빛과 산소의 투과성이 낮은 것으로 하는 것이 좋다.

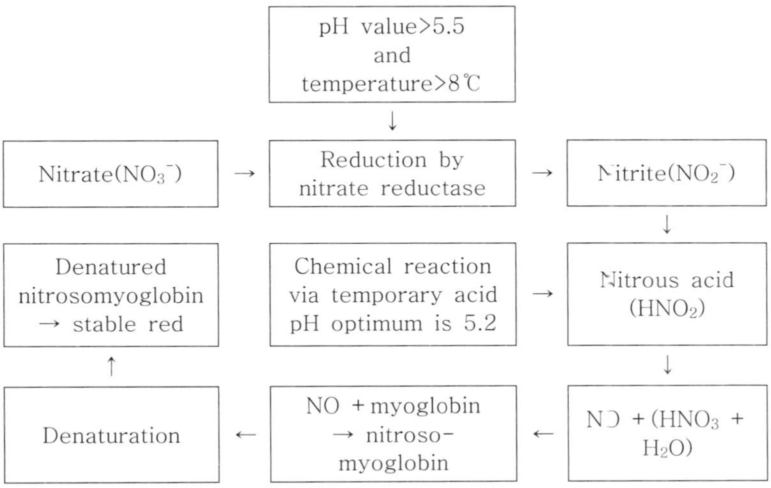

[그림 15-1] 염지육색의 발달 과정

② 풍미증진

염지육제품은 비염지 육제품과 비교하여 독특한 풍미를 가지게 되는데, 염지육 풍미 발생 기작에 대해서는 아직까지 명확하게 밝혀지지 않았다. 식육에서 풍미와 관련된 물질은 핵산알(hexanal), 펜탄알(pentanal)과 같은 알데히드(aldehyde)와 불포화지방산의 산화로 불쾌한 냄새를 내는 유도체인 하이드로퍼옥사이드(hydroperoxide, 불쾌취) 같은 물질들이 생성되는데 아질산염의 첨가로 이들 물질들의 생성이 지연되거나 생성되지 않기 때문으로 여겨진다.

③ 보수성 증진

염지를 실시하는 주요한 목적중의 또 다른 하나는 식육의 보수성을 향상시키는 것이다. 육제품의 보수성을 높으면 가공 중 중량손실을 감소시키는데, 소시지나 프레스햄의 제조에 있어서 염지는 특히 중요하다. 소금은 염지시 보수성 향상을 위한 필수적인 재료이지만, 질산염이나 아질산염에 의한 보수성 증진은 기대하기 어렵다.

분쇄한 고기에 소금을 4.6~5.8%(이온강도 0.8~1.0)정도 가하였을 때가 이론적으로 가장 보수성이 좋다고 하지만, 이보다 소금의 양이 많아지면 소금의 탈수작용에 의해 보수성이 감소하게 된다. 실제로 외국의 경우 소시지나 햄류 제조에는 소금을 원료육에 대하여 1.8~2% 정도 이용하여 왔으나 최근에는 소금 섭취량을 줄이는 경향이 많아져 소금 첨가량을 감소시키고 있다. 국내 육제품도 1.5% 이하로 첨가하는 것이 일반적이다. 따라서 소금에 의한 보수성 및 결착력 향상과 가열처리시 수분과 지방 분리현상을 최소화 위해 인산염을 이용하여 이를 보완하고 있다.

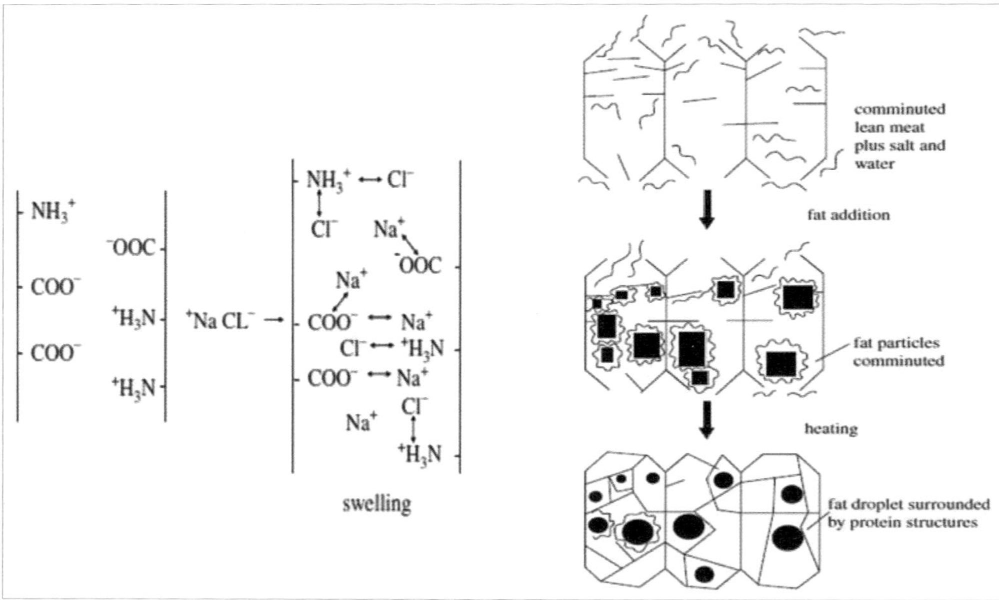

[그림 15-2] 염지육의 팽윤과정과 육제품의 입체구조

원료육이 염지액 내의 수분이나 염분을 흡수하여 부풀어 오르는 것을 팽윤이라 하는데[그림 15-2], 원료육의 pH, 소금농도, 원료육의 양과 염지액의 비율 등 여러 가지 요인이 작용한다. 특히 원료육의 pH가 높을수록 팽윤도는 증대한다. 염지액의 소금농도가 8~10% 정도일 때 원료육의 팽윤도는 최대가 되지만, 이 보다 식염 농도가 증가하면 원료육의 팽윤도는 점차 감소하게 된다.

소금이 식육의 보수성을 높이는 메커니즘은 Na^+와 Cl^-이온이 근육단백질에 결합하고 있는 여러 가지의 조건에 따라서 근육단백질의 입체 구조가 느슨해지게 되어 식육의 보수성이 좋아지게 된다. 또한 식육에 소금을 가하면 식육 내 이온강도를 높여 젤상의 섬유상 근원섬유단백질인 마이오신이나 액토마이오신의 추출되는 양이 많아지게 되므로 가열 처리에 의해 이들의 섬유상 근원섬유단백질이 열 변성될 경우 수분이나 지방을 잘 감싼 채로 응고되어 보수성이 좋아지게 된다.

④ 미생물 발육 억제 및 보존성 향상

대부분의 세균과 효모, 곰팡이들은 낮은 염 농도에서는 성장하지만 염의 첨가에 따른 낮은 삼투압을 통해 수분활성도(water activity, Aw)를 낮춤으로써 염이 존재하는 환경에서는 성장에 제한을 받게 된다. 염지에 사용되는 소금, 솔빈산염, 질산염 및 아질산염은 미생물들의 생육을 억제하며, 특히 질산염 및 아질산염은 식중독을 유발하는 균인 *Clostridium botulinum*균의 성장과 포자 발생을 억제한다. 만약 아질산염을 사용하지 않고 식중독균을 사멸시키려면 100℃에서 10분 이상을 가열처리하여야 되나 아질산염을 200ppm 첨가할 경우 63℃에서 30분이면 사멸되고 독소는 80℃에서 소실되는 것으로 알려져 있다.

⑤ 항산화 효과

염지재료 중 아질산염은 지방산화를 억제시킨다. 아질산염의 항산화 기능은 일산화질소(NO)가 힘(heme)색소를 오랫동안 Fe^{2+} 형태로 유지하기 때문에 지질의 산화가 매우 서서히 일어나는 것으로 보고 있다.

2) 염지제의 종류 및 역할

① 소 금

제품의 맛과 관련하여 중요한 재료 중 하나로 저장기간의 향상뿐만 아니라 식품의 맛과 소비자들의 기호성을 증진시킨다. 소금은 식육에 침투하여 식육단백질과 복합체를 형성하여 높은 삼투압을 유지하므로 높은 흡습성을 나타내게 된다.

또한, 염용성단백질의 추출을 촉진하여 유화력과 결착력을 증진시킨다. 발효소시지나 발효건조소시지의 수분활성도를 낮추어 저장성을 향상시키는 역할을 하는데, 부패성 미생물의 발육을 억제하고 내염성이 강한 젖산균의 증식을 도와 우수한 품질의 제품을 제조하게 한다. 소금의 사용량은 제품의 종류와 유통상태, 소비자들의 기호성 등에 따라 다르지만 최근 소비자들은 건강에 대한 관심이 높아져 저염 육제품을 선호한다.

② 당 류

당류는 염의 수렴성을 중화시키고 육제품의 맛과 색을 개선시키는 역할을 하며 설탕을 대부분 사용하지만 자당, 포도당, 유당 등을 사용하기도 한다. 발효건조소시지 제조에 첨가되는 당류는 미생물의 에너지원으로서 젖산균에 의하여 분해되어 젖산으로 변하고 이 젖산은 소시지의 pH를 저하시켜 소시지 조직을 단단하게 하고, 발색과 풍미를 증진시키며 부패미생물의 증식을 억제시킨다.

발효소시지의 pH가 젖산에 의하여 육단백질의 등전점 이하로 떨어지게 되면 육의 보수력은 낮아지고 이에 따라 건조는 더 쉽게 진행되며, 육 입자 사이에서 염용성단백질을 응고시켜 소시지의 조직을 단단하게 하고 씹는 맛을 증진시킨다. 하지만 당의 첨가량이 너무 많으면 젖산의 발생량도 많아져 신맛이 강해지고 불량한 제품이 발생될 수 있기에 주의가 요구된다.

③ 아질산염과 질산염

아질산염과 질산염은 채소류와 물, 토양 중에 널리 분포되어 있으며 자연적으로 생성되는 물질로 특히 소금 중에도 불순물로서 소량이 함유되어 있다. 하지만 다량의 질산염과 아질산염은 독성이 강하여 첨가할 때에는 법적 허용량을 준수하여야 한다.

아질산염은 하나의 단일물질인 반면 주요한 고유 기능들이 다양하여 이를 대체하는 물질을 자연계에서 아직 찾아내지 못하고 있는 것을 사실이다. 질산염과 아질산염은 염지제 중 가장 기본적인 물질로, 발효숙성기간이나 사용하는 부재료에 따라 사용기준이 달라지므로 주의해야 하며 장기 발효 건조소시지에는 아질산염 대신 질산염이 이용된다. 질산염을 직접 첨가할 때는 발색을 위하여 질산염이 아질산염으로 환원되어야 하는데, pH가 높아야 아질산염으로의 환원율이 높다.

질산염이 첨가될 때 글루코노델타락톤(glucono-δ-lactone, GDL)이 동시에 사용되거나 당류 첨가량이 높고 발효 초기 온도가 높으면, 소시지의 pH가 급격히 낮아져 질산염이 아질산염으로 충분히 환원되지 않아 발색불량 현상이 나타나게 된다. 질산염을 첨가할 때에는 GDL의 동시 사용을 금하고, 당류 첨가량도 감소시키고, 저온에서 숙성 발효해야 하는데 장기발효건조소시지가 제조될 때 아질산염을 직접 사용하여 얻은 육색보다 질산염 첨가 후 질산염을 아질산염으로 환원되어 발색된 육색이 더 강하고 안정되며 염지 풍미도 우수하기에 장기 발효건조소시지에는 질산염이 주로 이용된다.

④ 에리소르브산염과 아스코르브산염

염지시 에리소르빈산염(sodium erythorbate)과 아스코르브산염(sodium ascobate)을 첨가하면 아질산염과 육색소와의 반응에 관여하여 육색발달을 촉진시키는 효과가 있다. 이들 환원제들은 아질산염을 일산화질소로 분해되는 것을 촉진시켜 나이트로조메트마이오글로빈(nitrosometmyoglobin) 또는 나이트로조마이오글로빈(nitrosomyoglobin) 생성을 돕는다. 미국 육제품의 경우, 사용량은 염지액 379L에 대하여 에리소르브산염이나 아스코르브산염 2,481g을 첨가하든가 분쇄육 45kg당 21g(550ppm)을 첨가하기도 한다. 제품을 포장하기 전에 5~10%의 아스코르브산 용액을 표면에 분무하면 빛에 의해 제품의 색이 바라지는 것을 방지하며, 아스코르브산염은 비타민 C로 염지육의 육색촉진 및 발암물질인 나이트로사민의 생성을 억제시킨다.

⑤ 글루코노델타락톤(glucono-δ-lactone, GDL)

GDL은 음료 및 사탕에 새콤한 맛을 부여시키기 위하여 오래전부터 이용되는데 발효건조소시지의 pH를 저하시키기 위한 방법으로도 GDL이 사용되기도 한다. GDL을 통한 pH 저하는 육이 세절되면서 겔을 형성한 염용성단백질의 응고를 도와 발효건조소시지의 조직을 단단하게 하고 발색을 증진시키며 부패미생물의 증식을 억제시킨다. GDL은 약간의 단맛을 내는 백색의 결정성 분말로써 물에 잘 녹으며 수용액 상태에서 글루콘산(gluconic acid)으로 가수분해 되어 산으로 작용하고 GDL의 가수분해는 낮은 온도에서는 완만하고 온도가 높아질수록 빨라진다.

⑥ 알칼리성 인산염(Alkaline phosphate)

염지육제품에서 인산염은 풍미증진 효과와 육의 보수력을 증가시키기 때문에 육제품의 수분 손실이 적어 제품의 연도와 다즙성을 개선시키기 위해 첨가하며, 저장시 아스코르브산염과 함께 작용하여 산화방지 역할을 한다. 인산염의 양은 염지액의 5% 이상 초과하지 않고 최종제품 중에는 0.5%이상 초과하지 않도록 해야 한다.

⑦ 물

염지작업에서 물의 기능은 소금, 아질산염, 설탕, 인산염 기타 다른 염지재료를 용해시키며 제품의 수분함량과 다즙성을 유지할 수 있고 열처리 중 감소하는 수분을 보상할 수 있다. 원료육보다도 더 많은 함량의 물을 육제품 제조에 사용함으로써 생산비를 감소시킬 수 있기 때문에 이를 부정적으로 이용할 여지가 있어 미국에서는 육제품의 수분 첨가량을 제한하고 있다. 10%이상 물을 첨가한 햄일 경우 "ham-water added"라고 표기하고, 10%이상 20%이하일 때 "ham-20% added water"라고 제품포장에 표기하며 물을 첨가하지 않았을 때에는 어떠한 표시도 하지 않는다.

첨가한 물의 양(added water, AW)을 결정하는 공식으로 다래와 같은 수식을 사용한다.

AW=최종 제품에 들어있는 수분함량-(수분계수×단백질 함량)

위와 같은 수식을 사용하면 훈염햄의 수분계수는 3.79, 통조림햄 수분계수 3.83, 훈연 피크닉햄 수분계수 3.93, 그 외의 모든 육제품의 수분계수는 4.0으로 산출되고 대부분 이를 기준으로 한다.

PFF(protein fat-free)값을 아래와 같은 방법으로 산출하며 PFF값을 측정하지 않은 육제품은 "nontraditional"이라고 한다.

$$PFF=육단백질\ 함량/(100-지방함량)\times100$$

두 방식의 차이점 AW방식은 첨가할 수분량을 정하고, PFF는 수분함량을 고려하지 않고 유리지방 함량을 기준으로 염지육제품에 들어있는 최소한의 단백질 함량을 기준으로 한다. 새 규정에 의한 몇몇 제품의 PFF값은 로인햄 20.5, 피크닉햄 20.0 염지하지 않은 로인햄 18.0, 염지하지 않은 피크닉햄은 17.5로 장시간의 염지는 식육의 지나친 수축과 높은 농도의 염 침투를 초래하므로 염지방법에 따라 세심한 주의를 기울여야 한다.

(2) 육제품의 아질산염 법적 허용 및 염지육색 형성

1) 아질산염 법적 허용 범위

전 세계적으로 육제품에 아질산염과 질산염을 사용하기 위한 지침 및 기타 규정이 정해져 있다. 유럽 연합은 2006년 "Directive 2006/52/EC of the european parliament and of the council" 지침을 통해 아래 표와 같이 아질산염과 질산염의 사용량을 제한하였다[표 15-1]. 일반적으로 모든 육류제품에 kg당 아질산염 최대 150mg까지 첨가할 수 있고 비가열 육제품의 경우 질산염을 최대 kg당 150mg까지 사용 가능하다. 이러한 규정은 많은 나라에서 적용되고 있다. 미국의 경우 일반적으로 아질산나트륨을 200ppm, 최대 500ppm 넘지 않게 첨가하도록 규정되어 있으며 우리나라의 경우 잔존 아질산나트륨 함량이 70ppm(mg/kg) 이하로 규정되어 있으며 70ppm 이상 검출되어서는 안 된다(식품공전, 식품유형별 기준규격).

2) 염지육색 형성

앞에서 설명한 바와 같이 육제품은 염지를 통해 독특한 염지육색으로 발현되며, 육색은 소비자의 구매와 기호성을 좌우하므로 중요하다. 염지육색은 원료육의 종류, 육색소단백질의 종류와 화학적 상태 등에 따라 영향을 받는다.

먼저, 원료육의 종류나 품종, 부위, 성별 및 나이 등에 따라 그 강도가 다르다. 특히 야생동물의 원료육은 일반 가축의 원료육에 비해 육색이 짙다. 원료육의 색깔이 짙은 것은 고기 속에 육색소인 마이오글로빈의 함량이 상대적으로 많기 때문이다. 다음으로 염지육색에 영향을 미치는 것은 원료육의 화학적 상태이다. 원료육이 산소와 결합하거나 진공포장이나 밀착포장으로 인하여 산소가 차단이 될 경우도 육색이 다르기 때문에 염지육색의 화학적 상태가 달라지는 것이다. 마지막으로 원료육을 잘못보관하거나 오래된 원료육을 구입할 경우에도 염지육색은 달라지기 때문에 원류육의 색깔을 유지하려면 포장 및 냉장보관을 잘 하는 것이 중요하다.

[표 15-1] 육제품에 대한 아질산염 및 질산염의 사용량 관한 유럽연합의 지침 (2006 기준)

E No.	Name	Foodstuff	Maximum amount that may be added during manufacturing (expressed as $NaNO_2$)	Maximum residual level (expressed as $NaNO_2$)
E249	Potassium nitrite	Meat products	150 mg/kg	-
E250	Sodium nitrite	Sterilized meat products(F_o>3.00)	100 mg/kg	
		Traditional immersion cured meat products	-	50~175 mg/kg
		Traditional dry cured meat products	-	50~175 mg/kg
		Other traditionally cured meat products	180 mg/kg	50 mg/kg
E251	Potassium nitrate	Non-heat-treated meat products	150 mg/kg	-
E252	Sodium nitrate	Traditional immersion cured meat products	300 mg/kg	10~250 mg/kg (some without added)
		Traditional dry cured meat products	300 mg/kg	50 mg/kg (some without nitrite added)
		Other traditionally cured meat products	250~300 mg/kg (without nitrite added)	10~250 mg/kg

소비자들은 육제품의 색을 중요하게 여기며 일반적으로 육제품의 색을 좌우하는 것은 아질산염이기도 한다. 육제품의 육색소는 NO-myoglobin(Fe^{2+})으로 형성되는데, 철이온 중심에 있는 포오피린 고리(porphyrin ring)가 서로 다른 배위자(ligand)에 결합하거나 Fe 이온이 2+ 또는 3+ 의 상태로 존재한다[그림 1-3]. NO-myoglobin의 경우 가열처리시 글로빈 단백질 부분은 변성되지만 나이트로소헤모크롬이 생성되어 선홍색을 유지하는 것이다.

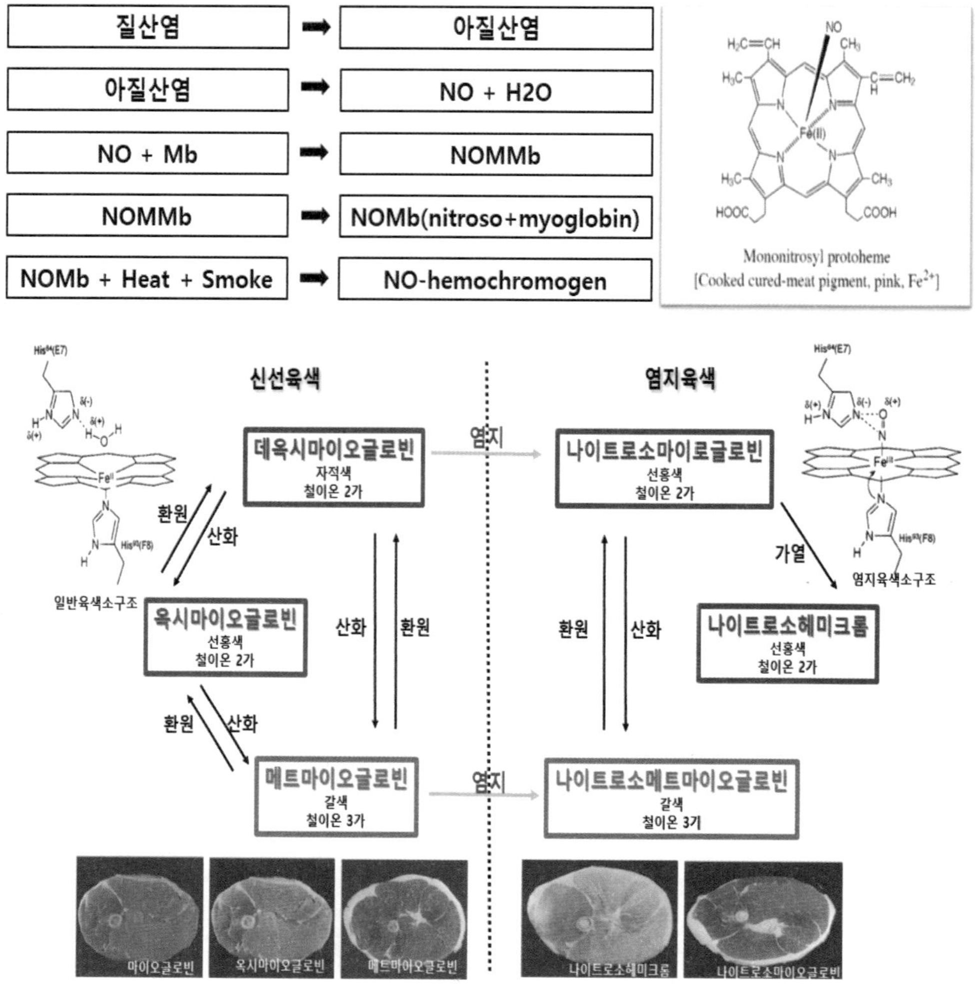

[그림 15-3] 염지육색 도식화 형성구조

(3) 염지방법

1) 건염법(Dry curing)

건염법은 염지제를 원료육 표면에 도포하여 염지를 실시하는 방법이다. 식육 자체의 수분을 이용하는 것으로 식육에 함유된 수분이 소금을 점차 용해시켜 근육 내부로 침투하게 하는 방법이다. 이러한 건염법은 건염햄 및 발효생햄 같은 장기간 염지를 요하는 육제품에 적당하다. 건염법은 염지제를 건조된 상태로 사용하지만 실제로는 원료육 자체의 수분에 의하여 염지제가 일단 용해되어 점차 원료육 내부로 서서히 흡수되므로 진행과정은 습염법과 동일하다.

건염법에서는 기호에 따라 짠맛을 줄이기 위하여 소금의 양을 줄이고 설탕의 양을 늘리는 등의 방법을 사용할 수 있다. 일반적으로 소금에 질산염 또는 아질산염을 혼합하여 염지제로 이용한다. 이때 소금은 원료육의 3~5%, 설탕은 0.7~2%, 아질산염은 0.01% 및 적당량의 향신료를 염지제로 활용하다.

건염법은 비교적 고가 육제품을 생산하며, 저장기간 동안 제품의 수분함량 저하로 조직이 단단해지고 저장성이 증가되는 장점이 있는 반면, 장소와 노력이 많이 소요되어 생산비가 높고 염지 기간이 길어 재고가 많이 쌓이며, 최종 제품의 풍미가 다소 거친 소금 맛을 가진다는 것이 단점으로 지적된다.

2) 액염법(습염법, Pickling)

액염법은 건염법에 사용되는 염지제들을 물에 녹인 후 여기에 고기를 침지하여 염지하는 방법으로 침투속도가 매우 느리기 때문에 장기 염지제품에 적용되나 크기가 큰 고기에서는 종종 부패가 발생할 수도 있으므로 부위가 작은 근육, 혀, 족 등에 많이 사용된다. 특히 염지액 성분이 고기에 흡수되고 또한 육즙의 유출로 인하여 농도가 낮아지며, 아울러 미생물 오염이 증가하므로 염지액의 재사용은 가급적 삼가야 한다.

[그림 15-4]. 건염법 및 액염법

3) 염지촉진법

원료육의 크기가 큰 것을 염지하는 경우에 건염법이나 액염법 모두 염지완료까지는

30~60일의 장기간이 소요된다. 따라서 경영상으로 많은 비용이 소요되며, 기술적으로도 덩어리가 큰 고기에는 소금을 비롯한 여타의 염지재료가 고기의 중심부까지 침투하는 것이 느리기 때문에 고기의 중심부나 뼈의 관절부위에 잔존해 있는 혈액에 의해 세균이 번식하여 염지 중임에도 불구하고 고기를 산패시키는 소위 사우어 햄(sour ham)을 야기할 위험이 크다. 따라서 종래의 육가공에서는 염지공정이 커다란 장해가 되었으나, 근래에는 이러한 문제를 해결하기 위하여 여러 가지 방법이 고안되어 있다[그림 15-5].

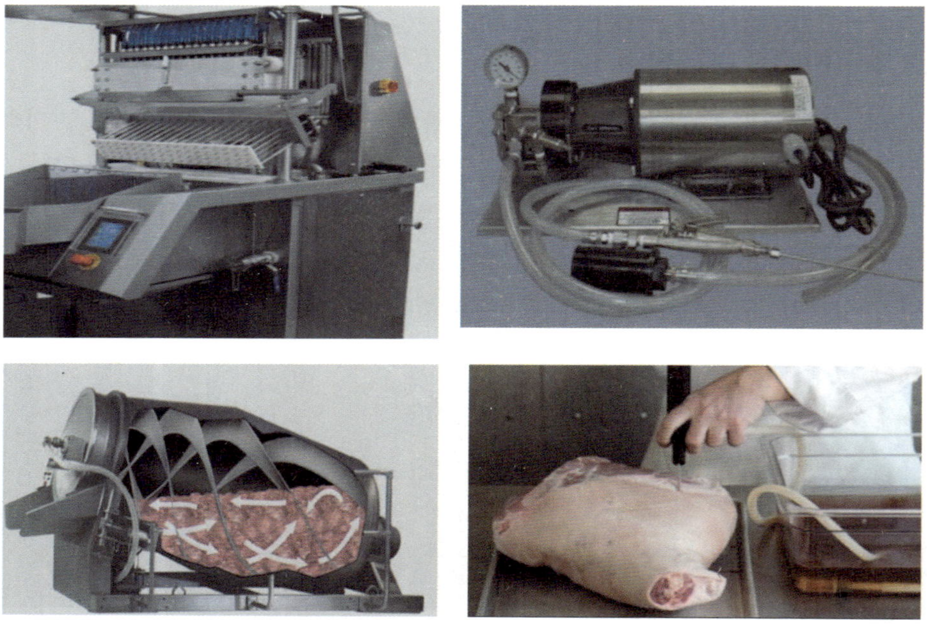

[그림 15-5] 염지 기기 및 주입 장면

① 근육 내 염지액 주사법

이 방법은 염지에 필요한 식염, 발색제 등의 첨가물을 물에 용해시킨 염지액을 주사기, 피스톤 및 펌프에 의해서 육 내부로 강제로 주입하는 방법으로써 조작도 간단하고 건염법과 액염법에 비해 염지기간을 1/3로 단축할 수 있고, 품질균일화의 이점이 있어 일반적으로 많이 이용되고 있다. 바늘 수, 고기 수송 벨트의 속도와 높이, 주사회수 및 펌프압력 등을 조절하여 주입 간격이나 주입량을 조정하도록 되어 있다. 대단위 공장에서는 다수의 주사침을 이용하는 다침주사법(multiple needle injection pumping)이 많이 사용되고 있다. 특히 다침주사법은 수많은 주사바늘이 일정 간격으로 상하운동을 하면서 염지액을 주입하기 때문에 바늘자국(염지액 포켓)이 형성되기 쉬워 이러한 결점을 해소시켜 주기 위하여 열처리 전에 텀블링(tumbling)이나 마사지(massaging)를 수행하기도 한다.

염지액의 주사기의 바늘은 측면에 수 개의 작은 구멍들이 있어 육으로 침입시 막힘 현상을 방지할 수 있다. 염지액 주사는 신속한 속도로 그리고 균일한 압력 하에서 행해져야 한다. 높은 압력과 염지액의 주입량은 육의 조직을 손상시킬 수 있다. 근육주사에 의한 염지 시는 근원섬유와 어긋나게 주사해야 한다. 이 방법에 의허 조직의 파열을 방지할 수 있고 염지액은 균일하게 육에 분산되게 된다.

염지액의 주사량은 식염농도나 작업공정 등에 따라 일정하지는 않지만 대체로 원료육 총량의 10~20% 정도를 실시하지만, 필요에 따라 30% 이상을 실시하기도 한다.

한편 가온 염지법은 염지액을 염지탱크와 보조탱크 사이로 환류 시키면서 보조탱크에서 가온을 하여 액의 온도를 50℃로 높인 후 이를 이용하여 원료육에 주입하는 염지법이다. 염지가 빨리 진행되어 작업의 흐름도 빨라지고 고기의 자가소화도 촉진되어 풍미, 연도 등이 좋아지는 이점이 있으나 취급온도가 높다 관리에 실패하면 대량의 원료를 변패시킬 우려가 있다.

② 동맥주사법

이것은 근육주사와는 달리 방혈로 혈액이 빠져나간 햄부위의 대퇴부 동맥속에 염지액을 주입함으로써 매우 균일하게 염지액을 육 내부로 퍼지게 할 수 있으나, 도축과정 중에 혈관을 원형대로 유지하기가 쉽지 않아 산업 현장에서는 잘 사용하지 않는 방법이다. 염지액을 주입한 햄은 건염이나 액염을 실시한다. 동맥 주입 염지 햄은 염지속도가 빠르고 가열 후 제품 수율이 높고, 맛이 균일하며, 풍미가 좋으나 생산성이 낮아 대량생산이 곤란하고, 절단시 동맥을 완전히 보존해야 하므로 고급 수제품에만 사용되는 정도이다.

③ 마사지(massaging)와 텀블링(tumbling)

마사지 또는 텀블링은 고기 덩어리에 염지액을 주입한 후 염지효과를 촉진시키기 위하여 기계를 이용하여 감압 하에서 일정시간 고기 덩어리를 비벼 대거나 낙하에 의한 중력충돌로 염지액 분산을 돕는 작업이다. 마사지 또는 텀블링을 함으로써 충분한 양의 육단백질이 추출되어 가열에 의하여 젤(gel)화가 되고, 고기 덩어리를 결착시키는 역할을 한다. 또한 발색촉진, 보수성 증대 및 염지시간을 단축시킬 수 있고, 염지액을 완전히 고기에 흡수시키는 것이 가능하기 때문에 품질이나 수율의 조절이 용이하다는 것이 이점이다.

마사저(massager)는 탱크에 중앙축이 있고 그 축에 몇 개의 수직형 또는 수평형

날개가 붙어 있어 이 날개가 회전하면서 고기 덩어리를 서로 비벼 육 조직의 일부를 파괴시키고, 이때 발생하는 마찰에너지를 이용하여 근육 속에 있는 육단백질을 추출을 촉진하고, 근육의 굴곡운동에 의한 내부 열 발생으로 염지액의 흡수가 증가되어 염지과정이 촉진된다. 이렇게 처리된 고기는 충전 가열하면 추출된 단백질이 응고 결착함으로써 고기 덩어리 간의 결착력을 향상시켜 원하는 크기와 형태의 일정한 제품을 생산하는 데 용이하게 된다.

텀블러(tumbler)는 드럼통 안쪽 벽에 수 개의 돌출판(baffle)이 있는 큰 드럼이 중심축을 중심으로 수직 또는 수평으로 회전하게 되면 수직낙하에 의한 중력충돌과 함께 고기끼리 부딪쳐서 육조직이 파괴되고 단백질 추출과 동시에 내부온도 증가에 의해 염지가 촉진되게 된다. 진공텀블링(vacuum tumbling)은 조직연화나 근육조직 내 공기유입을 방지해 주어 냉각한 후 슬라이스할 때 에어포켓(air pocket)이 나타나지 않도록 해 주어 상품 외관을 향상시켜 주므로 널리 이용되고 있다. 텀블러는 회전속도, 시간, 회전수, 운전/휴지 간격 등의 조작조건 변경이 가능하다. 그러므로 사용하는 원료육의 상태와 제품 유형에 따라 회전속도, 작업시간, 운전사이클(운전기/휴지기), 총 회전수 등의 조건을 조절하여 사용한다.

15.2. 세절, 혼합 및 유화

원료육의 세절, 혼합 및 유화공정은 근육 형태를 그대로 유지하는 햄류나 베이컨류의 제조공정에는 불필요하나 소시지나 프레스햄류와 같은 분쇄형 육제품에서는 필수적인 공정이다. 세절 공정은 각종 원료육을 균일하게 세절 혼합하거나 반죽하기 쉽도록 하는 과정으로 분쇄기(grinder, chopper), 사일런트커터(silent cutter) 등의 기계에서 세절하게 된다. 혼합공정은 염지제, 부원료, 향신료 및 조미료 등을 균일하게 혼합과는 과정으로, 유화형 소시지류는 사일런트커터에서 실시하고 분쇄 입자형 소시지류 및 프레스햄은 혼합기(meat mixer)에서 이루어진다.

(1) 분 쇄

이 공정은 분쇄기를 사용하여 덩어리육을 잘게 갈아 형태적인 변화를 주는 공정이다. 이렇게 함으로써 소시지류의 경우 사일런트커터에서 세절 및 혼합공정이 원활하게 이루어지게 되어 세절, 혼합시간을 단축할 수 있고 전체가 고른 입자로 균일하게 혼합될 수 있다. 이 형태적 변화는 플레이트(plate)의 구멍 크기에 따라 좌우되는데 분쇄육의 크기와 입자가 소시지류의 조직, 결착성 등에 직접으로 관여하므로 결체조직이 많은 원료육의 경우에는 특히 이 공정이 중요하다.

또한 지방입자의 크기는 유화형성에 밀접한 관계가 있으므로 주의가 필요하다. 조작 중 큰 덩어리의 원료육을 가는 구멍의 플레이트(plate)로 갈거나, 마모된 칼날(knife)을 사용하거나, 능력 이상의 고기를 밀어 넣는 등 기계에 부하를 지나치게 걸게 되면 고기의 온도가 상승하여 보수력 저하의 원인이 된다 따라서 분쇄 전 원료육은 분쇄기에 넣을 수 있도록 적당한 크기로 자른 후 0~5℃의 냉장고에 보관하여 분쇄육의 온도가 10℃ 이상이 되지 않도록 주의하여야한다.

(2) 세절과 혼합

세절과 혼합은 원료육, 지방, 빙수 및 부원료를 배합하여 만들어지는 소시지류 제조에서 가장 중요한 공정으로 주로 사일런트커터에서 이루어진다. 원료육과 지방은 사일런트커터의 세절공정을 통하여 미세하게 세절되어 교질상의 안정된 반죽상태를 이루게 되는데 이것은 원료육 내의 단백질이 용해되고, 지방구의 표면에 안정제로서 작용하여 지방구들이 분리되는 것을 막아주기 때문에 안정한 고기 유화물을 형성하게 된다. 고기 유화물의 유화상태, 결착성, 보수성은 최종제품의 품질에 영향을 미치므로 사일런트커터에서의 세절, 혼합은 소시지 제조의 가장 중요한 공정이다.

[그림 15-6] 혼합기(meat mixer)와 사일런트커터(silent cutter)

원료육은 세절을 통하여 소시지의 품질에 중요한 보수력을 높여준다. 이것은 원료육이 세절됨에 따라 근형질막이 파괴되어 근원섬유가 분리되고, 더욱 미세하게 세절함에 따라 초원섬유로 분해되어 액토마이오신(actomyosin) 단백질의 팽윤성이 증가하기 때문이다. 즉, 세절에 의하여 근원섬유의 구조가 미세하게 절단 될수록 근원섬유 단백질은 부분적으로 분해되어 액틴과 마이오신 단백질의 망상구조는 더 많은 수분을 받아들일 수 있기 때문이다.

이 공정에 이용되는 사일런트커터 칼날은 원료들과 마찰하여 고기 혼합물의 온도상승과 생산되는 제품의 품질저하의 원인이 될 수가 있다. 따라서 칼날의 형태, 회전속도와 시간, 세절온도, 수분첨가 등은 세절 및 혼합 공정에서 중요 요인으로써 최종 제품의 품질에 영향을 미치게 된다.

(3) 유화의 목적 및 형성

1) 유화의 목적

일반적으로 유화(emulsification)란 섞일 수 없는 2개의 액상에서 하나의 액상이 물리적인 힘에 의해 작은 액상소립자 혹은 액상결정체 형태로 쪼개져서 다른 액상에 분산되어 있는 형태를 말한다[그림 15-7]. 고기유화물(meat emulsion)은 하나의 액상에 다른 섞일 수 없는 고체상이 분산되어 있는 이중상(two-phase system)으로 정의될 수 있으며, 여기에서 액상이란 소금과 단백질의 용액뿐만 아니라 불용성 단백질, 근섬유 조각, 결체조직 등이 분산되어 있는 콜로이드상의 매질을 말하며 보통 매트릭스(matrix)라고 하고, 이 매트릭스에 고체상인 지방이 작은 구로 분산되어

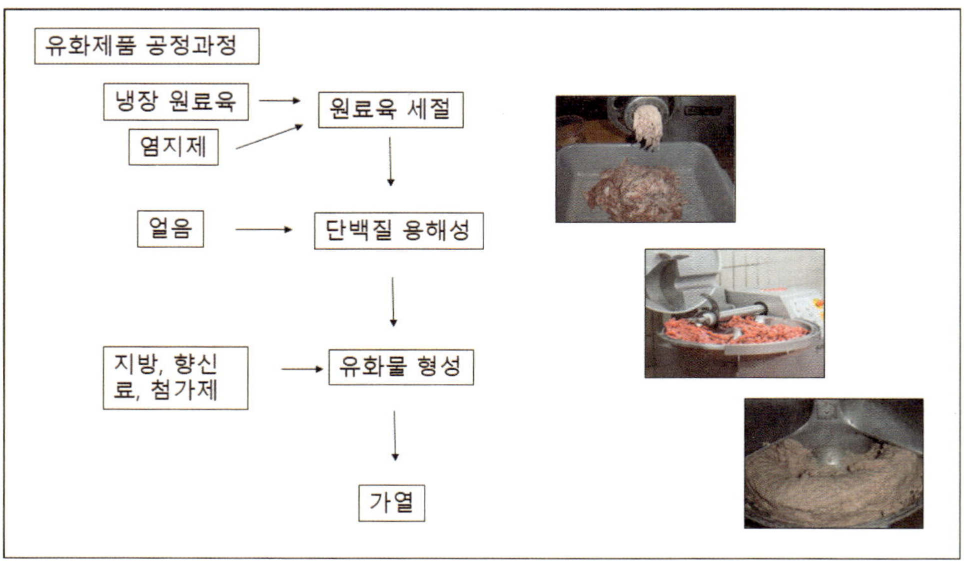

[그림 15-7] 고기유화물 형성과정

형성되는 다중상을 고기유화물이라고 부른다. 고기유화물은 수중유적형(O/W; oil in water type)으로 원료 중의 단백질이 용해되어 있는 액상에 지방을 분산시킨 것으로 교질 상태를 이루고 있다[그림 15-8].

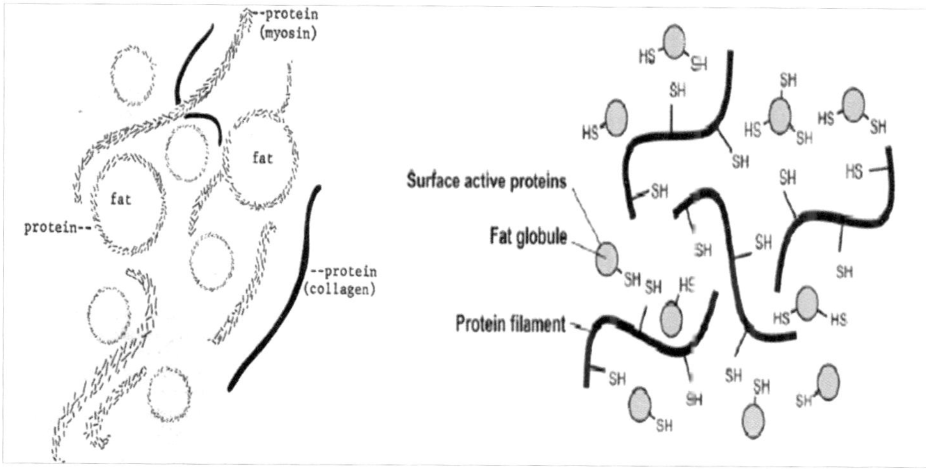

[그림 15-8] 유화물 구조 및 형성

고기유화물에서 식염에 의해 추출된 염용성 근원섬유단백질이 세절된 지방구의 외측에 피막을 형성하여, 가열에 의해 지방구를 둘러싼 채로 응고한다. 원래 물과 지방은 섞일 수 없지만 근원섬유단백질은 고기유화물에서 유화제로 작용하여 교질상의 현탁액과 같은 안정된 혼합물을 이룰 수 있다.

안정성이 높은 유화 조직은 가열처리 중 지방과 수분의 분리가 거의 없으나, 불안정한 조직은 지방과 수분이 분리되어 나온다. 다시 요약하면 서로 섞일 수없는 지방과 물을 매개체인 단백질(유화제)을 이용하여 매트릭스를 형성하여 하나 되게 하는 것 즉, 소금 등에 의해 추출된 염용성단백질이 작은 지방을 둘러싸고 바깥에 있는 물과 간접적으로 만나게 하는 것을 말한다. 분쇄 및 세절 공정에서 분해 된 근원섬유단백질은 가열하는 동안 그물 형태의 망상구조를 형성하여 수분을 고정시킬 뿐만 아니라, 지방구를 둘러싼 얇은 단백질 막을 형성하여 유화력에 커다란 역할을 한다. 또한 유화 공정 중에 첨가되는 빙수나 얼음은 지방의 유화를 돕고, 세절 및 유화시 발생되는 열을 제거하며 단백질의 변성을 막으며, 케이싱에 충전을 쉽게 하도록 도와준다.

2) 유화물의 형성에 미치는 요인

과도한 세절조작에 의해 지방입자가 작아져 지방의 표면적이 증가하게 되면 염용성단백질이 지방구를 감싸는 것이 부족하여 가열시 지방이 용출되는 문제가 있으며 이를 "Over chopping"이라고 부른다. 소시지 유화물을 가열하면 단백질 피막은 응고하여 지방구를 감싸주는데 그 후 계속되는 가열에 안쪽의 지방구는 팽창하고 막을 형성하는 단백질은 수축하는 경향이 있기 때문에 응고한 단백질막이 파괴되어 지방이 분리되는 현상이 일어난다. 이러한 열에 의한 파괴는 고온에서 급격하게 가열 시 발생하기 쉽다.

① 원료육의 보수력

원료육의 팽윤성과 보수력을 높여주는 대부분의 요인들, 즉 높은 pH, 높은 염의 농도, 사후경직 전의 가공 및 인산염의 첨가 등은 가열 중 유화물의 보수력과 결착력을 높여주게 된다. 원료육의 pH, 소금농도, 이온 종류 및 강도, 용해도에 따라 보수력과 유화력은 달라지며 이들은 고기혼합물의 유화력에 영향을 미치게 된다. 안정된 유화물의 기본조건은 원료육의 보수력이 높아야 하는데 이는 안정성이 높은 유화조직은 가열처리 중 지방과 수분의 분리가 거의 없기 때문이다.

일반적으로 유화안정성이 낮아 지방분리가 높을수록 보수력이 떨어져 분리되는 수분의 양이 증가하며 원료육의 보수력과 유화력은 서로 깊은 관련성이 있는 것이다. 경직 전 식육은 높은 pH와 ATP에 의하여 단백질인 액틴과 마이오신이 해리되어 팽윤이 쉽게 진행되고, 단백질 용해성도 높아 보수력을 유지할 수 있는데 온도체가공의 이점은 ATP농도에 의한 것이며, 근육 내 ATP수준이 높을 때 가공을 한다면 높은 보수력과 유화력을 유지할 수 있는 것이다.

일반적으로 근육의 pH가 증가함에 따라 보수력도 증가하므로 안정성이 높은 제품을 생산할 수 있다. 이러한 것은 등전점에서 멀어질수록 산이나 염기의 첨가에 따라 단백질의 순하전의 수가 늘어 반대 전하끼리 잡아당기는 힘이 감소하고, 같은 전하끼리 서로 미는 힘이 증가하여 식육의 미세구조가 헐거워져 수분분자가 들어갈 공간이 커지기 때문에 고정수의 증가를 가져와 식육의 보수력이 증가한다. 고농도의 염의 첨가는 식육의 팽윤성을 증가시키므로 고기유화물의 안정성을 높인다. 등전점보다 식육의 pH가 높을 때 염의 효과는 육단백질에 대한 결합력이 강한 Cl^-이온의 상호작용에 의한 것으로, Cl^-이온들 간의 반발력으로 근원섬유간의 공간이 넓어지게 된다. 염은 단백질로 부터 Ca^{2+}, Mg^{2+} 등의 2가 금속이온을 분리시킴으로써 근육의 미세구조는 넓어지게 되어 보수력은 증가하게 된다.

동결저장이 보수력과 유화안정성에 미치는 영향은 동결저장기간이 1년 이내 정도로 짧을 때는 저장기간에 따라 소시지의 보수성과 유화안정성의 차이가 크지 않지만, 동결저장기간이 길어짐에 따라 유화형 소시지로부터 분리되는 젤리와 지방의 양이 증가한다. 이러한 것은 장기간에 걸친 저온저장으로 인해서 단백질이 변성되어 보수력에 영향을 미치기 때문이다. 한편, 온도체육을 동결 저장하여 가공육으로 이용할 경우, 높은 보수력을 유지하기 위해서는 도살 직후 근육 내 ATP농도가 높을 때 분쇄한 후 2~4% 소금을 첨가하여 냉동시키면 가공육으로 이용하였을 때 높은 보수력과 유화력을 유지할 수 있다.

PSE(pale, soft, exudative)육은 정상육에 비하여 보수력과 유화력이 낮은데, 이것은 도살 직후 도체의 높은 온도와 낮은 pH에 의하여 근장단백질 뿐만 아니라 근원섬유단백질이 일부 변성되었기 때문이며, 일반적으로 적색육은 백색육보다 유화력이 높다.

② 세절온도와 세절시간

고기유화물 제조시 세절 조건은 매우 중요하다. 세절시간이 짧으면 지방이 미세하게 세절되지 않게 되고 지방입자가 크고 단단하며 분산되지 않아서, 근원섬유에 의하여 형성된 망상조직에 둘러싸이지 못하게 된다. 이러한 고기유화물은 가열하는 동안 커다란 지방입자는 단백질의 매트릭스 형성을 저해하므로, 지방입자의 세절 정도는 고기유화물의 열안정성과 소시지 품질에 영향을 미치게 된다. 지방은 첨가 후 세절시간이 경과함에 따라 보수력과 유화안정성이 높아지는데 이것은 지방이 어느 정도 미세하게 세절될 때 지방구는 단백질의 망상구조 형성과 안정성을 용이하기 때문이다. 그러나 지방구를 너무 잘게 세절하면 표면적이 증가하여 단백질로 지방구를 모두 둘러쌀 수 없게 되고 가열과정에서 분리되어 나와 지방포켓(fat pocket)이나 지방 분리의 원인이 된다. 고기유화물은 세절시간이 길어질수록 온도가 상승하며, 지방함량이 높을수록 세절 중 유화물의 온도상승이 높다. 세절 중 고기유화물의 온도상승을 막기 위하여 물 대신 빙수 혹은 얼음을 사용한다.

세절 및 유화공정 중에 고기유화물의 온도가 20℃를 넘게 되면 유화안정성이 낮아 지방분리가 증가한다. 이것은 세절 중 고기혼합물의 온도가 너무 높으면 지방이 용해되어 가열에 의하여 형성된 단백질 매트릭스가 지방구를 고정시키기 어렵게 되기 때문이다. 따라서 최종 유화물의 온도는 13~15℃ 범위로 하는 것이 안정된 유화물을 형성할 수 있다. 세절 중 유화물의 온도상승을 막기 위하여 온도가 낮은 원료육을 사용하거나 물 대신에 빙수 혹은 얼음을 사용하여 고기혼합물의 온도상승을 막을 수 있다. 또한 작업장의 온도를 15℃ 이하로 유지하는 것이 필요하다. 유화과정에 온도가 너무 높게 되면 지방구를 둘러싼 단백질 막의 변성에 의하여 단백질막이 깨어짐으로써 지방구가 유리되며, 온고가 너무 낮을 경우에는 지방구를 둘러쌀 염용성단백질의 추출량이 적어 단백질막이 너무 얇아 터짐으로써 지방구가 유리된다.

③ 배합성분과 비율

단백질의 매트릭스는 유화 안정성에 영향을 미치게 되는데, 단백질 매트릭스가 모든 지방구를 충분히 둘러쌀 수 있을 때 고기유화물은 안정성을 유지할 수 있게 된다. 따라서 단백질, 지방 및 수분의 배합비율은 중요하다. 단백질 매트릭스와 지방의 비율이 적절할 때는 안정한 제품을 생산할 수 있으나, 지방함량이 적으면 탄력성이 낮은 제품을 생산하게 되고, 반면에 지방이 많으면 지방구의 표면적이 넓어져, 지방구를 둘러싼 단백질막이 얇아 열안정성이 약해지고 유화안정성이 떨어진다.

고기 유화물의 안정도에 적합한 배합비는 원료육 및 부원료가 40~60%, 지방 20~30%, 빙수 또는 얼음 10~30%일 때이며 지방첨가량이 40%를 넘으면 안정도가 크게 떨어진다. 배합비를 짤 때 지방은 단백지의 3배 이내, 수분은 단백질의 4배에 10을 더한 수치 이내가 되도록 배합비를 짜야 한다. 다만 유화물이 아닌 입자를 살린 제품이나 육괴를 이용할 때에는 지방은 단백질의 1.5~2배 이내, 수분은 단백질의 3~4배로 조절하여야 한다. 왜냐면 입자나 육괴가 있는 육제품은 육 내의 염용성단백질이 충분히 추출되지 않기 때문에 상대적으로 지방과 수분의 양을 조절해 주는 것이다. 물은 세절공정 중 커팅시 마찰열을 제어해 주고 조직을 연하게 하는 작용을 한다. 단백질막 두께/지방구 지름의 비율이 0.03~0.05 사이에 가장 안정도가 높다고 한다.

◉ 배합비 계산 및 사전혼합(예비혼합)

사전혼합은 소시지 최종제품의 품질향상과 균일성을 유지시키기 위하여 유화공정에 앞서 실시한다. 분쇄된 원료육을 혼합기에서 소금, 인산염 및 염지촉진제를 첨가하여 사전혼합하여 냉장실에서 24~48시간 정도 냉장시킨다. 시료을 이용하여 사전혼합육의 화학적 조성(수분, 단백질 및 지방의 함량)을 분석하여 그 결과에 따라서 제품의 최종 배합비율을 결정하게 된다. 배합비율의 결정은 원료육의 종류에 따라 달라지는데 원료육의 종류가 단순하면 피어슨공식(pearson square)을 이용하며 원료육의 종류가 다양할 때는 프로그래밍을 이용하기도 한다.

예를 들어, 원료육이 단순할 경우는 다음과 같다. 지방함량이 20%인 사전혼합육 A와 지방함량이 60%인 사전혼합육 B를 사용하여 지방함량이 35%인 제품 100kg을 생산하고자 할 때 최종배합비율의 계산은 아래와 같다.

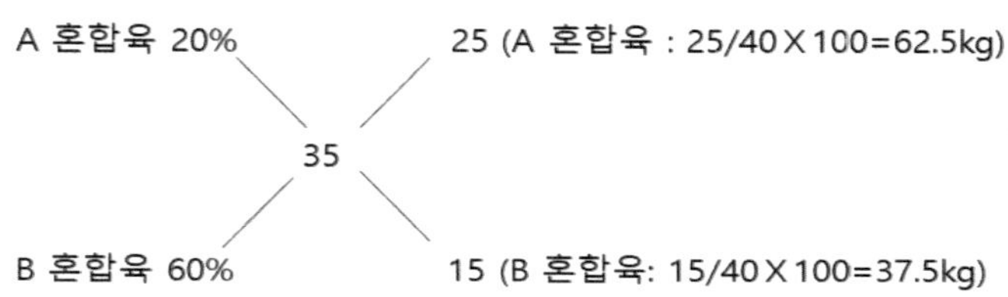

④ 가 열

가열하는 동안 식육의 보수력과 고기유화물의 안정도는 감소하는데, 이것은 육단백질이 응고, 수축되기 때문이다. 단백질이 열변성에 의하여 펩티드사슬의 입체구조가 느슨해지고, 결합력이 약한 분자 내의 결합이 풀려 유리기의 수가 증가한다. 이때 유리기의 일부는 다시 분자 내 결합하기도 하나, 다른 분자와 새로운 분자 간 결합을 형성하기 때문에 응집이 일어나고 응집이 커지는데 이것을 단백질의 열응고라 한다. 단백질의 열 응고에 의하여 형성된 비규칙적인 치밀한 조직 내에 수분과 지방이 유지된다. 이것은 가열에 의하여 겔을 형성하는 근원섬유의 조각들이 결착제로 작용해서 응고된 단백질 부분들을 결속시키기 때문이다.

단백질의 열 응고는 40℃와 70℃사이에서 일어난다. 열응고가 일어나면 단백질에 결합되어 있던 고정수의 일부는 자유수로 유리되므로 보수력이 감소되고 근원섬유도 40℃에서 열 변성을 일으키기 시작하여 온도(60~80℃)가 높아짐에 따라 보수력이 급격히 떨어진다. 또한 온도 범위에서 새로운 가교 결합이 형성되면서 아미노기가 감소되기 시작한다. 가열에 의하여 염기성기는 거의 변화가 없는데 비해, 산성기의 수는 감소하기 시작하여 70℃에서는 처음의 약 2/3로 감소하므로 가열 후 식육의 pH가 다소 상승한다. 가열에 의하여 단백질 망상구조가 안정하지 못하면 물과 지방의 순서로 유리된다.

⑤ 기 타

이상의 요인 외에도 원료육이 선도저하, 원료육의 종류, 세절 및 혼합 중의 사일런트커터의 칼날 회전속도, 정육과 소금 그리고 비육원료 및 얼음의 첨가 순서, 가열공정에서의 급속가열 및 과도한 가열처리 등이 유화형성에 영향을 미친다.

15.3. 훈 연

(1) 훈연의 목적

훈연의 역사는 유목민들이 사냥을 한 야생동물 고기를 불 가까이에 걸어 놓았을 때 저장성이 향상되고, 풍미를 증진시킨다는 것을 알면서부터 시작된 것으로, 훈연은 가장 오래된 식품보존법의 하나이다. 20세기 중반 화학첨가제 및 방부제의 사용과 함께 냉장 및 냉동시설의 발달로 인하여 훈연의 의미가 다소 줄어들기도 하였다. 훈연공정 중이나 훈연 전에 건조도 함께 이루어지는데 이를 통해 육제품의 저장성이 더욱 높아지고, 제품표면의 광택이 우수해 진다. 따라서 육제품에서의 훈연의 주된 목적은 풍미 증진, 제품의 보존성 향상, 항균 효과, 색택(발색) 향상 및 산화 방지 등에 있다.

(2) 훈연의 화학적 성분

일반적으로 훈연에 사용되는 재료는 경질의 나무 칩 및 톱밥이 많이 사용되며 그 밖에 옥수수속 및 왕겨 등 여러 가지가 사용된다. 나무 칩과 톱밥은 수지함량이 적고 향이 좋으며, 방부물질의 발생량이 많은 경성목재(hard wood)인 히코리나무, 참나무, 밤나무, 떡갈나무, 단풍나무, 벚꽃나무, 벚나무 및 아카시아나무 등이 적합하지만, 연성목재(soft wood)인 소나무와 같이 수지함량이 많고 조직이 무른 나무는 훈연재로서 적절하지 못하다. 훈연재료는 사용하기 전에 수분함량을 20~40%(25%가 가장 적절)로 조절하여 이용함으로써 연기 발생을 돕는다. 훈연재의 일반적인 성분으로는 셀룰로오즈, 헤미셀루오즈, 리그닌이 대표적이며, 셀룰로오즈는 240~400℃, 헤미셀룰로오즈 180~300℃, 리그닌은 280~550℃에서 열분해가 이루어진다.

훈연 중 연기에 가장 많이 들어있는 성분으로는 포름알데하이드, 페놀류, 유기산류, 알콜성분, 카보닐류 및 각종 가스 등이 있다[표 15-2].

[표 15-2] 훈연 연기의 각종 성분들

	훈 연 성 분
유기산류(acids)	Formic acid, acetic acid, propanoic acid, butanoic acid, pentanoci acid, levulinic acid, hexanoic acid, isocaproic acid, heptanoic acid, octanoic acid, nonanoic acid, decanoic acid, dodecanoci acid, tetradecanoic acid, hexadecanoic acid and benzoic acid
알코올류(alcohols)	Methanol and ethanol
알데하이드류(aldehydes)	Formaldehyde, acetaldehyde, propanal, butenal and pentanl
에테르류(esters)	Methylformate, methyl acetate 및 hydroxy-2-butanone acetate
푸란류(furans)	Furan, methylfuran, acetylfuran, mehtylbenzofuran, furfryl alcohol and furfural
케톤류(ketones)	Acetone, acetophenone, methyl ethyl ketone, acetophenone, cyclopentanone, cyclohexanone, cyclotene, acetosyringone, cyclotene and acetosyringone
페놀(phenols)	Phenol and diethylphenol
탄화수소류(hydrocarbons)	Benxopyrene, Phenanthrene, chrysene, pyrene, triphebylene, naphthalene, benzofluorene and perylene

이들은 항산화작용을 하고, 훈제품의 색과 풍미에 기여하며, 항균작용이 있는데 포름알데하이드와 페놀은 특히 이러한 작용이 강하며, 유기산은 훈연제품의 표면 단백질 응고에 중요한 역할을 한다.

훈연 연기성분들 중 중요한 유기산은 풍미에 영향을 주며 방부성을 증가시키고 표면 단백질을 변성시켜 케이싱 분리를 용이하게 해준다. 페놀류는 항산화성, 방부성, 육제품 색깔, 풍미에 영향을 주는데, 제품 깊숙이 침투하지 못하므로 주로 표면 미생물 발육억제로 방부성을 가져온다. 카보닐류는 아미노기와 결합하여 갈변 색소 생산으로 제품 색깔을 황금색으로 만들어주며 풍미에도 영향을 준다. 특히 포름알데하이드 성분은 미생물 발육억제를 시키기도 한다. 알콜류는 다른 성분들을 운반하는 역할을 하며 일부 살균작용의 기능을 한다.

(3) 훈연의 효과

1) 풍미증진

육제품의 훈연과 새로운 풍미 생성은 육제품의 종류에 따라 다르지만, 훈연에 의하여 형성되는 독특한 향기로 인하여 완전히 다른 육제품이 만들어진다. 연기 성분인 알데하이드, 페놀화합물 등에 의한 육제품 표면 광택부여 및 독특한 기호성을 발휘시킨다.

2) 육색의 향상

훈연과 동시에 가열처리가 이루어지는데 이때 육제품의 색택을 향상시키는 효과가 있다. 이것은 염지에 의해 형성된 염지육색이 가열에 의해 안정되기 때문이다. 또한 훈연에 의하여 갈색화 반응도 이루어지는데, 연기속에 함유되어 있는 각종 카보닐화합물들은 훈연한 제품의 표면을 갈색화하는데 기여한다. 연기의 가스성분인 일산화탄소(CO)는 육색소인 마이오글로빈(myoglobin)과 결합한 형태인 일산화탄소 마이오글로빈(carbon monoxide myoglobin)으로 전환되어 체리와 유사한 적색을 갖게 한다. 기타의 연기성분은 황금색 내지는 짙은 갈색의 색조의 부여게 영향을 준다.

3) 보존성 증진

훈연에 의해 제품내 수분이 증발되어 제품의 수분활성도(A_W)가 낮아짐으로써 효소와 미생물의 성장을 억제한다. 또한 훈연성분인 포름알데하이드, 페놀, 카보닐, 알콜 및 유기산 성분 등에 의해 지질의 산화 억제와 미생물 살균작용으로 저장기간을 연장시킨다.

페놀류는 항산화 효과가 높은데 비슷한 농도의 BHA(butylated hydroxyl anisole), BHT(butylated hydroxyl toluene)를 비교해본다면 페놀류가 더 효과적인 것으로 알려져 있다. 항산화효과가 있는 페놀류는 pyrogallol, 3-methylpyrocatechol, 4-methylpyrocatechol, pyrocatechol, butyldrosytoluol, resorcino, hydroquinone, α-naphtol, 4-methylguaiacol, 4-vinylguaiacol 및 4-trans-propenyl-syringol이 있다.

[그림 15-9] 훈연제품 및 소규모 훈연설비

4) 항균효과

훈연 성분에는 페놀, 카르복실산 및 포름알데하이드 같은 성분들이 화합물들이 포함되어 있어서 항균에 가장 효과적인데 그 중 guaiacol과 methyl 및 propyl 유도체, creosol, pyrocatechol, methylpyrocatechol, 2,6-dimethyoxyphenol이 있다. 포름알데하이드는 보튤리늄 균을 억제되는 효과가 있으며 carbonyl 화합물은 대장균(*E. coli*)을 억제하는 효과가 있는 것으로 알려져 있다.

경화재질의 훈연칩 및 무거운 연기로 보존된 육제품은 실온에서도 수개월의 유효기간을 가질 수 있는 것으로 알려져 있는데, 유화형 소시지 훈연시 60~76℃에서 30분간 훈연하게 되면 호기성 세균이 2 log로 감소시키는 효과가 있으며 더 높은 온도 및 긴 처리의 훈연은 그 효과가 더 뛰어나다고 볼 수 있다.

(4) 훈연장비 및 원리

훈연기는 열 및 물질이동을 이용한 것으로 외부 발전기에서 균일한 연기가 공급되기 위해 증기, 가스 및 전기로 가열되는 원리를 만들어진 기기이다. 산업적으로 사용되고 있는 훈연기는 훈연실 내부의 공기 및 훈연 연기의 온도, 습도 및 밀도뿐만 아니라 공정 처리시간을 제조하고자 하는 육제품의 특성에 따라 프로그램화되어 운용된다.

이러한 훈연기는 훈연 연기를 여과하거나 조절되기도 하며 온도와 습도를 조절하고 타르와 같은 그을음을 분리하기 위해 물 스프레이를 사용되기도 한다[그림 15-10].

반개폐형 시스템으로 작용되는 훈연기는 훈연연기 밀도에 따라 임계 수준 이하가 될 때 연기가 배출되고, 새로운 연기가 훈연기에 계속 공급되는 방식이다. 밀폐형 시스템은 연기 전체가 외부와 차단된 훈연기 내부에 계속 순환하고 이후에 공기의 흐름으로 잔류물질이 제거되는 원리이다. 연속 시스템으로 작동하는 터널식 훈연기는 고급 육제품을 생산할 때 이용되는 것으로 터널을 통과하는 훈연 시간이 다른 방법에 비해 짧기 때문에 육제품의 균일한 훈연을 위해 온도, 훈연 밀도, 습도 및 속도를 자동으로 유지시켜준다.

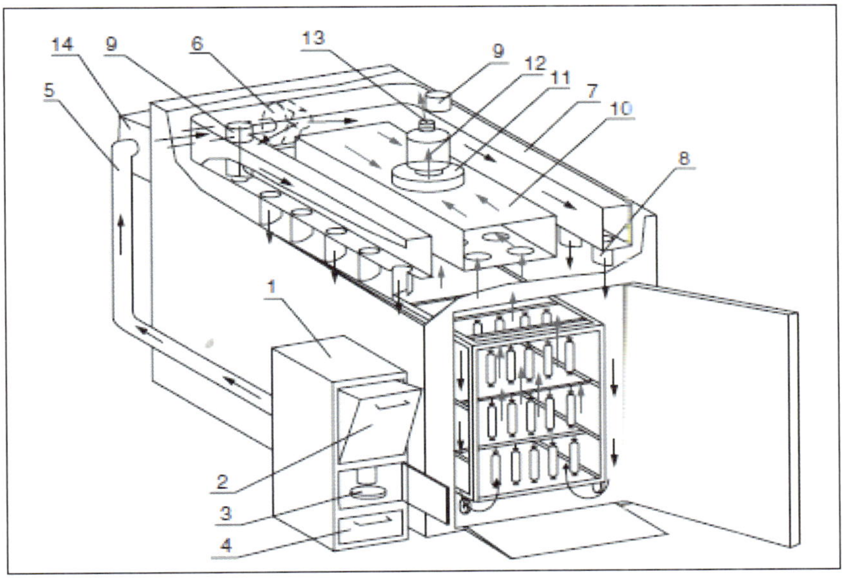

[그림 15-10] 훈연기 원리 및 외부 훈연 발생기

1. 훈연발생기, 2. 훈연칩 용기, 3. 전기히터, 4. 훈연재용기, 5. 훈연 운반로, 6. 훈연주입입구, 7. 훈연분배채널, 8. 제트기, 9.스로틀, 10. 출구팬, 12. 버너, 13. 연구출구 통로, 12. 히터

(5) 훈연방법

1) 직접 훈연법

① 냉훈법(Cold smoking process)

주로 건조소시지(발효소시지)나 생햄의 훈연시 이용되는 방법으로 장기저장을 위해서 15~30℃의 낮은 온도에서 1~3주일간 훈연하여 제품의 수분함량을 20~40%이

하로 하는 훈연법으로써 가열처리 공정을 거치지 않는 것이 특징이다. 저온으로 장기간 훈연하여 중량감소라는 큰 단점이 있지만 건조 및 숙성이 자연스럽게 진행되어 보존성이나 풍미가 뛰어나다. 일반적인 주요 제품으로는 살라미 및 생햄 등이 있다.

② 온훈법(Hot smoking process)

30~50℃에서 1시간 이상 훈연하는 방법으로 안심햄(tenderloin ham), 등심햄(loin ham), 및 본레스햄(boneless ham, 볼기살)등 가열처리 공정을 거치는 제품에 이용된다. 이 방법의 온도범위에서는 미생물이 번식하기에 알맞은 조건이므로 주의하여야한다.

③ 열훈법

50~80℃(보통 60℃ 전후)에서 단시간에 훈연하는 방법으로 단백질이 거의 응고되어 표면이 강하게 경화됨으로써 내부의 수분이 배출되지 못하여 비교적 많은 수분을 함유한 탄력이 있는 제품이 된다. 단시간에 작업이 끝나므로 시간과 비용이 적게 들고, 수율이 높아 일반적인 육제품의 제조에 가장 많이 이용된다. 일반적으로 훈연시간은 20~60분 정도이며 소시지 종류에 많이 이용된다.

2) 간접 훈연법(습열고온증기법)

공기와 수증기를 300~400℃(340℃ 가장 적절하며, 400℃ 이상시 유해한 성분인 benzopyren, dibenzanthracene 등 발생)로 가열한 후 훈연칩에 직접 쏘이는 방법으로써, 열분해된 고온다습한 연기가 발생된다. 그리고 배관을 통해 훈연기 내로 강제 송풍되어 이동 중 냉각되게 된다. 한편 연기가 이동되는 배관에 훈연재를 포집할 수 있는 장치로 물을 분무함으로써 연기와 함께 날아가는 재를 없애 깨끗한 연기만을 공급할 수 있다.

3) 액훈법(Lipid smoke method)

액훈법은 훈연액이라고 하는 목초액을 이용하게 되며 훈연재료를 태워서 발생되는 훈연연기 및 목재의 건류에서 생성되는 연기성분의 추출액을 숙성, 융합 후 타르 물질 등을 침전시킨 후 생산되는 훈연액을 사용하는 방식이다. 훈연액은 훈연연기에 비해 해로운 발암물질 및 타르 등이 제거되어 보다 균일한 훈연에 필요한 성분만을 함유하게 된다. 이러한 훈연액을 공정 과정 중 제품 표면에 분무, 제품을 침지 또는 훈연액을 고열판에 부어 증기화하여 훈연공정을 거치거나 염지과정에 직접 혼합하여 제품에 직접 주입하는 방법이다. 직·간접 훈연법에 비하여 훈연제조기의 불필요, 균일한 제품 생산, 발암물질 제거, 공해 방지, 훈연시간 단축으로 인한 대량 생산 및 청소가 용이함이 장점이다.

4) 정전기적 훈연(Electrostatic smoking)

연기를 20~60kV의 전기가 흐르는 전기장 사이로 통과시켜 전하를 띤 연기를 훈연실에 불어 넣으면 제품표면에 반대전하를 띤 성분에 연기가 신속히 결합하므로 연기성분이 침착된다. 이 방법은 다른 방법과 달리 연기의 입자성분을 이용하는 것이다. 훈연 후 제품은 일반적으로 전외선(IR) 가열기로 건조시킨다. 발열방법으로 일반적으로 3가지 방법으로 나뉜다. 전기적 점화에 의한 연소법(smouldering method), 마찰열에 의해 연기를 발생시키는 마찰발열법(friction method) 그리고 건조 및 고온의 증기에 의해 점화 시키는 습열분해법(condensate method)이 있다.

5) 훈연 실시에 유의해야 할 점

① 일반적으로 훈연은 육제품의 보존성 향상, 색택증진, 풍미부여, 지방산화방지를 위해 실시한다. 훈연 전에는 반드시 건조시켜야 하는데 연기성분이 육 내부까지 침투가 용이하도록 하고 외관을 좋게 하기 위함이다. 이때 열원에서 1m 이상 간격을 두고 건조시켜야 한다. 건조가 확실치 못할 경우 연기의 침착이 부진하여 육표면의 외관이 좋지 않고 발색이 잘 되지 않는다.

② 훈연 전 가열은 훈연 목표온도보다 약 10℃ 낮게 시작해서 20~30분 간격으로 5℃씩 점차 상승시켜 목표온도로 도달시킨 후 온도를 유지한 상태에서 훈연을 실시해야 한다.

③ 훈연 시작 전에 갑작스런 온도 상승을 피해야 한다. 그 이유는 표면 건조에 따른 표면경화현상으로 단백질의 열 응고막이 형성되어 연기성분이 내부까지 침투되지 않아 외관이 좋지 않기 때문이다. 이때 생기는 현상을 smoking ring 또는 color ring이라고 한다. 따라서 훈연 전 가열 및 건조처리는 조금씩 온도를 상승시켜 훈연을 실시하면 smoking ring을 방지할 수 있다.

15.4. 가 열

(1) 가열의 목적 및 중요성

식육과 육제품의 가열처리 목적은 원료육을 익힌다는 의미 외에 미생물의 살균 및 생육억제에 의한 보존성 증진, 단백질의 응고로 적당한 탄력이 있는 바람직한 조직의 부여, 효소의 불활성화, 맛과 풍미의 기호성 향상 및 염지육색 안정화에 기여한다. 가열처리는 다른 한편으로는 식품 중에 일어나는 일련의 물리화학적 변화에 의해서 영양소들이 쉽게 변성 또는 파괴되어지고 또한 맛의 손상, 발색, 조직저하 등이 일어나는 부정적인 역할도 수반하게 되므로 적절한 가열처리 공정의 설정은 육가공에서 있어서 매우 중요하다.

◉ 육제품의 가열처리의 목적

① 부패성 및 병원성 미생물을 사멸하고 육제품의 저장 수명을 향상시킨다.
② 풍미를 강화하고 바람직한 조직감을 부여하며, 육고기의 기호성을 향상시킨다.
③ 육단백질의 변성과 용해도를 변화시켜 응고, 경화되게 하며 염지육색을 안정화시킨다.
④ 육제품의 수분함량 및 수분활성도를 감소시켜 미생물 성장을 억제하며, 육제품 표면의 피막형성 및 독특한 외관을 부여한다.
⑤ 육제품 자체에 존재하는 효소를 불활성화시키고 효소작용에 의한 풍미 악화를 예방한다.

1) 미생물 사멸과 안정성 증진

육제품의 가열은 제조과정에서 부패성 및 병원성 미생물을 사멸하여 부패를 막는 중요한 역할을 한다. 사멸되는 미생물의 수는 가열온도와 시간, 미생물의 종류 및 오염정도에 따라 다르다. 가열처리에 의해 미생물들이 완전히 멸균되는 것이 아니기 때문에 미생물의 증식을 늦추기 위해서는 냉각과 함께 제품의 2차 오염을 피하기 위한 적절한 취급이 필요하게 된다. 가열에 의해 생산된 육제품은 보통 적절한 포장 및 냉장 상태에서 수 주 동안 보관할 수 있다. *Salmonella* spp., *Campylobacter jejuni.*, *Escherichia coli.* 같은 병원성 미생물을 제어하기 위해서는 가열된 제품의 특정 내부 온도가 충족되어야 한다. 병원성 미생물에 따른 가열 시간과 온도의 조건은 다음 표 15-3과 같다.

2) 풍미 증진(기호성 증진)

가열은 육제품이 기호성을 증진시키는 중요한 요소이며 맛과 향을 더욱 심화시켜 풍미가 풍부하게 한다[표 15-4]. 가열 육제품 맛의 전반적인 영향은 맛과 향의 조합으로 육제품의 가열처리에 따라 풍미의 깊이에 영향을 줄 수 있는데 이는 육제품의 브라우닝, 다양한 향신료 및 가열처리에 따라서 최종 제품에 영향을 미친다. 또한 육제품에 포함되어 있는 지방의 양과 비율도 육제품의 향과 조직감에 영향을 주게 되는데, 이는 육류나 육제품은 심부온도가 증가함에 따라 단단하고 건조하여 풍미에 크게 영향을 주게 되는 것이다. 일반적으로 육제품 심부온도가 74~80℃에서 이루어지는데

66~68℃에서 경도가 매우 빠르게 감소하다 74℃ 이후에는 경도가 증가하게 된다.

3) 육색 발달

가열은 주요 육색소단백질인 마이오글로빈(myoglobin)과 아질산염 사이의 반응에 의한 육색 안정화에 중요한 기능한다. 염지과정 중에 일산화질소와 결합된 마이오글로로빈 복합체는 가열에 의해 나이트로조헤모크롬(nitrosohemochrome)으로 변화되어 안정적인 가열 육색을 발현시킨다. 또한 가열과정 중 당성분과 아미노산의 상호반응에 의한 비효소적 갈변반응을 일으켜 육제품의 색에 영향을 미치게 된다.

[표 15-3] 육제품 가공 중 병원성 미생물에 대한 가열조건의 영향

Bacteria	Product	Cooking process	Effect
Staphylococcu aureus	Breast chicken cutlet	Baking	Absent from 3.5×10^7
Campylobacter	chicken livers	Pan fry to internal temperature 70℃	No positive samples
Staphylococcu aureus	Veal meatballs	Grill 160℃ for 3 min Conventional oven 160℃ 6 min	1.02 log reduction
E. coli O157:H7	Veal meatballs	Grill 160℃ for 3 min Conventional oven 160℃ 6 min	1.08 log reduction
E. coli O157:H7	Franks, pork	55~70℃	4 log reduction
Salmonella	Franks, pork	55~70℃	4 log reduction
Listeria monocytogenes	Franks, pork	57~70℃	47.17~0.085 min D-value*
E. coli O157:H7	Beef/Turkey link	57~70℃	23.13~0.03 min D-value
Listeria monocytogenes	Beef/Turkey link	57~70℃	50.35~0.13 min D-value
Salmonella	Beef/Turkey link	55~70℃	41.02~0.10 min D-value
E. coli O157:H7	Ground beef	Radio Frequency Cook 72℃ IT	7 log reduction
E. coli O157:H7	Blade tenderized steaks	54.4~71.1℃	2.71~5.21 log reduction
E. coli O157:H7	Restructured roast beef	60~65℃	1.9~2.5 log reduction
E. coli O157:H7	Ground beef	62~65℃	1.97~1.58 min D-value
Salmonella	Ground beef	62~65℃	1.93~1.15 min D-value
Salmonella	Ground beef patties	48.9~71.1℃	0.9~6.3 log reduction
Listeria Monocytogenes	Bologna batter	55~70℃	25.21~0.08 min D-value
Salmonella	Bologna batter	55~70℃	10.11~0.04 min D-value

*D-value 일정온도에서 미생물의 생균수가를 1/10(90%의 균수 감소) 감소하는데 필요한 시간

[표 15-4] 가열된 육제품의 향과 냄새에 기여하는 화합물

Compound	Flavor or Odor
Branched chain fatty acid	Barnyard, milky, sour, sheep meat flavor
n-caprioc acid	Goaty
cyclobutanol	Roasted
2-decenal	Tallow, orange
2,4-decadienal	Deep fat flavor, chicken flavor
1,3-bis(1,1-dimethylethyl)benzene	Cooked beef
Hexanal	Fatty-green, grassy, strong green, tallow, fat
2-aceyl-1-pyrroline	Roasty beef note
2 acetylthazole	Roasty beef note
12-methyltridecanal	Tallow beef like
2-methyl-3-furanthiol	Beef aroma
Bis(2-methyl-3-furyl)disulphide	Beef aroma
4-hetanal	Fat yucky, sweaty feet odor
Heptanal	Fat yucky, sweaty feet odor
1-octen-3-ol	Mushroom odor
Nonanal	Fatty odor
Nonanoic acid	Fat/cheese odor
2-decenal	Fat/cheese odor
2,4-decadienal	Fat odor
Bis(2-methyl-3-furyl)disulphide	Meat, roasted, burnt odor
2-furfuryl 2-methyl-3-furyl disulphide	Meaty, roasted, burnt odor
Bis(2-furfuyl)disulphide	Roasted burnt odor
2-methyl-3- [(cis-2-mehyltetrahydor -3-thienyl)thio] furan	Meaty, gilled, mushroom-like, grilled odor
2-methyl-3- [(trans-2-methyltetrahydor -3-thienyl)thio] furna	Roasted notes, vegetable-like, mushroom -like, meaty odor
2-methyl-2- [(2-methyl)-3-thienyl)thio] tetrahydrothiopene	Typical meat note, characteristic, roast meat odor
2-methyl-3- [(2-methyltetrahydro-2-thienyl)thio] furan	Roasted, meaty, typical meat note odor

(2) 가열방법

가열방법에는 열탕, 증기, 적외선이나 고주파에 조리하거나, 건기나 가스오븐에서 굽거나 레토르트(retort)를 사용하여 100℃이상의 열수나 증기로 가압조리하거나 기름에 튀기는 등 여러 가지 방법들이 있다. 일반적으로 사용되는 햄, 베이컨, 소시지는 비통기성 케이싱을 이용한 제품일 경우 가열조(cooking tank)에서 탕침 또는 증기로 가열하며, 훈연 제품일 경우 훈연실에서 훈연 후 주로 저압 스팀을 이용하여 가열한

다. 또한 캔, 혼합어육소시지 경우는 레토르트에서 가열한다. 햄, 베이컨과 같은 덩어리 제품으로 100℃ 이하에서 가열하는 것은 온도가 높을수록, 시간이 길수록 육질은 딱딱해지며, 소시지와 같이 미세하게 갈은 유화형제품은 지방분리, 육의 결착력 저하에 의한 유화 균형이 깨지기 때문에 가열의 원칙은 보존성 확보와 최소의 영양가가 파괴되는 점을 고려하여 최저로 유지시켜 주는 것이 좋은 품질의 제품을 생산할 수 있다.

식품공전에 제시되고 있는 가열제품이란 제품의 중심온도가 63℃이상의 온도에서 30분 이상 열처리 된 제품을 말한다. 국내의 햄, 소시지의 열처리 기준은 제품의 중심온도를 기준으로 하여 제품의 직경, 크기 등에 따라 열처리 온도와 시간이 결정되어 진다. 이것은 사람에게 해를 끼치는 병원성 미생물의 사멸에 필요한 최소의 조건이다. 가열할 때 온도와 시간은 제품의 원료, 두께, 용량, 전분함량, 지방함량, 초기온도 중에 따라 다르므로 중심온도 63℃에 도달할 때까지 어느 정도의 시간이 필요한가를 체크하여야 한다.

프레스햄 중심온도의 경과를 측정한 실험에서 5℃ 제품을 65℃의 외부온도로 가열하면 150분에 동일한 외부온도에 도달하였고, 중심온도 65℃에 도달하는 시간은 외부온도 70℃에서 109분, 75℃에서 85분, 80℃에서 71분, 85℃에서 65분 걸렸다는 보고가 있다. 따라서 이것을 참고로 하여 제품의 중심은 온도가 63℃이상이 되기 위해서는 어느 정도의 온도로 몇 시간이 걸리는지를 측정하여야 한다. 일반적으로 제품의 굵기에 상관없이 최종 제품의 중심온도가 72~74℃에 도달시 가열 처리를 종료함으로써 제품의 중심온도가 63℃이상의 온도에서 30분 이상 열처리한 효과를 볼 수 있다. 고압멸균 제품의 경우 중심온도가 121℃/4분 이상 가열함으로써 F_o-value(121℃에서 미생물을 100% 사멸시키는데 필요한 시간)가 4이상 되게 하여야 한다.

(3) 가열에 의한 이화학적 변화

1) 가열에 의한 단백질 구조 변화

단백질은 가열에 의해 변성과 응고라는 화학적 변화를 일으키는데, 가열에 의한 단백질의 열변성은 보수성, 유화력, 결착력 등 주요한 역할을 하게 된다. 유화형육제품은 기본적으로 망상구조를 형성한 염용성 단백질(마이오신과 액토마이오신)과 이를 둘러싸고 있는 지방입자를 가열하게 되면 안정된 구조를 형성하게 된다. 가열에 의해 염용성 단백질은 여러 단계를 거쳐 일어나게 되는데, 염용성 단백질 중 하나인 마이오신분자의 분절이 되고 가열 온도가 30~50℃에 이르면 구형인 마이오신 머리 부분이 응집되기 시작하여 결국 불가역적인 구조로 변화하게 된다. 50℃이상에서 마이오신 꼬리부분이 변화되기 시작하여 가교 결합(cross-linking)을 통해 단백질의 망상구조가 형성된다.

2) 육제품의 구조의 변화

육제품의 미세구조 변화는 근섬유의 특성, 수분 손실과 변화로 인해 발생하며 결합조직의 변화에 의해 육제품에 변화를 주게 된다. 40~45℃사이의 가열온도에서는 근원섬유구조가 변화하고, 55~60℃에서는 콜라겐이 변화가 일어나며, 70℃이상은 근원섬유와 결합조직의 변화로 육제품의 구조가 변화하게 되는 것이다.

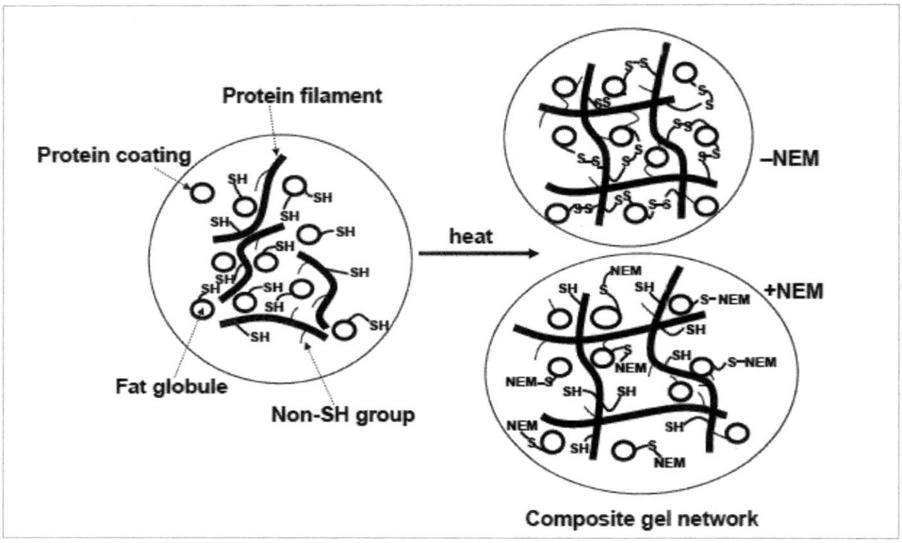

[그림 15-11] 유화물 구조 및 가열 결합과정

[그림 15-11]은 육제품의 유화물 구조와 가열시 결합과정을 보여주는 것으로 단백질이 지방 표면을 감싸게 되어 운동을 제한하면서 단백질 계면을 안정화시켜 준다. 이때 단백질이 지방을 코팅시켜 가열했을 시 수분과 지방이 분리되는 것을 방지한다. 지방코팅 표면막에 결합되어 있는 단백질 SH기가 가열과 동시에 상호작용(수소결합, 이온결합, 소수성결합 등) 및 가교결합을 하여 겔 네트워크(gel network)을 형성하고 안정화된다.

3) 가열감량

가열감량이나 수율확보는 육제품에 있어서 매우 중요한 과정이다. 가열시 육제품의 수분량을 유지하는 것은 육제품 생산 능률을 높일 뿐만 아니라 육제품 품질을 개선하기 위해 필요하다. 일반적으로 육제품의 가열온도, 가열속도 및 최종 육제품의 심부온도는 육제품의 가열감량에 영향을 준다.

제16장 육가공제품의 부재료와 포장

16.1. 부재료의 특성

육제품에 사용되는 부재료는 주재료인 원료육과 지방 이외의 것들을 말하여, 소금과 향신료와 같이 필수적인 것들과 제품들의 특성에 따라 특별한 목적을 위해 첨가되는 것들을 모두 포함하고 있다. 그 원료에 따라 화학적 첨가물, 식물성 소재, 동물성 소재로 구분된다. 대부분의 부재료들은 육제품 고유의 품질특성을 부여하거나 맛, 풍미, 외관, 육색, 조직감, 결착력, 지방분리 방지, 저장성 향상 등을 개선하기 위한 기능성을 위해 사용된다.

(1) 물

식육 내에는 60~70%의 많은 수분이 존재하지만 육제품 가공과정 중에도 대부분 물을 첨가한다. 물은 기본적으로 육제품 중의 부재료들을 용해시키는 용매로서 사용되는데 염류, 질산염 또는 아질산염, 당류, 인산염 등과 같은 부재료들에 대한 용해와 균일한 분산을 용이하게 한다. 특히 용해와 분산에 필요한 만큼의 수분이 부족하다면, 육 혼합물에서 아질산염이나 소금의 고른 분산이 어렵게 되고 이를 통한 육단백질의 추출성이 낮아지는 결과를 초래한다.

한편 유화형 육제품에서는 첨가되는 물은 유화공정 중 유화물의 온도상승을 조절해주는 역할을 하고, 안정적인 유화물 형성을 위해 필수적인 것이다. 첨가된 물과 소금에 의해 용해된 염용성 단백질들은 세절된 지방구들 감싸는 계면상의 단백질 막을 형성하고 이 단백질 막들은 가열과정 중 지방구들을 안정화시키며 육 유화물로부터 지방 분리를 방지하는 역할을 한다. 또한 육제품의 열처리시 가열이나 건조과정 등에서 일부의 수분이 증발되는데, 첨가된 수분은 이를 보충해주는 역할도 하게 된다. 그러므로 가공 중 전체 육 중량의 약 10~20% 정도 물을 첨가하여 최종 육제품에 수분함량과 다즙성을 유지 한다.

종합적으로 정리하면, 가공 중에 식육에 인위적으로 물을 첨가하면 내용물의 혼합이 쉬워지고, 단백질의 용해성이 증대되며, 조직이 부드러워져 관능적 특성상 품질을 증대될 뿐만 아니라 제품가격 측면에서 단가가 낮아지는 장점이 있다. 또한 첨가되는 물은 가공공정 중에 발생하는 온도증가를 조절해 주는 역할을 하며, 희석에 의한 원료 혼합물의 점도를 낮춰 기계적인 작업을 용이하게 해준다. 최근에는 저지방 육제품 제조 시에는 지방감소로 인해 발생되는 딱딱한 조직감이나 다즙성의 상실을 방지하기 위해 물을 더욱 보충하기도 한다.

수분 첨가는 햄류나 베이컨과 같은 염지 육제품에서 그 사용량을 고려해야하는 특성들이 있다. 염지액 강도와 수분활성도가 그것이며 두 가지는 매우 밀접한 관계가 있다. 첫 번째로 염지액 강도는 다음과 같이 정의된다.

$$\text{염지액 강도(\%)} = \frac{\text{소금함량(\%)}}{\text{소금함량(\%)} + \text{수분함량(\%)}}$$

예를 들어, 베이컨의 소금함량이 1.5%이고 55%의 수분을 함유하고 있다면, 염지액 강도는 다음과 같이 산출될 것이다.

$$2.65\% = \frac{1.5\%}{1.5\% + 55\%}$$

그런데 배합비율이 변경되어 소금함량은 일정하지만 수분을 추가적으로 첨가하는 경우에는 결과적으로 이 염지액 강도는 감소하게 된다. 만약 소금함량은 동일하고 수분을 15% 더 추가할 경우 염지액의 강도는 2.65%에서 2.1%로 감소할 것이다. 이렇게 염지액 강도의 감소는 염용성 단백질 추출성뿐만 아니라 미생물 억제와 유통기한에 심각한 영향을 줄 수 있다.

두 번째 고려사항은 미생물에 대한 수분의 이용성, 즉 수분활성도이다. 물 분자들과 염류, 당류, 단백질, 그리고 기타 성분들 간의 결합에 따라 수분활성도는 감소하기 때문에 세균 성장을 억제할 수 있다. 그러나 투입되는 소금함량을 고정시키고 수분첨가량을 증가시키면 이러한 수분활성도 증가에 따라 세균성장의 문제를 발생시킬 수 있기 때문에 주의가 필요하다.

육가공제품에서 물의 역할은 매우 중요하지만 과량의 물을 첨가하는 것을 방지하기 위해 각 나라별로 규제하고 있다. 이러한 규제는 제품의 품질이나 안전성에 대한 문제보다는 주로 육제품의 유형 및 규격 표준화에 중점을 두고 있다.

(2) 소 금

소금(NaCl)은 육류 저장을 위해 사용되어온 가장 오래된 식품 소재 중의 하나로 육제품 제조에 가장 필수적이고 중요한 재료이다. 소금은 백색의 결정상 고체로 정제염, 암염, 천일염이 이용된다. 이 중 식품에 사용하는 대부분의 소금은 정제염으로 그

순도는 최소 99.0%이다. 암염은 채굴을 통해 얻어지며 천일염은 해수를 천일 건조하여 생산하는데, 식품용 암염과 천일염은 최소 97.5%의 순도를 갖고 있어야 한다. 식육제품에 소금은 보통 1.5~3%정도(건조 저장육제품의 경우 4%까지) 첨가하는데 소금 첨가에 의해 제품의 맛을 내기 때문에 기호성 측면에서도 중요한 성분이며, 저장성을 향상시킨다. 최근에는 소비자들의 건강 지향적 요구에 부응하여 상업적 제품에서 그 사용량이 감소되고 있다.

◉ 육제품에서 소금이 갖는 중요한 기능

① 보수력(결착력)과 조직감에 관련된 염용성 단백질 용해성에 기여
② 맛과 풍미 증진
③ 미생물 성장억제와 저장성 향상

육제품 제조시 소금은 첨가된 물과 함께 분산되어 육 조직 또는 육 내부에 침투함으로써 식육을 구조적으로 팽윤시키고 식육 중의 염용성 단백질을 용해 또는 추출시킨다. 이렇게 추출된 염용성 단백질들은 육괴와 육괴간 또는 육입자간의 보수력과 결착력을 향상시킨다. 유화형 제품의 경우, 추출된 염용성 단백질들은 지방구들 외곽에 얇은 피막을 생성하여 안정적인 유화물 형성을 돕고, 유화물의 점도를 상승시킨다. 결국, 가열처리시 추출된 단백질들은 응고하고 수분과 지방을 안정적으로 유지시키는 역할을 한다.

소금(NaCl) 중의 Cl^- 이온은 주로 육단백질에 작용하여 음전하를 증가시키고, 육단백질의 구조를 팽윤시킴으로써 단백질들이 보다 많은 수분과 결합하게 하여 육 혼합물의 수분결합력 증가에 영향을 준다. 한편 Cl^- 이온은 염지육제품 제조시 아질산염에서 산화질소로의 전환을 촉진시키기 때문에 염지육색 발현에 중요한 역할을 한다. 이렇듯 Cl^- 이온이 육단백질에 의한 수분결합 및 육색발현에 중요한 역할을 하는 반면, Na^+ 이온은 주로 풍미 부여에 중요한 역할을 한다. 즉, 풍미에 대한 Na^+ 이온의 중요한 기능성은 짠맛의 부여뿐만 아니라 풍미의 강도를 증가시키는 것이다.

또한 소금의 첨가는 육제품의 수분활성도를 감소시켜 미생물 성장 및 부패를 억제하는데 중요한 역할을 한다. 이러한 기능적인 특성들 때문에 소금을 대체할 만큼 완전한 대체재는 아직까지 없다. 최근에는 소금(NaCl) 성분 중에 Na의 과량섭취가 건강에 나쁘다는 인식에 따라 대체물로서 염화칼륨(KCl)을 일부 이용하기도 하는데 K^+ 이온의 영향으로 쓴맛이 나기 때문에 최종 제품 중량비로 0.5~0.7% 정도만 사용하기도 한다.

소금은 제품의 저장성 증진에 기여하지만 과도한 소금의 첨가는 식육 중 지방의 산화를 촉진시켜 제품의 맛이나 색깔을 변질시키기 쉽다. 특히 항산화제나 아질산염을

넣지 않은 제품이나 비가열소시지를 장기간 저장할 때 문제가 된다.

(3) 질산염과 아질산염

질산염과 아질산염은 염지육 제품을 제조하는데 사용되는 가장 중요한 첨가제 중의 하나이다. 식육에 질산염이 언제부터 사용되었는지 정확하게 알려지지 않지만, 1800년대 후반 질산염의 활성형이 아질산염이라는 것이 밝혀지기 전까지 수세기 동안 소금의 불순물 또는 초석(saltpeter)의 형태로 염지육에 사용되어 왔다. 그리하여 질산염은 건조 육제품과 같이 오랜 기간 염지를 필요로 하는 특별한 경우를 제외하면 드물게 사용되며, 대부분 아질산염이 염지육제품에 사용된다. 육가공 산업에서 아질산염을 사용하고 있는 이유는 염지육색의 발현 및 고정, 풍미 증진, 항미생물 작용, 항산화 효과 때문이다. 특히 아질산염 사용상의 이점은 인체에 치명적인 독소를 생성하는 균인 *Clostridium botulinum*의 성장을 억제하는 유일한 항미생물제로서의 역할이다. 아질산염은 아질산의 나트륨염($NaNO_2$) 혹은 칼륨염(KNO_2)의 형태로 존재하는데, 아질산나트륨이 상대적으로 용해성이 높아 제조과정이 용이하므로 육가공제품에는 주로 아질산나트륨이 사용되고 있다.

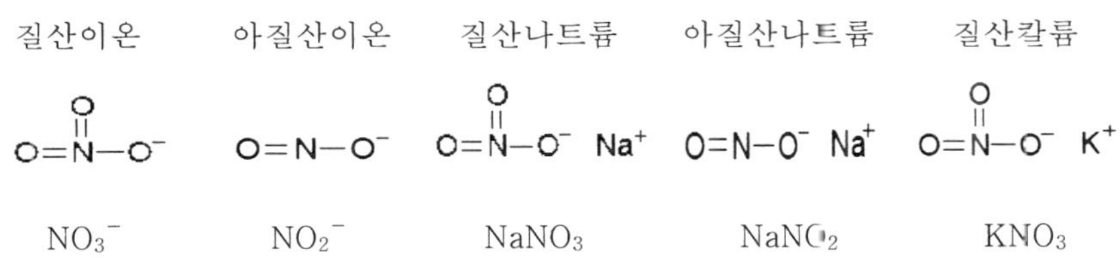

[그림 16-1] 질산염 및 아질산염의 일반 구조

육제품의 염지과정 중 아질산염은 환원되어 일산화질소(nitric oxide, NO)를 생성하는데, 이 일산화질소가 육색소 단백질인 마이오글로빈(myoglobin)의 힘철(heme-iron)의 6번째 위치에 단단히 결합하여 가열 후 안정된 분홍색을 유지하기 때문에 일산화질소의 형성은 염지시 필수적인 전제조건인 것이다. 아스코르빈산나트륨(sodium ascorbate)이나 에리소르빈산나트륨(sodium erythorbate)과 같은 환원제는 아질산염으로부터 생성되는 질산을 일산화질소로 환원하여 염지를 촉진하며, 용해된 소금으로 부터의 Cl^- 이온 또한 질산과 반응하여 염지를 촉진한다.

한편 질산염과 아질산염은 질소 순환에 의해 자연적으로 생성되는 물질로 자연계에 널리 분포되어 있지만, 육제품에서 질산염과 아질산염은 법적 허용치를 준수하여 사용해야 한다. 특히 식육가공제품에서 아질산염의 함량을 조절해야하는 이유는 가공공정 또는 조리 중에 발암물질인 나이트로사민(nitrosamines)이 생성될 수 있기 때문이다. 그러나 1980년대부터 2000년대까지 미국 FDA와 National Toxicology Program(NTP)은 수많은 동물실험을 통한 분석과 연구들을 실시하였고, 그 결과 최종적으로 식품을 통해 섭취하는 수준에서의 아질산염 섭취량은 안전하다고 결론내린 바 있다.

1) 질산염과 아질산염의 기능

육제품 제조에 첨가되는 질산염과 아질산염의 기능은 크게 4가지로, 육색의 발현 및 고정, 식중독균인 *Clostridium botulinum*균에 대한 항미생물 작용, 지질의 항산화 효과 및 독특한 염지육의 풍미 형성이다. 특히, 염지육제품의 육색을 고정시키는 기능이 매우 중요하며, 그 기작은 다음과 같다.

질산염(KNO_3 또는 $NaNO_3$)은 질산염 환원균인 마이크로코커스(*Micrococcus*)나 스트렙토코커스(*Streptococcus*) 등에 의해 아질산염으로 환원된다. 아질산염은 식육 속에서 생성된 유기산염과 반응하여 아질산을 생성시키며, 이때 아스코르빈산나트륨(sodium ascorbate)과 같은 환원제를 첨가하면 일산화질소 발생을 촉진시킨다. 일산화질소는 육색소단백질인 마이오글로빈(myoglobin) 또는 메트마이오글로빈(metmyoglobin)과 반응하여 나이트로조마이오글로빈(nitrosomyoglobin)이나 나이트로조메트마이오글로빈(nitrosometmyoglobin)을 형성하고, 가열처리에 의하여 안정된 색소 형태인 나이트로조헤모크롬(nitrosohemochrome)으로 고정됨으로써 전형적인 염지육색인 분홍색을 띠게 된다.

최근에는 이러한 원리를 이용하여 합성 아질산염을 사용하는 대신 채소분말 중 아질산염 또는 질산염이 농축된 소재에 발효균을 이용하여 일산화질소로 환원시켜 육색소와 복합체를 형성하는 대체방식이 일부 육제품에 사용되기도 한다. 아질산염 대체방식에서 중요한 요소는 질산 환원균이다. 질산염은 반응성이 없는 화합물이기 때문에 질산 환원균을 이용하여 반응성이 강한 아질산염으로 전환되도록 하여야 한다. 이러한 환원이 일어났을 때 일반적인 아질산관련 염지반응이 일어날 수 있기 때문이다. 보통 *Kocuria varians*, *Staphylococcus xylosus*, *Staphylococcus carnosus* 등과 같은 질산환원효소를 갖고 있는 발효균들이 질산염을 아질산 상태로 환원되도록 돕는다.

아질산염은 단독 또는 기타 염류와 복합 사용함으로써 호기성 및 혐기성 미생물의 성장을 억제한다. 특히 아질산염의 항미생물 작용에서 가장 중요한 것은 혐기성 세균인 *Clostridium botulinum*의 억제와 *Listeria monocytogenes*와 같은 식중독균을 제어하는 기능이다. 아질산염의 이러한 효과는 명확하게 밝혀지지 않았지만, 염지시 생성되는 일산화질소와 관련이 있는 것으로 알려져 있다. 혐기성 세균의 황화철

(iron-sulfur) 효소와 일산화질소 사이의 반응에 따라 이러한 세균의 발아를 감소시키기 때문이다.

[표 16-1]. 육제품의 염지공정 중 합성아질산염 대체 방법의 비교

구 분	염 지 방 법	
	전통적 방법	채소 분말 이용 합성아질산염 대체방법
주요 성분	• 합성 아질산염	• 질산염(샐러리, 비트, 배추 등 분말, 약 30,000ppm)
발효균 사용 유무 및 배양 조건	• 없음	• 질산환원효소를 가진 발효균 • 필요배양시간 : 약 1~2시간 • 배양조건 : 10℃ 또는 38℃(균종에 따라 다름)
주요 기작	1. 합성아질산염 직접적 첨가 2. 환원제(ascorbate 등)와 병행 사용 3. 아질산염으로부터 환원된 일산화질소가 마이오글로빈의 힘철과 결합 4. 가열처리 후 전형적인 분홍색 염지육색 고정	1. 채소 분말 중 함유된 질산이온이 발효균에 의해 환원되어 아질산화 2. 환원제(ascorbate 등)와 병행 사용 3. 아질산이온으로부터 환원된 일산화 질소가 마이오글로빈의 힘철과 결합 4. 가열처리 후 전형적인 분홍색 염지육색 고정
비 고	• 식품첨가물인 합성 아질산염 사용 • 일반적 육제품 염지방법	• 천연소재로 부터의 질산염 • 이용추가적인 발효균 및 배양시간 필요 • 아질산이온 잔류량 표준화를 위한 가공 조건 조절 필요 • 주요 상업화 국가 : 유럽, 미국, 한국

위에서 언급한 염지육색의 발현 및 고정에 관한 일반적인 기작은 다음 [그림 16-2]와 같다.

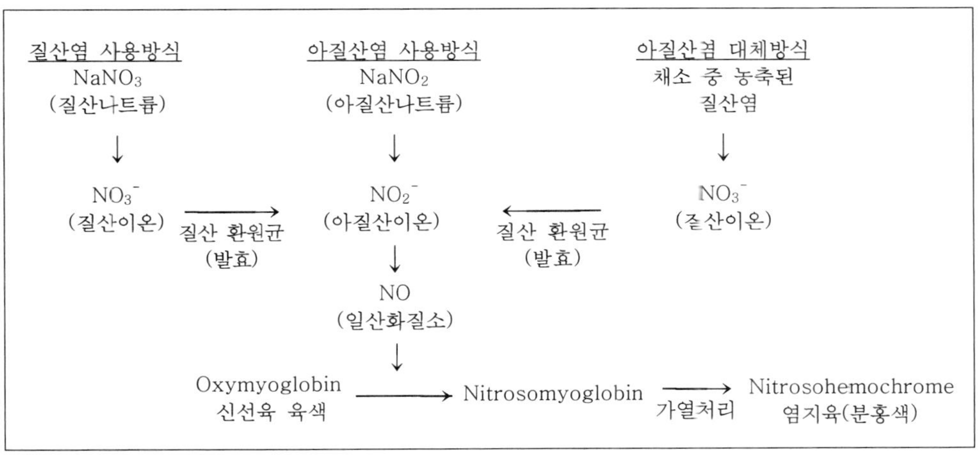

[그림 16-2] 전통적 방식의 염지방법 및 식물소재를 이용한 합성 아질산염 대체방식에 의한 육색발현

아질산염은 매우 작은 양으로도 효과적으로 육제품의 항산화 효과를 부여한다. 이러한 항산화 작용은 아질산염으로부터 생성된 일산화질소가 육색소단백질의 힘철(heme-iron)과 결합하기 때문으로, 일산화질소는 산소의 결합부위인 철 원자의 6번째 위치에 대한 친화력이 높은데 기인한 것이다. 또한 일산화질소는 지질의 자동산화를 방지하는 역할도 한다. 실제로 아질산염을 첨가한 제품은 지질산패도(TBA값)가 감소되는 효과를 보인다.

아질산염이 첨가된 육제품은 특유의 풍미를 갖게 되며 육제품에서 매우 중요한 품질요소이다. 그 발생 기작에 대해서는 정확히 알려지지 않았지만, 낮은 농도의 아질산염으로도 염지풍미를 발생시키는 것으로 보고되고 있다.

2) 질산염 및 아질산염의 사용기준

WHO에서 권고하는 일일섭취 허용량은 질산염이 체중 1kg당 0~3.7mg(질산이온), 0~5mg(질산나트륨)이며, 아질산염은 체중 1kg당 0~0.07mg(아질산이온)으로 규정되어 있다. 우리나라는 육제품 유형의 구분 없이 최종제품 중 아질산 이온 잔존량으로서 70ppm(0.07mg/kg, 아질산이온)이하로 규정되어 있으며 일본도 우리나라와 동일한 기준을 적용하고 있다. 그러나 아질산염의 사용 허가 기준은 국가별, 육제품의 유형별로 조금씩 다르게 규제하고 있다.

[표 16-2] 미국 육제품에서 질산염 및 아질산염의 첨가 허용량 기준

제품유형	질산염 및 아질산염의 최대 첨가 허용량(ppm)			
	아질산나트륨	아질산칼륨	질산나트륨	질산칼륨
Immersion cured meat products	200	200	700	700
Massaged or Pumped meat products	200	200	700	700
Comminuted meat products	156	156	1,718	1,718
Dry Cured meat products	625	625	2,187	2,187

아질산염의 첨가량은 매우 낮은 수준이기 때문에 육가공산업에서는 아질산염을 단독으로 사용하기 보다는 소금과 아질산염의 혼합한 형태로 사용하고 있다. NPS(nitrite pickling salt), curing salts, curing blends라는 명칭으로 통용되는데, 예를 들어 NPS 총량의 99.4% NaCl에 아질산염이 0.6% 함유된 것이다. 이렇게 사용하는 이유는 아질산염을 소금과 함께 확실하게 혼합하여 분산시키고자 하는 것이며,

육제품 생산시 작업자의 실수에 의한 과용을 방지하기 위한 것이다. 따라서 유럽연합의 일부 국가에서는 의무적으로 육제품에 이러한 혼합제를 사용하도록 하고 있다.

[표 16-3] 유럽 육제품에서 질산염 및 아질산염의 첨가 허용량 및 잔류량 기준

제 품 유 형	질산염 및 아질산염의 최대 첨가 허용량 및 잔류량(ppm)		
	염지제 종류	최대 허용량	최대 잔류량
Meat products	아질산나트륨 아질산칼륨	150	-
Sterilized meat products(F_0 >3)	아질산나트륨 아질산칼륨	100	-
Traditional immersion-cured meat products	아질산나트륨 아질산칼륨	-	50~175
	질산나트륨 질산칼륨	0~300	10~250
Other traditional cured meat products	아질산나트륨 아질산칼륨	0~180	0~50
	질산나트륨 질산칼륨	250~300	10~250
Non-heat-treated meat products	질산나트륨 질산칼륨	150	-

3) 아질산염의 섭취

우리 몸에 유입되는 질산염 및 아질산염은 육가공품뿐만 아니라 채소류, 곡류, 젓갈, 염장생선과 맥주 등을 통해 섭취된다. 일반적으로 사람이 섭취하는 아질산염의 경우 전체 섭취량의 77%가 타액(침)에 의해서, 질산염 섭취는 80~90%가 채소류에 의한 것이다. 육가공품으로부터 섭취되는 아질산염은 전체의 약 5% 미만으로 대부분은 채소류 등에 의해 섭취된 질산염이 타액(침) 중에 존재하는 구강 세균에 의해 아질산염으로 환원과정을 거치게 되고, 이를 통하여 인체 내 아질산염의 농도가 높아지게 된다.

육제품에서 아질산염에 의한 나이트로사민(nitrosamine) 생성이 논란이 되고 있으나 이는 전혀 문제가 되지 않는다. 즉, 육제품에 첨가된 아질산염이나 질산염이 분해되면서 식육 내에 있는 아민류(amines)와 반응하여 나이트로사민이라는 발암성 물질이 생성된다는 이론인데, 육제품에 생성되는 나이트로사민은 햄류 등에 나타나는 다이메틸나이트로사민(dimethylnitrosamine)과 베이컨을 180℃ 이상의 높은 온도에서 기름에 튀길 때 생성되는 나이트로조피롤리딘(nitrosopyrrolidine)이 있다. 하지만 기름에 튀긴 베이컨류의 경우 최고 20ppb의 나이트로조피롤리딘이 검출되었으나, 튀기

지 않은 제품은 전혀 검출되지 않는다. 또 아스코르빈산나트륨을 첨가하여 제조된 베이컨은 나이트로사민의 형성이 현저하게 줄어든다. 이것은 아질산염이 아스코르빈산나트륨에 의하여 빨리 분해되기 때문이다. 이러한 이유로 미국에서는 베이컨 제품에 아스코르빈산나트륨 또는 에리소르빈산나트륨 550ppm을 필수적으로 사용하도록 하고 있다.

[표 16-4] 한국 및 기타 국가들에서의 채소류 중 질산염 함량 (mg/kg)

채 소 류	한국 평균	미국 평균	독일 평균	덴마크 평균
배 추	1,740	-	-	993
무	1,878	-	2,030	-
상 추	2,430	850	1,489	2,603
시 금 치	4,259	2,797	965	1,783
샐 러 리	-	1,495	-	-
양 파	23	-	-	-
호 박	639	-	-	-
파	436	-	-	-
오 이	212	-	-	-
감 자	452	-	93	144
당 근	316	-	232	-
마 늘	124	-	-	-
양 배 추	725	418	451	342
브로콜리	-	394	-	-

(4) 염지육색 촉진제

염지육색 발현 및 염지육의 특성을 위해서 아질산염의 일산화질소로의 환원은 매우 중요하고 필수적인 과정이다. 염지육색 촉진제는 크게 sodium ascorbate, sodium erythorbate, sodium citrate와 같은 환원제와 fumaric acid, sodium acid pyrophosphate, glucono-delta-lactone(GDL)과 같은 산미료로 구분된다. 이들 촉진제는 아질산염을 일산화질소로 빠르게 전환시키고 마이오글로빈과 반응에 필요한 시간을 단축시킴으로써, 결과적으로 가열 후 나이트로조헤모크롬(nitrosohemochrome) 형성하여 전형적인 염지육색의 촉진 효과가 있다. 또한 환원제들은 환원능력이나 금속이온 붕괴효과가 있으므로 가열된 육제품에서 산화에 의한 향기나 색택의 변질을 막아주는 항산화제로서 효과도 있다. 아질산염과 달리 인체에 해가 거의 없기 때문에 우리나라의 육제품에서 널리 사용되고 있으며, 미국에서 sodium ascorbate와 sodium erythorbate는 547ppm 이하까지 사용할 수 있다. sodium acid pyrophosphate, glucono-delta-lactone(GDL)과 같은 산미료는 제품의 pH를 0.2~0.3 정도 낮춰 염지를 촉진시켜주는 역할을 하는데, pH 감소에 의해 아질산염의 일산화질소 생성속도를 약 2배 증가시킨다.

(5) 인산염

인산염은 육가공 산업에서 광범위하게 사용되는 부재료이다. 보통 소금과 함께 사용되는데 인산염의 종류별로 pH와 용해성이 다양하기 때문에 그 사용목적에 따라 육제품에 이용된다. 특히 서로 다른 인산염을 복합화한 복합인산염이 활용되고 있으며, 한 가지 형태의 인산염을 사용하는 것보다는 효과적이다. 인산염의 가장 중요한 역할이 식육 내의 수분이나 첨가된 수분을 유지시키는 작용 즉, 보수력을 증진시킨다. 그러므로 제품의 수분유실 방지로부터 가공수율을 증대시키고 조직감을 향상시킨다. 인산염의 첨가로 육단백질의 등전점 보다 음전하 또는 양전하로 이동시켜서 근섬유 간 공간이 넓어지고, 극성 화합물을 띤 물이 전하를 띤 아미노산의 가지와 수소결합을 이루므로 보다 많은 물이 고기 내에 유지된다. 소금과 함께 첨가하면 이미 추출된 염용성 단백질을 인산염이 해리시켜 한층 보수력을 증진시키는 상승 역할을 하여 가열시 제품의 수축을 감소시킨다.

[표 16-5] 육제품에 사용되는 주요 인산염의 특성

인산염 명칭	약 자	화학식	pH	용 해 성 (g/100g 물), 20℃
Monosodium phosphate	MSP	NaH_2PO_4	4.4	85
Disodium phosphate	DSP	Na_2HPO_4	8.8	7.7
Trisodium phosphate	TSP	Na_3PO_4	12	13
Sodium diphosphate (tetrasodium pyrophosphate)	TSPP	$Na_4P_2O_7$	10.2	6
Disodium diphosphate (sodum acid pyrophosphate)	SAPP	$Na_2H_2O_2O_7$	4.2	12
Sodium tripolyphosphate (Pentasodium phosphate)	STPP	$Na_5P_3O_{10}$	9.8	15
Sodium hexametaphosphate	SHMP	$(NaPO_3)_n$ n=10~15	6.2	고용해성

인산염은 철, 구리와 같은 금속이온을 봉쇄하는 역할을 하기 때문에 이들에 의해 촉진되는 지방산패를 억제시킬 수 있고, 따라서 최종 제품의 풍미 증진에도 기여한다. 이 외에도 pH 변화에 의해 미생물의 성장을 억제시켜 저장성을 증진시킨다.

육가공 제조에 쓰이는 인산염은 대부분 제품의 pH를 높이는 알칼리성 인산염으로 최종 제품 기준으로 0.5% 이하를 사용한다. 그러나 과량 넣으면 특이한 비누냄새가 나기 때문에 통상 산업적으로 0.25~0.40% 정도를 첨가한다. 육제품에 주로 쓰는 인산염으로 sodium tripolyphosphate, sodium acid pyrophosphate, sodium hexametaphosphate, sodium pyrophosphate, monosodium phosphate 등이 있다. 이 중 sodium acid pyrophosphate는 산성으로 염지육색 촉진제로서 사용한다.

(6) 감미제

감미제는 제품의 맛을 증진시키고 짠맛을 완화시키는 역할을 한다. 제품에 따라서 수분을 잡아주거나 가열에 의해 아미노산과 작용하여 표면색의 갈색화에 기여하기도 한다. 감미제의 당도 기준은 설탕을 100으로 할 때, 말토스(maltose) 33~45, 콘시럽(corn syrup) 40~70, 덱스트로스(dextrose) 70, 꿀 100~170 등이다. 꿀과 같은 감미제는 향기를 동반할 때도 있고, 또 제품제조 목적에 따라 설탕 대신 당(sugar)으로 사용할 수가 있다. 감미제 사용 시에는 당의 특성을 파악하여 효과적으로 선발해서 이용해야 한다. 예를 들어, 만약 베이컨에 덱스트로스를 첨가한다면 가공 중에는 별 문제가 없으나 환원당의 특성 때문에 기름에 튀길 때는 표면이 검게 타기 쉽다.

(7) 유기산

육가공 산업에서 사용하는 유기산들은 항미생물제로서의 중요하다. 그 중에서 젖산(lactate)과 이초산(diacetate)의 혼합제가 가장 광범위하게 사용되고 있다. 젖산나트륨(sodium lactate) 또는 젖산칼륨(potassium lactate)는 단독으로 첨가되거나 이초산나트륨(sodium diacetate)을 혼합하여 사용하는데, 육제품의 종류와 배합비에 따라 약 3~5% 이내에서 사용하고 있다. 이러한 유기산들은 *Listeria monocytogenes*와 같은 병원성 세균과 부패 미생물의 억제에 영향을 주므로 결국 유통기한을 연장시키는 역할을 한다. 또한 유기산은 풍미강화제로서 사용되기도 하며, 젖산은 염지시 아질산염을 일산화질소로 전환되도록 하여 결국 염지를 촉진시키고 육색 안정화를 개선시킨다. 젖산나트륨(sodium lactate) 또는 젖산칼륨(potassium lactate)은 사용량에서 특별한 제한이 없지만, 이초산나트륨(sodium diacetate)은 우리나라에서 식육가공품 0.1%까지 사용량의 한도가 정해져 있으며, 미국에서는 항미생물제로서 0.25%까지 사용이 허용된다.

(8) 향신료

향신료의 사용목적은 제품의 맛과 향기를 증진시키기는 것이다. 그러나 종류에 따라서 색깔을 조절하거나 항미생물이나 항산화 효과가 있다. 육제품의 가공이 서구에서 시작되었기 때문에 오늘날 우리나라에서 쓰는 향신료의 대부분은 외국산으로 식물로부터 얻어진다. 향신료는 수확 후 건조시킨 다음 분쇄한 분말로 사용하는 것이 일반적인 가공법이나 수확과정에 먼지, 이물질이나 각종 미생물이 오염되기 때문에 위생상 문제가 된다. 향신료에 묻어 있는 미생물을 살균하기 위해 가열하면 고유한 맛과 향이 파괴되기 때문에 비가열 살균처리가 권장된다. 최근에는 향신료가 지니는 향기만 추출한 농축액을 사용하기도 하는데, 보통 증기로 증류시켜 휘발성 향기 성분만 수집하여 이용하는 필수지방(essential oil)이 있고, 남은 비휘발성 향기 성분을 헥산(hexane) 등의 용매로 추출한 것을 올레오레신(oleoresin)이라 한다. 이런 향신료들은 향기 진하고 균일하며 취급 및 저장에 용이할 뿐 아니라 미생물이 없어 위생적이지만, 단가가 높은 것이 특징이다.

1) 천연향신료

재료를 그대로 건조, 분쇄, 혼합 혹은 혼합 등의 간단한 가공을 한 후 사용하는 것을 말한다. 천연향신료는 자신이 가지고 있는 고유한 형태나 색이 있어 추출향신료로는 대체가 어려운 경우도 있고 풍미가 뛰어나지만 토양 미생물, 곰팡이 등의 오염이 많으며, 분쇄 또는 보존 중에 성분의 손실, 분해가 쉽고, 생산지, 저장기간, 저장방법에 따라 품질이나 가격의 변동이 심하다.

2) 액체향신료

천연향신료가 가지고 있는 문제점을 해결하고 천연향신료에서 향미성분을 알코올 등의 유기용매로 추출한 향신료를 말한다. 이러한 액체향신료는 천연향신료에 아주 가까운 향신료가 얻어지며, 불필요한 식물조직이 완전히 제거되어 있어 유효성분을 100% 이용할 수 있다. 또한 향신료 재료의 품종, 산지 등이 달라도 일정한 품질의 향신료를 얻을 수 있고, 가격의 변동에 영향을 적게 받는다. 뿐만 아니라 천연향신료를 추출하는 동안 완전살균이 되므로 위생적이다. 그러나 액체향신료는 향이 강하기 때문에 소량 사용하여 불편하고, 식품 중에 균일하게 분산시켜 혼합하기가 어렵다. 또한 공기와 빛 등에 불안정하므로 장기보존에 주의가 필요하다.

3) 유화향신료

추출향신료를 적당한 유화제를 이용하여 액상으로 만든 것을 말한다. 유액 중에 액체 향신료가 미립형으로 분산되어 있기 때문에 식품에 분산, 침투성이 높다. 그러나 유화 안정제와 물이 같이 존재하므로 변질이 일어나기 쉽고, 물과 액체 향신료의 분리가 일어나기 때문에 장기간 보존하기 어려운 단점이 있다.

4) 흡착형 향신료

추출향신료를 전분, 포도당, 소금, 설탕 등에 흡착시킨 것을 말한다. 향신료 성분은 쉽게 흡착된 성분에서 쉽게 이탈되므로 식품에 첨가할 때 향신료의 효과가 쉽게 나타난다. 그러나 식품을 가열할 때 향미의 손실이 크고 보존 중 유효성분의 휘발이 쉬운 단점이 있다.

5) 농축향신료

양파, 마늘, 생강 등과 같이 수용성 성분을 많이 함유하고, 수분함량이 높은 것으로 건조 중 향기성분의 손실이 크므로 농축형으로 가공하여 사용된다.

[표 16-6] 독특한 성질을 지닌 향신료

향 신 료	육제품에서 기능
paprika, tumeric, saffron	색택증진
capsicum, family(and pepper)	비타민 C, 항미생물
rosemary, thyme	비타민 C, 항미생물
clove	항미생물
cinnamon	항미생물, 항산화
고춧가루	지방에 황갈색 침투
nutmeg, 검정후추	검은 반점
sage, 검정후추	tannin+Fe → 회색
mustard, 생강, tumeric	항산화
nutmeg, clove, mace, sage	항산화

6) 복합분말향신료

육가공업체에서는 특정 제품을 대량생산할 목적으로 상기에서 소개된 향신료들 각각을 개별적으로 첨가하지 않고 복합화하여 사용하기도 한다. 단일 향신료들을 조합한 복합분말향신료는 향신료 및 첨가물 제조업체에서 미리 제조하여 육가공업체에 공급되는 경우와 반대로, 육가공업체에서 특정제품에 사용하고 있는 단일 향신료들을 조합하여 향신료 및 첨가물 제조업체에 의뢰하여 공급받는 방식으로 사용된다. 이러한 복합분말향신료는 경우에 따라 소금, 조미료, 인산염 등의 재료가 향신료들과 함께 혼합된 형태로 포장되어 공급된다.

(예시 1) 복합분말향신료의 사용- 향신료 및 첨가물 업체 기성품 사용 경우

[브랏부어스트 복합분말향신료]

재 료 명	비율(%)
너트맥분말	30
백후추분말	20
메이스분말	25
흑후추분말	8
생강분말	5
덱스트린	10
소 금	2
합 계	100

복합향신료 기성품 사용

[브랏부어스트 소시지 배합비]

재 료 명	비율(%)
돈 육	64.5
지 방	15
물(냉수)	15
소 금	1.5
인 산 염	0.3
난백분말	1.5
카라기난	0.25
분리대두단백	0.25
마늘분말	0.1
MSG	0.1
브랏부어스트 복합향신료	1.5
합 계	100

(예시 2) 복합분말향신료의 사용- 육가공업체에서 단일 향신료들 복합화 및 제조의뢰 사용 경우

[브랏부어스트 소시지 배합비]

재 료 명	비율(%)
돈 육	63.7
지 방	15
물(냉수)	15
소 금	1.53
설 탕	0.8
인 산 염	0.3
난백분말	1.5
카라기난	0.25
분리대두단백	0.25
마늘분말	0.1
MSG	0.1
너트맥분말	0.45
백후추분말	0.3
메이스분말	0.375
흑후추분말	0.12
생강분말	0.075
덱스트로스	0.15
합 계	100

[브랏부어스트 복합분말향신료]

재 료 명	비율(%)
너트맥분말	30
백후추분말	20
메이스분말	25
흑후추분말	8
생강분말	5
덱스트린	10
소 금	2
합 계	100

단일 향신료 복합화 및 업체 제조의뢰 후 공급된 복합분말향신료 사용

(9) 증량제, 충전제, 결착보조제

육제품의 주원료인 살코기, 지방 외에 분쇄육제품 제조에 있어서 전분이나 비육 단백질을 첨가하여, 보수력, 향미, 증량, 유화안정성, 결착력, 조직감을 개선하기 위한 포괄적인 목적으로 이용되므로 결착제, 충전제, 결착보조제라고 한다. 결착제와 충전제는 이러한 효과를 부여함과 동시에 식육을 대체하여 육제품의 단가를 낮추는데 주요한 목적이 있다. 주로 곡류, 두류, 채소류 등이 사용된다.

증량제는 주요 급원으로서 대두와 같은 두류의 식물성 단백질이 사용된다. 조직화 콩단백(textured soy protein, TSP), 조직화 채소단백질(textured vegetable protein, TVP)이 가장 보편적으로 사용되는 대두 증량제이다. 이러한 증량제는 상대적으로 비싼 육단백질을 대체하여 제품의 단가를 낮추지만 단백질 함량을 유지하기 위한 목적으로 사용되지만, 많은 양을 사용하면 품질이 저하되는 단점이 있다. 동물성 증량제는 카제인 또는 유청과 같은 우유단백질 및 난류 등이 있다. 충전제는 대부분이 식물성 소재들이며, 단백질 함량이 낮은 반면에 탄수화물 함량이 높은 곡류, 감자류 등 뿌리채소를 제분한 전분과 밀가루를 이용한다. 육제품에서 단백질을 보충하는 효과는 거의 없으며 제품의 증량을 가져오는데, 특히 많은 양의 수분을 흡수하는 능력이 있다. 결착보조제는 식물성 또는 동물성 소재들이 있는데, 매우 높은 단백질 함량을 갖고 있으며, 수분과 지방을 효과적으로 결합하는 기능을 한다. 분리대두단백(isolated soy protein), 농축대두단백(concentrated soy protein), 밀글루텐(wheat gluten), 우유단백질(caseinate) 등이 주로 사용된다. 위에 열거한 증량제, 충전제, 결착보조제들은 두 가지 이상의 효과를 갖고 있기 때문에 명확히 구분하기 어려운 경우가 있다. 결착보조제의 경우도 결착력 향상의 기능 이외에 사용량에 따라 증량효과가 있기 때문이다.

1) 동물성 소재

동물성 소재는 많은 기능적 특성을 갖고 있으며, 특히 수분결합력을 증가시키고 가열 중 지방의 분리를 방지한다. 우유 카제인(milk caseinate), 탈지분유(non-fat dried milk), 유청단백질(whey protein), 혈장 단백질(blood plasma protein), 난단백질(egg protein), 트랜스글루타미네이스(tranglutaminase, TG), 젤라틴(gelatine) 등이 있다.

우유관련 부재료로 가장 널리 쓰이고 있는 카제인 나트륨(sodium caseinate)은 단백질이 90% 이상 함유된 고단백질로서 약 4배의 물을 흡수하며, 분말제품으로 육과 혼합하여 사용하거나 유화성이 좋기 때문에 예비 유화물(pre-emulsion)의 원료로 많이 쓰인다. 이때 유화물은 카제인 나트륨, 지방, 물을 1 : 5 : 5~1 : 8 : 8의 비율로 제조하며, 제품 중 2% 이내에서 사용한다. 탈지분유(non-fat dried milk)는 탈지유를 분말화한 제품으로 결착력을 부여하여 수율을 높이고 조직감을 향상시킨다. 유청단백질(whey protein)은 우유 단백질 중 약 20%를 차지하며 높은 친수성을 갖는 성분이다. 이 높은 친수성은 탁월한 겔화와 수분결합성을 갖는데 중요한 역할을 한다. 육가공산업에서 주로 사용하는 유청단백질은 유청단백질농축물(whey protein concentrate, WPC)로 단백질 함량이 35~80%까지 다양하며, 분리유청단백(whey protein isolate, WPI)은 일반적으로 90% 이상의 단백질 함량을 갖는다. 우유관련 부재료들은 보통 다른 결착보조제나 증량제와 함께 육제품에 사용되는데 최대 3.5% 이하에서 첨가된다.

혈장 단백질(blood plasma protein)은 혈액에서 혈구를 분리하고 남은 액상의 분획(fraction)을 말하며, 단백질 함량이 8~9% 정도이다. 혈장 단백질을 건조한 분말은 단백질 함량이 약 72%로 증가한다. 혈장 단백질은 약 알칼리성(pH 7.5~7.8)이기 때문에 수분결합력을 높여 보수성을 향상시킨다. 또한 용해성이 높고 점도가 낮으며, 온도가 증가할수록 강하고 탄력적인 겔을 형성하는 특성이 있어 햄류 제조시 사용하면 열처리 동안에 제품 내부에 강하고 안정적인 겔 매트릭스(gel matrix)를 형성한다. 혈장 단백질은 우수한 유화제로도 작용을 하는데, 유화형 제품의 수율을 향상시키고 지방의 안정성을 증가시킨다. 현재 소 혈장 단백질은 광우병 파동으로 인하여 사용이 금지되어 공급이 안되는 대신에 돼지 혈장 단백질이 주로 산업체에 공급되고 있다.

육가공산업에서 난 단백질(egg protein)은 액상, 냉동, 분말형태로 판매되며, 난백은 주로 분말형태로 유통되고 있다. 난백(egg white)은 약 60℃ 부근에서 변성되고 난황(egg yolk)은 약 70℃에서 변성이 됨으로써 기능적 특성이 변화한다. 난백 단백질은 안정하고 열에 강한 겔을 형성하는 능력이 뛰어나 프랑크 소시지 같은 가열 육제품이 견고한 조직감을 갖도록 하는데 효과적이다. 전란액 또는 동결난백은 응고성이 우수하여 냉동 육제품에 많이 사용하며, 특히 레토르트 살균 처리된 연육 소시지에 사용하면 케이싱의 탈피가 용이하다. 난 단백질은 육제품의 종류에 따라 첨가량이 다른데, 일반적으로 전체 육함량(지방포함)의 3% 이내에서 사용하지만 과도한 첨가량은 최종 제품에 불쾌한 계란냄새를 발생시킬 수 있으므로 사용량을 제한해야 한다.

트랜스글루타미네이스(tranglutaminase, TG)는 미생물, 갑각류, 식물, 척추동물에 존재하는 다양한 형태의 효소를 말한다. 그 중에서 미생물 유래의 트랜스글루타미네이스가 경제성 및 이용성 때문에 식품에 이용된다. 트랜스글루타미네이스는 겔 네트워크(gel network)를 형성하는 단백질들 간의 가교결합을 형성하는 능력이 있어 그 네트워크에 많은 양의 수분을 유지하므로 보수성을 개선시킨다. 또한 열에 의해 분리된 근원섬유 단백질들의 겔화에 효과적이므로 조직감을 향상시킨다. 트랜스글루타미네이스는 육제품의 종류와 상관없이 광범위하게 사용되는데, 육괴와 육괴를 서로 붙여 재구성 육제품을 제조하거나 햄류의 염지액에 0.025~0.2% 첨가하여 사용함으로써 탄력 있는 조직감을 갖도록 하고 표면이 매끈한 슬라이스가 되도록 하는 특성이 있다.

젤라틴(gelatine)은 콜라겐(collagen)의 원료가 되는 동물의 가죽 또는 뼈를 가수분해하여 얻어진 것으로 시판 제품은 주로 건조분말 형태이다. 젤라틴은 우선 찬물에 분산을 시킨 다음 50~60℃의 물에 완전히 녹여서 사용한다. 젤라틴의 단백질 분자들은 온도가 내려가면 흡수한 물과 함께 젤(gel)을 형성한다. 그 결과 견고하고 탄력성 있으며, 최종 제품을 절단하면 표면이 매끄럽게 되는 장점이 있다. 보통 캔제품에 사용하여 육즙의 손실을 감소시키며 저지방 유화형 제품에 사용된다.

2) 식물성 소재

분리대두단백[isolated soy protein, 단백질 함량 90%(건조량 기준)], 밀글루텐(wheat gluten, 단백질 함량 80%)과 같이 단백질 함량이 높은 식물성 소재들은 결착보조제로서 가치가 있다. 이들 소재는 가열처리시 수분과 지방에 대한 결합력이 높은 것이 특징이다. 단백질 함량이 보다 낮은 농축대두단백(concentrate soy protein, 단백질 함량 70%), 대두분(soy flour, 단백질 함량 50%)은 증량제와 충전제로서 육을 대체하여 제품 생산단가를 낮추고 중량을 증대시키는 효과가 있다. 곡류분(밀가루, 쌀가루, 옥수수가루 등), 전분(소맥전분, 옥수수전분, 감자전분 등), 검류(카라기난, 알긴, 한천, 곤약, 구아검, 로커스트빈검) 등은 단백질 함량이 낮은 대신 탄수화물 함량이 높다. 이들 소재는 증량의 목적으로 사용되기도 하며, 결착제로서 수분 및 지방 결합력을 높여 조직감을 향상시킨다.

곡류분말은 수분을 유지시키고 육입자와 결합을 하여 바람직한 조직감을 부여할 뿐만 아니라 유화형성능을 강화하기 위한 목적으로 제품 중에 1~3% 정도를 사용한다. 곡류분말에 함유된 단백질과 전분들은 육제품의 기능적 특성을 개선하는데 중요한 역할을 하는데, 곡류의 종류뿐만 아니라 제조방법에 따라 그 특성들이 다양하다.

대두단백질은 크게 대두분(soy flour), 농축대두단백질(soy protein concentrate), 분리 대두단백질(soy protein isolate)로 구분된다. 대두분은 단백질을 50% 정도 함유하고 있으나 보수성이 좋지 않고 색택이 가열에 의해 암갈색으로 변하기 때문에 소시지 부원료로 다량 사용시 특유의 콩취가 발생하므로 좋지 않다. 농축 대두단백질은 단백질을 70% 정도 함유하고 있고 2배의 물을 흡수할 수 있으며 이취가 거의 없다. 분리 대두단백질은 90% 이상의 단백질을 함유한 고급 부원료로 이취문제가 없고 유화물 형성에 필요한 물과 기름의 결합능력이 좋아 2% 이하에서 사용하고 있다. 이들 대두단백질은 약 2~6배의 물과 결합한다. 유화형 육제품에 대두단백질이 사용될 때는 대두 단백질, 지방, 물을 1 : 5 : 5의 비율로 첨가된다.

전분은 포도당(glucose) 분자로 구성된 긴 사슬의 다당류로 소맥전분, 옥수수전분, 감자전분, 타피오카전분 등이 있다. 일반적으로 전분은 약 18~28%의 아밀로스와 72~22%의 아밀로펙틴으로 구성되어 있다. 이러한 식물성 전분류들은 아밀로스와 아밀로펙틴의 비율 차이와 원료 식물에 따라 각각 독특한 기능적 특성을 갖는다. 보통 아밀로스 함량이 높은 전분은 겔 강도(gel strength)가 높고 쉽게 용해되므로 조직감을 향상시키지만, 육제품 저장 중 전분의 노화에 의해 수분 용출될 수 있으므로 특히 진공포장된 제품에서는 저장감량이 더 발생된다. 아밀로스 분자들은 α-1,4 결합(α-1,4 bond)을 하고 있기 때문에 쉽게 용해되고 가열과정 중 호화되면서 수분과 수소결합을 통해서 삼차원의 겔 매트릭스(three dimensional matrix)를 형성하여 육제품 제조시 조직감을 부여한다. 그러나 저장 중 아밀로스 분자들은 다시 결합하기 시작하여 물 분자들이 결합하고 있는 공간을 수축시키기 때문에 겔 매트릭스에서 수분이 용출되고 전분의 노화가 진행된다. 이 과정에서 가열 육제품의 저장 중 저장감량이 발생하며 특히, 진공포장 육제품에서 발생량이 증가하기도 한다. 반면에 아밀로펙틴은 α-1,4 결합(α-1,4 bond)과 함께 α-1,6 결합(α-1,6 bond)으로 곁사슬을 갖고 있어 아밀로스처럼 쉽게 정렬되지 않기 때문에 약한 수소결합과 겔 강도를 갖는다. 대신에 아밀로펙틴은 전분 겔에서 탄성과 점성을 갖는데 중요하다. 아밀로펙틴이 많이 함유된 전분은 아밀로스 함량이 많은 전분에 비해 더 낮은 온도에서 호화(gelatinization)가 잘 되는 반면, 노화는 상대적으로 지연된다. 97%이상의 아밀로펙틴을 함유한 찰 전분(waxy starch)은 맑고 투명한 젤을 형성하며 노화가 잘 진행되지 않는다. 더구나 냉동 및 해동 시에도 안정한 특성을 갖기 때문에 가열 후 냉동하여 제조되는 냉동 육제품에 사용하면 효과적이다.

전분류 중 감자전분은 낮은 호화온도(60~65℃)와 함께 높은 보수력과 점성을 갖는 특성 때문에 좋으나, 국내 육가공 산업에서는 가격 면에서 생산원가를 낮출 수 있는 이점 때문에 주로 소맥전분과 옥수수전분의 사용량이 많은 편이다. 이밖에도 전분을 물리적 및 화학적 처리를 하여 구조를 변형시켜 제조된 변성전분(modified starch)은 젤화성, 팽윤성, 점도, 조직감 및 보수력을 개선시킨 것으로 육제품에서 전분의 기능적 특성을 향상시키기 위해 사용된다. 전분은 물을 흡수하여 젤을 형성하여 증량효과뿐만 아니라 조직감을 개선시키지만, 다량 사용하면 가공적성이 떨어지기 때문에 사용량을 조절해야 한다.

검류는 물에 용해되어 점도를 상승시키거나 겔(gel)을 형성하는 친수성 콜로이드로서 카라기난(carrageenan), 알긴산(alginate), 한천(agar), 곤약(Konjac), 구아검(guar gum), 로커스트빈검(locust bean gum), 셀룰로오스 유도체(cellulose derivatives) 등이 있다. 카라기난(carrageenan)은 수생식물 중 홍조류에서 추출하여 분리한 친수성콜로이드(hydrocolloid)로 보통 정제분말로 사용한다. 카라기난은 갈락토스(galactose) 분자의 구조에 따라 크게 카파(kappa). 요타(iota), 람다(lamda)의 3가지 형태가 있는데, 그 기능적 특성이 각기 다르다.

카파 카라기난과 요타 카라기난을 열에 안정한 겔을 형성하는 반면, 람다 카라기난은 겔을 형성하지 못하지만 점도를 높여 주는 증점제 역할을 한다. 카파 카라기난의 겔형성능은 수율, 슬라이스성, 점탄성을 향상시켜주고 수분과 지방을 용출을 감소시키며 슬라이스 형 제품에서 불량률을 감소시키는 장점이 있다. 특히 카파 카라기난은 유화형 제품에서 경도를 높여주는데 효과적이지만, 소금과 인산염이 완전히 해리된 상태에서 사용하여야 한다. 요타 카라기난은 탄력있는 겔을 형성하고 냉동과 해동에 안정하다. 카라기난은 그 종류별로 다양한 특성이 있기 때문에 단독 혹은 복합하여 사용하는데 보통 육제품에서 대략 0.5~1.5% 수준에서 사용한다.

알긴산(alginate)은 칼슘 존재 하에 찬물에서 비가역적 겔(gel)을 형성하므로 재구성 육제품에 주로 사용되며, 열안정성이 좋아 저지방 육제품에서 유용하게 사용된다. 곤약(Konjac)은 수용성 글루코만난(glucomannan) 중합체로 열에 안정한 겔(gel)을 형성한다. 이 곤약 겔은 단단하기 때문에 육제품의 조직감을 개선할 뿐만 아니라 지방 입자와 유사하여 저지방 육제품에 적합하다. 구아검(guar gum)은 찬물에서 용해되는 성질을 갖고 있으며, 저지방 육제품에 사용했을 때 점도를 증가시키고 크림과 같은 식감을 갖게 한다. 로커스트빈검(locust bean gum)은 주로 캔류, 저지방 유화형 제품 및 살라미와 같은 발효육제품에서 사용된다. 찬물에서는 용해되지 않지만 가열시 용해되며 부드러운 조직감을 부여하고 이수현상(syneresis) 감소시키며, 지방과 유사한 식감을 제공한다. 또한 그 자체로 겔을 형성하지 않지만 잔탄검이나 카라기난과 혼합 사용시 가열수율을 향상시킨다.

(10) 기타 첨가제

보존료로는 여러 종류가 있으나 우리나라 육제품에 가장 많이 쓰는 미생물 성장억제제로는 소르빈산(sorbic acid)이나 소르빈산 칼륨(potassium sorbate)이 있다. 포장육에서 검출되어서는 안 되며, 육가공 제품에서만 kg당 2g 이내에서 검출되어야 한다고 규정하고 있다. 항산화제로서 발효소시지나 건조육포 등에 BHT(butylated hydroxyl toluene), BHA(butylated hydroxyl anisole), TBHQ(tetra butylhydro-quinone), n-propyl gallate, tocopherol(비타민 E) 등과 같은 합성제를 쓰거나 식물이나 동물에서 추출한 로즈마리 추출물, 자몽종자 추출물, 키토산 등과 같은 천연 항산화제를 쓰기도 한다. 지미효과를 갖는 풍미증진제로 gluten, yeast, casein 등의 단백질을 산, 알칼리, 효소 등으로 가수분해하여 얻은 일종의 아미노산 추출 혼합물을 사용한다. 이외에도 지미료로 잘 알려진 MSG(monosodium glutamate)의 아미노산계 조미료와 이노신산나트륨(sodium 5'-inosinate, IMP) 구아닐산나트륨(sodium 5'-guanylate, GMP), 리보뉴클레오티드나트륨(sodium 5'-ribonucleotide, IG) 등의 핵산계 조미료가 사용된다. 착색제는 천연소재에서 추출한 것, 천연소재 추출물과 동일하게 화학적으로 합성한 것, 완전히 인공적으로 합성한 것으로 분류한다. 육제품의 색상을 강화하기 위해 사용되는 주요 천연 착색제는 코치닐 추출색소(cochineal extract), 락색소(lac extract), 홍국색소(monascus extract)와 같은 동물성계와 파프리카 추출색소(paprika extract)와 같은 식물성계 색소 등이 이용된다.

[표 16-7] 육제품 등 축산식품에 사용되는 주요 첨가물 및 천연 대체제

첨가물의 용도	합성 첨가물	국내 사용기준	천연 대체제	작용원리 및 목적
보 존 료	소르빈산(sorbic acid), 소르빈산칼륨(potassium sorbate), 소르빈산칼슘(calcium sorbate).	식육가공품(포장육, 양념육류, 갈비가공품, 분쇄가공육제품, 식육추출가공품), 고래고기, 어육가공품: 2.0 g/kg, 콜라겐 케이싱: 0.1 g/kg.	유기산(식초, 레몬 파우더, 레몬주스 농축물) 식물유래 화합물(계피 및 세이지 에센셜 오일, 건조 자두 시과산), 곰팡이 억제제(식초, 건포도 주스 농축물, 건자두 주스 농축물).	제품의 pH를 감소시키거나 미생물의 세포벽에 영향을 주어 미생물성장과 증식을 억제.
산화방지제	디부틸히드록시톨루엔(BHT, butylated hydroxyl toluene).	식용유지류, 식용우지, 식용돈지, 버터류, 어패건제품 및 어패염장품 : 0.2 g/kg. 단, BHT와 TBHQ를 병용할 경우 사용 합계가 각 성분의 단독 사용량을 초과하면 안됨.	녹차 추출물, 식초, 로즈마리 추출물, 셀러리 추출물, 차 카테킨.	지방과 반응하는 자유 라디칼(free radical)을 소거.
	부틸히드록시아니솔(BHA, butylated	BHT와 동일.		

	hydroxyl anisole).			
	터셔리부틸히드로퀴논 (TBHQ, tetra butylhyrodroquinone).	BHT와 동일.		
	아스코르산나트륨 (sodium ascorbate), 비타민 C	별도 기준 없음.		
	토코페롤(tocopherol), 비타민 E.	별도 기준 없음.		
발 색 제	아질산나트륨 (sodium nitrite).	식육가공품(포장육, 식육추출가공품, 식용우지, 식용돈지 제외) 및 고래고기제품 : 0.07 g/kg 어육소시지 : 0.05 g/kg	채소유래 대체제 (샐러리 분말, 샐러리 주스 농축물, 비트 분말, 비트 주스 농축물, 배추 농축분말). 과일유래 대체제 (블랙베리, 사과, 토마토 농축물). 기타 식물성추출 색소(파프리카 추출색소,베카카로틴 추출색소, 심황 추출색소).	채소나 과일에 함유된 질산염을 이용하여 대체 채소 및 과일 자체에 함유된 색소성분을 이용
	질산나트륨 (sodium nitrate).	식육가공품(포장육, 식육추출가공품, 식용우지, 식용돈지 제외) 및 고래고기제품 : 0.07 g/kg.		
	질산칼륨 (potassium nitrate).	식육가공품(포장육, 식육추출가공품, 식용우지, 식용돈지 제외) 및 고래고기제품 : 0.07 g/kg.		
염지육색 촉 진 제	아스코르빈산나트륨 (sodium ascorbate), 비타민 C. 에리소르빈산나트륨 (sodium erythorbate).	별도 기준 없음.	아스코르빈산나트륨대체(체리 파우더, 아세로라 파우더). pH 저하제(레몬 파우더)	아질산염을 일산화질소로 빠르게 전환시키고 마이오글로빈과 반응에 필요한 시간을 단축. 아질산염 및 질산염에 의한 나이트로사민 생성 억제.

16.2. 케이싱

세절과 혼합이 끝난 소시지 반죽은 충전기에 옮긴 후 원하는 직경의 케이싱에 충전(stuffing, 充塡)시켜 결찰 공정을 거친다. 케이싱은 소시지의 크기와 모양을 결정해 주고, 가공 및 저장기간 동안 내용물의 팽창 및 수축을 수용할 수 있게 수축 및 신전성이 있어야 하며, 또한 충전, 결찰 및 매달음에 견딜 만큼 충분한 강도를 유지해야 한다. 소시지 제조에 사용되는 케이싱은 크게 천연 케이싱(natural casing)과 인조 케이싱(artificial casing)으로 구분된다. 천연 케이싱은 도축과정 중에 발생되는 동물의 창자를 이용한다. 인조 케이싱은 콜라겐(collagen), 셀룰로오스(cellulose), 플라스틱(plastic)과 같은 합성제를 이용하여 제조된다.

[표 16-8] 육제품에 사용하는 케이싱 및 합성 플라스틱의 종류와 성질

포장재	재 료	케이싱 종류	기체투과유무	가식유무
내포장재 (casing)	천 연	콜라겐 케이싱	통 기 성	가 식 성
	인 조	콜라겐 케이싱	통 기 성	가식성, 비가식성
		셀룰로오스 케이싱	통 기 성	비가식성
		화이브러스 케이싱	통기성(종이, 식물성 섬유 코팅) 비통기성(PVDC 등 합성제 코팅)	비가식성
		플라스틱 케이싱	비통기성	비가식성
포장재	재 료	플라스틱 필름 종류	포장재의 성질	
			높 음	낮 음
외포장재	합성 플라스틱 필름	폴리에틸렌 (polyethylene, PE)	수증기 차단성, 열접착성	산소 및 가스 차단성
		폴리프로필렌 (polypropylene, PP)	수증기차단성, 내열성	산소 및 가스 차단성, 열접착성
		폴리비닐클로라이드 (polyvinylchlorie, PVC)	수증기차단성	산소 및 가스 차단성
		폴리에틸렌테레프탈레이트(polyethylene terephthalate, PET)	수증기차단성, 산소 및 가스 차단성, 내유성	열접착성
		폴리아마이드 (polyamide, PA)	산소 및 가스 차단성	수증기 차단성
		폴리염화비닐리덴 (polyvinylidenchloride, PVDC)	수증기차단성, 산소 및 가스 차단성, 열수축성, 내유성	
		에틸렌비닐알코올 (ethylenevinyl alcohol, EVOH)	수증기차단성, 산소 및 가스 차단성	

(1) 천연 케이싱

천연 케이싱(natural casing)은 양, 염소, 돼지의 소장과 대장을 대부분 사용하며, 소와 말의 창자도 케이싱으로 이용되고 있다. 또한 기도, 위, 방광, 명장 등의 여러 부위의 기관이 동물성 케이싱으로 사용된다. 천연 케이싱은 육 혼합물이나 유화물을

충진할 때 압력에 잘 견뎌야 하고 단단히 밀착되어 팽창과 수축성을 갖고 있으며, 건조과정 중 수분과 기체 투과성이 있어야 풍미와 저장성을 위한 훈연 연기를 흡수하는 성질을 갖고 있어야 한다. 또한 충진 후 매듭이나 클립핑(clipping)으로 결찰이 용이해야 한다.

과거 인조 케이싱이 개발되기 전에는 동물성 케이싱만이 유일한 것이었는데, 이것들의 주성분은 콜라겐(collagen)이다. 소, 돼지 및 양의 창자를 세척하고 외층과 내층을 제거한 후 가용성 부분을 남긴 후 염장 처리한다. 천연 케이싱은 소금으로 건염하여 냉장온도에서 저장하는 것이 바람직한데, 고온이나 냉동저장은 피해야 한다. 건염 저장된 케이싱은 사용 전 찬물에 수침을 하고 세척하게 되는데, 수침을 통해 모든 소금을 제거할 뿐만 아니라 케이싱 결체조직 섬유들을 탄력 있게 하여 충진에 적합하도록 한다. 한편 포화 식염수에 침지하여 보관하기도 하는데, 이 방법은 수침시간이 짧으며 세척하기에 적당하다. 천연 케이싱은 모두 가식성 케이싱이므로 벗겨내지 않고 소시지 내용물과 함께 섭취할 수 있다. 천연 케이싱은 외관이 우수하나, 직경이 균일하지 않고, 쉽게 터지며, 가격이 비싼 단점을 가져 대량생산체계에서 그 사용이 제한적이다.

(2) 인조 케이싱

인조 케이싱(artificial casing)은 천연 케이싱의 단점을 보완하기 위하여 개발되었는데, 일반적으로 식용이 가능한 콜라겐 케이싱과 식용이 불가능한 셀룰로오스, 화이브러스, 플라스틱 케이싱 등이 있다. 이러한 인조 케이싱은 천연 케이싱에 비하여 품질이 균일하며 내압성이 높고 감량이 적으며, 취급과 보관이 간편한 것이 특징이다.

1) 인조 콜라겐 케이싱(artificial collagen casing)

우피(牛皮, cattle hide)의 진피층(corium layer)을 높은 압력 하에서 균질화한 후 알칼리 용액으로 추출하여 식수로 세척한 다음 산으로 팽윤시켜 점성이 높은 산성 콜라겐을 만든다. 이 점성 콜라겐을 원통 주형(鑄型)을 통하여 압출성형하여 튜브를 만들고, 이들을 알칼리 용액에 통과시켜 고정을 시킨 후 중화한다. 이렇게 제조된 케이싱은 주름을 잡은 상태로 포장되어 유통된다. 이러한 인조 콜라겐 케이싱은 천연케이싱의 불균일한 직경을 개선하여 충전 자동화 작업을 가능하며, 직경과 길이를 조절할 수 있고 예비수침 없이 사용 가능한 것이 장점이다. 많은 소비자들이 천연 케이싱으로 제조된 소시지를 선호하기도 하지만, 최근에 개발되는 인조 콜라겐 케이싱은 수분과 훈연성분의 투과성(통기성), 연도와 식감의 차이가 거의 없다. 얇고 작은 직경의 인조 콜라겐 케이싱은 가식성 케이싱으로 보통 비엔나와 프랑크소시지에서 사용된다. 그러나 32mm 이상의 직경이 매우 큰 인조 콜라겐 케이싱은 강도를 증가시키기 위하여 알데하이드 처리를 하여 비가식성이 되므로 소비자가 먹기 전에 케이싱을 제거하여야 한다.

2) 셀룰로오스 케이싱(cellulose casing)

셀룰로오스 케이싱은 목재 펄프나 목화섬유의 순수 셀룰로오스와 식용 글리세린 및 물을 이용하여 사출시켜 제조한다. 셀룰로오스는 기본적으로 충진시 기계적 강도에 잘 견디고, 물을 흡수했을 때 팽창하고 건조 시 수축하며, 수분과 훈연 가스를 투과하는 성질(통기성)을 갖고 있어 케이싱 재료로서 적합하다. 셀룰로오스 케이싱을 사용한 육제품은 열처리 및 냉각 후 케이싱을 제거하여 포장하기 때문에 소비자 입장에서는 껍질이 없는 제품이 된다. 셀룰로오스 케이싱은 직경과 길이가 균일하고 청결하며 취급이 간편할 뿐만 아니라 프린트나 채색이 가능하여 제품의 외관이 우수하게 된다. 축축할 때 훈연 연기를 통과시키므로 사용 전에는 항상 물에 적셔야 한다.

3) 화이브러스 케이싱(fibrous casing)

셀룰로오스 케이싱이 큰 직경의 제품에서는 쉽게 파열되어 적합하지 않기 때문에, 이러한 문제를 해결하기 위해 화이브러스 케이싱이 개발되었다. 이 화이브러스 케이싱은 더 강한 셀룰로오스 섬유를 사용하여 강화된 것으로 케이싱의 내부 또는 외부에 종이 층을 코팅하거나 PVDC와 같은 합성제를 코팅한 것이다. PVDC 등의 합성제를 코팅한 화이브러스 케이싱은 훈연성분이 침투되지 않기 때문에 주로 비훈연 육제품인 boiled sausage, liver sausage, blood sausage 등에 사용되는 반면, 종이층이나 식물성 섬유를 조합시켜 코팅된 화이브러스 케이싱은 훈연이 필요한 건조 발효 육제품, 직경이 큰 domestic sausage 및 햄류에 주로 이용된다. 화이브러스 케이싱은 고기 혼합물 또는 유화물과 밀착성이 좋고, 탈피가 용이하며 열처리시 수분증발이 없는 것이 장점이다.

4) 플라스틱 케이싱(plastic casing)

플라스틱 케이싱은 나일론(nylon), 폴리에틸렌(polyethylene, PE), 폴리프로필렌(polypropylene, PP), 폴리염화비닐리덴(polyvinylidenchloride, PVDC), 폴리아마이드(polyamide, PA) 등의 플라스틱 재질로 구성된 인조 케이싱이다. 예전에는 단일 재질로 제조되기도 하였지만, 최근에는 여러 종류를 조합하여 사출하여 생산된다. 기계적 강도가 높은 특성이 있고, 주로 직경이 큰 육제품에 이용되며, 수분이나 훈연 기체의 투과성이 없는 비통기성 케이싱이다. 이러한 케이싱은 직경이 큰 제품, 수증기 차단성이 요구되는 제품, 상대적으로 높은 온도에서 열처리되는 제품, 맛과 향이 보존되고 장기간의 유통기한을 갖는 제품에 적합하다. 그러나 가스와 수증기 투과성이 없기 때문에 건조 및 발효 육제품에는 사용하지 않는다. 따라서 주로 물에서 가열되는 제품이나 멸균제품을 위해 사용되며, 특히 생소시지는 플라스틱 케이싱에 충전되어 냉장 또는 냉동상태로 판매된다.

16.3. 육제품의 포장 및 포장재

(1) 육제품 포장의 목적

육제품 포장의 기본 목적은 미생물학적 및 이화학적 품질열화로부터 제품을 보호하는 것이다. 따라서 육제품의 포장은 가공공정, 저장 및 유통 중에 발생할 수 있는 내용물을 보호하여야 한다. 즉, 먼지나 이물의 오염 방지, 세균, 효모, 곰팡이 등 미생물 오염 방지, 기생충 및 곤충 오염 방지, 화학적 독성물질 오염 방지, 빛이나 산소에 의한 색상, 맛 및 냄새 변화 억제, 수분의 증발 또는 흡수 억제에 있다.

육제품의 포장을 위해 이용되는 포장재는 주로 합성제로서 플라스틱 필름이 대부분이다. 이러한 포장 재료는 유연하고, 기계적 강도가 높으며, 가볍고, 냄새가 없으며, 독성이 없는 위생적인 것이어야 하며, 고온과 저온 및 지방성분에 대한 저장성을 갖고 있어야 하며, 기체에 대한 우수한 차단성을 갖고 있어야 한다. 또한 밀폐시 우수한 밀봉성을 갖으며, 가격이 저렴하며, 재활용이 용이하여야 한다.

1) 가스 차단성

산소와 증발에 대한 가스 차단성은 가장 중요한 특성이다. 산소는 제품 변색시키고 지방을 산패시켜 결국 불쾌한 이취를 발생시킨다. 이를 방지하기 위한 최선의 방법은 산소 비투과성 필름으로 진공포장 하는 것이다. 소시지나 가열 육제품은 상대적으로 높은 수분함량을 갖고 있는데, 제품이 비포장 상태로 저장되면 수분증발과 건조에 의해 중량감소와 품질열화를 유발할 수 있다. 그러므로 수증기 비투과성 필름으로 포장해야 한다.

2) 빛 차단성

햇빛 또는 형광등 같은 불빛은 색상변화 및 산패를 촉진시킨다. 보통 투명한 포장필름이 제품의 보여줄 수 있기 때문에 선호되지만, 빛 차단성은 없다. 빛에 민감한 제품(슬라이스 제품류- 샌드위치햄, 베이컨류)이나 강한 빛에 장시간 노출되는 제품에는 빛 차단성을 위하여 불투명한 포장필름이나 색상이 코팅된 필름을 사용하여야 한다. 알루미늄 호일을 사용한 적층(laminate) 필름은 매우 효과적인 빛 차단성이 있다.

3) 밀봉성

포장재는 내용물을 넣고 밀폐 시 밀봉성이 우수해야 한다. 포장재는 높은 온도에서 가열과 동시에 밀봉이 이루어지는데, 열가소성이 우수해야 완전히 밀폐될 수 있다.

(2) 육가공제품의 포장재

육가공산업에서 사용되는 포장재는 거의 대부분 플라스틱 재질이다. 육제품 포장에 이용되는 일반적인 합성 포장재는 폴리에틸렌(polyethylene, PE), 폴리프로필렌(polypropylene, PP), 폴리비닐클로라이드(polyvinyl chlorie, PVC), 폴리에틸렌테레프탈레이트(polyethylene terephthalate, PET), 폴리아마이드(polyamide, PA), 폴리염화비닐리덴(polyvinyliden chloride, PVDC), 에틸렌비닐알코올(ethylenevinyl alcohol, EVOH) 등이 있다.

PE, PP, PVC는 산소투과성은 상대적으로 높지만, 수증기 투과성은 낮은 특성을 갖고 있다. 반대로 PA는 산소투과성은 상대적으로 낮은 대신 수증기 투과성이 높다. PVDC와 EVOH는 산소 및 수증기 투과성이 낮기 때문에 차단 필름으로 사용한다. 따라서 합성 포장재들은 각각 다른 특성을 갖고 있기 때문에 육제품의 종류, 형태, 유통조건 등에 따라 선택하여 사용하며, 최근에는 한 가지 이상의 재질을 적층(laminated), 코팅(coated), 공압출(coextrusion)하여 포장목적 및 사용목적에 부합하는 성질을 갖도록 하여 포장재로 이용되고 있다.

일반적으로 적층 필름은 산소와 수증기 차단성이 높은 재질을 복합적으로 사용하는데, 가령 복합 적층 필름에서 외층은 기계적 강도가 우수하고 산소 차단성이 높은 필름을 사용하고, 내층은 수증기 차단성이 높으면서 밀봉성이 우수한 필름을 사용하여 제조함으로써 산소와 수증기 차단성이 우수하면서 기계적 강도와 밀봉성을 유지할 수 있도록 한 것이다. PA/PE는 매우 효과적인 조합인데, PA가 상대적으로 산소 차단성이 높으나 수증기 투과성이 있는 반면에, PE는 정반대의 성질을 갖고 있다. 또한 PE를 내층에 사용하면 열가소성이 좋고 밀봉성이 우수한 성질을 갖고 있기 때문이다. 이러한 이유로 대부분의 적층 포장재는 PE 또는 아이오노머(ionomer)를 내층으로 사용하며, 외층은 PA, PET, PP를 사용하는 것이 일반적이다. PVDC 또는 EVOH도

산소와 기체 차단제로서 이용되기도 한다.

코팅방법은 이러한 플라스틱 재질의 기재에 셀룰로오스, 왁스, 파라핀뿐만 아니라 종이와 알루미늄과 코팅하는 것이다. 공압출 방법은 2대 이상의 사출기에서 다층 필름을 제조하는 것으로 극히 얇은 필름을 생산하는 것이다. 공압출 필름은 종이, 알루미늄과는 조합될 수 없으며, 열가소성 플라스틱 필름류와 압출 조합된다. 대표적인 것은 LDPE/PA/LDPE, PVDC/PVC/PVDC, PA/EVOH/LDPE, EVA/PVDC/EVA 등이 있다.

(3) 육가공제품의 포장방법

육제품의 주요 포장방법은 함기포장(aerobic packaging), 랩포장(wrap packaging), 진공포장(vacuum packaging), 가스치환포장(modified atmosphere packaging, MAP), 스킨포장(skin packaging) 등이 있다.

1) 함기포장(aerobic packaging)

주로 비엔나 제품의 포장방법으로 포장지의 총 4면 중 3면이 밀봉되어 있고 밀봉이 안 되어 있는 방향으로 제품 중량에 따라 내용물을 채운 후 밀봉하는 방법이다. 이때 산소흡수제(oxygen scavenger)를 내용물과 함께 넣기도 한다. 이 포장방법은 우리나라와 일본의 비엔나류 포장방법으로 거의 유일한데, 일본의 경우 내용물과 함께 질소를 충진함으로써 내부의 공기를 배출하여 미생물 성장을 막고 유통기한 연장시킬 목적으로 이용된다.

2) 랩포장(wrap packaging)

육제품뿐만 아니라 신선육 포장에 주로 이용되는 방법이다. 랩포장은 대부분 PVC 재질의 포장재를 사용하는데, 제품 접착성이 우수하고 외부 오염원으로부터 제품을 보호하며, 수분증발과 건조를 지연시키지만, 산소를 투과하는 성질이 있다.

3) 진공포장(vacuum packaging)

제품 포장 내의 공기를 제거하고 진공 하에서 밀봉하는 방법이다. 산소에 의한 지질 산패와 변색을 최소화할 수 있도록 고안된 방법이지만, 강한 빛에 노출되었을 때는 변색을 가져올 수 있다. 이 포장방법은 비교적 장기간의 유통기한을 갖는 제품에 적합한 것으로, 육제품 포장방법으로 우리나라에서 널리 이용된다. 기체 및 수증기 차단성이 높은 포장재질을 사용하며, 포장 후 고온의 물에서 2차 살균 시에 열수축성이 높은 포장재를 사용하여 밀착성을 높인다.

4) 가스치환포장(modified atmosphere packaging, MAP)

트레이(tray) 또는 용기 안에 제품을 넣고 내부의 공기를 질소와 산소, 이산화탄소와 같은 가스로 치환하여 포장하는 방법이다. 가스조성은 신선육의 경우 70~80%의 산소(O_2)와 20~30%의 이산화탄소(CO_2)의 비율로 구성하고, 육제품의 경우 70~80%의 질소(N_2)와 20~30%의 이산화탄소(CO_2)를 혼합기체로 구성하는 것이 일반적이나, 효과적인 유통안전성을 위해 제품에 따라 가스 비율을 조절하기도 한다.

가스치환포장에서 이산화탄소의 역할은 세균, 곰팡이 등 미생물의 성장억제를 위한 기능을 갖기 때문에 유통기한 연장을 위해서 중요하다. 질소는 가스치환포장 내부의 충진제로서 역할을 하기 때문에 다른 기체들의 비율을 감소시키는 만큼 보충해주는 기능을 한다. 산소의 중요한 기능은 육색소인 마이오글로빈(myoglobin)을 산화된 형태인 선홍색의 옥시마이오글로빈(oxymyoglobin) 상태로 유지하기 위한 것으로 신선육의 가스치환포장에 이용된다. 따라서 신선육과는 달리 육제품을 가스치환포장 할 경우에는 질소는 육제품 중의 마이오글로빈이나 지방과 반응성이 없으며 산소를 대체하여 보충하는 기능을 한다.

포장재질은 보통 기체 투과성이 낮은 PE, PA, PVDC, EVOH, PET 등과 이들을 조합한 적층 필름이 사용된다. 견고한 재질의 포장재를 이용하여 트레이나 용기 모양으로 성형한 다음, 육제품을 담아 혼합기체를 채워 공기를 배출시킨 후 유연성이 높은 필름으로 밀봉하여 포장한다.

5) 스킨포장(skin packaging)

스킨포장은 보통 견고한 포장재(종이, 판지, 플라스틱 필름 등) 위에 제품을 올려놓고 가열에 의해 신축성이 증가한 포장재를 덮어 진공으로 감압·탈기함으로써 제품의 모양에 따라 마치 'skin'처럼 밀착시킨 포장방법이다.

제 17 장 육제품의 종류별 제조기술

식육가공품은 식육 또는 식육가공품을 원료로 하여 가공한 식품을 말하며 제조 방법 및 공정에 따라 다양하게 분류될 수 있다. 대표적으로 원료육의 분쇄 여부에 따라 비분쇄(whole muscle product) 및 분쇄(comminuted product) 육제품으로 분류할 수 있으며, 아질산(nitrite) 또는 질산(nitrate) 첨가 유무에 따라 비염지(uncured meat product) 및 염지(cured meat product)로 분류할 수 있다. 또한 우리나라의 '축산물의 가공기준 및 성분규격'에서는 식육가공품의 기준 및 규격에 따라 햄류, 소시지류, 베이컨류, 건조저장육류, 양념육류, 분쇄가공육제품, 갈비가공품, 식육추출가공품, 식용유지 및 식용돈지로 분류하고 있다.

17.1. 비분쇄 육제품

비분쇄 육제품은 식육을 포함하는 도체의 특정 부위를 정형하여 연도 및 풍미와 같은 관능적 특성 증진, 보존성 증진 및 편의성 증진을 위해 염지, 숙성, 건조, 훈연, 가열 등의 공정을 거쳐 제조한 육제품을 말한다. 가공 규격에 따라 '햄류', '베이컨류', '건조저장육류', '양념육류', '갈비가공품'으로 분류될 수 있으며, 가공 목적에 따라 Tenderized meat product, Enhanced fresh meat product, Marinated meat product, Precooked product, Breaded or Coated product 등으로 분류할 수 있다.

(1) 햄

햄(ham)은 돼지 뒷다리를 원료육으로 하여 제조된 육제품을 의미하였으나, 현재에 와서는 식육을 포함하는 도체의 특정 부위를 이용하여 염지, 숙성, 건조, 훈연, 가열 등의 공정을 거쳐 제조된 육제품을 말한다. 우리나라의 경우 분쇄육을 이용한 '프레스햄' 규격이 있지만, 일반적으로 햄은 식육을 분쇄하지 않고 가공한 제품을 말한다. 햄은 원료육 부위, 아질산 이온 이용여부, 가공 방법 등에 따라 세부적으로 분류될 수 있다.

- 뼈 포함여부 : 본인햄(bone in ham, 뼈가 있는 지육 상태로 가공한 것), 본레스햄(boneless ham, 뼈가 없는 정육을 가공한 것)
- 원료육 부위 : 로인햄(loin ham, 등심을 가공한 것), 숄더햄(shoulder ham, 어깨

부위를 가공한 것), 안심햄(tenderloin ham, 안심을 가공한 것), 피크닉햄(picnic ham, 어깨등심을 가공한 것) 등

- 아질산 이온 첨가 여부 : 염지햄(cured ham), 비염지햄(uncured ham)
- 가공방법 : 건조햄(dried ham), 훈연햄(smoked ham), 발효햄(fermented ham)
- 가열여부 : 생햄(raw ham, 염지, 건조, 숙성, 훈연 등의 공정 후 가열처리하지 않은 것), 가열햄(cooked ham, 염지 및 훈연 공정 후 가열처리한 것)

일반적으로 도체의 한 부위를 정형, 염지, 훈연 및 가열의 공정을 거쳐 짧은 시간에 제조되는 가열햄이 대부분의 나라에서 제조 및 판매되고 있다. 하지만 세계적으로 유명한 햄 제품들은 대부분이 돼지 뒷다리를 정형, 염지, 건조(훈연은 선택적) 및 숙성의 공정을 거쳐 제조되는 건조햄이며, 대표적으로 이탈리아의 프로슈토(Prosciutto), 스페인의 하몽(Jamon), 중국의 진화(Jinhua)햄 등이 있고 이러한 건조햄의 제조 기간은 길게는 24개월 이상이 소요된다. 햄의 제조 공정은 종류에 따라 달라질 수 있지만 일반적인 공정 모식도는 다음과 같다[그림 17-1].

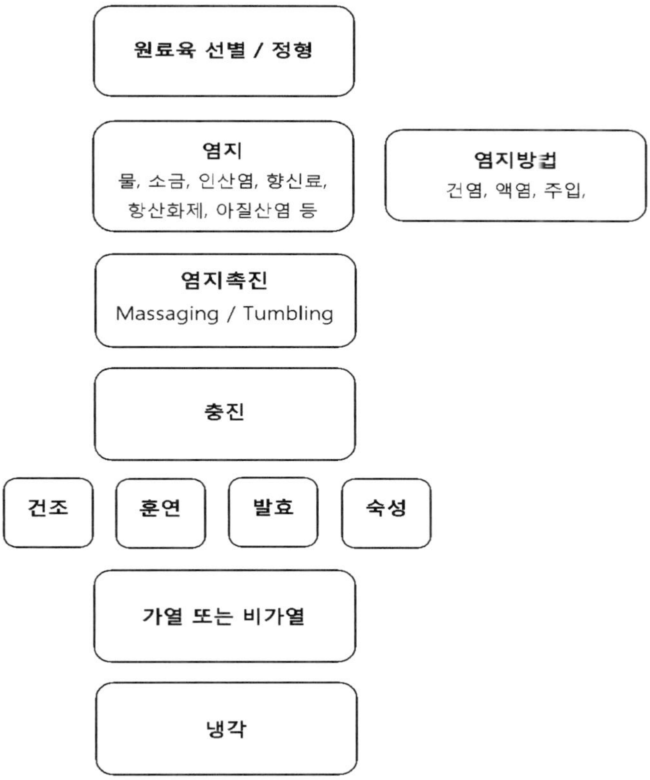

[그림 17-1] 햄 제조 공정

1) 원료육의 선별 및 정형

햄 제조를 위한 원료육 선별시 가장 우선시 되는 것은 위생적으로 관리된 원료육을 선별하는 것이며, 원료육에서 요구되는 가공적성은 햄의 종류에 따라 다를 수 있다.

① 위생적 관리

- 원료육은 햄 제조 공정 전 냉장 보관 되어야 한다.
- 정형 및 염지공정 중 육의 온도가 10℃가 넘지 않도록 관리되어야 한다.

② 가열햄 가공적성

- pH : 식육의 pH가 높을수록 보수력이 우수하다. 가열햄의 경우 육으로부터 염지액의 용출 및 가열 중 수분 용출에 따른 감량을 최소화 하기 위해 보수력이 높은 것이 좋다.
- 육색소 함량 : 육색소 함량이 낮을 경우 니트로소마이오글로빈(nitrosomyoglobin) 생성량이 낮아 염지육색 발현이 적을 수 있다. 하지만 육색소 함량이 너무 높은 경우 햄의 색이 어두울 수 있다.
- 지방함량 : 품종, 사육일령, 부위 등에 따라 지방함량이 다를 수 있다. 지방함량이 높은 경우 지방유래 풍미가 발생한다는 장점도 있지만 가공 공정 중 지방산패가 증가하여 산패취가 발생할 수 있다.

③ 건조햄 가공적성

- pH : 식육의 pH가 6.2 이상인 경우 미생물 증식이 용이하여 부패 위험이 있으며, 보수력이 높아 건조과정 중 수분의 증발이 느려 장시간의 건조 공정이 요구된다. 또한 조직감에 문제가 발생하는데 특히 안쪽 부위의 조직감이 연한 건조햄이 된다. 하지만 식육의 pH가 5.7 이하일 경우 단백질 가수분해율 증가에 따른 연화작용이 발생할 수 있다.
- 육색소 함량 : 건조 과정 중 육색소가 농축된다. 따라서 육색소 함량이 너무 높은 원료육의 경우 햄의 육색이 어두울 수 있다. PSE 육의 경우 다량의 육색소가 변성되어 햄의 발색이 저하될 수 있다.
- 단백질 가수분해율 : 원료육의 단백질 가수분해율이 높을 경우 연한 조직감을 갖는 햄이 제조된다. 원료육의 단백질 가수분해율은 pH 6.2 이상과 비교하여 pH 5.7 이하인 식육에서 높다. 하지만 첨가되는 소금함량이 증가할수록 단백질 가수분해율이 감소하며, 성숙도가 높은 도체에서 단백질 가수분해율이 낮음이 보고되고 있다.
- 지방함량 : 건조햄의 지방함량에 대한 선호도는 지역별로 다르지만 일반적으로 지

방함량이 높은 건조햄이 지방 유래 풍미 발현 및 조직감으로 인해 선호되고 있다. 하지만 근내 지방함량이 높고 외부 지방층이 두꺼운 원료육의 경우 염지성분의 침투가 느리고 건조가 느리다는 점을 유의해야 하며, 지방 산패 또한 고려되어야 한다. 이와 반대로 근내 지방이 적고 외부 지방층이 얇은 원료육의 경우 과도한 수분 증발로 인해 조직감이 딱딱하고 짠맛이 강한 건조햄이 제조될 수 있다.

④ 정 형

외부의 잡육 및 과도한 지방을 제거하는 공정이다. 제품의 목적에 따라 외부 지방을 제거하지 않을 수도 있다.

2) 염 지

햄의 염지는 원료육의 가공적성 증진, 햄의 저장성 및 관능적 품질 개선을 위한 공정으로 건염(dry curing), 액염(wet curing), 주입(injection curing) 방법을 이용한다.

① 가열햄 염지

건염 및 습염의 경우 장시간의 염지 기간이 요구됨에 따라 가열햄의 제조시 염지 시간이 상대적으로 짧은 주입방법이 주로 이용되고 있다. 염지액은 소금, 설탕, 아질산염(sodium or potassium nitrite), 질산염(sodium nitrate or potassium nitrate), 항산화제, 인산염, 향신료 등의 혼합액으로 염지액 준비시 고려 상항은 다음과 같다.

• 물의 품질 : 습염 및 주입 염지를 위한 염지액 제조시 이용되는 물은 우선적으로 미생물 및 화학물질에 오염되어있지 않아야 한다. 또한 물의 경도가 낮아야 하는데 다량의 미네랄을 함유하고 있는 즉 경도가 높은 물을 이용할 경우 염지 첨가물들이 물에 녹지 않고 결정을 형성할 수 있다. 염지액 준비를 위한 물의 온도는 염지 첨가물을 용해시킬 수 있는 범위 내에서 가능한 낮아야 한다(-2~2℃). 물의 온도가 낮을수록 추가 공정시 식육의 온도증가를 억제하여 미생물 증식을 억제할 수 있다.

• 염지 첨가물 용해 순서 : 염지액 준비시 첨가물의 용해순서는 일반적으로 인산염-당/단백질-소금/아질산염-전분이며, 염지 촉진 및 항산화 작용을 위한 아스코르브산염 및 에리소르빈산염은 염지액의 주입 직전에 용해시킨다. 용해 순서가 중요한 이유는 소금을 용해시킨 후 인산염을 용해할 경우 대부분의 물 분자들이 소금 용해에 이용됨에 따라 인산염과 반응하지 못하게 되어 인산염이 용해되지 않을 수 있으며, 염지액에 아스코르브산염을 미리 넣어 염지액을 보관할 경우 염지액의 이용전 아질산이온이 환원되어 아질산염의 농도가 줄어들게 된다.

• 염지액 농도 및 주입량 : 염지액의 농도 및 주입량 결정시 추후 염지 촉진을 위한 텀블링 또는 마사지 공정과 가열 공정에서 감소되는 양을 고려하여 설정하여야 한

다. 일반적으로 8~14% 농도의 염지액을 원료육 중량대비 15~20% 주입한다. 하지만 염지액 주입량에 따라 염지액의 농도가 바뀔 수 있으며, 이때 아질산염의 함량이 필수적으로 고려되어야 한다. 햄은 염지시 아질산 또는 질산 이온 첨가 여부에 따라 cured ham 또는 uncured ham으로 분류된다. Cured ham의 경우 국가별로 다른 아질산 이온 첨가 또는 잔존량 기준을 두고 있다(표 18-1).

• 염지액 주입 압력 : 염지액 주입 압력은 1.5~2bar(22~28psi)로 권장되고 있다. 주입 압력이 낮을 경우 염지액 주입이 되지 않으며, 주입 압력이 너무 높은 경우 근육조직에 손상을 초래한다.

◉ 염지액 준비 예시

원료육 : 돈육 10kg ; 염지액 주입량 : 원료육 중량대비 20% ; 최종제품 수율 : 10kg(100%)

첨가물 함량 : 최종제품 내 소금 1.5%, 인산염 0.3%, 아질산염 0.01%

소금함량 = 1.5×100(제품의 수율)/20=7.5%

인산염함량 = 0.3×100/20=1.5%

아질산염함량 = 0.01×100/20=0.05%

② 건조햄 염지

건조햄의 경우 주로 건염, 습염, 주입방법이 모두 이용될 수 있다. 하지만 세계적으로 유명한 건조햄 제품들의 경우 전통적인 방식인 건염을 이용하고 있다. 건염방법을 이용한 염지시 고려사항은 다음과 같다.

• 저장온도 : 염지시 온도는 0~4℃로 유지되어야 한다. 건염시 염지 첨가물(소금, 아스코르브산염, 아질산염 당 등)이 식육 내부로 침투하는데 오랜 시간이 요구되는데 일반적으로 15~30일 정도의 기간이 소요된다. 염지 첨가물의 침투 속도는 원료육에 따라 다를 수 있는데 외부 지방층이 두꺼울수록 오래 걸리며 냉동 및 해동육의 경우는 신선육과 비교하여 침투시간이 짧다. 염지 첨가물이 식육내에 완전하게 침투되지 않을수록 미생물 증식이 용이하므로 염지 공정의 온도 관리가 중요하다.

• 염지방법 : 건염은 크게 두 가지 방법으로 이용될수 있다. 첫 번째 방법은 햄을 과량의 염으로 덮어 염지하는 방법으로 원료육의 중량별 염지 소요시간을 계산한다(1day/kg). 두 번째 방법은 원료육의 중량별 염의 양을 조절하여(salt/kg) 이용하는 방법으로 염이 육의 표면을 완전하게 덮을 수 없어 염이 없는 부분에서는 식육의 수분 증발이 함께 일어난다. 두 번째 방법의 경우 완전한 염지를 위해 1차 염지 후 육을 큰 용기에 넣어 삼출된 염지액을 재흡수 시키는 공정이 필요할 수 있다.

원료육을 개별적으로 염지하는 경우를 제외하고, 대부분 원료육을 용기에 넣어 건염을 진행한다. 용기 내에 원료육은 육과 염이 교차적으로 쌓이게 위치하게 되는데 용기의 밑 부분에 위치할수록 압력을 받게 되고 염의 침투가 빠르게 되며 가장 밑에 위치하는 경우 육으로부터 삼출된 수분과 염이 혼합되어 염지액이 생성되고 염지액이 육으로 흡수됨에 따라 염지가 과하게 진행될 수 있다. 따라서 일정기간(6~7일)간격으로 육의 위치를 바꿔주어야 한다. 또한 밑 부분에 생성된 염지액을 제거해야 한다.

• 과도한 염의 제거 : 염지 공정 후 표면에 남아있는 과도한 염을 저온에 세척수를 이용하여 제거해 주어야 한다.

[표 17-1] 햄 아질산염 이용 기준

국 가	기 준	규 정
한 국	잔존량	아질산 이온 0.07 g/kg 이하
미 국	첨가량	주입 및 습염 : 아질산염 0.2 g/kg 이하, 건염 : 0.625 g/kg
EU	첨가량	아질산 이온 0.15 g/kg 이하

3) 훈연, 건조, 발효 및 숙성

① 훈 연

가열햄의 경우 훈연공정은 선택적이며 일반적으로 훈연 및 가열이 연속적으로 이루어지기 때문에 고온훈연(열훈법, hot smoking)을 진행한다. 건조햄의 경우도 훈연공정은 선택적이며 건조햄 제조의 전통적 방법에 따라 저온훈연(냉훈법, cold smoking)이 일반적이다.

② 건조/발효/숙성

건조햄의 경우 건조공정을 통한 햄의 수분 증발로 인해 수분활성도가 감소하여 미생물 증식이 억제됨에 따라 저장성이 우수한 것이 특징이며, 건조 공정과 연속적으로 진행되는 발효 및 숙성 공정 중 건조햄의 특이 풍미가 생성되게 된다. 햄의 건조는 자연적 환경을 이용하거나 기계적으로 온도 및 상대습도를 조절하여 진행될 수 있으며, 건조 공정은 1차 및 2차 공정으로 나뉠 수 있으며, 제품(Serrano ham, Parma ham, Iberian ham 등)에 따라 다른 조건에서 공정이 진행된다.

• 1차 공정 : 저온(5℃ 이하) 및 높은 상대습도(75% 이상)에서 이루어진다. 1차 공정의 통해 염지공정을 통해 육에 흡수된 염지성분들이 육 내에 전체적으로 일괄되게 분산되게 되며, 시간이 지남에 따라 상대습도를 낮추어 육의 수분활성도를 억제시킨다. 1차 공정에 요구되는 시간은 원료육의 상태 및 이용된 염지성분에 따라 30일에서 길게는 90일 까지도 소요된다. 원료육의 크기가 작을 경우 상대적으로 소요기

간이 짧으며, 이용된 염의 함량이 낮고 아질산염을 이용하지 않은 제품 및 지방함량이 높아 염의 침투 및 확산이 용이하지 않은 제품은 장기간의 공정 시간이 요구된다.

• 2차 공정 : 2차 공정은 건조, 발효 및 숙성이 함께 일어나는 단계로 1차 공정과 비교하여 상대적으로 높은 온도와 낮은 습도에서 이루어진다. 1차 공정을 통해 육이 전체적으로 염지되고 표면 수분활성도가 감소하였기 때문에 미생물 증식이 일부 억제된 환경이라고 할 수 있다. 2차 공정은 숙성고에서 온도를 10℃ 정도로 시작하여 공정 시간이 증가함에 따라 30℃ 이상까지도 증가시킨다. 공정 온도가 높을수록 숙성기간이 단축될 수 있지만 미생물 증식 및 지질 산패의 문제가 있으며, 단백질 가수분해율이 높은 원료육의 경우 조직감이 연해질 수 있는 문제가 있다. 또한 2차 공정은 50~80%의 상대습도 환경에서 이루어진다. 상대습도가 낮을 경우 건조가 빠르게 진행되어 수분활성도가 빠르게 감소하는 장점이 있지만 햄 표면이 경화되어 비가식 부위가 증가하는 문제가 발생할 수 있다. 이와는 반대로 상대습도가 높을 경우 미생물 증식의 우려가 있다. 따라서 2차 공정의 온도 및 습도 조절에 신중을 가해야 한다. 2차 공정을 통한 발효는 종균 접종을 통한 발효도 선택적으로 가능하나, 내재하는 균들에 의해 자연적으로 일어날 수 있다. 숙성고에서 온도 및 습도 조절을 통해 건조/발효/숙성이 진행된 햄은 최종적으로 저장고에서 10~20℃, 상대습도 80%이하의 조건하에 장기간 저장하며 지속적으로 건조/발효/숙성이 일어나게 된다. 제품별로 숙성고 및 저장고의 공정 조건 및 기간이 다르다. 예를 들어 Iberian ham의 경우 2~3개월의 1차 공정 후 숙성고에서 60~80% 상대습도 조건에서 3달간 18~20℃에서 공정 후 추가적으로 30~45일간 온도를 30℃까지 증가시키며 최종적으로 저장고에서 12~18개월 동안(10~22℃, 65~82% RH) 저장하게 된다.

4) 가 열

가열 공정은 살균의 의미에서 매우 중요하다. 우리나라의 "축산물의 일반가공기준(축산물의 가공기준 및 성분규격)"에서 "식육가공품 중 가열식육가공품은 그 중심부 온도를 63℃ 이상에서 30분간 가열 살균 하거나 또는 이와 동등이상의 효력이 있는 방법으로 가열살균"으로 규정하고 있다. USDA의 경우 가열 제품의 경우 돈육에 내재할 수 있는 선모충을 포함하여 병원성 미생물인 *Escherichia coli*, *Salmonella*, *Staphylococcus aureus*, *Listeria monocytogenes* 등의 사멸을 고려하여 심부온도를 160°F(71℃) 이상으로 가열하여야 함을 명시하고 있으며, 비가열 또는 섭취전 가열이 요구되는 제품의 경우 섭취전 심부온도를 145°F(63℃) 이상에서 3분이상 가열하여야 함을 명시하고 있다. 건조햄의 경우 미생물학적으로 안전한 조건으로 제조됨에 따라 추가 살균 과정을 거치지 않고 바로 섭취 가능한(ready to eat) 제품이며,

추가적인 가열 공정을 거치지 않는다.

5) 냉 각

가열된 햄은 가열 공정 후 즉각적인 냉각 공정이 요구된다. 가열 공정 후 햄의 온도가 높은 상태로 지속될 경우, 과도한 수분증발에 의한 제품표면의 주름발생과 변색문제가 발생할 수 있으며, 멸균 제품을 제외하고는 미생물의 재 증식이 가능하다. 따라서 햄의 중심부 온도가 5℃ 이하가 되도록 냉각시켜야 한다.

(2) 베이컨

베이컨(bacon)은 일반적으로 염지한 돼지 복부육(cured belly)를 의미한다. 하지만 돼지의 복부육외 다른 부위(등심, 어깨부위육)의 이용도 가능하며, 가금육 및 우육의 이용도 가능하다. 원료육의 부위별로 bacon(돼지 복부육), pork loin bacon(돼지 등심) 및 pork shoulder bacon(돼지 목심)으로 명명한다. 미국에서는 베이컨 제조 시 반조리 상태로 고온의 가열처리 공정을 거치지 않기 때문에 소비자가 구입하여 반드시 가열조리 후 섭취해야 하는 육가공품으로 분류된다. 그러나 우리나라에서는 비가열식 육가공품으로 분류되어 있지만, 실제로는 베이컨을 고온에서 완전 가열처리하여 생산하기 때문에 별도의 조리과정 없이도 취식이 가능하다는 것이 차이점이다. 베이컨 제조의 일반적인 공정 모식도는 다음과 같다[그림 17-2].

1) 원료육의 선별 및 정형

베이컨은 비가열식육가공품으로 분류되기 때문에 원료육 선별에서부터 위생관리에 주의하여야 한다. 우리나라의 "축산물의 일반가공기준(축산물의 가공기준 및 성분규격)"에서 식육가공품 중 비가열식육가공품은 "도축 후 24시간 이내에 5℃ 이하로 냉각, 유지된 돼지고기를 원료육으로 하여야 하며, 원료육의 정형이나 냉동 원료육의 해동은 고기의 중심부 온도가 10℃를 넘지 않도록 하여야 한다"라고 규정하고 있다.

① 위생적 관리

- 원료육은 베이컨 제조 공정 전 냉장 보관 되어야한다.
- 정형 및 염지공정 중 육의 온도가 10℃가 넘지 않도록 관리되어야 한다.

② 베이컨 가공적성

- 보수력 : 베이컨 제조를 위한 염지방법으로 주로 주입방법이 이용된다. 보수력이 좋은 원료육의 경우 염지액의 용출 및 가열감량이 줄어든다.
- 지방 품질 : 돼지 복부육의 경우 지방층이 선명하게 드러남에 따라 제품의 외관

을 결정하는 요인이 된다. 따라서 지방의 색이 희고 조직감이 단단한 것이 좋다. 연지방 육을 이용할 경우 지방의 경도가 낮고 불포화지방산 조성이 높음에 따라 외관이 불량하고 지질 산패가 많이 일어나 관능적 품질 저하가 발생한다.

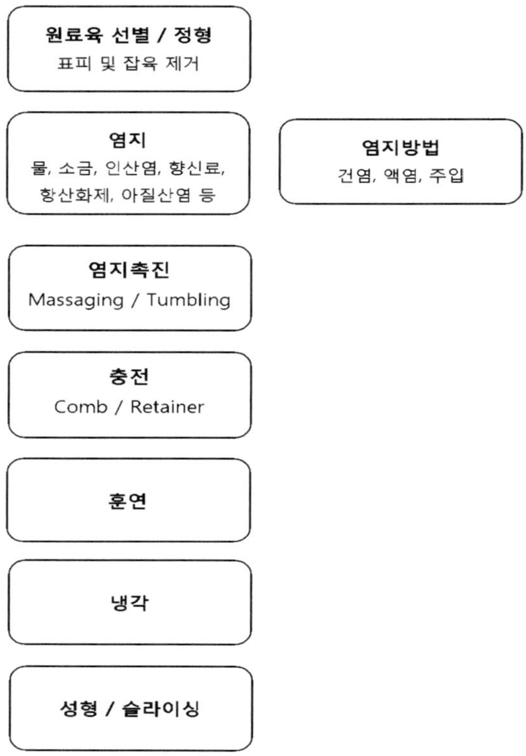

[그림 17-2] 베이컨 제조 공정

③ 정 형

외부의 잡육 및 표피를 제거하는 공정이다.

2) 염 지

베이컨의 염지는 건염, 액염 및 주입 방법 모두가 이용 가능하다. 일반적으로 염지 시간이 짧은 주입방법이 주로 이용되고 있다. 염지에 이용되는 첨가물 및 염지액 준비시 고려되는 사항들은 가열햄과 크게 다르지 않다. 아질산염 이용 기준은 우리나라의 경우 최종 제품의 아질산 이온 잔존량 기준 0.07g/kg(70ppm) 이하로 모든 염지 육제품이 동일하다. 하지만 USDA에서는 베이컨의 아질산염 첨가 기준을 가열햄과는 다르게 120ppm 이하 및 잔존량 40ppm 이하로 규정하고 있으며, 효과적인 미생물 제어를 위해 120ppm sodium nitrite와 함께 환원제로서 550ppm 아스코르브산염 및 에리소르빈산염을 첨가할 것을 권장하고 있다. 환원제 함량에 대한 기준은 베이컨의 경우 고온조리(frying)가 일반적이기 때문에 고온조리시 나이트로사민(nitrosamine) 생성이 되지 않는 수준으로 잔존 아질산 이온을 낮추는 것을 고려하여 설정되었다.

3) 충 전

훈연 및 가열처리 전 베이컨은 가열에 의해 형태의 변화를 방지하기 위해 리테이너에 충전하여 훈연하는 것이 일반적이다. 외국 제품이나 국내 일부 베이컨 제품의 경우 리테이너에 충전하지 않고 고리에 걸어서 훈연 및 가열처리하기도 한다.

4) 훈 연

베이컨의 훈연은 열훈법, 온훈법 및 냉훈법 모두 이용가능하다. 일반적으로 빠른 공정을 위해 열훈법이 이용된다.

5) 냉각/성형/슬라이싱

베이컨은 훈연 공정 후 빠른 냉각이 필요하며, 필요에 따라 급속송풍냉각기(blast cooler)를 이용 온도를 빠르게 내려야 한다. 또한 슬라이스의 용이성 및 효율성을 위해 빙점부근으로 냉각이 필요하다. 베이컨은 슬라이싱 후 포장되어 유통되기 때문에, 슬라이싱 공정 중 미생물이 오염 및 증식하지 않도록 주의하여야 한다.

(3) 건조 육제품

식육을 그대로 또는 염지하여 건조하거나 열처리하여 건조한 것을 말하며, 대표적으로 우육을 이용한 육포가 있다. 분쇄육을 이용하여 재구성한 제품의 제조도 가능하다. 건조 육제품(dried meat product) 제조의 일반적인 공정 모식도는 다음과 같다 [그림 17-3].

1) 원료육의 선별 및 정형

건조 육제품 제조를 위한 원료육은 다른 육제품과 동일하게 위생적으로 관리되어야 하며, 건조 육제품의 특성상 건조 공정을 통해 수분을 다량 증발시켜야 하기 때문에 지방함량이 높은 부분육보다는 지방함량이 낮은 부분육이 건조에 용이하다. 건조 육제품 특히 육포의 제조를 위해 원료육은 과도한 지방을 제거한 후 얇게 슬라이스 하여 준비된다.

2) 염 지

건조 육제품의 염지는 염지액에 식육을 침지하는 액염법을 이용하기도하며, 염지액을 주입한 다음 텀블링이나 마사지를 통해 염지를 촉진시키기도 한다. 염지액은 소금, 설탕, 아질산염(sodium or potassium nitrite), 항산화제, 인산염, 향신료 등의 첨가물 혼합액을 이용한다. 또한 건조 육제품의 경우 시트르산, 젖산, 글루코델타락톤과 같은 산미제를 이용하는데 산미제를 첨가함에 따라 염지액의 pH가 낮아져 미생물 증식이 억제되고 염지육색의 발현이 촉진될 수 있다. 아질산염 이용 기준은 우리나라의 경우 최종 제품의 아질산 이온 잔존량 기준 0.07g/kg(70ppm) 이하이다.

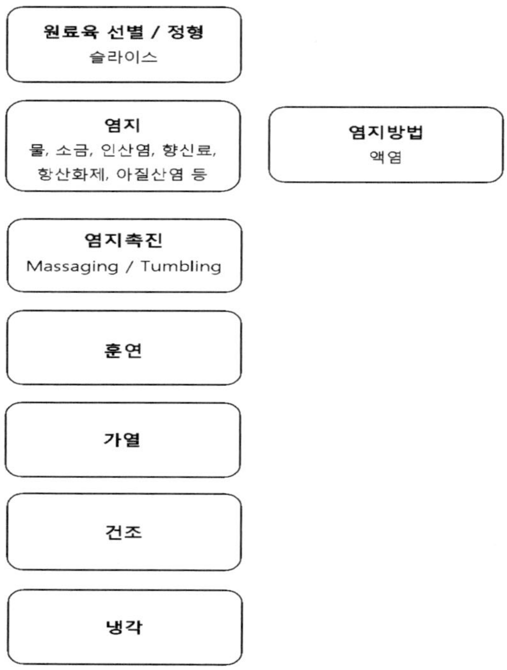

[그림 17-3] 건조육제품 제조 공정

3) 훈연/가열/건조

건조육제품의 훈연은 선택적이며, 일반적인 훈연공정을 통해 훈연을 진행한다. 건조 육제품의 기준은 수분함량 55% 이하, 육함량 85% 이상이어야 한다(축산물의 가공기준 및 성분 규격). 건조 육제품 제조를 위해 건조와 가열 공정을 함께 진행하거나 가열 후 건조 공정을 진행할 수 있다. 기존 연구결과 145°F(63℃)에서 식육을

10시간 이상 건조하였을 때 대장균이 완전하게 사멸되지 않음이 보고되었다. 따라서 건조 육제품의 미생물학적 안전성 확보를 위해 식육을 160°F(71℃) 이상(가금육의 경우 165°F 이상)에서 가열 후 130°F~140°F(55~60℃)에서 건조하는 것을 권고하고 있다. 또한 미생물 증식 억제를 위해 육포의 수분 : 단백질 비율은 0.75:1 보다 낮아야 한다.

(4) 기타 비분쇄 육제품

1) 양념육류

식육에 식품 또는 식품첨가물을 첨가하여 양념하거나 가열처리한 육제품을 말한다. 육함량이 60% 이상이어야 하며 양념액에 아질산염의 이용은 가능하나 소르빈산과 같은 보존료를 이용하여서는 안 된다.

2) 갈비가공품

식육의 갈비부위(뼈가 붙어 있는 것)을 정형한 후 식품 또는 식품첨가물을 첨가하여 양념, 훈연, 가열한 것을 말한다. 양념육류처럼 아질산염의 이용은 가능하나 소르빈산과 같은 보존료를 이용하여서는 안 된다.

17.2. 분쇄 육제품

(1) 비가열 소시지

비가열 소시지(raw sausage)는 원료육, 지방, 얼음 및 부재료 등을 혼합하여 소시지 케이싱(casing)에 충진 후 가열하지 않고 판매되는 식육가공품을 말한다. 따라서 소비자가 섭취하기 이전까지 최종제품의 신선도와 품질특성을 우수하게 유지할 수 있는 원재료 선별과 제조공정이 필요하다. 흔히 비가열 소시지는 생소시지(fresh sausage)를 의미한다고 생각될 수 있지만, 가열하지 않은 발효소시지(fermented sausage), 건조소시지(dry sausage) 및 훈연소시지(smoked sausage) 모두를 포함하는 소시지의 한 분류이다.

1) 생소시지

생소시지(fresh sausage)는 분쇄, 혼합 및 충진 공정만으로 제조할 수 있기 때문에 비교적 간편한 설비로도 생산이 가능한 제품이다. 제조공정의 기술적 난이도 또한 까다롭지 않은 편이고 부재료의 첨가도 용이하여 다양한 맛과 풍미를 가진 제품으로 응용이 가능하다. 널리 알려진 대표적 생소시지로 독일의 브랏부어스트(bratwurst), 미국의 브렉퍼스트 소시지(breakfast sausage), 생돈육소시지(fresh pork sausage), 생우육소시지(fresh beef sausage), 이탈리아의 이탈리안 소시지(italian sausage), 북아프리카의 메르게즈(merguez) 및 남아프리카 지역의 부르보스(boerewors) 등이 있다.

① 과 준비

생소시지는 가열공정을 거치지 않고 판매되기 때문에 원료육의 초기 오염상태가 최종제품의 위생상태와 직결된다. 일반적으로 2~4℃에서 보관된 냉장육으로 g당 10^3 이하의 세균수를 만족한다면 위생적인 원료육으로 볼 수 있다. 그러나 제조에 앞서 모든 원료육의 미생물학적 안전성을 분석함이 어렵기 때문에 신뢰할 수 있는 원료육 확보가 우선되어야 한다. 냉동육을 사용하는 경우 적절한 방법으로 해동하여 수분 손실을 최소화하고 해동 중 미생물의 추가적인 오염에 유의하여야 한다. 기계발골육(mechanically deboned meat)을 사용하는 경우에도 초기 오염상태 및 산패취(rancid flavor) 발생에 주의해야 한다. 이탈리아의 이탈리안 소시지는 최소 85%의 원료육과 최대 20%의 기계발골돈육(mechanically deboned pork 또는 mechanically separated pork)을 혼합하여 제조하기도 한다. 위생적인 원료육으로 제조된 생소시지의 유통기간은 4℃에서 3~4일 정도이다. 생소시지를 냉동 저장하는 경우 유통기간은 대략 3개월까지 늘어나지만 지방산화에 따른 품질저하가 발생할 수 있다.

지방은 조직감, 맛 그리고 향미 형성에 관여하는 중요한 원재료이다. 생소시지 제조에는 추가적으로 지방을 첨가하기도 하지만 지방함량이 높은 원료육을 이용하여 원하는 지방함량의 생소시지를 제조할 수 있다. 일반적으로 지방함량이 20~40% 포함되면 생소시지의 맛과 향이 좋다. 대개 지방함량이 증가할수록 관능적 만족도가 우수하지만 지방함량이 전체 중량의 50%를 넘지 않는 것이 좋다. 최근에는 소비자들의 건강에 대한 관심을 고려하여 비교적 지방함량을 줄이는 추세이다. 원료육과 마찬가지로 위생상태가 우선되어야 하며, 특히 최종제품에서 이취 등을 발생시키지 않아야 한다.

물은 얼음 혹은 냉수의 형태로 첨가되며, 음용수로서 적합한 물을 첨가해야 한다. 물은 동물성 원료(원료육과 지방 등)와 비교하여 가격이 매우 저렴한 원재료로서 식육가공품의 원가절감을 위해 다량 첨가를 목적으로 한다. 그러나 조분쇄형 생소시지에 지나치게 많은 양의 수분 첨가는 저장 및 가열 중 과도한 수분손실을 야기하기 때문에 수분 첨가량의 적절한 조절이 필요하다. 특히 수분 첨가량이 많을 경우 저장기간 동안 수분리가 계속되어 좋지 않은 외관과 미생물의 표면 생육을 야기한다. 일반적으로 생소시지 제조에는 0~10% 정도의 물이 첨가된다.

소금은 다른 식육가공품에서와 마찬가지로 염용성 단백질 추출, 미생물의 생육 억제 및 풍미 형성을 위해 첨가한다. 외국의 경우, 생소시지에는 보통 1kg의 원재료 대비 20~30g(2~3%)의 소금을 첨가한다. 소금 첨가량은 여러 측면에서 고려되어야 하지만, 관능적 및 기술적 측면에서는 1kg의 원재료 대비 최소 15g 이상을 첨가하여야 한다.

인산염(phosphate)은 한 종류를 첨가하기보다 각기 다른 효과를 나타내는 두 세 가지 이상의 인산염을 혼합하여 첨가하는데, 최종제품의 바람직한 성상을 고려하여 미리 적정비율로 배합된 혼합인산염(blended phosphates)을 주로 사용한다. 인산염의 역할은 염용성 단백질의 추출을 도와 보수력과 결착력을 향상시켜 조직감 형성에 도움을 주고 지방 산화를 억제하는 것이다.

이외에도 여러 증량제 및 증점제를 사용할 수 있다. 그러나 원료육 고유의 식감을 살리기 위해서는 대략 3% 미만으로 첨가하는 것이 비육소지의 기능적 효과와 원료육 본연의 특성 모두를 기대할 수 있다. 고급 생소시지 제조를 위해서는 증량제와 증점제 사용을 최소화하는 것이 바람직하다.

대표적인 감미료에는 백설탕, 갈색설탕, 덱스트로스(dextrose)와 콘시럽(corn syrup) 등이 사용된다. 주요 효과는 깊은 맛의 형성, 풍미 증진 및 가열 이후 제품 표면에 진한 갈색의 가열육색을 형성하게 도와주며, 0.5~3.0% 정도를 첨가한다. 과도한 비육소재 첨가는 가열시 최종제품의 바람직한 색 형성에 방해가 되는데, 당성분의 감미료를 첨가하여 원만한 가열색 형성을 도울 수 있다.

생소시지에 첨가하는 향신료의 종류는 더욱 다양화되는 추세이다. 위생상태가 좋지 않은 향신료를 첨가할 경우 미생물의 추가적인 오염원이 될 수 있기 때문에 사용에 유의하여야 한다. 향신료는 종류에 따라 항균 및 항산화 효과를 나타내어 생소시지의 저장성 향상에 기여할 수 있다. 생소시지의 저장성 향상을 위해 첨가할 수 있는 천연보존료는 [표 17-2]에 나타내었다. 그러나 천연 보존 성분을 함유하는 소재를 적절한 전처리 공정 없이 첨가할 경우 생소시지에서 뚜렷한 저장성 향상 효과를 기대하기 어렵다.

② 재료의 배합

생소시지의 배합비는 법제, 생산원가, 생산하고자 하는 제품의 품질 및 제품의 균일성을 어떻게 유지할 것인가 등을 고려하여 준비되어야 한다. 원료육과 지방을 배합하는 방법은 크게 두 가지로 70~80%의 살코기를 포함하는 원료육(잡육의 경우 70/30에 해당)만을 사용하거나, 90% 이상의 살코기를 갖는 원료육과 순수한 등지방

혹은 50% 미만의 살코기 함량을 갖는 원료육(잡육의 경우 50/50에 해당)을 혼합하여 원하는 수준의 지방함량을 구성한다. 원료육에서 살코기 함량이 높을수록 가열 이후 제품의 결착력은 향상되지만 과도한 수축이 발생할 수 있다.

[표 17-2] 생소시지에 첨가되는 천연 보존료

<table>
<tr><th colspan="3">구 분</th><th>성 분</th></tr>
<tr><td rowspan="2">미생물 유래 보존료</td><td colspan="2">박테리오신</td><td>니신(nisin), 락티신(lacticin), 페디오신(pediocin), 루테린(reuterin)</td></tr>
<tr><td colspan="2">유 기 산</td><td>구연산(혹은 구연산 나트륨), 초산/젖산나트륨 혼합물
젖산나트륨/초산나트륨 혼합물</td></tr>
<tr><td rowspan="6">식물성 천연 보존료</td><td rowspan="6">에센셜 오일 (essential oil)</td><td>잎</td><td>오레가노(oregano), 로즈마리(rosemary), 타임(thyme), 세이지(sage), 바질(basil), 마조람(majoram)</td></tr>
<tr><td>꽃</td><td>클로브(clove)</td></tr>
<tr><td>뿌리</td><td>양파, 마늘</td></tr>
<tr><td>씨앗</td><td>파슬리(parsley), 캐러웨이(caraway), 넛메그(nutmeg), 펜넬(fennel)</td></tr>
<tr><td>뿌리줄기</td><td>아사푀티다(asafoetida)</td></tr>
<tr><td>열매</td><td>후추, 카르다몬(cardamom)</td></tr>
<tr><td>동물성 천연 보존료</td><td colspan="3">키토산(chitosan), 락토페린(lactoferrin), 리소자임(lysozyme)</td></tr>
</table>

③ 제조공정

생소시지의 제조공정은 원료육과 부재료를 어떻게 혼합하는가, 제품 입자의 크기를 어떻게 구성할지에 따라 차이를 나타낸다.

• 재료의 준비

생소시지는 흔히 원료육에 부재료를 미리 뿌려 두는데 이는 짧은 혼합 시간에도 부재료들이 보다 균일하게 원료육과 섞일 수 있도록 도와준다. 소규모로 간편하게 제품을 제조할 경우 미리 원료육에 부재료를 섞어 성분들의 용해와 확산을 용이하게 만들 수 있다. 이와 같이 사전혼합하는 경우 냉장육을 이용하는 것이 바람직하다. 반면 혼합 혹은 세절을 통하여 보다 고품질의 제품 생산을 목표로 하는 경우 낮은 온도의 냉장육 혹은 반동결(semi-frozen) 상태의 원료육을 준비하여야 한다. 부재료는 염류(소금과 인산염), 향신료, 물 등을 구분하여 따로 준비하여야 한다.

• 분 쇄

분쇄(grinding)는 원료육과 지방의 표면적을 좋게 하여 가공 중 여러 이점을 제공함과 동시에 사용되는 원재료를 1차적으로 균일하게 혼합시켜 준다. 분쇄에는 육분쇄기(meat grinder, meat mincer 또는 chopper)를 사용한다. 육분쇄기 내부에 장착된 여러 개의 구멍을 가진 플레이트(plate)를 통과시켜 원재료 입자의 크기를 원하는 크기로 조절할 수 있다. 사용하는 플레이트의 직경은 명확하게 정해져 있지 않지만, 1차적으로 조분쇄(course grinding 또는 rough grinding)할 수 있는 구멍이 8~13 mm 직경의 큰 플레이트를 사용하고 이후 원하는 입자 크기에 적합한 직경이 작은 3~8 mm 정도의 플레이트를 사용한다. 지방 입자의 경우 보다 작은 2~3mm 직경의 플레이트를 이용하는 것이 지방 성분의 분리를 최소화 할 수 있고 최종제품에서 지나치게 밝은 외관을 방지할 수 있다.

• 혼 합

혼합(mixing)은 생소시지에 첨가되는 모든 재료들을 고루 섞어 품질이 균일한 제품을 생산하기 위한 공정이다. 혼합에 사용되는 기기는 혼합기(mixer), 볼커터(bowl cutter) 및 육분쇄기를 이용해서도 일부 혼합효과를 기대할 수 있다. 이러한 기기들을 활용하여 생소시지 제조에 응용할 수 있는 공정 순서도를 [그림 17-4]에 나타내었다.

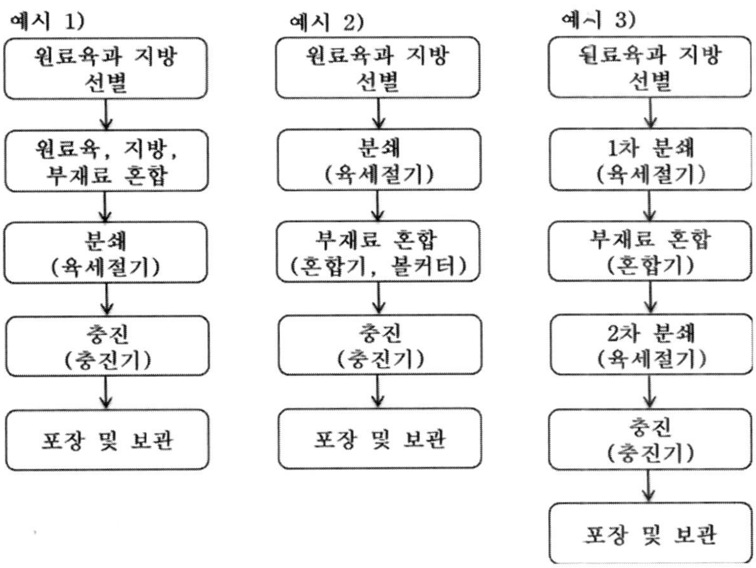

[그림 17-4] 생소시지 제조를 위한 공정 순서 예시도

분쇄된 원료육과 지방을 혼합기(mixer)에서 부재료와 얼음(또는 냉수)을 넣고 혼합한다. 혼합 공정의 경우 세절기와 비교하여 온도 상승이 완만하기 때문에 충분하게 실시하지 않을 경우 얼음 입자들이 제품에 남아 있게 된다. 제품에 포함된 얼음입자

에서 과도한 양의 수분리가 발생될 수 있음에 주의하여야 한다.

볼커터(bowl cutter)는 유화형 육제품 제조에 주로 사용되지만, 회전속도와 횟수를 조절하여 재료들을 균일하게 섞고 생소시지를 구성하는 원료 입자들의 크기를 조절할 수 있다. 볼커터를 이용하는 경우 고속회전에 따른 열 발생으로 인하여 소시지 혼합물의 온도가 증가하게 된다. 따라서 추가적으로 수분(얼음 혹은 냉수)을 첨가하는 제품 생산에 사용하는 것이 좋다. 초기 세절에서 70%의 얼음 혹은 냉수를 첨가하고 고속회전 이후 소시지 혼합물의 온도가 2~4℃에 도달하면 나머지 30%의 얼음을 첨가하여 다시 유화물의 온도를 대략 -3~2℃ 사이로 낮춘다. 소시지 혼합물의 최종온도는 미생물 생육과 근육단백질의 변성을 최소화하기 위해 -2~2℃ 사이가 이상적이다.

• 충 진

준비된 소시지 혼합물은 식감이 좋은 천연케이싱(natural casing)에 충진기(stuffer)를 이용하여 충진한다. 일반적으로 양장(sheep casing) 혹은 돈장(hog casing)을 사용한다. 많은 나라들에서 우육으로 만들어진 생소시지는 상대적으로 직경이 작은 천연케이싱에 충진한다. 천연케이싱은 미생물 생육을 억제하기 위해 다량의 소금에 재워져 유통 혹은 보관되기 때문에 사용하기 이전 소금 제거를 위한 세척 혹은 침수과정이 필요하다. 미지근한 온수에 6시간 이상 담가 천연케이싱을 충분히 수화시켜 충진시 터짐 현상을 방지할 수 있다. 생소시지에 정해진 길이는 없지만 약 10~15cm 정도로 충진하고 크기가 작은 제품을 만들 때는 4~7cm 정도로 충진한다. 케이싱의 직경은 대략 18~32z df mm 정도이며, 보통 가식성이 좋은 20~24mm 정도의 케이싱을 사용한다. 그러나 천연케이싱은 인조케이싱(artificial casing)에 비해 직경의 균일도가 떨어질 수 있으므로 충진 이전에 천연장의 상태를 미리 확인하는 것이 좋다. 충진된 제품은 가능한 빨리 4℃ 이하의 냉장온도에 보관하여 미생물의 생육을 억제하여야 한다.

• 포장 및 보관

생소시지는 크게 두 가지 방법으로 포장된다. 폴리스티렌 트레이(polystyrene tray, 흔히 styrofoam)에 올려 통기성의 PVC 포장재를 이용하여 포장한다. 적색육에 해당되는 우육과 양육을 이용한 생소시지의 경우 통기성 포장재에서 보관 중 갈변에 의한 색도 저하에 주의하여야 한다. 따라서 고급형 생소지의 경우 가스치환포장법(modified atmosphere packaging, MAP)으로 포장하기도 하며, 가스조성은 질소(N_2) 60~70% 그리고 이산화탄소(CO_2) 30~40%가 일반적이다. 때로 진공 포장하는 경우도 있지만 가열이 되지 않은 제품의 형태 유지가 어려움으로 진공 포장시 생소시지의 형태 변형 또는 터짐에 주의하여야 한다.

제조된 생소시지의 보관 온도는 0~4℃가 적합하며, 가능한 온도를 낮게 유지하여 미생물 생육을 억제함으로써 유통기간을 연장할 수 있다. 저장 온도가 1℃인 경우 저장 7일 동안 제품에 생육하는 미생물 수에 큰 변화가 없지만 7℃에 보관한 경우 4일 만에 세균수가 10^7~10^8 수준에 도달하여 부패의 위험성이 발생한다.

2) 발효소시지

발효소시지(fermented sausage)는 유용 미생물이 생산한 젖산(lactic acid) 등의 유기산에 의해 특유의 맛과 풍미를 제공하는 제품이다. 또한 숙성 및 건조 공정을 거치며 독특한 물성을 형성하게 된다. 흔히 발효소시지는 생성된 풍미를 유지하기 위해 가열하지 않고 판매되기 때문에 비가열 소시지로 분류할 수 있다. 전통적으로 발효소시지는 식육의 저장기간 연장을 위해 제조되었지만, 요즘에는 독특한 풍미를 즐기기 위해 생산된다. 발효소시지의 종류는 제조되는 지역에 따라 상당히 다양하다. 건조 정도의 차이에 의해 크게 반건조 발효소시지(semi dry-fermented sausage)와 건조 발효소시지(dry-fermented sausage)로 나뉜다. 대표적으로 반건조 발효소시지에는 서머소시지(summer sausage), 세르블라(cervelat) 및 레바논 볼로냐(Lebanon bologna) 등이 있고, 건조 발효소시지에는 살라미(salami), 페퍼로니(pepperoni), 지노아(genoa), 초리조(chorizo) 및 살치촌(salchichon) 등이 있다.

① 재료의 선별과 준비

원료육에는 발효공정에 영향을 미치는 다양한 미생물이 존재하기 있기 때문에 위생상태가 매우 중요하다. 원료육에 생육하는 미생물 수는 g당 10^2~10^3 사이가 적당하다. 부적절한 도축이나 저장으로 장내세균 등이 오염된 식육은 발효과정 중 부패가 진행될 가능성이 높다. 우육인 경우 pH 5.4~5.8의 것이 좋고, 돈육인 경우 pH 5.6~6.0에 속하는 것이 좋다. 보통의 경우 pH가 낮으면 브수력이 열악하여 원료육으로 활용도가 낮지만 발효소시지에서는 건조가 이루어져야 하므로 원료육의 보수력이 큰 문제가 되지 않는다. PSE육은 낮은 pH로 인한 이점이 있지만 창백한 색과 높은 단백질 변성도 등으로 사용에 부정적인 부분이 더 많다. DFD육은 pH가 높기 때문에 발효시키는데 시간이 오래 걸리고 보수성이 높아서 건조에 어려움이 발생한다. 발효소시지 중에서 가열처리 하지 않고 숙성시켜 바로 소비되는 대부분의 건조 발효소시지와 일부 반건조 발효소시지의 원료육은 선모충이 없는 것을 사용하여야 한다. 다양한 축종이 발효소시지 제조에 사용될 수 있지만, 흔히 돈육이 사용된다. 돈육과 우육을 혼합하여 사용하는 경우 돈육 50~70%와 우육 10~20%를 혼합하는 것이 일반적이다. 제품의 종류에 따라 반건조 발효소시지는 우육을 건조 발효소시지는 돈육을 주 원료육으로 많이 이용한다.

일반적으로 25~30%의 지방이 풍미 형성을 목적으로 첨가되며, 수분이 제거되는 건조 공정 이후 최종 지방함량은 대략 40~50%로 증가한다. 따라서 발효소시지의 최종 지방함량은 첨가되는 지방의 양과 더불어 건조 공정에서 제거되는 수분의 양을 고려해야 한다. 또한 지방은 원료육과 비교해 수분함량이 적어 발효소시지의 수분활성도를 낮출 수 있다. 원료육과 마찬가지로 돈지방이 발효소시지 제조에 흔히 사용되며, 주로 조직이 단단한 등지방이나 목지방이 사용된다. 불포화지방산 함량이 높은 지방 소재를 사용할 경우 발효 및 숙성 기간 중 지방산화에 따른 이취와 산패취의 발생이 심해진다. 지방은 반동결 상태로 첨가하는 것이 좋은데 동결시 수분함량이 일부 감소되고 빙결정 생성에 의해 조직의 구조가 변화되어 건조가 용이해진다.

발효소시지에는 수분을 첨가하지 않는 것이 일반적이다. 이는 수분 첨가에 따른 장점보다 적절한 조직감, 향미 및 저장성을 위해 첨가된 수분을 다시 제거해야하기 때문이다. 따라서 수분을 첨가한 경우 건조 및 숙성과정이 길어지는 번거로움이 발생한다.

스타터 컬쳐(starter culture)는 식육 내에 혹은 추가적으로 첨가된 탄수화물 성분을 젖산으로 전환하여 발효소시지의 독특한 향미를 형성시킬 수 있는 미생물을 말한다. 전통적인 제조방식은 식육에 자연적으로 존재하는 유산균 등을 이용하여 발효를 시작하게 되지만 생육하는 유산균의 수가 적을 경우 젖산 생성량이 적어 발효소시지의 독특한 풍미 형성이 어려워진다. 따라서 품질이 우수하고 균일한 발효소시지의 제조를 위해서는 이미 효과가 검증된 미생물 균종이 혼합된 스타터 컬쳐를 첨가한다. 스타터 컬쳐 개발 초기에는 단일 균주를 주로 사용하였으나, 미생물 균종의 대사적 차이와 발효소시지의 품질관계가 연구됨에 따라 각각의 대사 작용을 고려하여 제조된 혼합균주를 많이 사용한다. 스타터 컬쳐를 사용하는 주된 목적은 미생물학적 안정성의 확보, 산업적 생산효율 증진을 위한 공정 단축과 표준화 및 제품의 저장성 향상을 위한 것이다. 스타터 컬쳐로 쓰이는 미생물은 그라스(GRAS, generally recognized as safe) 기준에 해당해야 하며, 비병원성, 비독소형, 비알레지성 및 유전적인 안전성을 갖춘 것이어야 한다. 나아가 소금 및 기타 식품첨가물에 저항성이 있는 경우 그 활용도가 우수하다. 흔히 질산염이 첨가되어 장기 발효를 목적으로 하는 건조 발효소시지 제조에는 pH 감소를 위한 유산균과 질산염 환원을 위한 Kocuria균을 혼합하여 사용한다.

발효소시지 제조에 사용되는 주요 염지재료는 소금과 아질산염/질산염이다. 소금은 ① 부패성 혹은 병원성 미생물의 생육 억제하고 유산균이 과우점종이 되도록 생육을 도우며, ② 풍미를 형성하고, ③ 염용성 단백질을 추출하여 원료육 입자들의 결착을 좋게 한다. 보통 제품 1kg 중량 당 20~30g 정도의 소금이 첨가되는데, 유해 미생물의 생육 억제를 위해서 25g 이상의 소금이 첨가되어야 한다. 이는 소금이 발효소시지의 초기 수분활성도를 낮추는데 중요한 역할을 하기 때문이다. 과거 발효소시지 제조에는 질산염과 아질산염이 함께 사용되었지만, 최근에는 아질산염이 주로 사용된다. 질산염의 경우 환원성 미생물에 의해 환원될 시간이 필요하기 때문에 장기간 발효가 진행되는 발효소시지 제조에 사용된다. 질산염의 미생물 생육 억제효과는 거의 없는 것으로 알려져 있다. 아질산나트륨은 kg당 150~500ppm 사이에서 첨가되는데 일부 그람음성균, 살모넬라 및 장내 세균의 생육 억제한다. 특히 발효 초기 유용 미생물들의 활성을 위해 중온에서 발효가 진행되는데 이때에 소금과 아질산염/질산염은 유해 미생물의 생육을 억제하는 역할을 하게 된다.

발효소시지의 pH 감소속도와 최종 pH는 첨가되는 탄수화물 성분의 양에 영향을 받게 된다. 단당류와 같이 유산균의 이용이 쉬운 탄수화물 성분의 첨가는 pH를 빠르게 저하시키지만 다당류를 첨가할 경우 상대적으로 pH 저하가 느려지게 된다. 설탕은 가장 흔히 사용되는 당류로 대략 0.5~1% 정도가 첨가된다. 반면 장기간 발효 중 미생물에게 탄수화물을 공급하기 위해서는 분해가 더딘 덱스트로스(dextrose)나 전분을 첨가한다.

항산화제로는 아스코르빈산(ascorbic acid), 아스코르브산염(ascorbate), 에리소르빈산(erythorbic acid) 혹은 토코페롤(tocopherol) 등이 널리 사용된다. 항산화제의 첨가는 발효나 숙성 중 산패취의 발생을 억제하는데 도움을 준다. 아스코르빈산과 아스코르브산염은 대략 제품 kg 중량 당 0.5~0.7g 정도 첨가한다.

발효소시지의 맛과 풍미 형성을 위해 첨가하는 감미료, 지미로 및 향신료는 [표 17-3]에 나타내었다. 특히 향신료의 첨가에 있어 맛의 형성을 고려한 배합과 더불어 향신료로부터 미생물의 추가적인 오염에 주의해야한다. 파프리카와 같은 붉은 계통의 향신료는 제품에 강한 붉은색을 형성하기 위해 첨가하기도 한다.

[표 17-3] 발효소시지에 첨가되는 감미료, 지미료 및 향신료

감미료	지미료	향 신 료		
덱스트로스	MSG	메이스	머스타드	캐러웨이
설탕		코리앤더	아니스	카르다몬
전분시럽		세이지	로즈마리	클로브
		라벤더	생강	마늘
		페뉴그릭		

② 재료의 배합

대표적인 발효소시지인 페퍼로니와 살라미의 배합비는 아래와 같다.

◎ 페퍼로니(pepperoni) : 총 10kg 중량 기준

• 예시 1

주재료 : 돈육(돈잡육 90/10) 5kg, 우육(목살 부위) 3kg, 돈육(항정살) 2kg

부재료 : NPS 280g, 질산나트륨 혹은 질산칼륨 5g, 칠리 5g, 복합향신료 2g, 페뉴그릭(fenugreek) 15g, 흑후추 30g, 고춧가루 45g, 아니스(anise) 15g, 설탕 100g, 생마늘 3g, 덱스트로스(dextrose) 25g

• 예시 2

주재료 : 돈육(돈잡육 90/10) 5kg, 우육(목살 부위) 3kg, 돈육(항정살) 2kg

부재료 : NPS 300g, L-글루타민산나트륨(MSG) 12g, 고춧가루 20g 흑후추 40g, 칠리(chili) 2g, 덱스트로스(dextrose) 35g, 마늘 2g

◎ 살라미(salami) : 총 10kg 중량 기준

• 예시 1

주재료 : 돈육(정육) 3.5kg, 우육(정육 혹은 우잡육90/10) 3.5kg, 돈지방(등지방) 3kg

부재료 : NPS 280g, 스타터 컬쳐 10g, 설탕 3g, 백후추 30g, 머스타드(mustard) 씨 20g, 코리앤더(coriander) 10g, 피멘토(pimento) 5g

• 예시 2

주재료 : 우육(목심) 7.5kg, 우지방(배지방) 2.5kg

부재료 : NPS 250g, 질산칼륨 4g, 생마늘 5g, 백후추 25g, 덱스트로스(dextrose) 20g, 고cnt가루 10g, 생강 2g

• 예시 3

주재료 : 양육(정육) 8 kg, 우지방(등 혹은 배지방) 2 kg

부재료 : NPS 220g, 흑후추 20g, 통백후추 10g, 카르다몬(cardamon) 5g, 생마늘 10g

③ 제조공정

발효소시지는 생소시지 제조와 유사하게 원료육과 지방을 분쇄하고 부재료와 혼합하는 비교적 단순한 공정으로 제조되지만 발효 및 숙성 공정에는 상당한 경험과 기술적 난이도를 요구한다. 따라서 발효소시지 제조공정의 핵심은 조직감과 풍미 형성을 위한 발효 공정과 추가적인 품질의 완성을 위한 숙성 및 건조 공정이라고 할 수 있

다. 반건조 발효소시지와 건조 발효소시지 사이의 차이는 숙성기간과 조건의 차이에서 비롯된다. 반건조 발효소시지의 최종 pH는 4.8~5.2 사이인 반면, 건조 발효소시지는 5.0~5.5사이이다. 이는 숙성 및 건조과정에서 제품의 pH가 상승하기 때문이다. 수분함량도 차이가 나는데 반건조 발효소시지는 대략 35~40% 정도 이지만, 건조 발효소시지는 30~35% 미만으로 이는 건조기간의 차이 때문이다. 이외에도 발효공정 중의 숙성, 건조 및 훈연의 차이에 의해 품질특성이 달라진다. 우수한 발효소시지의 단면은 건조가 일어나 어두운 색을 띠는 원료육들이 선명한 백색의 지방입자를 둘러싸고 있어 색의 대비가 뚜렷해야 한다.

• 재료의 준비

주로 반동결육이나 냉동육이 사용되는데, 발효소시지 제조에는 냉수나 얼음을 첨가하지 않는 경우가 많아 원료육의 낮은 온도가 분쇄, 세절 및 혼합 중 소시지 혼합물의 온도상승을 억제하는데 도움을 주기 때문이다. 반동결육의 경우 -2℃ 정도의 온도가 적당하고 지방의 경우 -8℃ 이하로 동결하여 사용하는 것이 좋다. 지방의 온도가 높은 경우 가공 중 온도상승에 취약하기 때문에 원활한 제조가 어려워진다.

• 세절 및 혼합

세절 및 혼합은 발효소시지 제조에 가장 일반적으로 쓰이는 방법이지만, 원하는 제품의 특색에 따라 입자의 크기를 다양하게 구성할 수 있다. 원료육과 지방을 따로 준비하여 한 두 차례 각각 다른 직경의 플레이트에 통과시켜 세절한다. 이어서 혼합기에 분쇄한 원료육과 지방을 넣고 소금과 여러 향신료를 넣어 충분히 혼합시킨다. 지방은 제품에 따라 먼저 넣거나 나중에 넣기도 한다. 마지막으로 스타터 미생물을 넣고 혼합한다. 스타터 미생물은 균의 활력을 증진시키기 위해 물에 충분히 수화시켜 이용하는 것이 좋다. 혼합시간이 길수록 더 많은 단백질이 추출되나 원료육이 과도하게 결착된 경우 건조속도가 느리고 건조가 불균일한 제품이 되기 쉬우므로 약 10분 전후에 끝내는 것이 바람직하다. 진공상태에서 혼합할 경우 산소를 충분히 제거할 수 있어 색과 풍미에서 우수한 제품을 생산하는데 도움이 된다 세절 및 혼합을 마친 소시지 혼합물의 최종온도는 0~1℃ 정도가 바람직하다.

• 충 진

발효소시지에는 천연케이싱과 인조케이싱 모두를 사용할 수 있다. 천연케이싱은 직경과 표면에 전체적인 균일성이 떨어지지만 수제품의 고급적인 외관을 제공하게 된다. 천연케이싱은 사용 전에 소금과 오염물질 제거를 위해 충분히 세척해야 한다. 발효소시지에 사용이 가능한 인조케이싱은 수분과 기체 통기성을 모두 갖춘 것이어야 한다. 최근에는 가축 부산물에서 추출한 성분을 재조합한 콜라겐 케이싱(collagen casing)과 셀룰로오스에 섬유를 첨가하여 견인력이 있게 한 섬유상 케이싱(fibrous casing) 등을 이용한다. 인조케이싱은 건조 과정을 조절하는데 균일성이 있어 사용이 용이하다. 케이싱 내에는 소시지 혼합물을 치밀하게 채워서 공기가 함께 들어가지 않도록 충진하여야 한다. 케이싱에 공기가 포함될 경우 변색과 유해 미생물 증식의 기회를 제공한다. 제조방법에 따라서 차이가 있지만, 보통 충진하기 전에 소시지 혼합물을 큰 용기에 담아두거나 또는 미리 충전한 후 일정기간 동안 소시지를 걸어 보통 4~10℃에서 1~3일간 예비 건조 및 발효를 실시한다. 이때 *Micrococci*나 *Staphylococci*가 질산염을 환원시키고 염용성 단백질이 추출되어 조직의 결착력도 향상된다.

• 발 효

발효 공정의 목적은 식육에 존재하는 탄수화물 혹은 첨가된 당 성분들(특히 설탕)을 유산균에 의해 젖산으로 전환하여 발효소시지의 pH를 저하시키는 것이다. 발효 중 생육하는 미생물에는 *Lactobacillus*, *Leuconostoc*, *Enterococcus* 및 *Pediococcus* 등이 있다(표 17-4). 구균과(Micrococcaceae)에 속하는 미생물은 *Kocuria*와 *Staphylococcus*가 있다. 효모 중에는 *Debaryomyces hansenii*가 주로 생육하며, 곰팡이류에는 *Penicillium nalgiovense*와 *P. chrysogenum*이 발견된다. 발효에는 식육 자체에 존재하는 미생물에 의한 전통적 자연발효법과 스타터 미생물을 접종하는 발효방법이 있으며, 추가적으로 발효가 진행되는 장소의 온도, 상대습도, 공기의 흐름 및 발효 기간 등을 고려해야 한다.

[표 17-4] 발효소시지에 생육하는 주요 미생물종

Lactobacillus	*Leuconostoc*	*Pediococcus*	*Staphylococcus*
Lb. plantarum *Lb. sakei* *Lb. curvatus* *Lb. rhamnosus* *Lb. pentosus*	*Ln. mesenteroides*	*P. pentosaceus* *P. acidilactici*	*St. xylosus* *St. carnosus* *St. saprophyticus* *St. simulans*
Kocuria	Yeast	Mold	
K. varians	*Debaryomyces hansenii* *Candida Famata*	*Penicillium nalgiovense* *Penicillium chrysogenum*	

전통적인 발효방법은 혼합육을 3~4℃에서 2~4일간 보관 후 케이싱에 충전하여 12~15℃에서 장기간 발효 및 건조를 시켰던 것이다. 그러나 오늘날에는 인공배양하

여 제조된 스타터 미생물을 온습도, 공기흐름 등의 조건에 맞추어 발효시킨다. 스타터 미생물에 따라 차이는 나지만, 보통 RH(상대습도) 80~90%에서 21~37℃로 조절하여 원하는 pH가 될 때까지 발효시키는 것이 좋다. 제품군에 따라 유럽식 발효소시지는 22~26℃ 사이에서 발효되는 반면 미국식 발효소시지는 30~37℃ 사이에서 발효하여 *L. plantarum* 혹은 *P. acidilacticid*의 생육을 돕는다. 가장 적합한 발효온도의 설정은 주요 유산균종의 최적 생육온도 범위를 고려하여 설정하는 것이다.

유용 유산균의 증식이 충분하지 않은 경우 부패성 미생물이 증식하여 불쾌한 냄새가 난다. 반면 발효에 관여하는 미생물이 제품의 표면에 층을 이루어 증식하는 경우 고유의 풍미, 외관 및 조직감 형성에 고루 기여하게 된다. 따라서 성공적인 발효는 풍미, 외관 및 물성과 직결되며, 발효소시지의 향미와 관련된 주요 성분도 초기 발효공정에서 주로 생성된다. 나아가 숙성 중 수분함량이 다소 감소하여 수분활성도 저하에 따른 부패성 미생물의 생육 억제를 기대할 수 있다. 이는 상당수의 유산균이 부패성 미생물과 비교하여 낮은 수분활성도를 요구하기 때문이다. 발효 이전에 60% 이하의 낮은 상대습도에서 단시간(6시간 정도) 건조하여 제품표면에 생성되는 응축수를 방지하는 것도 표면에서 유해성 미생물의 증식 억제를 위해 필요한 공정이다.

발효 초기 유산균 생육에 적합한 온도와 pH를 형성시켜 주면 유산균의 수는 대략 10^3~10^5에서 10^7~10^9까지 증가하게 된다. 이러한 미생물에서 생성된 여러 효소들은 당 발효, 단백질 가수분해, 아미노산 대사, 지방분해 등에 관여하여 발효소시지의 품질형성에 기여하게 된다. 발효소시지에서 젖산 생성에 주로 관여되는 유산균은 *L. plantarum*으로 스타터 미생물로도 많이 이용된다.

• 가열 및 훈연

앞서 언급한 바와 같이 발효소시지에서 가열과 훈연은 필수적인 공정이 아니라 기호도 향상을 위한 선택적 공정이다. 발효소시지는 자연적으로 생성된 독특한 풍미 유지를 위하여 훈연하지 않는 것이 일반적이지만, 발효기간이 짧아 풍미 형성이 충분치 않은 반건조 발효소시지의 풍미 강화를 위해 훈연하기도 한다. 발효소시지 종류별 훈연방법을 살펴보면 일반적으로 반건조 발효소시지가 건조 발효소시지에 비해 비교적 높은 온도인 22~32℃ 또는 그 이상의 온도에서 실시한다. 서머 소시지(summer sausage)와 같은 일부 반건조 발효소시지는 훈연과정 또는 훈연이 끝난 후 육제품의 내부가 43~74℃가 되도록 가열한다. 가열에 의해 육제품에 생육하는 미생물의 일부가 죽게 되고 건조시간이 단축되며 저장성도 향상된다. 종종 50~60℃ 이상의 온도에서 풍미 향상과 미생물 사멸을 위해 훈연하는 경우도 있다. 이와는 달리 건조 발효소시지는 비교적 낮은 온도인 12~22℃에서 약하게 훈연하기도 하는데, 때로는 전혀

시키지 않는 경우도 많다.

• 숙성 및 건조

발효소시지는 건조실에서 숙성과 건조과정을 거치게 된다. 이 단계에서는 추가적으로 수분을 제거하여 원하는 수분활성도의 제품을 생산하고 풍미의 형성을 통한 기호성의 향상을 목적으로 한다. 따라서 숙성 및 건조 조건(주로 온도와 기간)에 따라 제품의 특성이 결정된다(표 17-5). 상대적으로 단기간에 숙성이 끝나는 반건조 발효소시지는 7일 이내로 숙성이 끝나게 된다. 경우에 따라 180일 이상 숙성 및 건조가 진행되는 건조 발효소시지도 있다.

[표 17-5] 발효소시지의 종류에 따른 숙성기간과 온도

구 분	제품 종류	숙성기간	숙성온도
반건조 발효소시지	서머소시지 (summer sausage)	4~7일	24~26℃ 이하
	세르블라 소시지 (cervelat sausage)	4~5일	24~26℃ 이하(4일의 경우) 혹은 22℃(5일의 경우)
건조 발효소시지	초리조(chorizo)	7일	18~22℃
	살라미(salami)	3~5일 혹은 10일	20℃ 이상(3~5일의 경우) 혹은 14℃ 이하(10일의 경우)

반건조 발효소시지는 상대적으로 짧은 건조 및 숙성기간으로 약 20% 이하의 중량 감량이 발생하는 반면 건조 발효소시지는 30% 이상의 중량 감량이 일어난다. 건조실에서 불필요한 곰팡이의 번식을 막고 균일하게 건조하기 위해서는 초당 5~12cm 정도로 매우 느리게 공기를 순환시킨다. 이때 하루 무게가 0.7% 이상 감소하는 과건조(over drying)가 일어나지 않도록 주의하여야 한다. 만약 초기에 과건조가 되면 소시지 표면의 단백질이 응고되고, 외부에 딱딱한 표층(case hardening)이 생긴다. 이것은 소시지 내부의 수분이 외부로 확산되지 못하도록 방해하기 때문에 부패의 원인이 된다.

초기 건조에 실패한 소시지는 횡단면을 잘랐을 때 건조 정도의 차이로 인한 원형무늬가 발생한다. 성공적으로 건조를 시키려면 소시지 내부에서 표면으로 이동하는 수분함량과 표면에서 증발하는 수분함량과의 비율을 같게 해주어야 한다. 특히 건조 초기에는 많은 수분이 아직 식육 속에 있기 때문에 매우 서서히 건조를 시켜야 한다. 즉 초기건조실의 상대습도를 96%까지 올린 후에 일정기간을 두고 온도와 함께 단계적으로 서서히 내리는 것이 바람직하다.

가장 이상적인 건조실 내의 습도는 제품의 수분활성도 값보다 약 4% 정도를 낮게

유지시켜준 값이다. 건조 공정 이후 추가적인 풍미 부여를 위해 가열 및 훈연을 실시하는 경우도 있다. 최종제품에서는 수분활성도가 0.85이하 pH 5.3 이하를 만족하여야 저장기간이 우수한 제품의 생산이 가능하다.

• 포장 및 보관

외국의 경우 제품 전체를 판매하는 경우가 많으나, 최근에 일부를 전달하거나 슬라이스하여 소포장 형태로 많이 판매되고 있다. 일반적으로 진공포장하여 판매하지만 고급제품의 경우 기체치환 포장한다. 스낵형 발효소시지는 제품의 크기가 작으며, 함기포장하여 일반 스낵류와 같이 판매되는 경우도 있다. 포장 및 보관조건에 따라 다르지만 일반 발효소시지의 경우 2~3개월 이상의 유통기한을 기대할 수 있다.

(2) 가열 소시지

가열 소시지(cooked sausage)는 기본적인 제조공정에서 비가열 소시지와 큰 차이를 나타내지 않지만 미생물학적 안전성과 제품의 기호도 향상을 위해 가열하여 판매되는 제품을 말한다. 특히 부산물을 이용한 혈액소시지와 간소시지 등을 제조하는 경우 가열공정은 필수적이다. 가열이 끝난 최종제품은 소비자가 구입 이후 즉시 혹은 간단한 재가열 공정만을 거쳐 취식이 가능하다. 대표적인 가열 소시지의 종류에는 프랑크푸르터(frankfurter)와 볼로냐(bologna)와 같은 유화형 소시지(emulsion sausage), 간소시지(liver sausage)와 혈액소시지(blood sausage) 등의 부산물 소시지 및 훈연소시지(smoked sausage) 등이 있다.

1) 유화형 소시지

유화형 소시지(emulsion sausage)는 세계적으로 가장 많이 소비되는 소시지 제품으로 근육단백질(주로 염용성 단백질), 지방과 물을 혼합하여 유화공정을 거쳐 제조한다. 유화형 소시지를 구분하는 방법은 매우 다양하며, 제품 고유의 성상에 따라 제조공정에도 큰 차이가 있다. 일반적으로 유화형 소시지는 원료육의 종류, 유화의 정도, 육괴 입자의 크기, 가열처리의 유무 및 유화물이 충진된 내장의 크기 등으로 구별된다. 특히 유화의 정도나 육괴 입자의 크기를 조절하고 유화물과 육괴의 결착을 형성하는데 기술적 난이도가 필요하다. 충진된 케이싱의 크기로 분류할 수 있는데 유화물을 소의 내장과 같이 직경이 큰 내장에 충진한 볼로나 소시지(bologna sausage)나 모르타델라 소시지(mortadella sausage)가 있다. 반면 직경이 작은 케이싱에 충진한 프랑크푸르트 소시지(frankfurter sausage)나 비엔나 소시지(wiener sausage)가 있다. 비엔나 소시지는 양장에, 프랑크푸르트 소시지는 돈장에 충진한 것이 다른 점이지만, 오늘날 이 두 종류의 제품이 엄격하게 분류되지 않고 통용되고 있다.

① 재료의 선별과 준비

대부분의 유화형 소시지 제조에는 돈육이나 우육을 단독 또는 혼합하여 사용되었지만, 특히 비엔나소시지만은 전통적으로 소량의 송아지 고기를 첨가하였다고 한다. 원료육으로 가능한 신선하고 위생적인 식육을 선택하며 냉동육일 경우 보수력, 유화력, 결착력이 우수한 식육을 이용하도록 한다. 원료육의 위생상태가 좋지 않은 경우 가열 살균으로 완벽한 미생물의 통제가 어렵고 추가적으로 보존료 등을 첨가하여야 하기 때문에 신선한 원료육을 사용함이 바람직하다. 보수력과 단백질 용해성이 우수한 원료육을 사용하는 것이 좋기 때문에 PSE육과 같은 이상육의 사용은 유화형 소시지의 품질을 저하시키는 원인이 된다.

② 재료의 배합

대표적인 유화형 소시지인 프랑크푸르터와 비엔나 소시지의 전형적인 배합비를 아래에 나타내었다. 이러한 배합비들을 기초로 특색 있는 부재료들을 첨가할 수 있으나 부재료의 특성과 첨가되는 양을 적절히 고려하여야 최종 제품의 유화 형성에 방해가 되지 않는다.

◎ 프랑크푸르터 소시지(frankfurter sausage) : 총 10kg 중량 기준

- **예시 1**

주재료 : 우육(우잡육 90/10) 4kg, 돈육(돈잡육 50/50) 4.5kg, 얼음 1.5kg

부재료 : NPS 200g, L-글루타민산나트륨(MSG) 2g, 백후추 21g, 고춧가루 0.6g, 덱스트로스(dextrose) 3g, 메이스(mace) 5g, 카르다몬(cardamon) 3g, 생강 3g, 복합향신료 3g, 아스코르빈산 1g

- **예시 2**

주재료 : 돈육(돈잡육 90/10) 3kg, 우육(우잡육 90/10) 2kg, 돈지방(등지방) 2.5kg, 얼음 2.5kg

부재료 : NPS 180g, 복합인산염 30g, 아스코르빈산 3g, 백후추 30g, 넛메그(nutmeg) 10g, 카르다몬(cardamon) 5g, 코리앤더(coriander) 2g

◎ 비엔나 소시지(Vienna sausage) : 총 10kg 중량 기준

- **예시 1)**

주재료 : 돈육(돈잡육 90/10) 4kg, 우육(우잡육 90/10) 1.6kg, 돈지방(등지방) 2.2kg, 얼음 2.2 kg

부재료 : NPS 180g, 복합인산염 30g, 아스코르빈산 3g, 백후추 30g, 넛메그(nutmeg) 10g, 카르다몬(cardamon) 5g, 코리앤더(coriander) 2g

③ 제조공정

• 재료의 준비

식육을 정육과 지방으로 따로 준비해 두고, 정육은 과도한 지방, 껍데기나 오염물 등을 칼로 잘 다듬어 제거하고, 최종 살코기에는 결합조직이 10% 이하가 될 수 있도록 한다. 기본적으로 첨가되는 부재료로 전체 10kg 중량당 소금 170~230g, 설탕 80~100g, 인산염 30~50g, 에리소르빈산나트륨 500 ppm, 아질산나트륨 100ppm, 향신료, 증량제 및 냉수 등을 첨가한다. 용해성이 낮은 부재료를 첨가할 경우 미리 온수 등에 용해하거나 분산 상태를 좋게 하여 첨가하는 것이 바람직하다. 필요한 경우, 직접 유화공정에 들어가기 전에 육괴나 육세절기로 세절된 정육에 소금, 아질산염, 인산염과 같은 기본 염지제를 혼합하여 냉장고에 12~36시간 정도 두는 예비염지(precuring)를 실시한다. 예비염지 후 염지육을 사일런트 커터나 유화기에 옮겨 물, 향신료, 지방, 증량제를 넣어 유화시킨다.

• 분쇄 및 세절

소규모 제작에서는 원료육을 사일런트 커터에서 세절하기 전 육분쇄기를 이용하여 원료육의 입자 크기를 줄여 표면적을 넓히고 균일한 상태가 되도록 한다. 사일런트 커터에서 원료육 덩어리를을 직접 세절하게 되면 전력의 손실이 크고 원료육의 온도가 급격히 상승하여 불안정한 유화물이 형성되기 때문이다.

• 유 화

유화공정에서 가장 중요한 원리는 유화물의 온도가 10℃ 이상을 넘지 않도록 주의하여 물, 단백질 그리고 지방의 유화 형성에 관여하는 근육단백질의 변성을 최소화하는 것이다. 유화공정은 식육혼합물에 먼저 소금과 인산염을 넣음 다음, 얼음물 1/3 가량을 함께 넣어 충분히 미세하게 갈아서 염용성 단백질이 추출되도록 한다. 다음 단계에 지방, 향신료, 증량제, 나머지 물을 넣어 유화를 완성시킨다. 만약 증량제를 비교적 많이 넣을 경우는 2단계 때에 물을 1/3 만큼 넣고 제 3단계 때 증량제와 함께 나머지 빙수를 넣는 것이 좋다. 세절하는 동안 원료육과 사일런트 커터 칼날 사이의 마찰에 의하여 유화물의 온도가 상승하게 된다. 그러므로 냉장상태인 원료육을 세절하여 유화물이 완료될 때까지 총 10~14분 동안, 시작온도 -1~2℃에서 유화물의 최종온도가 12~14℃가 도달하였을 때 공정을 끝내는 것이 바람직하다. 특히 유화물의 온도가 18℃ 이상 상승하면 이때 칼날의 온도는 60~70℃ 정도가 되기 때문에 단백질이 응고, 변성될 뿐 아니라 지방구가 녹아 단백질 구조 밖으로 유출되어 유화가 불완전하게 된다. 또 반대로 유화물의 온도가 너무 낮거나 우지방, 양지방 또는 노폐축을 원료육으로 썼을 때에도 유화형성에 실패하기 쉽다. 온도가 너무 낮으면 지방구 세절이 잘 안되고 지방구 수가 적어 표면적이 넓지 못하며, 단백질 구조가 감싸줄 지방이 부족하게 된다. 사일런트 커터 대신에 유화기로 유화시키고자 할 때는 단시간에 더 많은 열이 발생되므로 반드시 낮은 온도의 냉장상태에서 보관된 원료육을 이용하여야 한다. 이러한 공정상의 어려움으로 인한 유화형 소시지의 과도한 유수분리(fat and water release)를 방지하기 위해 유화안정성과 보수력 등을 향상할 수 있는 유화제, 증량제 및 결착제 등의 기능성 식품첨가물을 사용하게 된다. 대표적으로 식물성단 백질(대두단백 및 글루텐 등), 동물성 단백질(난단백, 혈장 및 젤라틴 등), 친수성 콜로이드(검류, 카라기난, 펙틴 및 알긴산 등), 식물성 다당체(전분 및 식이섬유 등) 등이 이에 해당한다. 특히 PSE육을 유화형 소시지 제조에 사용할 경우 열악한 보수력과 단백질 변성에 따른 유수분리의 증가가 발생하는데, 이때에는 인산염을 활용하여 pH와 이온강도(ionic strength)를 증가시켜 유수분리를 개선할 수 있다.

• 충 진

진공상태에서 충진할 경우 유화물에 존재하는 미세한 기포(air porket)을 제거할 수 있어, 품질이 균일한 제품 생산에 유리하다. 또한 내부에 존재하는 기체 중 산소기체가 제거되면서 향후 저장 중 제품의 지방산화 억제에도 효과적이다. 케이싱은 유화물과 외부 사이에서 1차적 방어벽 역할을 하므로 위생적인 케이싱을 선택함이 우선되어야 한다. 돼지 혹은 양의 천연장을 이용하는 것이 일반적이며, 경우에 따라 가식성이 좋은 양질의 콜라겐 케이싱을 사용하기도 한다.

• 가 열

소시지의 가열에는 다양한 가열기구가 사용될 수 있지만, 스모크챔버(smoke chamber)를 이용하여 이루어진다. 최종 가열온도는 사용 원료육의 축종에 따라 다르게 적용되어야 한다. 돈육의 경우 최소 65℃를 요구하며 미생물학적 안전성과 관능적 만족도가 높은 제품을 생산하기 위해 68℃의 중심온도까지 가열함이 바람직하다. 고온에서의 가열은 제품의 가열공정이 단축되고 미생물 사멸에 이로움이 있으나, 제품의 급속한 팽창 등으로 소시지가 터지는 현상이 발생될 수 있어 주의를 기울여야 한다. 가열된 제품은 미생물의 사멸과 제품의 탄력성을 부여하기 위해 냉장온도로 가급적 신속하게 냉각되어야 한다. 이후 비가식성 케이싱으로 제조된 제품은 케이싱을 제거하여 신속하게 포장되어야 한다.

• 포장 및 보관

포장재는 앞서 언급된 바와 같이 그 목적에 맞게 선택하여 사용할 수 있다. 주로 진공포장이 가능한 포장재가 많이 사용되며, 진공포장된 제품은 일반적으로 열수에 2

차 살균 공정을 거치게 된다. 가열되어 판매되는 유화형 소시지는 가열살균에 의해 유통기간이 냉장보관 하에서 1~2주까지 증가하며, 진공포장 등의 추가적인 보존법을 활용하여 대략 1개월까지 냉장 판매가 가능하다.

(3) 부산물 소시지의 제조

대표적인 부산물 소시지에는 간소시지와 혈액소시지 등이 있다. 간소시지에는 다양한 배합비가 활용되지만 기본적으로 분쇄육, 간 그리고 지방이 포함된다. 흔히 첨가하는 향신료에는 바닐라(vanilla), 마조람(marjoram), 백후추, 바질(basil), 메이스(mace), 생강(ginger) 로즈마리(rosemary) 등을 첨가한다. 간소시지 제조에 사용되는 원재료들은 대개 사전에 가열 처리하여 분쇄공정을 거치게 되는데 이는 미생물학적 안전성 확보를 위해서이다. 간의 경우 생간을 사용하거나 가열된 간을 소시지 제조에 사용할 수 있다. 이렇게 혼합된 재료를 천연장에 충진하여 약 80°C에서 60~90분간 가열 공정을 실시한다. 제품의 특성에 따라 훈연 공정을 추가적으로 실시할 수 있다. 가열이 끝난 제품은 진공 포장하여 냉장온도에서 보관하는게 일반적이다.

혈액은 영양적 가치와 더불어 독특한 관능적 특성을 제공하기 때문에 활용가치가 높은 부산물이다. 그러나 혈액의 높은 수분활성도와 중성에 가까운 pH는 미생물 생육에 적합한 환경이기에 때문에 위생적인 처리가 중요하다. 또한 쉽게 응고되기 때문에 응고를 억제할 수 있는 구연산과 같은 항응고 성분을 첨가하여 보관하되 짧은 기간 안에 소시지 제조에 사용하여야 한다.

(4) 기타 분쇄형 육제품

1) 미트로프

미트로프(meat loaf)의 제조에 사용되는 원료육은 육분쇄기를 이용하여 3~12mm 사이로 분쇄한다. 입자감이 있는 미트로프를 만들기 위해서는 다소 입자가 굵은 분쇄 원료육을 사용하면 된다. 소금은 전체 제품 kg 중량 당 15~20g 정도를 첨가하면 된다. 따로 소스(sauce)를 첨가할 경우 염 농도를 줄여야 한다. 원료육 이외에도 각종 야채나 토마토 페이스트 등을 함께 혼합하여 가열틀에 식빵 등과 같은 빵 모양으로 채워 130~150℃ 정도로 예열된 오븐에 구워낸다. 장시간 가열할 경우 표면이 지나치게 건조되어 식감이 저하되기 때문에 적절한 가열시간 설정에 유의하여야 한다.

2) 미트볼

미트볼(meat ball)은 고유의 회색을 띠게 하는 것이 일반적이기 때문에 원료육에 염지를 하지 않는다. 고급 미트볼 제조에서는 70~80% 이상의 정육이 첨가되지만 원감절감을 위해 식물성 비육단백질과 전분 등과 함께 30~40% 정도의 원료육만을 첨가하는 경우도 있다. 원료육과 지방을 분쇄하여 각종 부재료들과 혼합하고 적당한 크기의 둥근 형태로 제조한다. 사용되는 향신료도 비교적 단조로워 소금, 복합인산염, 백후추, 생강분말, 양파분말 및 마늘분말 등이 일반적이다.

3) 통조림

원료육은 가능한 신선하고 좋은 것을 사용하여 관에 넣기 전에 조리가공을 실시한다. 보통 염지작업을 먼저 실시한 다음 증기(steam)에 찌거나 물에 삶아 예비가열처리를 한다. 통조림제품의 종류에는 런천미트, 콘드비프(corned beef), 고아(goa), 스파게티 육제품(spaghetti meat products), 미트스튜(meat stews) 등이 있는데, 제품의 종류에 따라 식육덩어리를 직접 사용하거나 분쇄, 혼합하여 넣는다.

충진은 적당한 온도에서 너무 과량 또는 소량 넣지 않고 적당한 양을 넣어 일정하게 상부 공간을 남긴다. 고형물을 넣는 경우 공간에 적당량의 액즙을 넣는다. 탈기작업을 먼저 실시하여 진공상태에서 밀봉작업을 한다. 가능한 상품의 가치가 되는 맛과 조직, 색, 형태가 유지되는 점을 고려하여 가열한다. 가열시간과 온도는 제품의 크기, 내용물 중 고형분 함량, 미생물의 오염 정도, 첨가물의 종류와 양 등에 의해 결정된다. 가능한 가열효과를 촉진시키면서 실제 투입한 열의 양을 적게 하기 위하여 열수회전식 살균기를 사용하는 것이 좋다. 그러나 콘드비프와 같이 회전에 의해 내용물의 지방과 식육이 분리될 가능성이 있는 제품은 고정 레토르트(retort)를 사용한다.

—〈참 고 문 헌〉—

1. Aberle, E. D., Forrest, J. C., Gerrard, D. E., and Mills, E. W. (2001). Principles of Meat Science. Kendall/Hunt Publishing Company.
2. American Society of Animal Science. (1985, 1986, 1987). Current Concepts of Animal Growth, Ⅰ,Ⅱ and Ⅲ. J. Animal Science, 61,63,65, supplement 2.
3. American Meat Science Association. (2000). Meat Evaluation Handbook. American Meat Science Association.
4. Ayres, J. C., J. O. Mundt, and W. E. Sandine. (1980). Microbiology of Foods. New York, W. H. Freeman and Company.
5. Bailey, A. J., and Light, N. D. (1989). Connective Tissues in Meat and Meat Products. New York, Elsevier Applied Science.
6. Bechtel, P. J. (1986). Muscle Development and Contractile Proteins. In *Muscle as Food*, P. J. Bechtel, ed. New York, Academic Press. pp. 1-35.
7. Bendall, J. R. (1971). Muscles, Molecules and Movement. New York, American Elsevier Publishing Company, Inc.
8. Bendall, J. R. (1973). Postmortem changes in muscle. In *The structure and Function of Muscle*, G. H. Bourne, ed. New York, Academic Press, pp. 244-309.
9. Briskey, E. J., Cassens. R. G., and Marsh, B. B. (1970). The Physiology and Biochemistry of Muscle as a food, Ⅱ. The University of Wisconsin Press.
10. Cassens, R. G. (1971). Microscopic Structure of Animal Tissues. In *The Science of Meat and Meat Products*, J. F. Price and B. S. Schweigert, eds. San Francisco, W.H. Freeman and Company. pp.11-77.
11. Cassens, R. G. (1987). Structure of Muscle. In *The Science of Meat and Meat Products*, J. F. Price and B. S, Schweiger, eds. Westport, Ct, Food and Nutrition Press. pp. 11-59.
12. Davies, A. and Board. R. (1998). The Microbiology of Meat and Poultry. Blackie Academic & Professional.
13. FDA. (1980). Re-evaluation of the pathology findings of studies on nitrite and cancer: histologic lesions in Sprague-Dawley rats. Final report submitted by the Universities Associated for Research and Education in Pathology to the Food and Drug Administration, Public Health Service, U.S. Department of Health and Human Services, Washington, DC.
14. Feiner, G. (2006). Whole muscle brine injected product. In *Meat products handbook*. New York, CRC Press.
15. Forrest, J. C., Aberle, E. D., Hedrick, H. B., Judge, M. D., and Merkel, R. A. (1975). Principles of Meat Science. New York, W. H. Freeman and Company.
16. Fung, D. (1995). Rapid Methods for Meat Microbiology. Proceedings of the Reciprocal Meat Conference, American Meat Science Association. 49:183-185.
17. Gou, P., Arnau, J., Garcia-Gil, N., Fulladosa, E., and Serra X. (2008). Dry-cured ham. In *Handbook of meat and meat processing*. Y. H. Hui (Ed.), New York, CRC Press.
18. Granum, P. E. (2007). Bacillus cereus. In Food microbiology: Fundamentals and frontiers. 3rd ed.,

Doyle, M. P. and Beuchat, L. R. (eds.), pp. 445-455.

19. Grease, M. L. (1997). Postmortem Changes in Muscle Extracellular Matrix Proteins. Proceedings of the 50th Annual Reciprocal Meat conference. American Meat Science Association. pp.53-59.
20. Huxley, H. E. (1965). The Mechanism of Muscular Contraction. Sci. Am. 213, 18. Offprint No. 1026. San Francisco, W.H. Freeman and Company.
21. Institute of Medicine. (2003). Sodium chloride. In *Food Chemicals Codex* (5th ed.), Washington, DC: National Academies Press. pp. 407-410
22. Joo, S. T., and Kim G. D. (2011). Meat quality traits and control technologies. In Control of Meat Quality, S. T. Joo, ed. India, Research Signpost.
23. Kauffman, R. G., and Clair, L. E. St. (1965). Porcine Myology. University of Illinois College of Agriculture, Agricultural Experiment Station, Bulletin 715.
24. Kinsman, D. M., Binkerd, E. F., Tauber, F. W., Bray, R. W., and Stroud, D. H. (1976). History of Meat as a Food. Proceedings of the Reciprocal Meat Conference, National Live Stock and Meat Board, Chicago. pp. 17-85.
25. Kinsman, D. M., Kotula, A. W., and Breidenstein. B. C. (1994). Muscle Foods. Chapman and Hall.
26. Kropf, D. H., Hunt, M. C., and Piske, K. (1985). Color Formation and Retention in Fresh Meat. Washington, D. C., Proceedings of the Meat Industry Research Conference, American Meat Institute. pp.62-72.
27. Maddock, R. (2012). Meat and meat product In *Handbook of meat and meat processing.* Y. H. Hui (Ed.), New York, USA: CRC Press.
28. Lawley. R., Curtis, L., and Davis, J. (2008). The food safety hazard guidebook 2nd ed. The Royal Society of Chemistry, Cambridge, UK, pp. 155-156.
29. Lawrie, R. A. (1985). Meat Science. 4th edition. Pergamon Press, Oxford.
30. Marsh, B. B., Henrickson, R. L., Apple, J. M., Cross, H. R., and Bowling, R. A. (1981). Fresh Meat Processing. Proceedings of the Reciprocal Meat Conference, National Live Stock and Meat Board, Chicago, 34:75.
31. McLauchlin, J. and Grant, K. A. (2007). Clostridium botulinum and Clostridium perfringens. In Foodborne Diseases. Simjee, S. (ed.). pp. 41-78.
32. Nollet, L. M., and Toldrá, F. (2009). Handbook of processed meats and poultry analysis. Boca Raton, Florida, CRC Press,
33. Olson, D. G. (1998). Meat Irradiation and Meat Safety. Proceedings of the Reciprocal Meat Conference 51: 149-151.
34. Pegg, R. B., and Shahidi, F. (2000). Nitrite curing of meat: The N-nitrosamine problem and nitrite alternatives. Food and Nutrition Press. Inc., Trumbull, CT.
35. Price, J. F., and Schweigert, B. S. (1987). The Science of Meat and Meat Products. Food and Nutrition Press.
36. Roberts, L. and Janovy, J. (2005). Foundations of Parasitology. 7th ed, New York, McGraw-Hill.
37. Robson, R. M., Huff-Lonergan, E., Parrish, F. C., Ho., C.-Y., Stromer, M. H., Huiatt, T. W., Bellin, R. M., and Sernett, S. W. (1997). Postmortem Changes in the Myofibrillar and Other Cytoskeletal Proteins in Muscle. Proceedings of the 50th Annual Reciprocal Meat Conference, American Meat Science Association. pp. 43-52.
38. Sebranek, J. G. (2015). An overview of functional non-meat ingredients in meat processing: The

current toolbox. Proceedings of the 68th Annual Reciprocal Meat Conference, American Meat Science Association. pp. 42-46.

39. Sofos, J. N. (2008). Bacterial foodborne diseases. Proceedings of The 15th Congress of FAVA. FAVA-OIE Joint Symposium on Emerging Diseases.
40. Squire, J. (1981). The structural Basis of Muscular Contraction. New York, Plenum Press.
41. Swatland, H. J. (1984). Structure and Development of Meat Animals. Englewood Cliffs, NJ, Prentice-Hall.
42. Swatland, H. J. (1994). Structure and Development of Meat Animals. Lancaster, Pennsylvania, Technomic Publishing.
43. USDA-FSIS. (2015). Safe and suitable ingredients used in the production of meat, poultry, and egg products. FSIS Directive 7120.1 Rev. 31. United States Department of Agriculture. Food Safety and Inspection Service, Washington, DC., USA.
44. 丸山工作, 山本啓一. 1988. 근육. 성삼경 역 (영남대학교출판부)
45. 강종옥, 김안규, 김언현, 김천제, 문영덕, 문윤희, 박창일, 박형기, 신현길, 오동환, 오홍록, 윤요한, 이근택, 이정우, 정구용, 정승희, 진구복, 최성희, 하정욱, 황인호. (2017). 식육·육제품의 과학과 기술. 선진문화사.
46. 강창기, 박구부, 성삼경, 이무하, 이영현, 정명섭, 최양일. (1992). 식육생산과 가공의 과학. 선진문화사.
47. 김병철, 박구부, 성삼경, 이무하, 이성기, 정명섭, 주선태, 최양일. (1998). 근육식품의 과학. 선진문화사.
48. 박승용, 김용곤, 김종원, 이성기, 임한종, 주선태, 최양일, 최일신. (2000). 축산물의 가공. 유한문화사.
49. 박형기, 오홍록, 문윤희, 강종옥, 김언현, 김천제, 오동환, 신현길, 박치규, 하정욱, 이근택, 이영진, 박창일, 이보명, 김안규, 문영덕. (1995). 식육의 과학과 이용. 선진문화사.
50. 식품의약품안전처. (2013). 2013년 축산물의 가공기준 및 성분규격. 식품의약품안전처.
51. 식품의약품안전처. (2013). 병원성 미생물도감. 식품의약품안전처.
52. 송계원, 성삼경, 채영석, 이유방, 김현욱, 강통삼, 송인상, 이무하, 배석연, 한석현. (1983). 식육과 육제품의 과학. 선진문화사.
53. 이무하. (1995). 식육품질의 이해. 선진문화사.
54. 이무하, 김대곤, 김일석, 김정환, 박승룡, 배인휴, 진상근. (2001). 축산식품즉석가공학. 선진문화사.
55. 주선태. (1996). 식육의 기초지식. 미트저널사.
56. 주선태. (2013). 인간과 고기문화. 경상대학교 출판부.
57. 축산물의 가공기준 및 성분규격, 식품의약품안전처 고시 제2016-48호.

== 찾아보기 ==

(ㄴ)

(ㄷ)

(ㄹ)

(ㅁ)

(ㅂ)

(ㅇ)

(ㅈ)

== INDEX ==

식 육 과 학

2018년 3월 5일 초판1쇄 발행
2022년 2월 20일 2쇄 발행

값 35,000원

편 저 한국식육과학연구회

발행자 양 희 돌

경기도 고양시 일산서구 하이파크 3로 17
發行處 先 進 文 化 社
〈등록 제410-2005-000040호〉
ISBN 978-89-7392-270-3 93520

 ☏ (031) 925-8237, FAX 925-8239